Jeremy Urban
airkom

EUROPA-FACHBUCHREIHE
für Metallberufe

W0383452

Dagmar Köhler
Frank Köhler
Klaus Wermuth
Detlef Ziedorn

Technische Kommunikation Metallbau und Fertigungstechnik

Informationsband

Lernfelder 1 - 4

2. Auflage

VERLAG EUROPA-LEHRMITTEL · Nourney, Vollmer GmbH & Co. KG
Düsselberger Straße 23 · 42781 Haan-Gruiten

Europa-Nr.: 15910

Autoren:

Köhler, Dagmar	Dipl.-Ing.Päd.	Steinbach b. Moritzburg
Köhler, Frank	Dipl.-Ing.Päd.	Steinbach b. Moritzburg
Wermuth, Klaus	Dipl.-Ing.Päd.	Berlin
Ziedorn, Detlef	Industriemeister Metall	Berlin

Die Autoren sind an Beruflichen Schulzentren in Dresden und Radeberg sowie in der Berufsausbildung der Siemens AG Berlin tätig.

Lektorat:
Frank Köhler

Bildentwürfe:
Die Autoren, Bildarchiv des Verlages

Bildbearbeitung:
Zeichenbüro des Verlages Europa-Lehrmittel, Ostfildern
Grafische Produktionen Jürgen Neumann, 97222 Rimpar

Umschlaggestaltung:
Grafische Produktionen Jürgen Neumann, 97222 Rimpar unter Verwendung einer Grafik von Anja Köhler, Haigerloch

Der Arbeitskreis dankt Herrn Theo Beyer, Hamburg sowie den Firmen Sanford GmbH Hamburg, Klaeger GmbH Kernen, Weiler Werkzeugmaschinen Emskirchen und FAG Kugelfischer AG Schweinfurt für die gewährten Hilfen.

2. Auflage 2014
Druck 5 4 3 2 1

Alle Drucke derselben Auflage sind im Unterricht nebeneinander einsetzbar, da sie bis auf korrigierte Druckfehler und kleine Änderungen, z.B. auf Grund neuer Normen, identisch sind.

ISBN 978-3-8085-1592-1

Alle Rechte vorbehalten. Das Werk ist urheberrechtlich geschützt. Jede Verwertung außerhalb der gesetzlich geregelten Fälle muss vom Verlag schriftlich genehmigt werden.

© 2014 by Verlag Europa-Lehrmittel, Nourney, Vollmer GmbH & Co. KG, 42781 Haan-Gruiten
http://www.europa-lehrmittel.de

Satz: Grafische Produktionen Jürgen Neumann, 97222 Rimpar
Druck: Media Print Informationstechnologie, 33100 Paderborn

EUROPA LEHRMITTEL

Vorwort zur 2. Auflage

Der vorliegende Band **Technische Kommunikation - Arbeitsplanung** stellt Grundkenntnisse der technischen Kommunikation und Arbeitsplanung, die bei beruflichen Handlungen der industriellen und handwerklichen Metallberufe benötigt werden, dar.

Der Inhalt orientiert sich an den Lernfeldern 1 bis 4 des Lehrplanes der Grundstufe Metall. Das Buch soll als Informations- und Übungsband sowohl das Auffinden spezieller Informationen des Fachgebietes als auch die systematische Wissensaneignung vor allem beim selbst gesteuerten Lernen ermöglichen. Deshalb wurde viel Wert auf eine anschauliche Darstellung der Inhalte gelegt. Zahlreiche Übungsaufgaben ermöglichen eine umgehende Anwendung und Überprüfung erworbener Kenntnisse.

Der lernfeldbezogene Aufgabenteil bietet eine Auswahl von Lernsituationen an, deren Aufgaben die handlungsorientierte Auseinandersetzung mit den anzueignenden fachlichen Inhalten erfordern.

Für Aufgaben, deren Lösung die Tabellenform erfordert, findet man Arbeitsblätter in der passend zum Buch erscheinenden Arbeitsblattsammlung.

Damit ist das Buch vor allem für den Einsatz im Lernfeldunterricht der Berufsausbildung geeignet, aber auch in Fachoberschulen, Fachschulen für Technik sowie in der Aus- und Weiterbildung von Facharbeitern, Technikern und Meistern anwendbar.

Das Buch bringt den Benutzern die nebenstehenden Themenbereiche anschaulich und einprägsam nahe. Die farbige Gestaltung und die Kombination verschiedener Darstellungsmöglichkeiten sowie zahlreiche Anwendungsbeispiele erleichtern das Verständnis. Farbig hervorgehobene Seitenverweise helfen dabei, Inhalte schnell zu verknüpfen.

In der vorliegenden **2. Auflage** wurden Fehler in Text und Bild berichtigt. Zahlreiche Abbildungen u. a. des Kapitels 2 „Technische Darstellung von Werkstücken" wurden im Interesse der weiteren Verbesserung der Anschaulichkeit überarbeitet und erneuert. Dies betrifft schwerpunktmäßig den Teil Schnittdarstellungen und Gewindedarstellungen. Normänderungen wurden weitestgehend berücksichtigt, so z. B. DIN EN 7010 (2012-07) „Grafische Symbole, Sicherheitsfarben und Sicherheitszeichen" und DIN ISO 15787 (2010-01) „Wärmebehandelte Teile aus Eisenwerkstoffen, Härteangaben".

Die besten Arbeitsergebnisse sind zu erzielen, wenn dieses Buch gemeinsam mit den anderen Fachbüchern des Verlages Europa-Lehrmittel für die Grundstufe Metall eingesetzt wird.

An vielen Stellen des Buches werden Bezüge zum **Projekt „Schraubstock"** aus der zu diesem Buch erscheinenden **Arbeitsblattsammlung** hergestellt. Ebenso sind darin Arbeitsblätter zu sämtlichen Übungsaufgaben dieses Buches enthalten, die sowohl für den Einsatz im Lernfeldunterricht als auch zum selbstständigen Üben geeignet sind.

Wir wünschen unseren Lesern viel Erfolg bei der Nutzung dieses Buches und sind für konstruktive Hinweise und Verbesserungsvorschläge sehr dankbar.

Frühjahr 2014 Autoren und Verlag

Technische Kommunikation – Arbeitsplanung

Handlungsfeld-Lernfeld-Unterrichtssituation

Handlungsfeld	Lernfeld	
Herstellen von Werkstücken	LF 1	Fertigen von Bauelementen mit handgeführten Werkzeugen
	LF 2	Fertigen von Bauelementen mit Maschinen
Montage und Demontage	LF 3	Herstellung von einfachen Baugruppen
Instandhaltung	LF 4	Warten und inspilzieren technischer Systeme

Bild 1: Zuordnung von Handlungsfeldern und Lernfeldern der Grundstufe der neu geordneten Metallberufe

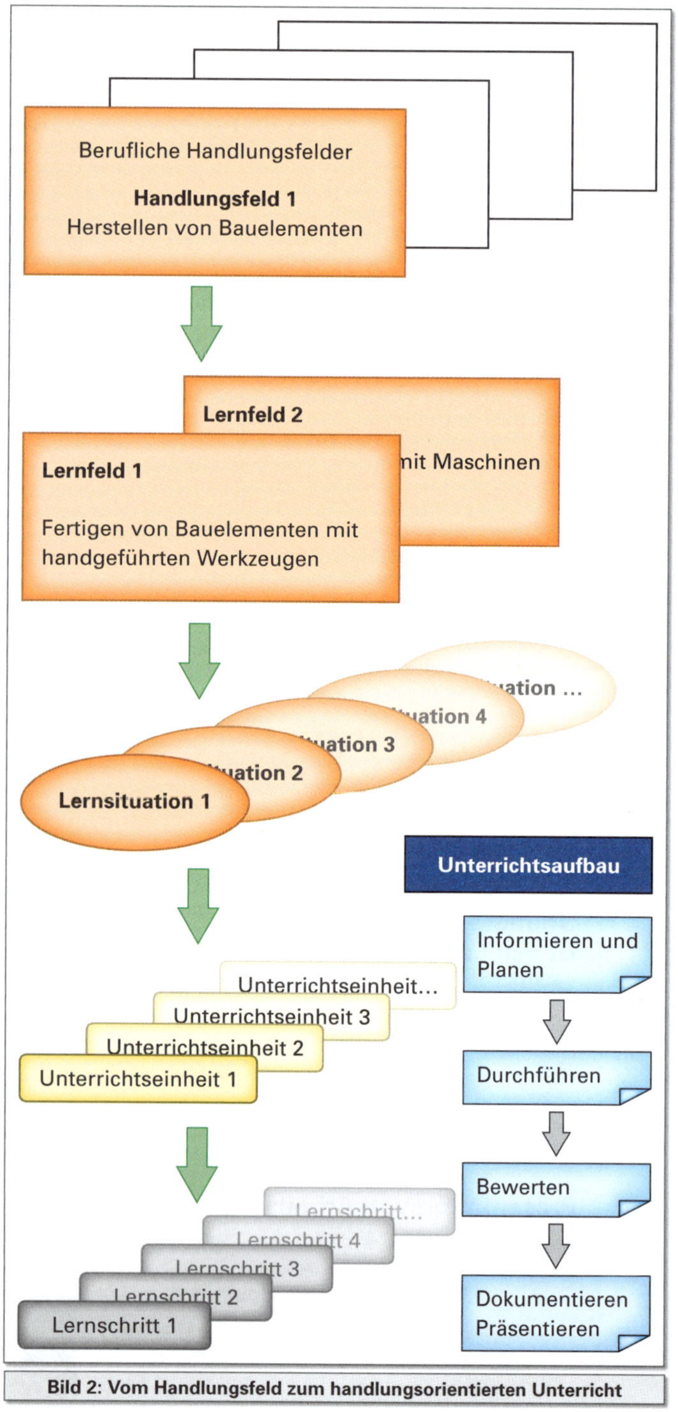

Bild 2: Vom Handlungsfeld zum handlungsorientierten Unterricht

Neuordnung der Metallberufe

Gegen Ende der 90er Jahre war in Deutschland der Zeitpunkt gekommen, die 1987 erlassenen Ausbildungsberufe den neuen Bedingungen der wirtschaftlichen und technologischen Entwicklung anzupassen. Die Zunahme prozessorientierter Arbeitsformen, die wachsende Komplexität und Vernetzung der Technologien und der Zwang zu kundenorientierten Dienstleistungen machten die Neuordnung der industriellen und handwerklichen Metallberufe erforderlich.

Das Unterrichtskonzept

Während bisher die jeweilige Fachwissenschaft Ordnungsprinzip des Wissenserwerbs war, tritt an diese Stelle nun die Orientierung auf konkretes berufliches Handeln. Der Unterricht soll *handlungsorientiert* sein und die Auszubildenden zum selbstständigen ***Planen, Durchführen*** und ***Beurteilen*** von beruflichen Arbeitsaufgaben befähigen. Das gelingt am besten, wenn fach- und handlungssystematische Strukturen miteinander verwoben werden.

Die Struktur des neuen Lehrplanes gründet sich auf definierte berufliche Handlungsfelder. Anfangs beinhalten sie vordergründig den Erwerb gemeinsamer beruflicher Kernqualifikationen, mit dem Ausbildungsfortschritt wächst jedoch der Anteil berufsspezifischer Fachqualifikationen bezogen auf die Einsatzgebiete des Ausbildungsberufs.

Im ersten Ausbildungsjahr konzentriert sich die Ausbildung aller industriellen und handwerklichen Metallberufe auf drei Handlungsfelder. (Bild 1)

Die Geschäfts- und Arbeitsprozesse dieser beruflichen Handlungsfelder sind im Lehrplan durch vier Lernfelder abgebildet. Die dort formulierten Ziele sind Maßgabe für die Unterrichtsgestaltung.

Die Verantwortung und die Freiheit der Lehrerteams an den einzelnen Bildungseinrichtungen liegt darin, Lernsituationen zu planen, die geeignet sind die geforderten Handlungskompetenzen zu entwickeln. Die Struktur der einzelnen Unterrichtseinheiten und die Abfolge der Lernschritte soll letztlich typische berufliche Handlungsabläufe widerspiegeln. (Bild 2)

Das Lehrbuch

Ein Lehrbuch wie das vorliegende, das grundlegende Kenntnisse der technischen Kommunikation und Arbeitsplanung vermitteln will, kann solche Strukturen nicht abbilden. Durch die Darstellung des fachlichen Wissens kann es jedoch die Grundlagen für ein tieferes Verständnis beruflicher Handlungsabläufe schaffen. Damit Informationen auch im Rahmen des handlungsorientierten Unterrichts schnell aufgefunden werden können, halten die Autoren die fachsystematische Gliederung eines Lehrbuches auch künftig für unverzichtbar.

Inhalte der technischen Kommunikation durchdringen alle Bereiche der beruflichen Tätigkeit in den industriellen und handwerklichen Metallberufen. Die Autoren halten es deshalb nicht für sinnvoll, an dieser Stelle einen „Lernfeld-Wegweiser", wie er in anderen Lehrbüchern des Verlages zu finden ist, zu installieren. Vielmehr sollten zum schnellen Auffinden von Informationen in diesem Buch das Inhaltsverzeichnis und das Sachwortverzeichnis benutzt werden.

Wie entsteht ein Erzeugnis?

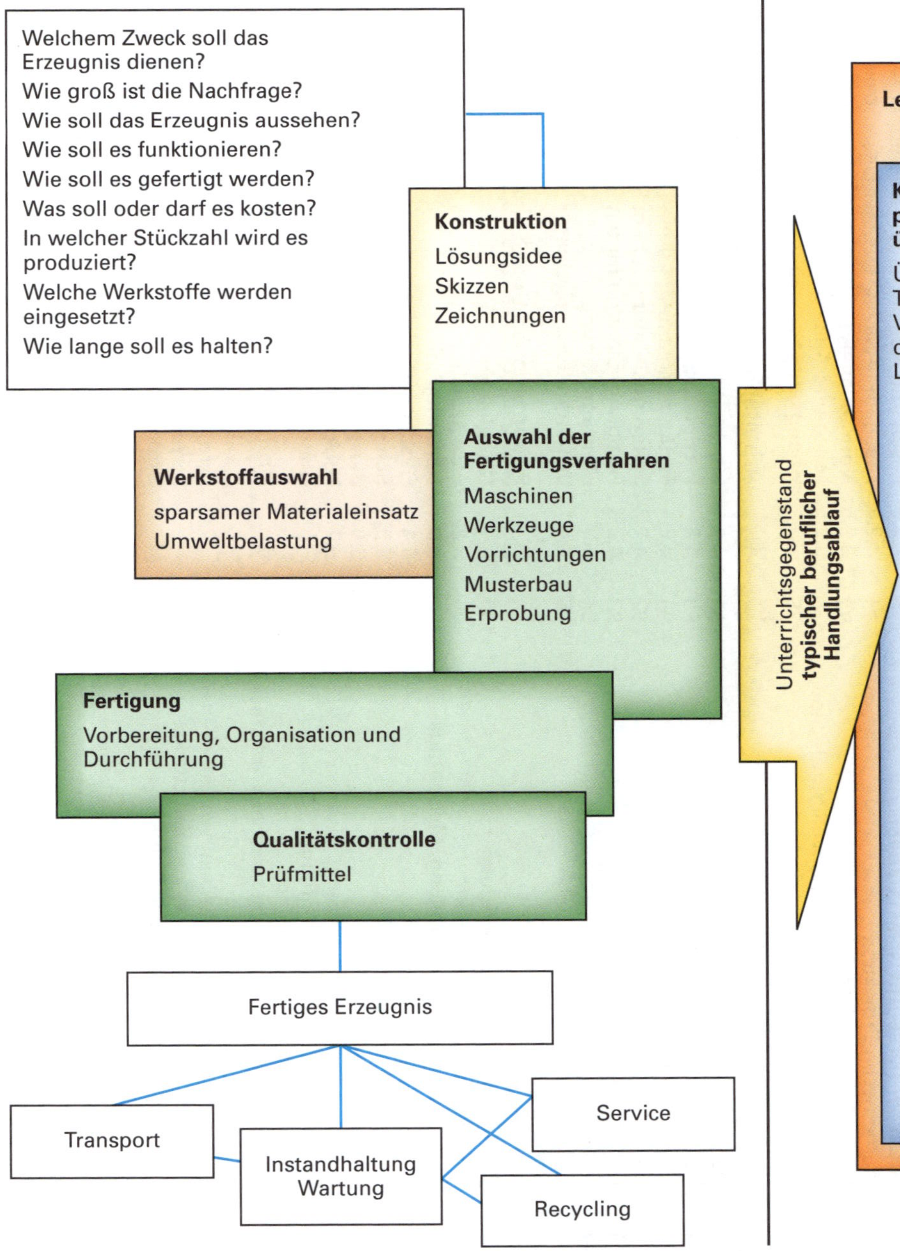

Struktur eines Lernfeldes

Was sollte ich dazu wissen?

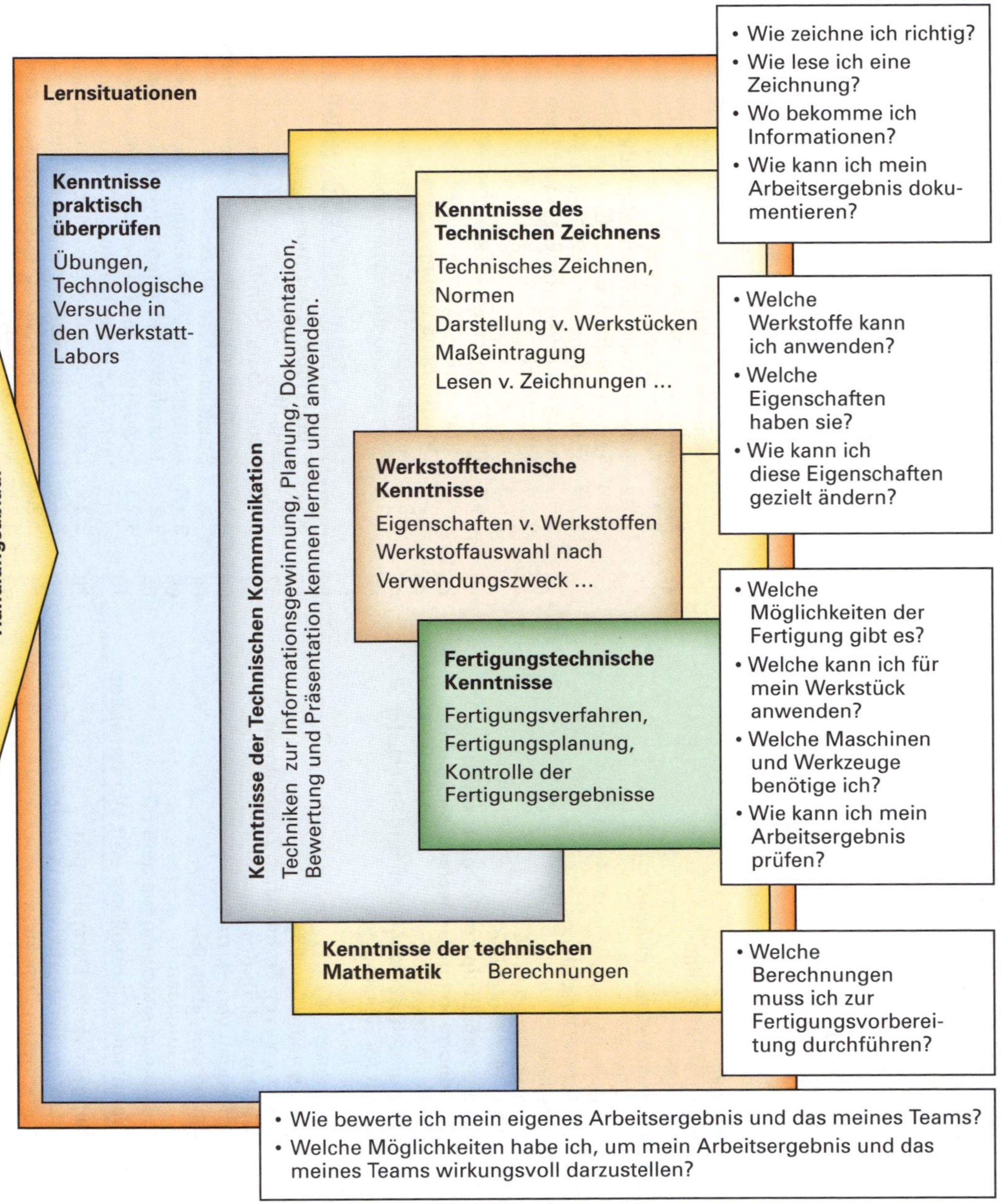

Inhaltsverzeichnis

1. Grundlagen der technischen Kommunikation

EUROPA LEHRMITTEL

1.1 Notwendigkeit und Inhalt

Um ein Erzeugnis, eine Baugruppe, ein Einzelteil handwerklich oder industriell herstellen zu können, muss heute eine große Datenmenge bewältigt werden. Damit alle Tätigkeiten, die auf die Herstellung eines Erzeugnisses gerichtet sind zweckmäßig, kostengünstig und termingerecht durchgeführt werden können, sind umfangreiche Planungsarbeiten zu leisten. Alle Mitarbeiter müssen wissen, zu welchem Zeitpunkt sie welche Arbeit zu verrichten haben. In einem Betrieb entwickelt sich bei der Lösung dieser Aufgabe ein reger Austausch von **Informationen**, bei dem letztlich viele Teilinformationen zusammenfließen. Deshalb wird dieser Datenaustausch auch oft als Informationsfluss bezeichnet.

Wer heute im Wettbewerb bestehen will, muss auch in der Lage sein, das von ihm geplante oder hergestellte Produkt, die von ihm angebotene Dienstleistung so überzeugend zu präsentieren, dass er letztlich den Kundenauftrag erhält.

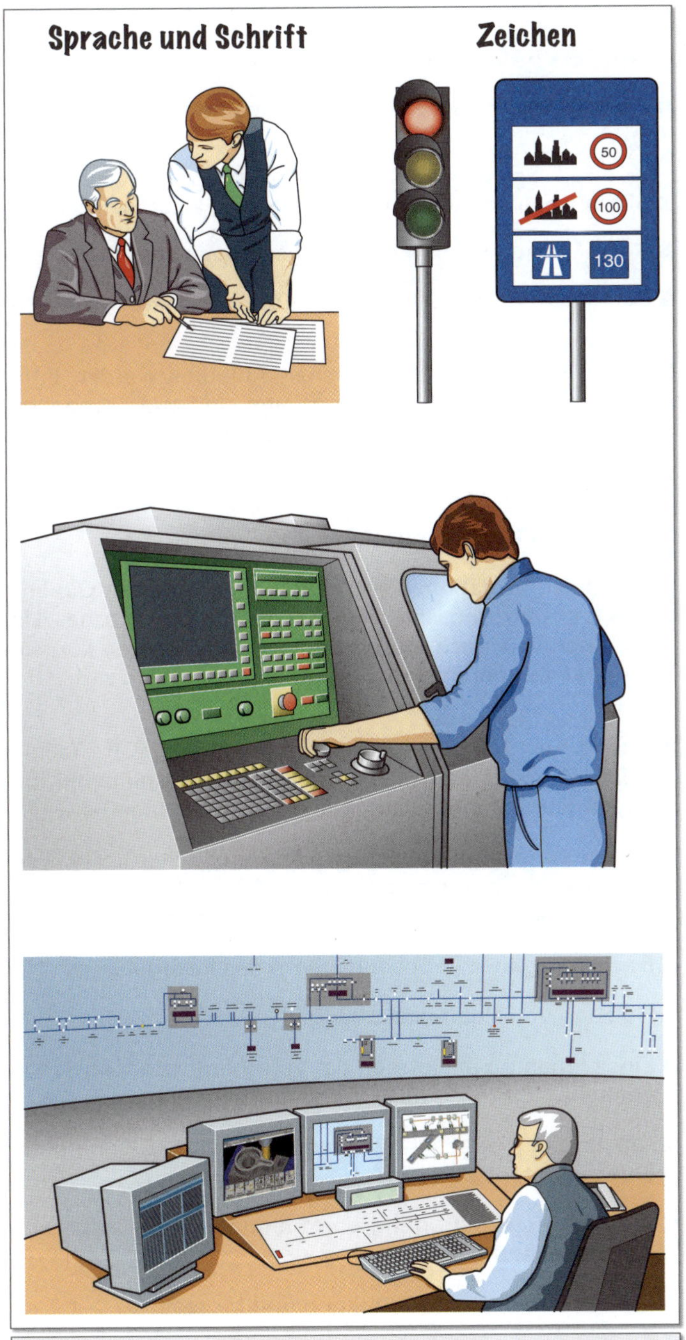

Bild 1: Kommunikationswege

1.1.1 Aufgabe der Technischen Kommunikation

Kommunikation bedeutet „Austausch". Im Bereich der Technik bezeichnet man den Austausch von Informationen als Technische Kommunikation. Sie umfasst die Bereitstellung, Bearbeitung, Weiterleitung und Speicherung derjenigen Informationen, die auf einen bestimmten technischen Gegenstand gerichtet sind. Dabei werden Daten, die direkt oder indirekt zur Herstellung von Erzeugnissen oder zur Durchführung von Dienstleistungen nötig sind, zielgerichtet zwischen Institutionen und Personen ausgetauscht. Der ganze Prozess der Technischen Kommunikation muss möglichst fehlerfrei ablaufen. Deshalb müssen die benötigten Informationen zur richtigen Zeit am richtigen Ort vorliegen. Dazu ist es erforderlich, dass Informationen auf bestimmten Wegen weitergegeben werden, dass sie bestimmte Eigenschaften haben und dass geeignete Mittel für ihren Transport zur Verfügung stehen.

1.1.2 Kommunikation und Information

Kommunikationswege

Der Austausch von technischen Informationen findet auf verschiedenen Wegen statt:

- **Zwischen Menschen:**

  Neben dem gesprochenen Wort als dem wichtigsten und unmittelbarsten Kommunikationsmittel kommt der schriftlichen Information besondere Bedeutung zu. Trotz elektronischer Medien behält das gedruckte Wort seine Bedeutung, denn das Nachlesen einer Information bewirkt ein nachhaltigeres Ergebnis als das Hören und Sehen. Auch die Verwendung von Zeichen und Symbolen hat eine lange Tradition und spielt heute gerade im Bereich der Technischen Kommunikation eine große Rolle. Der große Vorteil dieser Art der Informationsweitergabe besteht darin, dass nur bescheidene technische Hilfsmittel zu ihrer Durchführung erforderlich sind.

- **Zwischen Mensch und Maschine:**

  Im Wesentlichen findet der Prozess der Informationsübertragung an eine Maschine derart statt, dass die menschliche Sprache in eine maschinenlesbare Sprache übersetzt wird und umgekehrt. Dazu wurden in der Vergangenheit zahlreiche Programmiersprachen entwickelt. Darauf basiert z. B. der Umgang mit programmgesteuerten Werkzeugmaschinen , mit der Steuerungstechnik und auch mit der Computertechnik.

- **Zwischen Maschinen:**

  In der modernen Informationsverarbeitung sind Maschinen informationstechnisch so miteinander vernetzt, dass sie untereinander selbsttätig Informationen austauschen und diese auch verarbeiten können. Der Mensch ist nur scheinbar unbeteiligt, denn schließlich hat er die Maschinensprache entwickelt, programmiert und überwacht den ganzen Prozess.

1. Grundlagen der technischen Kommunikation

1.1 Notwendigkeit und Inhalt

Bild 1: Informationsübertragung

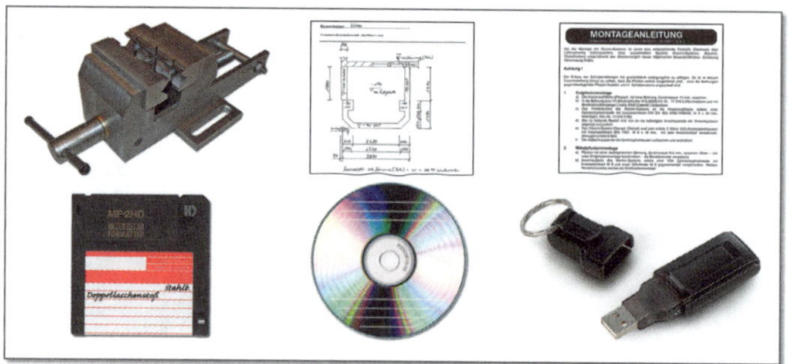

Bild 2: Informationsträger

Bild 3: Informationsquellen

Information

Informationen sind Mitteilungen, Nachrichten oder Signale, die von einem Absender an einen Empfänger gerichtet sind. Das Wort Information bezieht sich auf den Inhalt einer Aussage. Technische Informationen beinhalten Daten, die sich z. B. auf die Beschreibung der Funktion eines technischen Erzeugnisses oder dessen Herstellung beziehen. Um sie an den Bestimmungsort zu transportieren, bedarf es eines **Informationsträgers**.

Informationen sind wichtige Grundlagen für Entscheidungen auf allen Ebenen. Richtige und schlüssige Entscheidungen können nur getroffen werden, wenn sie auf aktuellen, umfassenden und vollständigen Informationen beruhen. Die Wettbewerbsfähigkeit und der wirtschaftliche Erfolg eines Unternehmens hängen immer stärker von der Verfügbarkeit von Informationen ab.

Anforderungen an Informationen

- Sie müssen auf dem neuesten Stand sein.
- Sie müssen vollständig sein.
- Sie müssen an die richtige Adresse gerichtet sein.
- Sie müssen termingerecht zur Verfügung stehen.
- Sie müssen transportiert und aufbewahrt werden können.

In allen Phasen des betrieblichen Ablaufes werden Informationen aufgenommen, verarbeitet und weitergegeben. Deshalb muss die Informationsverarbeitung ein fester Bestandteil des Fertigungsprozesses sein.

Arbeit mit Informationsquellen

Damit die Informationen immer in der geforderten Qualität verfügbar sind, müssen Daten sowohl innerhalb des Unternehmens als auch außerhalb beschafft werden können. Möglichkeiten der Informationsbeschaffung sind z. B.:

- Auswerten von Produktdokumentationen, z. B. Technischen Zeichnungen, Stücklisten, Fertigungsplänen, Montageplänen, Schweißfolgeplänen, Schaltplänen usw.
- Auswertung von Beiträgen aus Fachbüchern, Fachzeitschriften, Fachregelwerken u. ä. (z. B. Fachregelwerk des Metallbauerhandwerks-Konstruktionstechnik)
- Nachschlagen in Tabellenbüchern des Fachgebietes
- Nutzung von Herstellerkatalogen
- Einsichtnahme in Normen der verschiedenen Normungsebenen ⇒ **Seite 21**, auch Werksnormen.
- Nutzung betrieblicher Informationsquellen (z. B. betriebseigener Datenbanken)
- Zielgerichtete Befragung von Personen (z. B. erfahrene Arbeitskollegen, Kunden)
- Besuch von Fachausstellungen und Messen
- Recherchieren im Internet mit Hilfe von Suchmaschinen.

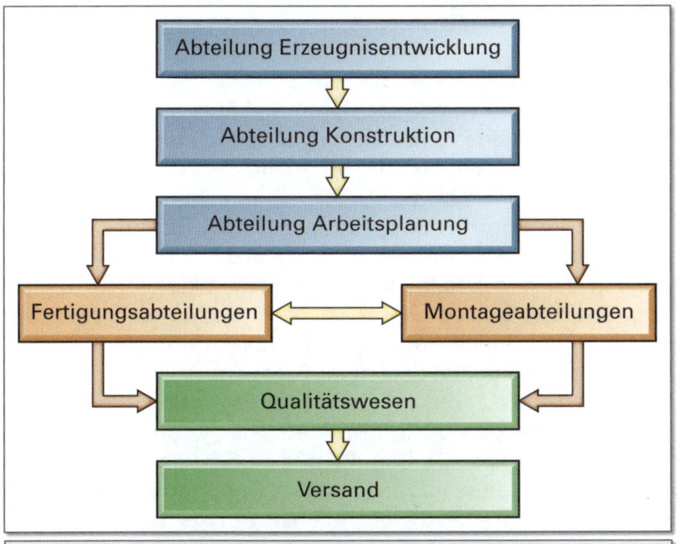

Bild 1: Möglicher Informationsfluss im Betrieb

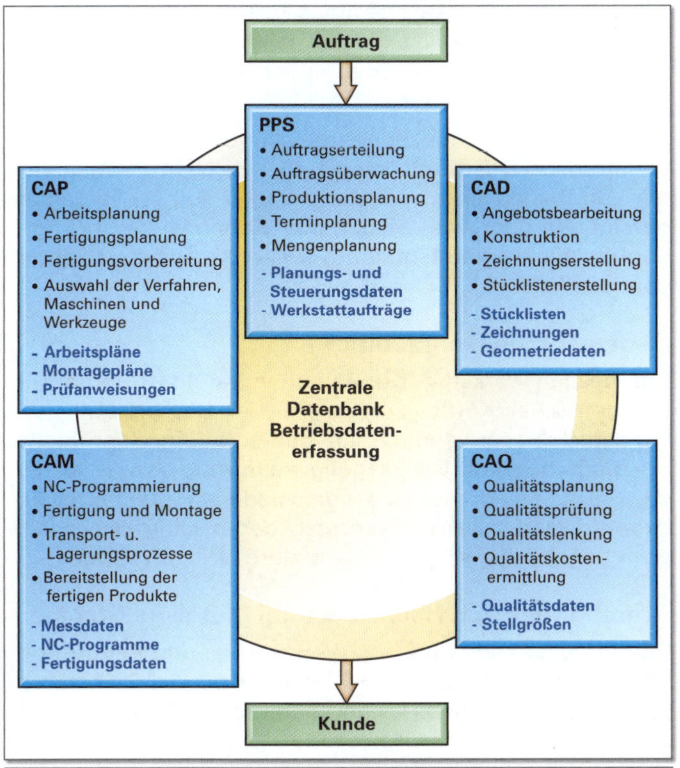

Bild 2: Datenverbund im Betrieb

PPS **P**roduction, **P**lanning and **S**teering, ist die Produktionsplanung und Produktionssteuerung mit Hilfe von Computern.

CAD **C**omputer-**A**ided **D**esign, bedeutet rechnerunterstütztes konstruieren und umfasst den gesamten Konstruktionsprozess, Berechnungen, Zeichnungs- und Stücklistenerstellung einbegriffen.

CAP **C**omputer-**A**ided **P**lanning, ist die rechnerunterstützte Arbeitsplanung und Arbeitsvorbereitung unter Nutzung der CAD-Daten.

CAQ **C**omputer-**A**ided **Q**uality Assurance, beinhaltet die rechnerunterstützte Qualitätssicherung.

CAM **C**omputer-**A**ided **M**anufacturing, ist die rechnerunterstützte Fertigung und Steuerung von Betriebsmitteln im Produktionsprozess.

1.1.3 Informationsfluss im Betrieb

Die einzelnen Abläufe sind in jedem Betrieb unterschiedlich. Trotzdem gibt es eine gemeinsame Grundstruktur in der Abfolge von Arbeitshandlungen auf dem Weg von der Produktidee zum fertigen Erzeugnis.

Ein Metallbauunternehmen mittlerer Größe oder ein Handwerksbetrieb arbeiten meist nach Kundenauftrag. Bereits um einen Kundenauftrag zu erhalten, sind umfangreiche Vorarbeiten erforderlich. Für den Kunden muss ein Leistungsangebot erstellt werden. Das Unternehmen muss darstellen, dass es die vom Kunden geforderte Leistung nach den gültigen Regeln der Technik, in der gewünschten Zeit, in dem gewünschten Umfang und in der gewünschten Qualität erbringen kann. Dabei muss zum Beispiel überlegt werden:

- In welcher Stückzahl muss gefertigt werden?
- Zu welchem Termin soll geliefert werden?
- Welche technischen Regeln sind zu beachten?
- Welche Konstruktionsleistungen fallen an?
- Welche Werkstoffe werden eingesetzt?
- Sind besondere Anforderungen an den Schutz der Umwelt zu beachten?
- Welche Kosten dürfen entstehen?
- Welche Qualitätsanforderungen sind zu erfüllen und wie und zu welchem Zeitpunkt wird ihre Erfüllung geprüft?
- Welche Fertigungsverfahren, Werkzeuge, Maschinen und Vorrichtungen müssen ausgewählt werden?
- Welche Arbeitsschutzanforderungen müssen erfüllt werden?
- Was ist wann und wo mit welchen Hilfsmitteln zu montieren?
- Was muss wann an wen ausgeliefert werden?

Mit Auftragserteilung müssen dann die betrieblichen Abläufe mit den Mitteln der Technischen Kommunikation planmäßig gestaltet werden. Ein Handwerksbetrieb nutzt aus wirtschaftlichen Erwägungen möglicherweise andere Kommunikationsmittel als ein größeres Unternehmen.

In einem größeren Unternehmen sind verschiedene Abteilungen mit der Abarbeitung eines Auftrages befasst. Jede Abteilung trägt arbeitsteilig ihren Anteil zum Gesamtergebnis bei. Das Zusammenwirken der einzelnen Abteilungen wird durch innerbetriebliche Organisationsanweisungen geregelt. Es ist von großer Wichtigkeit, dass die benötigten Daten in jeder Phase des Produktionsprozesses zur Verfügung stehen und an den Schnittstellen reibungslos übergeben werden. Eine gewaltige Menge an Betriebsdaten muss dabei bewältigt werden. Deshalb nutzt man die Möglichkeiten der elektronischen Datenverarbeitung und schafft ein Informationssystem, in das im Idealfall alle Betriebsabteilungen eingebunden sind.

Ein solches System erfordert qualifizierte Mitarbeiter. Beschäftigte, die die Aufgaben der modernen betrieblichen Kommunikation meistern wollen, müssen heute nicht nur über anwendungsbereite Kenntnisse auf diesem Gebiet verfügen, sondern ihre Tätigkeit auch mit gewachsener Verantwortung für den Gesamtprozess ausüben.

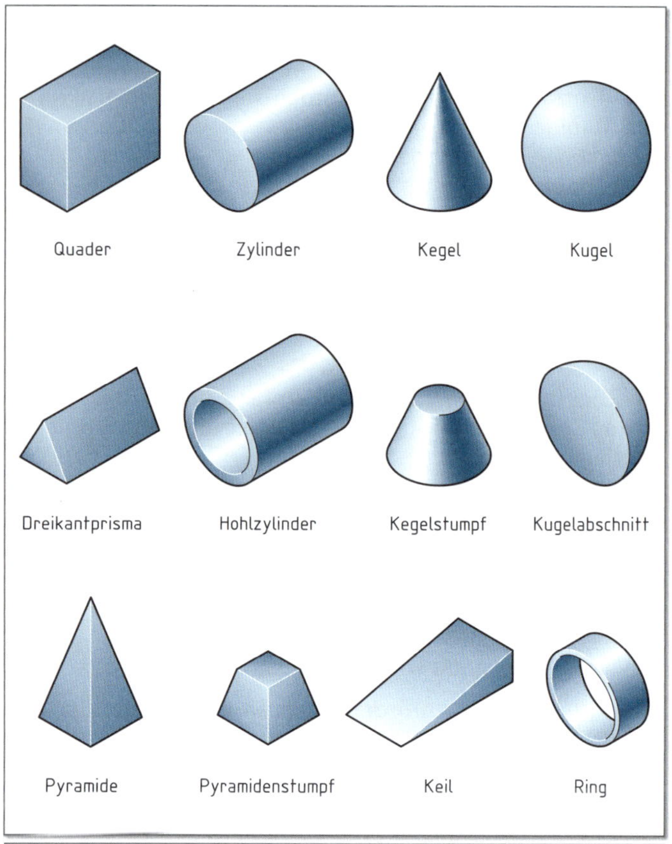

Bild 1: Begriffe für geometrische Grundkörper

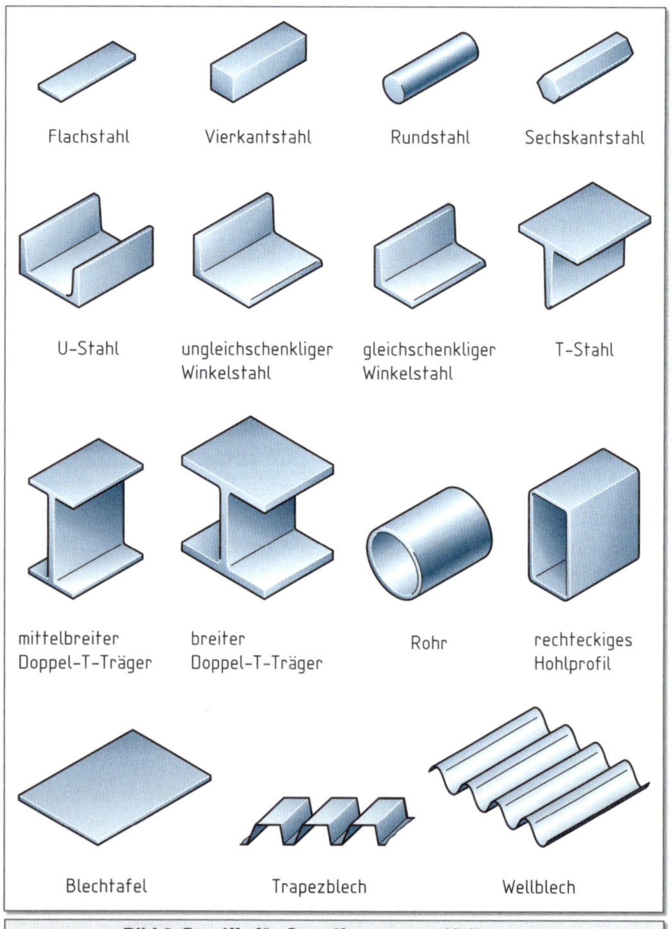

Bild 2: Begriffe für Grundformen von Halbzeugen

1.2.1 Fachbegriffe

Wie bereits dargestellt, ist die Sprache, gesprochen oder geschrieben, das wichtigste Kommunikationsmittel zwischen Menschen. Gerade in der Technik ist es sehr wichtig, Informationen klar und allgemein verständlich weiterzugeben. Die Sprache bedient sich zur Beschreibung von Sachverhalten aller Art der Begriffe. So ist es auch in der Technik. In jedem Fachgebiet haben sich Begriffe zur Beschreibung der speziellen fachlichen Inhalte herausgebildet. Weil sie für dieses spezielle Fachgebiet charakteristisch sind, nennt man sie Fachbegriffe. Bedient man sich bei der sprachlichen Verständigung im Fachgebiet derartiger Fachbegriffe, so spricht man die Fachsprache. Wer sich in einem Fachgebiet der Technik sach- und fachgerecht informieren oder Informationen austauschen will, muss die Begriffe und die Begriffsinhalte seines Fachgebietes kennen und verstehen. Damit wird nicht nur die Kommunikation effektiv, auch Fehler bei der Übergabe oder beim Aufnehmen von Informationen werden vermieden.

Die Kenntnis der Begriffe eines Fachgebietes und deren Inhalte ist unerlässlich für das vollständige und richtige Aufnehmen oder Weitergeben von Informationen.

An Beispielen für die Benennung und Beschreibung von geometrischen Grundformen und typischen Formelementen von Werkstücken und Baugruppen soll im Folgenden gezeigt werden, wie wichtig die Kenntnis der richtigen Begriffe für die Verständigung zwischen Kommunikationspartnern ist.

Geometrische Grundkörper

Die meisten Werkstückformen gehen auf die Grundformen geometrischer Körper zurück. Bei der Beschreibung von Werkstücken verwendet man daher häufig Begriffe wie prismatisch, zylindrisch, kegelig, keilförmig usw. (Bild 1). Werkstücke sind real aus verschiedenen geometrischen Grundformen zusammengesetzt, deren Oberflächen sich auch gegenseitig schneiden und durchdringen können.

Grundformen von Halbzeugen im Metall- u. Stahlbau

Die überwiegende Zahl von Werkstücken und Baugruppen im Bereich des Metall- u. Stahlbaus sind aus Stabstählen, Formstählen und aus Blechen gefertigt und montiert. Hier sind Grundformen der Halbzeuge aus Stahl dargestellt, die meist genormt sind. Ähnliche Formen werden auch aus anderen Werkstoffen, z. B. Aluminium, Kupfer, aber auch aus Kunststoffen hergestellt (Bild 2).

Die in großer Vielfalt lieferbaren Stahlerzeugnisse teilt man ein in:

- **Langerzeugnisse:**
  Stabstähle: Rund-, Vierkant-, Sechskant-, Flachstahl
  Formstähle: Stahlprofile wie Doppel-T, T-Winkel, Z-, und U-Profile, Stützenprofile, Schienen, Rohre, Hohlprofile, Draht
- **Flacherzeugnisse:**
  Ebene Bleche (Tafeln) und profilierte Bleche (z. B Trapezblech) und Coils (Blechband auf Rollen gewickelt).
- **Weitere Stahlerzeugnisse:**
  Riffelbleche, Lochbleche, Rahmenhohlprofile, gelochte Profile, Gitterroste, Drahtgeflechte, Stäbe und Zierelemente, Handläufe usw.

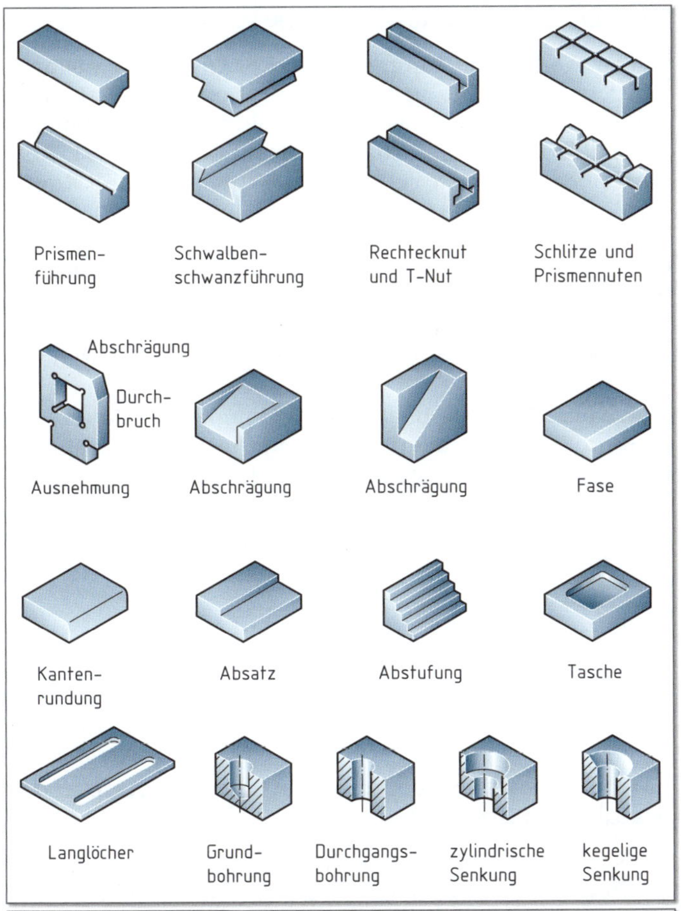

Bild 1: Formelemente an prismatischen Werkstücken

Formelemente an prismatischen Werkstücken

Dargestellt sind Formelemente, die typisch für prismatische Werkstücke vor allem des Maschinenbaus sind. Die Formen werden im Einzelnen meist mittels spanender Fertigungsverfahren wie z. B. Fräsen, Hobeln, Sägen, Bohren und Senken aus der geometrischen Grundform herausgearbeitet.

Zahlreiche Formelemente an Normteilen selbst bzw. solchen, die mit Normteilen gefügt werden, sind in Form und Abmessung ebenfalls genormt. (Bild 3 u. 4)

Schlüsselweiten für Schrauben, Armaturen und Fittings vgl. DIN 475-1 (1984-01)

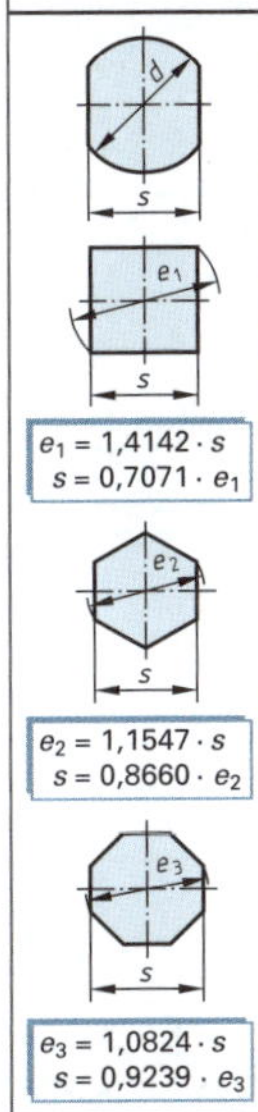

Schlüsselweite (SW) Nennmaß s	Eckenmaß Zweikant d	Eckenmaß Vierkant e_1	Eckenmaß Sechskant e_2[1)]	Schlüsselweite (SW) Nennmaß s	Eckenmaß Zweikant d	Eckenmaß Vierkant e_1	Eckenmaß Sechskant e_2[1)]	Eckenmaß Achtkant e_3
3,2	3,7	4,5	3,5	21	24	29,7	23,4	22,7
3,5	4	4,9	3,8	22	25	31,1	24,5	23,8
4	4,5	5,7	4,4	23	26	32,5	25,6	24,9
4,5	5	6,4	4,9	24	28	33,9	26,8	26,0
5	6	7,1	5,5	25	29	35,5	27,9	27,0
5,5	7	7,8	6,0	26	31	36,8	29,0	28,1
6	7	8,5	6,6	27	32	38,2	30,1	29,1
7	8	9,9	7,7	28	33	39,6	31,3	30,2
8	9	11,3	8,8	30	35	42,4	33,5	32,5
9	10	12,7	9,9	32	38	45,3	35,7	34,6
10	12	14,1	11,1	34	40	48,0	37,7	36,7
11	13	15,6	12,1	36	42	50,9	40,0	39,0
12	14	17,0	13,3	41	48	58,0	45,6	44,4
13	15	18,4	14,4	46	52	65,1	51,3	49,8
14	16	19,8	15,5	50	58	70,7	55,8	54,1
15	17	21,2	16,6	55	65	77,8	61,3	59,5
16	18	22,6	17,8	60	70	84,8	67,0	64,9
17	19	24,0	18,9	65	75	91,9	72,6	70,3
18	21	25,4	20,0	70	82	99,0	78,3	75,7
19	22	26,9	21,1	75	88	106	83,9	81,2
20	23	28,3	22,2	80	92	113	89,6	86,6

DIN 475 – SW 16: Schlüsselweite mit Nennmaß s = 16 mm

[1)] In DIN 475 sind die Eckenmaße kleiner als beim scharfkantigen Sechskant. Diese kleineren Maße gelten für fertig gepresste Sechskantprodukte. Das Eckenmaß kann mit der Formal $e_2 = 1{,}1547 \cdot s$ berechnet werden.

Bild 3: genormte Formelemente z. B. an Schrauben

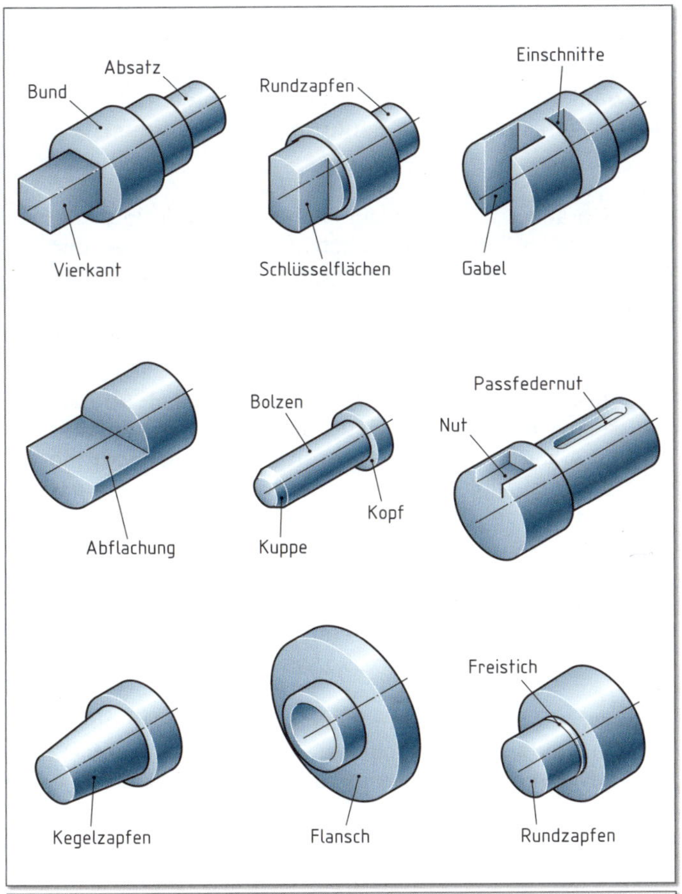

Bild 2: Formelemente an zylindrischen Werkstücken

Formelemente an zylindrischen Werkstücken

Beim Herausarbeiten der Grundform derartiger Werkstücke wird meist das spanende Verfahren Drehen angewendet. Dabei drehen sich die Werkstücke um die eigene Achse. Man bezeichnet die dabei entstehende Form auch als rotationssymmetrisch. Wenn die rotationssymmetrische Grundform vorliegt, dann werden andere spanende Verfahren wie zum Beispiel Fräsen zur Fertigung von Teilformen benutzt.

Passfedern (hohe Form) vgl. DIN 6885-1 (1968-08)

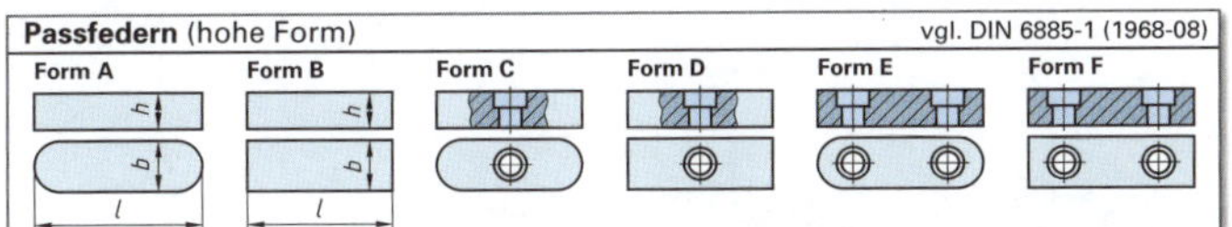

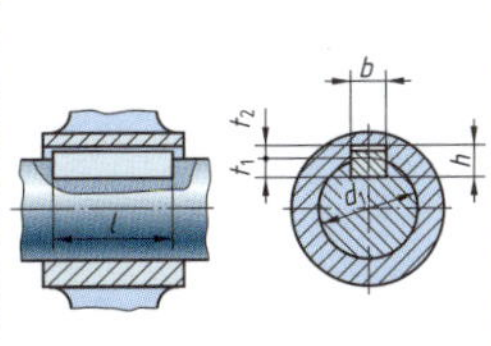

Toleranzen für Passfedernuten			
Wellennutenbreite b	fester Sitz leichter Sitz		P 9 N 9
Nabennutenbreite b	fester Sitz leichter Sitz		P 9 JS 9
zul. Abweichung bei d_1	≤ 22	≤ 130	> 130
Wellennutentiefe t_1 Nabennutentiefe t_2	+0,1 +0,1	+0,2 +0,2	+0,3 +0,3
zul. Abweichung bei Länge l	6...28	32...80	90...400
Längentoleranzen für Feder	−0,2	−0,3	−0,5
Längentoleranzen für Nut	+0,2	+0,3	+0,5

d_1 über	6	8	10	12	17	22	30	38	44	50	58	65	75	85	95	110
d_1 bis	8	10	12	17	22	30	38	44	50	58	65	75	85	95	110	130
b	2	3	4	5	6	8	10	12	14	16	18	20	22	25	28	32
h	2	3	4	5	6	7	8	8	9	10	11	12	14	14	16	18
t_1	1,2	1,8	2,5	3	3,5	4	5	5	5,5	6	7	7,5	9	9	10	11
t_2	1	1,4	1,8	2,3	2,8	3,3	3,3	3,3	3,8	4,3	4,4	4,9	5,4	5,4	6,4	7,4
l von	6	6	8	10	14	18	20	28	36	45	50	56	63	70	80	90
l bis	20	36	45	56	70	90	110	140	160	180	200	220	250	280	320	360

Nennlängen l: 6, 8, 10, 12, 14, 16, 18, 20, 22, 25, 28, 32, 36, 40, 45, 50, 56, 63, 70, 80, 90, 100, 110, 125, 140, 160, 180, 200, 220, 250, 280, 320 mm

Passfeder DIN 6885 – A – 12 × 8 × 56: Form A, b = 12 mm, h = 8 mm, l = 56 mm

Bild 4: genormte Passfedernuten

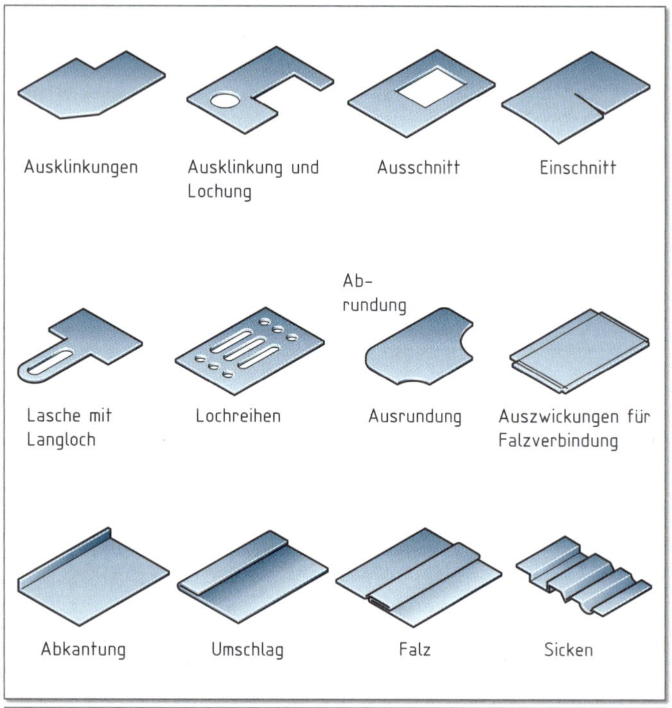

Bild 1: Begriffe für Formelemente an Blechen

Formelemente an flachen Werkstücken

Flache Werkstücke kommen in der Praxis des Metallbaus meist als Blechteile vor. Am häufigsten wird Stahlblech verarbeitet, wobei in den letzten Jahren die Verarbeitung von Edelstahlblechen sehr bedeutsam geworden ist. Aber auch andere Werkstoffe, wie z. B. Aluminium und Kupfer werden in Form von Blechen verarbeitet.

Die größte Gruppe bilden Formelemente, die in Blechteile eingearbeitet werden, um das Komplettieren mehrerer Blechteile zu einer Baugruppe zu ermöglichen, wobei die üblichen Fügeverfahren für Bleche zur Anwendung kommen.

Eine weitere Gruppe bilden Formelemente, mit deren Hilfe man größere Blechoberflächen und Blechkanten stabilisieren kann, z. B. durch Sicken.

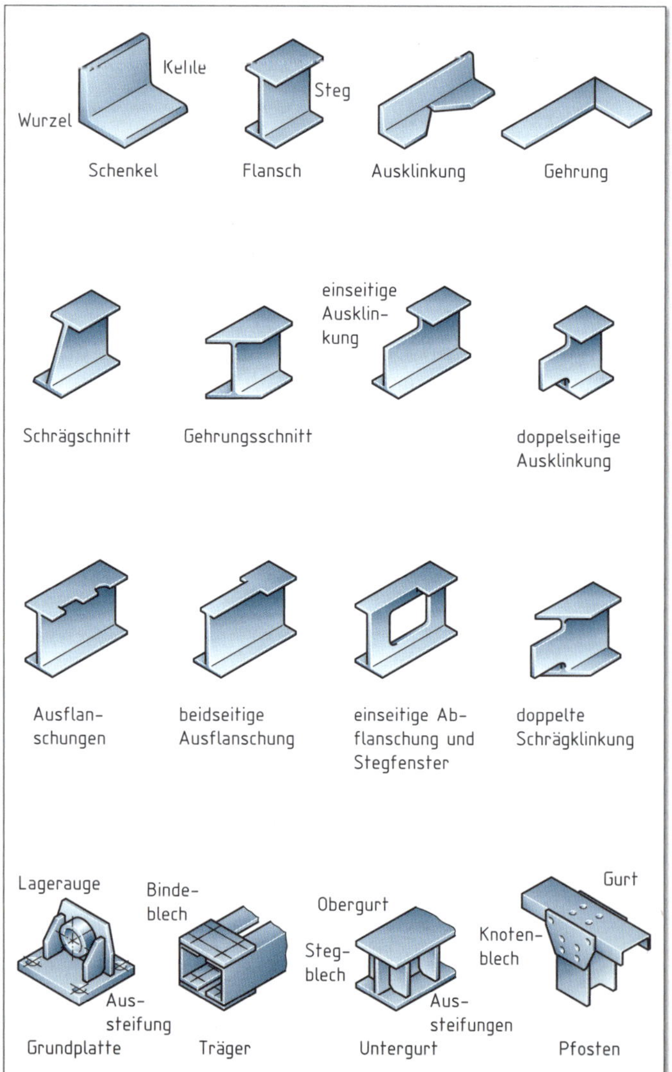

Bild 2: Begriffe für Formelemente im Metall- u. Stahlbau

Formelemente an Werkstücken und Baugruppen des Metall- und Stahlbaus

Konstruktionswerkstoffe des Metall- und Stahlbaus sind in der Regel genormte Halbzeuge. Um Metall- und Stahlbauerzeugnisse aus Einzelteilen und Baugruppen zusammenzufügen, sind zahlreiche Montageverbindungen erforderlich. Dabei werden verschiedene Fügeverfahren angewendet. Die Einzelteile und Baugruppen müssen dementsprechend vorbereitet werden. Die Abbildungen zeigen eine kleine Auswahl von Begriffen für typische Formelemente, die dabei an Werkstücken und Baugruppen vorkommen.

> Die Sprache ist auch in der Technik ein wichtiges Mittel zur Verständigung. Um Sachverhalte genau beschreiben zu können, ist die Kenntnis der jeweiligen Fachsprache unerlässlich.

Die Praxis zeigt, dass es oft recht umständlich und zeitraubend ist, Werkstücke und Baugruppen mit rein sprachlichen Mitteln erklären zu wollen. Besonders deutlich werden Verständigungsprobleme, wenn ein Kommunikationspartner, z. B. der Sender, die Fachsprache beherrscht, der andere, der Empfänger aber nicht. Um Missverständnisse bei der Übermittlung von Informationen auszuschließen, müssen die sprachlichen Mittel auch auf dem Gebiet der Technik durch andere effektivere Verständigungsmethoden ergänzt oder ersetzt werden.

Solche Methoden kannten unsere frühen Vorfahren bereits, als die Lautsprache noch am Anfang ihrer Entwicklung stand. Man verständigte sich mit Hilfe von Zeichen.

Übungsaufgaben 01

Aufgabe 1

Benennen Sie die gekennzeichneten Formelemente der in der Tabelle dargestellten Werkstücke.

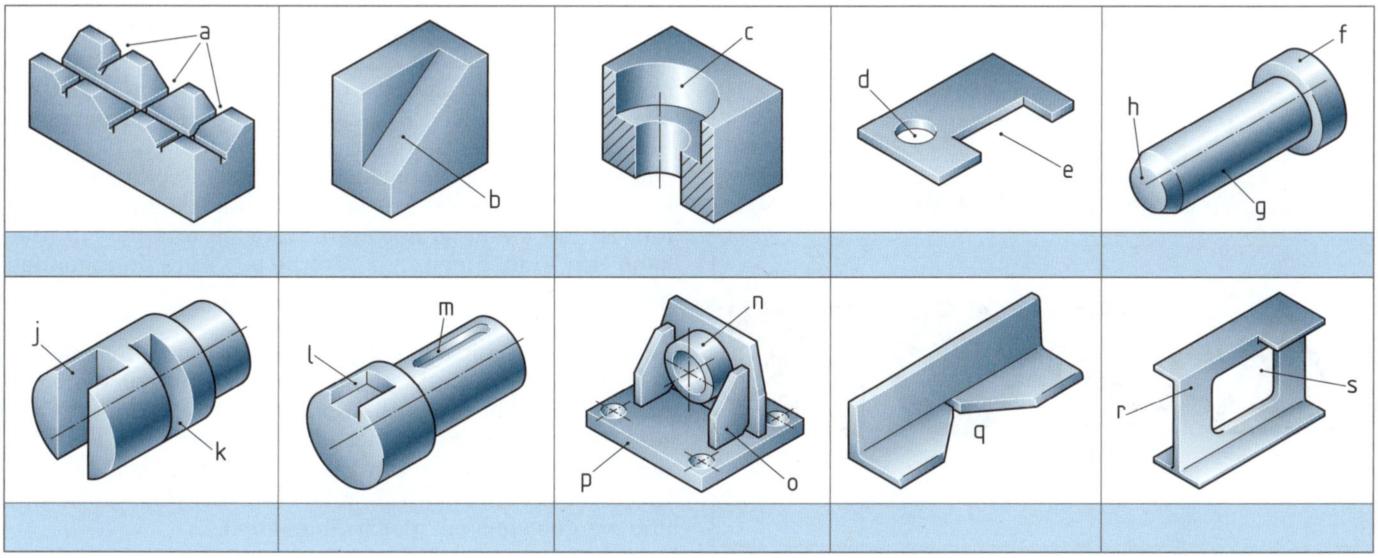

Aufgabe 2

Erfassen Sie die Form des Werkstücks. Die in der Zeichnung flächenhaft dargestellten Formen wie z. B. Kreis, Rechteck, Trapez kann man sich erst in Verbindung mit der dazugehörigen Maßeintragung als dreidimensionale Formteile vorstellen.

Bezeichnen Sie die einzelnen Formelemente und geben Sie die dazugehörigen Maße an.

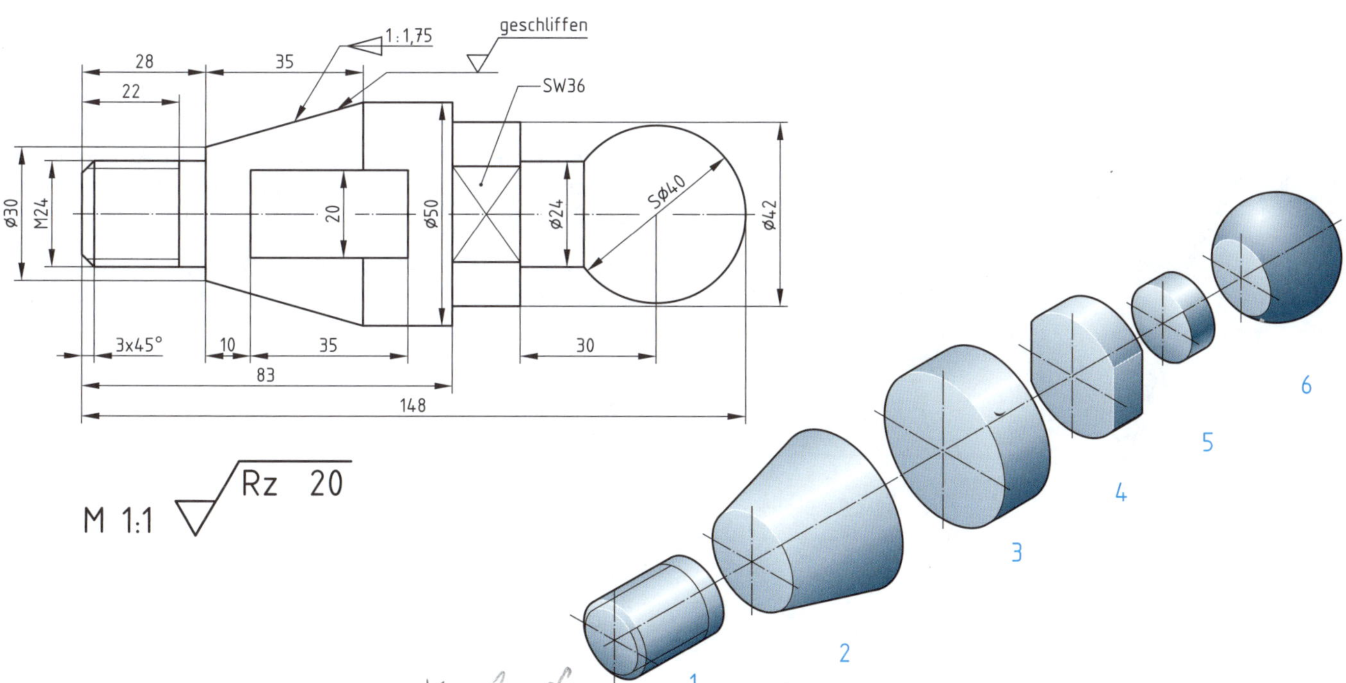

	1	2	3	4	5	6
Form	~~Bolzen mit~~ Kegelzapfen ~~Kuppe~~	Kegelstumpf mit ~~Zylinder~~	Zylinder	Schlüssel-flächen	Zylinder	Kugel abschnitt
Symbol Kurzzeichen Maße	l : 28 b : 30	l : d :				

	**Oberflächenzeichen** Kennzeichnet die Beschaffenheit von Werkstückoberflächen
	**Schweißnahtsymbol** Kennzeichnet die Nahtform einer Schweißnaht
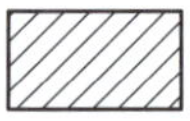	**Schraffur** Kennzeichnet Schnittflächen gedachter Schnitte und enthält Werkstoffinformationen

Bild 1: Zeichen in technischen Zeichnungen

Bild 2: Sicherheitszeichen

Bild 3: Warnzeichen

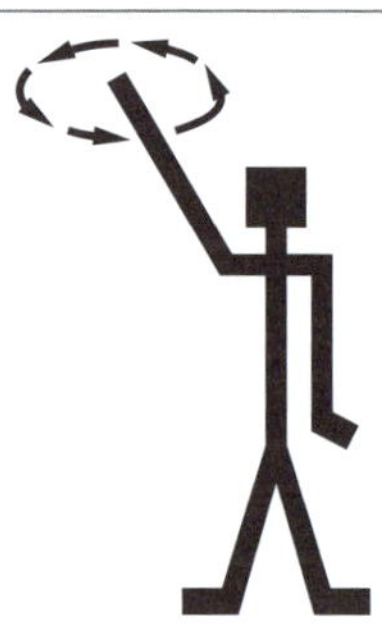

Bild 4: Verständigungszeichen zwischen Anschläger und Kranführer

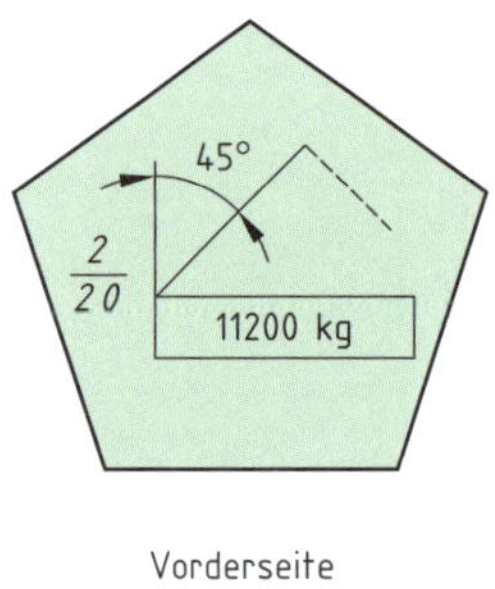

Bild 5: Kettenanhänger

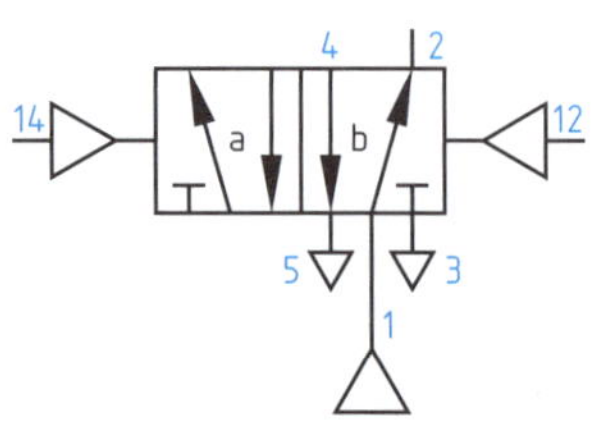

Bild 6: Schaltungssymbole

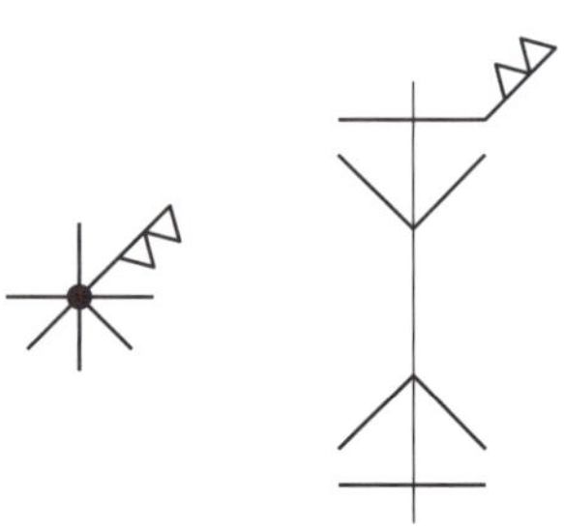

Bild 7: Symbole für Verbindungen

1.2.2 Zeichen

Aus der primitiven Zeichensprache unserer Vorfahren entwickelte sich schließlich die heutige Schriftsprache. Jeder Buchstabe stellt für sich ein solches Zeichen dar, die Kombination ergibt ein Wort, einen Begriff, der mit einem bestimmten Inhalt belegt ist. Will man den Inhalt verstehen, muss man die Sprache beherrschen. Erschwerend ist, dass sich in verschiedenen Regionen der Erde die Lautsprache und die dazugehörigen Zeichenkombinationen, die Schrift also, unterschiedlich entwickelt haben. Regionen haben ihre eigene Sprache. Soll die Kommunikation funktionieren, ist die Kenntnis der Fremdsprache erforderlich. Das kann das Aufnehmen und Verarbeiten von Informationen erschweren.

Einhergehend mit der technischen und industriellen Entwicklung rücken die Regionen der Welt immer näher zusammen. Es gibt zahlreiche Beispiele dafür, wie dieser Prozess durch die Entwicklung der Zeichensprache begleitet wird. Die Kombination mit Farben hat dabei große Bedeutung. Verkehrszeichen z.B. sehen weltweit fast gleich aus und werden weltweit gleich verstanden.

Im täglichen Leben bedienen wir uns gelegentlich der Zeichen, immer dann, wenn die Mittel der Sprache nicht eingesetzt werden können, nicht tauglich sind oder die Information nicht schnell genug befördern.

Auch die Technik kennt solche Zeichen, die in der Arbeitswelt unabhängig vom gesprochenen und geschriebenen Wort verstanden werden.

Beispiele:

- **Zeichen in technischen Zeichnungen.** Zur Erhöhung des Informationsgehaltes von technischen Zeichnungen gibt es zahlreiche genormte Zeichen und Symbole.
- **Sicherheitskennzeichen.** Sie regeln in der Arbeitswelt bestimmte Verhaltensweisen, zeigen Grenzen, warnen vor Gefahren und geben wichtige Hinweise.
- **Kennzeichen für Gefahrstoffe.** Für Mensch und Umwelt gefährliche Stoffe werden mit einheitlichen Zeichen gekennzeichnet.
- **Verständigungszeichen.** Die richtige Verständigung zwischen Kranführer und Anschläger ist eine Frage der Arbeitssicherheit.
- **Kettenanhänger.** Anschlagmittel werden zur Kennzeichnung ihrer Tragfähigkeit mit Anhängern versehen.
- **Symbole.** Sie spielen in der technischen Kommunikation eine wichtige Rolle. Technische Unterlagen der Steuerungstechnik und Elektrotechnik sind ohne die Anwendung von Symbolen nicht denkbar.

Zeichen haben den Vorteil, dass sie über sprachliche Barrieren hinweg Informationen immer wiederkehrenden Inhalts anschaulich darstellen. Sie sind deshalb auch in der Technik ein unverzichtbares Kommunikationsmittel.

MONTAGEANLEITUNG
(Artikelkreis 10 200 1 / 10 210 1 / 10 225 1 / 10 230 1 / 5 ff.)

Vor der Montage der Klemm-Systeme ist durch eine entsprechende Kontrolle (Nachweis über Lieferscheine) sicherzustellen, dass ausschließlich Bauteile (Klemm-Systeme, Zubehör, Glasscheiben) entsprechend den Bestimmungen dieser Allgemeinen Bauaufsichtlichen Zulassung Verwendung finden.

Achtung!

Der Einbau von Scheibenfüllungen hat grundsätzlich zwängungsfrei zu erfolgen. Es ist in diesem Zusammenhang darauf zu achten, dass die Pfosten vertikal ausgerichtet sind, dass die Bohrungen gegenüberliegender Pfosten fluchten und in Scheibenebene angeordnet sind.

1. Endpfostenmontage

a) Die Anschraubfläche (Pfosten) mit einer Bohrung, Durchmesser 11 mm, versehen.
b) In die Bohrung eine VA-Blindnietmutter M 8 (SWS-Art.-Nr. 11 010 5 00) einsetzen und mit Blindnietmutternzange (siehe SWS-Zubehör) festsetzen.
c) Das Anschraubteil des Klemm-Systems an die Anschraubfläche mittels einer Zylinderkopfschraube mit Innensechskant DIN EN ISO 4762:1998-02, M 8 x 20 mm befestigen (Art.-Nr. 11 015 5 00)
d) Das zu haltende Bauteil wird nun an die befestigten Anschraubteile der Klemmsysteme angelegt und justiert.
e) Das Klemm-System Oberteil (Deckel) wird jetzt mittels 2 Stück V2A-Senkkopfschrauben mit Innensechskant DIN 7991, M 6 x 16 mm, mit dem Anschraubteil verschraubt (Anzugsmoment 8 Nm)
f) Die Abdeckhauben für die Senkkopfschrauben aufstecken und andrücken

2. Mittelpfostenmontage

a) Pfosten mit einer durchgehenden Bohrung, Durchmesser 8,5 mm, versehen. (Oder - wie unter Endpfostenmontage beschrieben - die Blindnietmutter einsetzen)
b) Anschraubteile des Klemm-Systems mittels einer V2A Zylinderkopfschraube mit Innensechskant M 8 und einer V2A-Mutter M 8 gegeneinander verschrauben. Weitere Vorgehensweise wie bei der Endpfostenmontage!

Bild 1: Montageanleitung

Der Spindelkopf Teil 18 ist ein zylindrisches Teil, Ø22 mm, 50 mm lang. Von einer Planfläche aus ist entlang der Mittelachse des Zylinders eine Grundbohrung Ø12 mm, 25 mm tief zur Aufnahme des Spindelzapfens eingebracht. Die Bohrung ist kleiner vorzubohren, da sie anschließend auf Passmaß 12 K7 gerieben werden muss.

Die Außenkante der gegenüberliegenden Planfläche ist mit einer Fase 1x45° versehen. Von dieser Seite aus 10 mm entfernt ist eine Querbohrung Ø8,1 mm für die Aufnahme des Knebels Teil 20 durchgebohrt.

Beim Zusammenbau von Spindel und Spindelkopf wird 10 mm von der Planfläche der Gewindeseite entfernt eine um 90° gegenüber der ersten Querbohrung versetzt angeordnete Bohrung für den Zylinderstift Teil 19 gebohrt.

Bild 2: Beschreibung eines Einzelteils

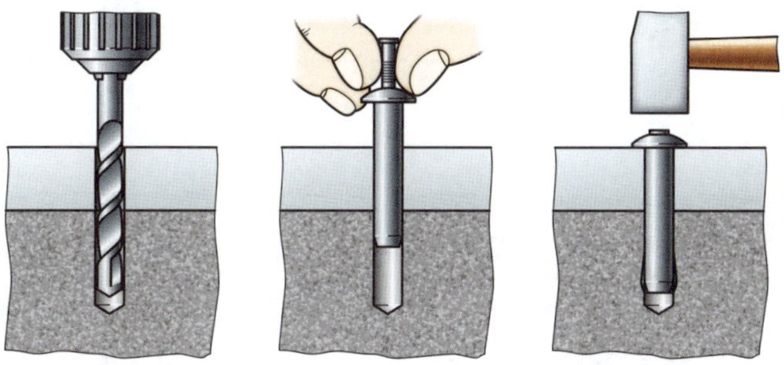

Bild 3: Grafische Handlungsanweisung

1.2.3 Technische Texte

Viele Situationen erfordern auch im Bereich der Technik die Darstellung von Informationen durch das geschriebene oder gedruckte Wort. Dabei kann sich die Kommunikation auf qualitativ unterschiedlichen Ebenen abspielen. Je nach Zweck der schriftlichen Darstellung spannt sich der Bogen von Darstellungen mit sehr einfachen sprachlichen Mitteln bis zu Fachtexten. Selbst technische Zeichnungen kommen ohne Textangaben nicht aus.

Im Arbeitsleben gilt: „Fasse dich kurz, denn Zeit ist Geld." Kurze Sätze mit klarer Aussage und Benutzung der einschlägigen Fachsprache sind angesagt, auch um missverständliche Darstellungen auszuschließen.

Stellvertretend für die zahlreichen Anwendungsbeispiele für die Beschreibung von Gegenständen und Vorgängen in der Technik sollen im Folgenden nur einige genannt werden:

- Beschreibungen der Gestalt, des Aussehens, der Geometrie, z.B. eines Werkstücks.
- Beschreibung der Konstruktion, des Aufbaus z.B. einer Baugruppe oder eines Erzeugnisses.
- Beschreibung des Fertigungs- oder Montageablaufs eines Einzelteils, einer Baugruppe oder eines Erzeugnisses.
- Beschreibung der Funktion, der Wirkungsweise einer technischen Einrichtung.
- Darstellung von Prozessabläufen, z.B. bei der Stahlerzeugung
- Darstellung von Handlungsabläufen, z.B. bei Maßnahmen zur Gewährleistung der Arbeitssicherheit.
- Bedienungs-, Wartungs- und Reparaturanleitungen für Maschinen.

Bild 1 zeigt einen Auszug aus dem Text der Montageanleitung für Glasklemmhalter.

Bild 2 zeigt die Beschreibung eines Einzelteils. Nach dieser Beschreibung kann z.B. eine Skizze oder eine Einzelteilzeichnung angefertigt werden. Auch ein Arbeitsplan für die Herstellung des Werkstücks lässt sich daraus entwickeln.

1.2.4 Grafische Handlungsanweisungen

Textverständnis ist an Sprachkenntnisse gebunden. Im Arbeitsleben können immer wieder Situationen auftreten, bei denen mündliche oder schriftliche Arbeitsanweisungen in der üblichen Sprache nicht verstanden werden und auch Zeichen allein die Information nicht transportieren können.

In solchen Fällen, oftmals auch aus Zeitmangel, greift man auf eine Kombination von Wort und Bild zurück. Besonders häufig trifft man diese Methode bei der Darstellung von Arbeitshandlungen an. Durch Bildfolgen, sparsam durch Text unterstützt, werden aufeinander folgende Arbeitsschritte dargestellt, die zu einem beabsichtigten Arbeitsergebnis führen.

Bild 3 stellt die Setzanweisung für einen Hammerschlagniet dar.

Es kann sich als zweckmäßig erweisen, wenn derartige Darstellungen dann noch durch eine Anordnungszeichnung (⇒ **Seite 26**) unterstützt werden.

EUROPA LEHRMITTEL

Information

Arbeitssicherheit entsteht nicht zuletzt durch den Regeln entsprechendes, verantwortungsbewusstes Verhalten und Handeln jedes Werktätigen am Arbeitsplatz. Geregelt wird das richtige Verhalten und Handeln wie der Straßenverkehr, durch genormte Zeichen, die den Zweck der Unfallverhütung, des Brandschutzes, des Schutzes vor Gesundheitsgefährdungen und zur Kennzeichnung der Fluchtwege dienen.

Aufgabe

Ermitteln Sie die Bedeutung der nachfolgend exemplarisch dargestellten Zeichen.

Tipp

Verwenden Sie dazu ein Tabellenbuch.

Kreisrunde Schilder mit weißem Grund, rotem Rand und schwarzen Symbolen sind:			

Rauchverbot keine offene Feuer	Rennverbot	Sonderlöschmittel beachten	kein Trinkwasser

Dreieckige Schilder mit gelbem Grund, schwarzem Rand und schwarzen Symbolen sind:			

Warnung	Explosionsgefahr	schwebende Last	feuergefährliche Stoffe

Kreisrunde Schilder mit blauem Grund und weißen Symbolen sind:			

Handschuhpflicht	Gehörschutz	Kopfschutzpflicht	Augenschutz beachten

Quadratische Schilder mit grünem Grund und weißen Symbolen sind:			

Notausgang	Notruftelefon	Krankentrage	Erste Hilfe

Rechteckige oder quadratische Schilder mit rotem Grund und weißen Symbolen sind:			

Brandmeldetelefon	Feuerleiter	Feuerlöscher	Löschschlauch

Bild 1: Kernmodell aus Polystyrolschaumstoff für den Metallguss

Bild 2: Fenstermodell

1.2.4 Modelle

Modelle werden in der Technik zu unterschiedlichen Zwecken benutzt. Oft sind es maßstabsgetreu angefertigte körperliche Abbilder von bereits existierenden Gegenständen, Nachbildungen also. Man fertigt aber Modelle auch zu Entwurfszwecken an, um sich eine Vorstellung von einem Gegenstand zu machen, dessen Herstellung erst geplant ist, den es also real noch nicht gibt. Beide Modelltypen kommen der Wirklichkeit sehr nahe. Andererseits werden mit Hilfe von Modellen bestimmte technische Sachverhalte und Bedingungen dargestellt und geprüft sowie Vorgänge simuliert. Aber auch direkt in der Fertigung benötigt man Modelle, z. B. Vollmodelle aus Holz zur Vorbereitung der Formen für den Sandguss.

Während man in der Vergangenheit fast ausschließlich Modelle gegenständlicher Art anfertigte, die man im wahrsten Sinn des Wortes begreifen konnte, bietet heute die moderne Rechentechnik die Möglichkeit, Modelle rechnerintern zu erzeugen und mit Hilfe von Ausgabegeräten zu visualisieren. Solche Modelle haben den Vorteil, dass die gewonnenen Daten direkt für den Produktionsprozess genutzt werden können.

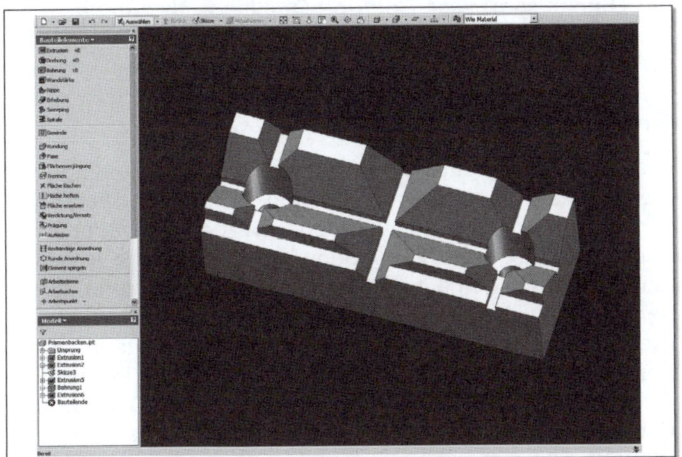

Bild 3: CAD 3D-Modell

1.2.5 Fotografische Bilder

Fotografische Bilder sind meist Abbilder bereits vorhandener Gegenstände. Im technischen Bereich sind sie vor allem dazu geeignet, Eindrücke über Form, Farbe und Gestaltung eines technischen Gegenstands, eines Produktes zu vermitteln. Ihr Nachteil ist, dass sie meist keine maßstabsgetreuen Abbilder der Wirklichkeit sind und ihr Informationsgehalt für den Techniker bezüglich verlässlicher technologischer Daten z. B. über Geometrie, Materialzusammensetzung, Oberflächengüte, Oberflächenbehandlung, Anforderungen an Fertigungsgenauigkeiten usw. im Vergleich mit anderen Kommunikationsmitteln als geringer bewertet werden muss. Trotzdem finden fotografische Darstellungen auch im technischen Bereich vielfältige Anwendung, z. B. zur unterstützenden Beschreibung von Vorgängen, Handlungsfolgen, Zuständen in Publikationen wie Prospekten, Katalogen, Fachzeitschriften. Aber auch im technologischen Bereich selbst werden fotografische Abbildungen z. B.

Bild 4: Modell einer Treppe

Bild 5: Anbausituation Vordach

- zur Beurteilung der Qualität von Schweißnähten,
- in der Werkstofftechnik zur Beförderung des Verständnisses der inneren Vorgänge in Werkstoffen durch Gefügebilder,
- bei der Beschreibung des Vergleichszustandes einer Stahloberfläche,
- zur Beschreibung der Oberflächenausführungsarten von Edelstahlblechen benutzt.
- zum Aufspüren von Wärmeverlusten infolge von Baufehlern an Gebäuden. Hierbei benutzt man Wärmebildkameras (Thermografie).
- zur Darstellung von Referenzobjekten z. B. in Firmenprospekten.
- für Präsentationen des Erzeugnisses oder der Firma im Internet.

Bild 6: Materialriss

Bild 7: Schweißnahtkorrosion

DEUTSCHE NORM — Juni 2000

Fenster und Türen
Widerstandsfähigkeit bei Windlast
Klassifizierung
Deutsche Fassung EN 12210 : 1999

DIN EN 12210

ICS 91.060.50

Windows and doors – Resistance to wind load – Classification;
German version EN 12210 : 1999

Fenêtres et portes – Résistance au vent – Classification;
Version allemande EN 12210 : 1999

Teilweise Ersatz für DIN 18055 : 1981-10

Bild 1: Kopfleiste eines Normblattes

Tabelle 1: Normzahlen

Grundreihen — vgl. DIN 323-/01 (1974-08)

R5	R10	R20	R40	R5	R10	R20	R40
1,00	1,00	1,00	1,00		3,15	3,15	3,15
			1,06				3,35
		1,12	1,12			3,55	3,55
			1,18				3,75
	1,25	1,25	1,25	4,00	4,00	4,00	4,00
			1,32				4,25
		1,40	1,40			4,50	4,50
			1,50				4,75
1,60	1,60	1,60	1,60		5,00	5,00	5,00
			1,70				5,30
		1,80	1,80			5,60	5,60
			1,90				6,00
	2,00	2,00	2,00	6,30	6,30	6,30	6,30
			2,12				6,70
		2,24	2,24			7,10	7,10
			2,36				7,50
2,50	2,50	2,50	2,50		8,00	8,00	8,00
			2,65				8,50
		2,80	2,80			9,00	9,00
			3,00				9,50

Bildungsgesetz für dezimalgeometrische Reihen

$$g_n = g_1 \cdot \varphi^{n-1}$$

Bildungsgesetz für den Stufensprung

$$\varphi = \sqrt[n]{10}$$

Beispiel: $\varphi = \sqrt[20]{10} \approx 1{,}12$ ergibt Glieder der Reihe 20

Tabelle 2: Anwendungsbeispiele für Normzahlen

	Plattendicke *t* für Plattenmaß *b*									
l	80	100	125	160	200	250	315	400	500	630
160	20, 25, 32				–	–	–	–	–	–
200	–	25, 32, 40				–	–	–	–	–
250	–	–	25, 32, 40				–	–	–	–
315	–	–	–	32, 40, 50				–	–	–
400	–	–	–	–	32, 40, 50				–	–
500	–	–	–	–	–	32, 40, 50				–
630	–	–	–	–	–	–	32, 40, 50, 63			
⇒	Bearbeitete Platte ISO 6753-1-1–315x32: durch Brennschneiden hergestellt (1), *l* = 315 mm, *b* = 200 mm, *t* = 32 mm									

1.2.6 Normen

Begriff

Unter Normen versteht man in der Technik anerkannte Regeln. Sie gelten im Allgemeinen als Empfehlungen und stellen bewährte Lösungen für häufig wiederkehrende Aufgaben dar. Ihre Anwendung hat eine sinnvolle Vereinheitlichung technischer Lösungen zur Folge und bringt dem Anwender wirtschaftliche Vorteile.

Ziel der Normung

Normen stellen eine sinnvolle Ordnung und Informationsmöglichkeit auf vielen Gebieten dar. Sie fördern die rationelle Gestaltung von Prozessen in Wirtschaft, Technik, Wissenschaft und Verwaltung. Sie dienen der Sicherheit von Personen und Sachen und bringen erhebliche Effekte bei der Qualitätsverbesserung und Qualitätssicherung in allen Lebensbereichen. Normen werden auf internationaler, nationaler und regionaler Ebene entwickelt.

Grundreihen

Die Normzahlen bilden die mathematische Grundlage für die Standardisierung in der Technik. Sie sind Glieder dezimalgeometrischer Reihen. Dabei werden n Glieder nach dem Bildungsgesetz einer geometrischen Reihe in einen Zehnerbereich eingestuft. Die Grundreihen entstehen, indem die Zwischenbereiche der Dekaden in eine Anzahl geometrisch gleicher Stufen aufgeteilt werden. Entsprechend der Anzahl n = 5, 10, 20 oder 40 geometrisch gleicher Stufen erhält man 5, 10, 20 oder 40 Glieder pro Dekade. Die Grundreihen sind nach der Anzahl ihrer Glieder benannt: R5, R10, R20, R40.

Jedes Glied einer Reihe kann durch Multiplikation des vorhergehenden Gliedes mit dem Stufensprung der Reihe ermittelt werden. Die Werte werden auf zwei Nachkommastellen gerundet.

Aus diesen Grundreihen leitet man auch weitere Stufungen ab, indem man z.B. aus einer Reihe nur jedes 2., 3., 4.Glied usw. entnimmt.

Beispiel:

Jedes 4. Glied aus Reihe R20 ergibt: 1 - 1,4 - 2,24 - 3,55 -5,6 - 9 - 12,5 - 20 - 31,5 - usw.

Normzahlen dienen der weitgehenden Vereinfachung und Ordnung in Technik und Wirtschaft. Sie finden zur Bemessung von Größen aller Art Anwendung, die mit Hilfe von Zahlen ausgedrückt werden können, z.B.:

- Hauptabmessungen von Gegenständen
- Fassungsvermögen von Behältern
- Hublasten von Hebezeugen
- Leistungsabstufung von Motoren
- Tragfähigkeiten von Fahrzeugen
- Drehzahlreihen an Werkzeugmaschinen usw.

Bei bestimmten Größen hat es sich als sinnvoll erwiesen, den Bildungsgesetzen arithmetischer Reihen zu folgen, z.B. bei der Stufung von Blechdicken, Schraubenlängen usw.

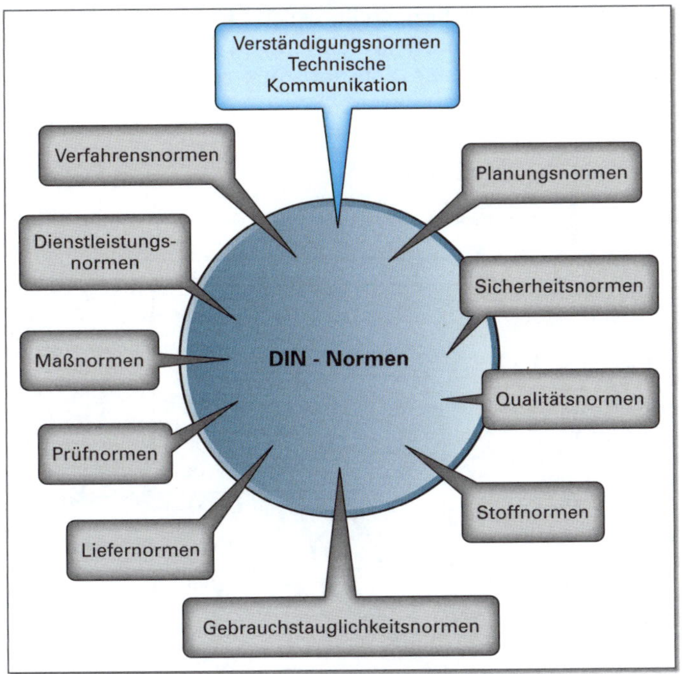

Bild 1: Inhalt der DIN-Normen

DEUTSCHE NORM — Oktober 2000

Technische Zeichnungen
Vereinfachte Darstellung und Bemaßung von Löchern — DIN 6780

ICS 01.100.20
Technical Drawings – Simplified representation and dimensioning of holes
Dessins Techniques – Représentation et cotage simplifiée de trous

Bild 2: Kopf einer DIN-Norm

DEUTSCHE NORM — März 1997

Schweiß- und Lötnähte
Symbolische Darstellung in Zeichnungen
(ISO 2553 : 1992)
Deutsche Fassung EN 22553 : 1994 — DIN EN 22553

Diese Norm enthält die deutsche Übersetzung der Internationalen Norm ISO 2553

ICS 01.100.20; 25.160.40
Deskriptoren: Schweißnaht, Lötnaht, Zeichnung, Darstellung, Symbol
Welded, brazed and soldered joints – Symbolic representation on drawings
(ISO 2553 : 1992)
German version EN 22553 : 1994
Joints soudés et brasés – Représentations symboliques sur les dessins
(ISO 2553 : 1992)
Version allemande EN 22553 : 1994

Ersatz für Ausgabe 1994-08

Bild 3: Kopf der deutschen Ausgabe einer unverändert übernommenen europäischen Norm

DEUTSCHE NORM — April 1997

Technische Zeichnungen
Vereinfachte Angaben von Stäben und Profilen
(ISO 5261 : 1995) — DIN ISO 5261

ICS 01.080.30; 01.100.30
Deskriptoren: Technische Zeichnung, Stab, Profil, Vereinfachung, Angabe
Technical drawings – Simplified represantation of bars and profile sections
(ISO 5261 : 1995)
Dessins techniques – Représentation simplifiée des barres et des profiles
(ISO 5261 : 1995)

Mit DIN ISO 5845-1 : 1997-04
Ersatz für Ausgabe 1983-02
DIN 1353-1 : 1971-04 und
DIN 1353-2 : 1971-04

Bild 4: Kopf der deutschen Ausgabe einer unverändert übernommenen internationalen Norm

Nationale Normen

■ DIN-Normen

DIN – **D**eutsches **I**nstitut für **N**ormung e.V.

Das Institut ist Träger der Normungsarbeit in Deutschland. Innerhalb des DIN arbeiten auf den verschiedenen Fachgebieten Normenausschüsse. In diesen Ausschüssen sind Fachleute aus Industrie und Wirtschaft, aus Wissenschaft und Behörden vertreten, die Erfahrungen und technische Lösungen ihres Fachgebietes analysieren und die Ergebnisse in Normentwürfen zusammenfassen. Diese Entwürfe werden öffentlich geprüft und dann publiziert. DIN-Normen enthalten die vom Deutschen Institut für Normung erarbeiteten Fassungen der Normen. Diese werden in Normblättern veröffentlicht.

Wenn für eine technische Lösung noch hinreichende Erfahrungen fehlen, der Normungsbedarf aber offensichtlich ist, werden Normen-Entwürfe (Vornormen) herausgegeben, nach denen bereits gearbeitet werden soll. Die Testergebisse finden dann ihren Niederschlag in der dem Entwurf folgenden Fassung der Norm.

Die DIN-Normen gelten als verpflichtende Empfehlungen und sind daher möglichst überall anzuwenden. Dabei sind auch die von DIN übernommenen internationalen Normen (ISO) und europäischen Normen (CEN) zu beachten. Der Status der Norm ist aus der Benennung ersichtlich. Bild 3 zeigt den Werdegang von einer internationalen Norm zu einer DIN-Norm.

DIN-Normen werden in der Praxis ihrer Anwendung ständig überprüft, um sie den sich schnell verändernden Bedingungen und neuen technischen Entwicklungs-richtungen anzupassen. Daraus ergeben sich in gewissen Zeitabständen Normänderungen. Diese werden in DIN-Mitteilungen veröffentlicht.

Informationen über Art und Inhalt von Normen kann man z.B. erhalten über:

- den monatlich erscheinenden DIN-Katalog für technische Regeln.
- die Normenbibliothek des DITR (Deutsches Informationszentrum für technische Regeln).
- Normenauslegestellen (Davon gibt es in der Bundesrepublik eine begrenzte Anzahl. Meist haben größere Universitäten eine solche Stelle.)
- den Beuth-Verlag, der als Alleinverkäufer von Normenwerken auftritt und auch Normen-Taschenbücher für bestimmte Fachgebiete herausgibt.
- das Internet. Für Metallbauer bietet z.B. der Coleman-Verlag einen Zugang zu Normen, Verordnungen, Gesetzestexten des Fachgebietes über www.metallbaupraxis.de an.

Bezeichnungsbeispiel für eine nationale Norm:

DIN	199	-	1	2002-03
Art der Norm	Ordnungs-nummer		Ordnungs-nummer für das Teil der Norm	Erscheinungsjahr und -monat

Eine Technische Zeichnung muss exakt und normgerecht, sowie sachlich richtig ausgeführt und gestaltet sein. Das setzt anwendungsbereite Kenntnisse der Regeln und Normen der Technischen Kommunikation voraus. Am untenstehenden Bild ist dargestellt, welche Normen u.a. bei der Anfertigung der Einzelteilzeichnung zu Position 16, Getriebemutter des Projekts Schraubstock zu beachten waren. ⇒ **Seite 27**

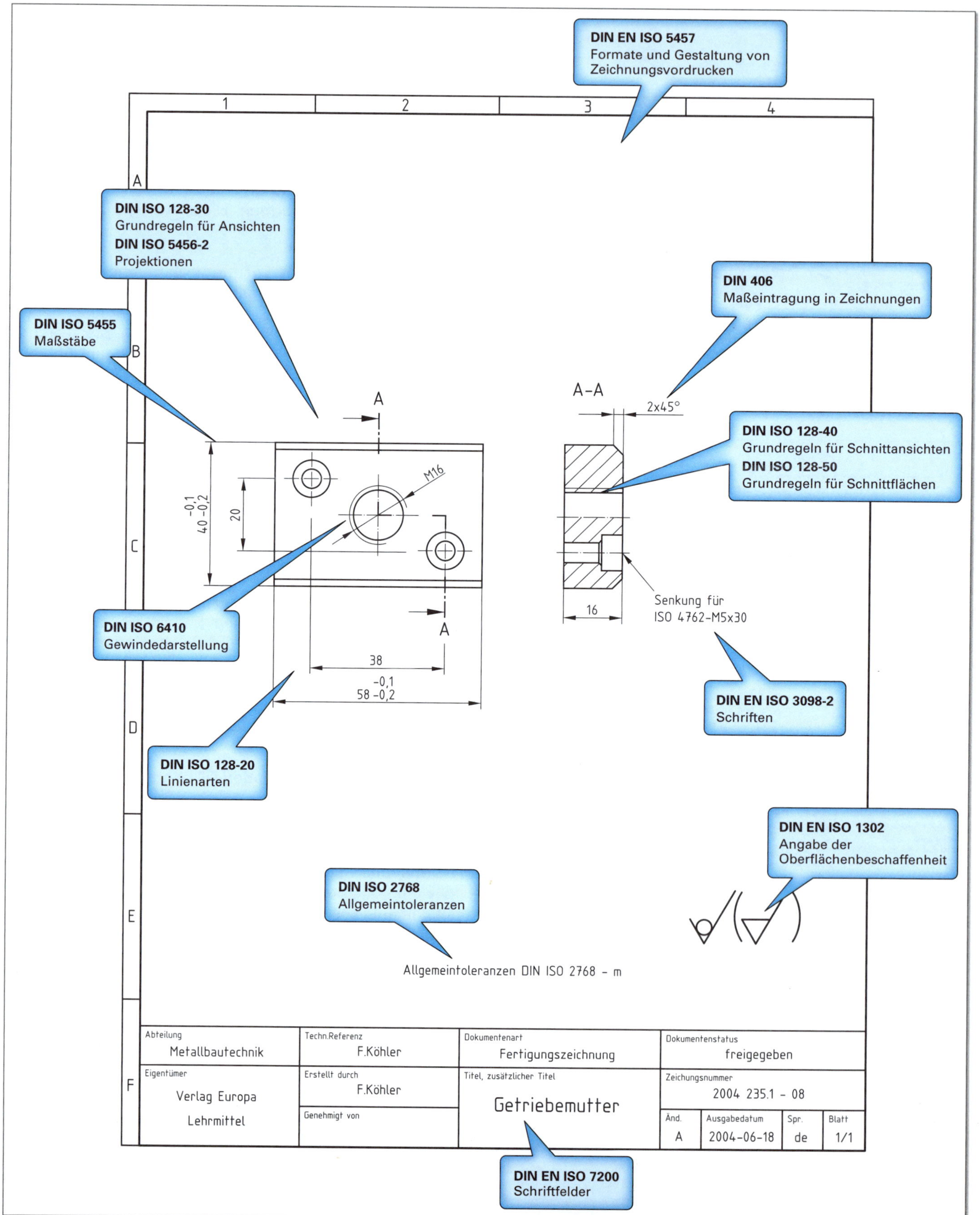

Bild 1: Einzelteilzeichnung Getriebemutter

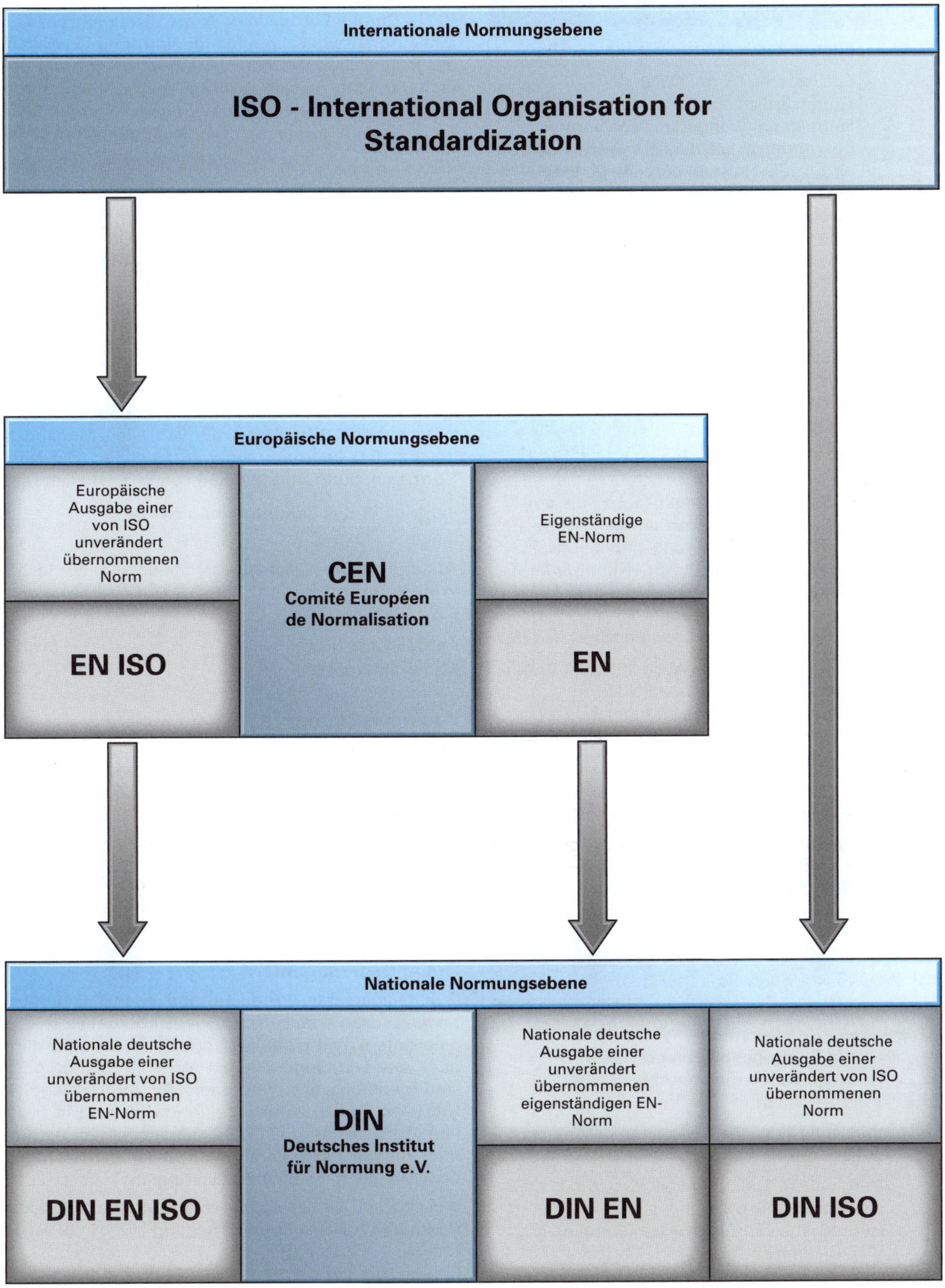
Internationale Normungsebene
ISO - International Organisation for Standardization
Europäische Normungsebene
Europäische Ausgabe einer von ISO unverändert übernommenen Norm
EN ISO
CEN
Comité Européen de Normalisation
Eigenständige EN-Norm
EN
Nationale Normungsebene
Nationale deutsche Ausgabe einer unverändert von ISO übernommenen EN-Norm
DIN EN ISO
DIN
Deutsches Institut für Normung e.V.
Nationale deutsche Ausgabe einer unverändert übernommenen eigenständigen EN-Norm
DIN EN
Nationale deutsche Ausgabe einer unverändert von ISO übernommenen Norm
DIN ISO

Tabelle 1: Bezeichnung von Normen

Bezeichnung	Herkunft der Norm
ISO	Internationale Norm (ISO-Standard).
EN	Europäische Norm (CEN). Grundsätzlich sollen vorhandene ISO-Normen unverändert als EN-Normen übernommen werden, sie werden dann als EN ISO-Normen bezeichnet. Wenn dies auf europäischer Normungsebene nicht gelingt, dann werden eigenständige EN-Normen mit eigener Benummerung erstellt. → *Bei von ISO abweichender EN-Norm erfolgt die Artikelbezeichnung nach EN, sonst nach ISO.*
DIN	Nationale Deutsche Norm. Eigenständige DIN-Normen wird es für solche Produkte und Leistungen weiterhin geben, für die es auf ISO- oder EN-Normungsebene keine Norm oder keinen Normungsbedarf gibt
EN ISO	Europäische Normenausgabe , die von ISO unverändert übernommen wurde. EN und ISO-Benummerung sind identisch, die frühere Praxis EN ISO-Nummer = ISO-Nummer + 20000 wird seit Januar 1995 nicht mehr angewendet. → *Die Artikelbezeichnung erfolgt nach ISO*
DIN EN	Nationale deutsche Ausgabe einer unverändert übernommenen EN-Norm. → *Bei von ISO abweichender EN-Norm erfolgt die Artikelbezeichnung nach EN, sonst nach ISO.*
DIN ISO	Nationale deutsche Ausgabe einer unverändert übernommenen ISO-Norm.
DIN EN ISO	Nationale deutsche Ausgabe einer unverändert von ISO übernommenen EN-Norm. → *Die Artikelbezeichnung erfolgt nach ISO*

Tabelle 2: Weitere Normungsorganisationen

Name	Bedeutung
VDI	**V**erein **D**eutscher **I**ngenieure e.V., Herausgabe von Technischen Richtlinien: VDI-Richtlinien
VDMA	**V**erband **D**eutscher **M**aschinen- u. **A**nlagenbauer
VDE	**V**erband **d**er **E**lektrotechnik, Elektronik, Informationstechnik e.V. Herausgabe von Technischen Richtlinien: VDE-Richtlinien
BG	**B**erufs**g**enossenschaften, Herausgabe von: BGV-Berufsgenossenschaftliche Vorschriften BGR-Berufsgenossenschaftliche Regeln UVV-Unfallverhütungsvorschriften ZH1-Sicherheitsregeln

Internationale Normen

■ **Europäische Normen**

CEN – **C**omité **E**uropéen de **N**ormalisation (franz.)
Das europäische Kommitee für Normung CEN hat das Ziel der technischen Harmonisierung und Normung in der EU und erstellt zu diesem Zweck in enger Anlehnung an oder durch Übernahme von internationalen Normen ISO eigene europäische Normen EN. Die nationalen Normungsinstitute, so auch DIN, sind Mitglieder von CEN.

EURONORMEN – EU

Auf dem Gebiet der Eisen- und Stahlerzeugnisse wurden von der europäischen Gemeinschaft EURONORMEN herausgegeben, die in europäische Normen EN überführt werden.

EN-Nummer = EU-Nummer + 10000.

■ **ISO** – **I**nternational **O**rganisation for **S**tandardization
Die Organisation fördert die Normung in der Welt, um den Warenaustausch zu unterstützen und die Zusammenarbeit in verschiedenen Bereichen der Technik zu fördern. Die ISO erarbeitet Standards, die von allen Mitgliedsländern unverändert übernommen werden sollen. Die Nationalen Normeninstitute sind Mitglied von ISO, so auch DIN.

Beispiel für das Benummerungssystem:

Inhalt der Norm:

„Angabe der Oberflächenbeschaffenheit in der technischen Produktdokumentation“

Internationale Norm:	ISO 1302
Europäische Norm:	EN ISO 1302
Nationale Norm:	DIN EN ISO 1302

Regionale Normen

Werksnormen

Die Grundlage von Werksnormen bilden einschlägige ISO-Normen, EN-Normen und DIN-Normen. Auf dieser Grundlage werden oftmals vor allem bei größeren Unternehmen Normen erstellt, die auf die speziellen Bedürfnisse eines Betriebes zugeschnitten sind. Ihr Geltungsbereich ist auf das jeweilige Unternehmen begrenzt. Werksnormen dürfen keine Festlegungen enthalten, die im Widerspruch zu übergeordneten Normenwerken stehen.

Qualitätsmanagement

Qualitätsgerechte Produkte und Dienstleistungen anzubieten muss Grundbedürfnis jedes Betriebes sein. Für die geleistete Arbeit nicht nur Vergütung, sondern darüber hinaus Anerkennung zu finden fördert den „guten Ruf" des Unternehmens und verbessert die Auftragslage. Mit der DIN EN ISO 9000 Normenreihe und den darin beschriebenen Modellen für das Qualitätsmanagement wird der Rahmen für die Reglementierung dieser Bemühungen gegeben. Sie gliedert sich in zwei Gruppen:

- „Leitfäden" für den Aufbau eines QM-Systems (9000 u. 9004)
- Modelle zur „externen Darlegung" (9001 bis 9003)

Firmen, die bei der Qualitätssicherung nach den dort dargestellten Methoden verfahren, können dies Kunden und Zulieferbetrieben durch ein von unabhängiger Stelle erteiltes Zertifikat deutlich machen. Um auf dem Markt zu bestehen, ist es heute für viele Betriebe unerlässlich, sich einem Zertifizierungsverfahren zu unterziehen.

Tabelle 1: Anwendungsgrundsätze für baurechtliche Bestimmungen
■ Vertraglich vereinbarte privatrechtliche Anforderungen sind nur gültig, wenn sie keinen Widerspruch zu öffentlich-rechtlichen Forderungen darstellen. ■ Öffentlich-rechtliche Anforderungen an Bauleistungen und Bauprodukte sind den Landesbauordnungen zu entnehmen. Sie enthalten diese Forderungen als Schutzziele formuliert und verweisen auf weitere Bestimmungen. ■ Alle öffentlich-rechtlichen Anforderungen gelten als Mindestanforderungen. Sie sind so zu erfüllen, dass die Schutzziele eingehalten werden. ■ Könnten in einem konkreten Fall mehrere unterschiedliche Anforderungen angewendet werden, so ist das höchste Anforderungsniveau zu wählen.

Tabelle 2: MBO-Musterbauordnung

Herausgeber	ALGEBAU – **A**rbeits**ge**meinschaft der für das **Bau**-, Wohnungs- u. Siedlungswesen zuständigen Minister der Länder
Ziel	Weitgehende Vereinheitlichung des Bauordnungsrechts in den Ländern
Bezeichnung	**Herkunft der Norm**
Allgemeine Grundsätze	■ Bauliche Anlagen sind so zu errichten, dass sie gebrauchstauglich sind und keine Gefährdungen von ihnen ausgehen. ■ Die technischen Baubestimmungen sind zu beachten.
Regeln für Bauarbeiten	■ Unfallverhütungsvorschriften
Anforderungen an bauliche Anlagen	■ Wärmeschutz ■ Brandschutz ■ Feuchteschutz ■ Schallschutz
Anforderungen an Bauprodukte u. Bauarten	■ Forderungen, die Bauprodukte und Bauarten erfüllen müssen, damit sie verwendet werden dürfen.
Anforderungen an Gebäudeteile	■ Treppen, Geländer ■ Wände, Stützen, Decken ■ Fenster, Fassaden ■ Aufzüge
Anforderungen an die am Bau Beteiligten	■ Verantwortlichkeit des Bauherrn und aller am Bau Beteiligten (Unternehmer, Bauleiter) für die Einhaltung der öffentlich-rechtlichen Vorschriften.
Aufgaben der Bauaufsichtsbehörden	■ Überprüfung der Bauprodukte ■ Einblick in alle Baudokumente, z.B. Prüfzeugnisse, Zulassungen usw. ■ Handlungen bei Ordnungswidrigkeiten, z.B. Geldbußen bis 50 000 €

Anforderungen an Bauleistungen

Zum Metall- und Stahlbau gehören grundsätzlich Tätigkeiten und Produkte, die in den Allgemeinen Vertragsbedingungen für Bauleistungen, die in der VOB Teil C (Verdingungsordnung für Bauleistungen), beschrieben sind.

Dabei handelt es sich hauptsächlich um die Herstellung von Fenstern, Türen, Fassaden, Überdachungen, Treppen und Geländern, aber auch um Stahlbauleistungen des konstruktiven Ingenieurbaus im Hoch- und Tiefbau. Alle diese Produkte sind dem Wesen nach Leistungen des Bauwesens und unterliegen somit auch baurechtlichen Bestimmungen und Vorschriften.

Baurechtliche Bestimmungen

Im Baurecht unterscheidet man zwischen

- dem privatrechtlichen Bereich und
- dem öffentlich-rechtlichen Bereich.

Um als Metall- oder Stahlbauer der Verantwortung zur Einhaltung der Bestimmungen beider Bereiche nachkommen zu können, ist es erforderlich, die einschlägigen Anforderungen an Bauleistungen und Bauprodukte zu kennen.

Im privatrechtlichen Bereich definiert der Auftraggeber die Anforderung an die Bauleistung. Diese werden nach Art und Umfang vertraglich festgelegt. Die entsprechenden Aussagen werden z.B. in Baubeschreibungen, Leistungsverzeichnissen, Abstimmungsprotokollen usw. dokumentiert. Werden Bauverträge nach der VOB/B abgeschlossen, dann gelten darüber hinaus die Allgemeinen technischen Vertragsbedingungen ATV der VOB Teil C. Die Basis bilden die Normen:

- DIN 18360 – Metallbauarbeiten
- DIN 18335 – Stahlbauarbeiten.

Außerdem gilt das Vertragsrecht des BGB. Die Einhaltung der Vertragsbedingungen wird von den Vertragspartnern durch Abnahme geprüft.

Im öffentlich – rechtlichen Bereich stellt der Staat die Anforderungen und macht Bauherren und alle am Bau Beteiligten für deren Einhaltung verantwortlich. Die Forderungen an Bauleistungen im öffentlich-rechtlichen Bereich findet man in:

- den Landesbauordnungen
- den Verwaltungsvorschriften des Bundes und der Länder
- den Technischen Baubestimmungen
- dem Bauproduktengesetz
- der Arbeitsstättenverordnung
- den allgemein anerkannten Regeln der Technik a.a.R.d.T. (z.B. Normen)
- der Bauregelliste.

Die Einhaltung der Forderungen wird hier durch das Zusammenwirken der am Bau Beteiligten mit den Bauaufsichtsbehörden und staatlich anerkannten Sachverständigen gesichert.

Mit der MBO – Musterbauordnung wurde ein Instrument zur Vereinheitlichung des Baurechts in den Ländern geschaffen.

Tabelle 1: Anforderungen an Bauleistungen und Bauprodukte – Bauregelliste

Bauregelliste A	**Bauregelliste B**	**Bauregelliste C**
Enthält Bauprodukte und Bauarten, die in den Landesbauordnungen als solche begrifflich bestimmt sind.	Enthält Bauprodukte, die nationalen und europäischen Normen und Vorschriften entsprechen. Sie dürfen in Verkehr gebracht werden, wenn sie das CE-Zeichen tragen. Als nationales Instrument zur Überprüfung der Übereinstimmung mit den technischen Regeln und den Bestimmungen der Landesbauordnung wird das Ü-Zeichen vergeben.	Enthält Bauprodukte, für die es keine technischen Regeln gibt oder die für die Erfüllung bauordnungsrechtlicher Forderungen keine Bedeutung haben. Verwendungsnachweis und Übereinstimmungsnachweis sind nicht gefordert.

Teil 1, Bauprodukte	**Teil 2, Bauprodukte**	**Teil 3, Bauart**
Geregelte Bauprodukte	**Nicht geregelte Bauprodukte**	
Bauprodukte, für die es technische Baubestimmungen und anerkannte Regeln der Technik gibt.	Bauprodukte, für die es keine technischen Baubestimmungen und keine anerkannten Regeln der Technik gibt, oder Bauprodukte, die wesentlich von den technischen Regeln der Bauregelliste A Teil1 abweichen.	
Verwendbarkeitsnachweis durch Übereinstimmung mit den jeweiligen bekannt gemachten technischen Regeln	Verwendbarkeitsnachweis durch: ■ Allgemeine bauaufsichtliche Zulassung ■ Allgemeines bauaufsichtliches Prüfzeugnis ■ Zustimmung im Einzelfall	Der Verwendbarkeitsnachweis in Form eines allgemeinen bauaufsichtlichen Prüfzeugnisses genügt nicht, sondern der Anwender muss bestätigen, dass die Bauart im Sinne der Bestimmungen des allgemeinen bauaufsichtlichen Prüfzeugnisses ausgeführt wurde und dass die dabei verwendeten Produkte diesen Prüfzeugnissen entsprechen

Für alle Bauprodukte der Bauregelliste A muss zur Prüfung ihrer Verwendbarkeit ihre Übereinstimmung mit den angegebenen technischen Regeln auf unterschiedliche Weise dokumentiert werden.

CE-Zeichen (CE)	Dieses Zeichen tragen Produkte, die die Vorschriften der Mitgliedstaaten der Europäischen Union und der Vertragsstaaten des Abkommens über den europäischen Wirtschaftsraum erfüllen. Sie haben das sogenannte Konformitätsnachweisverfahren durchlaufen.
Ü-Zeichen (Ü)	Mit dem Übereinstimmungszeichen wird die Übereinstimmung mit den Anforderungen der Landesbauordnungen dokumentiert.

Arten von Übereinstimmungsnachweisen	
ÜH	Der Hersteller muss die Übereinstimmung des jeweiligen Produktes durch eine Herstellererklärung bestätigen.
ÜHP	Der Hersteller muss eine Erklärung abgeben, aber das Bauprodukt muss vorher durch eine anerkannte Prüfstelle geprüft worden sein.
ÜZ	Die Übereinstimmung des Bauproduktes oder der Bauart wird durch ein Zertifikat einer anerkannten Zertifizierungsstelle belegt.

Tabelle 1: Zeichnungsarten, vgl. DIN 199-1 (2002-03)

	Merkmal		
	Darstellungsart	**Art der Anfertigung**	**Inhalt u. Zweck**
Arten	Skizze	Original-Zeichnung	Anordnungs-Zeichnung
	maßstäbliche Zeichnung	CAD-Zeichnung	Einzelteil-Zeichnung
	Maßbild	CAD-Modell	Fertigungs-Zeichnung
	Plan	rechnerinternes Datenmodell	Gruppen-Zeichnung
	Diagramm	CAD-Plot	Gesamt-Zeichnung
	grafische Darstellung		Prüfzeichnung
	2D-Darstellung		Sammel-Zeichnung
	3D-Darstellung		Zusammenbau-Zeichnung

Skizze	Im Regelfall freihändig erstellte, nicht unbedingt maßstäbliche Zeichnung.
Zeichnung	Aus Linien bestehende bildliche Darstellung eines Gegenstandes.
Technische Zeichnung	Zeichnung in der für technische Zwecke erforderlichen Art und Vollständigkeit.
Gesamt-Zeichnung	Zeichnung, die eine Anlage, ein Bauwerk, ein Gerät oder eine Gruppe von Teilen vollständig darstellt.
Zeichnungssatz	Gesamtheit aller für einen bestimmten Zweck zusammengestellten Zeichnungen.

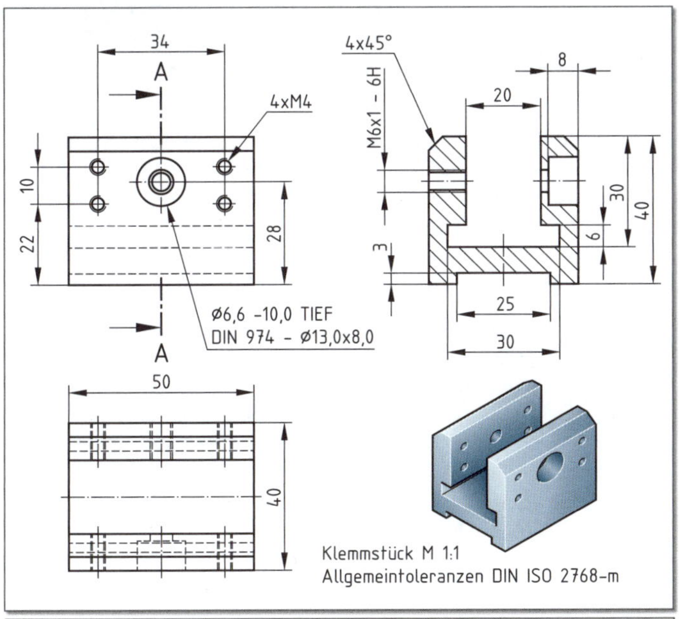

Bild 1: Zeichnung, Werkstück in Ansichten

1.2.7 Technische Zeichnungen

Technische Zeichnungen sind nach DIN 199-1 aus Linien bestehende bildliche Darstellungen in der für technische Zwecke erforderlichen Art und Vollständigkeit.

Sie dienen zur weitgehend sprachunabhängigen Darstellung und Weitergabe von Informationen, die auf andere Weise gar nicht, nicht anwendungsgerecht oder nicht präzise genug dargestellt und weitergegeben werden können.

Für jedes darzustellende Teil ist eine eigene Zeichnungsunterlage anzufertigen. Das Zusammenfassen mehrerer Zeichnungen auf einem Blatt sollte aus praktischen Gründen (z.B. würden Änderungen erschwert) unterbleiben.

Zur Anfertigung Technischer Zeichnungen gehört die Auswahl des richtigen Blattformates und des Abbildungsmaßstabs genauso, wie die Einhaltung der Darstellungsregeln für Einzelteile, Baugruppen und Erzeugnisse, die Einhaltung der Normen für die Maßeintragung usw.

Technische Zeichnungen sind in vielfältiger Ausführungsform und mit verschiedenen Inhalten in Gebrauch. Die Benennung und die Inhalte für einzelne Zeichnungsarten sind in DIN 199-1 geregelt.

Anordnungszeichnungen

Eine Anordnungszeichnung ist eine technische Zeichnung, bei der eine Baugruppe oder ein Erzeugnis in seine Einzelteile zerlegt dargestellt wird. Das Ordnungsprinzip ist die Lage, die Einzelteile oder Baugruppen im Raum zueinander einnehmen.
Diese Art der Darstellung wird vor allem angewendet, wenn eine Gesamtübersicht über den Aufbau und die Funktion einer Baugruppe oder eines ganzen Erzeugnisses z.B. zu Präsentationszwecken, als Arbeitsunterlage für Montage- und Demontageprozesse, als Informationsmöglichkeit bei Instandhaltungsaufgaben, zur Ersatzteilbeschaffung u.ä. vorteilhaft ist. Anordnungszeichnungen müssen nicht maßstabsgerecht sein.

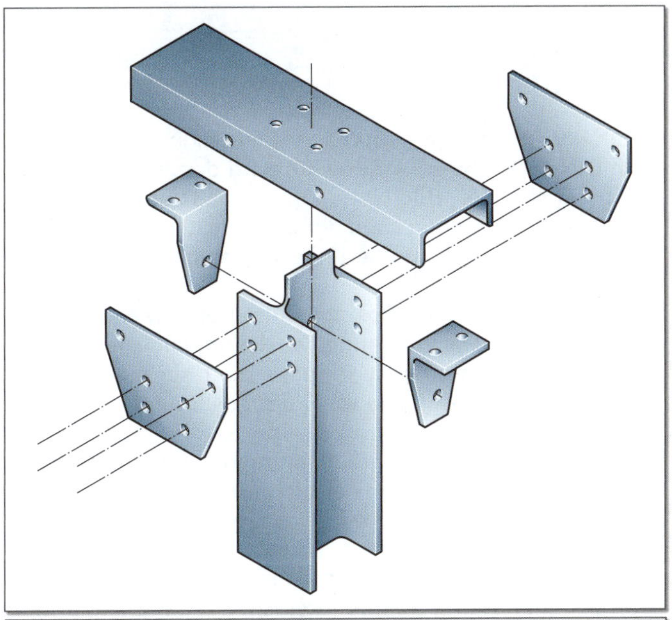

Bild 2: Anordnungszeichnung für die Montage

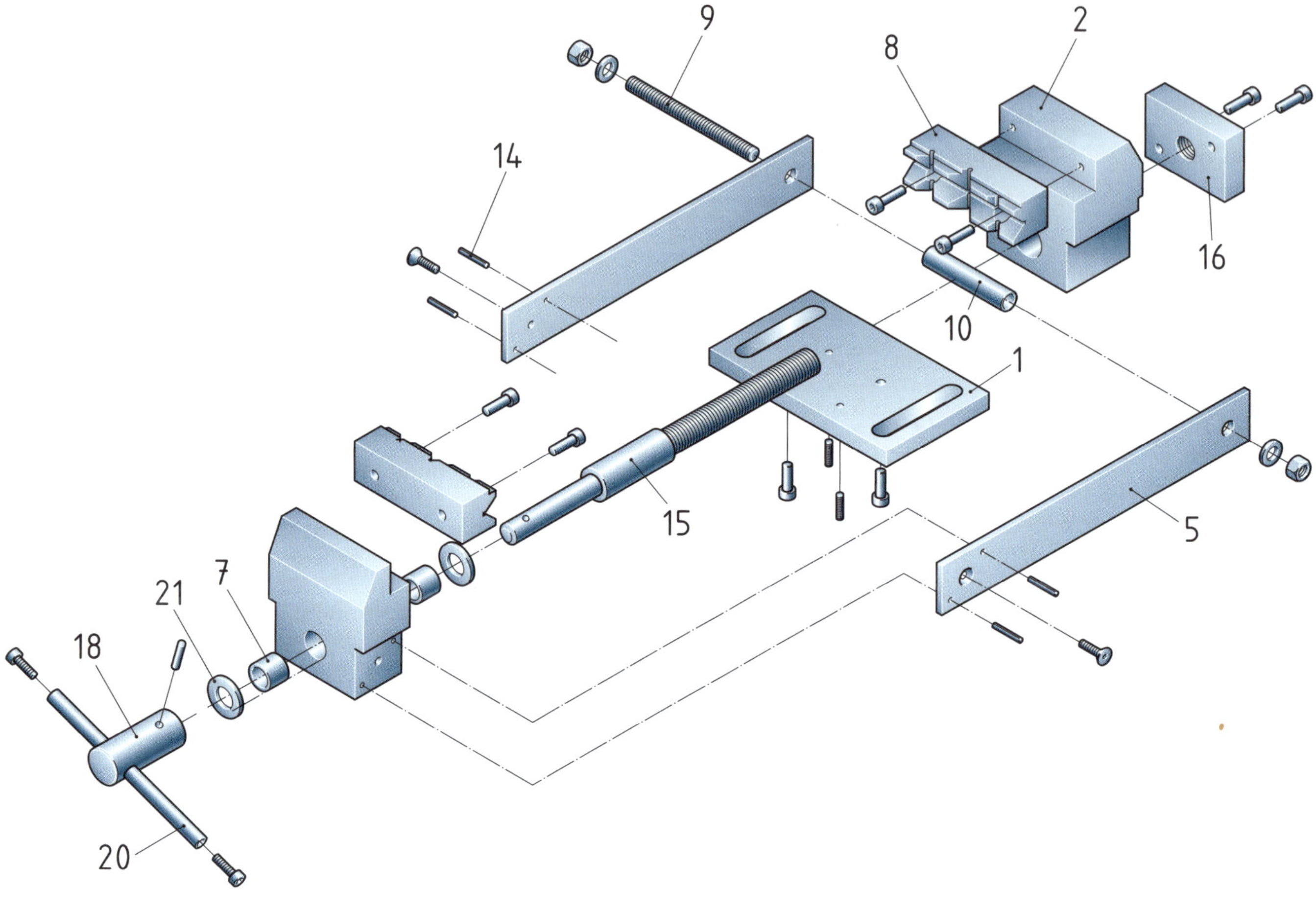

Bild 1: Anordnungszeichnung eines Schraubstockes

Durch die Anwendung von axonometrischen Projektionen nach DIN ISO 5456-3 (⇒ **Seite 60**) wird dem Betrachter ein dreidimensionales Bild von dem Gegenstand vermittelt. Die plastische Wirkung kann durch farbliche Gestaltung der Flächen und durch Schattierungen verstärkt werden.

Jedes Teil ist mit einer Positionsnummer versehen, die in Teilelisten ebenfalls verwendet wird. Für Teilelisten gibt es entweder eigenständige Vordrucke oder sie sind wie bei Gesamtzeichnungen Bestandteil der Zeichnung.

Dadurch sind Anordnungszeichnungen ohne umfangreiche Kenntnisse der Regeln der technischen Darstellung lesbar und daher anwenderfreundlich und informativ.

Anordnungszeichnungen müssen nicht unbedingt maßstabsgerecht angefertigt werden. Da keine Maßeintragung erfolgt, sind diese Zeichnungen nicht in der Fertigung einsetzbar.

Der Arbeitsaufwand bei der Zeichnungserstellung ist hoch und erfordert einige Übung. Heute werden derartige Zeichnungen kaum noch mit konventionellen Mitteln hergestellt. Leistungsfähige 3D-Konstruktionsprogramme bieten Werkzeuge zur rationellen Erstellung von Anordnungsplänen und darüber hinaus zur Zeichnungs- und Stücklistenableitung.

Anordnungszeichnungen stellen ganze Erzeugnisse oder Baugruppen im demontierten Zustand dar. Ordnungsprinzip ist die Lage der Einzelteile im Raum. Sie enthalten keine Maßeintragung. Durch die räumliche Darstellung sind sie leicht lesbar und anwenderfreundlich. CAD-Programme ermöglichen ihre rationelle Herstellung.

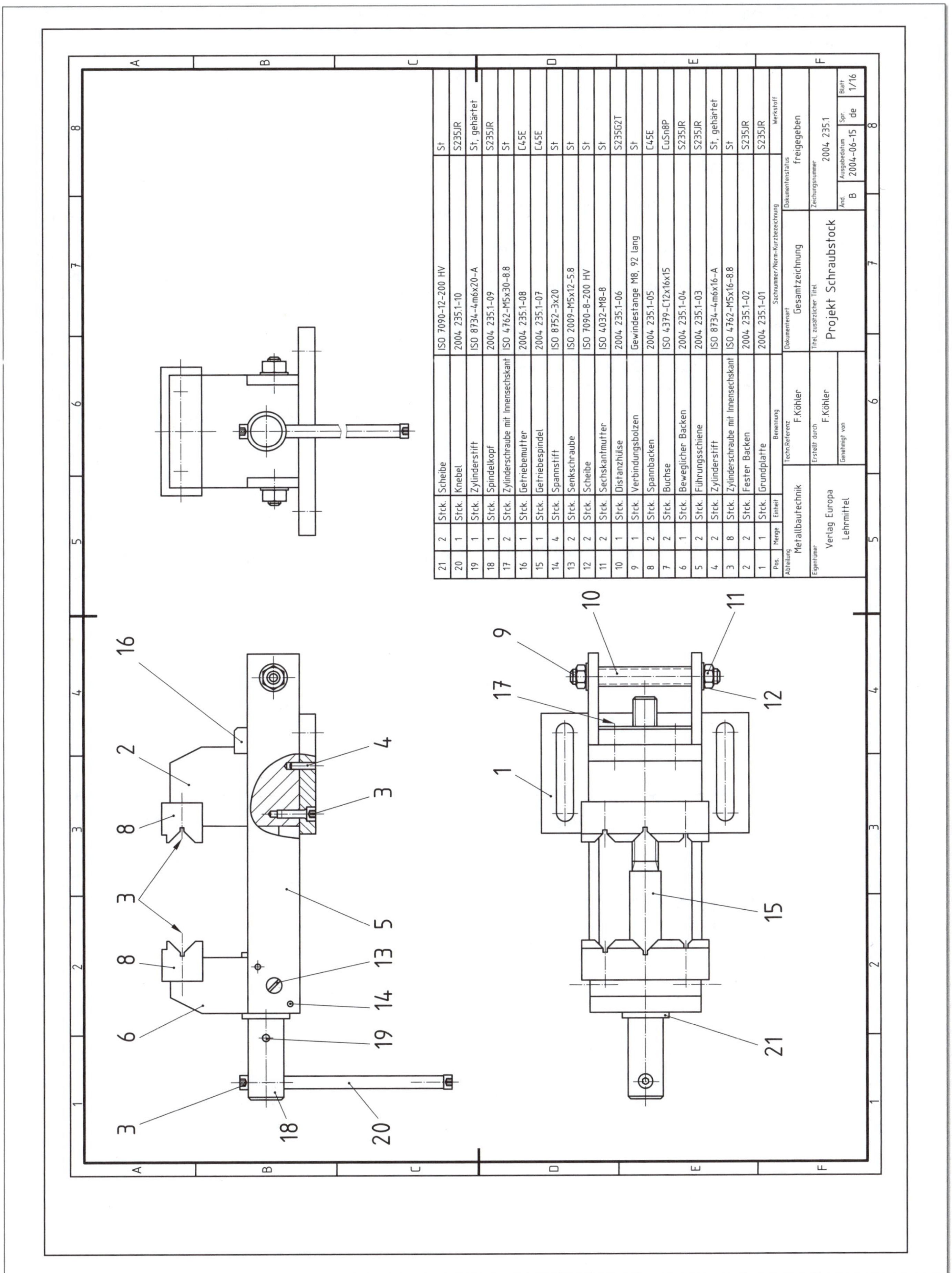

Pos.	Menge	Einheit	Benennung	Sachnummer/Norm-Kurzbezeichnung	Werkstoff
21	2	Stck.	Scheibe	ISO 7090-12-200 HV	St
20	1	Stck.	Knebel	2004 235.1-10	S235JR
19	1	Stck.	Zylinderstift	ISO 8734-4m6x20-A	St, gehärtet
18	1	Stck.	Spindelkopf	2004 235.1-09	S235JR
17	2	Stck.	Zylinderschraube mit Innensechskant	ISO 4762-M5x30-8.8	St
16	1	Stck.	Getriebemutter	2004 235.1-08	C45E
15	1	Stck.	Getriebespindel	2004 235.1-07	C45E
14	4	Stck.	Spannstift	ISO 8752-3x20	St
13	2	Stck.	Senkschraube	ISO 2009-M5x12-5.8	St
12	2	Stck.	Scheibe	ISO 7090-8-200 HV	St
11	2	Stck.	Sechskantmutter	ISO 4032-M8-8	St
10	1	Stck.	Distanzhülse	2004 235.1-06	S235G2T
9	1	Stck.	Verbindungsbolzen	Gewindestange M8, 92 lang	St
8	2	Stck.	Spannbacken	2004 235.1-05	C45E
7	2	Stck.	Buchse	ISO 4379-C12x16x15	CuSn8P
6	1	Stck.	Beweglicher Backen	2004 235.1-04	S235JR
5	2	Stck.	Führungsschiene	2004 235.1-03	S235JR
4	2	Stck.	Zylinderstift	ISO 8734-4m6x16-A	St, gehärtet
3	8	Stck.	Zylinderschraube mit Innensechskant	ISO 4762-M5x16-8.8	St
2	2	Stck.	Fester Backen	2004 235.1-02	S235JR
1	1	Stck.	Grundplatte	2004 235.1-01	S235JR

Abteilung: Metallbautechnik	Techn.Referenz: F.Köhler	Dokumentenart: Gesamtzeichnung	Dokumentenstatus: freigegeben
Eigentümer: Verlag Europa Lehrmittel	Erstellt durch: F.Köhler	Titel, zusätzlicher Titel: Projekt Schraubstock	Zeichnungsnummer: 2004 235.1
	Genehmigt von:		Änd.: B; Ausgabedatum: 2004-06-15; Spr.: de; Blatt: 1/16

Bild 1: Gesamtzeichnung des Projektes Schraubstock

Gesamtzeichnung/Gruppenzeichnung

Eine Gesamtzeichnung beinhaltet die vollständige technische Darstellung einer Anlage, eines Bauwerks, eines Gerätes. Die Darstellung einer Gruppe von konstruktiv und funktionell zusammengehörenden Teilen, die man auch als Baugruppe bezeichnet, nennt man Gruppenzeichnung. Gruppenzeichnungen und die Gesamtzeichnung sind meist Bestandteil eines Zeichnungssatzes.

Die maßstäbliche Darstellung in Ansichten zeigt entsprechend den Darstellungsregeln für technische Zeichnungen alle Einzelteile im zusammengebauten Zustand in ihrer tatsächlichen Lage, die sie zueinander einnehmen. Verdeckte Teile können durch Schnittdarstellungen sichtbar gemacht werden.

Jedes Einzelteil trägt eine Positionsnummer, die durch eine Hinweislinie mit dem zugeordneten Teil verbunden ist. In der zur Zeichnung gehörenden Stückliste wird die gleiche Positionsnummer verwendet. In Zeichnungen des Metall- und Stahlbaus ist es üblich, zusätzlich zu den Positionsnummern die Norm-Kurzbezeichnungen der Teile an die Hinweislinie zu schreiben, auch wenn die Angaben in der Stückliste nochmals enthalten sind.

Bei Gruppen- oder Gesamtzeichnungen kann die Stückliste über dem Schriftfeld aufsteigend angelegt werden. Das hat den Vorteil, dass man ohne großen Aufwand Ergänzungen vornehmen kann. ⇒ **Seite 27**

Besteht das Erzeugnis oder die Baugruppe aus vielen Einzelteilen, so hat die Stückliste meist keinen Platz auf der Zeichnung, sondern wird auf einem oder mehreren gesonderten Blättern angelegt. Vordrucke für Stücklisten sind genormt. ⇒ **Seite 33**

Das Eintragen von Maßangaben ist bei Gesamtzeichnungen nicht vorgesehen. In der Praxis trifft man jedoch auch Gesamtzeichnungen an, die außer der Darstellung der Baugruppe oder des Erzeugnisses ausgewählte Maße enthalten, die im Einzelfall wichtige Informationen beinhalten. Solche Angaben können z.B. Anschlussmaße, Einbaumaße, Werkstoffangaben usw. sein. Typische Anwendungsfälle sind Zeichnungen für Angebote, Normen, Kataloge u.ä. Erläuterungen zur Gestaltung von Zeichnungsvordrucken und zum Inhalt von Stücklisten und Schriftfeldern finden Sie auf den folgenden Seiten.

> Gesamtzeichnungen stellen ganze Erzeugnisse, Gruppenzeichnungen stellen Baugruppen im zusammengebauten Zustand in einem bestimmten Abbildungsmaßstab in Ansichten dar. Das Lesen dieser Zeichnungen erfordert gutes räumliches Vorstellungsvermögen. Durch die Vergabe von Positionsnummern für Einzelteile und die Verknüpfung mit Stücklisten wird der Informationsgehalt erhöht. CAD-Programme ermöglichen ihre rationelle Herstellung.

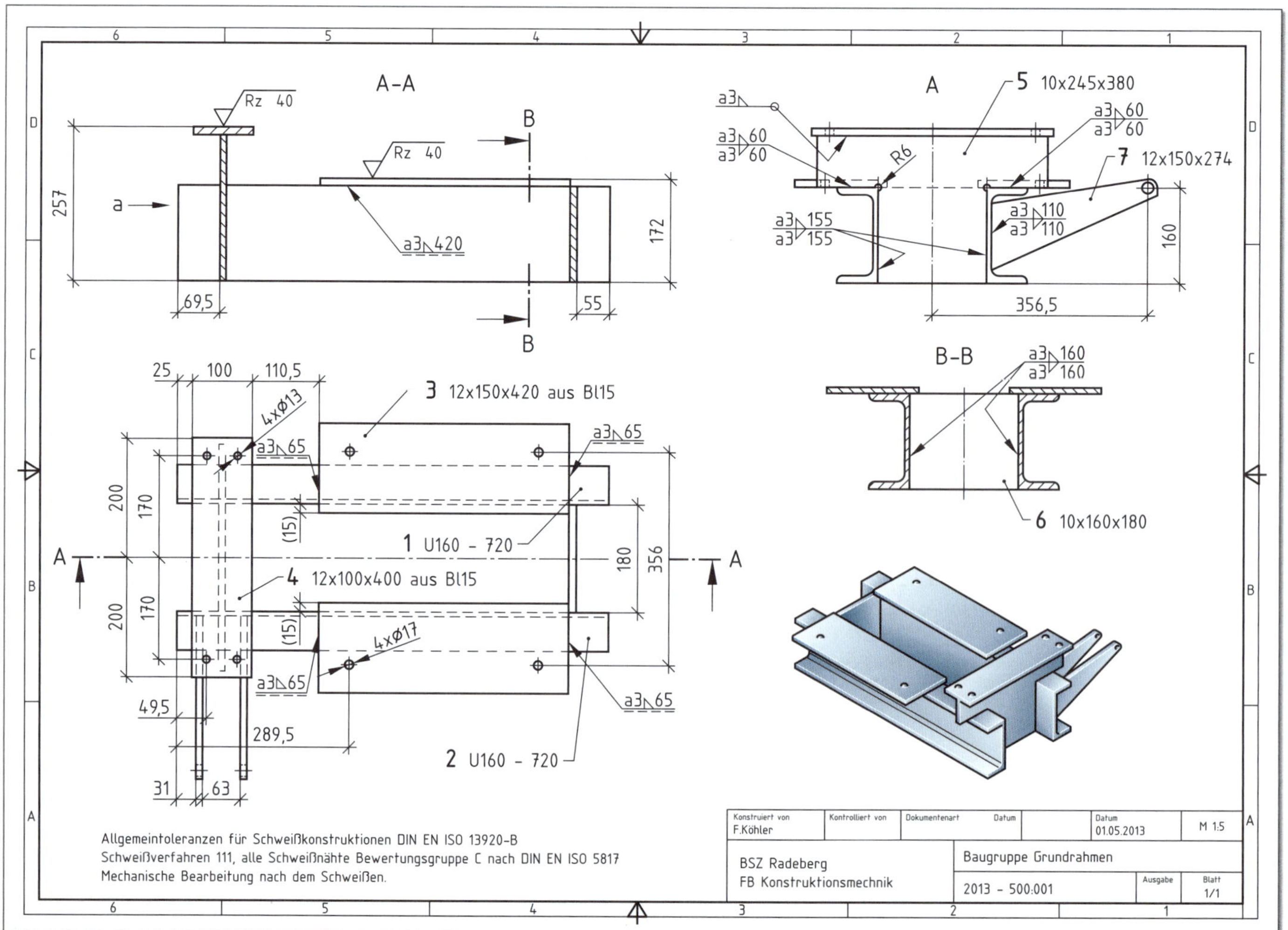

Bild 1: Gruppenzeichnung aus der Metall- und Stahlbautechnik

Einzelteilzeichnung

Einzelteilzeichnungen werden zur Fertigung von Konstruktionsteilen benötigt. Solche Teile sind z.B. in der Stückliste der Gesamtzeichnung des Projektes Schraubstock mit einer Sachnummer versehen, die in vielen Fällen auf die Nummer der Einzelteilzeichnung hinweist. So findet man z.B. die Einzelteilzeichnung des mit der Benennung „Grundplatte" versehenen Einzelteiles unter der Zeichnungsnummer 2004 235.1-01.

Diese Zeichnungen beinhalten eine Vielzahl von Informationen, die möglichst umfassende Antworten auf technische Fragen geben sollen. Voraussetzung dabei ist, dass die Zeichnung nach den gültigen Regeln der Technik , also normgerecht angefertigt sein muss.

Wenn die Einzelteilzeichnung alle erforderlichen Informationen enthält, die zur Herstellung des dargestellten Gegenstandes benötigt werden, dann nennt man sie auch „Fertigungszeichnung".

Technische Zeichnungen, die als Einzelteilzeichnungen ausgeführt sind und einen Gegenstand in seinem vorgesehenen Endzustand darstellen, nennt man auch „Konstruktionszeichnungen".

Einzelteilzeichnungen sind technische Zeichnungen, die Einzelteile eines Erzeugnisses ohne räumliche Zuordnung zu anderen Teilen darstellen.

Die nachfolgende Einzelteilzeichnung zeigt das Konstruktionsteil „Grundplatte" aus der auf Seite 27 abgebildeten Gesamtzeichnung des Projektes „Schraubstock".

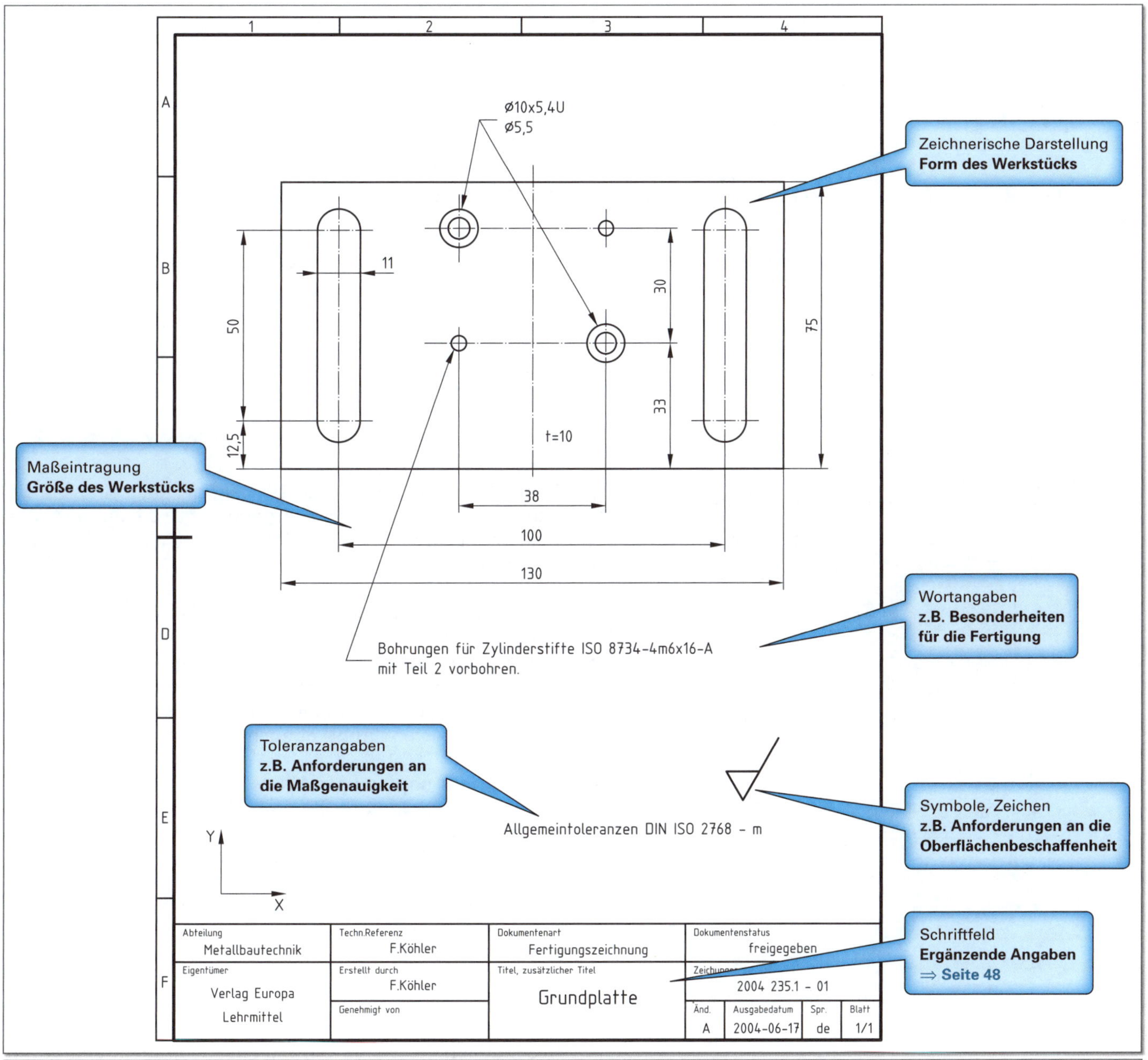

Bild 1: Inhalte einer Einzelzeichnung

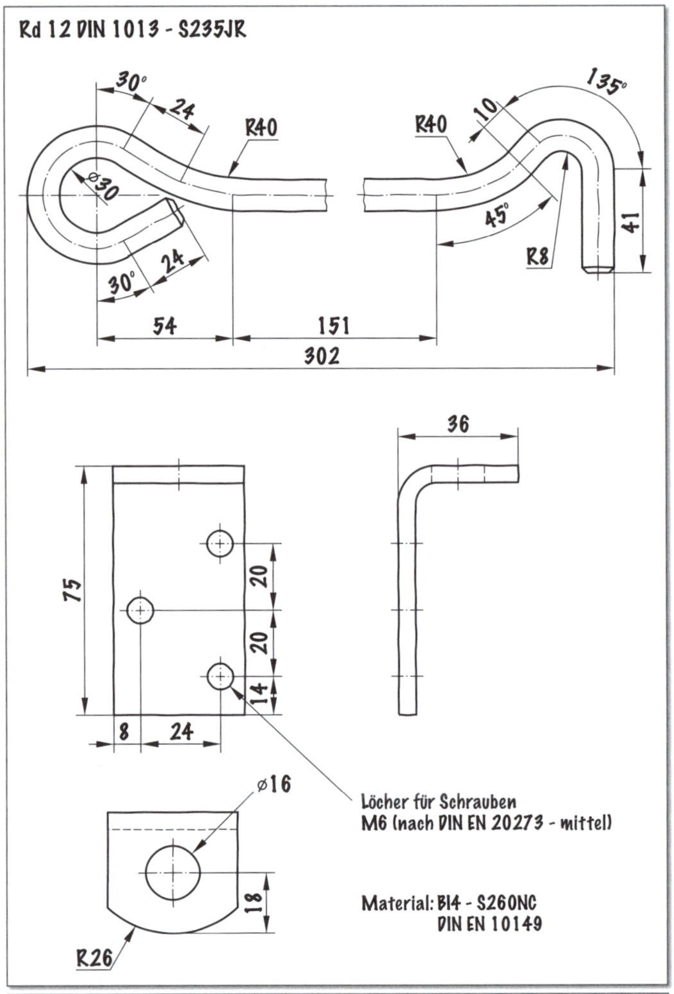

Bild 1: Beispiel für eine Skizze

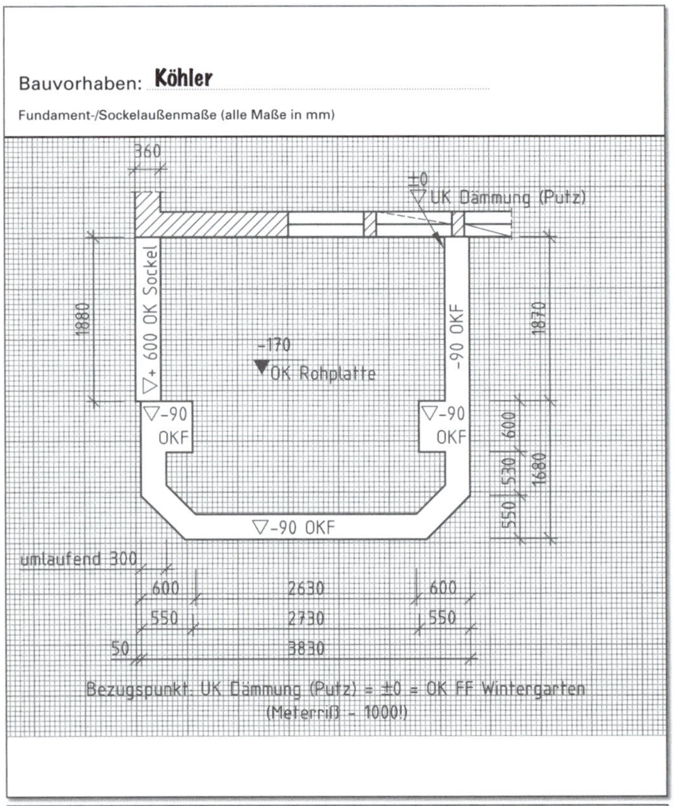

Bild 2: Fundamentskizze für einen Wintergarten

Skizze

Skizzen sind in den meisten Fällen freihändig erstellte Darstellungen eines Gegenstandes. Sie werden weitgehend ohne technische Hilfsmittel angefertigt, müssen nicht unbedingt maßstabsgerecht sein, sollten aber den gültigen Darstellungs- und Bemaßungsregeln für Werkstücke entsprechen.

Skizzen werden in der praktischen Arbeit aus recht unterschiedlichen Gründen angefertigt. Jeder hat wohl schon die Erfahrung gemacht, dass eine schnell zu Papier gebrachte Skizze die Erklärung eines Sachverhaltes anschaulich unterstützen kann, sodass die Erklärungen vom Gegenüber verstanden werden. Sie sind aber auch ein geeignetes Mittel, eigene Konstruktionsideen gegenständlich zu machen. Im Bereich des Metallbaus gehört es zur täglichen Praxis, die baulichen Gegebenheiten aufnehmen zu müssen, um dem Kunden ein maßgeschneidertes Angebot unterbreiten zu können. Insofern können Skizzen wichtige Vorarbeiten für die nachfolgende Realisierung von Projekten sein.

Man unterscheidet:

- Erläuterungsskizze
- Entwurfsskizze
- Aufnahmeskizze
- Berechnungsskizze

In vielen Fällen ist die Skizze Vorarbeit für eine spätere Einzelteilzeichnung. Die Praxis zeigt aber, dass Skizzen oft auch als Arbeitsanweisung dienen.

Eine Skizze ist eine im Regelfall freihändig erstellte, nicht unbedingt maßstäbliche Zeichnung. Sie dient nur der Information.

Beim Skizzieren sollte man sich an ein paar einfache Regeln halten, um gute Arbeitsergebnisse zu bekommen. Wie man am besten vorgehen sollte, wird ab ⇒ **Seite 58** dieses Buches erläutert.

Bild 2 zeigt eine Fundamentskizze, die der Aufmaßtechniker einer Metallbaufirma vor Ort angefertigt hat. Als Arbeitsunterlage benutzte er eine stabile Klemmplatte, auf der Zeichenpapier mit Milimeterraster eingespannt war. Gezeichnet hat er mit einem Bleistift etwas geringeren Härtegrades und wie man sieht, muss er auch ein Lineal benutzt haben.

Die von ihm angefertigte Skizze bildete einerseits die direkte Arbeitsgrundlage für den Baubetrieb, der mit der Herstellung des Fundaments beauftragt war, andererseits diente sie als Grundlage für die Erstellung eines Angebots mit 3D-Darstellung der geplanten Wintergartenkonstruktion für die Beratung und das Verkaufsgespräch mit dem Kunden. Später folgten Konstruktionszeichnung, Stücklisten und Montageplan.

Das Tätigkeitsprofil eines Metallbauers oder Konstruktionsmechanikers verlangt, dass er sich neben denen seines eigenen auch mit Kommunikationsmitteln angrenzender Fachgebiete, wie hier mit Bauzeichnungen, auskennt.

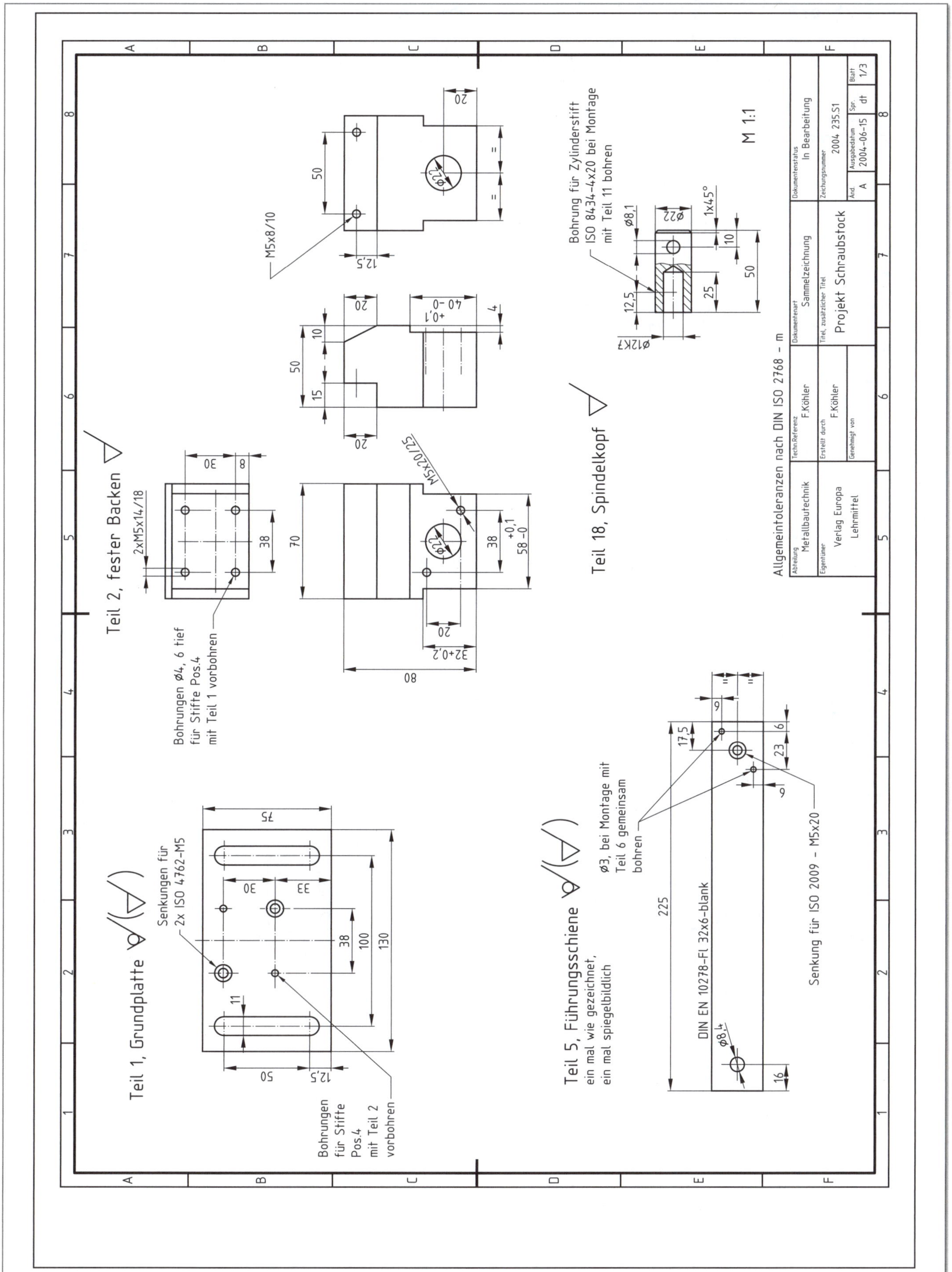

Bild 1: Sammelzeichnung

Sammelzeichnung

Eine Sammelzeichnung ist eine technische Zeichnung, bei der mehrere Einzelteile, die zu derselben Baugruppe oder zu demselben Erzeugnis gehören, in einer oder mehreren Darstellungen ohne räumliche Zuordnung zusammengefasst sind.

Dabei können die einzelnen Werkstücke in unterschiedlichen Maßstäben und Darstellungsarten abgebildet sein. Zur Identifizierung des Teiles sollte die Darstellung folgende Angaben enthalten:

- Positionsnummer
- Den Maßstab in dem das Einzelteil abgebildet wurde, wenn unterschiedliche Abbildungsmaßstäbe in der Sammelzeichnung angewendet wurden.
- Oberflächenangaben
- Angaben zu Werkstoff bzw. Halbzeug

Eine Sammelzeichnung enthält keine Stückliste.

Nach DIN 30-6 (2002-12) werden in Sammelzeichnungen Varianten gleichartiger Gegenstände mit unterschiedlichen Merkmalen bzw. gleichartige Baugruppen in variabler Ausführung maßstäblich dargestellt. ⇒ **Seite 227**

Prüfzeichnung

Prüfzeichnungen enthalten die Darstellung des zu prüfenden Gegenstandes.
Die Darstellung muss so erfolgen, dass die im Prüfplan ausgewiesenen Prüfmerkmale in der Zeichnung klar ersichtlich sind.

Inhalt von Prüfzeichnungen kann auch die Angabe der Messstellen am Werkstück sein. Die Lage der Messstellen wird , wenn erforderlich, mit dem dafür vorgesehenen Symbol und den dazugehörigen Maßen angegeben.

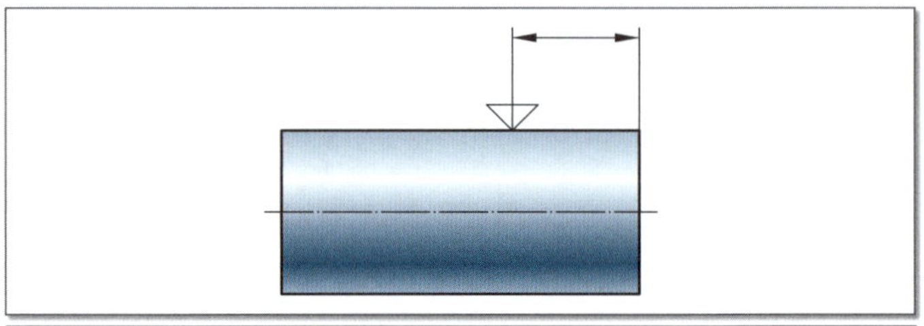

Bild 1: Messstelle

Ebenso kann die Vorgabe von Messanordnungen Gegenstand einer Prüfzeichnung sein.

Prüfzeichnungen werden in vielen Fällen mit Prüfplänen kombiniert.

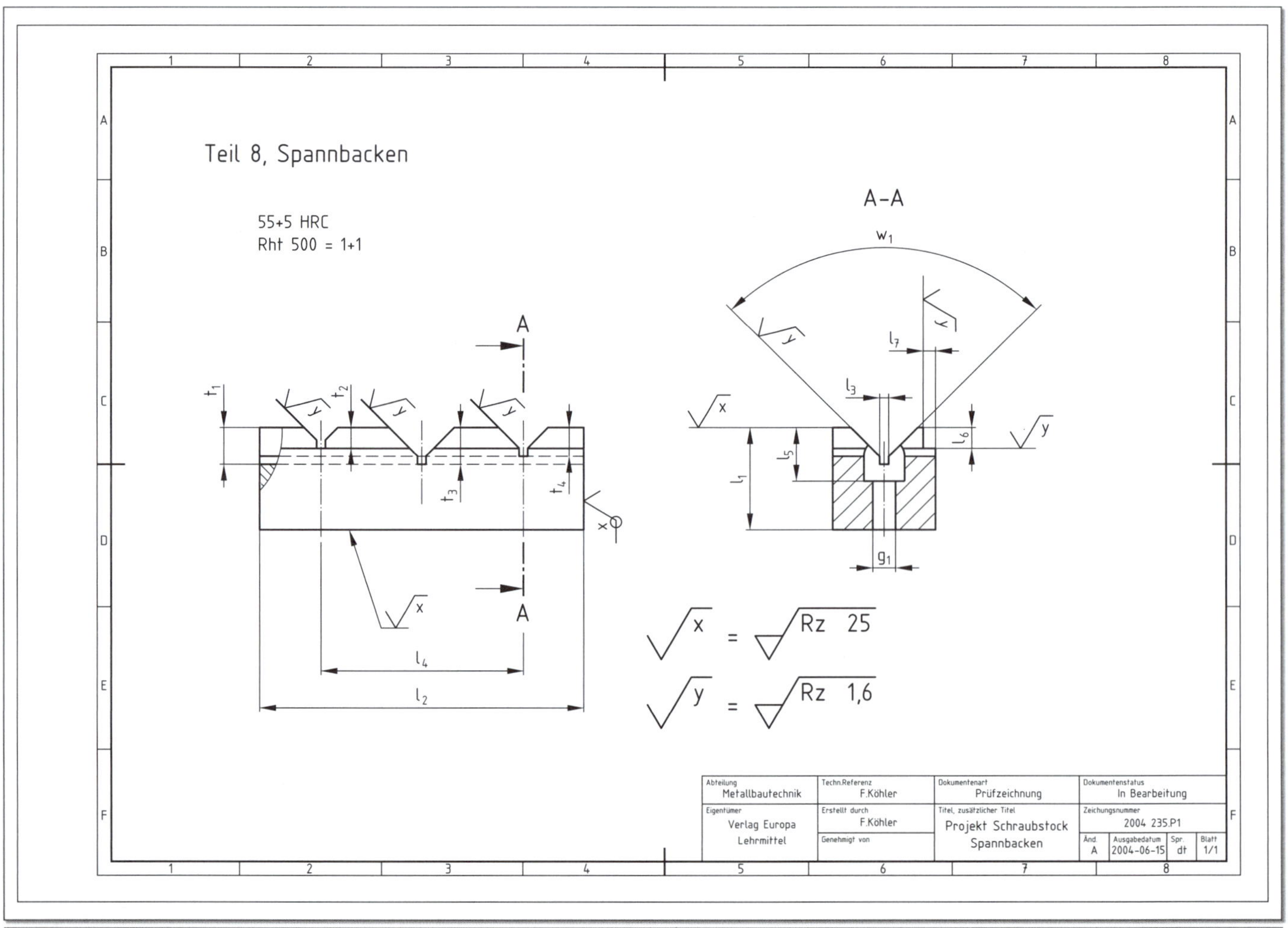

Bild 2: Prüfzeichnung

1.2.8 Stücklisten

Stücklisten sind für den jeweiligen Verwendungszweck aufgebaute Verzeichnisse für **eine** Baugruppe oder **ein** Erzeugnis, die alle dazugehörigen Fertigungsteile und Normteile unter Angabe von Bezeichnung, Menge und Einheit enthalten.

Entsprechend dem speziellen Verwendungszweck unterscheidet man verschiedene Arten von Stücklisten. Als Beispiel seien nur die folgenden genannt:

Baukasten-Stückliste

Die Baukastenstückliste ist eine Stücklistenform, in der alle Teile und Baugruppen der nächst tieferen Stufe aufgelistet sind. Besteht eine Position dieser Liste aus einer Baugruppe, so gibt es für diese Gruppe eine eigene Stückliste. Alle Baukasten-Stücklisten eines Enderzeugnisses bilden einen Stücklisten-Satz. Die Baukasten-Stückliste des Enderzeugnisses darf Haupt-Stückliste genannt werden.

Bild 1, Seite 34 zeigt die Baugruppen der Strukturstufe 1. Nebenstehendes Bild 1 stellt beispielhaft die Baukasten-Stücklisten der ersten beiden Strukturstufen des Erzeugnisses Schraubstock dar.

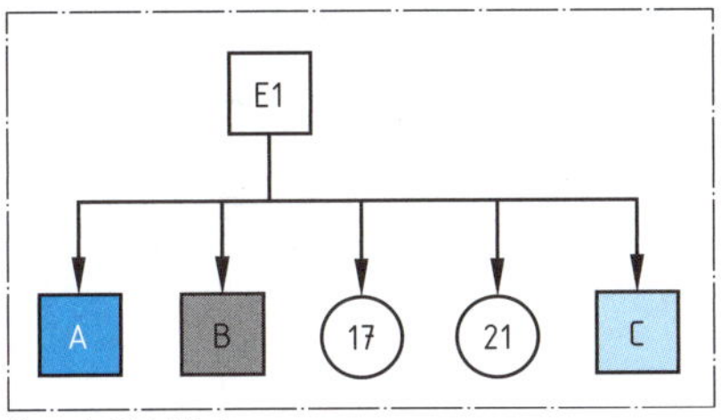

Haupt-Stückliste

E1 besteht aus	
Sach-Nr.	Menge
A	1
B	1
C	1
17	2
21	2

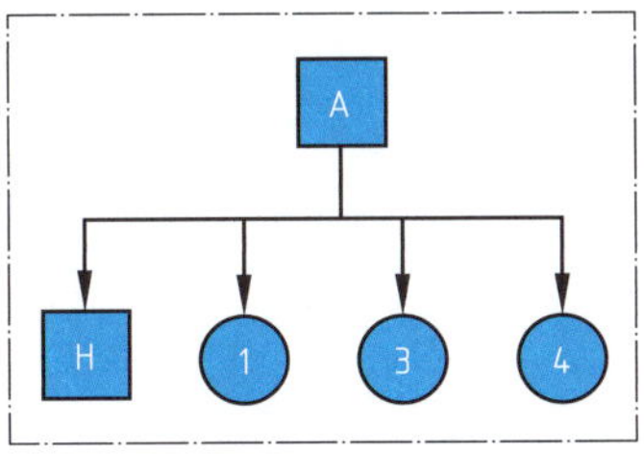

A besteht aus	
Sach-Nr.	Menge
H	1
1	1
3	2
4	2

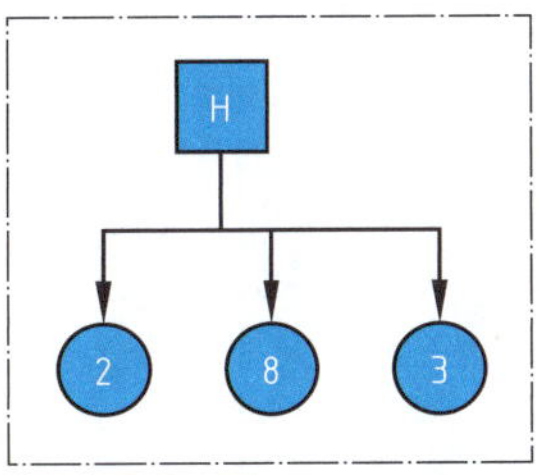

H besteht aus	
Sach-Nr.	Menge
2	1
8	1
3	2

Bild 1: Teil der Baukasten-Stückliste des Schraubstocks

Zeichenerklärung: □ Gruppe, Erzeugnis ○ Einzelteil

Struktur-Stückliste

Eine Strukturstückliste dient zur Darstellung der gesamten Erzeugnisstruktur mit allen Baugruppen und Einzelteilen, wobei jede Baugruppe bis zu ihrer niedrigsten Strukturstufe aufgegliedert ist.
Diese Stücklisten sind besonders für die Planung von Montage- und Demontageprozessen geeignet, denn die Gliederung der Teile entspricht der Zusammenbaufolge.
Bild 2 zeigt beispielhaft die Struktur-Stückliste des Erzeugnisses Schraubstock.

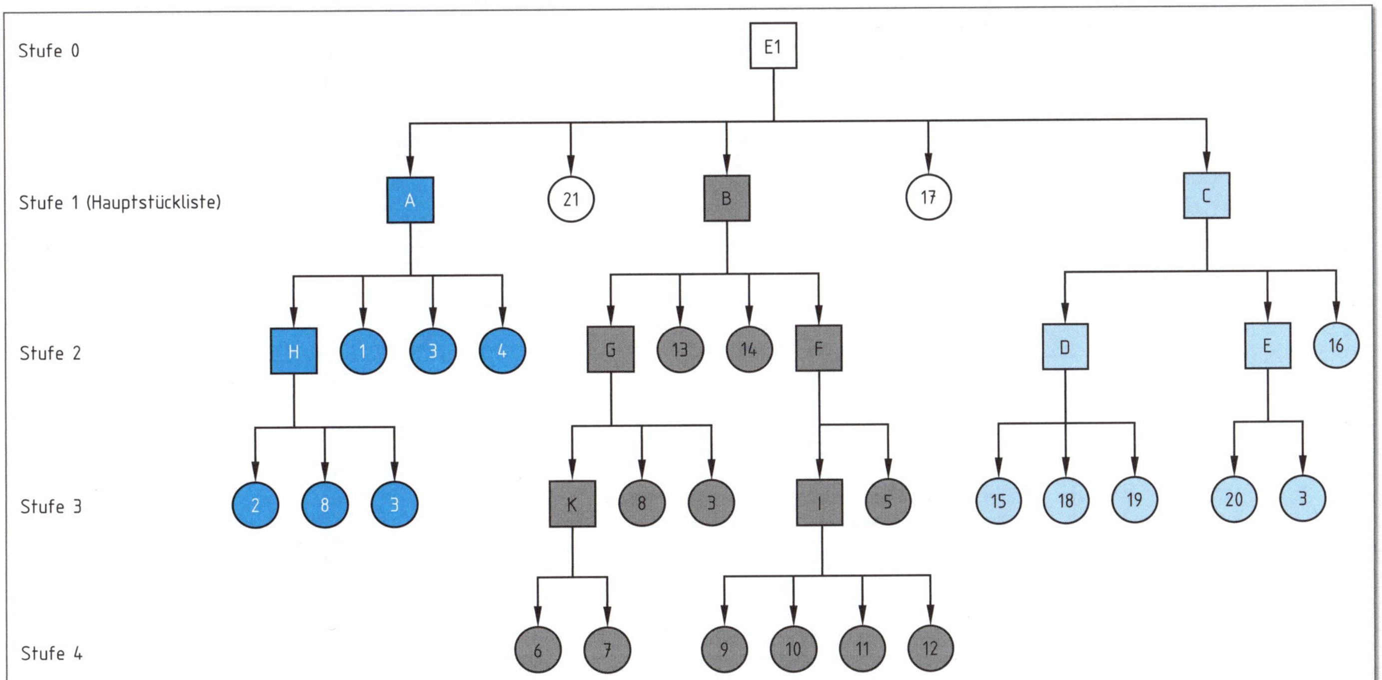

Bild 2: Struktur-Stückliste des Erzeugnisses Schraubstock

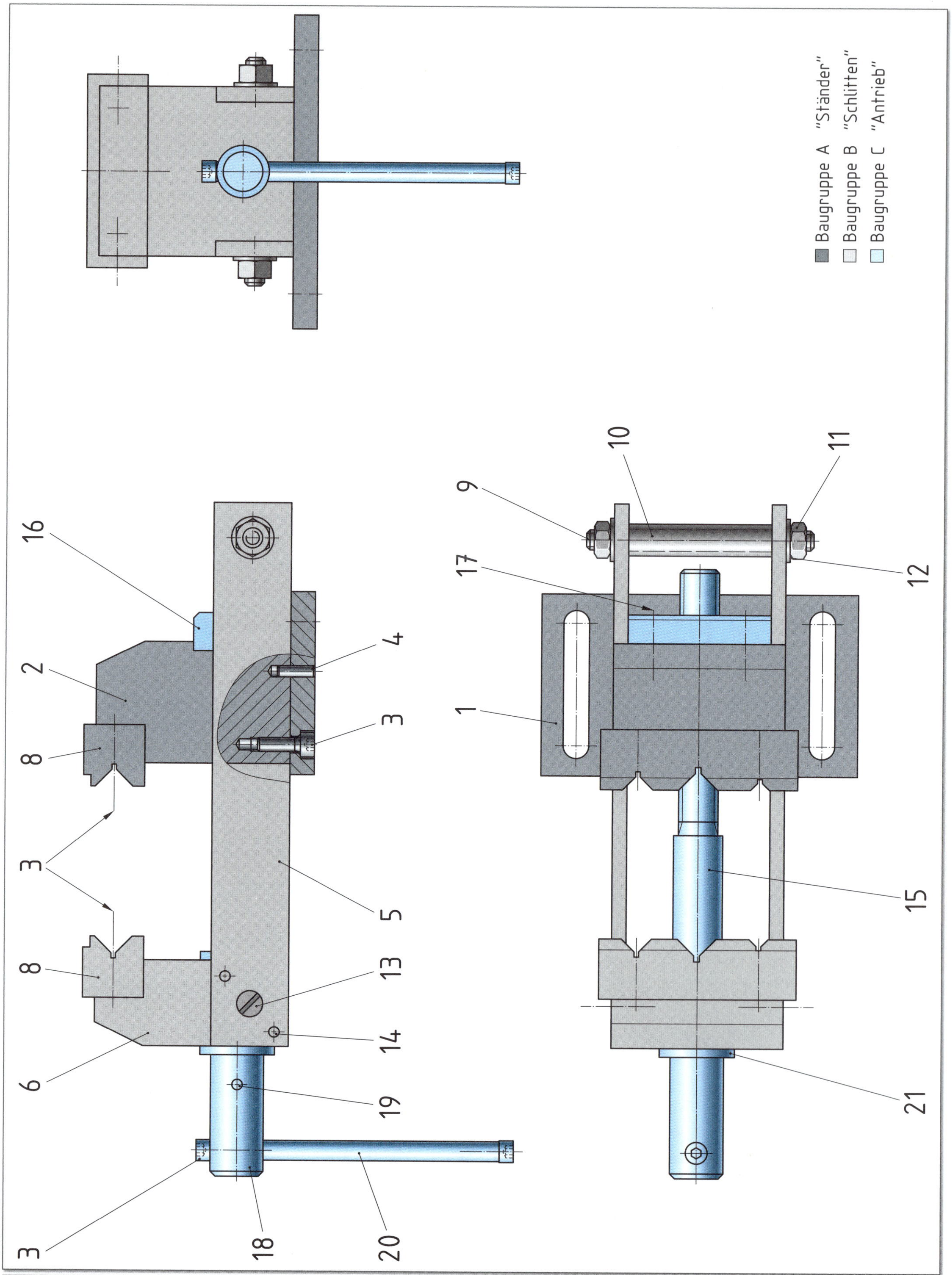

Bild 1: Baugruppen der Haupt-Stückliste des Projekts Schraubstock

Positions-nummer

Menge, Anzahl der Einzelteile pro Position.

Einheit der Zählgröße, hier Stück.

Bennenung, Name für den Gegenstand.

Bezeichnung des Gegenstandes, der hier mit einer Sachnummer versehen ist. Es handelt sich um ein Fertigungsteil oder um ein Fremdteil.

Angabe des Materials, aus dem ein Gegenstand besteht.

Bezeichnung des Gegenstandes, hier handelt es sich um ein Normteil, das mit seiner Kurzbezeichnung angegeben ist.

1	2	3	4	5	6
Pos.	Menge	Einheit	Bennenung	Sachnummer/Norm-Kurzbezeichnung	Werkstoff
1	1	Stck.	Grundplatte	2004 235.1-01	S235JR
2	2	Stck.	Fester Backen	2004 235.1-02	S235JR
3	8	Stck.	Zylinderschraube mit Innensechskant	ISO 4762 - M5 x 16 - 8.8	St
4	2	Stck.	Zylinderstift	ISO 8734 - 4m6 x 16 - A	St, gehärtet
5	2	Stck.	Führungsschiene	2004 235.1-03	S235JR
6	1	Stck.	Beweglicher Backen	2004 235.1-04	S235JR
7	2	Stck.	Buchse	ISO 4379 - C12 x 16 x 15	[illegible]
8	2	Stck.	Spannbacken	2004 235.1-05	C45E
9	1	Stck.	Verbindungsbolzen	Gewindestange M8, 92 lang	St
10	1	Stck.	Distanzhülse	2004 235.1-06	S235G2T
11	2	Stck.	Sechskantmutter	ISO 4032 - M8 - 8	St
12	2	Stck.	Scheibe	ISO 7090 - 8 - 200 HV	St
13	2	Stck.	Senkschraube	ISO 2009 - M5 x 12 - 5.8	St
14	4	Stck.	Spannstift	ISO 8752 - 3 x 20	St
15	1	Stck.	Getriebespindel	2004 235.1-07	C45E
16	1	Stck.	Getriebemutter	2004 235.1-08	C45E
17	2	Stck.	Zylinderschraube mit Innensechskant	ISO 4762 - M5 x 30 - 8.8	St
18	1	Stck.	Spindelkopf	2004 235.1-09	S235JR
19	1	Stck.	Zylinderstift	ISO 8734 - 4m6 x 20 - A	St, gehärtet
20	1	Stck.	Knebel	2004 235.1-10	S235JR
21	2	Stck.	Scheibe	ISO 7090 - 12 - 200 HV	St

Schriftfeld nach DIN ISO 7200

fi Seite 49

Bild 1: Inhalt der Datenfelder einer Stückliste

Konstruktions-Stückliste

Beim Konstruktionsprozess werden Einzelteile zu Baugruppen und Erzeugnissen zusammengefügt. Begleitend zur Erstellung der erforderlichen technischen Zeichnungen wie z.B. Anordnungspläne und Gruppen-Zeichnungen werden Konstruktions-Stücklisten angefertigt.

Fertigungs-Stückliste

In diesen Stücklisten sind Angaben enthalten, die im Fertigungsprozess benötigt werden. Meist entstehen sie bei der Fertigungsvorbereitung durch Ergänzung von Konstruktions-Stücklisten.

Inhalte der Datenfelder einer Stückliste

Ein Datensatz einer Stückliste besteht aus verschiedenen Datenfeldern. Die Begriffe für den Stücklisteninhalt sind in DIN 199-1 (2002-03) festgelegt. Danach können die Datenfelder für Stücklisten je nach Verwendungszweck variieren. Bild 1 auf Seite 31 zeigt eine mögliche Auswahl der Datenfelder am Beispiel der Stückliste des Projektes Schraubstock.

■ Positionsnummer
Es ist eine Nummer, die den in den Stücklisten aufgelisteten und in Zeichnungen dargestellten Gegenständen als ordnendes Merkmal zugeordnet ist. Praktisch wird so verfahren, dass die Positionsnummern der Stückliste mit denen der Zeichnungen übereinstimmen. Sie stellen somit das Bindeglied zwischen Zeichnung und Stückliste dar. In den meisten Fällen wird die Benennung „Positionsnummer" in technischen Unterlagen abgekürzt, z.B. „Pos.-Nr." oder „Pos.".

■ Menge
Bei Stücklisten gilt die Menge für die Anzahl der Gegenstände, die von der jeweiligen Position benötigt werden. Es ist die Zählgröße für die Position.

■ Einheit
Für Stücklisten gelten die Einheiten nach DIN 1301-1. Genannt wird hier immer die Einheit der Zählgröße. Im Beispiel ist die Einheit der Zählgröße „Stück". Denkbar sind auch Einheiten wie „Paar", „Kilogramm", usw.

■ Benennung
Die Benennung ist ein Name für den Gegenstand. Er dient nicht zur Identifizierung eines bestimmten Gegenstandes, sondern soll eine Vorstellung von den Eigenschaften und Merkmalen vermitteln. Die Namensbildung soll möglichst nach Art und Gestalt, oder nach Funktion des Gegenstandes vorgenommen werden, z.B. „Führungsschiene".
Bei Normteilen wird hier nur der Benennungsblock eingetragen, z.B. „Zylinderschraube mit Innensechskant".

■ Sachnummer/Norm-Kurzbezeichnung
Dieser Datensatz enthält identifizierende Merkmale für den jeweiligen Gegenstand. Für Teile, die in einer Fertigungszeichnung aufgeführt sind, wird hier meist die Zeichnungsnummer angegeben. Je nach Organisations-struktur kann auch eine Teilenummer oder die Nummer einer untergeordneten Stückliste genannt sein.
Bei Normteilen erscheint an dieser Stelle der Identfizierungs-Block, bestehend aus der Norm-Kurzbezeichnung. Man entnimmt sie einem Tabellenbuch.

Beispiel:
Die **Norm-Kurzbezeichnung** für eine Zylinderschraube mit Innensechskant mit metrischem Regel-Gewinde, Gewindenenndurchmesser 5, Schraubenlänge 16 und Festigkeitsklasse 8.8 lautet:
ISO 4762 – M5 x 16 – 8.8

■ Werkstoff
Hier wird das Material genannt, aus dem ein Gegenstand besteht. Der Werkstoff wird in Stücklisten durch die in Normen festgelegte Kurzbezeichnung, durch die Werkstoffnummer oder durch Angabe der Werkstoffgattung, z.B. „Stahl", „Holz", „Kunststoff" usw. angegeben.

Stückliste

1	2		3	4	5	6	7	8
Pos.	Menge	Einheit	Einheits-masse	Benennung	Sachnummer/ Norm-Kurzbezeichnung	Werkstoff	Masse kg/Einheit	Masse kg/Pos.
1	2	Stck.	10,6 kg/m	Stützenstiel	U 100 x 673 DIN 1026	S235JR	7,134	14,268 kg
2	2	Stck.	25,3 kg/m	Stützenfuß	U 200 x 270 DIN 1026	S235JR	6,831	13,662 kg
3	4	Stck.	62,8 kg/m²	Aussteifung	Bl 8 x 60 x 183 DIN EN 1029	S235JR	0,690	2,760 kg
4	1	Stck.	78,5 kg/m²	Fußblech	Bl 10 x 60 x 140 DIN EN 1029	S235JR	0,659	0,659 kg
8	1	Stck.	78,5 kg/m²	Rippe	Bl 10 x 120 x 300 DIN EN 1029	S235JR	2,826	2,826 kg
9	1	Stck.	117,8 kg/m²	Anschlussleiste	Bl 15 x 65 x 340 DIN EN 1029	S235JR	2,603	2,603 kg
						Gesamtmasse		49,119 kg

Schriftfeld nach DIN ISO 7200 ⇒ Seite 49

Bild 1: Stückliste aus dem Bereich Metall- u. Stahlbautechnik

Übungsaufgaben 03

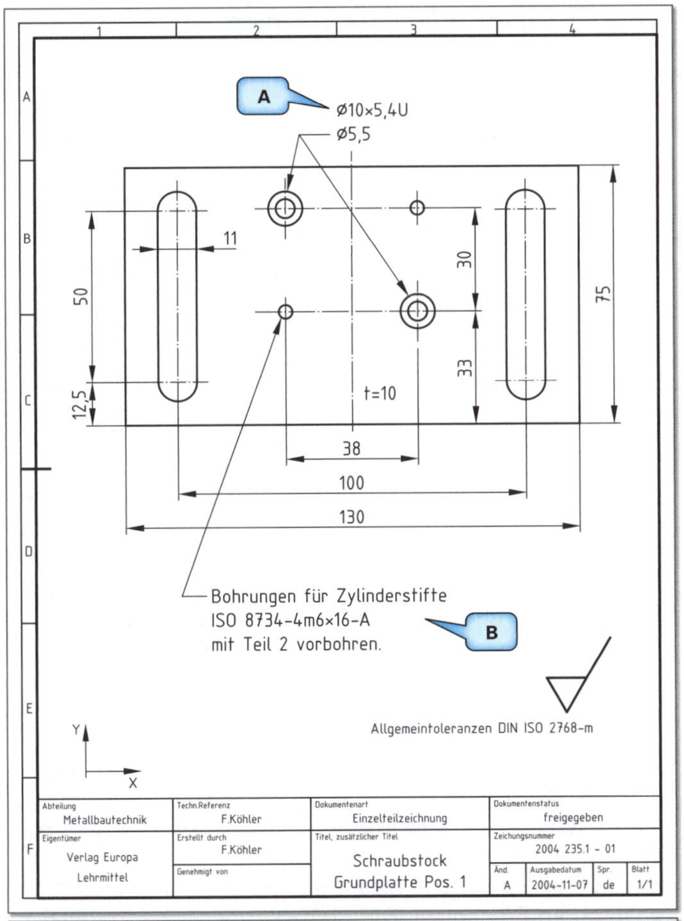

Bild 1: Stückliste aus dem Bereich Metall- und Stahlbautechnik

Die abgebildete Einzelteilzeichnung zeigt ein Teil der Baugruppe „Ständer" des Schraubstocks. Zur Fertigungsvorbereitung sind die Informationen, die diese Zeichnung enthält, aufzubereiten.

Lesen Sie die Zeichnung und beantworten Sie die folgenden Fragen.

- **1.** Nennen Sie mindestens fünf Normen, die beim Anfertigen der Einzelteilzeichnung beachtet werden mussten.
- **2.** Aus dem Schriftfeld geht hervor, dass es sich um eine Fertigungszeichnung handelt. Nennen Sie die Merkmale einer Fertigungszeichnung.
- **3.** Benennen Sie die Grundform des Einzelteils und die zu fertigenden Formelemente.
- **4.** Benennen Sie das Maßbezugssystem, das bei der Maßeintragung angewendet wurde.
- **5.** Welche Bedeutung hat die mit Buchstabe A gekennzeichnete Maßeintragung?
- **6.** Welche Fertigungsverfahren sollen zum Einsatz kommen?
- **7.** Welche Handlungsanleitung für die Fertigung enthält die mit B gekennzeichnete Textangabe und warum ist sie erforderlich?
- **8.** Erfassen Sie in der folgenden Tabelle alle erforderlichen Fertigungsverfahren und dazu benötigten Werkzeuge und Maschinen.

zu fertigende Form	Fertigungsverfahren	Maschine	Werkzeug
Grundform Platte	Fräsen, Stirnfräsen	Fräsmaschine	Walzenstirnfräser
Formelement 1			
Formelement 2			
Formelement 3			

- **9.** Fertigungsergebnisse müssen geprüft werden. Erfassen Sie deshalb die Grenzwerte, zwischen denen die Fertigmaße liegen müssen. (Maßangaben in mm.)

Nennmaß	5,4	5,5	10	11	12,5	30	33	38	50	75	100	130
Grenzabmaß												
Höchstmaß												
Mindestmaß												
Toleranz												

- **10.** Die Normkurzbezeichnung des Stiftes enthält die Maßangabe 4m6. Welche Bedeutung hat sie?

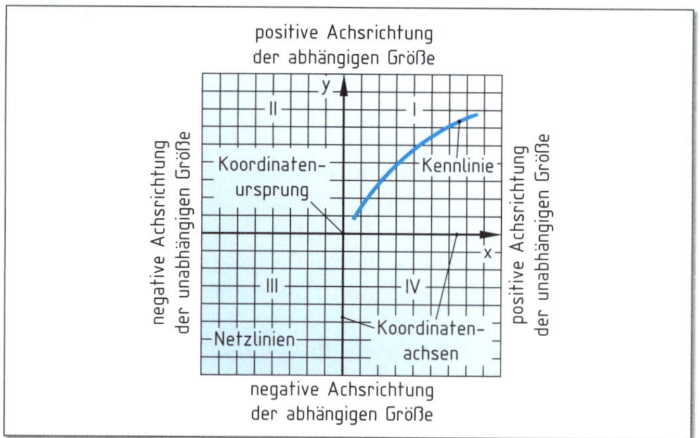

Bild 1

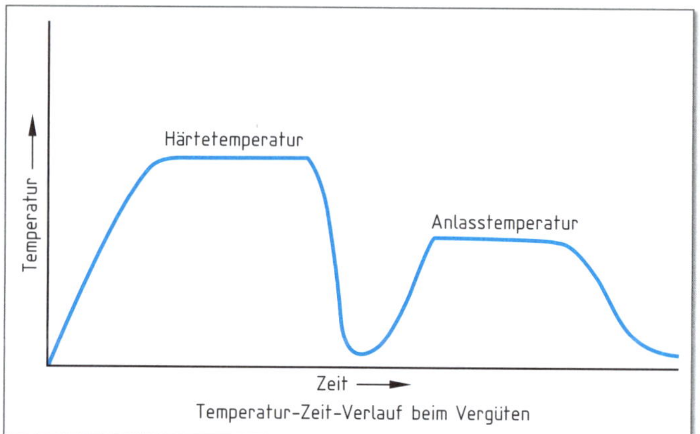

Bild 2

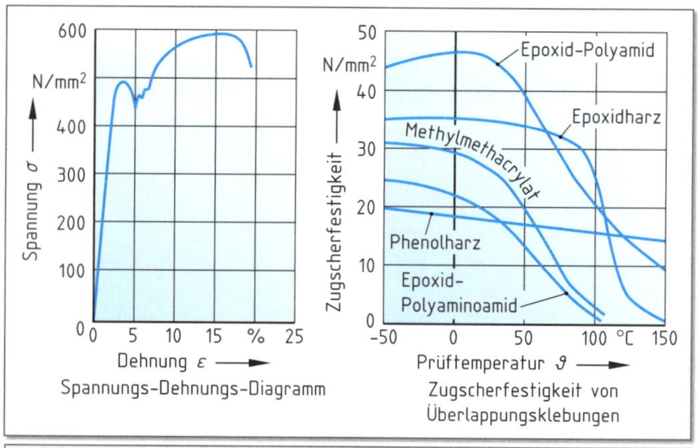

Bild 3

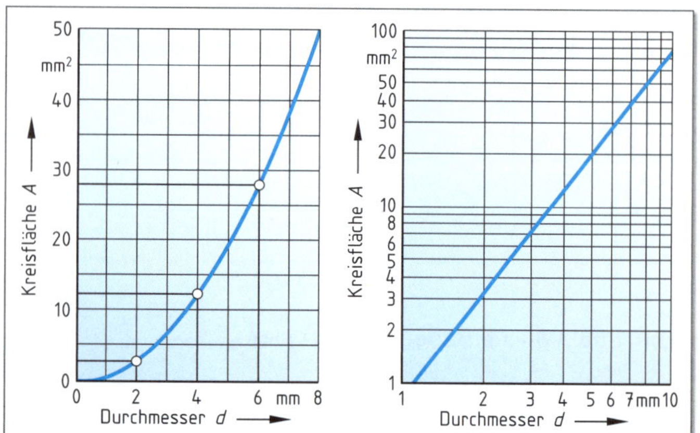

Bild 4

1.2.9 Grafische Darstellungen

In der Technik dienen grafische Darstellungen der Veranschaulichung funktioneller Zusammenhänge. Abhängigkeiten veränderlicher Größen werden bildlich dargestellt. Die Darstellungsart wählt man nach Art und Umfang der Größen und ihres Zusammenhangs.
Die Linienbreiten für die Darstellung werden nach DIN ISO 128-20 im Verhältnis

Netz : Achsen : Kurve = 1 : 2 : 4

gewählt. Zur Beschriftung verwendet man bevorzugt Schrift für technische Produktdokumentationen nach DIN EN ISO 3098-2, Schriftform B vertikal. ⇒ **Seite 51**

Die Beschriftung soll von unten und in Ausnahmen von rechts lesbar sein. Innerhalb der Diagrammfläche soll aus Gründen der Übersichtlichkeit möglichst keine Beschriftung erfolgen. Bei der Beschriftung der Achsen soll man möglichst auf die Formelzeichen der dargestellten Größen zurückgreifen.

Diagramme

Diagramme sind grafische Darstellungen in Koordinatensystemen. Die waagerechte Achse (x-Achse) für die unabhängige veränderliche Größe und die senkrechte Achse (y-Achse) für die abhängige veränderliche Größe schneiden sich im Nullpunkt, dem Koordinatenursprung. Pfeilspitzen zeigen in die positiven Achsrichtungen. Die Benennung der Achsen steht unter der waagerechten und links neben der senkrechten Pfeilspitze. Die Pfeile können auch parallel zu den Achsen eingetragen werden. Dann steht die Benennung jeweils vor der Pfeilwurzel.

Man unterscheidet qualitative Darstellungen und quantitative Darstellungen.

■ Qualitative Darstellungen

Solche Diagramme sollen lediglich den charakteristischen Verlauf der voneinander abhängigen Größen zeigen, der meist in Kurvenform dargestellt ist. Deshalb erhalten die Achsen solcher Diagramme keine Teilung. Auf beiden Achsen wird jedoch ein linearer Verlauf vorausgesetzt.

■ Quantitative Darstellungen

Aus diesen Diagrammen sollen Zahlenwerte ablesbar sein. Zu diesem Zweck werden die Achsen jeweils mit einer bezifferten Teilung versehen. Der Zusammenhang der auf den Koordinatenachsen abgetragenen Messdaten der veränderlichen Größen wird durch eine Kennlinie dargestellt. Diese kann entweder linear oder in Form einer Kurve verlaufen. Zur vergleichenden Betrachtung können auch mehrere Kennlinien in dasselbe Diagramm eingetragen werden.

Jeder negative Wert muss mit einem Minuszeichen, die Nullpunkte beider Achsen müssen mit einer Null versehen werden.

Räumliche rechtwinklige Koordinatensysteme werden in axonometrischer Projektion nach DIN ISO 5456-3 gezeichnet. ⇒ **Seite 71**

Je nach Aussageabsicht und Verwendungszweck der Diagramme können die Achsen mit einer linearen Teilung, einer halblogarithmischen Teilung oder einer logarithmischen Teilung versehen werden.

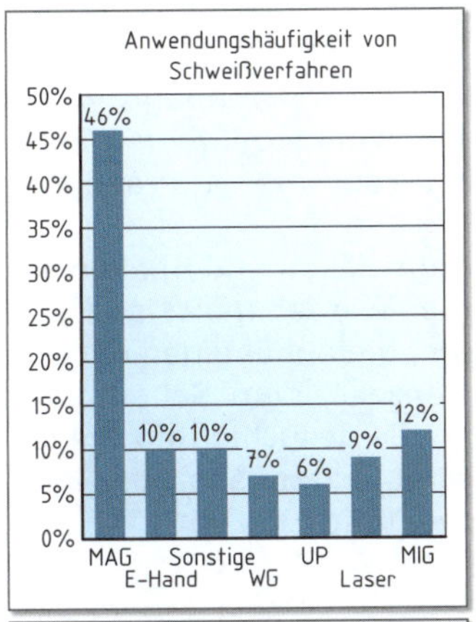

Bild 1: Säulendiagramm flächig

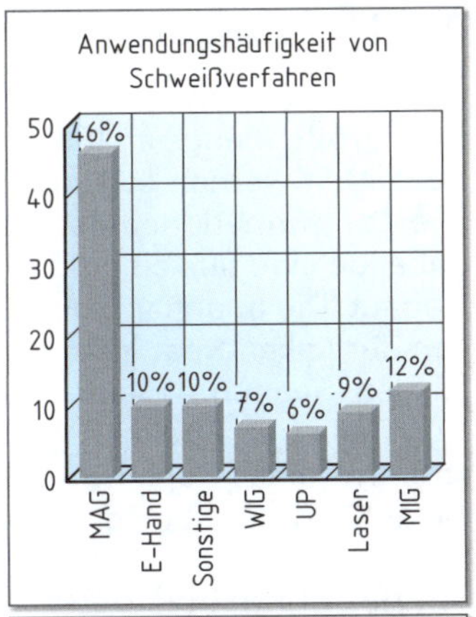

Bild 2: Säulendiagramm räumlich

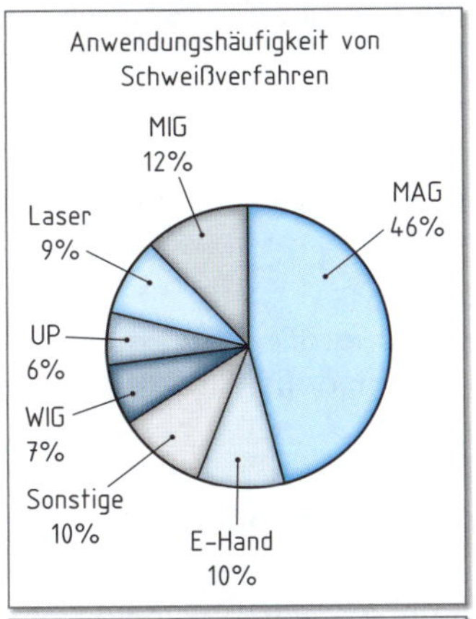

Bild 3: Kreisdiagramm

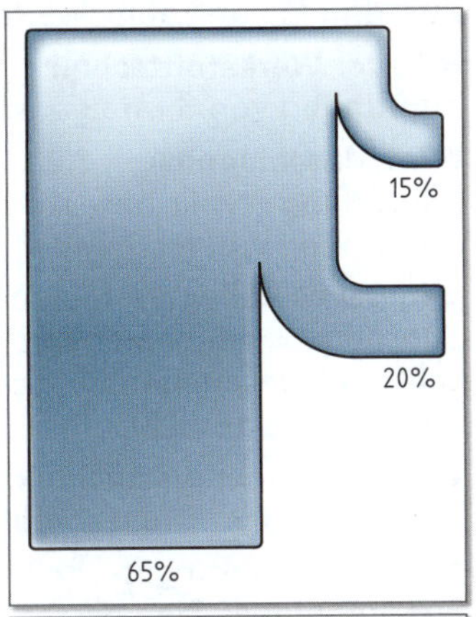

Bild 4: Sankey-Diagramm

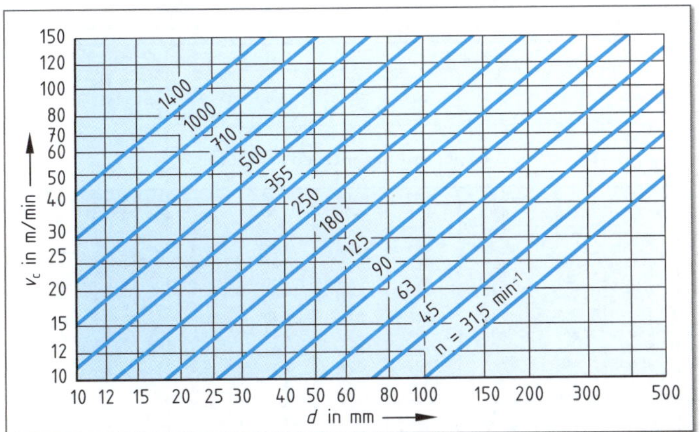

Bild 5: Nomogramm

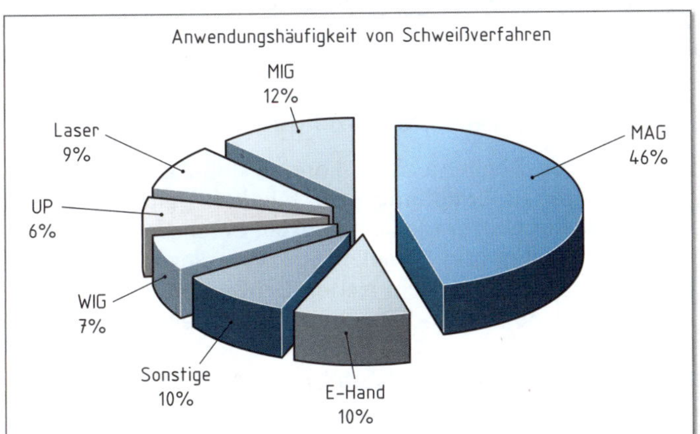

Bild 6: Computererstelltes „Tortendiagramm"

Flächendiagramme

■ Säulendiagramm, Balkendiagramm

In Säulen bzw. Balkendiagrammen werden die darzustellenden Größen als waagerechte oder senkrechte gleichdicke Säulen oder Balken dargestellt. Je nach dem Zahlenwert der Größe werden die Balken länger oder kürzer gezeichnet. Die Flächen können farbig angelegt oder mit einer Schraffur versehen werden. Ebenso vielfältig sind die Möglichkeiten der Beschriftung.

Besonders geeignet sind solche Diagramme für die statistische Auswertung, weil die Größenverhältnisse anschaulich dargestellt werden und schnell zu erfassen sind.

■ Kreisdiagramm

Mit Kreisdiagrammen kann man die Prozentuale Verteilung von Anteilen einer Größe besonders anschaulich darstellen. Der Vollkreis entspricht dabei einem Wert von 100 %. Zur Darstellung errechnet man die Zentriwinkel, die den einzelnen anteiligen Kreisausschnitten entsprechen.

■ Sankey-Diagramm

Durch Aufteilung eines breiten Flächenstreifens, dessen Breite 100 % repräsentiert, in schmalere Flächenstreifen, deren Breite den abgehenden prozentualen Anteil der dargestellten Größe entspricht, werden ebenfalls Prozentwerte bildlich dargestellt. Besonders beliebt sind diese Diagramme zur Darstellung von Verlusten, die bei einem Prozess auftreten können, z.B. Wärme- oder Energieverluste.

■ Nomogramme

Diese Art der Darstellung von zusammenhängenden Größen ist im Bereich der Technik weit verbreitet. Mit ihrer Hilfe lassen sich zusammenhängende Werte mehrer Größen ablesen.

Mit Hilfe des hier abgebildeten „Drehzahldiagramms" kann die an der Maschine einzustellende Drehzahl n in Abhängigkeit von Durchmesser d und Schnittgeschwindigkeit v_c ermittelt werden. Die Diagramme enthalten die an der Maschine einstellbaren Lastdrehzahlen in geometrischer Stufung. Bei stufenlosen Getrieben kann die ermittelte Drehzahl genau eingestellt werden, sonst wählt man die nächstliegende.

Computerunterstützte Erstellung von grafischen Darstellungen

Die Darstellung von Sachverhalten und Zusammenhängen, die sich zahlenmäßig ausdrücken lassen, wird heute häufig mit Unterstützung der Rechentechnik vorgenommen. Jeder „normale" Computernutzer hat heute die Möglichkeit, komfortable Tabellenkalkulationsprogramme zu nutzen. Die meisten bieten die Möglichkeit, Rechenergebnisse in Diagrammform anschaulich auszuwerten.

Sehr gute Werkzeuge für diese Aufgaben bietet das Office-Program Excel. Hier wählt man unter zahlreichen Darstellungsformen das jeweils passende aus.

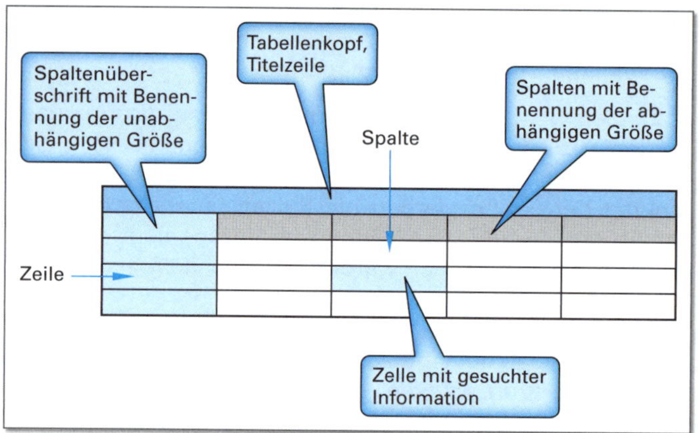

Bild 1: Aufbau einer Tabelle

1.2.10 Tabellen

Sie finden in der Technik vielfältige Verwendung, wenn eine große Menge an Informationen in konzentrierter Form vermittelt werden soll. Aus ihnen kann man auf rationelle Weise Informationen gewinnen.
Tabellen sind aus einem Raster aus Zeilen und Spalten aufgebaut. Die unabhängigen Größen werden meist in die Zeilen der linken Spalte eingetragen, die abhängigen Größen in den Spalten. In einer Tabellenzelle, dem Schnittpunkt von Zeile und Spalte, kann dann die gesuchte Information in Form eines Zahlenwertes, einer Textangabe oder auch eines Symbols abgelesen werden. (Bild 1)

abhängige Größe

unabhängige Größe

gesuchter Zahlenwert

$n = d$	$\sqrt{n}$	$\sqrt[3]{n}$	$\frac{\pi \cdot d^2}{4}$	Faktoren von n	$n = d$	$\sqrt{n}$	$\sqrt[3]{n}$	$\frac{\pi \cdot d^2}{4}$	Faktoren von n
1	1,000 0	1,000 0	0,7854	–	51	7,141 4	3,708 4	2 042,82	$3 \cdot 17$
2	1,414 2	1,259 9	3,1416	Primzahl	52	7,211 1	3,732 5	2 123,72	$2^2 \cdot 13$
3	1,732 1	1,442 2	7,0686	Primzahl	53	7,280 1	3,756 3	2 206,18	Primzahl
4	2,000 0	1,587 4	12,5664	2^2	54	7,348 5	3,779 8	2 290,22	$2 \cdot 3^3$
5	2,236 1	1,710 0	**19,6350**	Primzahl	55	7,416 2	3,803 0	2 375,83	$5 \cdot 11$
6	2,449 5	[illegible]	28,2743	$2 \cdot 3$	56	7,483 3	3,825 9	2 463,01	$2^3 \cdot 7$
7	[illegible]	[illegible]	[illegible]	Primzahl	57	7,549 8	3,848 5	2 551,76	$3 \cdot 19$
8	[illegible]	[illegible]	[illegible]	2^3	58	7,615 8	3,870 9	2 642,08	$2 \cdot 29$
9	[illegible]	[illegible]	[illegible]	3^2	59	7,681 1	3,893 0	2 733,97	Primzahl
10	[illegible]	[illegible]	[illegible]	$2 \cdot 5$	60	7,746 0	3,914 9	2 827,43	$2^2 \cdot 3 \cdot 5$
11	3,316 6	2,224 0	95,0332	Primzahl	61	7,810 2	3,936 5	2 922,47	Primzahl
12	3,464 1	2,289 4	113,097	$2^2 \cdot 3$	62	7,874 0	3,957 9	3 019,07	$2 \cdot 31$
13	3,605 6	2,351 3	132,732	Primzahl	63	7,937 3	3,979 1	3 117,25	$3^2 \cdot 7$
14	3,741 7	2,410 1	153,938	$2 \cdot 7$	64	8,000 0	4,000 0	3 216,99	2^6
15	3,873 0	2,466 2	176,715	$3 \cdot 5$	65	8,062 3	4,020 7	3 318,31	$5 \cdot 13$

Bild 2: Wertetabelle für Quadratwurzel, Kubikwurzel und Kreisfläche

Anwendungsbeispiele

- **In der Technischen Mathematik**
Zuordnung von Zahlenwerten abhängiger Größen. (Bild 2)
- **In der Werkstofftechnik**
Zuordnung von Stoffeigenschaften.
- **Im Maschinenbau**
Zuordnung typischer Abmessungen zu verschiedenen Baugrößen von Normteilen.
- **In der Metall-u. Stahlbautechnik**
Zuordnung von geometrischen Kenngrößen und mechanischen Eigenschaften zu den verschiedenen Normgrößen von Profilen. (Bild 3)
- **In der Längenprüftechnik**
Zuordnung von Grenzabmaßen zu Toleranzfeldern.
- **In der Steuerungstechnik**
Zuordnung der Signalbelegung bei logischen Gliedern mit Hilfe von Funktionstabellen.

Kurzzeichen	Maße in mm für						A_{Steg}	A	G	Für die Biegeachsen						s_y	Flanschenlöcher*) nach DIN 997 Ausg. Okt. 1970	
										$y-y$			$z-z$					
	h	b	t_s	t_g	r	$h-2c$	cm^2	cm^2	kg/m	I_y cm^4	W_y cm^3	i_y cm	I_z cm^4	W_z cm^3	i_z cm	cm	d_1 mm	w_1 mm
			s	t				F		J_x	W_x	i_x	J_y	W_y	i_y	s_x		
I PE	**Mittelbreite I-Träger mit parallelen Flanschflächen, I PE-Reihe** (warmgewalzt), **nach DIN 1025 Teil 5, Ausgabe März 1994 und EURONORM 19-57** Grenzabmaße und Formtoleranzen nach DIN EN 10034, Ausgabe März 1994																	
80	80	46	3,8	5,2	5	59	2,84	7,64	6,00	80,1	20,0	3,24	8,49	3,69	1,05	6,9	6,4	26
100	100	55	4,1	5,7	7	74	3,87	10,3	8,10	171	34,2	4,07	15,9	5,79	1,24	8,6	8,4	30
120	120	64	4,4	6,3	7	93	5,00	13,2	10,4	318	53,0	4,90	27,7	8,65	1,45	10,5	8,4	36
140	140	73	4,7	6,9	7	112	6,26	16,4	12,9	541	77,3	5,74	44,9	12,3	1,65	12,3	11	40
160	160	82	5,0	7,4	9	127	7,63	20,1	15,8	869	109	6,58	68,3	16,7	1,84	14,0	13**)	44
180	180	91	5,3	8,0	9	146	9,12	23,9	18,8	1320	146	7,42	101	22,2	2,05	15,8	13	50
200	200	100	5,6	8,5	12	159	10,7	28,5	22,4	1940	194	8,26	142	28,5	2,24	17,6	13	56
220	220	110	5,9	9,2	12	177	12,4	33,4	26,2	2770	252	9,11	205	37,3	2,48	19,4	17	60
240	240	120	6,2	9,8	15	190	14,3	39,1	30,7	3890	324	9,97	284	47,3	2,69	21,2	17	68
270	270	135	6,6	10,2	15	219	17,1	45,9	36,1	5790	429	11,2	420	62,2	3,02	23,9	21/17	72
300	300	150	7,1	10,7	15	248	20,5	53,8	42,2	8360	557	12,5	604	80,5	3,35	26,6	23	80
330	330	160	7,5	11,5	18	271	23,9	62,6	49,1	11770	713	13,7	788	98,5	3,55	29,3	25/23	86
360	360	170	8,0	12,7	18	298	27,8	72,7	57,1	16270	904	15,0	1040	123	3,79	31,9	25	90
400	400	180	8,6	13,5	21	331	33,2	84,5	66,3	23130	1160	16,5	1320	146	3,95	35,4	28/25	96
450	450	190	9,4	14,6	21	378	40,9	98,8	77,6	33740	1500	18,5	1680	176	4,12	39,7	28	106
500	500	200	10,2	16,0	21	426	49,4	116	90,7	48200	1930	20,4	2140	214	4,31	43,9	28	110
550	550	210	11,1	17,2	24	467	59,1	134	106	67120	2440	22,3	2670	254	4,45	48,2	28	120
600	600	220	12,0	19,0	24	514	69,7	156	122	92080	3070	24,3	3390	308	4,66	52,4	28	120

Bild 3: Tabelle für Formstähle

	A	B
2	MAG	46 %
3	E-Hand	10 %
4	Sonstige	10 %
5	WIG	7 %
6	UP	6 %
7	Laser	9 %
8	MIG	12 %

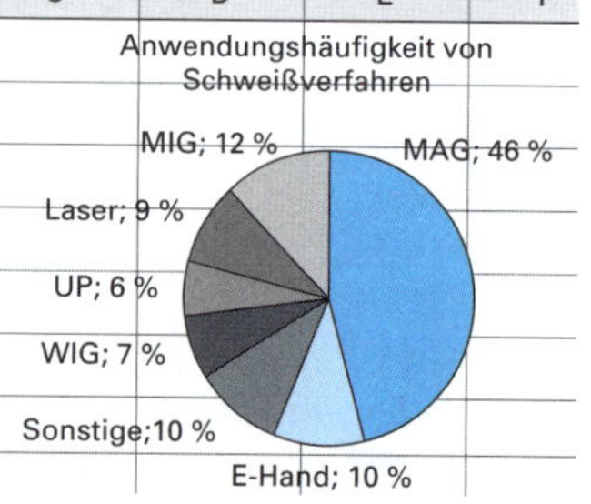

Bild 4: Excel-Tabelle

Computerunterstützte Erstellung von Tabellen

Mit Hilfe der Rechentechnik können Tabellenkalkulationsprogramme zur Erstellung von Tabellen genutzt werden. Damit hat der Nutzer die Möglichkeit, entsprechend seines Bedarfs „intelligente" Tabellen zu konstruieren, die Zusammenhänge zwischen technischen Größen erfassen, mathematisch verknüpfen und anschaulich darstellen. (Bild 4)

Die meisten Bildungseinrichtungen nutzen dazu das im Office-Paket von Microsoft enthaltene Programm Excel.

Übungsaufgaben 04

Aufgabe 1

Die nebenstehend dargestellten Diagramme beziehen sich auf den Zusammenhang zwischen Einstellwerten und Kräften beim Längsrunddrehen.

Setzen Sie die grafischen Aussagen der Diagramme in verbale Aussagen um.

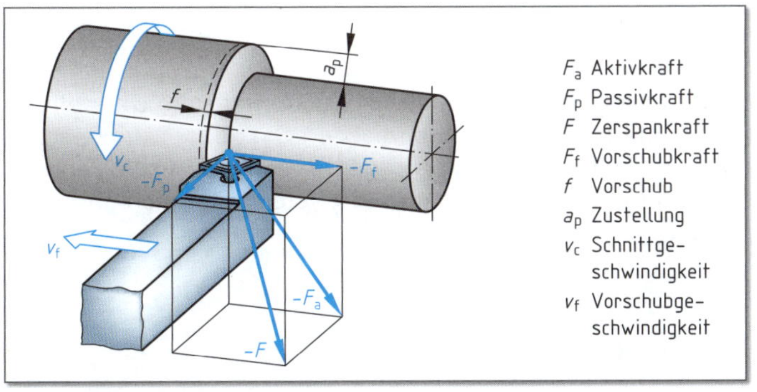

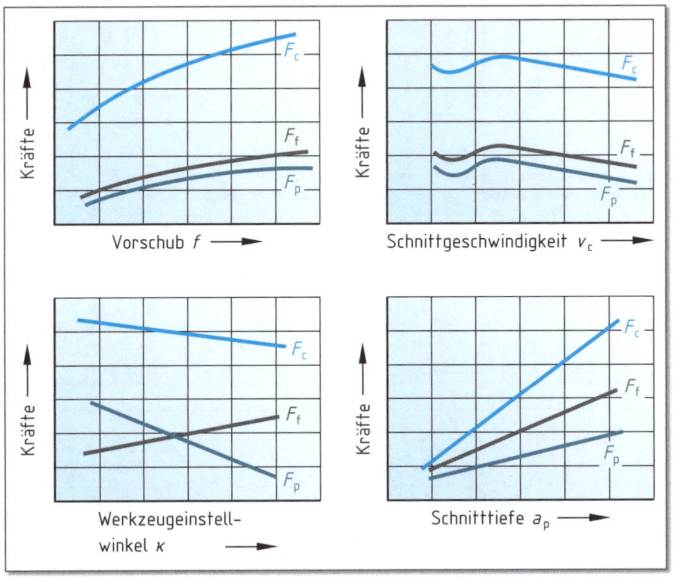

Anteil	Verwendungsbereich
6 %	Batterien, Akkus, Magnetwerkstoffe u. sonstige
8 %	Beschichtungen
1 %	Münzen
15 %	hochwarmfeste Legierungen
9 %	Vergütungsstähle
61 %	vollaustenitische Stähle

Aufgabe 2

Die Verwendungsbereiche des Metalls Nickel und ihre Anteile an der Weltproduktion sind wie in der Tabelle angegeben verteilt.

Diese Information soll im Rahmen einer Präsentation anschaulich vermittelt werden. Erstellen Sie deshalb mit Unterstützung einer geeigneten Software verschiedene Typen von grafischen Darstellungen.

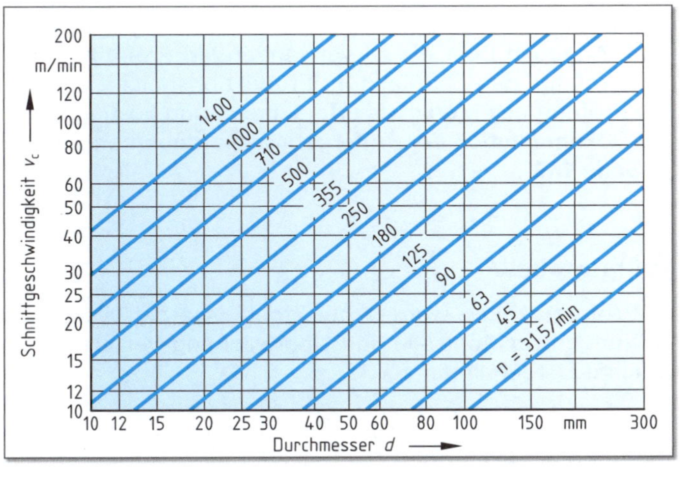

Aufgabe 3

Erläutern Sie welche Zusammenhänge mit dem nebenstehenden Diagramm dargestellt werden.

Erklären Sie den Umgang mit dem Diagramm an einem konkreten Beispiel.

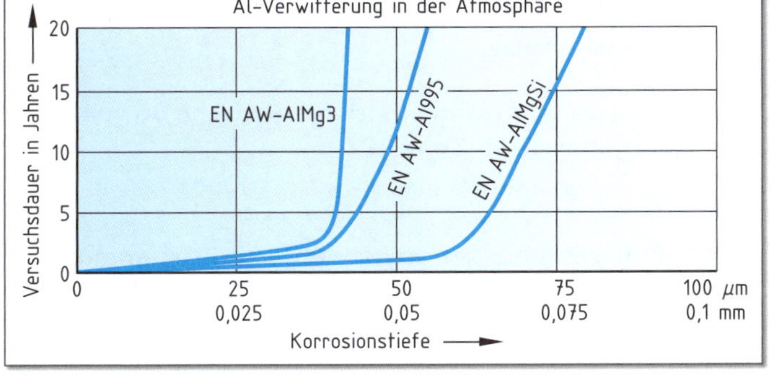

Aufgabe 4

Betrachten Sie das nebenstehende Diagramm. Welche Aussagen können Sie zum Verwitterungsverhalten der Aluminiumwerkstoffe EN AW-Al99,5 (typisch für Fließpressteile), EN AW-AlMg3 (typisch für Fassadenverkleidungen) und EN AW-AlMgSi (typisch für Fenster- u. Türrahmen) machen?

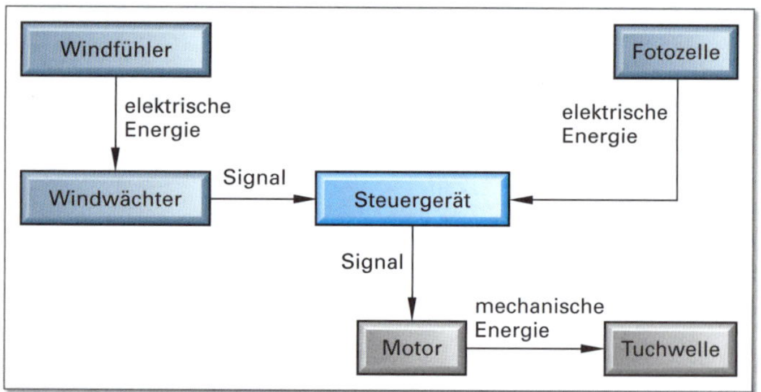

Bild 1: Blockschaltbild für eine Sonnenschutzeinrichtung

Nr.	Arbeitsplan: Arbeitsschritt	Werkzeuge
1	Rundstahl ø 8 mm auf Maß 160 mm sägen	Stahlmaß Handbügelsäge
2	Anlegemaß für Biegung 180° anreißen, Biegezone für Biegeradius 20 mm anzeichnen.	Edding-Stift Gliedermaßstab
3	Herstellen einer Biegung über Dorn.	Schraubstock Biegedorn
4	Sägen auf Maß 68,5 mm.	Stahlmaß Handbügelsäge
5	Feilen der Stirnseiten und Fase 0,5 x 45° herstellen.	Feile
6	Qualitätskontrolle	Messschieber

Bild 2: Arbeitsplan

Prüfplan

Bennenung: Prismenbacken		Zeichnungsnr.: 2004-235.1-05	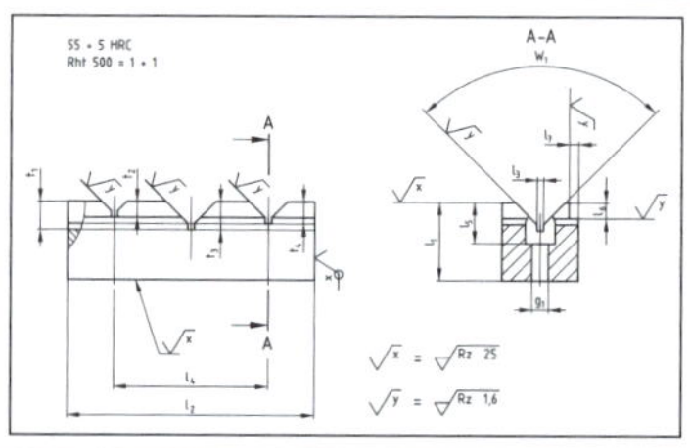			
Lfd. Nr	**Prüfmerkmal**	**Prüfmittel**	**Prüfumfang**	**Prüfmethode**	**Prüfzeitpunkt**	**Prüfdokumentation**
1	Länge l_2 DIN ISO 2768-f 80 ± 0,15	Messschieber	jedes Werkstück	Messen durch Werker	Nach Arbeitsgang 1	Prüfprotokoll
2						
3						
…						

Bild 3: Prüfplan

Prüfprotokoll

Auftrag Nr.:	2004-235	Sachnr.:	235
Bennenung:	Spannbacken	Teilnr.:	2004 235.1-05
Prüfer:	Mike Scharf	Datum:	2004-09-06

Werkstück Nr.	Prüfmerkmal: Maß l_1 80	…	…	…	…	…	…	…	Gut	Nacharbeit	Ausschuss
1	79,9								x		
2											

Bild 4: Prüfprotokoll

1.2.11 Pläne und Protokolle

Pläne verwendet man zur Darstellung von Wirkzusammenhängen.
In Protokollen hält man den zeitlichen Ablauf von Vorgängen fest.

Blockschaltbild

Blockschaltbilder enthalten eine schematische Darstellung der Bestandteile eines technischen Systems. Mit Hilfe von Linien, Pfeilen und Textangaben macht man die Verknüpfung der einzelnen Element des Systems deutlich und stellt Wirkungsabläufe dar.

Arbeitsplan

Arbeitspläne legen den Ablauf einer Tätigkeit, z.B. die Abfolge der Arbeitsschritte bei der Herstellung eines Einzelteils oder einer Baugruppe fest. In vielen Fällen sind auch Angaben über die anzuwendenden Technologien, Maschinen und Werkzeuge, Maschineneinstellwerte, Spannmittel, Prüfmittel u.ä. enthalten. Zusammen mit der technischen Zeichnung bilden sie die Grundlage für die Fertigung. Bei der automatisierten Fertigung sind sie Datenquelle z.B. für die Erstellung von NC Programmen. ⇒ **Seite 189**

Prüfplan

Prüfpläne sind Instrumente des Qualitätsmanagements. Sie sind zweckmäßig mit Prüfzeichnungen gekoppelt. Sie enthalten Angaben zu den Werkstückmerkmalen, die geprüft werden sollen, z.B. Maße, Oberflächen u.ä. Außerdem kann man Angaben über die zu verwendenden Prüfmittel, den Prüfumfang, den Zeitpunkt im Produktionsablauf, an dem die Prüfung des Merkmals erfolgen soll und Festlegungen zur Dokumentation der Prüfergebnisse entnehmen.
⇒ **Seite 187**

Prüfprotokoll

In Prüfprotokollen werden die Ergebnisse der Werkstückprüfungen zur Kontrolle und Überwachung der Erzeugnisqualität festgehalten.

Die Prüfergebnisse bilden die Entscheidungsgrundlage dafür, ob ein Erzeugnis oder ein Teil den Qualitätsanforderungen entspricht, ob es ihnen voraussichtlich entsprechen wird, wenn es nachgearbeitet wurde oder ob die Möglichkeit der Nacharbeit nicht besteht und es als Ausschuss eingestuft werden muss.

Sie sind notwendige Mittel für die statistische Auswertung der Prüfergebnisse. ⇒ **Seite 187**

Alle auf dieser und der folgenden Seite genannten Pläne sind nur vollständig, wenn sie ein Schriftfeld nach DIN EN ISO 7200 mit den erforderlichen Datenfeldern enthalten. ⇒ **Seite 44 ff.**

Montageplan für Schweißteile

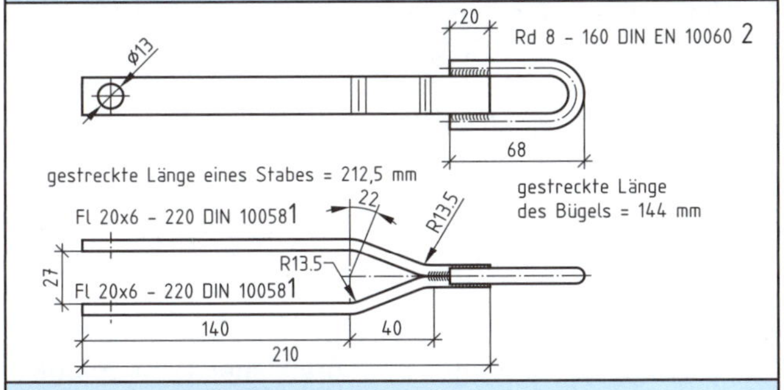

Teile 1 und 2 Fügen durch Schweißen

Nr.	Arbeitsschritt	Werkzeuge/Hilfsmittel
1	Überprüfen der Einzelteile.	Stahlmaßstab Messschieber 150 mm u. 300 mm
2	Einlegen der Teile 1 und 2 in die Schweißvorrichtung und fixieren der Teile.	Schweißvorrichtung
3	Teile 2 an 1 heften.	MAG-Schweißarbeitsplatz mit Zubehör

Bild 1: Montageplan

Schweißfolgeplan

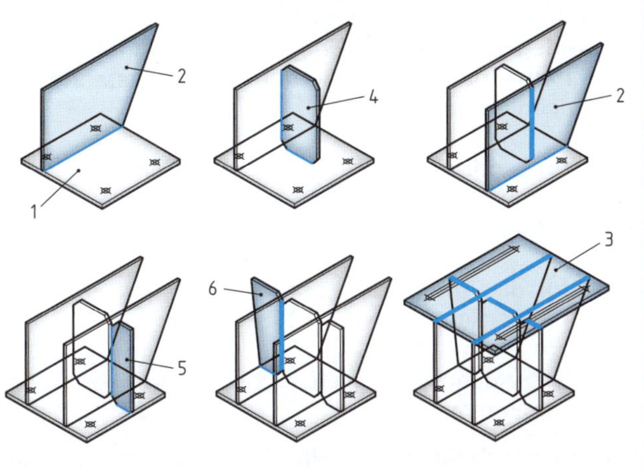

Auftrag NR.:	Teilnr.:	005	
Sachnr.:	Werkstoff.:	S235JR	
Rohteil: Blech DIN EN 10029			
Bezeichnung: Lagerbock	Schweißverfahren: 111		

Nr.	Arbeitsfolge	Nahtform Nahtdicke	Naht-länge	Bemerkung
1	Steg 2 an Grundplatte 1 heften	Heft-naht	4 Hefter	senkrecht ausrichten
2	Versteifung 4 an Grundplatte 1 und Steg 2 heften	Heft-naht	je 2 Hefter	senkrecht und rechtwinkelig ausrichten
11	Rippe 6 an Grundplatte 1 und Steg 2 schweißen	a4◺	2x125 2x29	Nähte 125 zuerst schweißen, ausrichten
12	Anschlussplatte 3 an Teile 2,4,5,6 schweißen	a4◺	2x41 2x50 2x29 2x210	Längsnähte zuerst schweißen, dann Nähte mit Teil 4

Bild 2: Schweißfolgeplan

Montageplan

Montagepläne sind spezielle Arbeitspläne für Montagevorgänge. In ihnen werden die nacheinander ablaufenden Arbeitsschritte bei der Montage vorgeschrieben. Außerdem können sie Angaben zu den Zeichnungen, Werkzeugen, Vorrichtungen, Prüfmitteln usw. enthalten. ⇒ **Seite 198**

Montagepläne werden durch Struktur-Stücklisten und Bereitstellungs-Listen ergänzt. ⇒ **Seite 33**

Schweißplan

Schweißpläne sind technologische Arbeitspläne, in denen alle wesentlichen Anweisungen zum Schweißen und Prüfen der Nähte einer Baugruppe enthalten sind. Sie werden insbesondere für solche Baugruppen benötigt, die aus Sicherheitsgründen besonderen Abnahmebedingungen unterliegen, z.B Druckbehälter, Brückenkonstruktionen, Dachkonstruktionen, Aufzüge usw.

Der erhebliche Arbeitsaufwand für die Erarbeitung der Schweißpläne wird durch einen reibungslosen und fehlerfreien Fertigungsablauf mehr als ausgeglichen.

Schweißpläne sind wichtige Dokumente bei der Aufklärung von Schadensfällen und Verantwortlichkeiten.

Die Form der Schweißpläne ist nicht genormt. Inhalt können folgende Angaben sein:

- Schweißeignung des Werkstoffs
- Reihenfolge des Zusammenbaus und Anordnung der Nähte
- Geforderte Schweißnahtgüte
- Schweißposition
- Erforderliche Nahtvorbereitung
- Zu verwendende Zusatzwerkstoffe
- Vorgeschriebene Wärmebehandlung der Nähte
- Schweißen in Verformungsbereichen
- Einsatz des Schweißerpersonals
- Schweißfolge (im Schweißfolgeplan)
- Schweißnahtausführung (Nahtaufbau, Anzahl der Lagen, Maschineneinstellwerte, ...)
- Schweißnahtprüfplan

Schweißfolgeplan

Der Schweißfolgeplan ist eine Arbeitsanweisung für den Schweißer. Er beinhaltet die örtliche und zeitliche Herstellungsfolge der Schweißnähte einer Baugruppe. Er enthält Informationen zur

- Reihenfolge der Arbeitsgänge beim Schweißen,
- zu Nahtform, Nahtdicke, Nahtlage, Nahtlänge,
- Schweißfolge, Schweißposition,
- Grund- und Zusatzwerkstoffen
- Schweißverfahren
- Vorrichtungen und Werkzeugen

Eine Skizze oder Zeichnung beschreibt die Schweißfolge.

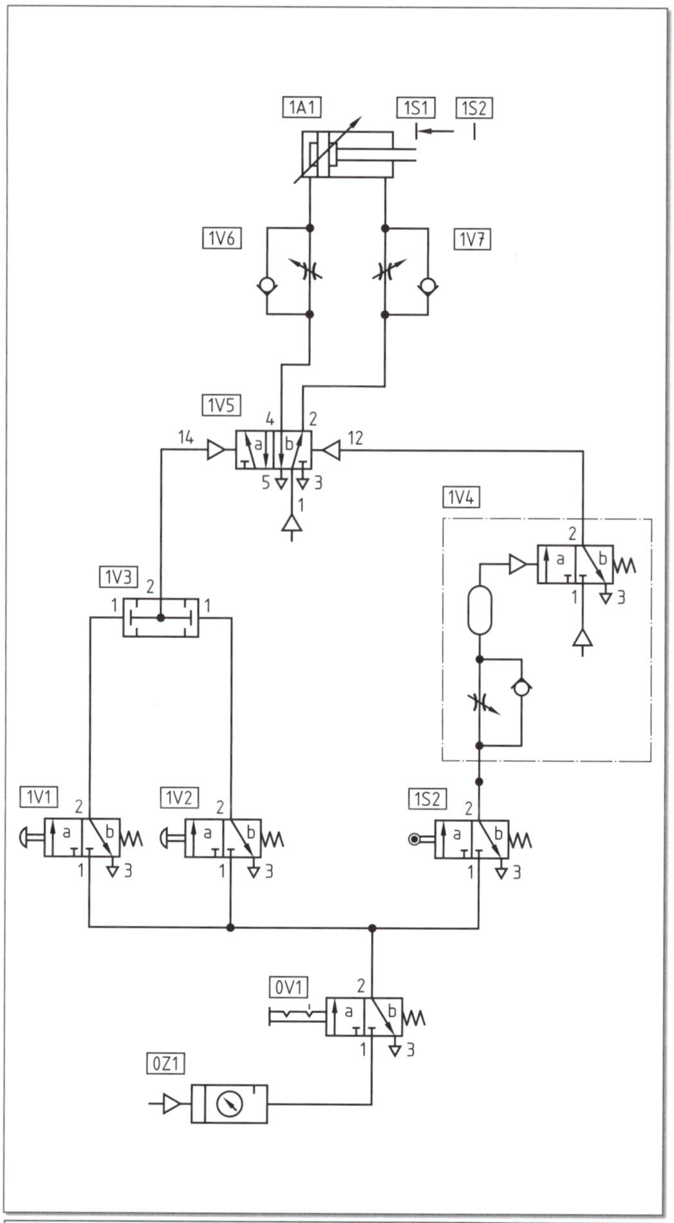

Bild 1: Schaltplan der Pneumatik

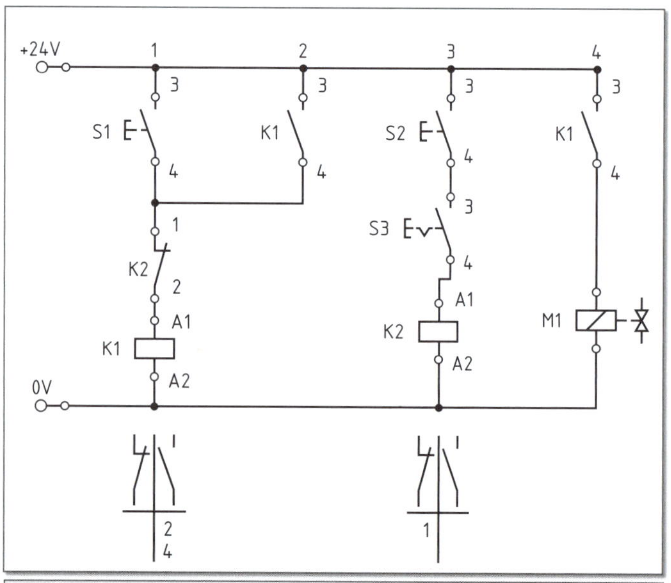

Bild 2: Schaltplan der Elektrotechnik, Stromlaufplan

Schaltplan der Pneumatik

Mit Hilfe pneumatischer Schaltpläne kann die Wirkungsweise pneumatischer Steuerungen dargestellt werden. Die Steuerungsabläufe kann man durch das gedankliche Nachvollziehen der Wege ermitteln, die die Druckluft in den Leitungen zurücklegt.

Mit Hilfe von Symbolen werden die einzelnen Anlagenteile und Bauglieder und ihre wechselseitige Verknüpfung dargestellt.

Das Lesen und Verstehen pneumatischer Schaltpläne ist Voraussetzung für die Montage und Wartung von pneumatischen Anlagen und für die Fehlersuche zur Behebung von Betriebsstörungen.

Pneumatische Schaltpläne werden nach einheitlichen Regeln angefertigt. Diese sind in DIN ISO 1219 festgelegt und werden ab **Seite 203** dieses Buches beschrieben.

Eine sinnvolle Ergänzung für die Arbeit mit pneumatischen Schaltplänen sind Funktionspläne ⇒ **Seite 219**.

Schaltplan der Elektrotechnik

Elektrotechnische Schaltpläne zeigen die Arbeitsweise, die Verbindung oder die räumliche Anordnung von elektrischen Anlagen. Sie sind wichtige Unterlagen für die Erstellung, Inbetriebnahme, den Betrieb und die Instandhaltung elektrotechnischer Anlagen.

Die Betriebsmittel werden durch grafische Symbole, Schaltzeichen, dargestellt. Sie werden nach DIN EN 60617 ausgeführt.

Regeln für die Anfertigung von Schaltplänen der Elektrotechnik findet man in DIN EN 61082.

In der Elektrotechnik unterscheidet man verschieden Arten von Schaltplänen:

- **Übersichtsschaltplan**, er zeigt die Gliederung und die Arbeitsweise einer elektrischen Einrichtung.
- **Installationsplan**, er enthält eine Darstellung der Anordnung und äußeren Verdrahtung von Betriebsmitteln.
- **Stromlaufplan**, er enthält eine übersichtliche Darstellung des Zusammenwirkens der Betriebsmittel mit allen Einzelheiten.

Er beschreibt mit Hilfe grafischer Zeichen die Funktionsweise elektrischer Systeme und die Verbindung der einzelnen Bauteile durch elektrische Leitungen.

Aus einem Stromlaufplan ist die Funktionsweise einer elektrischen Anlage, nicht aber die Größe, Form und räumliche Anordnung der Anlagenteile ersichtlich. Man unterscheidet Stromlaufpläne in zusammenhängender Darstellung (Bild 2 rechts), wobei alle mechanischen Verbindungen dargestellt werden, und Stromlaufpläne in aufgelöster Darstellung, die in der Steuerungstechnik angewendet werden. Sie zeichnen sich durch größere Übersichtlichkeit aus, weil die Stromkreise in einzelne Strompfade aufgelöst sind. Mechanische Verbindungen werden nicht dargestellt.

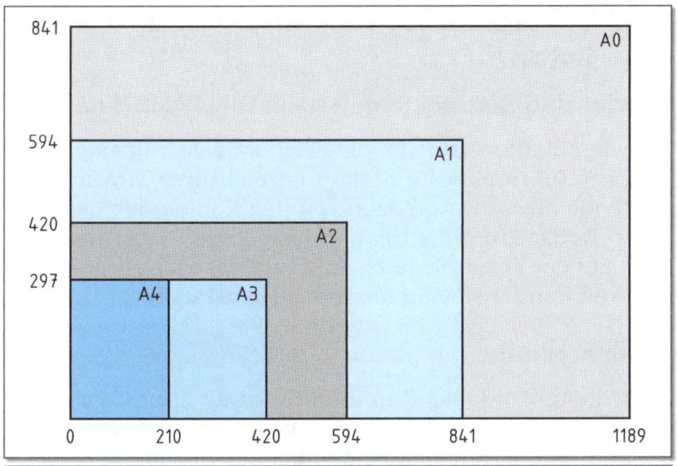

Bild 1: Formatsystem

Tabelle 1: Blattgrößen

	Fertigblatt (beschnitten)		Zeichenfläche	
Format	a_1	b_1	a_2	b_2
A0	841	1189	821	1159
A1	594	841	574	811
A2	420	594	400	564
A3	297	420	277	390
A4	210	297	180	277

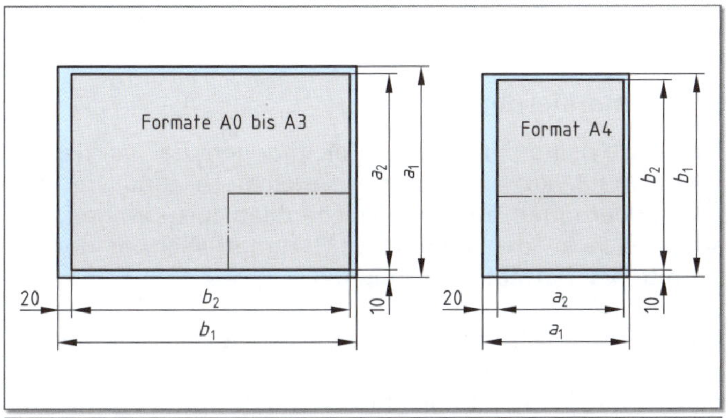

Bild 2: Abmessungen der Formate

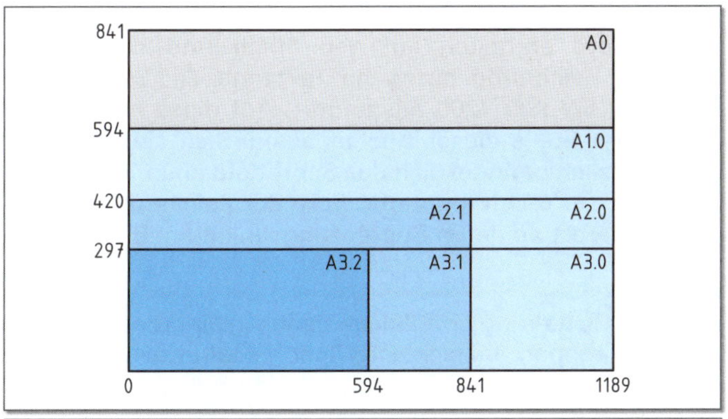

Bild 3: Streifenformate

1.3.1 Blattformate

Normung

Eine Originalzeichnung sollte auf dem kleinstmöglichen Format angefertigt werden, das noch die nötige Klarheit der Darstellung und Bemaßung zulässt.

Blattformate sind nach DIN EN ISO 5457 genormt. Man unterscheidet beschnittene Formate und unbeschnittene Formate. Die bevorzugten Größen für Blätter und Zeichenflächen sind ISO 216 entnommen.

Ausgangsbasis für das Formatsystem ist ein A0-Blatt mit einem Flächeninhalt von genau 1 m².

Das Kantenlängenverhältnis der Formate beträgt nach Norm:

kurze Seite x : lange Seite y = 1: $\sqrt{2}$

Damit ergeben sich die Kantenlängen x = 841 mm für die kurze Seite und y = 1189 mm für die lange Seite.

Die Kantenlängen für die kleineren Formate erhält man durch fortlaufendes Halbieren des Basisformates A0.

Tabelle 1 zeigt die Maße für die genormten Formate.

Grundsätzlich können die Blattformate abhängig von Form und Lage der zeichnerischen Darstellung im Hochformat oder im Querformat verwendet werden. Dabei ist zu beachten, dass das Format A4 nach den Festlegungen der Norm DIN EN ISO 5457 nur im Hochformat ausgeführt werden darf, wobei sich das Schriftfeld ⇒ **Seite 46** an der kurzen Blattseite befindet.

In der Praxis ist jedoch festzustellen, dass A4-Zeichenblätter durchaus auch in Querlage verwendet werden und das Schriftfeld an der langen Seite der Zeichenfläche angeordnet wird.

Leserichtung

Grundsätzlich befindet sich die Leserichtung einer technischen Zeichnung in Übereinstimmung mit der Leserichtung des Schriftfeldes.

Allgemein gilt jedoch die Regel, dass die Angaben der technischen Zeichnung von unten, wo sich das Schriftfeld befindet, und von rechts lesbar sein sollen. Das hängt damit zusammen, dass Zeichnungen oftmals in Ordnern abgeheftet und aufbewahrt werden und großformatige Zeichnungen deshalb auf A4-Format gefaltet werden müssen. ⇒ **Seite 47**

Streifenformate

Die Anwendung von Streifenformaten soll vermieden werden. In manchen Fachgebieten, wie z.B. im Rohrleitungsbau, im Heizungs- und Sanitärbereich, in der Elektrotechnik gehören sie aber zur Arbeitspraxis.

Im Bedarfsfall werden diese Formate durch Kombination der kurzen Seite eines A-Formates mit der langen Seite des nächst größeren A-Formates gebildet.

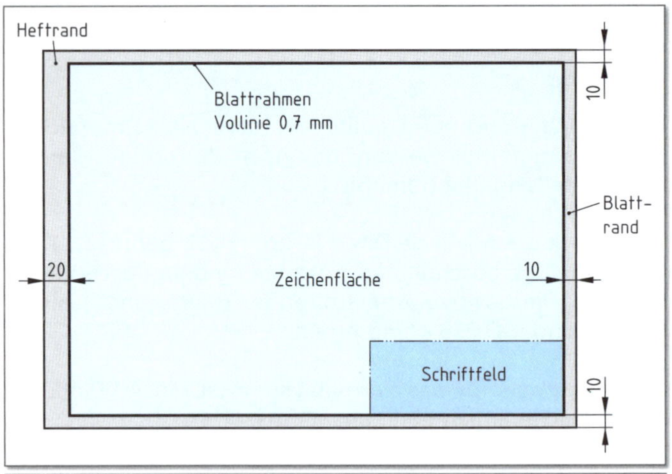

Bild 1: Lage der Zeichenfläche

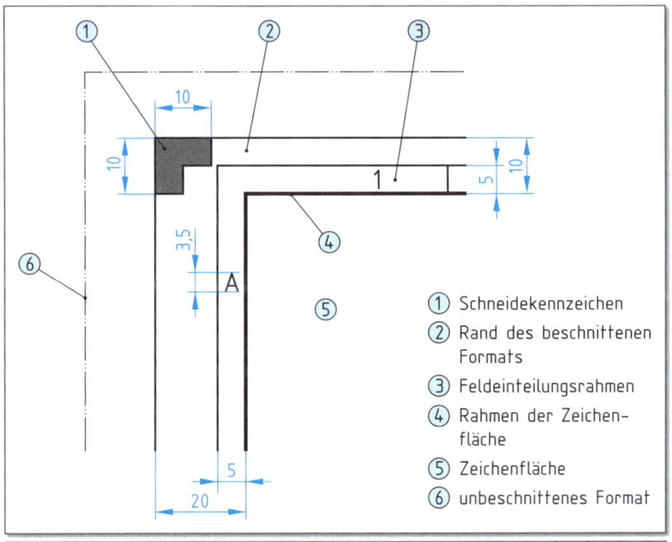

Bild 2: Ränder

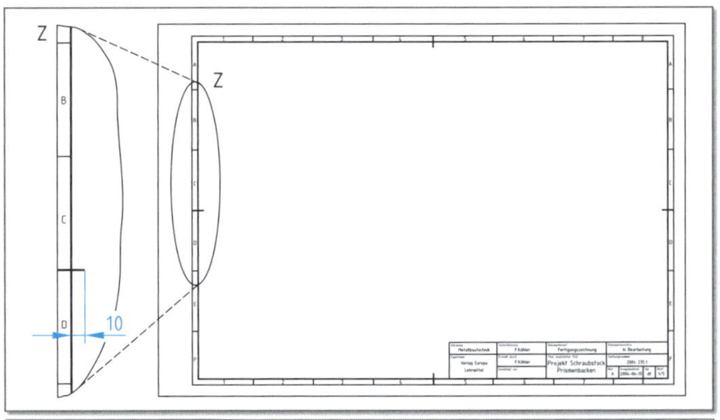

Bild 3: Feldeinteilung und Mittenmarkierung

Tabelle 1: Anzahl der Felder

Format	lange Seite	kurze Seite
A0	24	16
A1	16	12
A2	12	8
A3	8	6
A4	6	4

1.3.2 Vordrucke für Zeichnungen und Stücklisten

Ränder und Begrenzungen nach DIN EN ISO 5457

Bei allen Blattformaten ist die Zeichenfläche mit einer Volllinie von 0,7 mm Breite zu umgrenzen. Außerdem sind die Abstände dieser Umgrenzung zu den Kanten des beschnittenen Bogens, die Blattränder, festgelegt. Dieser Rand beträgt auf der linken Seite 20 mm. Er dient als Heftrand. Alle anderen Ränder sind 10 mm breit. (Bild 1 u. 2)

Feldeinteilung

Zur Unterstützung der Kommunikation sind zum leichteren Auffinden von bestimmten Bereichen der Zeichenfläche die Blattränder mit einer Feldeinteilung versehen.

Die Länge der Felder beträgt 50mm. Die Teilung beginnt jeweils an den Symmetrieachsen des beschnittenen Formates, genau an der Mittenmarkierung. (Bild 3) Die Anzahl der Felder ist abhängig vom Blattformat. (Tabelle 1)

Beim Format A4 wird die Feldeinteilung nur am linken und am oberen Rand angebracht.

Zur Kennzeichnung der senkrechten Felder von oben nach unten werden auf beiden gegenüberliegenden Seiten Großbuchstaben verwendet. Dabei sind die Buchstaben I und O nicht anzuwenden.

Zur Kennzeichnung der waagerechten Felder von links nach rechts werden auf beiden gegenüberliegenden Seiten Zahlen verwendet.

Die Schrifthöhe der Buchstaben und Zahlen beträgt 3,5 mm.

Mittenmarkierungen

Um die Positionierung der Zeichnungen bei Vervielfältigung und Mikroverfilmung zu erleichtern, sind vier Mittenmarkierungen auf dem Zeichenblatt anzubringen. Sie sollen sich an den Enden der Symmetrieachsen des beschnittenen Formates befinden.

Die Form der Mittenmarkierung ist freigestellt. Empfohlen wird die Ausführung als breite Volllinie (0,7 mm), beginnend am Feldeinteilungsrahmen und ca 10 mm in die Zeichenfläche hineinragend.

Schriftfeld

Schriftfelder enthalten auf den Inhalt und die Verwaltung der Zeichnung bezogene Textangaben. Sie werden nach DIN EN ISO 7200 ausgeführt. Auf diese Norm wird an anderer Stelle dieses Buches ausführlich eingegangen. Grundsätzlich befindet sich das Schriftfeld einer Zeichnung immer in der rechten unteren Ecke der Zeichenfläche und schließt direkt an deren Begrenzungslinien an. Bild 1

> Für die Gestaltung von Zeichenblättern sind bestimmte Normvorgaben hinsichtlich Randgestaltung, Feldeinteilung, Mittenmarkierung und Schriftfeld zu beachten und einzuhalten.

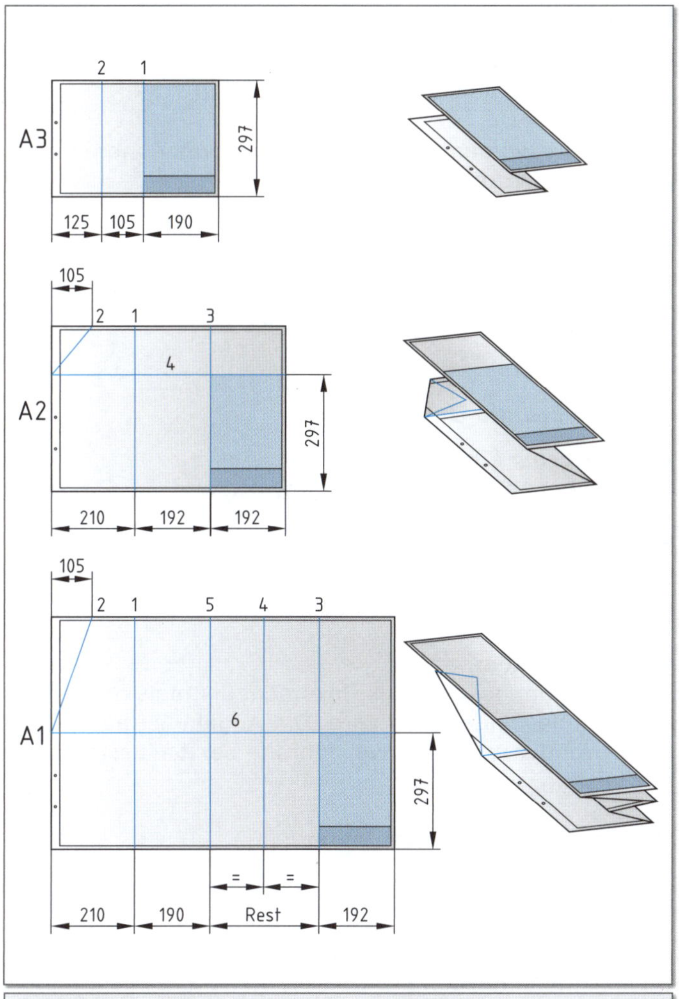

Bild 1: Faltschema für Zeichenblätter

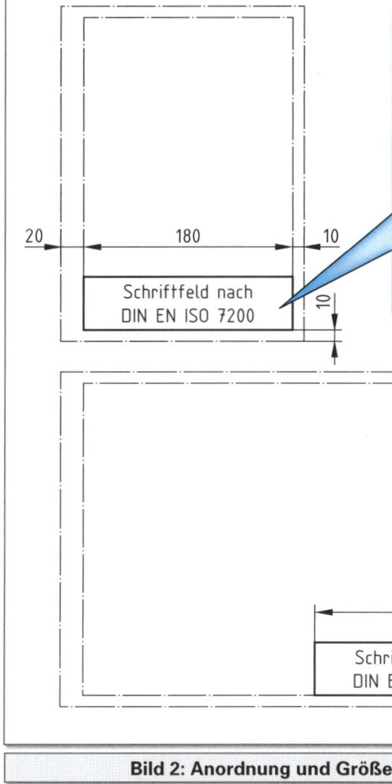

Höhe des Schriftfeldes
Für die Höhe gibt es in der Norm keine Vorgaben. Sie richtet sich einerseits nach der Anzahl der übereinander angeordneten Datenfelder, andererseits nach der Schrifthöhe des eingetragenen Textes.
Ein Vorschlag findet sich auf ⇒ Seite 50

Bild 2: Anordnung und Größe des Schriftfeldes

Falten von Zeichenblättern nach DIN 824

Wie auf Seite 38 bereits dargestellt, müssen Zeichnungen der Formate A3, A2 und A1, damit sie in A4-Ordnern oder ähnlichen Schriftgutbehältern aufbewahrt werden können, auf Ablageformat A4 gebracht werden.

Damit die abgelegten Zeichnungen schnell aufgefunden und möglichst ohne sie aus dem Ordner ausheften zu müssen aufgefaltet werden können, ist eine Faltvorschrift entwickelt worden. Danach ist die Faltung immer so vorzunehmen, dass das Schriftfeld der Zeichnung obenauf zu liegen kommt.

Die nebenstehende Bildfolge stellt das bewährte Faltschema nachvollziehbar dar.

> Zeichenblätter sollen aus praktischen Gründen nach einer Faltvorschrift gefaltet werden.

Schriftfelder für Zeichnungen und Stücklisten nach DIN EN ISO 7200

Diese Norm löst die bisherige Norm DIN 6776-1 ab. Sie enthält Festlegungen und Regeln für Datenfelder, die in Schriftfeldern für technische Produktdokumentationen anzuwenden sind. Diese Festlegungen erleichtern den Datenaustausch durch die Definition von Datenfeldnamen, sowie deren Inhalt und Länge. ⇒ **Seite 48**

Die Norm ist für alle Arten von Konstruktionsdokumenten in allen Gebieten der Technik anwendbar.

Die Anzahl der Datenfelder wurde auf ein Mindestmaß begrenzt (Pflichtangaben). Bei Bedarf können aber auch zusätzliche Datenfelder eingefügt werden (optional).

Hierfür gibt es in der Norm genaue Festlegungen, die im Folgenden dargestellt werden.

Datenfelder, die bisher in Schriftfeldern enthalten waren und nicht in der neuen Norm enthalten sind, werden außerhalb des Schriftfeldes angegeben, wenn das erforderlich ist. Solche Datenfelder sind bei einer Zeichnung zum Beispiel:

- Maßstab
- Projektionssymbol
- Toleranzen
- Oberflächenangaben

Diese Angaben erscheinen dann auf der Zeichenfläche des Blattes, möglichst in unmittelbarer Nähe des Schriftfeldes.

Anordnung und Größe des Schriftfeldes

Die Anordnung des Schriftfeldes auf Zeichenblättern ist nach DIN EN ISO 5457 festgelegt. ⇒ **Seite 46**

Für die Anordnung der Schriftfelder in Textdokumenten, wie z.B. in Arbeitsplänen, Montageplänen ... gibt es in der Norm keine Vorgabe.

Hinsichtlich der Größe des Schriftfeldes ist nur festgelegt, dass es eine Gesamtbreite von 180 mm haben muss, so dass es auf eine A4-Seite mit den Randausrichtungen links 20 mm und rechts 10 mm passt.

Das gleiche Schriftfeld ist auch für alle anderen Blattgrößen anzuwenden.

Tabelle 1: Identifizierende Datenfelder		
Feldname	**Verbindlichkeit**	**Anzahl der Zeichen**
Gesetzlicher Eigentümer	P	Freigestellt
Sachnummer	P	16
Ausgabedatum	P	10
Abschnitts-/Blattnummer	P	4
Anzahl der Abschnitte/Blätter	E	4
Änderungsindex	E	2
Sprachenzeichen	E	4
P – Pflichtangaben, E – ergänzende Angaben (freigestellt)		

Tabelle 2: Beschreibende Datenfelder		
Feldname	**Verbindlichkeit**	**Anzahl der Zeichen**
Titel	P	25
Zusätzliche Titel	E	2 x 25

Tabelle 3: Administrative Datenfelder		
Feldname	**Verbindlichkeit**	**Anzahl der Zeichen**
Genehmigende Person	P	20
Ersteller	P	20
Dokumentenart	P	30
Verantwortliche Abteilung	E	10
Technische Referenz	E	20
Klassifikation/Schlüsselwort	E	Freigestellt
Dokumentenstatus	E	20
Seitenzahl	E	4
Seitenanzahl	E	4
Papierformat	E	4
⇒ Erläuterungen siehe nächste Seite.		

Datenfelder

Datenfeld: Begrenztes Gebiet des Schriftfeldes, das für eine bestimmte Art von Daten verwendet wird.

Datenfelder werden nach der Art der Informationen, die sie beinhalten, in drei Gruppen eingeteilt:

- Identifizierende Datenfelder (Tabelle 1)
- Beschreibende Datenfelder (Tabelle 2)
- Administrative Datenfelder (Tabelle 3)

Identifizierende Datenfelder

- **Gesetzlicher Eigentümer,**
z.B. Firmenname, Firmenlogo,Handelsname

- **Sachnummer,**
wird innerhalb eines Unternehmens zur Identifizierung des Dokumentes verwendet

- **Ausgabedatum,**
ist das Datum, an dem das Dokument erstmals offiziell zur Anwendung freigegeben wird. Die Angabe ist aus rechtlichen Gründen, z.B. Nachweisführung bei Rechtsstreitigkeiten, wichtig.

- **Abschnitts- bzw. Blattnummer,**
dient zur Identifizierung eines Dokumentenabschnitts, im Fall der technischen Zeichnung das Zeichnungsblatt.
Anzahl der Abschnitte/Blätter,
Gesamtzahl der Blätter, aus denen eine Zeichnung oder ein Textdokument besteht.

- **Änderungsindex,**
kennzeichnet verschiedene Versionen bzw. Arbeitsstände. Die Versionen werden in fortlaufender Reihenfolge mit Buchstaben-Zahlen-Kombinationen, z.B. AA, AB, ... oder A1, A2, ... benannt.

- **Sprachenzeichen,**
wird angewendet, um die Sprache, die im Dokument verwendet wird, anzuzeigen. Wichtig im internationalen Informationsaustausch.

Beschreibende Datenfelder

- **Titel,**
bezieht sich auf den Inhalt des Dokuments. Er sollte aus Begriffen ausgewählt werden, die in dem Anwendungsbereich gängige Praxis sind. Abkürzungen vermeiden. z. B..: „Beweglicher Backen“

- **Zusätzlicher Titel,**
Ergänzende Angaben über das Objekt. z. B.: „komplett mit Spannbacken“

Administrative Datenfelder

- **Genehmigende Person,**
Name der Person, die das Dokument nach Überprüfung genehmigt hat.

- **Ersteller,**
Name der Person, die das Dokument ausgearbeitet oder überarbeitet hat.

- **Dokumentenart,**
kennzeichnet den Inhalt des Dokuments und ist wichtiges Suchkriterium bei der Dokumentensuche. Z.B. „Gesamtzeichnung Baugruppe 1“

- **Verantwortliche Abteilung,**
Name der Abteilung, die zum Zeitpunkt der Freigabe für den Inhalt des Dokuments verantwortlich ist.

- **Technische Referenz,**
Name einer fachkompetenten Kontaktperson für Rückfragen.

- **Klassifikation/Schlüsselwort,**
Text oder Kennung zur Wiederauffindung des Dokumenteninhalts.

- **Dokumentenstatus,**
kennzeichnet die Bearbeitungszustand eines Dokuments durch Begriffe wie: „in Bearbeitung“, „Freigegeben“, „Zurückgezogen“ usw.

- **Seitenanzahl,**
ist vom Darstellungsformat abhängig, z.B. von Blattgröße, Schriftart, Darstellungsmaßstab usw.

- **Papierformat,**
gibt die Größe des Originaldokumentes an, z.B. „A.3.“

Gestaltung von Schriftfeldern

Vielfach wird bei der Gestaltung von Schriftfeldern auf die bisherige Norm DIN 6771 zurückgegriffen. Auf eine Beschreibung dieser zurückgezogenen Norm wird in diesem Buch bewusst verzichtet. Informationen findet man in fast jedem Tabellenbuch der Metalltechnik.

Wie bereits beschrieben, gibt es für die Gestaltung der Schriftfelder nach DIN EN ISO 7200 genügend Freiraum. Einzige Festlegung ist die Breite von 180mm und die Anzahl der Zeichen, die in den Datenfeldern Platz haben müssen. Für dieses Buch wurde die unten abgebildete Form gewählt.

Zu Ausbildungszwecken wird oft ein vereinfachtes Schriftfeld genutzt, um Zeichenarbeit zu sparen. Einen Vorschlag für die Gestaltung eines solchen Schriftfeldes finden Sie auf ⇒ **Seite 50**.

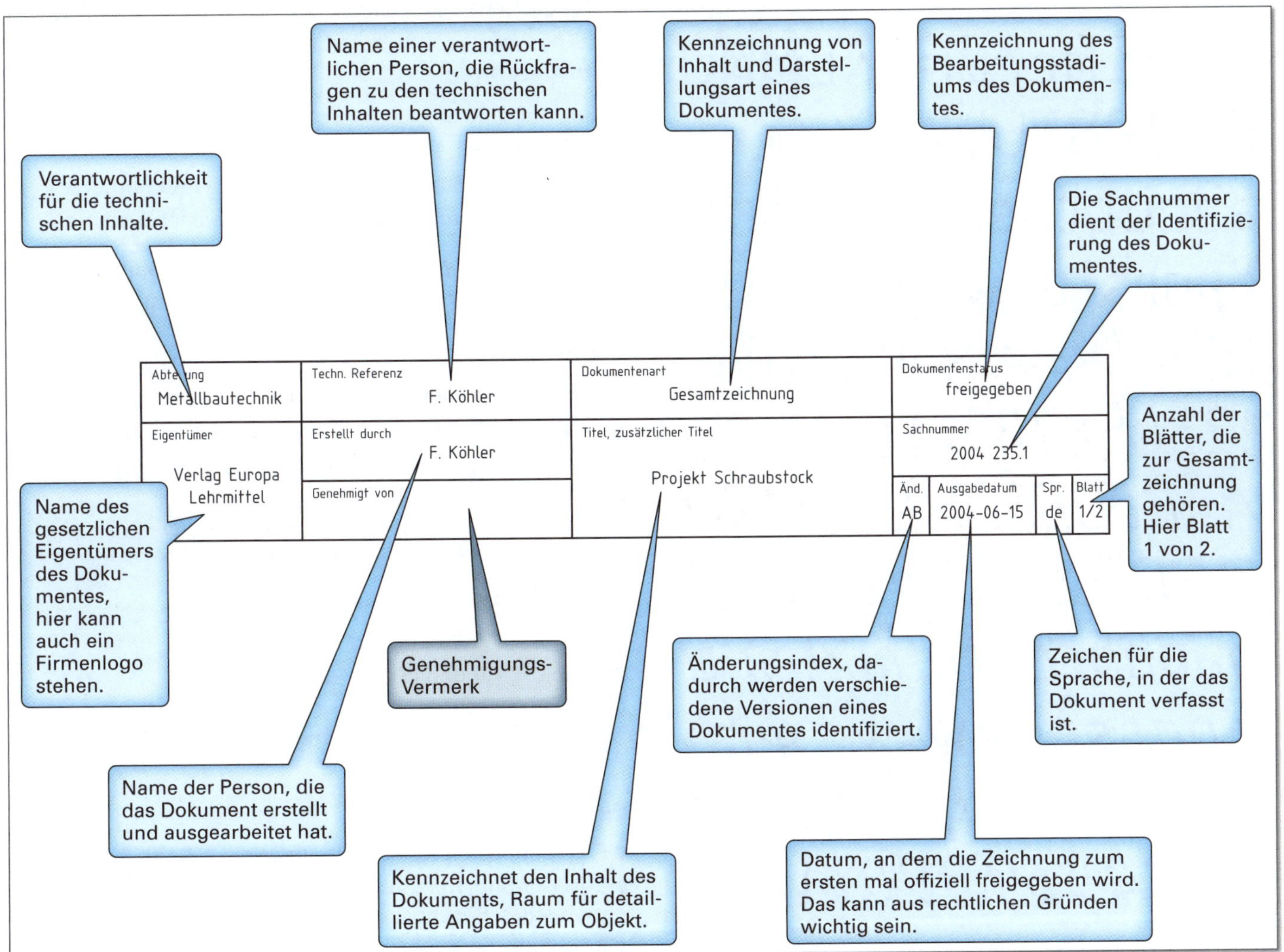

Bild 1: Beispiel für ein Schriftfeld nach DIN EN ISO 7200

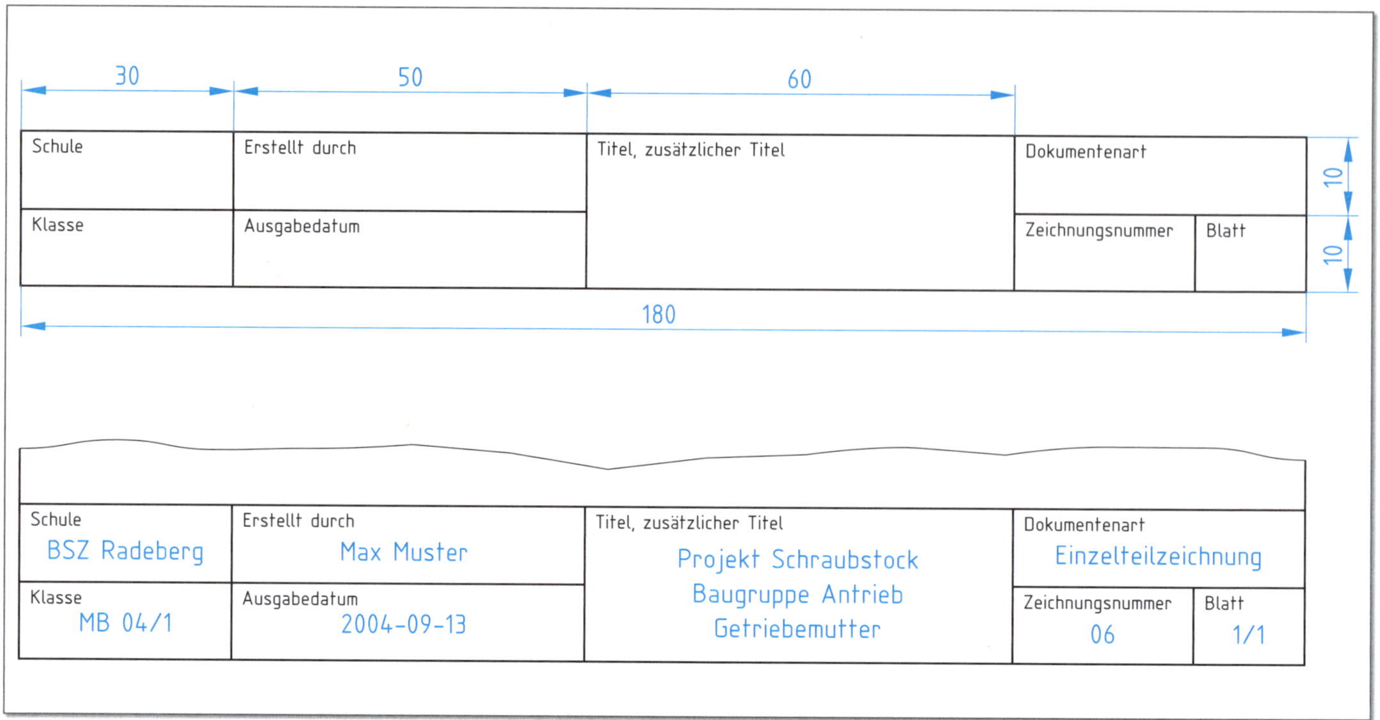

Bild 1: Vereinfachtes Schriftfeld für Ausbidungszwecke

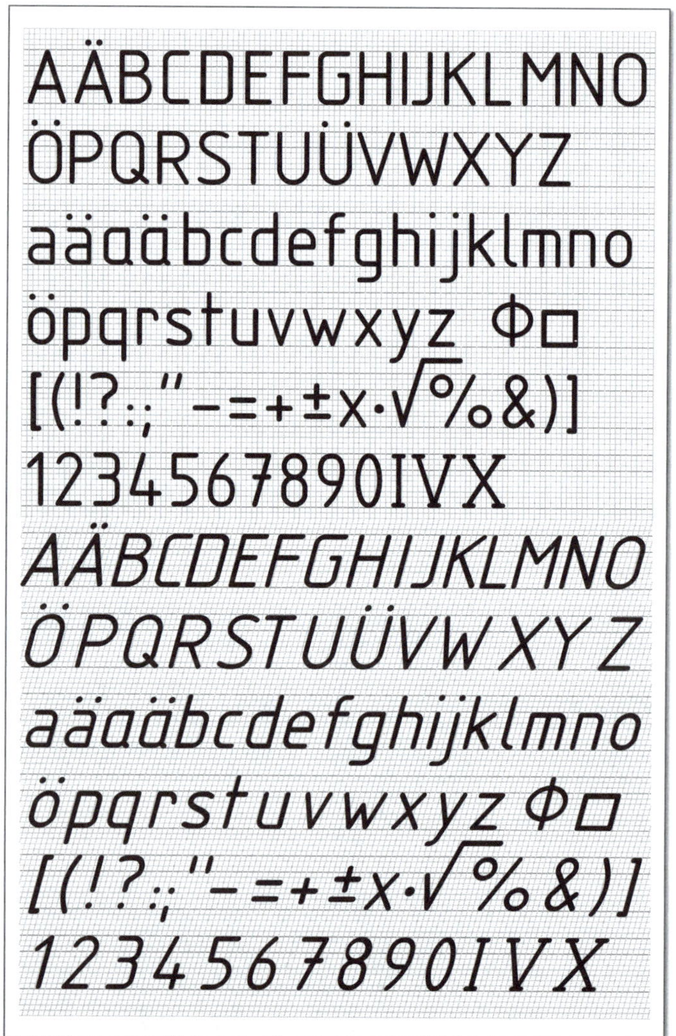

Bild 2: Schriftzeichen der Form B, (V) und (S)

1.3.3 Schrift für Zeichnungen DIN EN ISO 3098

Anforderungen

- Leserlichkeit
- Einheitlichkeit
- Eignung für Vervielfältigung u. Mikroverfilmung
- Eignung für numerisch gesteuerte Zeichensysteme

Technische Zeichnungen und grafische Darstellungen werden mit Schriften nach DIN EN ISO 3098-2 ausgeführt.

Schriftform

Zur Auswahl stehen folgende Schriften:

- Form A, in vertikaler(V) und schräger(S) Ausführung
- Form B, in vertikaler und schräger Ausführung

> Schriftform B, vertikal, ist bevorzugt anzuwenden.

Und für CAD-Anwendungen:

- Form CA, (V) und (S)
- Form CB, (V) und (S)

> Schriftform CB, vertikal, ist bevorzugt anzuwenden.

Beschriftungstechniken

- Freihandbeschriftung, Schreibweise ⇒ **Seite 51**
- Beschriftung mit Schrift- und Zeichenschablonen oder manuellen Beschriftungssystemen
- Anreibetechnik
- Numerisch gesteuerte Beschriftung

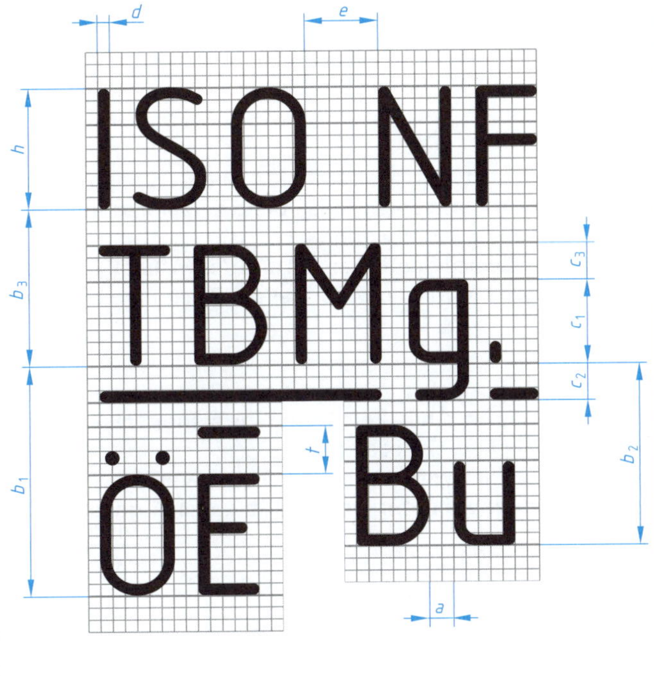

Bild 1: Maße für Schriftform B

Tabelle 1: Schrifthöhen und Linienstärken								
h	1,8	2,5	3,5	5	7	10	14	20
d	0,18	0,25	0,35	0,5	0,7	1	1,4	2

Schriftmaße

Um den Forderungen nach einer einheitlichen Schrift gerecht zu werden, sind die Maße genormt. In Tabelle 2 sind nur die Maße für die am häufigsten gebrauchten Schrifthöhen angegeben

Tabelle 2: Kenngrößen für Schriftform B

Merkmal		Maße (gerundet)			
Schrifthöhe	h	**10/10 h**	**3,5**	**5**	**7**
Höhe der Kleinbuchstaben	c_1	7/10 h	2,5	3,5	5
• Unterlänge	c_2	3/10 h	1,0	1,5	2,1
• Oberlänge	c_3	3/10 h	1,0	1,5	2,1
Bereich der diakritischen Zeichen	t	4/10 h	1,4	2	2,8
Mindestabstände					
zwischen Schriftzeichen	a	2/10 h	0,7	1	1,4
zwischen den Grundlinien[1]	b_1	19/10 h	6,7	9,5	13
zwischen den Grundlinien[2]	b_2	15/10 h	5,3	7,5	11
zwischen den Grundlinien[3]	b_3	13/10 h	5	6,5	9,1
zwischen Wörtern	e	6/10 h	2,1	3	4,2

[1] bei Groß- und Kleinbuchstaben mit diakritischen Zeichen, z.B. bei Ä, ä, Ü, ü, Ö, ö, É ...
[2] bei Groß- und Kleinbuchstaben ohne diakritische Zeichen
[3] wenn nur Großbuchstaben geschrieben werden

Schreibweise bei Handbeschriftung

Für die Beschriftung von Hand wird im allgemeinen die schräge Schrift als geeigneter empfunden, da die Handschrift vieler Menschen mehr oder weniger nach rechts geneigt ist. Beim Anwenden der Schrift stellt sich jedoch schnell heraus, dass es einiger Übung bedarf, um die Neigung um 75° gegenüber der Grundlinie einzuhalten.
⇒ **Seite 50**

Eine saubere ordentliche Beschriftung wertet jede Zeichnung auf. Die Schrift zu beherrschen setzt viele Übungsstunden voraus. Wer beharrlich übt, der wird auch schnell und gut schreiben können. Da aber heute die überwiegende Zahl der Konstruktionsdokumente mit Hilfe von CAD-Systemen erstellt werden, ist das Schreiben der Normschrift von Hand keine unbedingte Notwendigkeit mehr. Technische Zeichner sollten dies dennoch beherrschen.

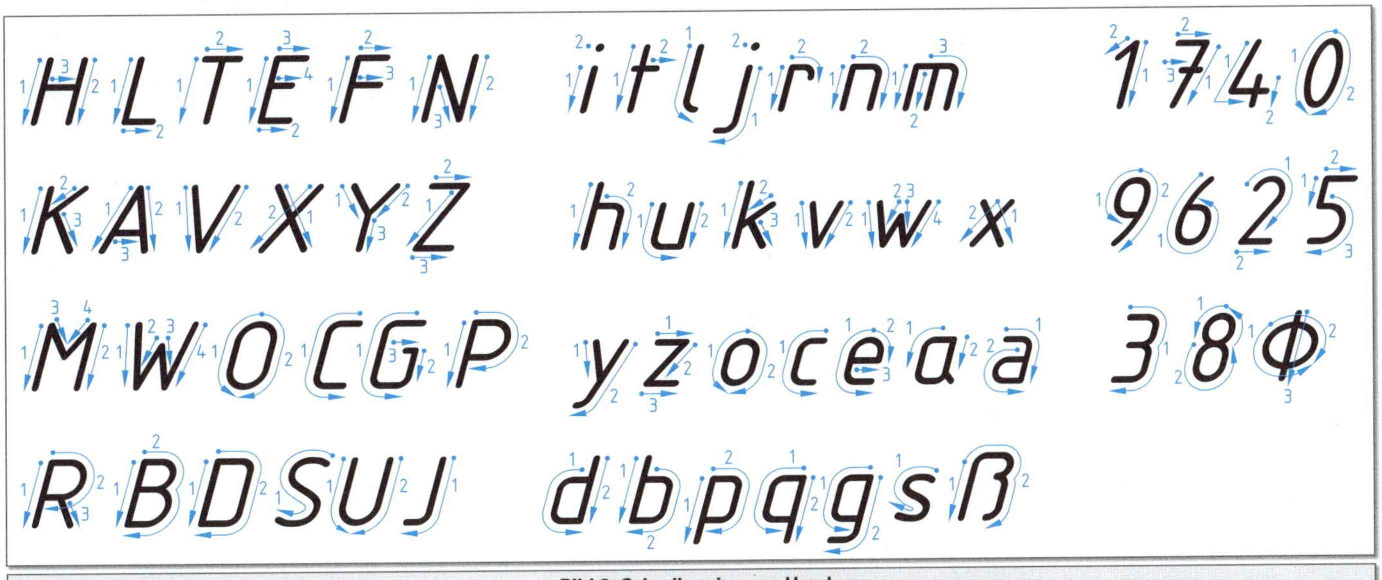

Bild 2: Schreibweise von Hand

Tabelle 1: Empfohlene Maßstäbe

Anwendung für	Maßstäbe		
Verkleinerung 1 : X	1 : 2 1 : 20 1 : 200 1 : 2000	1 : 5 1 : 50 1 : 500 1 : 5000	1 : 10 1 : 100 1 : 1000 1 : 10000
natürliche Größe	1 : 1		
Vergrößerung X : 1	2 : 1 20 : 1	5 : 1 50 : 1	10 : 1

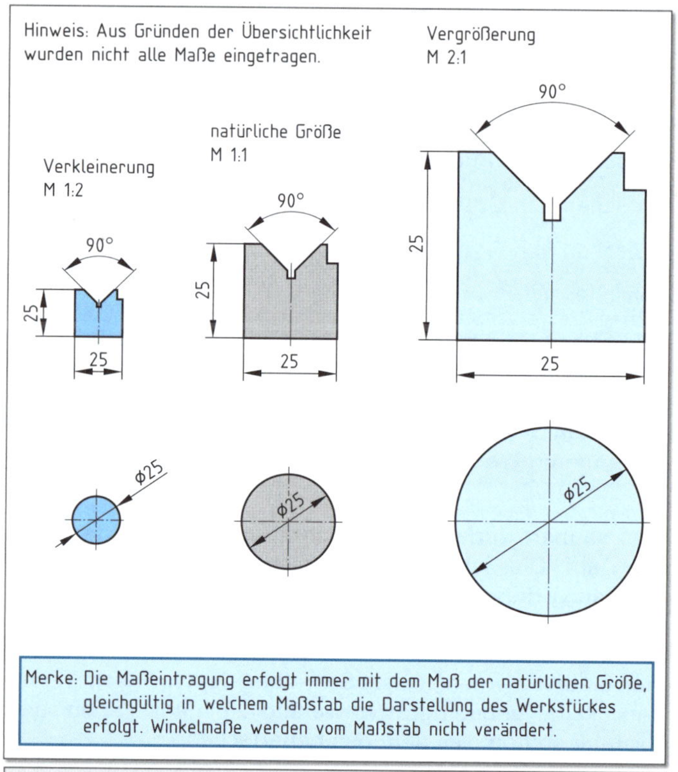

Bild 1: Darstellung von Flächen in verschiedenen Maßstäben

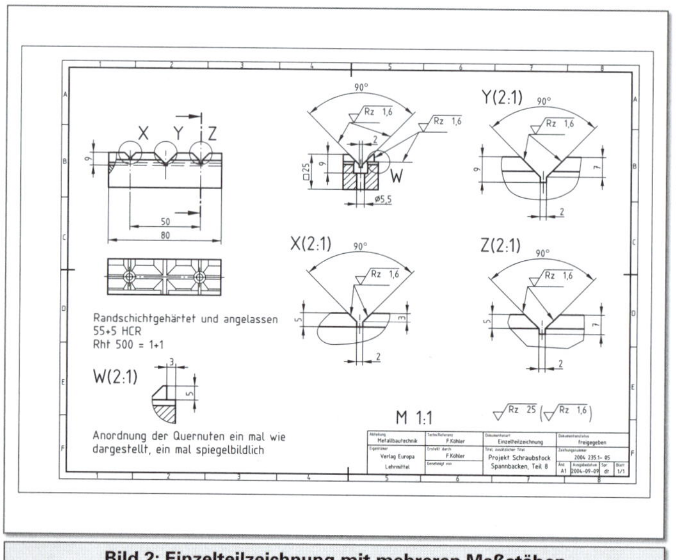

Bild 2: Einzelteilzeichnung mit mehreren Maßstäben

1.3.4 Maßstäbe nach DIN ISO 5455

Werkstücke sollen möglichst in natürlicher Größe dargestellt werden. Das ist jedoch wegen ihrer sehr unterschiedlichen Größe nicht immer möglich.

Wahl des Maßstabs

In jedem Fall ist der Maßstab für die Darstellung eines Werkstückes so zu wählen, dass die dargestellte Information leicht und klar zu erkennen ist.
Durch die Größe des Gegenstandes und des Maßstabs für seine Darstellung wird letztlich das Format der Zeichnung bestimmt.

Begriff

Als Maßstab wird das Verhältnis der Darstellung eines linearen Maßes in einer Zeichnung zu seiner tatsächlichen Größe am Werkstück bezeichnet.
Dieses Verhältnis wird durch ein Zahlenverhältnis ausgedrückt, bei dem die natürliche Größe gleich 1 gesetzt wird.

Man unterscheidet nach Tabelle 1:

- Natürlicher Maßstab, Verhältnis 1 : 1
- Vergrößerungsmaßstab, Verhältnis X : 1
- Verkleinerungsmaßstab, Verhältnis 1 : X

Maßstäbe

Die empfohlenen Maßstäbe für technische Zeichnungen zeigt Tabelle 1.

Für besondere Anwendungen ist es gestattet, die empfohlenen Reihe der Maßstäbe durch multiplizieren eines empfohlenen Maßstabes mit ganzzahligen Vielfachen von 10 zu erweitern.

Manchmal können dennoch die empfohlenen Maßstäbe nicht angewendet werden. In solchen Fällen dürfen Zwischenwerte gewählt werden. In Deutschland sind zum Beispiel die Maßstäbe 1 : 2,5, 1 : 15, 1 : 25 bei Anwendungen im Metall- u. Stahlbau üblich.

Eintragung in Zeichnungen

Beim Hauptmaßstab erfolgt die Angabe durch das Kürzel „M" und das Zahlenverhältnis: **M 1:2**. Bei allen anderen Maßstabsangaben wird nur das Zahlenverhältnis angegeben, z.B. **Z 5:1**.
Bisher war es üblich, den Hauptmaßstab der Zeichnung im Schriftfeld einzutragen. Das ist nach DIN EN ISO 7200 nicht mehr vorgesehen. ⇒ **Seite 47**

Danach muss der Maßstab auf der Zeichenfläche angegeben werden. Es empfiehlt sich, die Eintragung des Hauptmaßstabes in der Nähe des Schriftfeldes vorzunehmen.

Wenn Abbildungen in mehreren Maßstäben auf einem Zeichenblatt erforderlich sind, so sind sie in der Nähe der Positionsnummer oder der Kennbuchstaben für eine Einzelheit oder einen Schnitt ⇒ **Seite 129** einzutragen.

Einzelheiten

Werkstückdetails, die für eine vollständige Bemaßung in der Hauptdarstellung zu klein sind, werden in der Nähe der Hauptdarstellung in einer gesonderten Ansicht, z.B. einem Schnitt, in einem größeren Maßstab gezeichnet.

Tabelle 1: Grundlinienarten (Auswahl)

Nr.	Benennung	Darstellung
01	Volllinie	
02	Strichlinie	
04	Strich-Punktlinie	
05	Strich-Zweipunktlinie	

Tabelle 2: Linienbreiten in mm

0,13	0,18	0,25	0,35	0,5	0,7	1,0	1,4	2

Tabelle 3: Breitenverhältnis

schmale Linien	**breite** Linien	**sehr breite** Linien
1	2	4

Bild 1: Mindestabstand von Linien

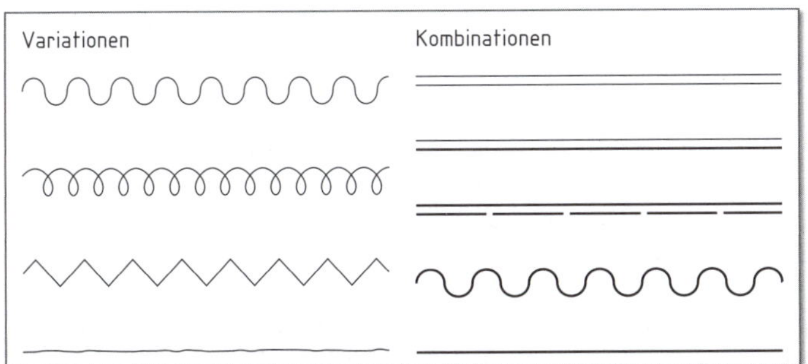

Bild 2: Variation und Kombination von Linien

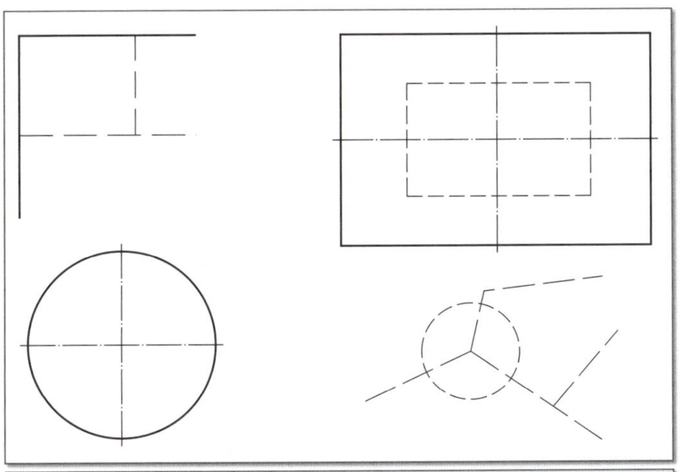

Bild 3: Kreuzung und Berührung von Linien

1.3.5 Linienarten nach DIN ISO 128-20

Die Forderung nach einheitlicher Ausführung technischer Zeichnungen erfordert die Nutzung einheitlicher Linienarten bei der Darstellung von Werkstücken. Dabei sind die Linien nicht nur unterschiedlich ausgeführt, sie haben auch verschiedene Breiten.

Diese Festlegungen sind erforderlich, um:

- Lese- und Interpretationsfehler zu vermeiden.
- die Vervielfältigungsmöglichkeiten der Zeichnungen z.B. durch Mikroverfilmung zu sichern.

Begriff

Eine Linie ist ein geometrisches Gestaltungselement mit einer Länge von mehr als 0,5 x Linienbreite. Sie verbindet einen Anfangspunkt und einen Endpunkt in unterschiedlicher Weise, z.B. gerade oder kurvenförmig, unterbrochen oder durchgehend.

Grundarten

Die Norm unterscheidet 15 Grundarten von Linien, die variiert und kombiniert werden können (Bild 2).

Tabelle 1 zeigt eine Auswahl der für die Anwendung im Metallbereich wichtigsten Grundlinienarten.

Linienbreiten

Die Linienbreite ist abhängig von der Art und Größe einer Zeichnung. Die Norm legt 9 verschiedene Linienbreiten fest (Tabelle 2).

Innerhalb einer Zeichnung dürfen jedoch nur drei Linienbreiten zur Anwendung kommen. Diese sind aus einer Liniengruppe auszuwählen. Zwischen den Linien einer Liniengruppe muss ein bestimmtes Breitenverhältnis eingehalten werden. So ist eine schmale Linie immer halb so breit wie eine breite Linie (Tabelle 3).

Eine Linie muss auf ihrer gesamten Länge dieselbe Breite haben.

Linienabstände

Zwei parallel liegende Linien sollen mindestens einen Abstand von 0,7 mm haben (Bild 1).
Bei der Anwendung von CAD-Programmen kann es Abweichungen von dieser Regelung geben. Insbesondere sind die Skalierungsfaktoren für Linientypen zu beachten.

Kreuzung von Linien

Es ist die Regel, dass sich Linien in technischen Darstellungen kreuzen oder berühren.

Die Norm legt fest, dass sich alle Grundlinienarten, mit Ausnahme der Punktlinie, mit Strichen kreuzen oder berühren. Beispiel: Strich-Punktlinie im Zentrum eines Kreises (Bild 3).

Anwendung der Linienarten, Linienstärken und Liniengruppen

Die folgende Tabelle zeigt, welche Linienart in welcher Linienstärke zu welchem Zweck angewendet werden soll und welche Linienstärken zu einer Liniengruppe gehören.

Die Kennzahlen stehen für die Grundlinienart, z.B. 01 für die Volllinie. Die hinter dem Punkt hinzugefügte Kennziffer zeigt an, ob es sich um eine schmale Linie (Kennziffer 1) oder um eine breite Linie (Kennziffer 2) handelt. Aus Gründen der besseren Übersicht sind die Anwendungsfälle mit kleinen Buchstaben bezeichnet und lassen so leicht der Linienart zuordnen.

Für die zeichnerische Darstellung und Beschriftung soll die Liniengruppe 0,5 bevorzugt angewendet werden.

DIN ISO 128	Linienart		DIN 15	Liniengruppe					Anwendungsbeispiele
				0,25	0,35	0,5	0,7	1	
01.1	Volllinie	schmal	B	0,13	0,18	0,25	0,35	0,5	a) Maßlinien, b) Maßhilfslinien, c) Hinweislinien, d) Schraffurlinien, e) Lichtkanten, f) Gewindenenndurchmesser bei Innengewinde, g) Umrisse eingerahmter Schnitte, h) Biegelinien, i) Projektionslinien, k) kurze Mittellinien, l) Diagonalkreuz, m) Faser- u. Walzrichtung, n) Umrahmung von Einzelheiten
01.1	Freihandlinie	schmal	C	0,13	0,18	0,25	0,35	0,5	Begrenzung von abgebrochen oder unterbrochen dargestellten Ansichten und Schnitten, wenn die Begrenzung keine Mittellinie ist.
01.1	Zickzacklinie	schmal	D	0,13	0,18	0,25	0,35	0,5	In einer Zeichnung jeweils nur eine dieser Linienarten anwenden.
01.2	Volllinie	breit	A	0,25	0,35	0,5	0,7	1	a) sichtbare Kanten und Umrisse b) Gewindenenndurchmesser bei Außengewinde c) Gewindekerndurchmesser bei Innengewinde d) Kennzeichnung der nutzbaren Gewindelänge e) Systemlinien von Stahlbaukonstruktionen in schematischen Darstellungen f) Hauptdarstellungen in Diagrammen
02.1	Strichlinie	schmal	F	0,13	0,18	0,25	0,35	0,5	a) verdeckte Kanten, b) verdeckte Umrisse
04.1	Strich-Punktlinie	schmal	G	0,13	0,18	0,25	0,35	0,5	a) Mittellinien, b) Symmetrielinien c) Teilkreise bei Verzahnungen, d) Lochkreise
04.2		breit	J	0,25	0,35	0,5	0,7	1	a) Kennzeichnung der Schnittebene b) Kennzeichnung geforderter Behandlungen, z.B. Wärmebehandlung
05.1	Strich-Zweipunktlinie	schmal	K	0,13	0,18	0,25	0,35	0,5	a) Umrisse von Teilen vor der Verformung b) Umrisse angrenzender Teile c) Schwerelinien von Profilen d) Grenzstellungen beweglicher Teile e) Kennzeichnung der Fertigform von Rohteilen f) Teile, die vor einer Schnittebene liegen
Beschriftung				0,18	0,25	0,35	0,5	0,7	Beschriftungen auf der Zeichenfläche, einschließlich Maßzahlen, Beschriftung von Schriftfeldern, Symbole

Rangfolge der Linien bei Überdeckung

Es kommt in einer technischen Zeichnung oft vor, dass sich verschiedene Linienarten überdecken. Für diese Fälle gilt folgende Rangfolge:

1. sichtbare Kanten und Umrisse (01.2)
2. verdeckte Kanten und Umrisse (02.1)
3. Schnittebenen (04.2)
4. Mittellinien (04.1)
5. Schwerelinien (05.1)
6. Maßhilfslinien (01.1)

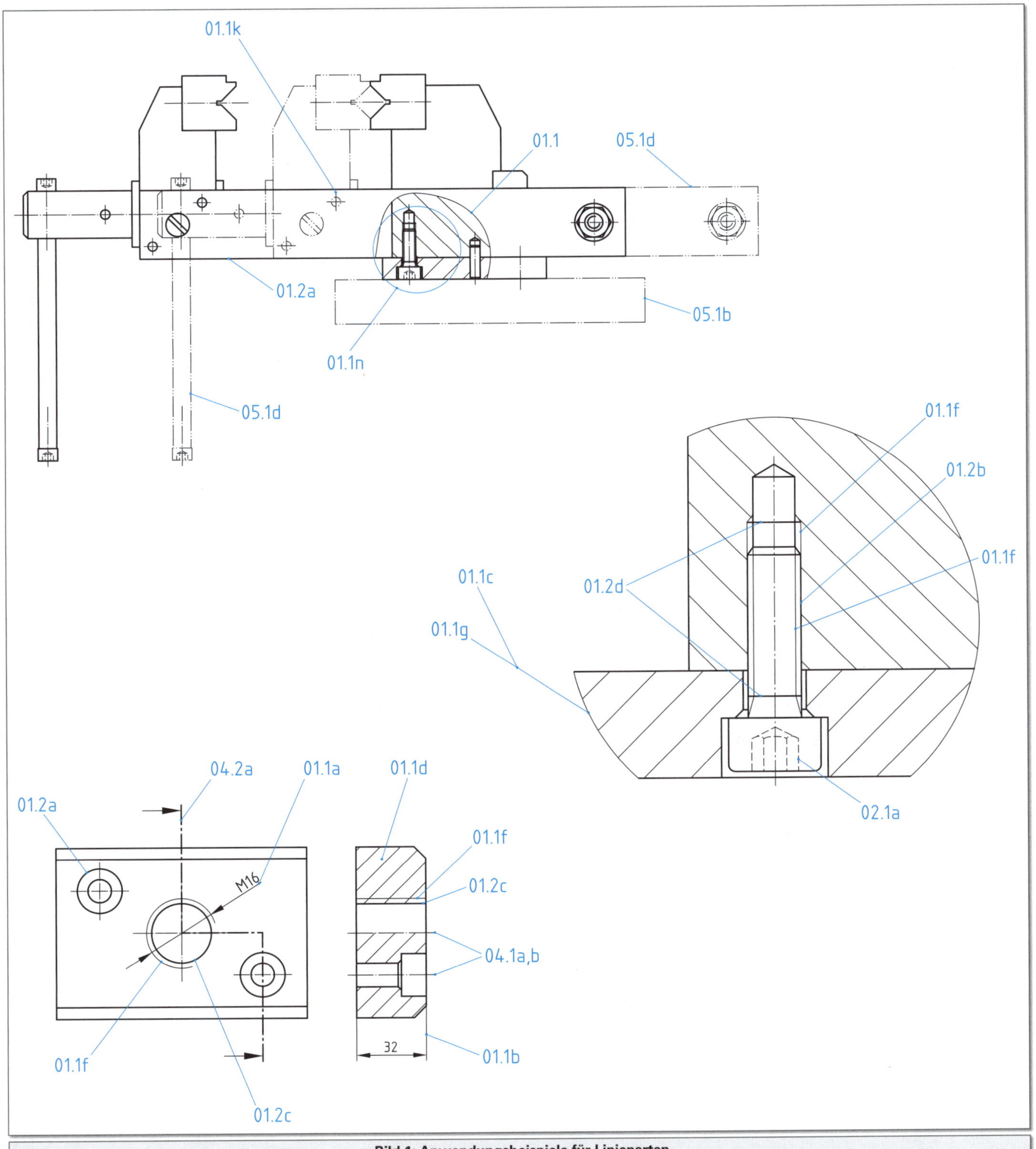

Bild 1: Anwendungsbeispiele für Linienarten

Übungsaufgaben 05

Aufgabe 1

Finden Sie die richtige Antwort. Eine Gruppenzeichnung

A) enthält die Darstellung eines Werkstücks mit allen erforderlichen Angaben für die Fertigung.

B) zeigt die Einzelteile einer Baugruppe in isometrischer Projektion in ihrer beabsichtigten räumlichen Zuordnung.

C) zeigt maßstabgetreu die Form und die räumliche Zuordnung der Einzelteile, die zu einer Baugruppe gehören.

D) dient der Erläuterung von Zusammenbauvorgängen.

Aufgabe 2

Welcher Begriff wird für ein Verzeichnis der Einzelteile einer Baugruppe oder eines Erzeugnisses verwendet?

A) Plan

B) Technische Unterlage

C) Anordnungszeichnung

D) Stückliste

Aufgabe 3

Im Zeichnungswesen spielen Normen eine große Rolle. Was versteht man unter einer mit DIN EN ISO und einer Nummer gekennzeichneten Norm?

A) Es ist eine internationale Normenausgabe.

B) Es ist eine ins Deutsche übersetzte internationale Norm.

C) Es handelt sich um eine nationale deutsche Ausgabe einer unverändert von ISO übernommenen europäischen Norm.

D) Es ist die nationale deutsche Ausgabe einer auf europäischer Normungsebene erstellten Norm.

Aufgabe 4

In der Norm DIN EN ISO 3098 werden Anforderungen an die Schrift für Zeichnungen formuliert. Welche der genannten Anforderungen gehört nicht dazu?

A) Leserlichkeit

B) Einheitlichkeit

C) Sie soll einfach mit der Hand geschrieben werden können.

D) Sie soll sich für Vervielfältigung und Mikroverfilmung eignen.

E) Eignung für die Erzeugung durch numerisch gesteuerte Zeichensysteme.

Aufgabe 5

Welche Schriftform soll bei Beschriftung der Zeichnung von Hand bevorzugt angewendet werden?

A) Form A, vertikal

B) Form B, schräge Ausführung

C) Form CA, vertikal

D) Form B, vertikal

Aufgabe 6

Neben anderen Größen ist bei der Normschrift auch die Höhe der Kleinbuchstaben im Verhältnis zu den Großbuchstaben vorgeschrieben. Die Höhe der Kleinbuchstaben beträgt

A) 6/10 h

B) 4/10 h

C) 3,5 mm

D) 7/10 h

Aufgabe 7

Wofür verwendet man breite Strichpunkt-Linien?

A) Zur Darstellung der Umrisse eines Biegeteiles, die es vor der Umformung hat.

B) Zur Darstellung der späteren Fertigform von Rohteilen, z.B. Gussteilen.

C) Zur Kennzeichnung der Lage von gedachten Schnittebenen bei Schnittdarstellungen von Werkstücken.

D) Zum Darstellen von Mittellinien und Symmetrieachsen.

Aufgabe 8

Wie groß ist die Zeichenfläche bei einem Zeichenblatt des Formates A4? (Breite x Höhe)

A) 200 mm x 287 mm

B) 180 mm x 277 mm

C) 210 mm x 297 mm

D) 277 mm x 390 mm

Aufgabe 9

Ein Originalmaß beträgt 63 mm. Es soll im Maßstab 5 : 1 auf einem Zeichenblatt parallel zu dessen Blattkanten abgebildet werden. Welches genormte Blattformat muss das Zeichenblatt mindestens haben?

A) A5 B) A4 C) A3 D) A2 E) A1

Aufgabe 10

Welche Linienstärken gehören zur nach DIN ISO 128-20 genormten Liniengruppe 0,5?

A) 0,13 mm / 0,18 mm / 0,25 mm / 0,5 mm

B) 0,25 mm / 0,35 mm / 0,5 mm

C) 0,35 mm / 0,25 mm / 0,5 mm / 0,7 mm

D) 0,5 mm / 0,7 mm / 1 mm

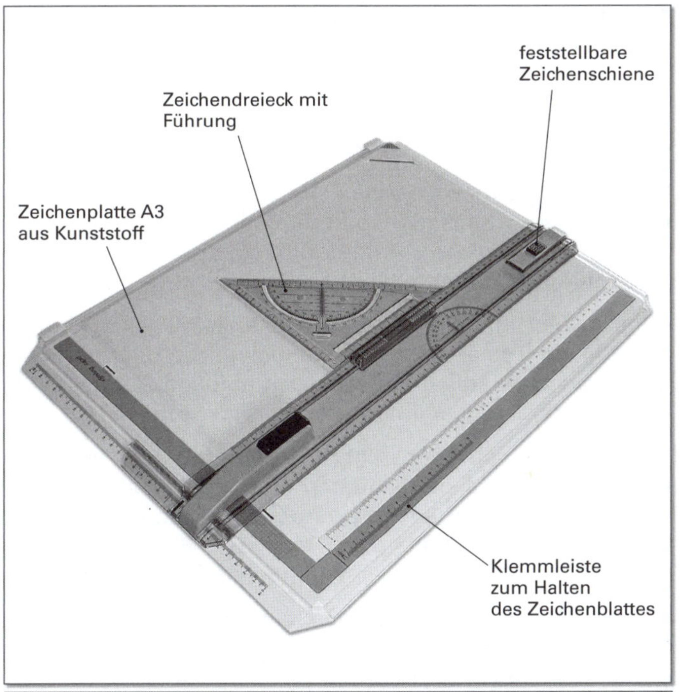

Bild 1: Zeichenplatte mit Zubehör im Format A3

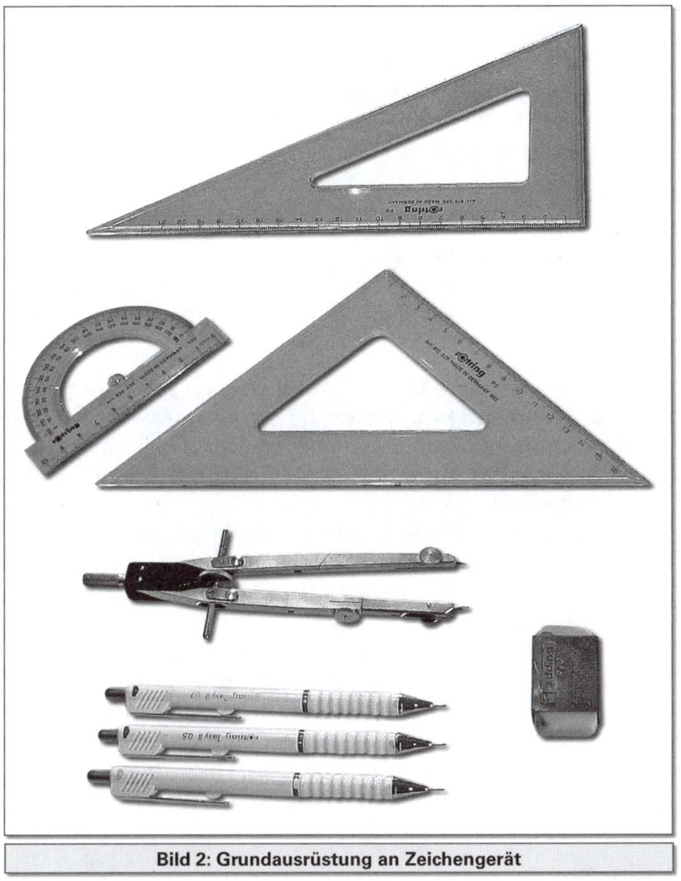
Bild 2: Grundausrüstung an Zeichengerät

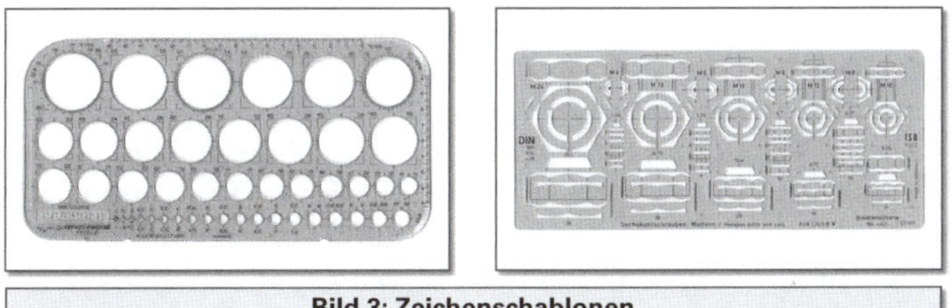
Bild 3: Zeichenschablonen

1.4 Anfertigen von technischen Zeichnungen

1.4.1 Arbeitsmittel für das manuelle Zeichnen

Grundausrüstung

Eine technische Zeichnung, die professionell erstellt wird und den Anforderungen für die Vervielfältigung gerecht werden muss, wird in der Regel auf Transparentpapier mit wasserfester Tusche ausgeführt. Dazu gehört einige Übung. Die Fähigkeiten und Fertigkeiten zur Anfertigung derartiger Zeichnungen erlernt man in der Berufsausbildung zum Technischen Zeichner.

Werden Zeichnungen im Rahmen der Berufsausbildung in einem Metallberuf angefertigt, wird überwiegend mit Bleistift auf weißes Zeichenpapier gezeichnet. Meist verwendet man die Zeichnungsformate A4 und A3.

Zur Anfertigung einer Bleistiftzeichnung benötigt man folgende Grundausrüstung:

- Zeichenbrett/Zeichenplatte A4, besser A3
- Bleistifte verschiedener Härtegrade bzw. Strichstärken
- Radiergummi
- Lineal, 300 mm lang
- Zeichendreieck 90°/45°/45°
- Zeichendreieck 90°/60°/30°
- Zirkel

Als Bleistifte sind so genannte Fallminenstifte, bei denen man die Minen ersetzen kann, bestens geeignet. Mit diesen Stiften kann man, da es sie in verschiedenen Stärken gibt, auch in Bleistiftzeichnungen annähernd die genormten Linienbreiten einhalten. Man sollte darauf achten, dass man Minen verschiedener Härtegrade benutzt.

Härtegrad	Bedeutung	Anwendung
H, H2 ...	hart	für schmale Linien z.B. zum Vorzeichnen oder für Maßhilfslinien, Mittellinien, Projektionslinien u.ä.
B, B2 ...	weich	für breite Linien, z.B. zum Nachziehen von Körperkanten
HB	mittelhart	z.B. zum Skizzieren

Der Zirkel sollte so beschaffen sein, dass sich der eingestellte Radius fixieren lässt (Feststellzirkel). Die Bleistiftmine sollte gegen eine Metallspitze austauschbar sein, sodass bei Bedarf ein Stechzirkel zur Verfügung steht.

Erweiterte Ausrüstung

Je nach Bedarf kann diese Grundausrüstung zweckmäßig erweitert werden. Welche Arbeitsmittel man einsetzt, hängt schließlich davon ab, wie intensiv man das technische Zeichnen betreibt und wie umfangreich die zu lösenden Arbeitsaufgaben sind.

Hat man oft ähnliche Zeichenaufgaben zu erledigen, empfiehlt sich die Verwendung von Schablonen. Diese sollten sowohl für die Arbeit mit Bleistiften, als auch für die Benutzung von Tuschezeichnern geeignet sein.

Die Abbildungen zeigen einige wenige Beispiele aus der Fülle von Schablonen, die für die verschiedenen Fachgebiete der Technik vom Fachhandel angeboten werden.

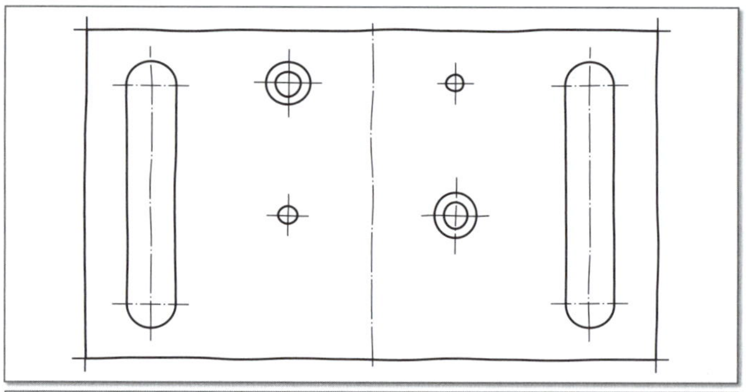

Bild 1: Skizze einer Werkstückansicht

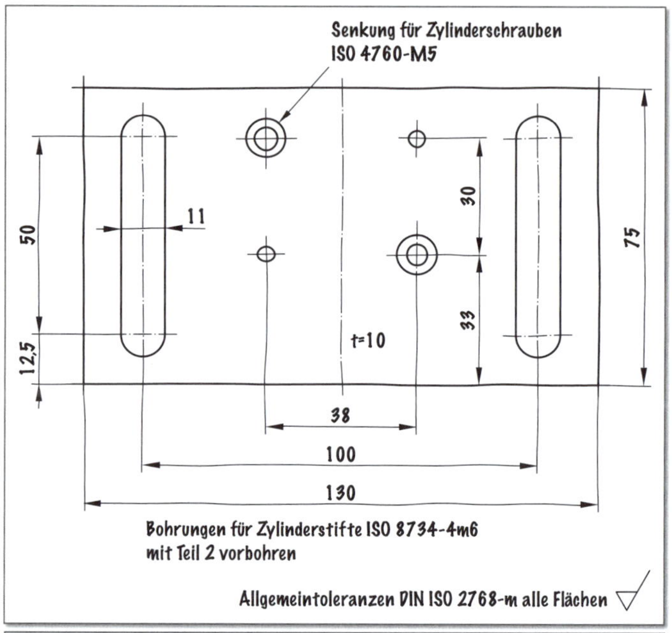

Bild 2: Skizze mit Maßeintragung

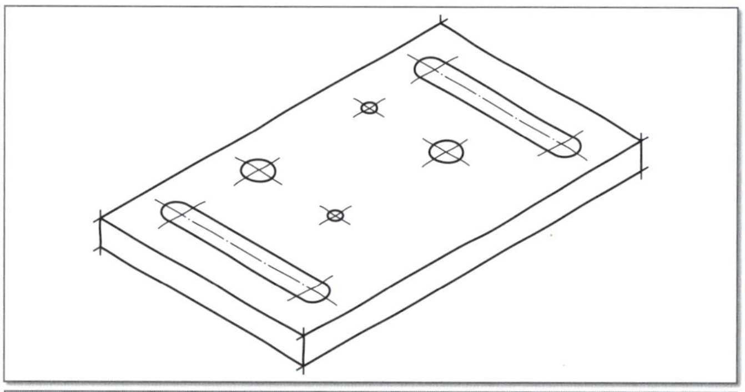

Bild 3: perspektivische Skizze

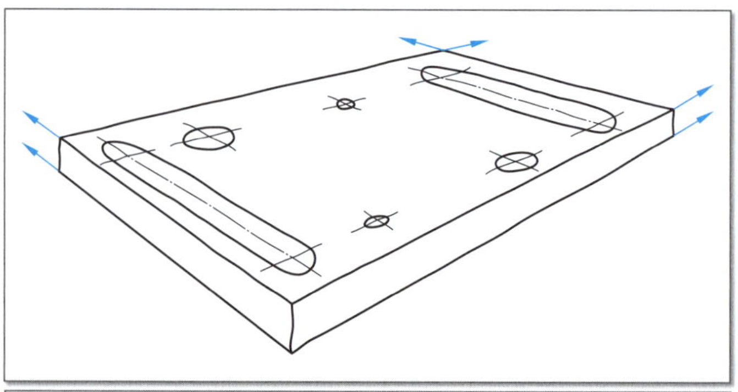

Bild 4: Skizze in Fluchtpunktperspektive

1.4.2 Anfertigen von Skizzen

Wie hilft man sich, wenn die sprachlichen Möglichkeiten zur Beschreibung eines komplizierten Gegenstandes versagen? Man versucht ihn aufzuzeichnen.

Skizzen fertigt man überwiegend zur schnellen Information eines Kommunikationspartners über einen technischen Sachverhalt oder als Vorarbeit für eine spätere Technische Zeichnung an. ⇒ **Seite 30**

Für die Anfertigung von Skizzen gibt es keine festen Regeln. Obwohl sie freihändig und ohne technische Hilfsmittel angelegt werden, sollen sie doch den gültigen Darstellungs- u. Bemaßungsregeln entsprechen. ⇒ **ab Seite 100**

Sie müssen nicht unbedingt maßstabsgerecht sein, die Proportionen des dargestellten Gegenstandes sollen jedoch richtig wiedergegeben werden. Die Möglichkeiten der flächenhaften Darstellung in Ansichten können genauso wie die perspektivische Darstellung genutzt werden.

Der Arbeitsaufwand richtet sich in erster Linie danach, wie komplex der darzustellende Gegenstand ist und wie hoch der Informationsgehalt der Skizze sein soll.

Was sollte man beachten?

Darstellungsart

- Soll die Skizze den Gegenstand in Ansichten oder als perspektivische Darstellung zeigen?
- Sollen nur Linien verwendet werden oder sollen Flächen schattiert oder coloriert werden?

Papier

- Wird linienloses weißes Zeichenpapier oder Transparentpapier verwendet?
- Ist die Verwendung von Zeichenhilfen wie gerastertem Papier, z.B. Kästchenpapier oder Millimeterpapier sinnvoll?

Stifte

- Wenn es eine reine Bleistiftskizze werden soll, dann ist es sinnvoll, Bleistifte mehrerer Härtegrade zu benutzen. Für das zeichnen der Hilfslinien z.B. Bleistifte der Härtegrade H bzw. 2H, für das Darstellen der Konturen etwa Bleistifte der Härtegrade B oder 2B.
- Die Verwendung von Kugelschreibern, Faserschreibern u.ä. ist unpraktisch, weil sie sich gar nicht oder nur schwer radieren lassen und Linienstärken kaum eingehalten werden können.
- Farbstifte sollte man erst einsetzen, wenn die Konturen bereits herausgearbeitet sind. Sie sind gut geeignet zum Nachziehen von Linien z.B. bei Strangschemen, die z.B. in der Sanitär- u. Heizungstechnik benötigt werden, oder zum farbigen Auslegen von Flächen. Durch dieses Gestaltungsmittel kann man u.a. perspektivische Darstellungen noch plastischer erscheinen lassen.

Radieren

- Nur im Notfall, wenn etwas absolut daneben gegangen ist.

Hinweis

Irrtümlich wird oft angenommen, dass beim Skizzieren oberflächlich gearbeitet werden kann. Das Anfertigen einer guten Skizze erfordert jedoch einige Übung und ebensolche Sorgfalt, wie sie bei der Erstellung z.B. einer Einzelteilzeichnung selbstverständlich aufgewendet wird. Deshalb sollten die folgenden Tipps beachtet werden.

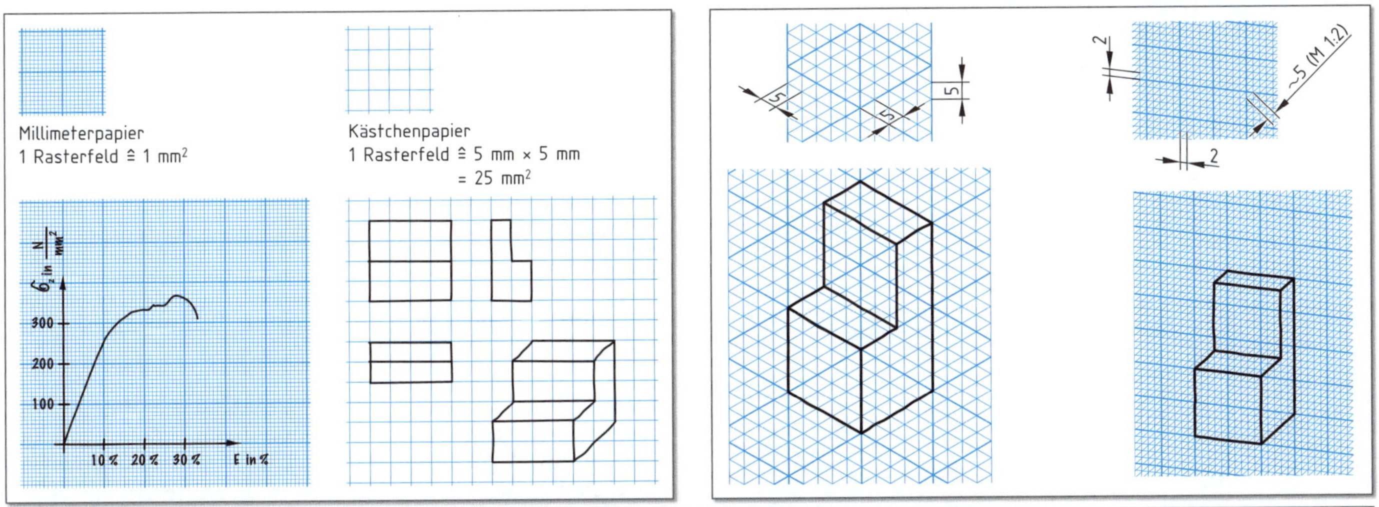

Bild 1: Anwendung von Zeichenpapier mit verschiedenen Linienrastern

Zunächst einige allgemeine Regeln:

- Wer ungeübt ist, sollte das nützliche Hilfsmittel des gerasterten Zeichenpapiers nutzen.
- Millimeterpapier und Kästchenpapier sind bestens für das Skizzieren von Ansichten von Werkstücken geeignet, weil sie neben der rechtwinkligen Liniatur eine sehr gute Maßorientierung ermöglichen. Aber auch für perspektivische Darstellungen in der Kabinett- und Kavalierperspektive kann Kästchenpapier sehr gut genutzt werden. Ebenso eignet sich insbesondere Millimeterpapier zum Zeichnen von Diagrammen z.B. beim Aufnehmen von Messwerten.
- Papiere mit isometrischem oder dimetrischem Liniennetz werden im Handel als Zeichenhilfen für perspektivische Darstellungen angeboten. Mit der Liniatur wird dabei die Richtung der Projektionsachsen vorgegeben. Die Schnittpunkte der Linien können ebenfalls zur Maßorientierung genutzt werden.
- Beim Zeichnen sollte man das Blatt möglichst gerade vor sich auf die Zeichenunterlage legen. Es muss nicht befestigt werden, das Halten mit der freien Hand genügt. Das ist praktischer, den gelegentlich muss man das Blatt drehen.

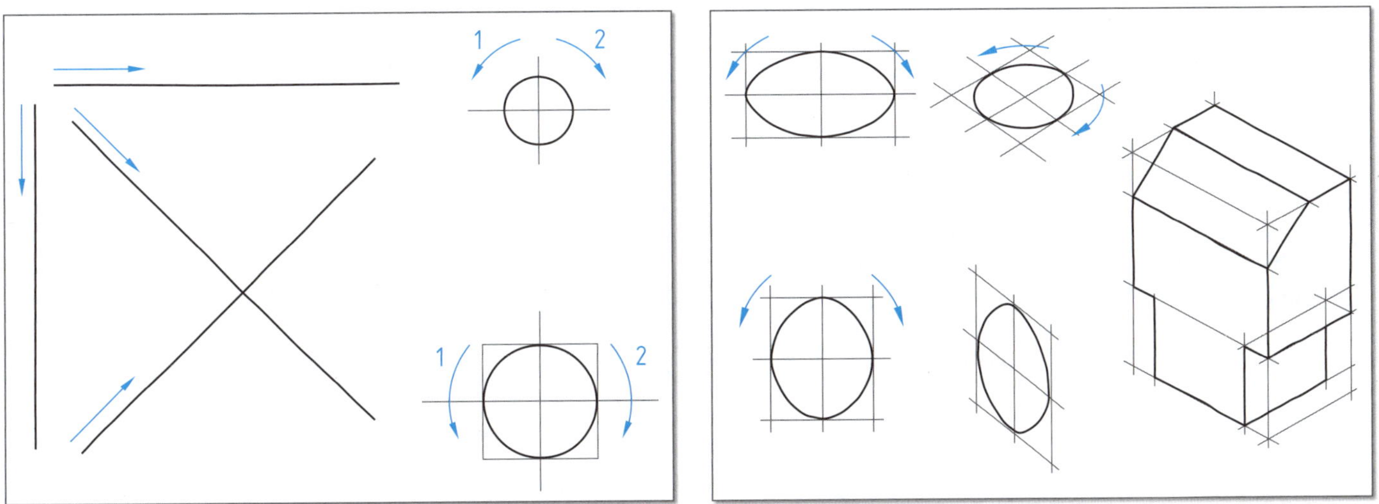

Bild 2: Hinweise zur Linienführung beim Zeichnen

Hinweise zur Linienführung:

- Linien zeichnet man möglichst in einem Zug, ohne abzusetzen.
- Bevor man mit breiten Linien die Körperkanten sichtbar macht, wird die Form des Körpers mit einem Netz aus schmalen Linien angerissen.
- Waagerechte Linien werden von links nach rechts gezogen.
- Senkrechte Linien zeichnet man von oben nach unten.
- Schräge Linien von links unten nach rechts oben bzw. links oben nach rechts unten ziehen.
- Für Kreise ein Mittellinienkreuz zeichnen, für größere Kreise ein quadratisches Raster verwenden. Den Kreis in zwei Linienzügen zeichnen, dabei immer oben beginnen.
- Bei allen räumlich dargestellten runden Körpern wird der Kreisquerschnitt optisch zur Ellipse. Man kann sie aus Rechtecken oder Parallelogrammen herausarbeiten.

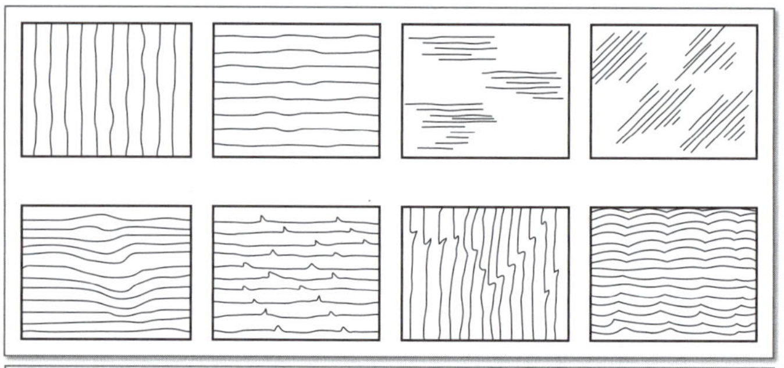

Bild 1: Darstellung von Oberflächenstrukturen

Bild 2: Anwendung von Linien und Punkten

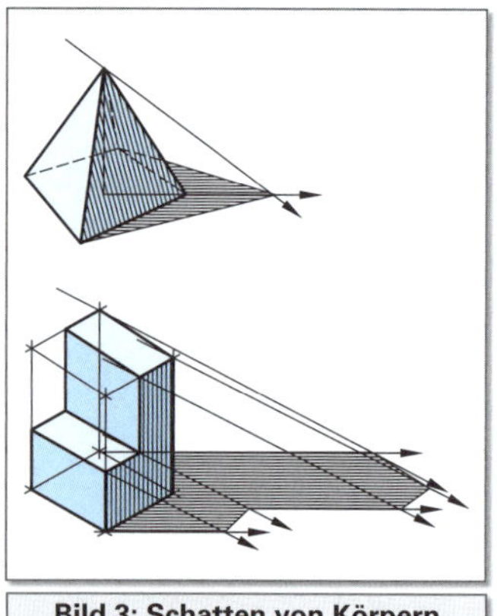

Bild 3: Schatten von Körpern

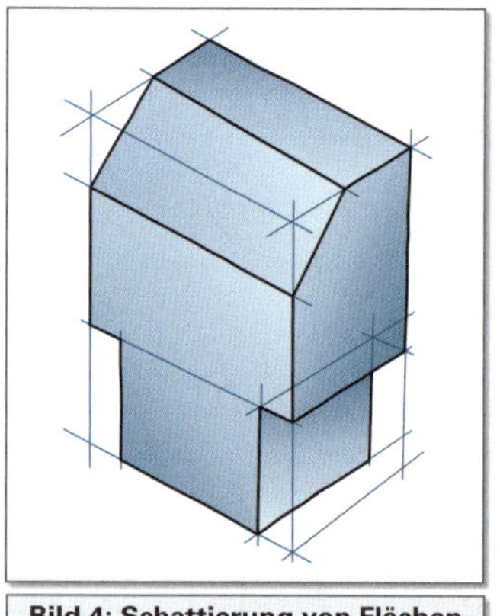

Bild 4: Schattierung von Flächen

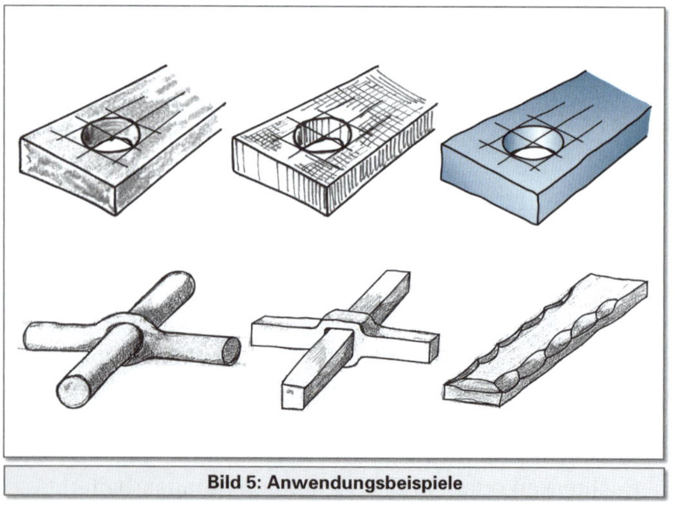

Bild 5: Anwendungsbeispiele

Schraffieren und Schattieren

Um Oberflächenstrukturen zu verdeutlichen oder bei perspektivischen Darstellungen die plastische Wirkung zu erhöhen, können Schraffuren und Schattierungen eingesetzt werden. Bei der Entwicklung von Schraffurmustern ist der Fantasie keine Grenze gesetzt. (Bild 1)

Schraffuren für Schnittflächen sind allerdings genormt. ⇒ Seite 134

Schraffurelemente können Punkte, Geraden oder gekrümmte Linien, auch Bögen sein.

Alle gekrümmten Flächen, regelmäßig oder unregelmäßig, können durch gewellte Linien zeichnerisch beschrieben werden. Der räumliche Eindruck kann durch An- und Abschwellen der Linien herausgearbeitet werden. Kräftige Linien wirken mehr als Vordergrund, zartere erscheinen als Hintergrund.

Durch Verdichtung der Schraffur zu den Rändern hin lässt sich gute Tiefenwirkung erzielen. (Bild 2)

Man geht davon aus, dass das Licht von links oben auf den Gegenstand fällt. Um Lichteffekte zu erzielen, lässt man Teile der Flächen, die der gedachten Lichtquelle zugewandt sind, weiß.

Der Weg vom abstrakten Einsatz von Punkten, Linien und Schraffuren zur konkreten materialabhängigen Struktur von Oberflächen (Texturen) ist kurz. Einfache Linienanordnung erzeugen, wenn sie in ein bestimmtes System gebracht werden, den Eindruck von realen Strukturen, z. B Holz, Metall, Mauerwerk usw. Der Charakter der Struktur kann wesentliche Aussagen zum Verwendungszweck des Gegenstandes machen. Mit wenig Aufwand kann eine flächige Struktur zu einer plastischen gemacht werden. So ruft eine Verdichtung der Strichführung einen räumlichen Eindruck hervor. Außerdem können durch den Einsatz verschiedener Strukturen unterschiedliche Teile auch optisch voneinander getrennt werden.

Jeder Körper erscheint noch plastischer, wenn der Schattenwurf, der durch das einfallende Licht entsteht, mitgezeichnet wird. (Bild 3)

Wenn man eine seitliche Lichtquelle annimmt und die äußeren Mantellinien als schattenwerfende Stäbe annimmt, erhält man die Begrenzungslinien des Schattenwurfes.

Auch vollflächige Schattierungen mit wechselnden Tonwerten sind gut geeignet, um Gegenstände plastischer erscheinen zu lassen. (Bild 4)

Skizzen mit Schraffuren und Schattierungen werden hauptsächlich im metallgestalterischen Bereich beim Darstellen von Schmiedeteilen angewendet. Sie geben ein sehr klares Bild von der fertigen Arbeit und werden darum als Entwurfszeichnungen verwendet. (Bild 5)

Brauchbare Ergebnisse erhält man besonders durch die Anwendung der Hüllkorpermethode. Man skizziert also zunächst den Grundkörper, der das darzustellende Werkstück einschließt. Danach wird durch Eintragen der perspektivischen Fluchtlinien schrittweise das Hilfsliniengerüst ausgearbeitet, in das die Gestalt des Werkstücks eingezeichnet werden kann. (Bild 4)

Die Skizze gelingt umso besser, je besser sie durch Hilfslinien vorbereitet wird. ⇒ Seite 64

Übungsaufgaben 06

Aufgabe 1

Die Bilder zeigen Arbeitsproben von Schmiedeteilen. Fertigen Sie Skizzen von diesen Arbeitsproben an. Die Darstellungen sollen dem Betrachter durch Anwendung von Schraffur und Schattierung einen räumlichen Eindruck vermitteln. Arbeiten Sie auf weißem Papier mit Bleistiften verschiedener Härtegrade. Wenden Sie die Arbeitshinweise für das Skizzieren bei Ihrer Arbeit an.

Bild 1: Ausgangsmaterial Flachstahl 20 x 8

Bild 2: Probe gestaucht

Bild 3: Kanten abgehämmert

Bild 4: geschärft

Bild 5: gespitzt

Bild 6: Probe gespalten

Bild 7: Probe gedreht

Bild 8: gepunzt

Bild 9: gekehlt

Aufgabe 2

Fertigen Sie nach Möglichkeit in der Schülerwerkstatt diese und weitere Schmiedeproben nach Ihren Skizzen an, die unterschiedliche Bearbeitungsformen des Schmiedens darstellen. Als Ergebnis der eigenen Arbeit können gelungene Arbeitsproben zusammen mit den Skizzen in einem Schaukasten präsentiert werden. Wer die Möglichkeit der digitalen Fotografie hat, kann das Anfertigen der Probestücke fotografisch begleiten und z. B. in Gruppenarbeit eine PowerPoint Präsentation über diese Schmiedearbeiten anfertigen.

- Bei Teil 1 handelt es sich um eine rechteckige Platte, in die Langlöcher, Bohrungen und Senkungen eingearbeitet sind.
- Zur Darstellung dieses Werkstücks genügt eine Ansicht, denn die Maßeintragung kann zur Vereinfachung herangezogen werden ⇒ **Seite 103**. Bei den Senkungen handelt es sich um genormte Formelemente, deren genaue Fertigungsmaße aus Tabellen entnommen werden können. ⇒ **Seite 154**

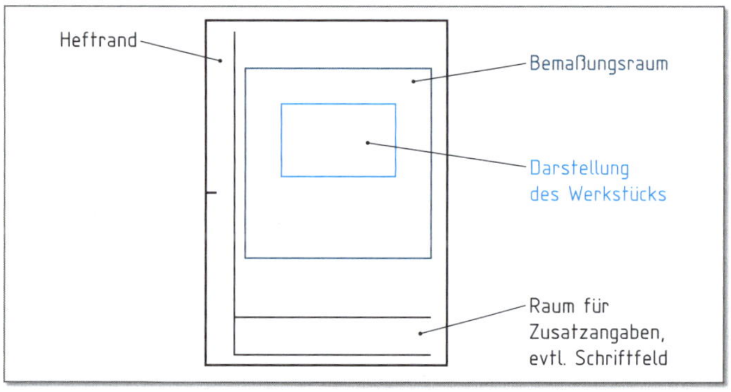

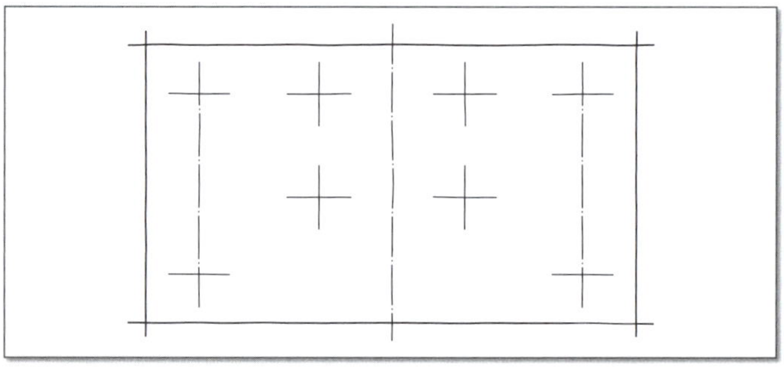

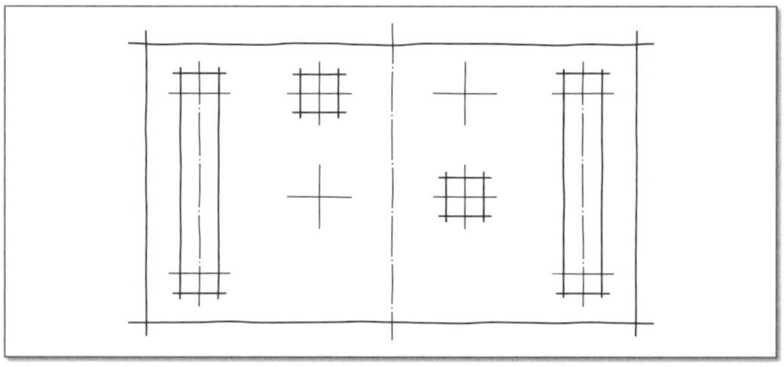

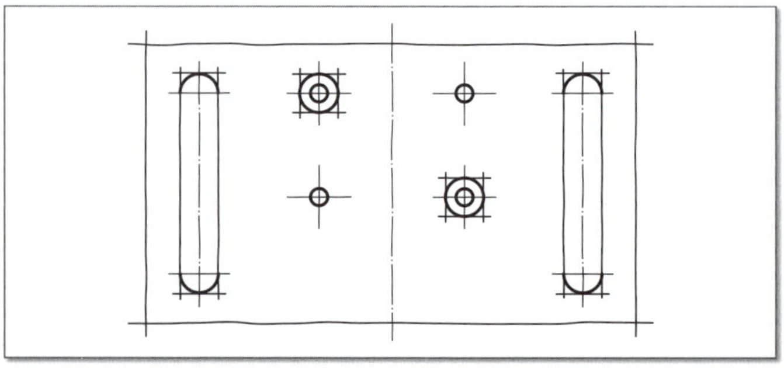

Arbeitsschritte beim Skizzieren

Aufgabe:

Die Grundplatte Teil 1 des Projektes „Schraubstock" soll gefertigt werden. Als Vorarbeit für die Erstellung einer Fertigungszeichnung ist eine Skizze anzufertigen.

Form und Größe des Werkstücks erfassen
⇐ **Seite 11**

↓

Darstellungsart festlegen, Anzahl der erforderlichen Ansichten feststellen
⇒ **Seite 88**

↓

Größe der Darstellung festlegen, Aufteilung des Skizzenblattes

↓

Grundform des Werkstücks und Symmetrieachse mit schmalen Linien vorzeichnen und Lage der Teilformen anreißen

↓

Einzeichnen der Begrenzungen für die Teilformen mit schmalen Volllinien

↓

Bohrungen und Bögen ausziehen, breite Volllinien

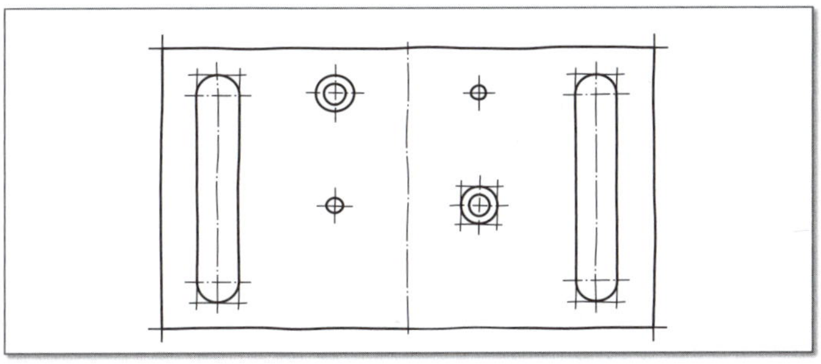

Gerade Kanten mit breiten Volllinien nachziehen

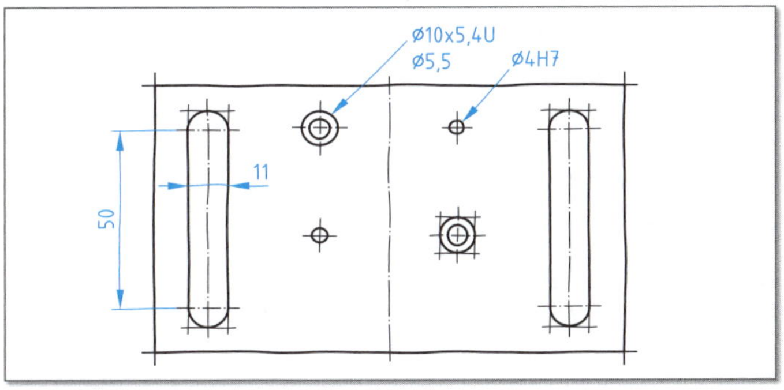

Größenmaße der Teilformen eintragen und Maßbezugssystem festlegen
⇒ **Seite 112**

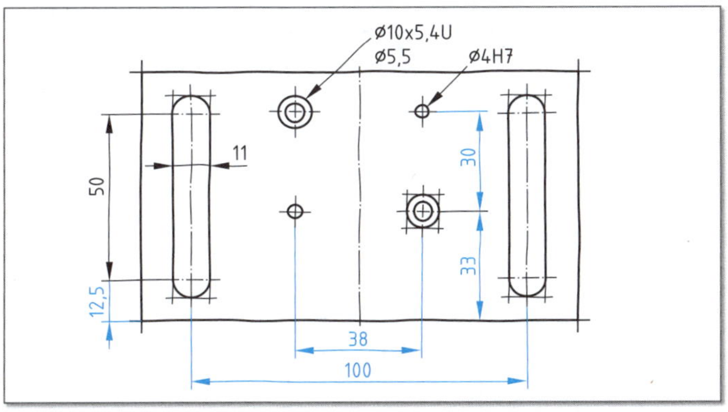

Lagemaße der Teilformen eintragen
⇒ **Seite 112**

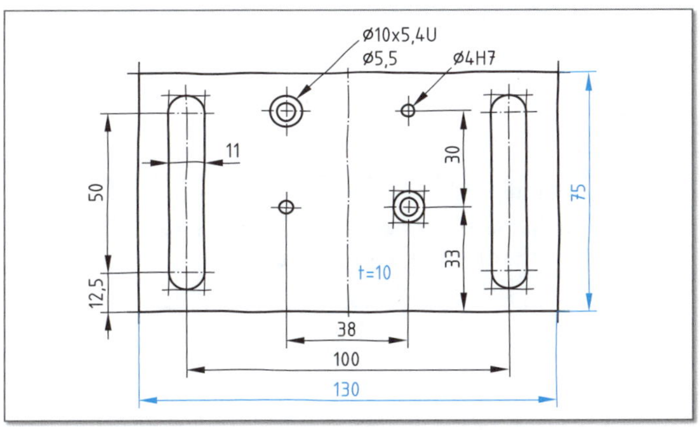

Größenmaße der Grundform eintragen
⇒ **Seite 112**

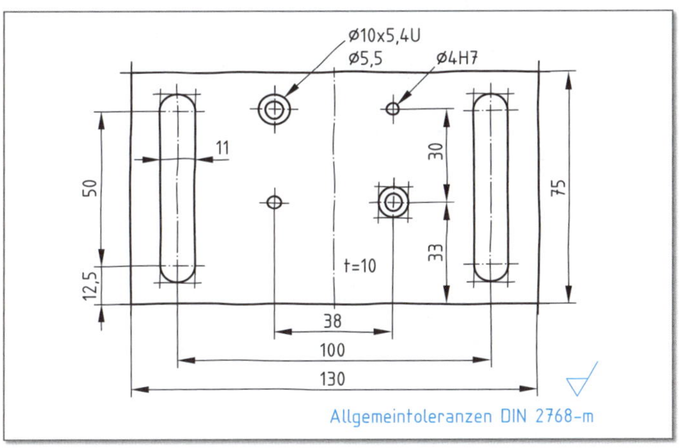

Ergänzende Angaben, z. B. Oberflächenzeichen eintragen
⇒ **Seite 169**

Fertige Skizze

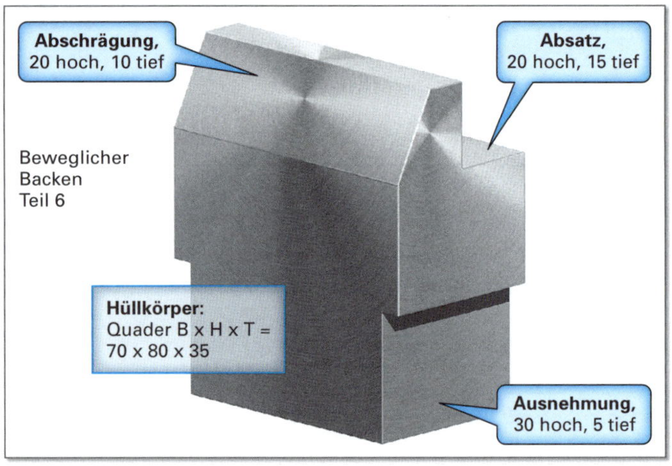

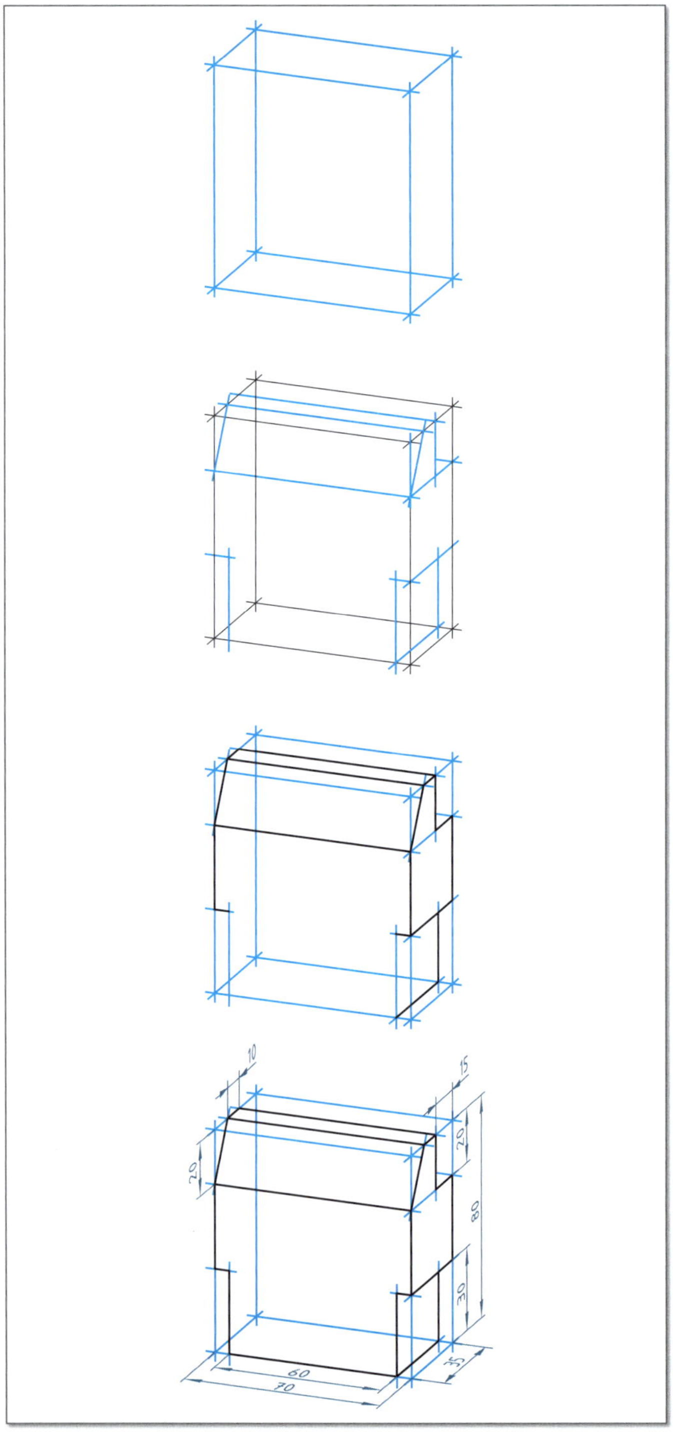

Arbeitsschritte beim Anfertigen perspektivischer Skizzen

Im Bereich der Metalltechnik hält man sich beim Anfertigen perspektivischer Skizzen an die Methoden der axonometrischen Projektion, wie sie in DIN ISO 5456 beschrieben sind. ⇒ **Seite 70**

Danach stehen zur Verfügung:

- Isometrische Projektion ⇒ **Seite 71**
- Dimetrische Projektion ⇒ **Seite 72**
- Schiefwinklige Axonometrie in Kavalierprojektion oder in Kabinettprojektion ⇒ **Seite 78/79**

Das nebenstehende Beispiel zeigt die Arbeitsschritte für das Erstellen einer Skizze nach dem Vorbild der dimetrischen Projektion.

Aufgabe:

Der bewegliche Backen Teil 6 des Projektes Schraubstock soll nach dem Vorbild der dimetrischen Projektion skizziert werden.

Hauptachsen festlegen
Winkel zwischen den Achsen nach DIN ISO 5456
Schmale Volllinien verwenden

⇓

Hüllkörper zeichnen
Schmale Volllinien verwenden

⇓

Teilformen in den betreffenden Ebenen anreißen
Schmale Volllinien verwenden

⇓

Sichtbare Körperkanten herausarbeiten und nachziehen
Breite Volllinien verwenden

⇓

Maßhilfslinien, Maßlinien und Maßbegrenzungen einzeichnen, dabei den Hauptachsen folgen, dann **Maßzahlen** eintragen

Aufgabe 1

Die folgenden Übungen sollen Ihre Fertigkeiten beim Skizzieren verbessern und dazu beitragen, Ihr räumliches Vorstellungsvermögen zu trainieren. Die Abbildungen zeigen Profile mit unterschiedlichen Bearbeitungsformen. Die Profile sind aus einem quaderförmigen Hüllkörper mit den Kantenlängen 40 x 50 x 70 herausgearbeitet. Üben Sie das Skizzieren in folgender Reihenfolge:

- Skizzieren Sie zunächst auf Kästchenpapier. Wenden Sie zuerst die Kavalierprojektion, danach die Kabinettprojektion an.
- Fertigen Sie dann die Skizzen auf Papier mit isometrischem Linienraster an. Die Darstellung der Profile erfolgt jetzt in isometrischer Projektion.

Weitere Übungen ergeben sich, wenn Sie die Profile gedanklich jeweils um 90° um ihre Achsen drehen und in den verschiedenen Lagen skizzieren. Drehen sie zunächst um die Längsachse, dann um eine Querachse.

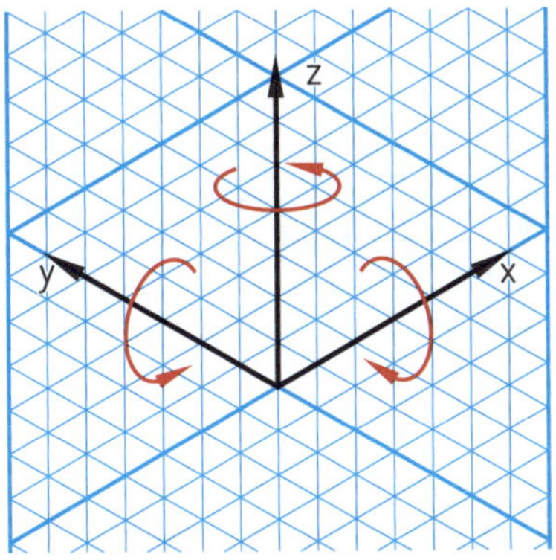

Drehrichtungen für weitere Übungen. Drehen Sie die Körper um die angegebenen Achsen.

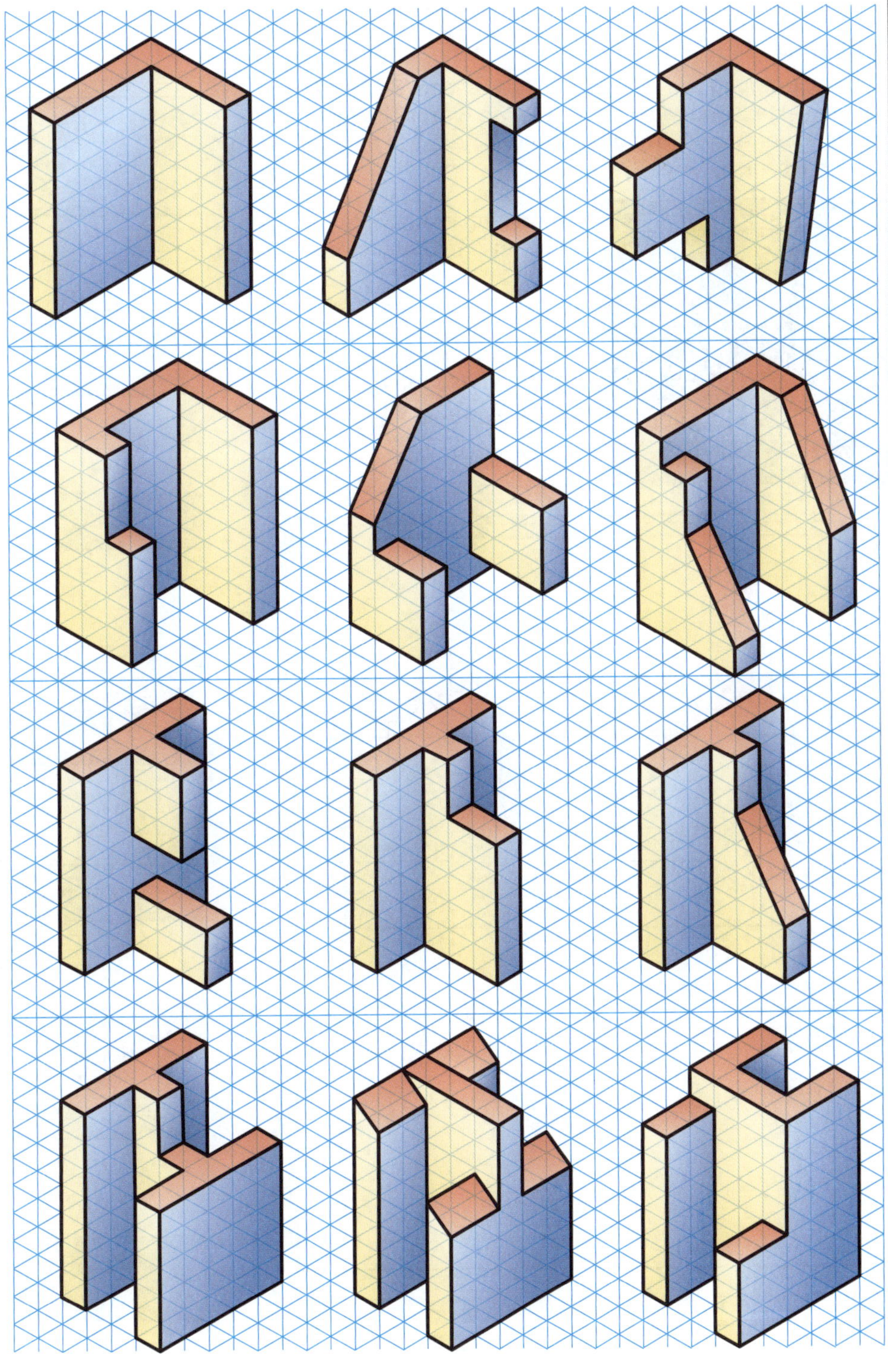

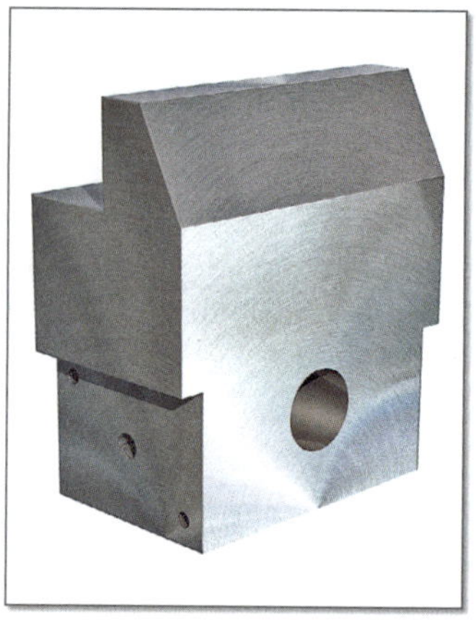

Aufgabe:

Für die Fertigung des Werkstücks Beweglicher Backen Teil 6 des Projektes „Schraubstock“ ist eine Einzelteilzeichnung zu erstellen. Arbeitsgrundlage sollte eine zuvor angefertigte Skizze sein. ⇐ **Seite 62 … 64**

Wahl der Darstellungsart:	Darstellung in Ansichten in rechtwinkliger Parallelprojektion
erforderliche Ansichten:	2
Auswahl der Ansichten:	Ansicht von vorn Ansicht von links
Wahl des Blattformats:	A4, Hochformat
Abbildungsmaßstab:	1 : 1

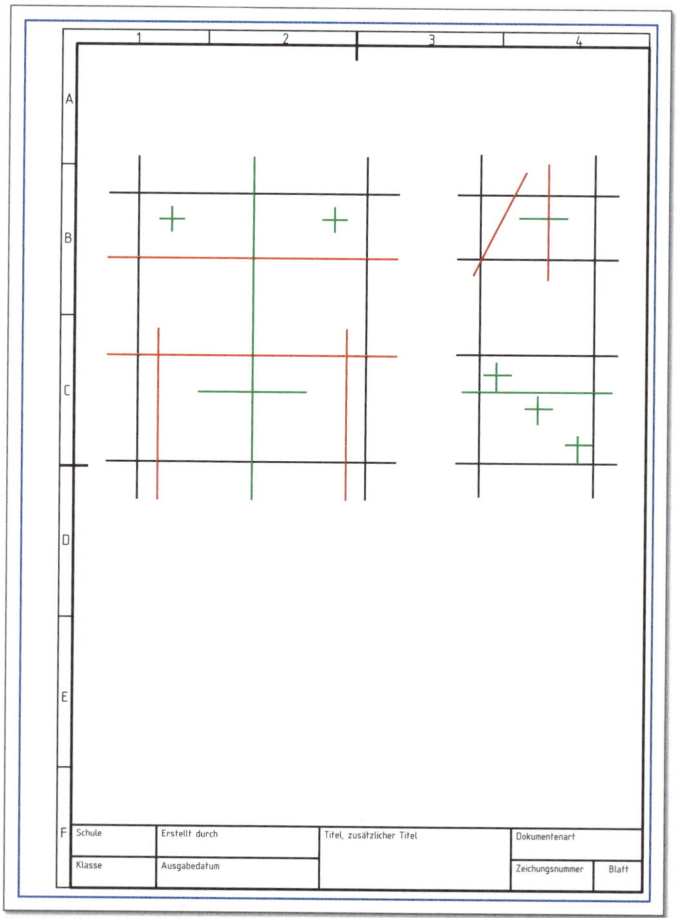

Bild 2: Anreißen der Grund- und Teilformen

Arbeitsschritte beim manuellen Anfertigen einer Einzelteilzeichnung

Form und Größe des Werkstücks erfassen ⇐ **Seite 11**

⇓

Darstellungsart festlegen, Anzahl der erforderlichen Ansichten festlegen ⇒ **Seite 88**

⇓

Art und Umfang der erforderlichen Maßeintragung feststellen ⇒ **Seite 100**

⇓

Zweckmäßigen Abbildungsmaßstab festlegen ⇐ **Seite 52**

⇓

Blattformat auswählen ⇐ **Seite 46**

⇓

Blattrahmen und Schriftfeld zeichnen oder Zeichnungsvordruck verwenden ⇐ **Seite 49**

⇓

Zeichenfläche zweckmäßig aufteilen

⇓

Grundform des Werkstücks und Symmetrieachse mit schmalen Linien vorzeichnen und Lage der Teilformen anreißen

⇓

Umrisse sämtlicher Teilformen mit schmalen Volllinien einzeichnen

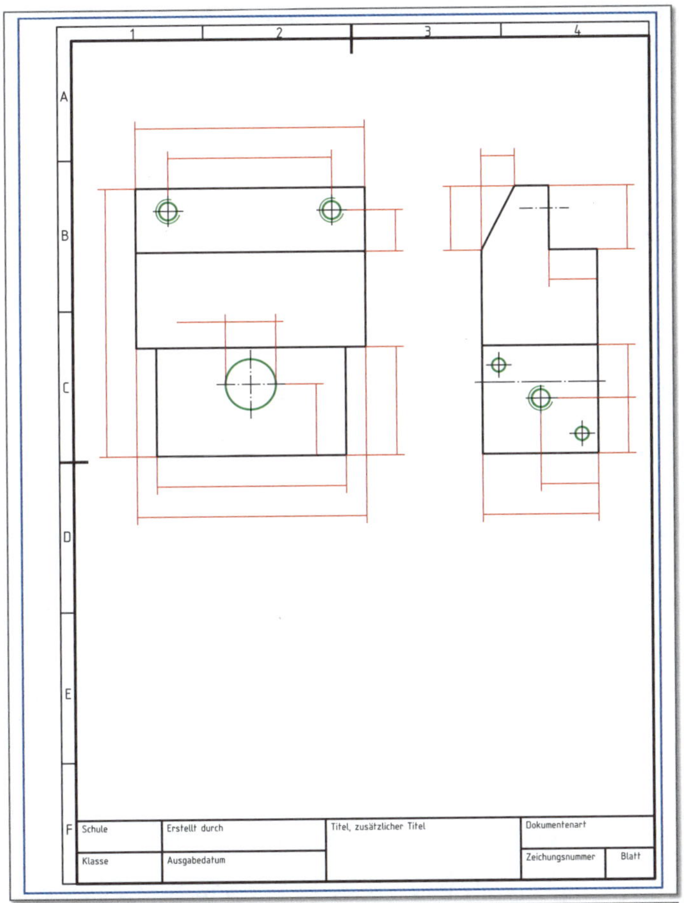

Bild 1: Vorzeichnen der Teilformen und der Maßeintragung

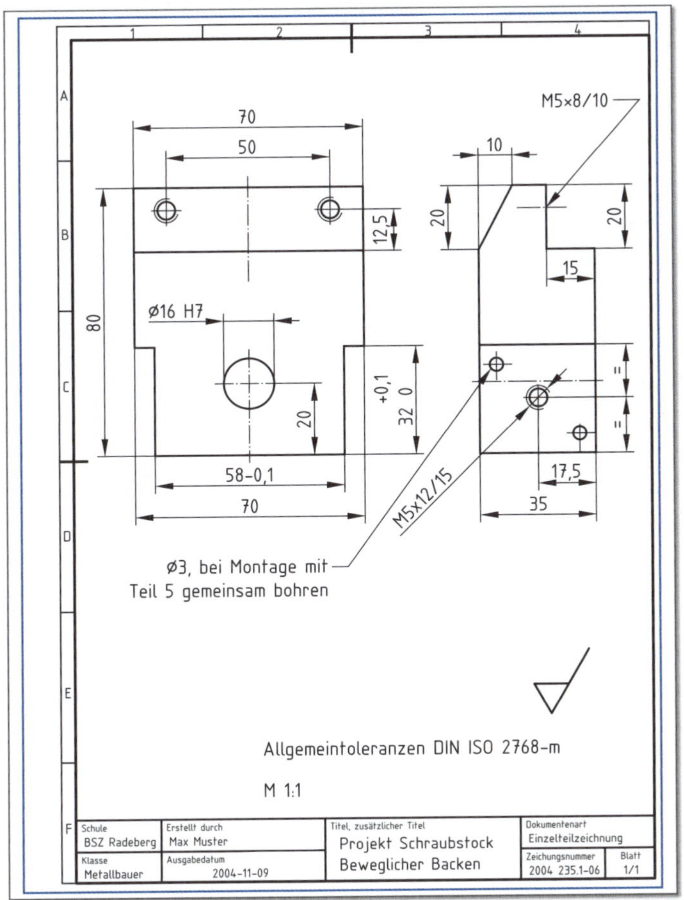

Bild 2: Fertiggestellte Einzelteilzeichnung

Überflüssige Hilfslinien radieren

↓

Maßbezugssystem festlegen
⇒ Seite 112

↓

Maßlinien und Maßhilfslinien in der Reihenfolge

- Größenmaße der Teilformen
- Lagemaße der Teilformen
- Größenmaße der Grundform
- ergänzende Angaben

eintragen
⇒ Seite 112

↓

Sämtliche Linien in der richtigen Linienbreite ausziehen

↓

Textangaben in Normschrift ergänzen und Schriftfeld ausfüllen

↓

Fertige Zeichnung

1.4.3 Zeichnungserstellung mit dem PC

Zeichnungen und Konstruktionsunterlagen werden in der modernen Fertigung heute mit Hilfe von CAD-Systemen erstellt. Da sich die Leistungsfähigkeit der Computertechnik in den letzten 20 Jahren vervielfacht hat, setzt sich die Nutzung von CAD-Systemen zum Entwerfen und Konstruieren immer mehr durch. Die Abkürzung CAD steht heute für **computer aided design**, computergestütztes Konstruieren.

2D-Systeme

Mit einem 2D-CAD-System werden rein grafische Aufgaben erledigt. Wie beim manuellen Zeichnen wird der Gegenstand in einem ebenen rechtwinkligen kartesischen Koordinatensystemen dargestellt. Die räumliche Dimension wird nur insofern berücksichtigt, dass der Gegenstand ebenso wie beim manuellen Zeichnen in mehreren Ansichten, den Regeln der rechtwinkligen Parallelprojektion folgend, abgebildet wird. Vorteil dieser Systeme ist eine dem manuellen Zeichnen ähnliche Zeichenmethodik. Die zu verarbeitenden Datenmengen sind relativ gering. Nachteil ist, dass beim Anwender nach wie vor Kenntnisse des Lesens technischer Zeichnungen vorausgesetzt werden müssen. Außerdem können anderen Bereichen der Fertigung keine 3D-Modelldaten zur Verfügung gestellt werden, sodass keine geschlossene Prozesskette im Sinne der durchgängigen Nutzung der mit CAD erstellten Daten durch alle Betriebsabteilungen entsteht.

3D-Systeme

Bei 3D-CAD-Systemen werden die Geometriedaten eines Gegenstandes in einem räumlichen kartesischen Koordinatensystemen erfasst. Es entsteht ein rechnerinternes Datenmodell.
Dieses Modell, einmal gespeichert, kann auf dem Bildschirm in unterschiedlicher Weise visualisiert werden. Ansichten können automatisch erzeugt, verschieden Schnitte durch den Gegenstand gelegt werden. 3D-Systeme erlauben z.B. auch die Simulation von Prozessen aller Art, was enorme Kosteneinsparungen zur Folge hat. Alle Anwendungen greifen dabei immer auf denselben Datenbestand des rechnerinternen Modells zu.

Da 3D-Darstellungen so gestaltet werden können, dass sie den Gegenstand ziemlich real erscheinen lassen, sind sie für jeden Nutzer leicht verständlich. Außerdem sind die marktüblichen 3D-Programme so ausgestattet, dass auch die Ableitung der branchenüblichen technischen Zeichnungen aus dem 3D-Modell vorgenommen werden kann.

Die Zukunft wird bei weiter wachsender Leistungsfähigkeit der Computertechnik eine immer breitere Anwendung der 3D-CAD-Systeme mit sich bringen, weil die Entwicklung der modernen Konstruktion und Produktion dies erfordert.

Software

Wohl jeder, der sich mit CAD beschäftigt hat, kennt AutoCAD. Hinter diesem Namen verbirgt sich eine ganze Produktfamilie. Dahinter steht die in Kalifornien ansässige Firma Autodesk, in Deutschland vertreten durch die Autodesk GmbH München, die inzwischen Marktführer mit etwa 60% Anteil am Weltmarkt bei PC-CAD- und Multimedia-Software ist. AutoCAD-Anwendungen sind inzwischen zum Industriestandard geworden. Dem wird an zahlreichen technischen Bildungseinrichtungen aller Ebenen dadurch Rechnung getragen, dass das Erlernen des Umgangs mit diesen Programmen Bestandteil der Ausbildung ist.

Vorteil von AutoCAD ist, dass es ein offenes System darstellt. AutoCAD ist ein Basisprogramm, das für alle Anwendungsbereiche anwendbar ist, jedoch keine branchenspezifischen Funktionen bereithält.

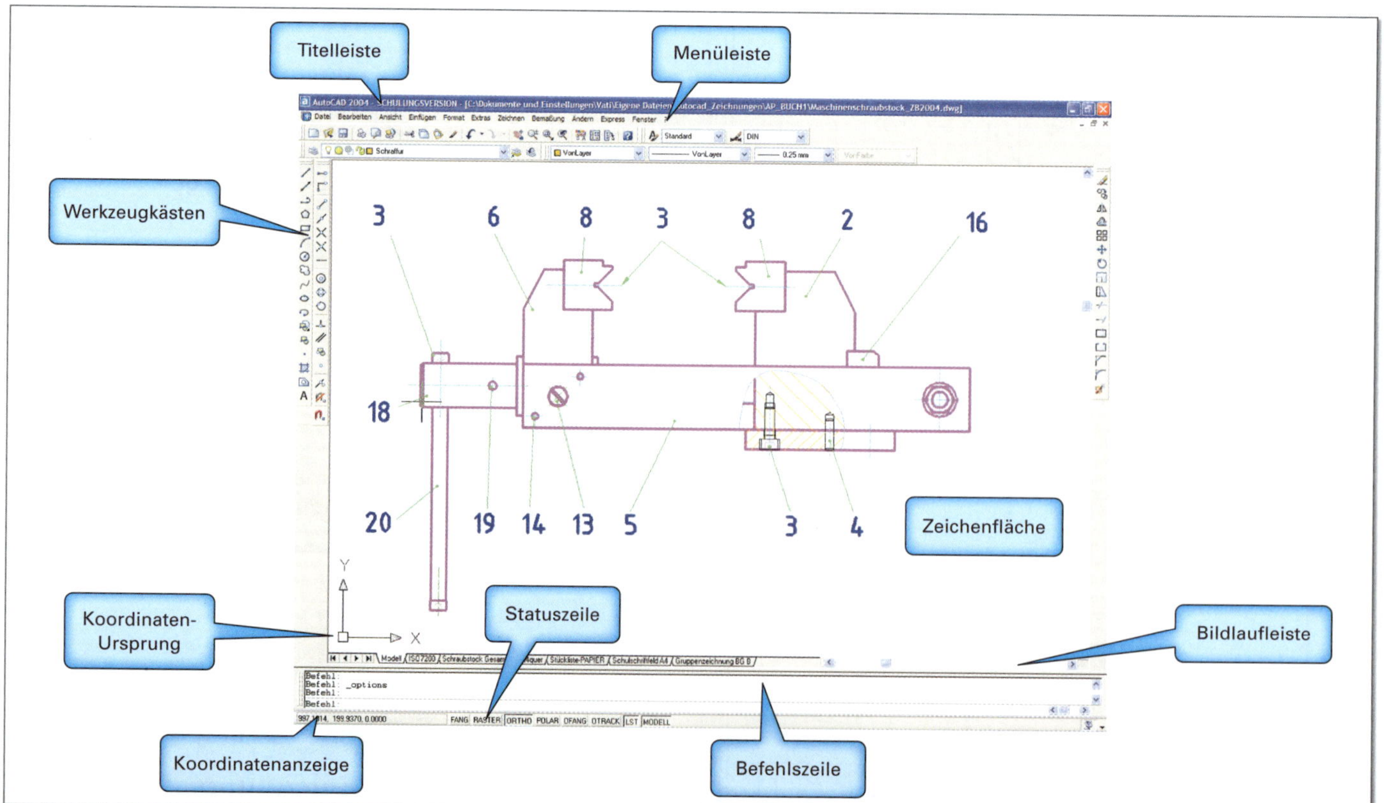

Bild 1: Die Benutzeroberfläche von AutoCAD

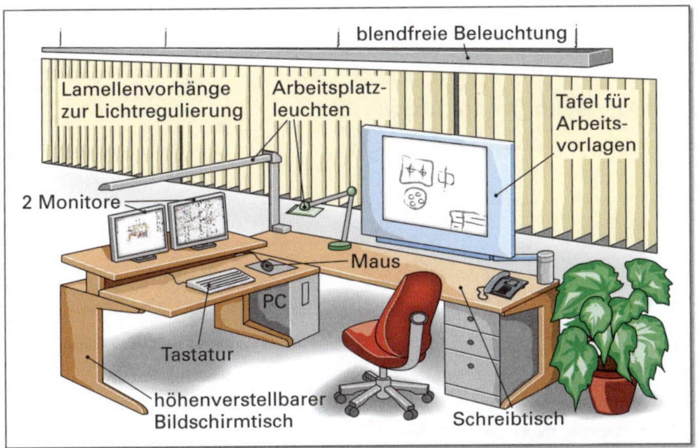

Bild 1: Beispiel für einen CAD-Arbeitsplatz

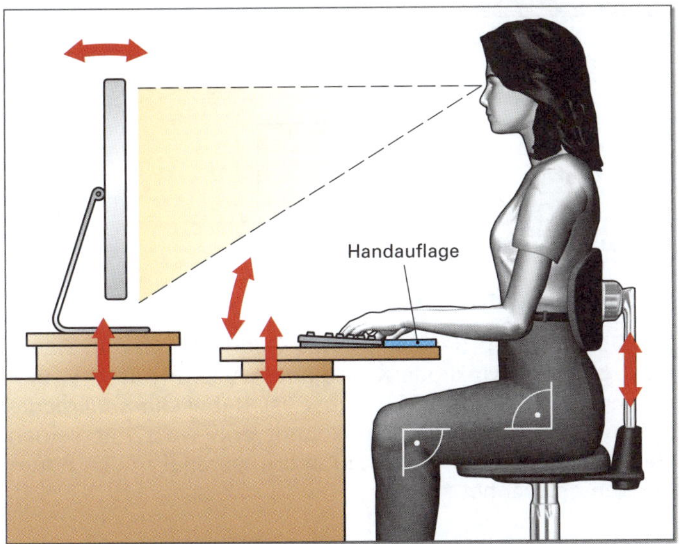

Bild 2: Die richtige Arbeitshaltung am PC

AutoCAD hat eine eigene Programmiersprache und zahlreiche Schnittstellen zu anderen Anwendungen. Diese Möglichkeiten stehen allen Anwendern zur Verfügung, auch Softwareentwicklern anderer Firmen. Diese entwickeln so genannte Applikationen für AutoCAD. Das sind branchespezifische Ergänzungsprogramme (ca. 250 im deutschsprachigen Raum), durch die AutoCAD zum optimierten Werkzeug in einem eng eingegrenzten Anwendungsbereich werden kann.

AutoCAD arbeitet wie die meisten im Einsatz befindlichen Programme assoziativ. Indem ein Befehlsdialog geführt und verschiedene Konstruktionshilfen genutzt werden, wird die Geometrie des Werkstücks exakt erzeugt. Die Bemaßungen bestätigen die Genauigkeit nur. Die Änderung von Maßen hat nicht auch die Anpassung der Geometrie zur Folge.

Das Programm **Mechanical Desktop** von Autodesk arbeitet bereits nach einem anderen Prinzip. Bei ihm bestimmen umgekehrt die Bemaßungen die Geometrie. Man nennt dieses Prinzip Parametrik. Der Zeichner oder Konstrukteur muss nur eine ungefähre Kontur bestimmen und muss weder Konstruktionshilfen benutzen noch Koordinaten eingeben. Die gewünschten Abmessungen werden durch Hinzufügen parametrischer Bemaßungen erzeugt. Verglichen mit AutoCAD kann man mit einem parametrischen System schneller zeichnen, leichter Änderungen vornehmen und problemlos Varianten einer Grundkonstruktion ausarbeiten.

Das Programm **Inventor**, das es seit 1999 bereits in mehreren Versionen gibt, bietet darüber hinaus noch eine Erweiterung der Parametrik, die Adaptivität. Darunter wird die Anpassungsfähigkeit der Bestandteile einer Konstruktion unabhängig von der zeitlichen Abfolge ihrer Erstellung verstanden. Wird ein Bauteil der Konstruktion geändert, so bewirkt die Adaptivität die automatische Anpassung der ganzen Konstruktion. Damit hat der Konstrukteur viel mehr Freiraum, um sich um die Funktionalität seiner Konstruktion zu kümmern, während die Konstruktionsdetails erst später festgelegt werden.

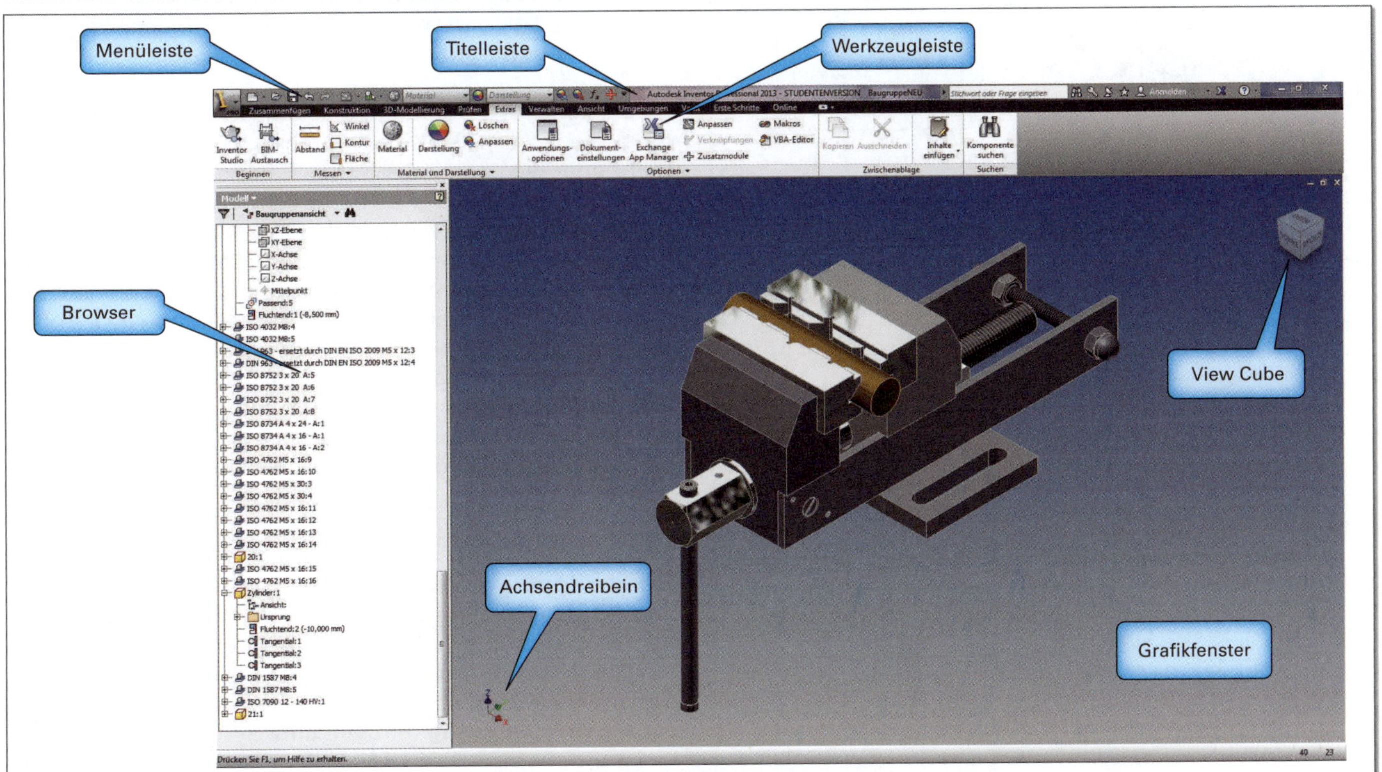

Bild 3: Die Benutzeroberfläche von Inventor

2. Technische Darstellung von Werkstücken

2.1 Perspektivische Darstellungen

2.1.1 Arten der perspektivischen Darstellung

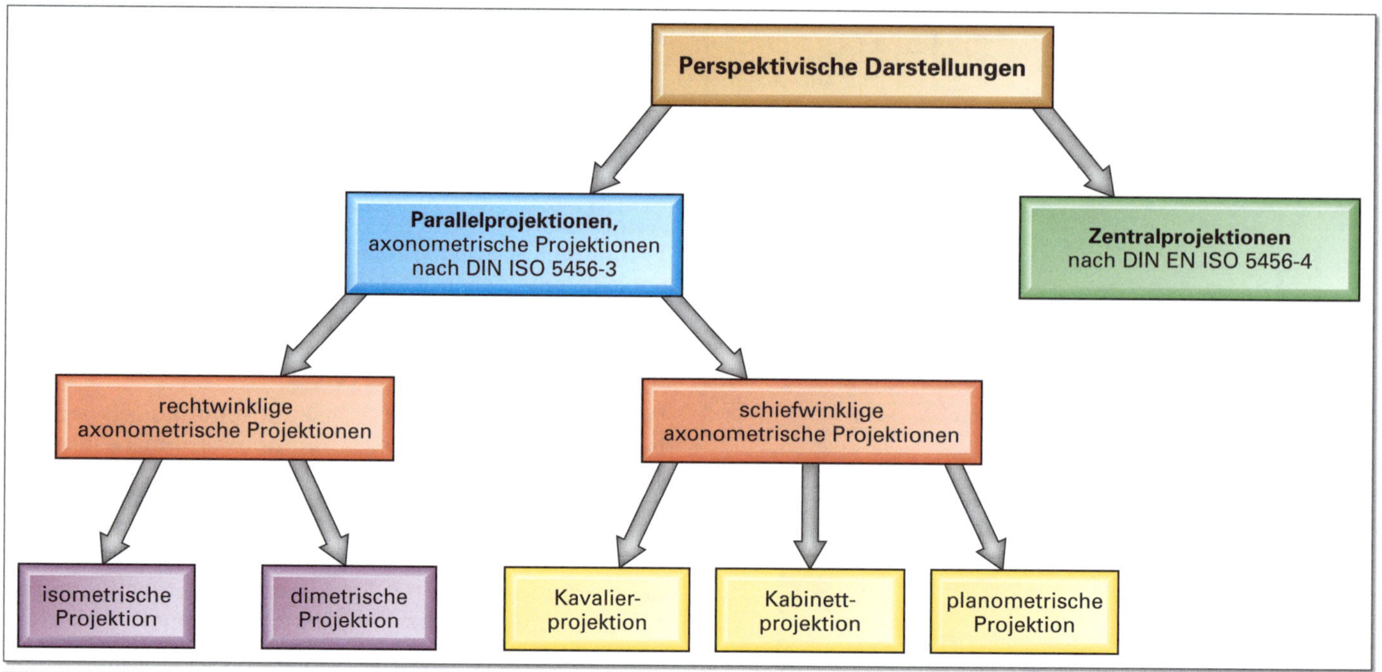

Bild 1: Übersicht über Arten der perspektivischen Darstellung

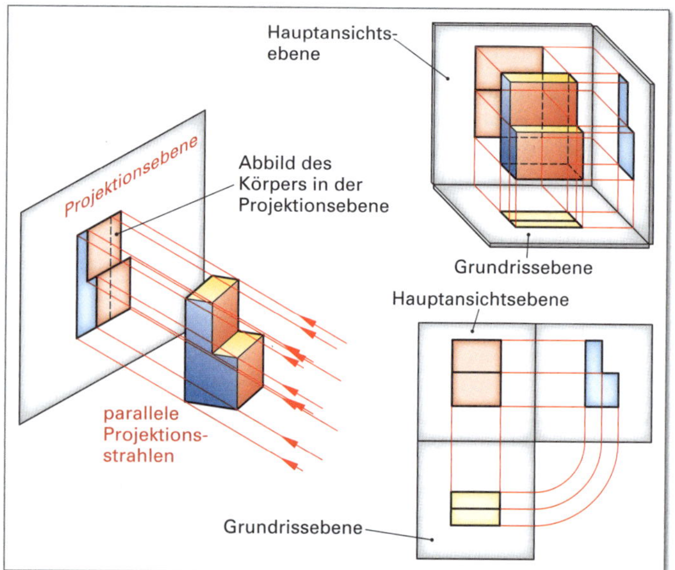

Bild 2: Parallelprojektionen

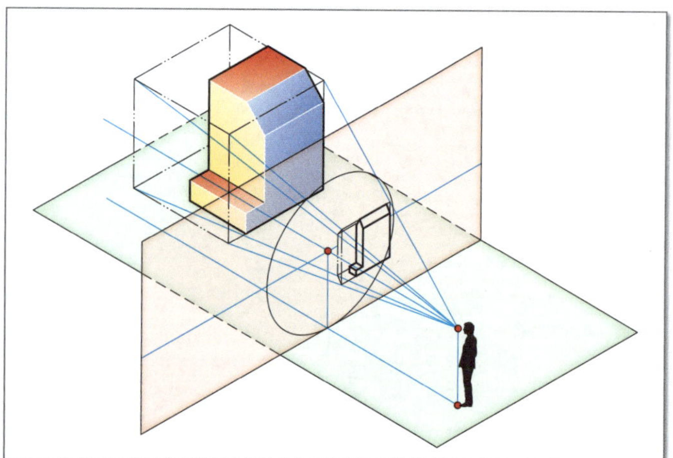

Bild 3: Zentralprojektion

Parallelprojektionen

Zur Bestimmung der Lage eines Gegenstandes im Raum wird ein rechtwinkliges Koordinatensystem mit x, y, und z-Achse verwendet. Die z-Achse ist dabei die senkrechte Achse. Der darzustellende Gegenstand wird mit seinen Hauptansichten, Achsen und Kanten parallel zu den Raumebenen gezeichnet.

Um in einer Ansicht die drei Raumebenen sichtbar zu machen, wird bei den axonometrischen Projektionen der abzubildende Gegenstand gegenüber den Projektionsebenen gedreht und gekippt. (⇒ **Seite 70**)

So entsteht auf der Abbildungsebene eine verzerrte Darstellung, die je nach Größe des Dreh- und Kippwinkels einen mehr oder weniger realistischen Raumeindruck vermittelt.

Den Unterschied zwischen den beiden Gruppen axonometrischer Projektionen macht der Winkel, mit denen die gedachten parallelen Strahlen auf die Abbildungsebene treffen. Bei der rechtwinkligen Parallelprojektion treffen sie senkrecht (90°) auf die Abbildungsebene, während sie bei der schiefwinkligen Parallelprojektion unter einem beliebigen Winkel auf die Abbildungsebene treffen, wie z.B. bei der Kavalierprojektion unter 45° (⇒ **Seite 78**) und bei der Kabinettprojektion unter 60° (⇒ **Seite 79**).

Zentralprojektion

Bei der Zentralprojektion treffen die Projektionsstrahlen von einem oder mehreren Zentren aus auf den abzubildenden Gegenstand und bilden ihn auf der Projektionsebene ab. Das Zentrum kann mit dem Auge, die Strahlen mit den Sehstrahlen verglichen werden. Das Abbild ist zwar anschaulich, aber wenig maßgerecht.

2.1.2 Isometrische Projektion

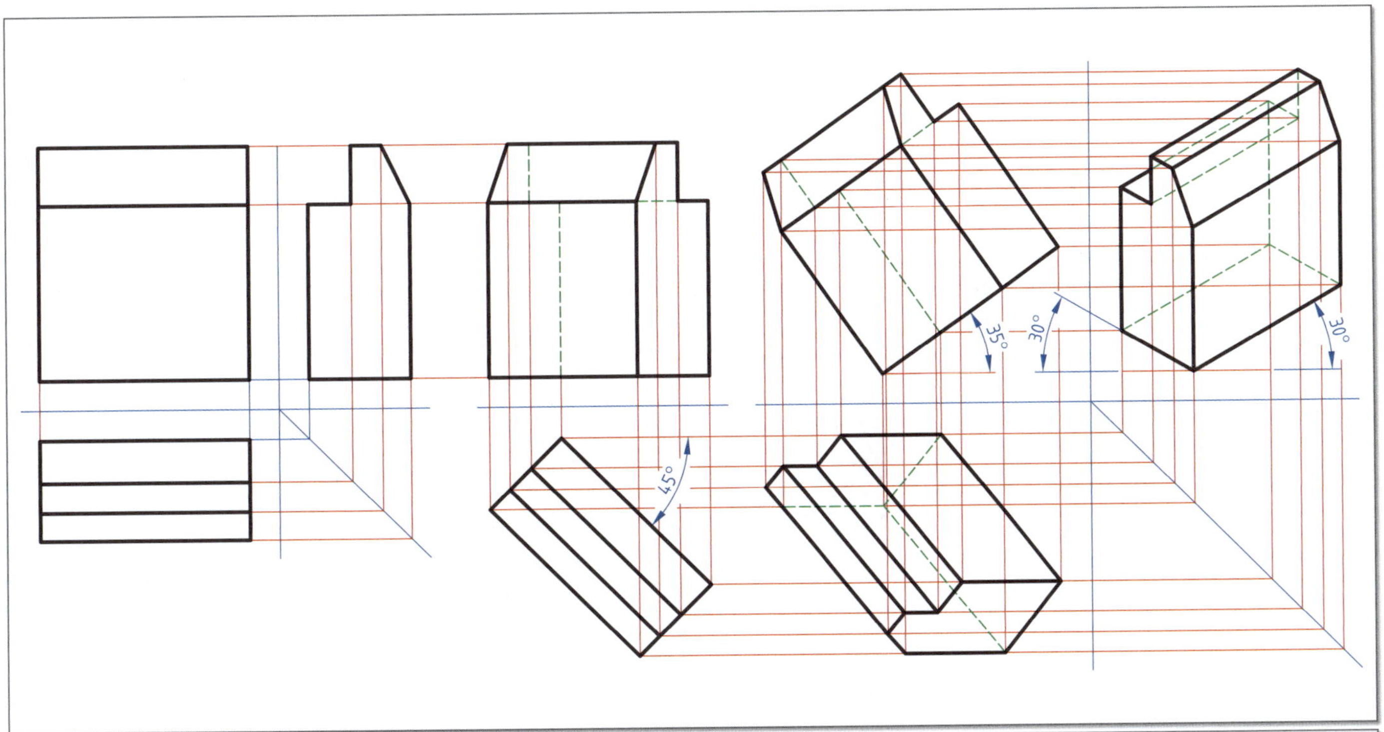

Bild 1: Entstehung der isometrischen Projektion

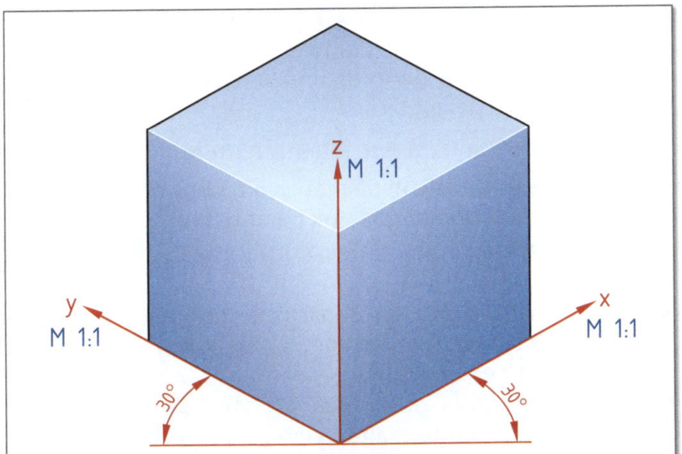

Bild 2: Abbildung eines Würfels in isometrischer Projektion

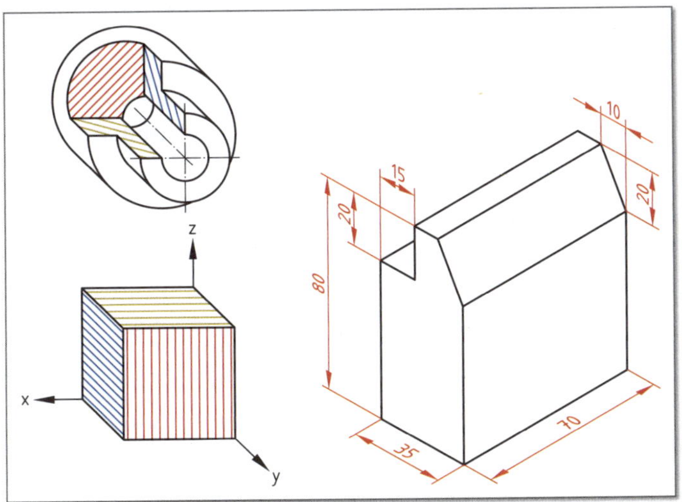

Bild 3: Schraffur und Maßeintragung

Entstehung der isometrischen Projektion

Die isometrische Projektion entsteht, wenn der darzustellende Gegenstand in der Raumecke um 45° gegenüber der Hauptansichtsebene gedreht und um 35° gegenüber der Grundrissebene gekippt wird.

Die Abbildung hat folgende Eigenschaften:

- Die drei Hauptansichtsflächen sind verzerrt dargestellt.
- Die senkrechten Kanten des Körpers verlaufen auch im Bild senkrecht.
- Die rechtwinklig zu den Senkrechten verlaufenden kanten schließen einen Winkel von 30° mit der Horizontalen ein.
- Die Kantenlängen sind in den Hauptachsen verhältnisgleich (x : y : z = 1 : 1 : 1)

Anwendung

Die isometrische Projektion ist dann anzuwenden, wenn die drei Hauptansichtsebenen eines Gegenstandes mit gleicher Wertigkeit abgebildet werden sollen.

Zeichenregeln

- Verdeckte Umrisse und Kanten möglichst nicht darstellen.
- Schraffuren zur Hervorhebung von Schnittflächen sind vorzugsweise unter einem Winkel von 45° zu Achsen und Umrissen einer Schnittfläche zu zeichnen.
- Ebenen, die parallel zu den Koordinatenachsen liegen, erhalten eine Schraffur, die parallel zu den Ebenen des Koordinatensystems verläuft.
- Maßeintragung sollte vermieden werden. Wenn sie doch erforderlich ist, dann folgt man den Regeln für die Maßeintragung in Ansichten der rechtwinkligen Parallelprojektion.

2.1.3 Dimetrische Projektion

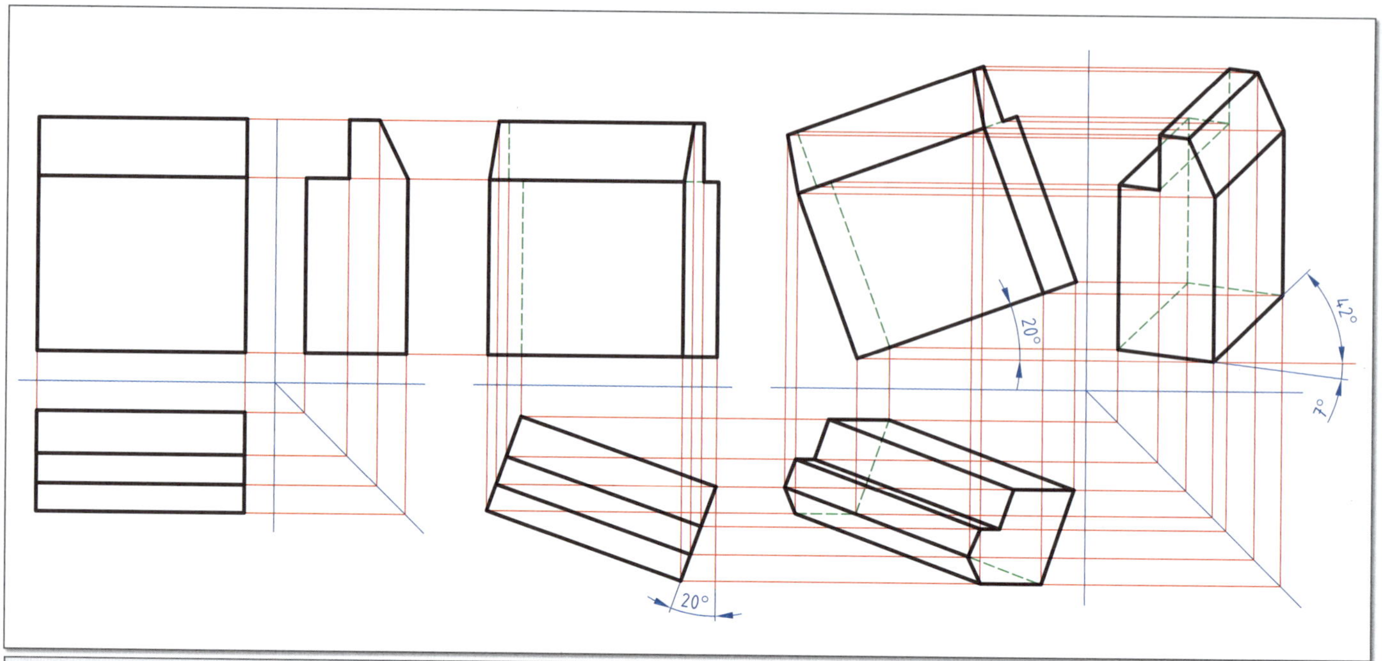

Bild 1: Entstehung der dimetrischen Projektion

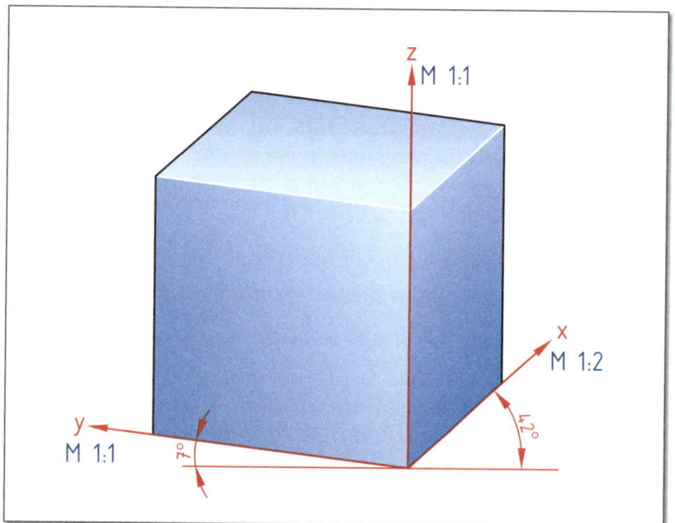

Bild 2: Abbildung eines Würfels in dimetrischer Projektion

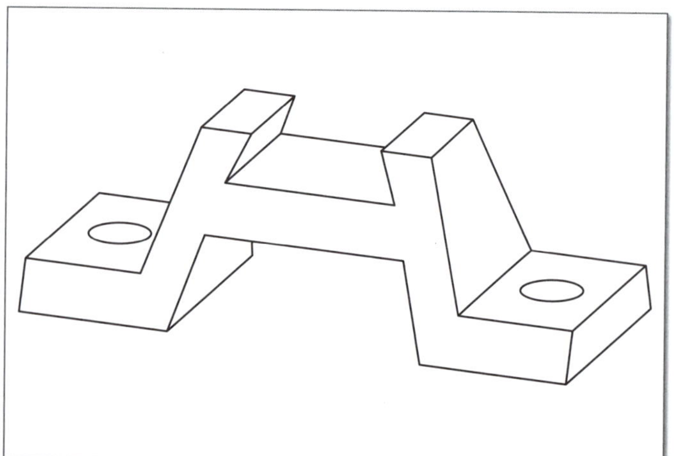

Bild 3: Anwendungsbeispiel für die dimetrische Projektion

Entstehung der dimetrischen Projektion

Die dimetrische Projektion entsteht, wenn der darzustellende Gegenstand in der Raumecke um 20° gegenüber der Hauptansichtsebene gedreht und um 20° gegenüber der Grundrissebene gekippt wird.

Die Abbildung hat folgende Eigenschaften:

- Die drei Hauptansichtsflächen sind verzerrt dargestellt. Eine Hauptansichtsebene erscheint hervorgehoben.
- Die senkrechten Kanten des Körpers verlaufen auch im Bild senkrecht.
- Die rechtwinklig zu den Senkrechten verlaufenden Kanten sind um einen Winkel von 7° bzw. von 42° gegenüber der Horizontalen geneigt.
- Die Kantenlängen der unter 42° zur Horizontalen verlaufenden Kanten verhalten sich zu den beiden anderen Hauptachsen wie 1 : 2, d.h. sie werden um die Hälfte verkürzt dargestellt. Das Achsverhältnis lautet demnach (x : y : z = 0,5 : 1 : 1).

Anwendung

Die dimetrische Projektion ist dann anzuwenden, wenn eine der drei Hauptansichtsebenen eines Gegenstandes besonders hervorgehoben erscheinen soll.

Zeichenregeln

Sie unterscheiden sich nicht von denen der isometrischen Projektion. (⇐ **Seite 71**)

Tipp

Beim manuellen Zeichnen kann ein winkelverstellbarer Zeichenkopf eine praktische Hilfe sein.

Wenn eine Zeichnung mit einem CAD-Programm erstellt wird, kann z. B. ein winkliges Raster als Zeichenhilfe hinterlegt werden.

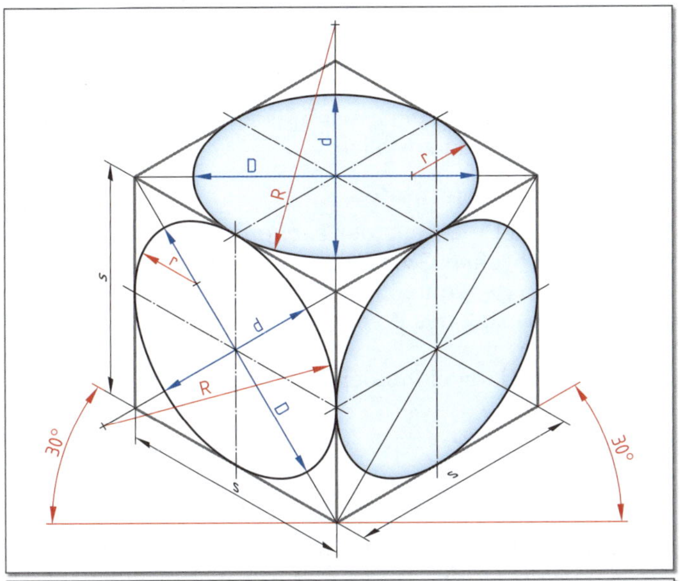

Bild 1: Näherungskonstruktion für Kreise in Isometrie

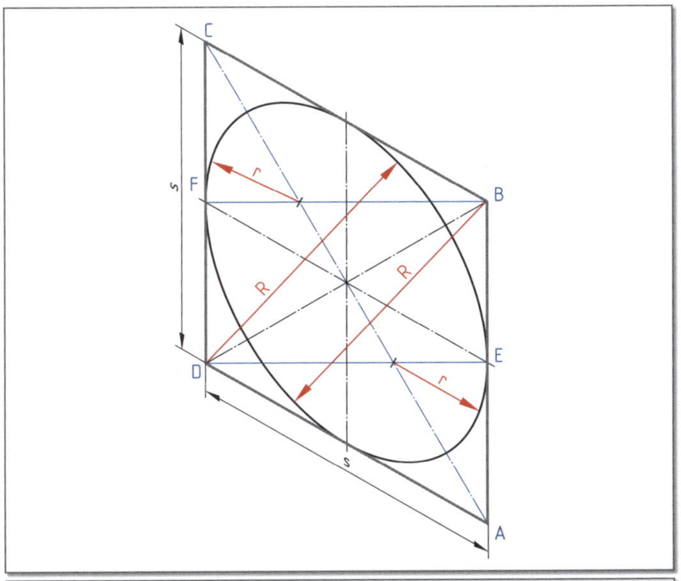

Bild 2: vereinfachte Konstruktion für Kreise in Isometrie

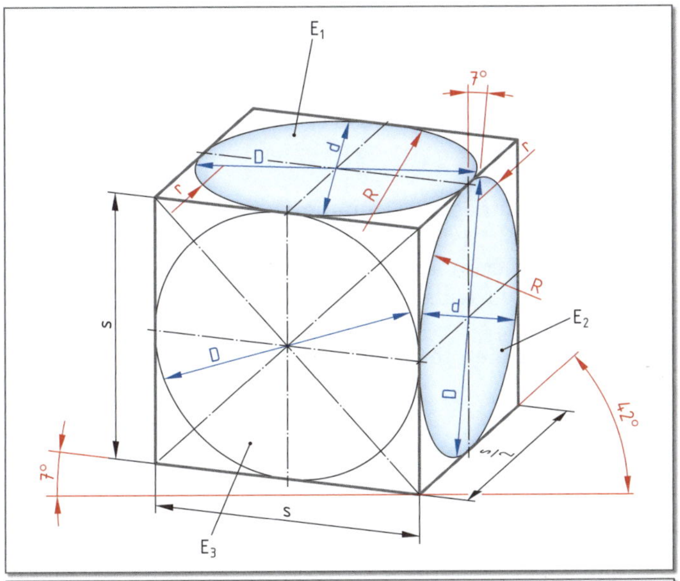

Bild 3: Näherungskonstruktion für Kreise in Dimetrie

Kreise in isometrischer Projektion

In dieser Projektionsart werden Kreise, z.B. Querschnitte zylindrischer Werkstücke als Ellipsen dargestellt. Diese werden entweder mit speziellen Schablonen gezeichnet oder näherungsweise konstruiert.

Eine solche **Näherungskonstruktion** zeigt Bild 1. Die Ellipsenkonstruktion erfolgt hier durch Krümmungskreise, deren Mittelpunkte auf den Ellipsenachsen oder deren Verlängerungen liegen. Die Mittellinien der Hauptansichtsflächen begrenzen dabei die jeweiligen Kreisbogenabschnitte.

großer Bogenradius	$R \approx 1{,}06 \cdot s$
kleiner Bogenradius	$r \approx 0{,}3 \cdot s$

wenn *s* die Kantenlänge des Würfels ist.

Eine **vereinfachte Konstruktionsvariante** zeigt Bild 2. Die Konstruktion mit Hilfe von vier Kreisbögen erspart die Berechnung der Bogenradien.

In einer Hauptansichtsfläche werden die beiden stumpfen Ecken B und D mit den Mitten der jeweils gegenüberliegenden Rhombusseite durch Hilfslinien verbunden. Dabei stellen die Schnittpunkte dieser Hilfslinien mit der großen Ellipsenachse die Mittelpunkte der kleinen Ellipsenbögen dar.

Die stumpfen Ecken B und D dienen als Mittelpunkte der großen Ellipsenbögen.

Kreise in dimetrischer Projektion

Auch in dimetrischer Projektion erscheinen die Kreise, z.B. von Umrissen zylindrischer Werkstücke, als Ellipsen.

Zur Vereinfachung der Darstellung kann die Ellipse in der Hauptansichtsfläche als Kreis gezeichnet werden. Die anderen beiden Ellipsen sind gleich groß, sie unterscheiden sich aber durch ihre Achsrichtungen. Die große Achse von E_1 liegt waagerecht, während die große Achse von E_2 die Senkrechte im Winkel von 7° schneidet. (Bild 3)

Für die Achsen der Ellipsen E_1 und E_2 in der Deck- und Seitenfläche gilt:

große Achse: $D \approx 1{,}06 \cdot s$; kleine Achse: $d \approx 1/3\ D \cdot s$

wenn *s* die Kantenlänge des Würfels ist.

Auch diese Ellipsen können annähernd durch Krümmungskreise konstruiert werden:

großer Bogenradius	$R \approx 1{,}6 \cdot s$
kleiner Bogenradius	$r \approx 0{,}06 \cdot s$

Der Mittelpunkt des großen Bogens liegt auf der Verlängerung der kleinen Ellipsenachse, der des kleinen Bogens auf der großen Ellipsenachse.

Zeichenschritte am Beispiel der isometrischen Projektion

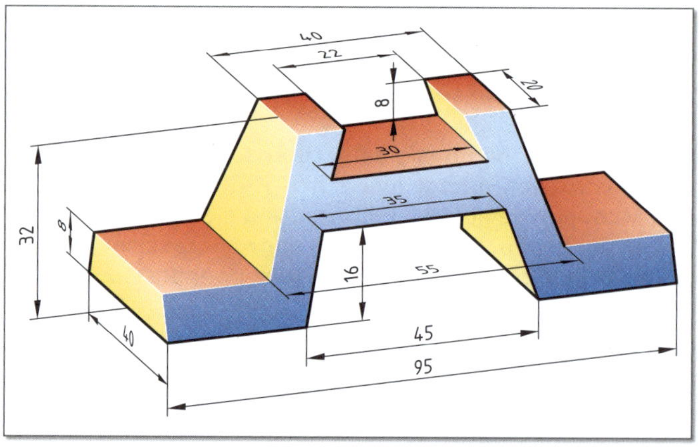

Aufgabe

Das abgebildete Werkstück ist in isometrischer Projektion im Maßstab 1 : 1 darzustellen.

Die Hüllkörper-Methode

Hierbei arbeitet man aus der axonometrischen Projektion des geometrischen Grundkörpers, der das Werkstück einhüllt, dem so genannten Hüllkörper, Schritt für Schritt die eigentliche Gestalt des Werkstücks heraus.

Die folgende Darstellung der Zeichenschritte soll das veranschaulichen.

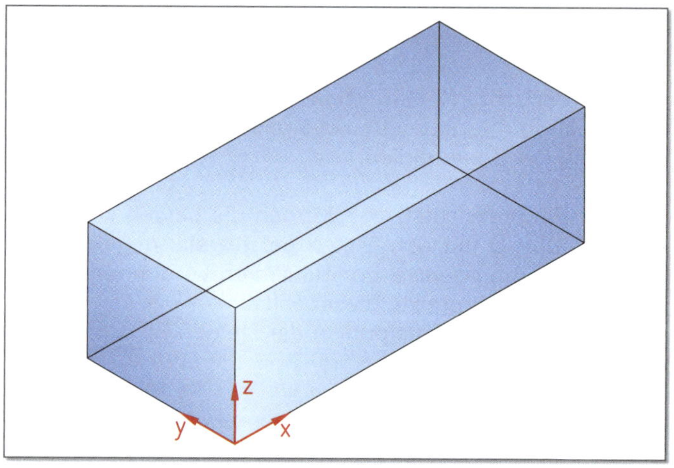

Schritt 1

Zunächst zeichnet man die Kontur des Hüllkörpers in den Projektionsrichtungen der isometrischen Projektion auf.

Schmale Volllinien zeichnen.

Bleistift des Härtegrades H verwenden.

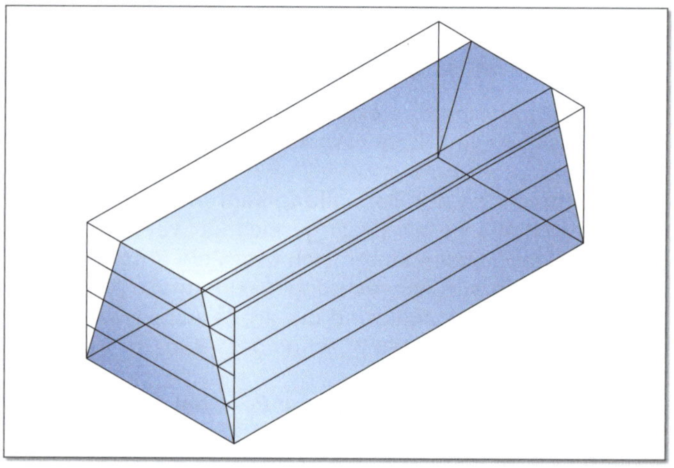

Schritt 2

Jetzt arbeitet man die Querschnittsform des Werkstücks aus dem Hüllkörper heraus.

Schmale Volllinien zeichnen.

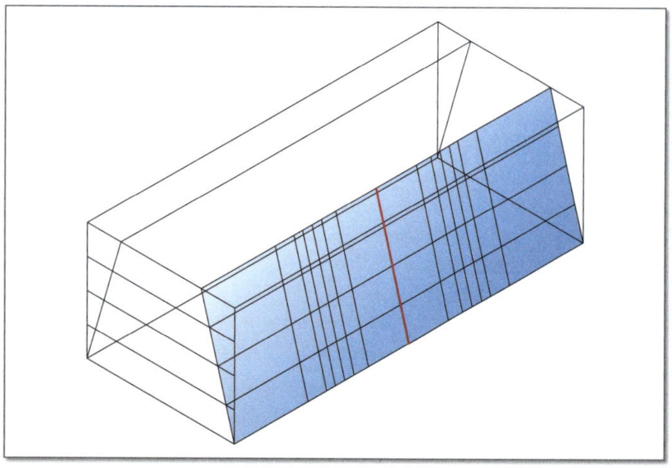

Schritt 3

Auf einer Seitenfläche zeichnet man nun mit Hilfslinien das Raster mit den Maßen für die Kontur ein. Bei symmetrischen Werkstücken empfiehlt es sich, dabei von der Mitte ausgehend zu arbeiten.

Schmale Volllinien zeichnen.

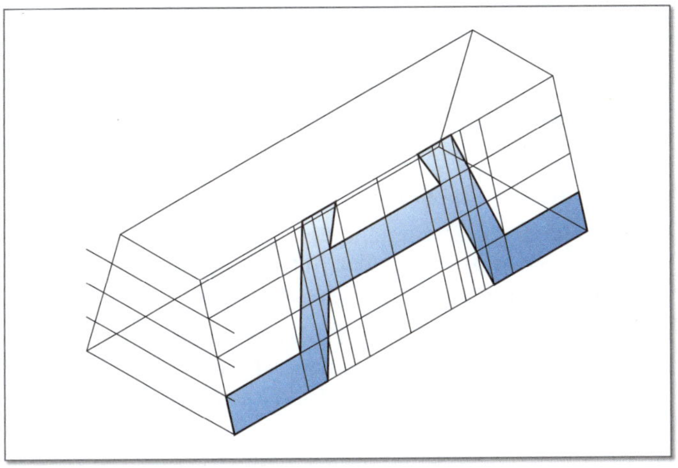

Schritt 4

In dieses Linienraster wird nun die Kontur der Hauptansicht eingezeichnet.

Auch jetzt sollte man noch mit schmalen Volllinien arbeiten. Breite Bleistiftlinien würden verwischen und die Sauberkeit der Zeichnung beeinträchtigen.

Aus Gründen der Anschaulichkeit sind im nebenstehenden Bild die Flächenbegrenzungen der Hauptansichtsfläche bereits mit breiten Linien dargestellt.

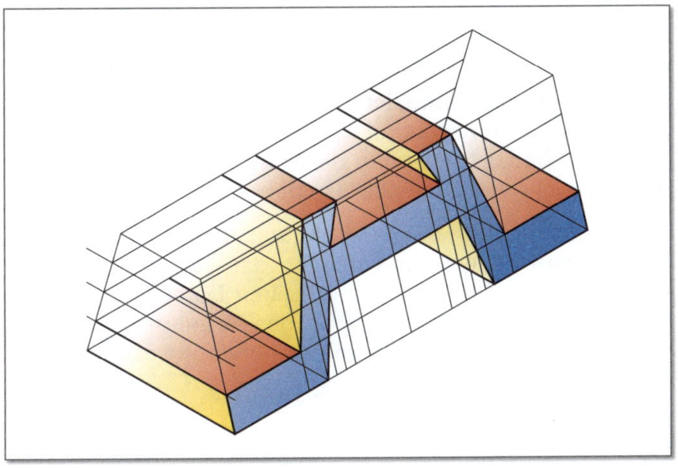

Schritt 5

Von der Hauptansichtsfläche ausgehend werden nun die Kanten eingezeichnet, die die Tiefe des Körpers darstellen.

Auch hier sollte man noch schmale Volllinien verwenden.

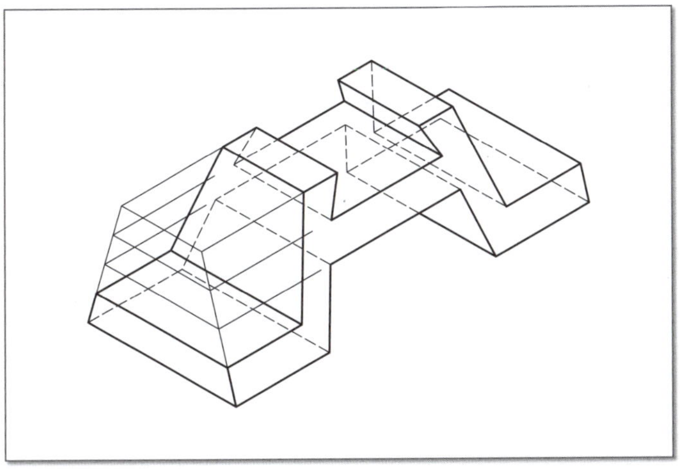

Schritt 6

Nun werden die Körperkanten des Werkstücks komplettiert. Jetzt muss ermittelt werden, welche Körperkanten sichtbar sind und welche verdeckt bleiben.

Die sichtbaren Körperkanten können nun mit breiten Volllinien ausgezogen werden. Wenn man eine Bleistiftzeichnung erstellt, nimmt man dazu einen Bleistift des Härtegrades B. Man kann die Körperkanten aber auch mit einem Tuschezeichner der entsprechenden Linienstärke nachziehen.

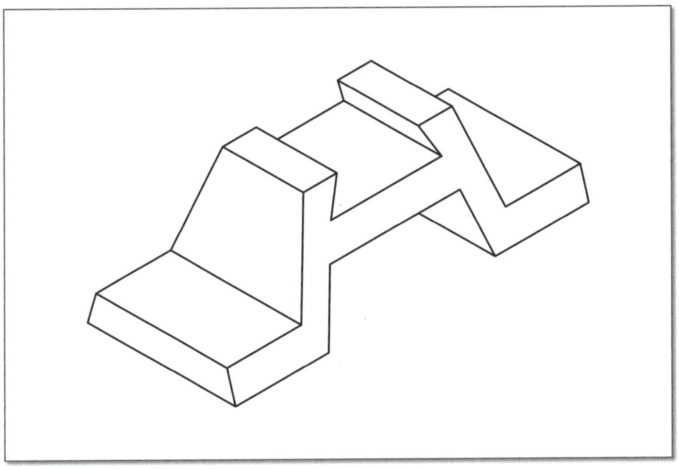

Schritt 7

Zum Schluss werden alle überflüssigen Hilfslinien radiert. Da in axonometrischen Projektionen die verdeckten Kanten möglichst nicht dargestellt werden sollen, entfernt man auch diese.

Beim Radieren sorgfältig arbeiten, damit die Zeichnung nicht verwischt. Deshalb Radierrückstände möglichst nicht mit dem Handrücken, sondern mit einem weichen Pinsel oder Radierbesen entfernen.

Zeichenschritte am Beispiel der dimetrischen Projektion

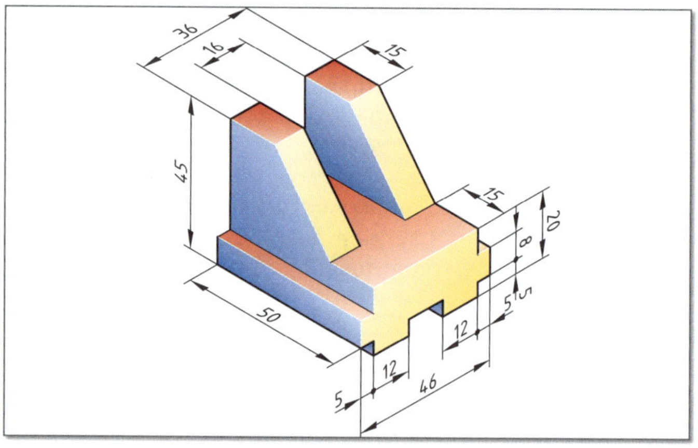

Aufgabe

Das abgebildete Werkstück ist in dimetrischer Projektion im Maßstab 1 : 1 darzustellen.

Die Grundriss-Methode

Hierbei dient die Draufsicht des Werkstücks als Hilfskonstruktion. Sie muss zunächst mit Hilfe der rechtwinkligen Parallelprojektion (⇒ **Seite 83**) ermittelt werden.

Anschließend wird sie in die Grundrissebene der dimetrischen Projektion unter Berücksichtigung der Achswinkel von 7° und 42° und des Abbildungsmaßstabs der x-Achse von 1 : 2 eingezeichnet.

Die folgende Darstellung der Zeichenschritte soll das veranschaulichen.

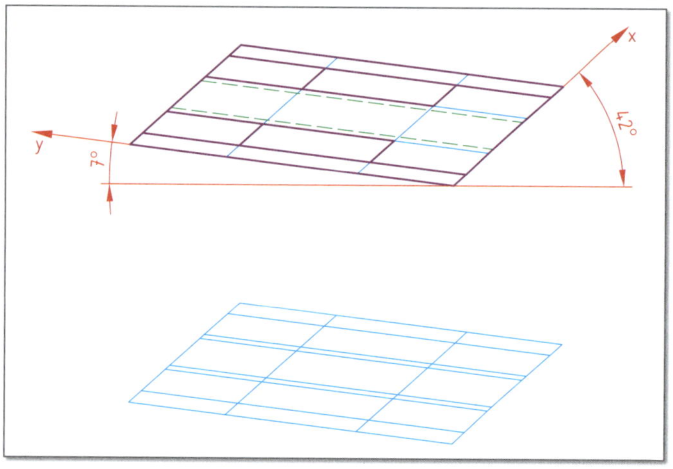

Schritt 1

Zunächst ist die Draufsicht des Werkstücks zu ermitteln und in die Grundrissebene der dimetrischen Projektion einzeichnen. Dabei sollte man die Lage so wählen, dass die Hauptansicht des Werkstücks in der yz-Ebene entsteht.

Die nebenstehende obere Abbildung zeigt zur Veranschaulichung die mit breiten Volllinien dargestellte Draufsicht. Für die Entwicklung der dimetrischen Darstellung genügt aber zunächst das Aufzeichnen des Grundrissrasters mit schmale Volllinien, wie die untere Abbildung zeigt.

Bleistift des Härtegrades H verwenden.

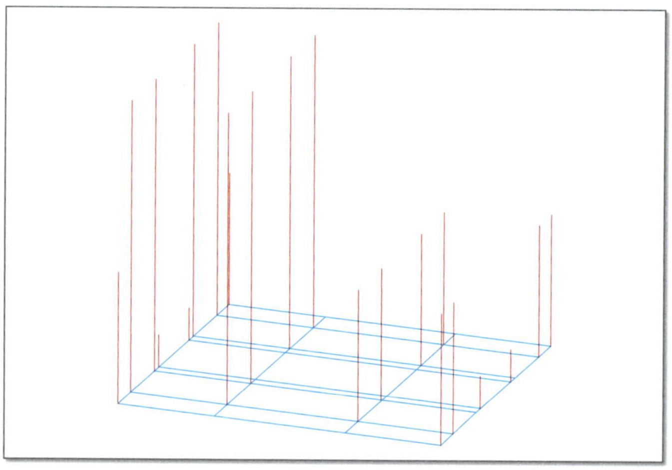

Schritt 2

Nun errichtet man in den Eckpunkten und Schnittpunkten des Linienrasters der Draufsicht die senkrechten Linien der Hilfskonstruktion und trägt darauf die zugehörigen Höhen ab.

Schmale Volllinien zeichnen.

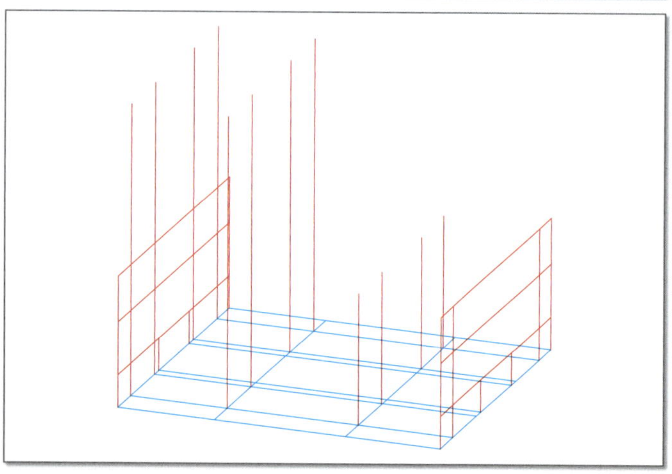

Schritt 3

Auf den Seitenflächen kann man nun mit Höhenlinien das Raster für den Querschnitt der Grundplatte vervollständigen.

Schmale Volllinien zeichnen.

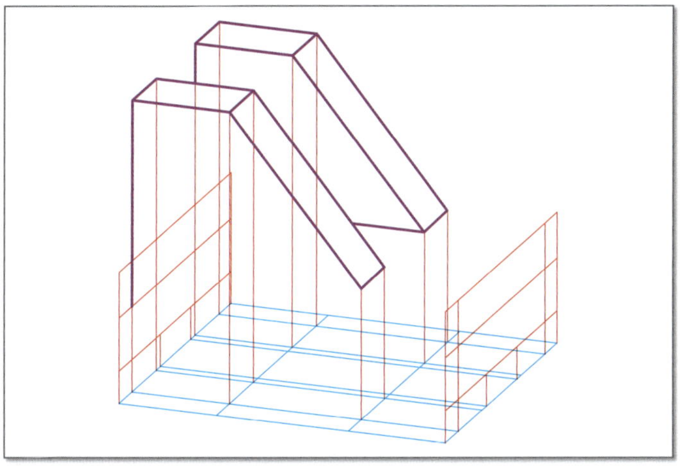

Schritt 4

Die Erhebungen des Werkstücks werden nun mittels der Höhenmarkierungen eingezeichnet.

Auch jetzt sollte man noch mit schmalen Volllinien arbeiten. Breite Bleistiftlinien würden verwischen und die Sauberkeit der Zeichnung beeinträchtigen.

Aus Gründen der Anschaulichkeit sind im nebenstehenden und in den nachfolgenden Bildern die Zeichenfortschritte mit breiten Volllinien dargestellt.

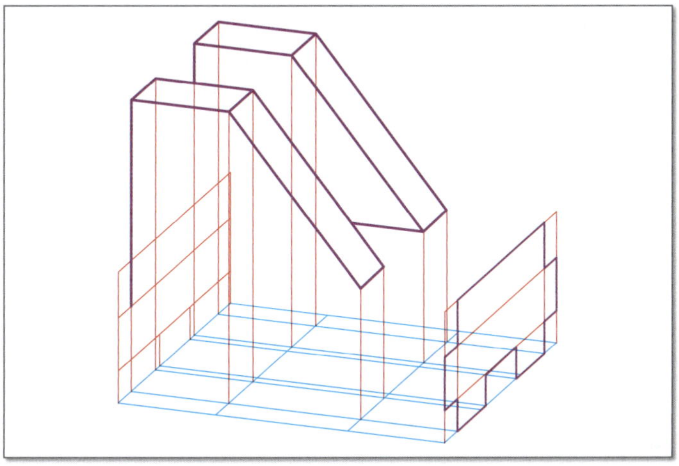

Schritt 5

Nun kann man die Kontur der Querschnittsfläche herausarbeiten.

Auch hier sollte man noch schmale Volllinien verwenden

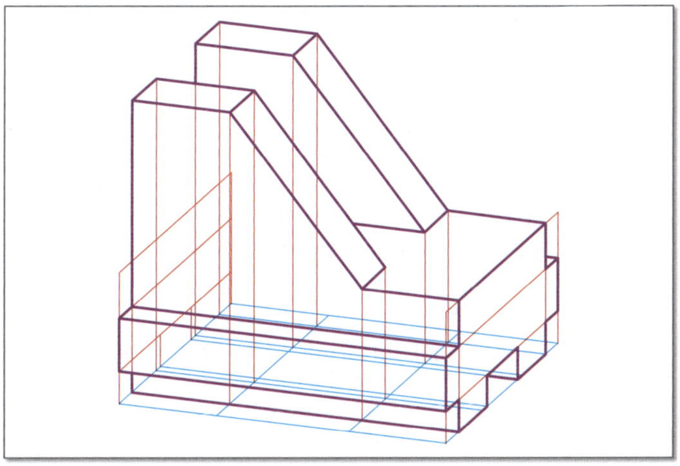

Schritt 6

Jetzt werden die Körperkanten des Werkstücks komplettiert. Hierbei muss darauf geachtet werden, dass nur die sichtbaren Körperkanten nachgezogen werden.

Diese werden nun mit breiten Volllinien ausgezogen. Wenn man eine Bleistiftzeichnung erstellt, nimmt man dazu einen Bleistift des Härtegrades B. Man kann die Körperkanten aber auch mit einem Tuschezeichner der entsprechenden Linienstärke nachziehen.

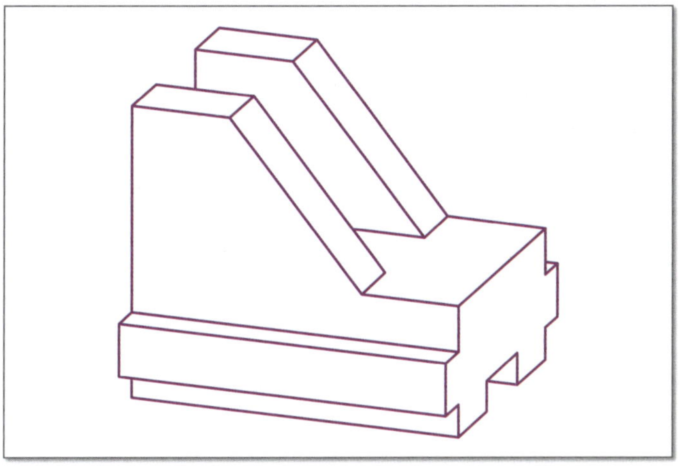

Schritt 7

Zum Schluss werden alle überflüssigen Hilfslinien radiert. Da in axonometrischen Projektionen die verdeckten Kanten möglichst nicht dargestellt werden sollen, entfernt man auch diese.

Für das Radieren gilt die gleiche Sorgfalt, wie bereits auf ⇐ **Seite 75**, Schritt 7 beschrieben.

2.1.4 Schiefwinklige Projektionen

Kavalier-Projektion

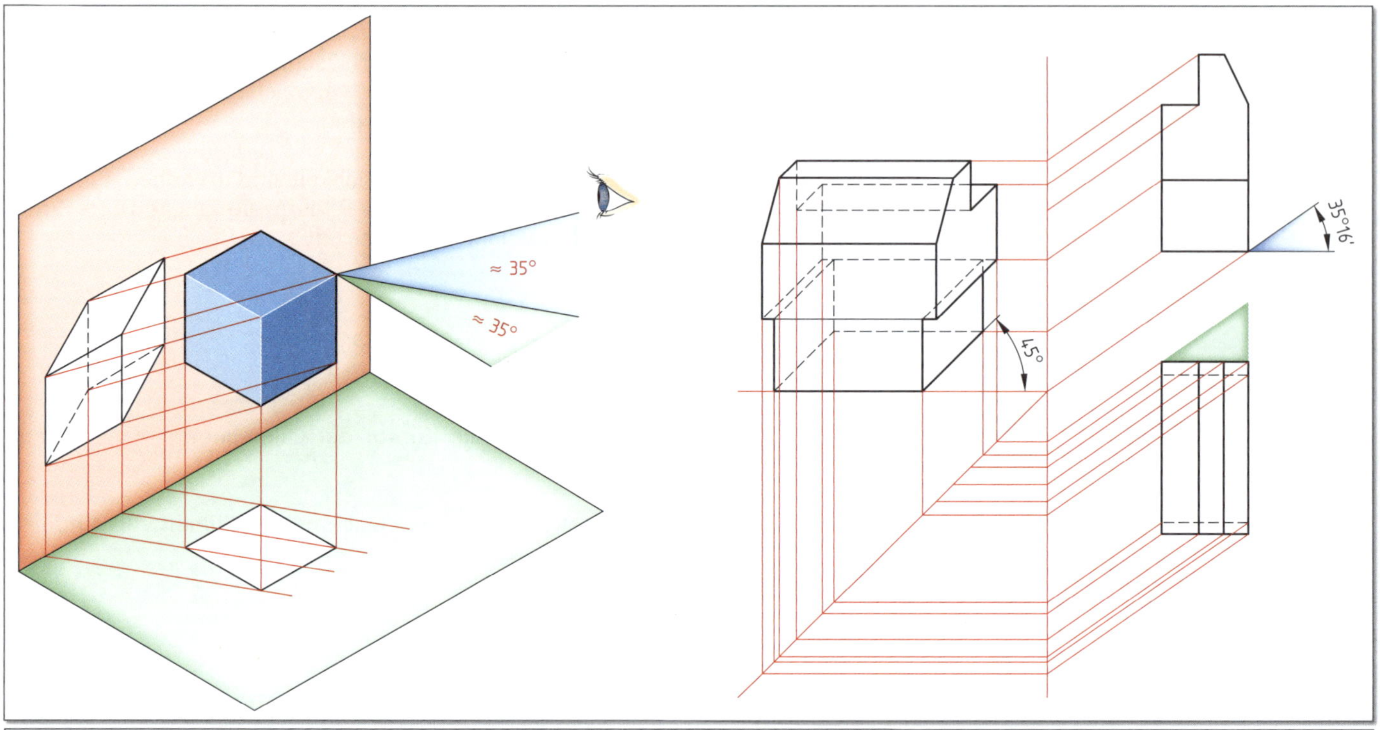

Bild 1: Entstehung der Kavalier-Projektion

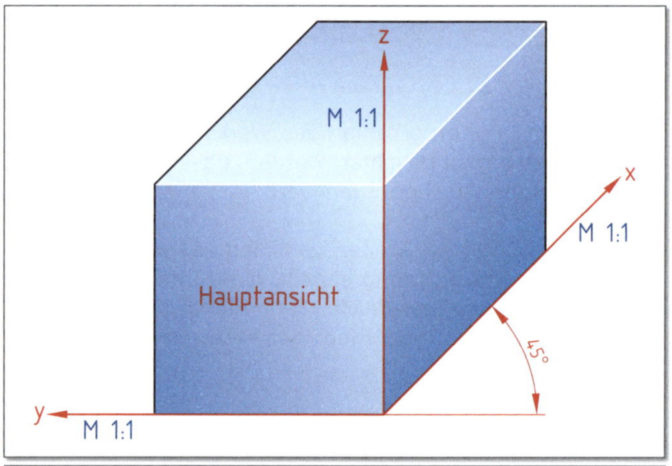

Bild 2: Abbildung eines Würfels in Kavalier-Projektion

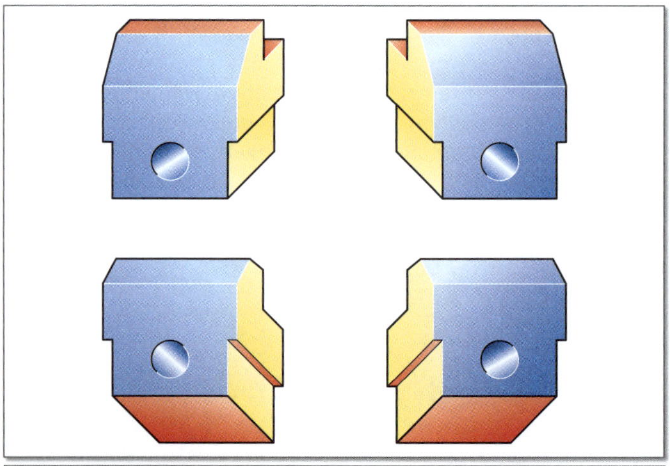

Bild 3: mögliche Kavalier-Projektionen eines Werkstücks

Entstehung schiefwinkliger axonometrischer Projektionen

Im Gegensatz zur isometrischen und dimetrischen Projektion, bei denen die Projektionsstrahlen senkrecht auf die Bildebene treffen, während der abzubildende Gegenstand gedreht und gekippt wird, geht man bei der schiefwinkligen axonometrischen Projektion davon aus, dass die Projektionslinien schiefwinklig zur Bildebene verlaufen, der Gegenstand aber in Normallage mit Hauptansichtsebene parallel zur Bildebene steht. Der Betrachter befindet sich seitlich vom Gegenstand und betrachtet ihn aus etwas erhobener Position.

Kavalier-Projektion

Bei der Kavalier-Projektion treffen die Projektionsstrahlen unter einem Winkel von jeweils ca. 35° von oben und von der Seite auf die Werkstückkontur, die dann auf der Bildebene abgebildet wird. (Bild 1)

Die Abbildung auf der Bildebene (Bild 2) hat folgende Eigenschaften:

- Die Hauptansichtsfläche ist nicht verzerrt dargestellt.
- Die senkrechten Kanten des Körpers verlaufen auch im Bild senkrecht.
- Die rechtwinklig zu den Senkrechten verlaufenden Kanten schließen einen Winkel von 45° mit der Horizontalen ein.
- Die Kantenlängen sind in den Hauptachsen verhältnisgleich (x : y : z = 1 : 1 : 1).

Anwendung

Die Kavalier-Projektion ist dann anzuwenden, wenn eine Hauptansichtsebene des Gegenstandes mit besonderer Wertigkeit und unverzerrt abgebildet werden soll.

Kabinett-Projektion

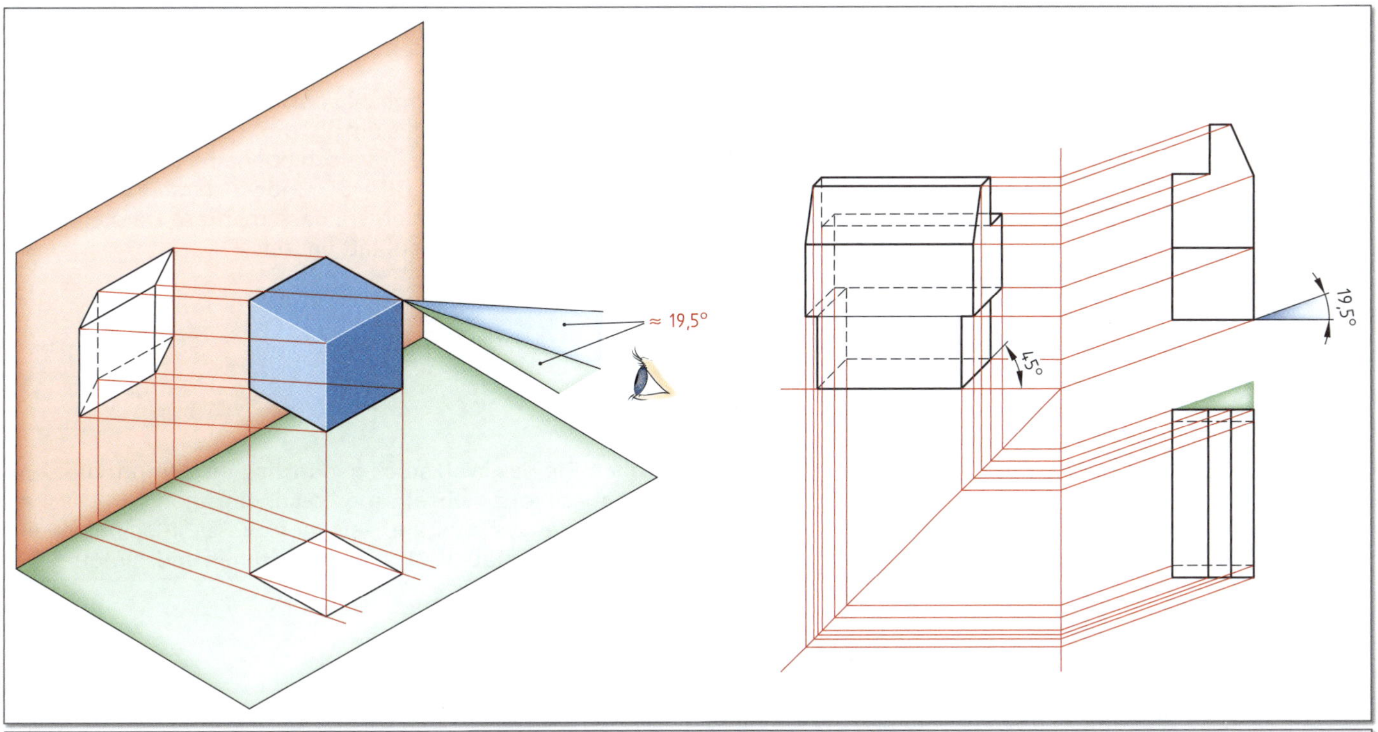

Bild 1: Entstehung der Kabinett-Projektion

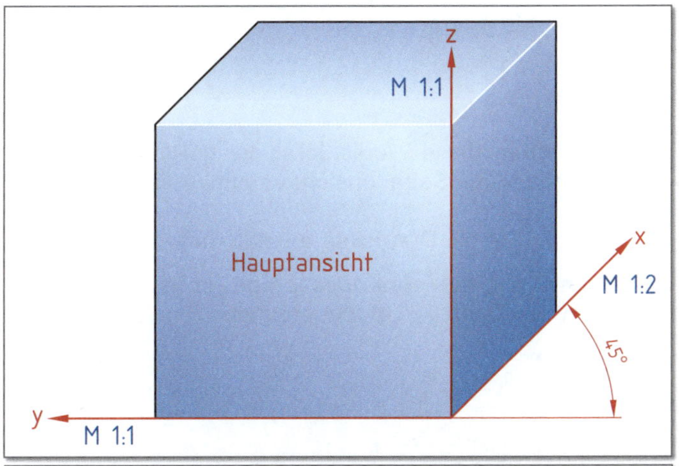

Bild 2: Abbildung eines Würfels in Kabinett-Projektion

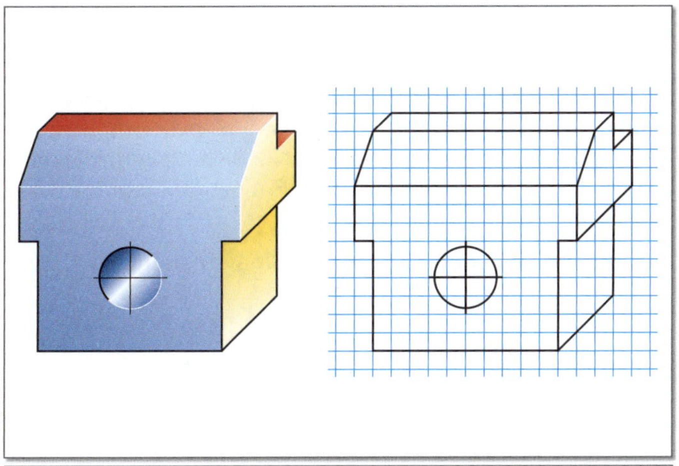

Bild 3: Beispiel für die Kabinett-Projektion

Kabinett-Projektion

Bei der Kabinett-Projektion treffen die Projektionsstrahlen von oben und von der Seite jeweils unter einem Winkel von ca. 20° auf die Werkstückkontur, die dann auf der Bildebene abgebildet wird. (Bild 1)

Diese Abbildung hat folgende Eigenschaften:

- Die Hauptansichtsfläche ist nicht verzerrt dargestellt.
- Die senkrechten Kanten des Körpers verlaufen auch im Bild senkrecht.
- Die rechtwinklig zu den Senkrechten verlaufenden Kanten schließen einen Winkel von 45° mit der Horizontalen ein.
- Bessere Zeichnungsproportionen als bei der Kavalier-Projektion durch Verkleinerungsmaßstab 1 : 2 auf der dritten Hauptachse. Die Kantenlängen verhalten sich also wie (x : y : z = 0,5 : 1 : 1). (Bild 2)

Anwendung

Die Kabinett-Projektion ist dann anzuwenden, wenn eine Hauptansichtsebene des Gegenstandes mit besonderer Wertigkeit und unverzerrt abgebildet werden soll und die Abbildung gut proportioniert sein soll.

Zeichenregeln

Hinsichtlich der Darstellung von Symmetrieachsen, verdeckten Kanten, Schraffuren und Maßeintragung gelten dieselben Regeln, wie für die isometrische und dimetrische Projektion. (⇐ **Seite 71/72**)

Beide schiefwinklige Projektionen sind sehr einfach zu zeichnen, da man z.B. das Raster des Kästchenpapiers als Zeichenhilfe nutzen kann.

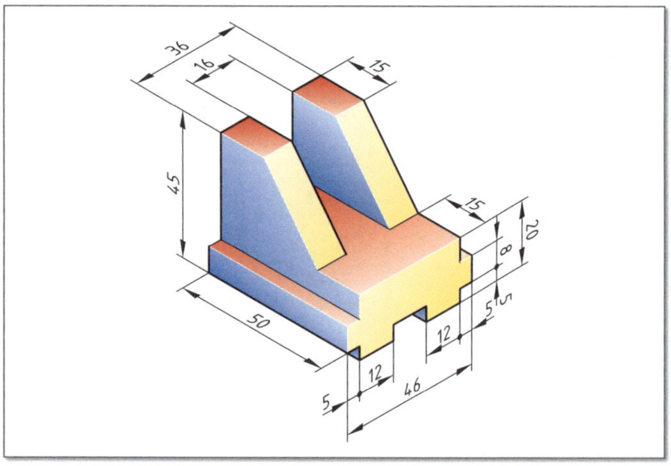

Aufgabe 1

A) Zeichnen sie das Werkstück in der abgebildeten Lage im Maßstab 2 : 1 auf einem Zeichenblatt A4 im Hochformat in isometrischer Darstellung. Arbeiten Sie in Zeichenschritten.

B) Weitere Übungsmöglichkeiten erhalten Sie, wenn Sie das Werkstück jeweils um 90° drehen oder kippen und in der jeweiligen Lage in verschiedenen axonometrischen Projektionen nach DIN ISO 5456-3 darstellen. Wählen Sie dazu den Maßstab so, dass mehrere Darstellungen auf dasselbe Zeichenblatt passen.

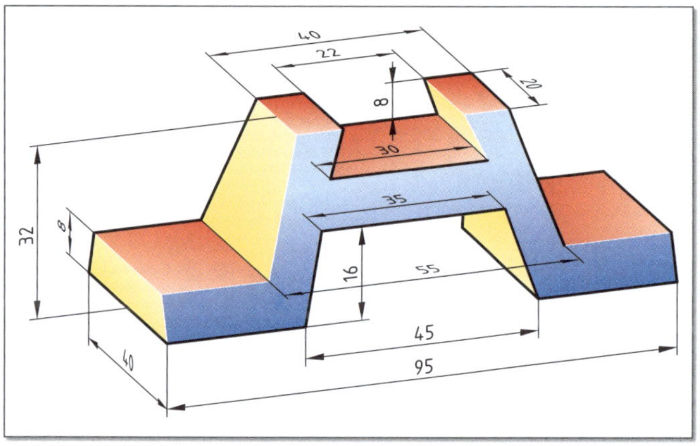

Aufgabe 2

Drehen Sie das Werkstück gedanklich um 90° um die senkrechte Achse (z-Achse) eines rechtwinkligen kartesischen Koordinatensystems und zeichnen Sie es in seiner neuen Lage im Maßstab 1 : 1 in isometrischer und dimetrischer Projektion.

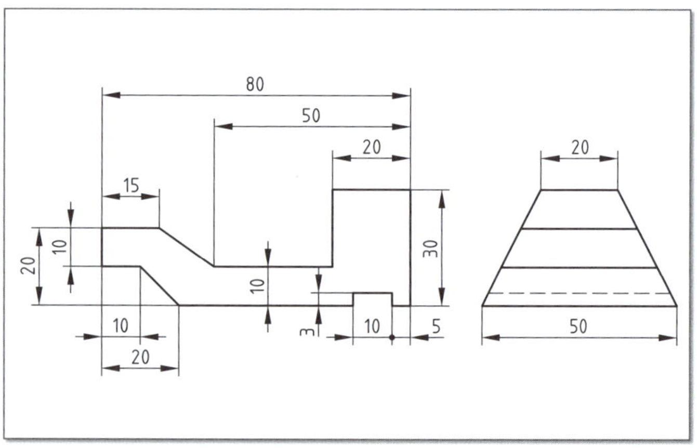

Aufgabe 3

Zwei Ansichten diese Werkstücks, die Vorderansicht und rechts daneben die Seitenansicht von links sind gegeben.

A) Ergänzen Sie die Draufsicht durch 3-Tafel-Projektion.

B) Zeichnen Sie die isometrische und dimetrische Projektion im Maßstab 1 : 1 nebeneinander.

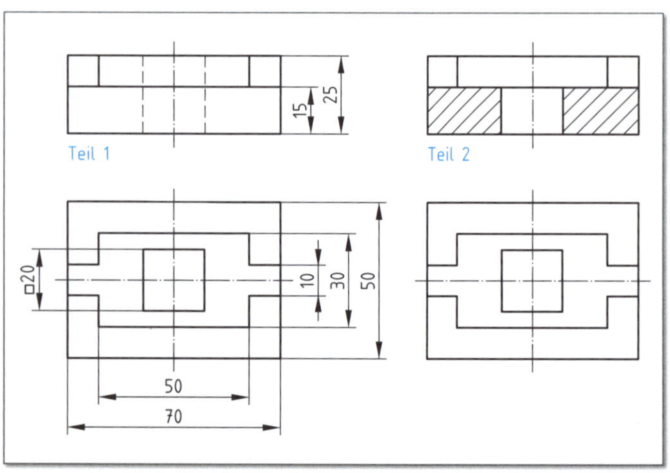

Aufgabe 4

Zeichnen Sie die in Vorderansicht und Draufsicht dargestellten Werkstücke in verschiedenen axonometrischen Projektionen auf ein Zeichenblatt (z.B. Kavalierprojektion, Kabinettprojektion, dimetrische Projektion, isometrische Projektion.

Wählen Sie selbst einen zweckmäßigen Maßstab.

2.1.5 Zentralprojektion, Fluchtpunktperspektive

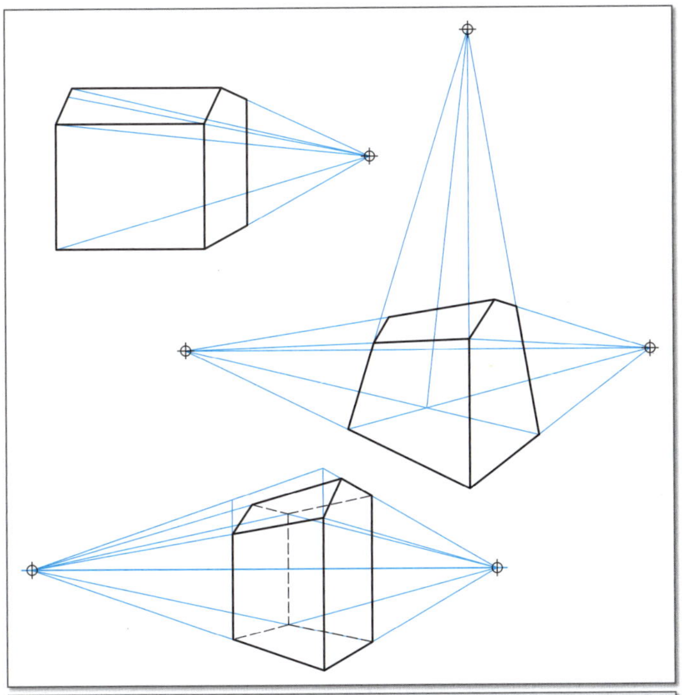

Bild 1: Methoden der Zentralprojektion

Die **Zentralprojektion** ist eine realistische bildliche Darstellung, bei der die Projektion des Gegenstandes ausgehend von einem Projektionszentrum erfolgt. Das Bild entsteht auf einer einzelnen Projektionsebene, in der Regel ist das die Zeichenfläche.

Man unterscheidet abhängig von der Lage des darzustellenden Gegenstandes zur Projektionsebene die

- **Ein-Punkt-Methode**, bei der die Hauptansicht parallel zur Projektionsebene liegt. Dabei bleiben vertikale Linien vertikal, horizontale Linien horizontal. Alle Linien, die rechtwinklig zur Projektionsebene liegen, laufen im Fluchtpunkt V zusammen, der sich mit dem Zentralpunkt C deckt.
- **Zwei-Punkt-Methode**, bei der die vertikalen Umrisslinien und Kanten parallel zur Projektionsebene liegen, während alle horizontalen Linien in den relativen Fluchtpunkten auf der Horizontlinie zusammenlaufen.
- **Drei-Punkt-Methode**, bei der keine Umrisse oder Kanten parallel zur Projektionsebene verlaufen.

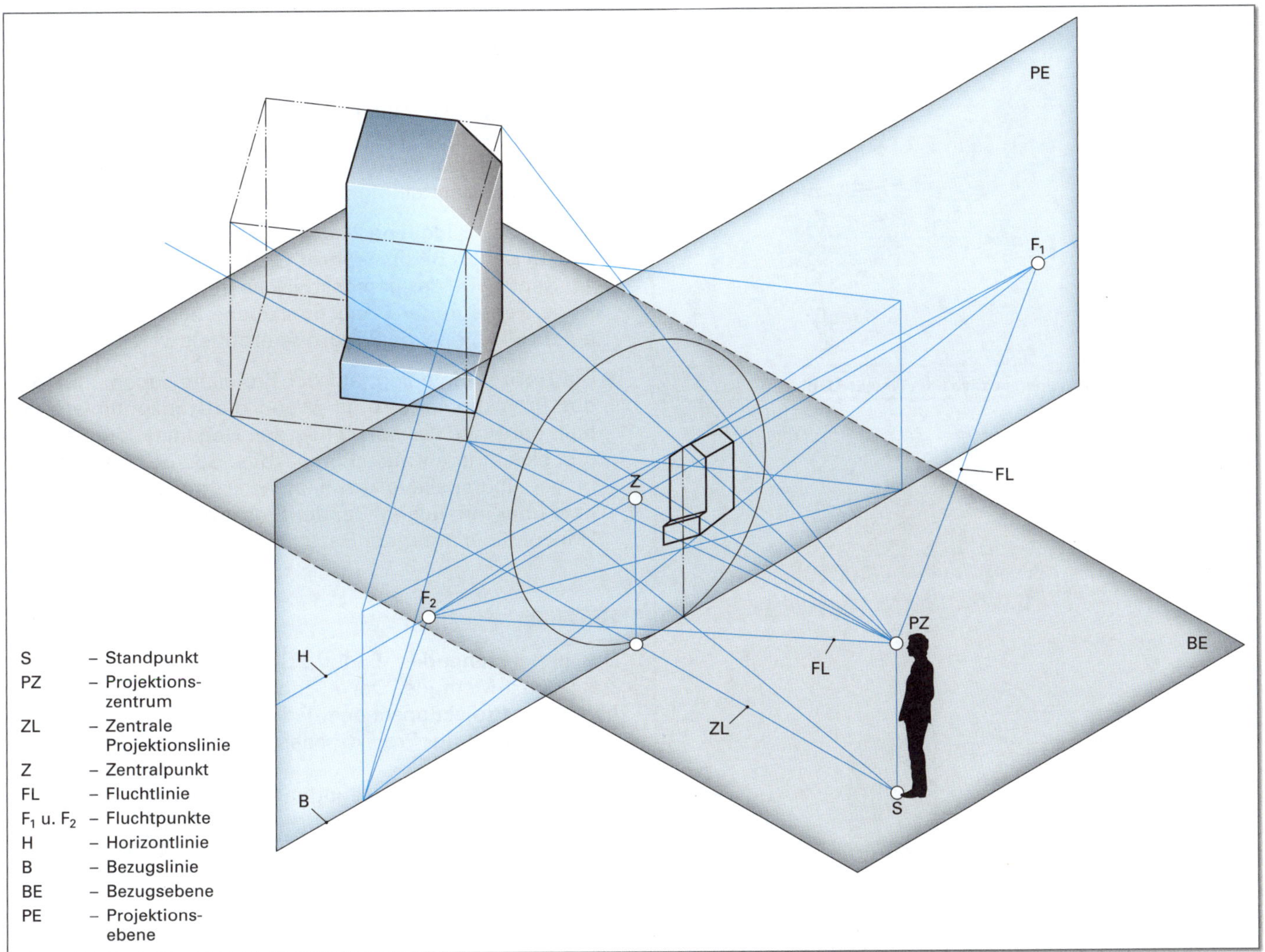

Bild 2: Projektionsmodell mit vertikaler Projektionsebene und zwei Fluchtpunkten

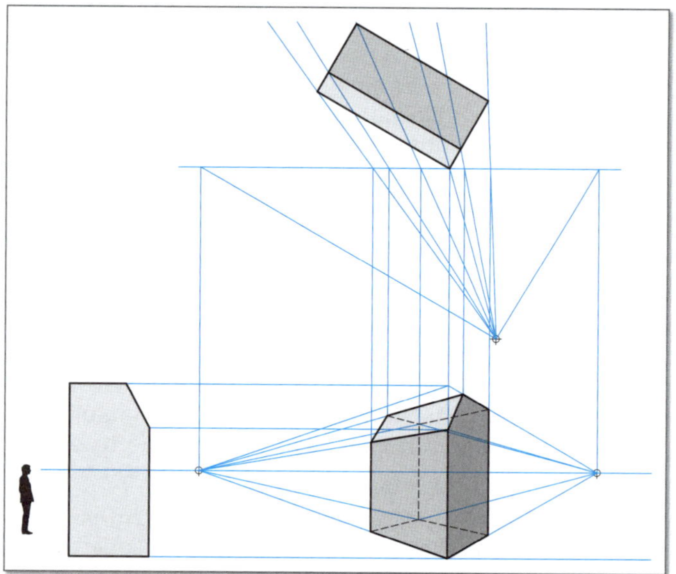

Bild 1: Normale Perspektive (Zwei-Punkt-Methode)

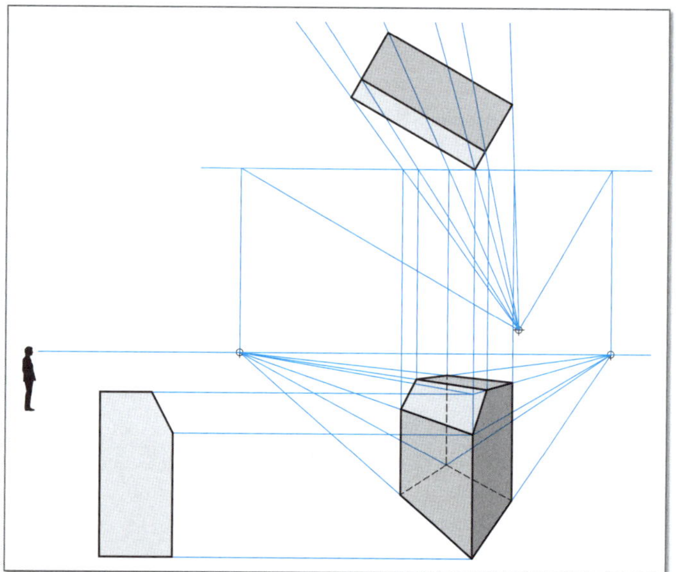

Bild 2: Vogelperspektive (Zwei-Punkt-Methode)

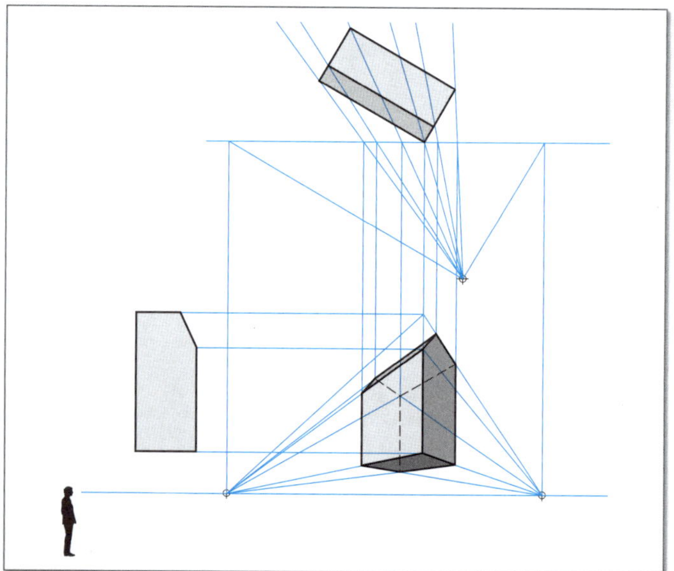

Bild 3: Froschperspektive (Zwei-Punkt-Methode)

Gestaltungsmöglichkeiten

Das Aussehen des Bildes von dem in Zentralprojektion darzustellenden Gegenstand ist abhängig von

- der Wahl der Projektionsmethode
- der Lage des Gegenstandes vor, hinter oder in der Projektionsebene
- dem Abstand des Projektionszentrums (Blickpunkt) von der Projektionsebene
- der Lage des Standpunktes links, rechts oder zentral zur vorderen Ecke der Draufsicht
- der Lage des Projektionszentrums bezüglich der Horizontlinie

Einige Regeln:

- Ausgehend vom Standpunkt zieht man die linke und rechte Hauptfluchtlinie zu den Kanten der Draufsicht parallel, die in die Tiefe verlaufen. Sie bilden in der Projektionsebene Schnittpunkte mit der Horizontlinie, die Fluchtpunkte.
- Je weiter der Körper hinter die Projektionsebene rückt, desto kleiner wird sein Bild.
- Wenn man für den Abstand des Standpunktes von der Mitte der Draufsicht ungefähr das zweieinhalbfache Diagonalmaß der Draufsicht wählt, erhält man ein günstiges perspektivisches Bild.
- Der Standpunkt sollte etwas rechts von dem Lot der vorderen Ecke der Draufsicht gelegt werden. Letztlich hängt seine Wahl aber davon ab, welche Fläche des Gegenstandes für die Darstellung die höchste Bedeutsamkeit hat.
- Die in der Bildebene liegende Kante erscheint im perspektivischen Bild in wahrer Größe. Ausgehend von dieser Kante wird das perspektivische Bild konstruiert. Wenn keine Kante in der Projektionsebene liegt, muss mittels einer Hilfsebene die Bildgröße ermittelt werden.
- Die Horizontlinie liegt auf der Projektionsebene in Höhe des Projektionszentrums. Wenn die Horizontlinie innerhalb der Höhe des abzubildenden Gegenstandes liegt, ergibt sich eine normale Perspektive. Soll der Gegenstand in Vogelperspektive erscheinen, so muss die Horizontlinie über ihm liegen. Bei der Froschperspektive liegt die Horizontlinie unter der Bezugsebene (Grundebene).

Hinweis:

Die nebenstehenden Bilder zeigen die Anwendung der Zwei-Punkt-Methode. Der abzubildende Gegenstand liegt hinter der Projektionsebene, jedoch so, dass seine Vorderkante genau in der Projektionsebene liegt.

Um vergleichbare Darstellungen verschiedener Projektionsmöglichkeiten zu erhalten, wurde hier nur die Lage der Horizontlinie verändert, während alle anderen Bedingungen beibehalten wurden.

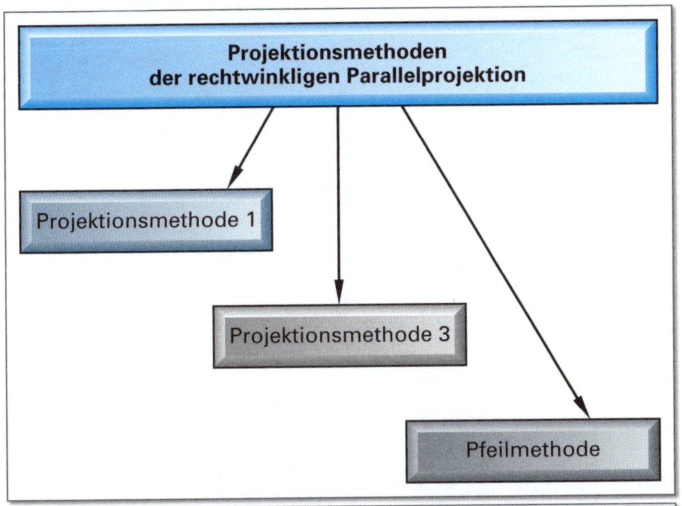

Bild 1: Projektionsmethoden

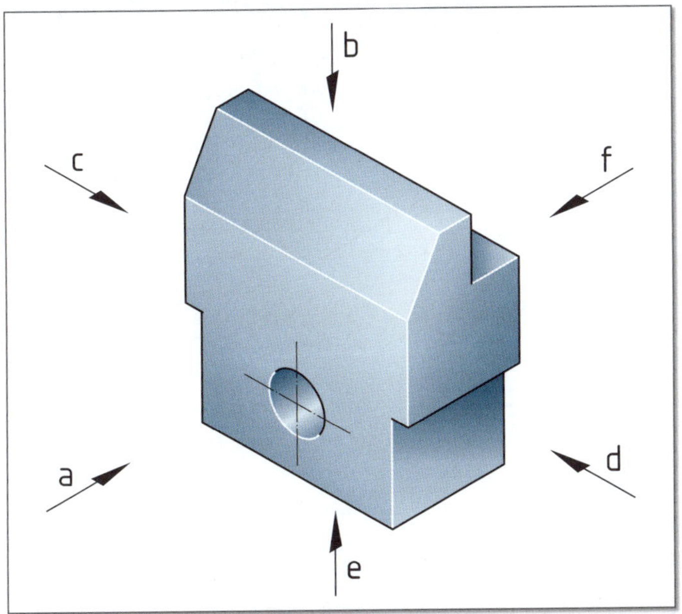

Bild 2: Bezeichnung der Ansichten

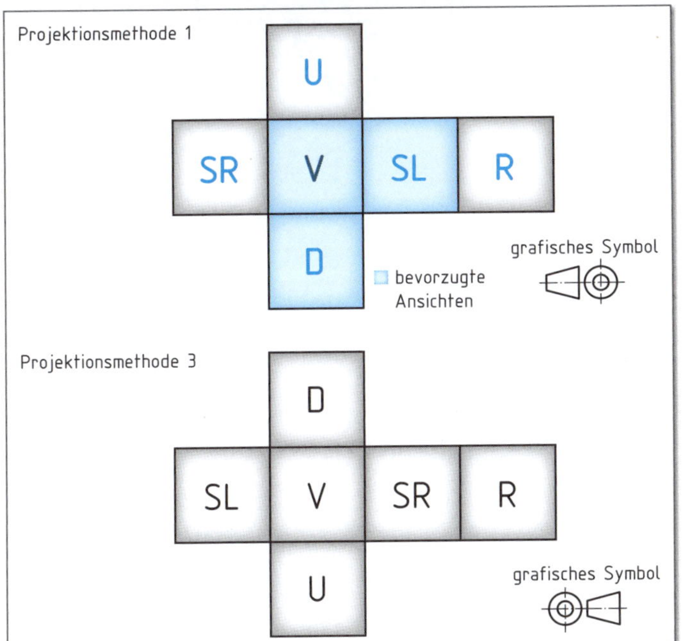

Bild 3: Anordnung der Ansichten

2.2.1 Rechtwinklige Parallelprojektion nach DIN ISO 5654-2 und DIN ISO 128-30

In technischen Zeichnungen werden die Ansichten eines Werkstücks in rechtwinkliger Parallelprojektion auf Ebenen projiziert, die zueinander rechtwinklig stehen. Die Symmetrieachse der Werkstücke und meist auch die Hauptbegrenzungsflächen liegen dabei parallel zu diesen Ebenen.

Als Hauptansicht wird zweckmäßig die Ansicht gewählt, die aus der Sicht der Fertigung die meisten Informationen über das darzustellende Werkstück liefert. Diese Ansicht sollte das Werkstück entweder in Funktionslage ⇒ **Seite 92**, Fertigungslage ⇒ **Seite 93** oder Zusammenbaulage ⇒ **Seite 94** zeigen.

Tabelle 1: Bezeichnung der Ansichten (Bild 2)

Betrachtungsrichtung		Bezeichnung der Ansicht
Ansicht in Richtung	Ansicht von vorn	
a	vorn	**V** - Vorderansicht (Hauptansicht)
b	oben	**D** - Draufsicht
c	links	**SL** - Seitenansicht von links
d	rechts	**SR** - Seitenansicht von rechts
e	unten	**U** - Untersicht
f	hinten	**R** - Rückansicht

Bei der rechtwinkligen Parallelprojektion wird von folgenden Bedingungen ausgegangen:

- Die Projektionsstrahlen liegen zueinander parallel und treffen rechtwinklig auf die Projektionsebenen.
- Das Projektionszentrum liegt im Unendlichen.
- Flächen und Kanten des Werkstücks werden in Abhängigkeit von der Projektionsmethode entweder auf der in Betrachtungsrichtung hinter dem Werkstück liegenden Projektionsebene (Projektionsmethode 1, ⇒ **Seite 85**) oder auf der in Betrachtungsrichtung vor dem Werkstück liegenden Projektionsebene (Projektionsmethode 3, ⇒ **Seite 84**) abgebildet.
- Dabei entstehen zweidimensionale Abbildungen, die systematisch zugeordnet sind. Stellt man sich die Projektionsebenen in Form der Flächen eines transparenten Würfels vor, dessen Kanten dann entsprechend der gewählten Projektionsmethode aufgetrennt und in die Zeichenebene hineingeklappt werden, so wird klar, dass maximal sechs verschiedene Ansichten zur Beschreibung eines Werkstücks zur Verfügung stehen.
- Die Anzahl der auszuwählenden Ansichten richtet sich nach den Erfordernissen einer vollständigen und unzweideutigen Darstellung des Werkstücks.

Es gilt der Grundsatz, dass nur so viele Ansichten eines Werkstücks gezeichnet werden, wie zur vollständigen und unzweideutigen Darstellung erforderlich sind.

Entstehung der Ansichten

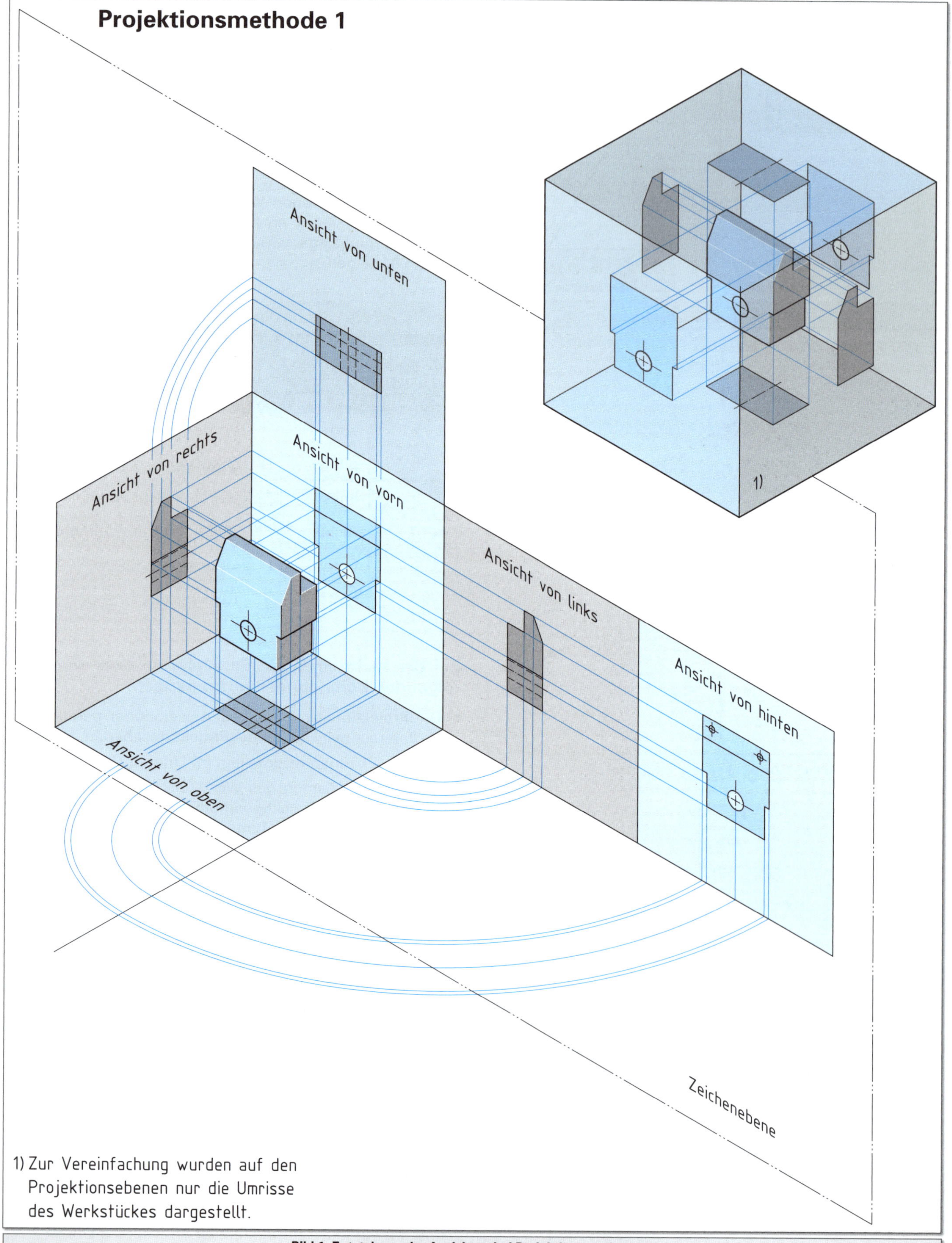

1) Zur Vereinfachung wurden auf den Projektionsebenen nur die Umrisse des Werkstückes dargestellt.

Bild 1: Entstehung der Ansichten bei Projektionsmethode 1

Entstehung der Ansichten

Projektionsmethode 3

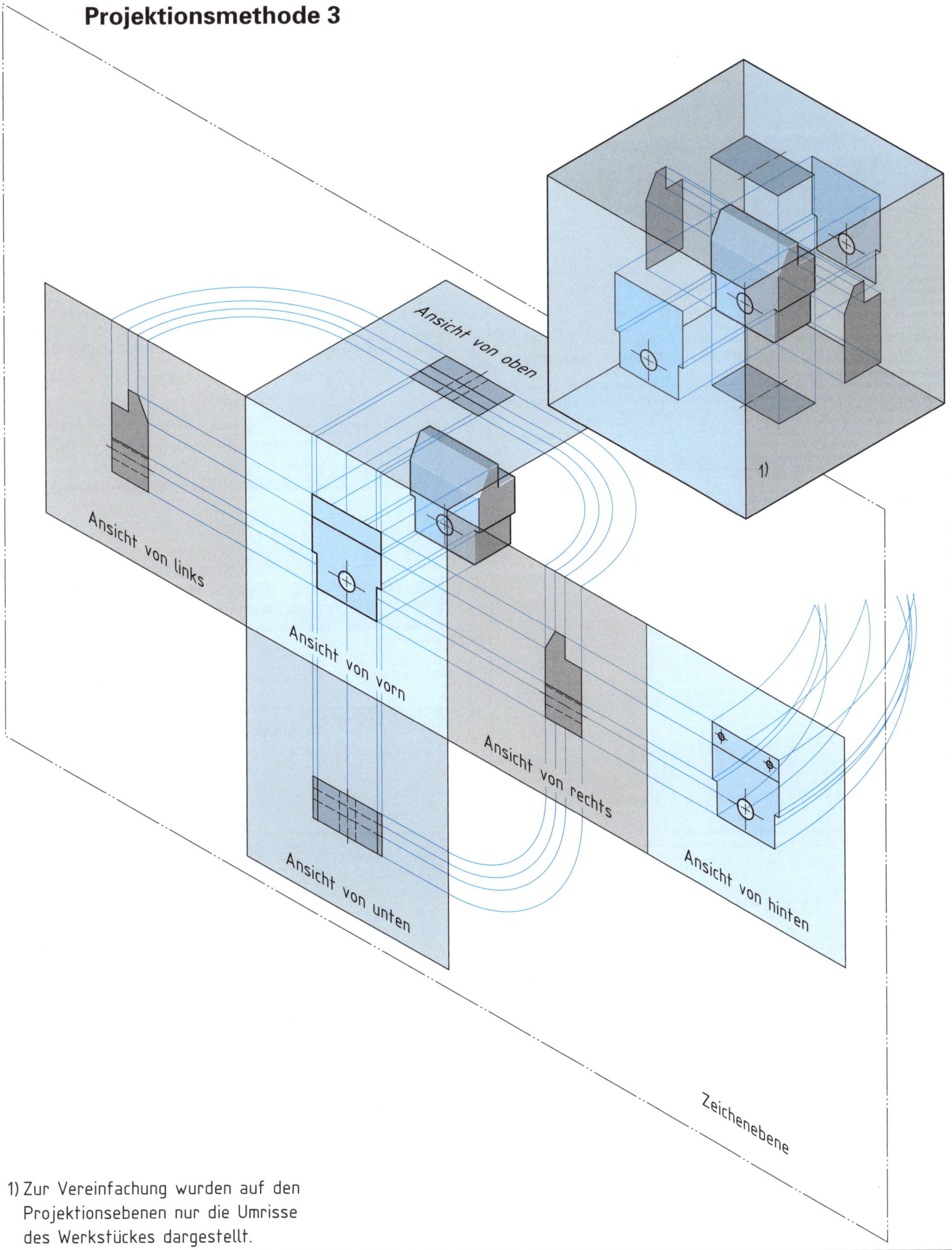

1) Zur Vereinfachung wurden auf den Projektionsebenen nur die Umrisse des Werkstückes dargestellt.

Bild 1: Entstehung der Ansichten bei Projektionsmethode 3

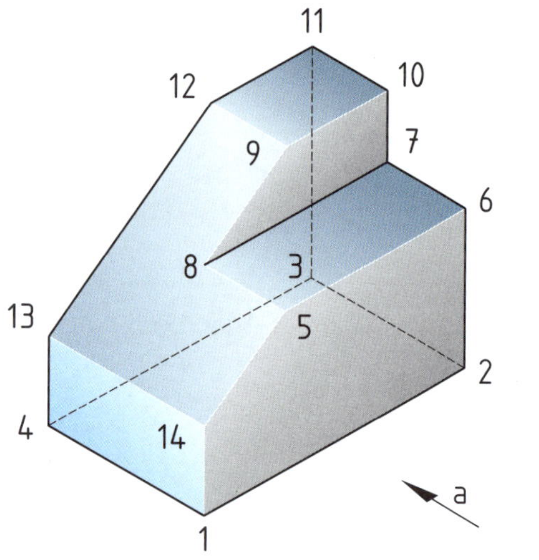

Zur Veranschaulichung sind die Eckpunkte der Begrenzungsflächen mit Ziffern bezeichnet. In Ansicht verdeckt (hinten) liegende Punkte sind in Klammern gesetzt.

Projektionsebene der Vorderansicht

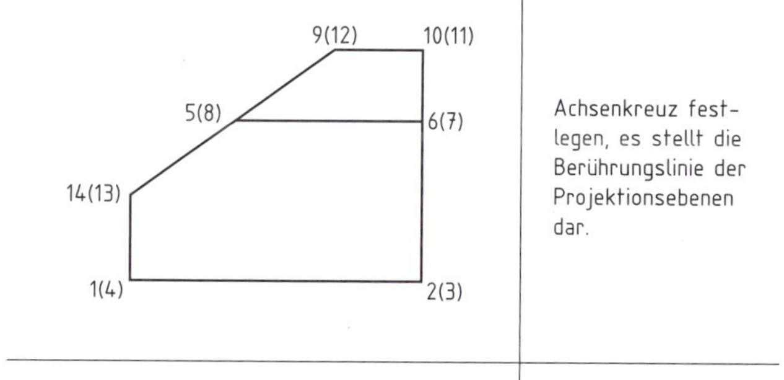

Achsenkreuz festlegen, es stellt die Berührungslinie der Projektionsebenen dar.

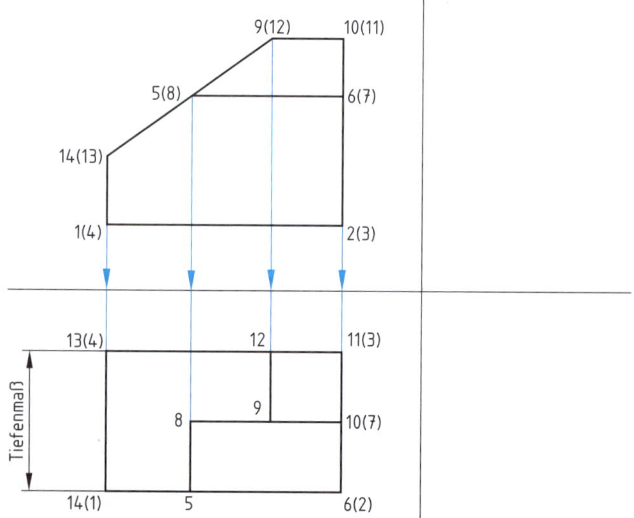

Projektionsebene der Draufsicht

Arbeitsschritte beim Darstellen eines Werkstücks in 3 Ansichten der rechtwinkligen Parallelprojektion (Drei-Tafel-Projektion)

Werkstückform erfassen.

↓

Platzbedarf für die Darstellung in Ansichten ermitteln.

↓

Abbildungsmaßstab festlegen.

↓

Hauptansicht festlegen, diese wird als Vorderansicht gezeichnet.

↓

Zuordnung der weiteren Ansichten entsprechend der Projektionsmethode vornehmen.

↓

Achsenkreuz zeichnen.

↓

Vorderansicht in die Projektionsebene der Vorderansicht einzeichnen.

↓

Alle Eckpunkte der Vorderansicht mit Projektionsstrahlen, die senkrecht zu den Projektionsachsen verlaufen, in die Projektionsebene der Draufsicht übertragen.

↓

Draufsicht unter Berücksichtigung des Tiefenmaßes zeichnen.

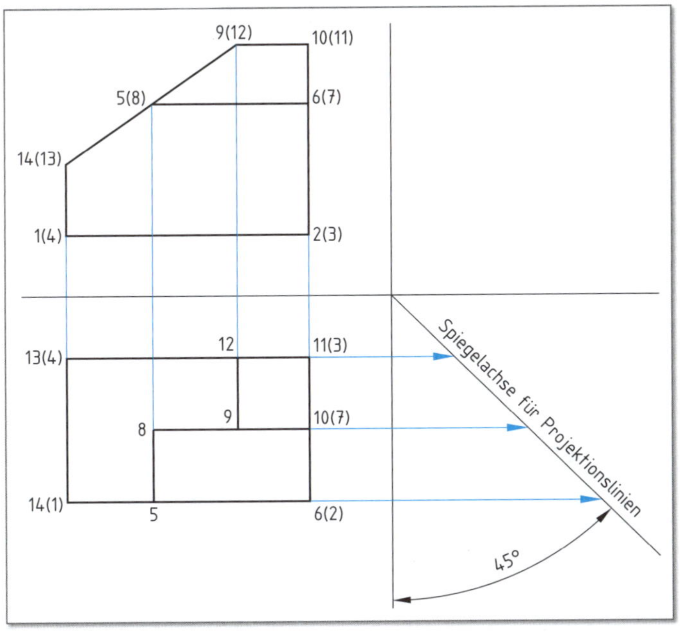

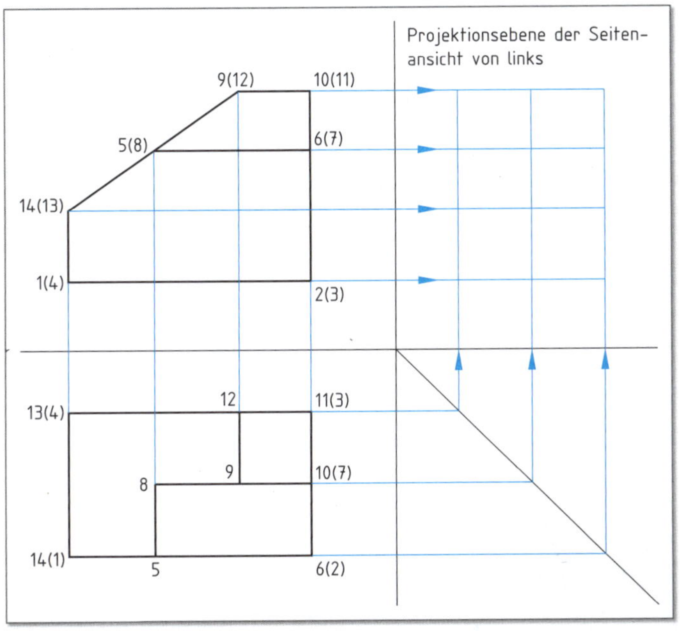

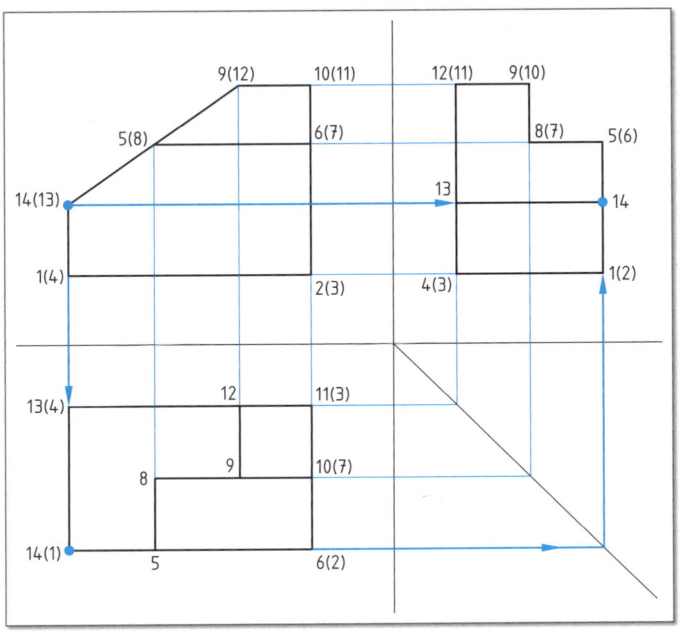

- Spiegelachse unter einem Winkel von 45° ausgehend vom Achsenschnittpunkt einzeichnen.
- Ausgehend von allen Punkten der Draufsicht Projektionslinien im Winkel von 90° zur senkrechten Achse des Achsenkreuzes bis zur Spiegelachse zeichnen.
- Projektionslinien von den Schnittpunkten auf der Spiegelachse ausgehend senkrecht nach oben in die Projektionsebene der Seitenansicht zeichnen.
- Ausgehend von allen Punkten der Vorderansicht Projektionslinien waagerecht in die Projektionsebene der Seitenansicht zeichnen.
- Den Schnittpunkten des so entstandenen Liniennetzes kann man durch Verfolgen der Projektionslinien die Bildpunkte der Seitenansicht zuordnen.
- Körperkanten einzeichnen und zum Schluss alle Projektionslinien und auch das Achsenkreuz ausradieren.

Auswahl der Ansichten

Aufgabe:

Die Erstellung einer Fertigungszeichnung für das Werkstück *Fester Backen* Teil 2 des Projektes „Schraubstock“ soll vorbereitet werden. Die Gestalt des Werkstücks wird mit den folgenden Abbildungen beschrieben. In der Fertigungszeichnung soll es in Ansichten der rechtwinkligen Paralleleprojektion dargestellt werden.

Die Vorderansicht, Draufsicht und Seitenansicht von links gelten als bevorzugte Ansichten. Die zweckmäßige Auswahl der Ansichten bereitet anfangs Mühe. Zur Übung sollten zunächst alle 6 möglichen Ansichten der rechtwinkligen Parallelprojektion gezeichnet oder skizziert werden. Im Anschluss daran fällt die Entscheidung über die Auswahl der Ansichten, die zur Beschreibung des Werkstücks unbedingt erforderlich und somit für die Darstellung des Werkstücks in der Fertigungszeichnung nötig sind, sicher leichter.

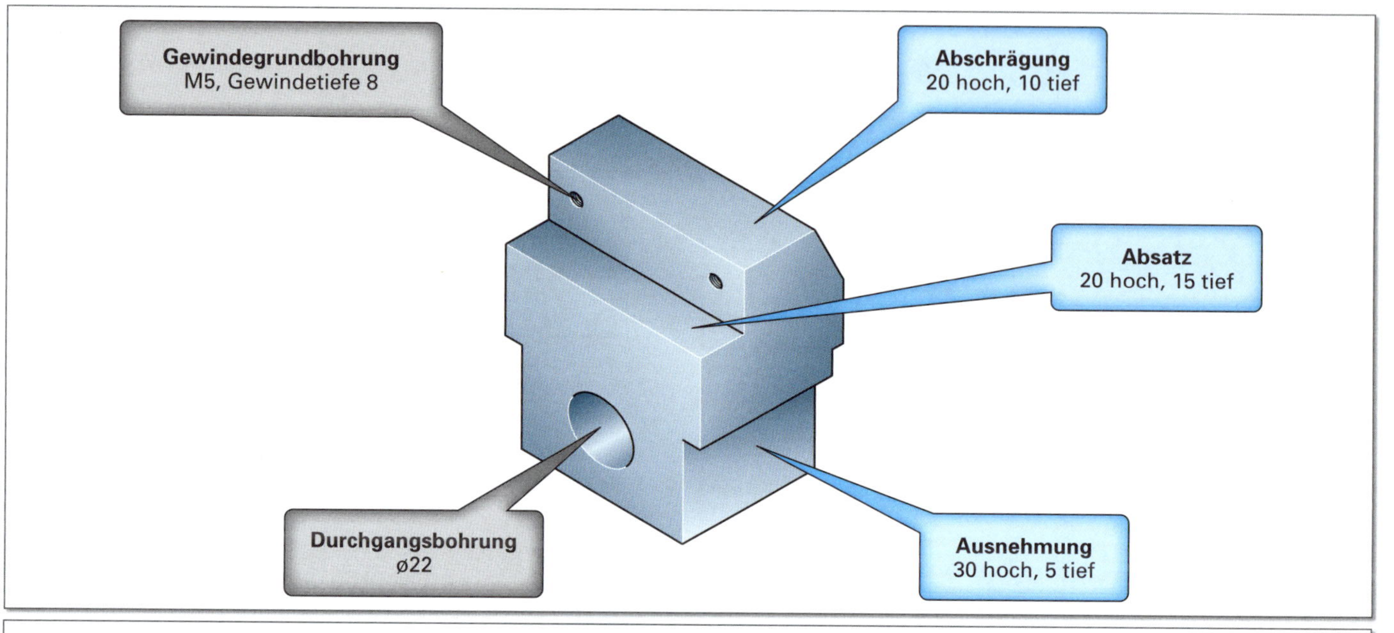

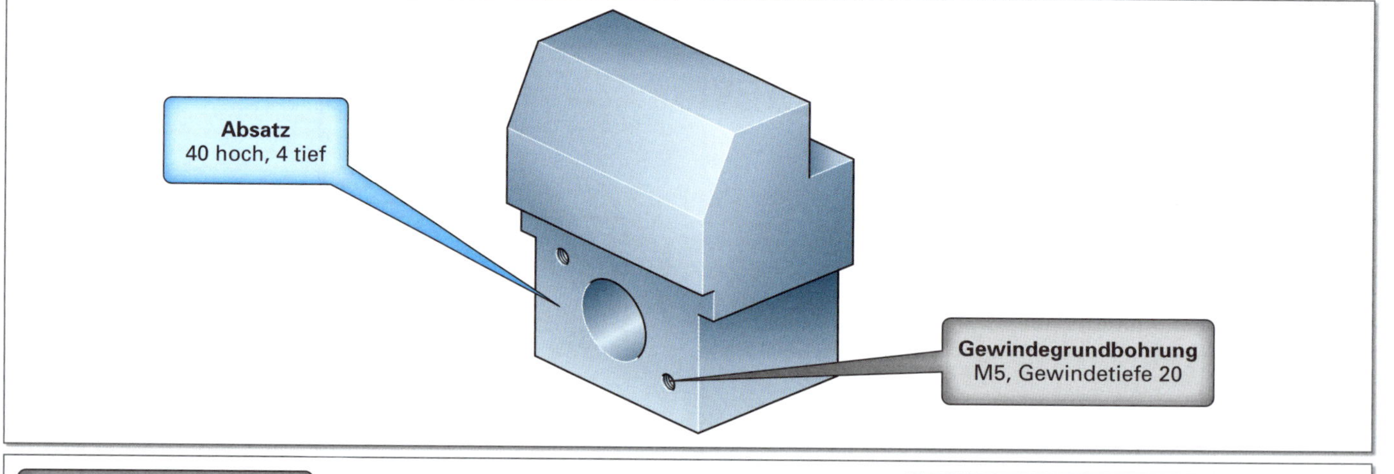

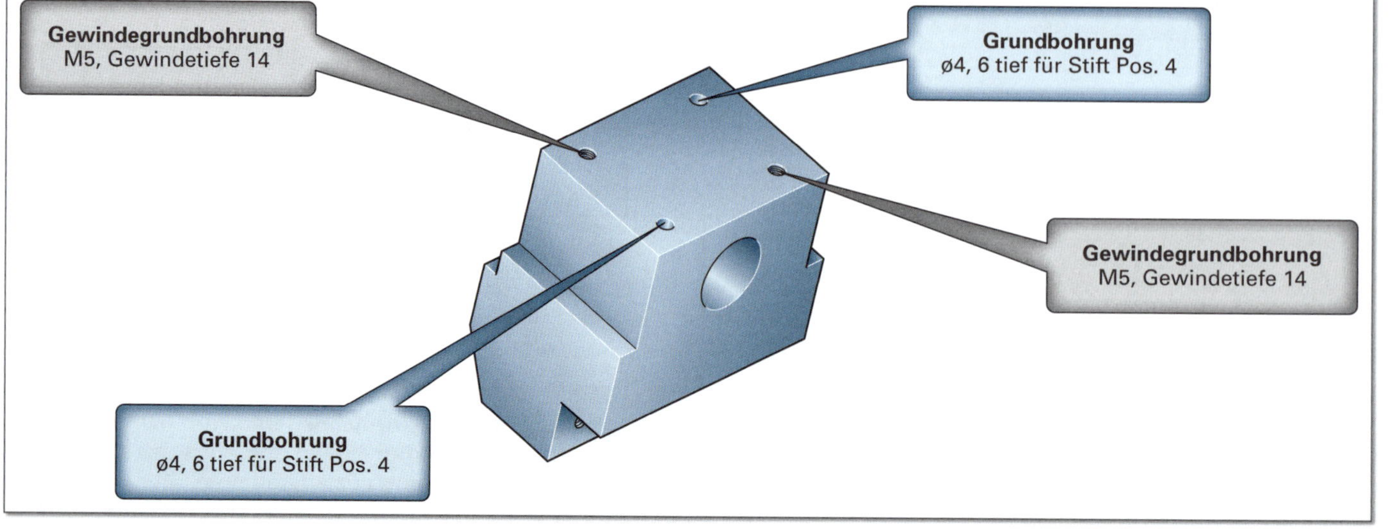

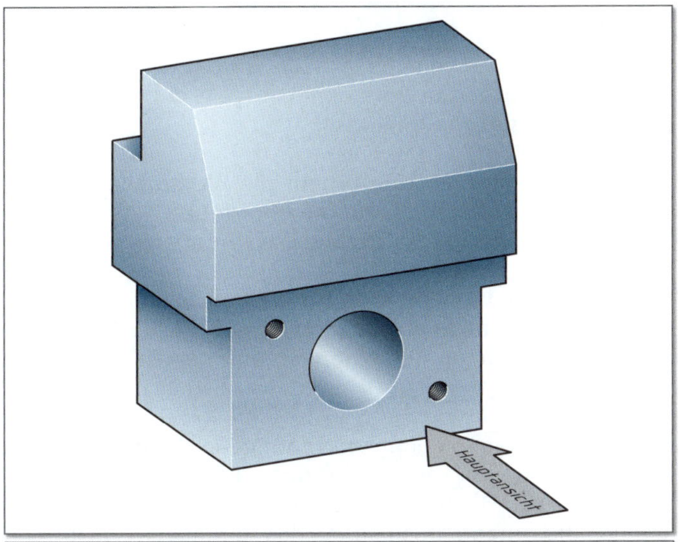

Bild 1: Auswahl der Hauptansicht

Darstellungsart	rechtwinklige Parallelprojektion
Projektionsmethode	Methode 1
Hauptansicht	siehe Bild 1
erforderliche Ansichten	3
ausgewählte Ansichten	Vorderansicht Seitenansicht von links Untersicht
gewähltes Blattformat	A4, Hochformat
Abbildungsmaßstab	1 : 1

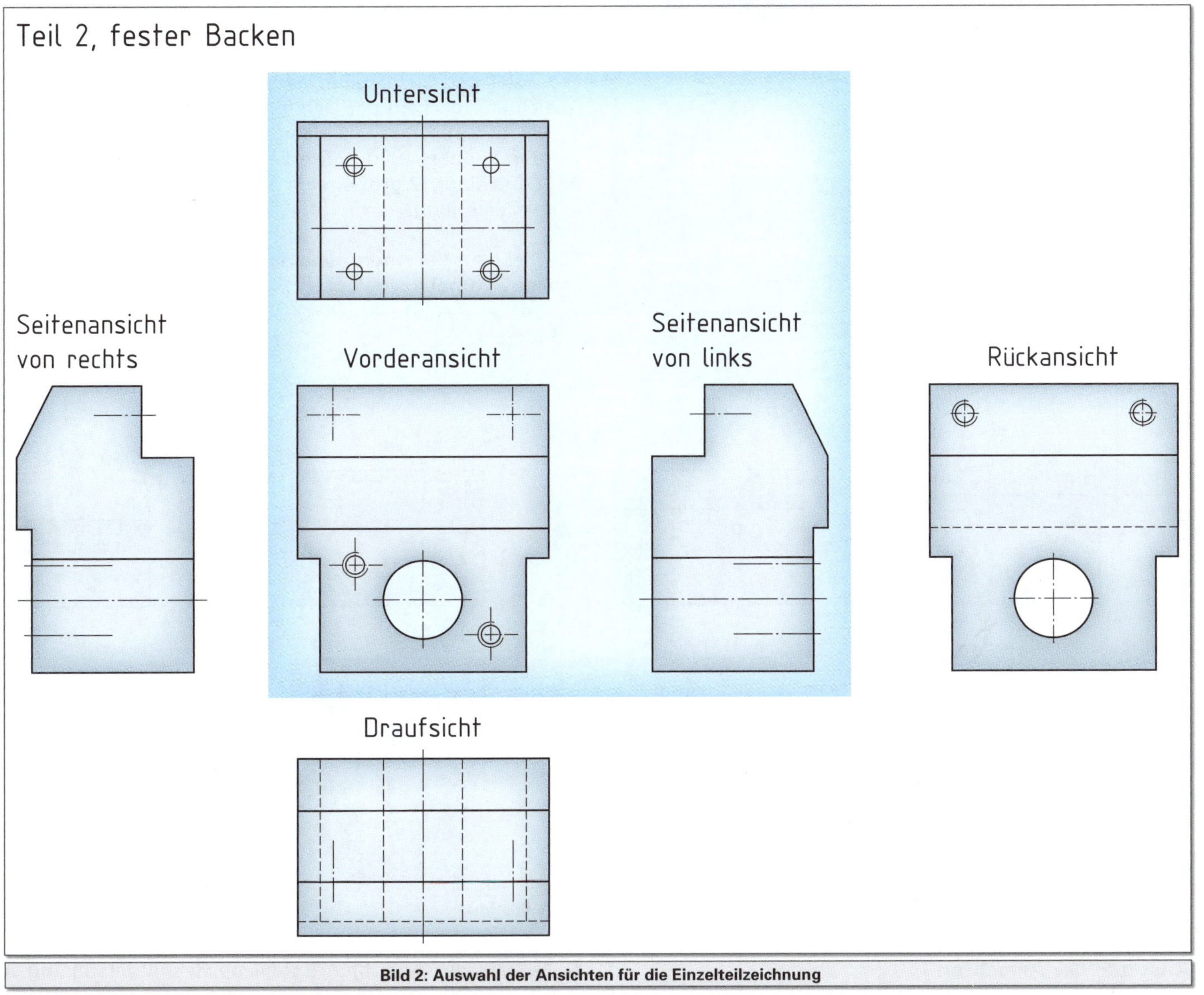

Bild 2: Auswahl der Ansichten für die Einzelteilzeichnung

Mit der Auswahl der Hauptansicht und der Seitenansicht von links ist die Gestalt des Werkstücks hinreichend beschrieben. Die Untersicht wurde statt der Draufsicht gewählt, weil sie die Darstellung und Bemaßung der Bohrungen an der Grundfläche erlaubt. Nach Projektionsmethode 1 müssen die Ansichten auf dem Zeichenblatt auch so wie im Bild 2 dargestellt angeordnet werden. Durch die nachfolgende Maßeintragung wird der Informationsgehalt der Zeichnung erhöht. ⇒ **Seite 100**

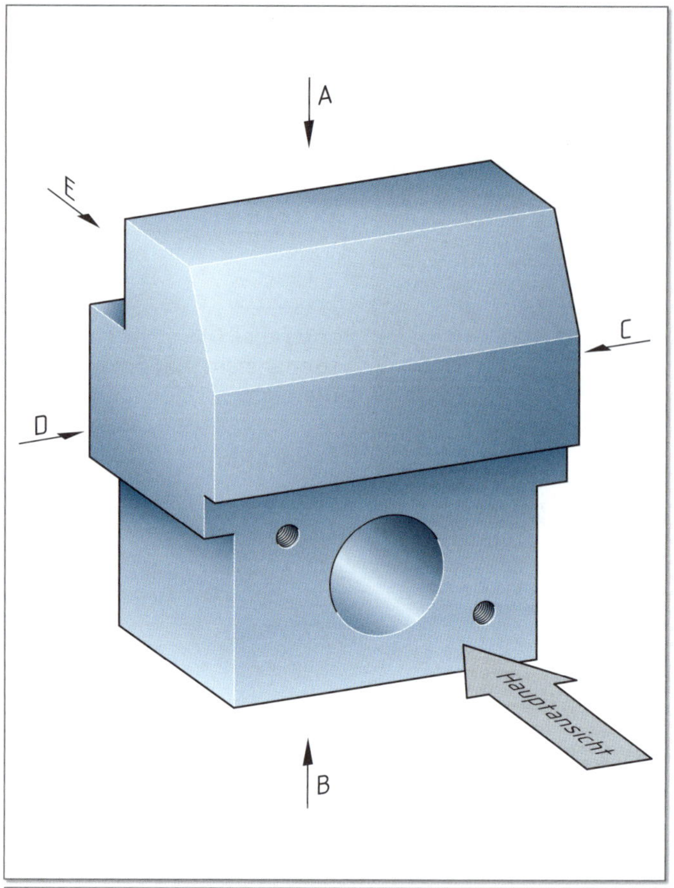

Bild 1: Kennzeichnung der Ansichten

Pfeilmethode

In vielen Fällen erweist es sich als Vorteil, wenn man sich nicht an die strengen Darstellungsregeln der Projektionsmethode 1 oder 3 halten muss.

DIN ISO 128-30 (2002-05) erhebt die Pfeilmethode sogar zur bevorzugten Methode für die Anordnung der Ansichten von Werkstücken in technischen Zeichnungen.

Wählt man die Pfeilmethode für die Darstellung des Werkstücks aus, so besteht die Möglichkeit die einzelnen Ansichten unabhängig voneinander auf der Zeichenfläche anzuordnen.

Damit die Zeichnung dennoch verständlich bleibt, wird jede Ansicht, ausgenommen die Hauptansicht, in Übereinstimmung mit Bild 1 durch Buchstaben gekennzeichnet. Man benutzt die Anfangsbuchstaben des Alphabets. Zusammen mit Pfeilen geben sie in der Hauptansicht die Betrachtungsrichtung für die anderen Ansichten an. Die Buchstaben stehen oberhalb oder rechts von der Pfeillinie.

Die gleichen Buchstaben werden zur Kennzeichnung der Ansichten oberhalb der Darstellung eingetragen. Sie müssen in der üblichen Leserichtung der Zeichnung gelesen werden können. (Bild 2) Die Größe der Buchstaben muss um den Faktor $\sqrt{2}$ größer sein als die der normalen Schrift in der Zeichnung.

Für diese Art der Anordnung der Ansichten wurde kein grafisches Symbol festgelegt.

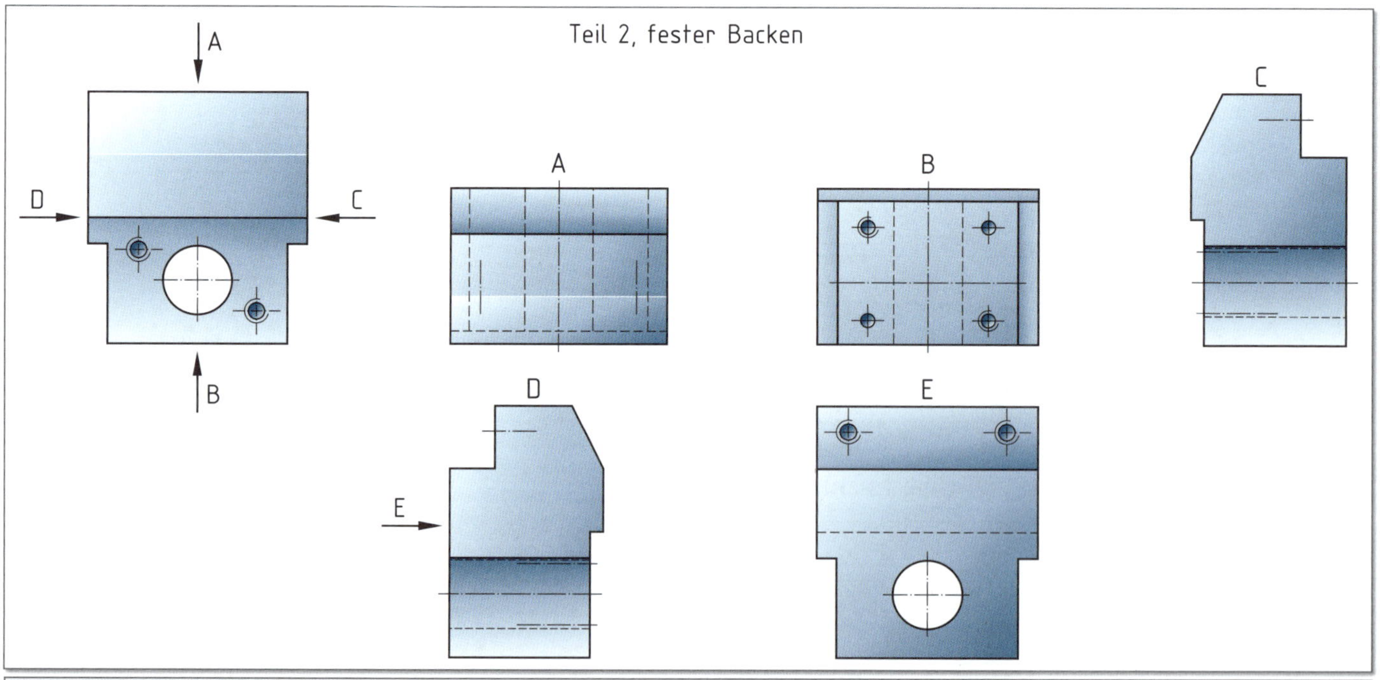

Bild 2: Anwendung der Pfeilmethode

Auswahl der Ansichten

Auch hier gilt:

- Die aussagefähigste Ansicht eines Gegenstandes soll unter Berücksichtigung seiner Gebrauchs-, Fertigungs- oder Einbaulage als Hauptansicht (Vorderansicht) ausgewählt werden.
- Die Zahl der Ansichten (mögliche Schnittdarstellungen ⇒ Seite 88 eingeschlossen) soll auf das erforderliche Maß beschränkt bleiben.
- Unnötige Wiederholung von Details vermeiden.
- Die Darstellung von verdeckten Kanten und Umrissen soll möglichst nicht erforderlich werden.

Aufgabe 1

Zeichnen Sie die in isometrischer Projektion dargestellten Profile in jeweils drei Ansichten (Vorderansicht, Seitenansicht von links und Draufsicht). Der Hüllkörper ist ein Quader mit den Kantenlängen 40 x 40 x 60. Im Bild wird die Lage der Schnittebene gezeigt. Der Schnitt beginnt 15 mm von der linken unteren Kante des Hüllkörpers entfernt und verläuft schräg bis zur rechten oberen Kante. Die Wanddicke der Profile beträgt allseits 10 mm.

Zeichnen Sie auf unliniertes weißes Zeichenpapier. Wenden Sie die Regeln der rechtwinkligen Parallelprojektion an. Wenn Sie im Maßstab 1 : 1 zeichnen, passen vier Profile auf ein Zeichenblatt A4 im Hochformat.

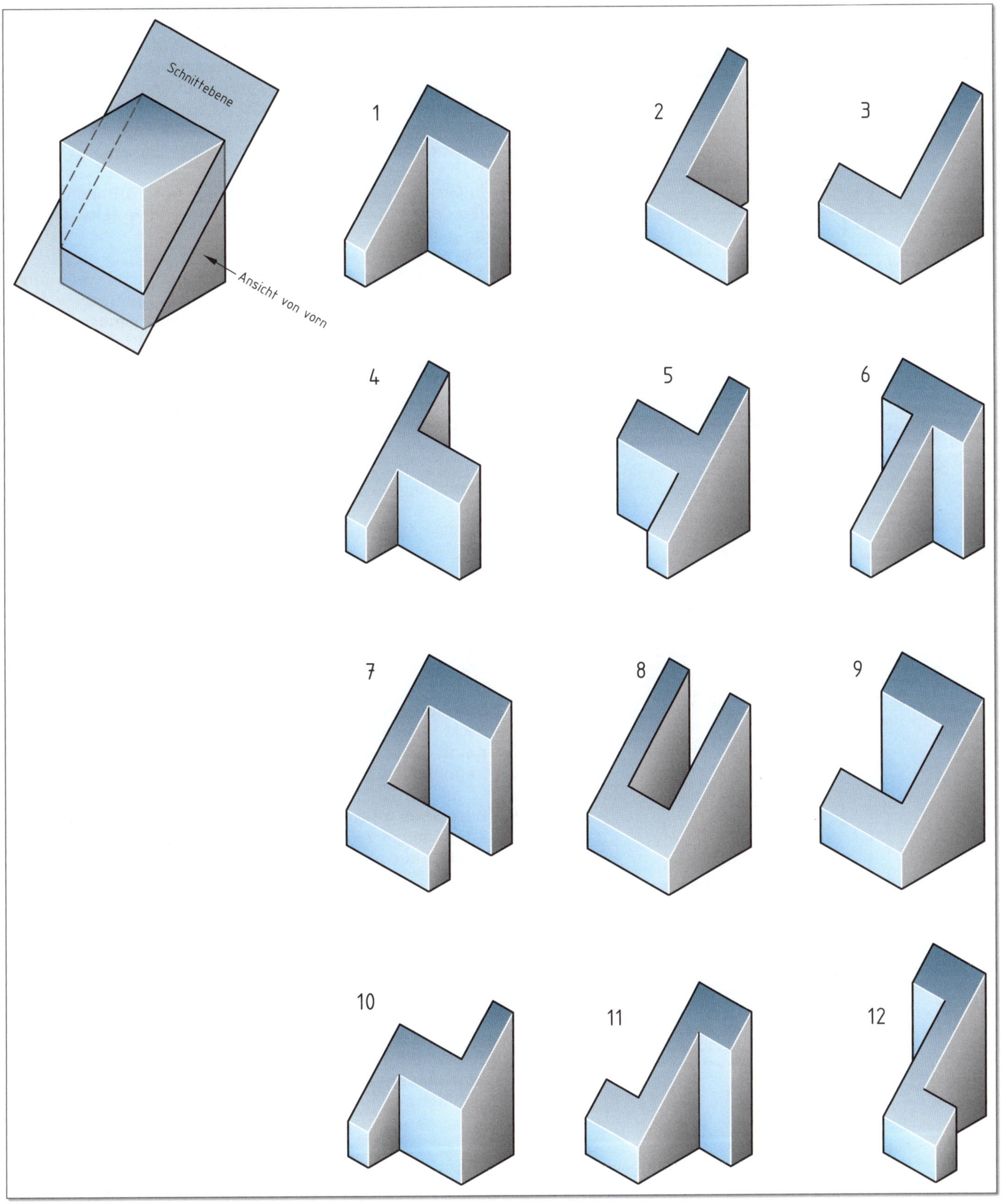

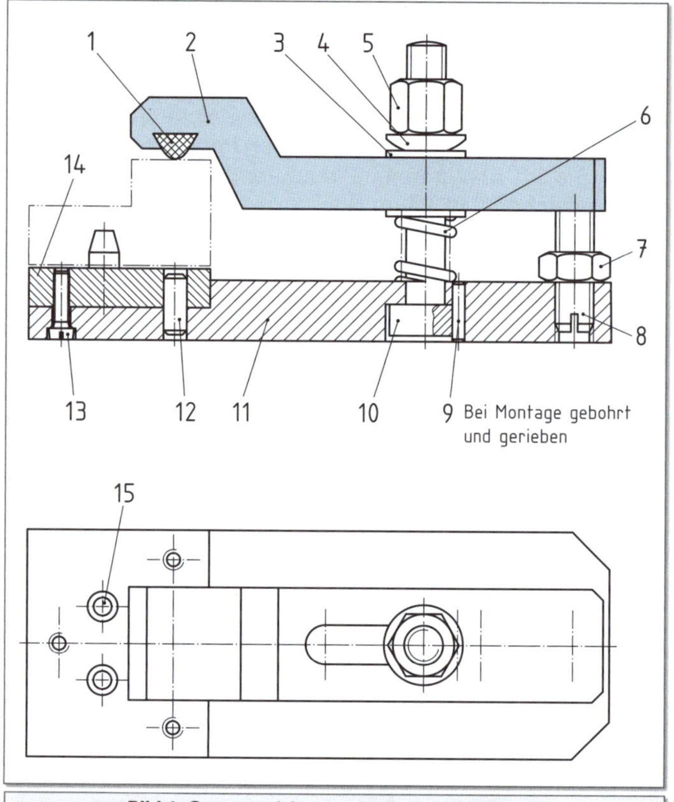

Bild 1: Gesamtzeichnung der Spannvorrichtung

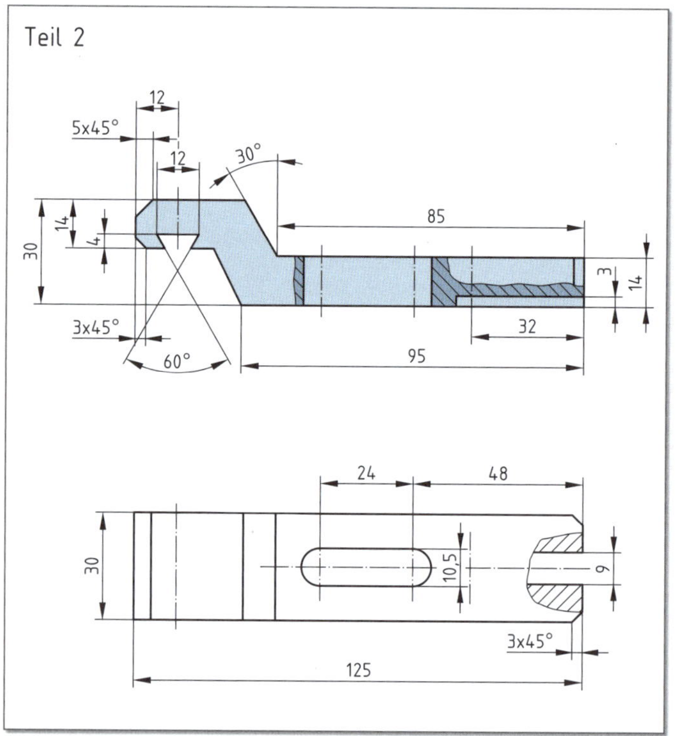

Bild 2: Einzelteilzeichnung Teil 2

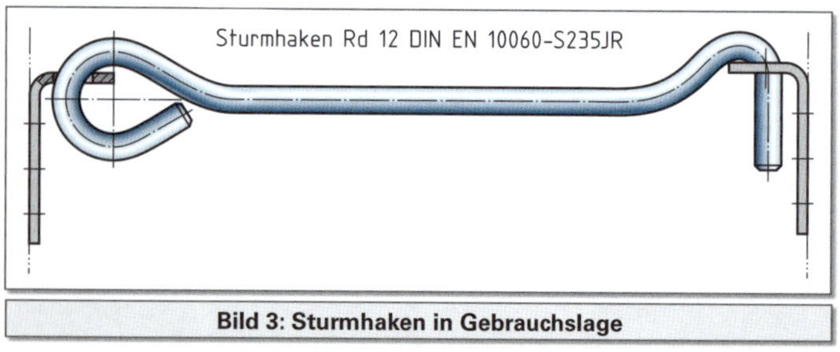

Bild 3: Sturmhaken in Gebrauchslage

2.2.2 Darstellen in Gebrauchslage

Ein Werkstück ist dann in Gebrauchslage dargestellt, wenn die Hauptansicht eine für die Verwendung (den Gebrauch) dieses Werkstücks typische und charakteristische Lage zeigt.

Bild 1 zeigt die Gesamtzeichnung einer Spannvorrichtung. Sie wird zum sicheren Spannen von Werkstücken bei der spanenden Bearbeitung auf Fräsmaschinen benutzt.

Da der Maschinentisch einer Fräsmaschine eine horizontale Lage hat und die Vorrichtung auf dem Maschinentisch gespannt werden muss, erfolgte auch die Darstellung der Vorrichtung in horizontaler Lage, in der Lage in der sie benutzt wird.

In Gesamtzeichnungen können Teile oder Gruppen von Teilen geschnitten dargestellt werden, andere Teile dagegen in Ansicht.

Schnittdarstellungen wählt man immer dann, wenn innen liegende Konturen oder Teile sichtbar gemacht werden sollen. Normteile, wie z. B. Verbindungselemente werden, auch wenn sie in der Schnittebene liegen, nicht geschnitten dargestelllt.

Eine Übersicht über die anwendbaren Arten der Schnittdarstellung finden Sie auf ⇒ **Seite 132**.

Ab ⇒ **Seite 133** werden die Darstellungsregeln für Schnittdarstellungen anschaulich erklärt.

Bild 2 zeigt die Einzelteilzeichnung von Teil 2, dem Spanneisen. Die ausgewählte Hauptansicht des Einzelteils zeigt ebenfalls die Lage des Spanneisens während des Gebrauchs der Vorrichtung.

Schnitte in Einzelteilzeichnungen dienen dazu, sonst verdeckt liegende Formelemente sichtbar zu machen, um in Kombination mit der dann möglich gewordenen Maßeintragung Ansichten einzusparen.

Besonders zweckmäßig ist es, bei der Darstellung eine Kombination zwischen der Darstellung der äußeren Werkstückkontur und den innen liegenden Formelementen zu finden. Zu diesem Zweck bietet sich die Anwendung von Teilschnittdarstellungen an. (⇒ **Seite 143**)

Bild 3 zeigt die Ansicht eines Sturmhakens, wie er zum sicheren Halten einer Tür verwendet wird. In der Ansichtsdarstellung ist er in seiner Gebrauchslage zusammen mit dem mauerwerksseitigen und türseitigen Haltewinkel abgebildet.

2.2.3 Darstellen in Fertigungslage

Ein Werkstück ist dann in Fertigungslage dargestellt, wenn die Hauptansicht eine für die Fertigung dieses Werkstücks typische und für das Fertigungsverfahren charakteristische Lage zeigt. Als charakteristisch gilt die Lage, in der das Werkstück zur Bearbeitung z.B. in einer Vorrichtung gespannt wird.

Aufgrund ihrer meist komplexen Form können Werkstücke verschiedene Fertigungslagen haben. Dann entscheidet man sich bei der Darstellung für diejenige Ansicht als Hauptansicht, die möglichst viele Bearbeitungsformen zeigt.

Bild 1 zeigt das Formfräsen der Quernuten beim Werkstück *„Spannbacke"* Teil 3 des Projektes „Schraubstock". Es ist deutlich zu erkennen, dass das Werkstück horizontal im Maschinenschraubstock gespannt ist.

Bild 1: Fertigungslage beim Formfräsen einer Prismennut

Bild 2 zeigt dieses Werkstück in der Ansichtsdarstellung in der Lage, die es bei diesem Fertigungsschritt hat. Es ist also in Fertigungslage dargestellt.

Die normale Ansichtsdarstellung wurde in diesem Fall zur besseren Beschreibung des Werkstücks durch Schnittdarstellungen ergänzt. (⇒ **Seite 132**)

Besondere Formen der Maßeintragung ermöglichen oftmals die Einsparung von Ansichten. (⇒ **Seite 103**)

Diese Darstellung in Ansichten bildet zusammen mit der später einzutragenden fertigungsgerechten Maßeintragung (⇒ **Seite 117**) die Grundlage für eine Einzelteilzeichnung von diesem Werkstück.

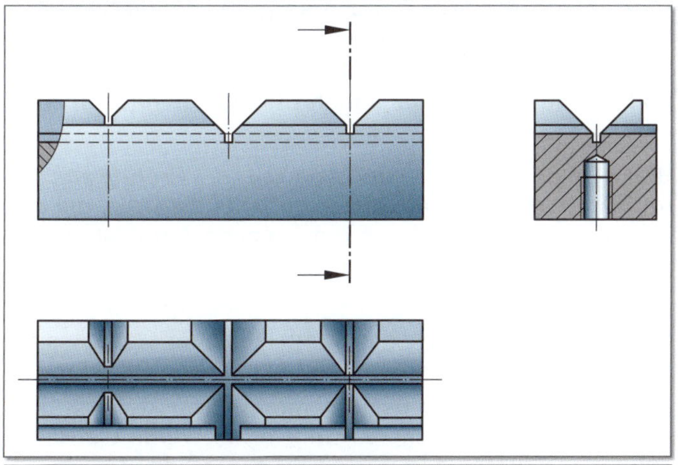

Bild 2: Werkstück *Spannbacke* in Ansichten

Bild 3 zeigt die vereinfachte Darstellung einer Flachbettdrehmaschine. Das Werkstück wird im Futter gespannt, so dass die Drehachse horizontal verläuft. In dieser Lage werden Drehteile dargestellt. Beim Drehen entstehen umlaufende Körperkanten. Sie sind mit breiten Volllinien darzustellen.

Die Längs- und Quervorschubbewegung wird durch das Werkzeug ausgeführt. Bei der fertigungsgerechten Maßeintragung an Drehteilen ist das zu beachten. (⇒ **Seite 118**)

Die Bemaßung wird so angelegt, dass die Planflächen als Bezugsflächen und die Mittelachse als Bezugsachse dienen. (⇒ **Seite 112 ff.**)

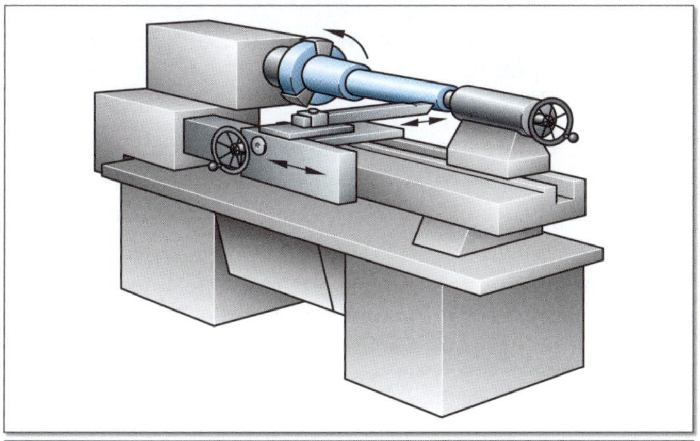

Bild 3: Flachbettdrehmaschine

Bei der fertigungsgerechten Darstellung von Drehteilen in Ansichten wie im Bild 4 gezeigt, kommt man in vielen Fällen mit einer Ansicht aus, da durch Anwendung des ⌀-Zeichens (⇒ **Seite 106**) bei der Maßeintragung die Seitenansicht überflüssig wird.

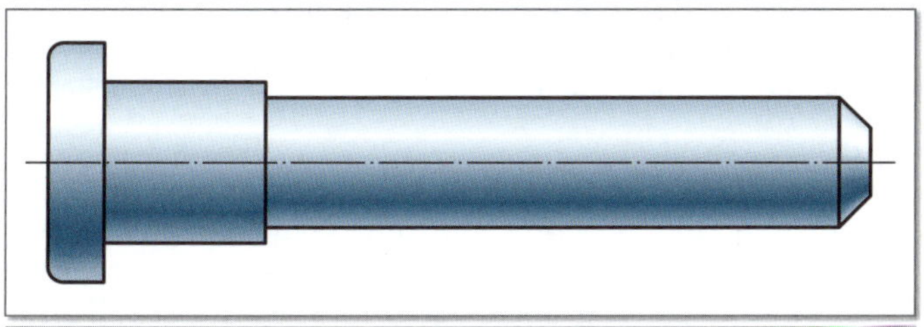

Bild 4: Drehteil in Ansichtsdarstellung

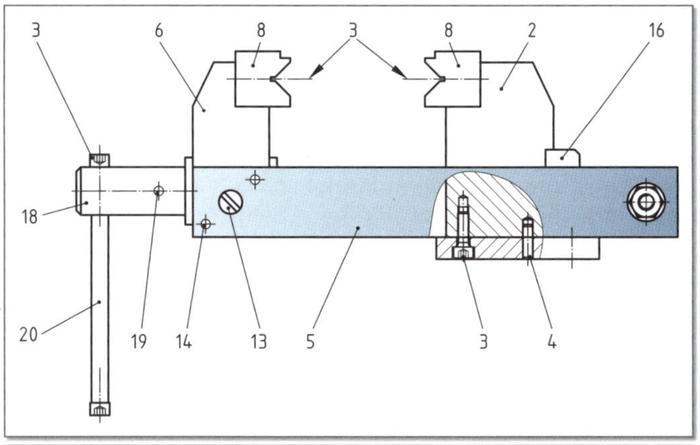

Bild 1: Ausschnitt aus der Gesamtzeichnung *„Schraubstock"*

Bild 2: Einzelteil Pos. 5 *„Führungsschiene"* in Einbaulage

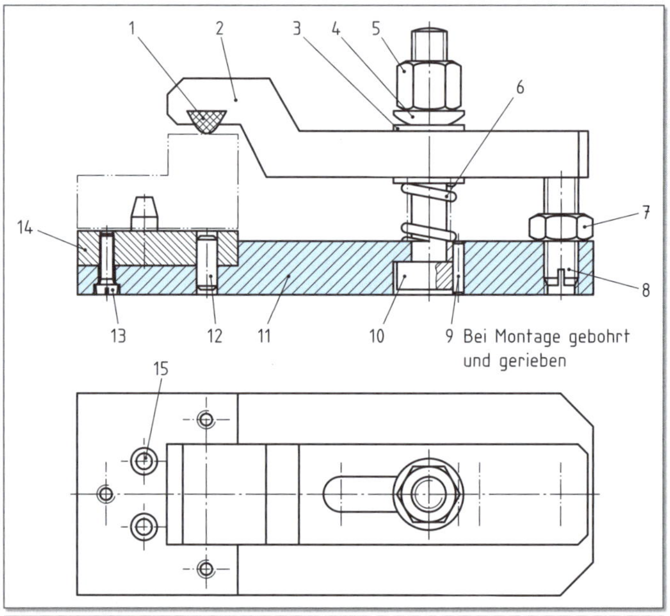

Bild 3: Gesamtzeichnung einer Spannvorrichtung

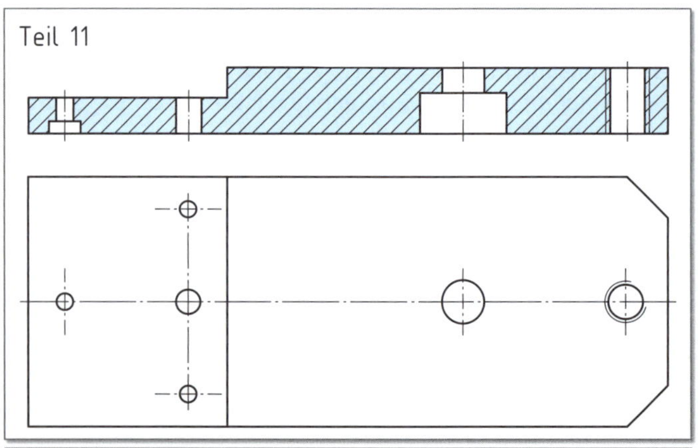

Bild 4: Einzelteil *„Grundplatte"* in Einbaulage

2.2.4 Darstellen in Einbaulage

Die Einbaulage eines Einzelteils ist am besten aus Gesamtzeichnungen (⇐ **Seite 27/28**), z.B. Zusammenbauzeichnungen zu entnehmen. Für die Einzelteilzeichnung wählt man diejenige Ansicht des betreffenden Werkstücks als Hauptansicht aus, die seiner Lage im eingebauten Zustand entspricht. Bild 1 zeigt einen Ausschnitt aus der Gesamtzeichnung des Projektes *„Schraubstock"*. Das Einzelteil Pos. 5 *„Führungsschiene"* ist farbig hervorgehoben.

Bild 2 zeigt die Darstellung der *„Führungsschiene"* als Einzelteil. Als Hauptansicht wurde die Lage ausgewählt, die das Teil in der Gesamtzeichnung einnimmt.

Durch besondere Formen der Maßeintragung (⇒ **Seite 103**) genügt bei diesem Werkstück eine Ansicht, um es vollständig zu beschreiben.

Die Gesamtzeichnung in Bild 3 zeigt eine Spannvorrichtung. Zur besseren Beschreibung der Lage der einzelnen Teile ist die Vorderansicht teilweise im Schnitt dargestellt. Teil 11 *„Grundplatte"* dient zur Aufnahme weiterer Teile und ist zum besseren Verständnis farbig hervorgehoben.

Bild 4 zeigt die Darstellung von Teil 11 *„Grundplatte"* in Ansichten. Die Hauptansicht zeigt dabei die Lage, die das Teil in der Gesamtzeichnung im eingebauten Zustand einnimmt.

In diesem Fall genügt die Darstellung der Hauptansicht nicht zur vollständigen Beschreibung der Werkstückform.

Zur Sichtbarmachung der inneren Werkstückformen, wie Bohrungen, Senkungen, Gewindelöcher wurde die Hauptansicht im Vollschnitt (⇒ **Seite 135**) dargestellt.

Zusätzlich zur Hauptansicht wird in diesem Fall noch die Draufsicht benötigt.

Die Art der Darstellung und der gewählte Abbildungsmaßstab bestimmen die Auswahl des geeigneten Blattformates. (⇒ **Seite 46 ff.**)

Die Zeichenfläche soll ausgenutzt und alle Informationen untergebracht werden. Insgesamt soll die Zeichnung übersichtlich angelegt und die Informationen leicht auffindbar sein.

Da zur Gestaltung einer normgerechten Einzelteilzeichnung auch Maßeintragungen erforderlich sind, sollte man sich über Art und Umfang Gedanken machen, bevor die erste Linie gezogen wird.

Schließlich sollte man durch geschickte Aufteilung und Ausnutzung der Zeichenfläche und Wahl geeigneter Darstellungsarten dem Anspruch gerecht werden, dass eine technische Zeichnung auch durch ihre ästhetische Gestaltung wirken soll.

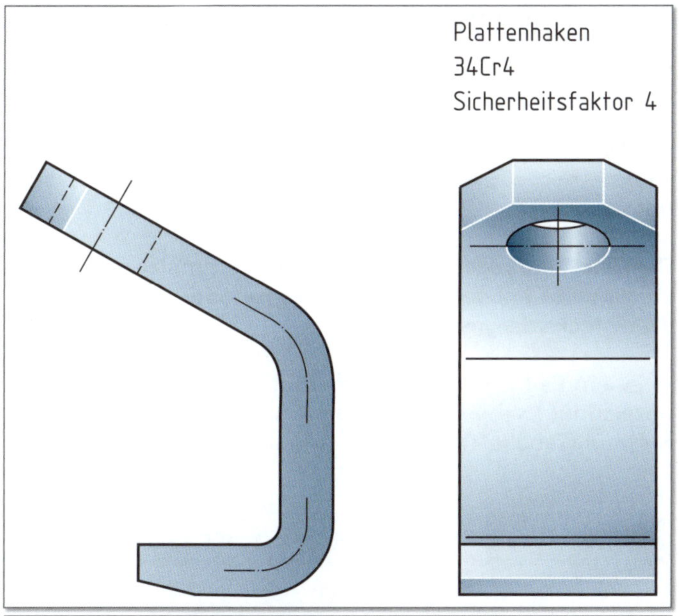

Bild 1: Plattenhaken in 2 Ansichten

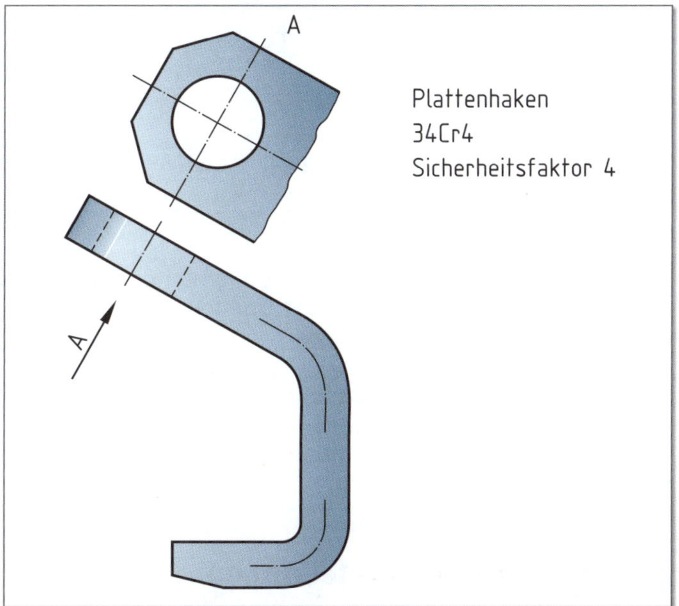

Bild 2: Hauptansicht mit Teilansicht in Betrachtungsrichtung

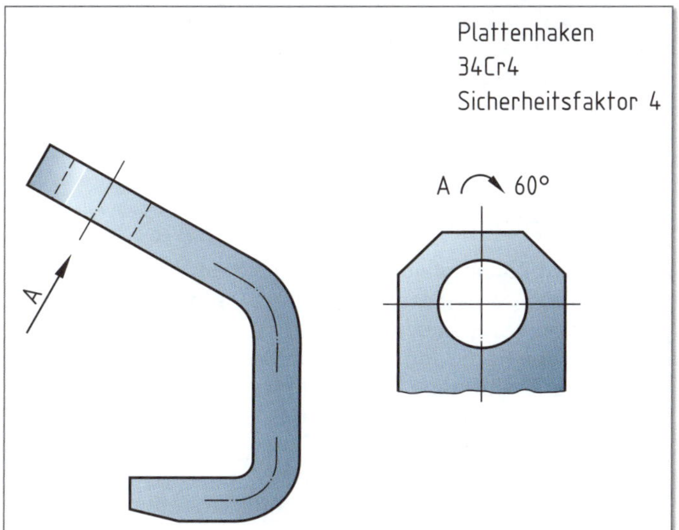

Bild 3: Hauptansicht mit Teilansicht in besonderer Lage

2.2.5 Teilansichten

Werkstücke, bei denen die Ansichten der Normalprojektion (rechtwinkligen Parallelprojektion) nicht ausreichen oder zur Beschreibung des Werkstücks nicht tauglich oder zu aufwändig sind, dürfen in besonderen Ansichten dargestellt werden. Zu diesen besonderen Ansichten gehören die Teilansichten.

Regeln für die Anwendung und Ausführung von Teilansichten legt **DIN ISO 128-30** fest.

Die Anwendung der Teilansichten führt nicht nur zur besseren Beschreibung des Werkstücks, sondern auch zur Einsparung von Zeichenarbeit.

Bild 1 zeigt die Darstellung eines Plattenhakens in 2 Ansichten. Dadurch, dass Teilflächen des Werkstücks nicht parallel zu den Projektionsebenen liegen, werden sie in diesem Fall in der Seitenansicht von links verzerrt dargestellt. Das kann einerseits dazu führen, dass die Formelemente nicht eindeutig erkannt werden können (hier Bohrung und Ausklinkungen), andererseits wird die Eintragung von Maßangaben unmöglich.

Die aufwändige Darstellung der Seitenansicht von links macht also in diesem Fall keinen Sinn.

In einem solchen Fall kann eine Teilansicht wie in Bild 2 gezeichnet werden. Die Betrachtungsrichtung ist durch einen Bezugspfeil (Tabelle 1) anzugeben, die Ansicht ist mit einem Großbuchstaben zu kennzeichnen.

Tabelle 1: Grafisches Symbol für Bezugspfeile

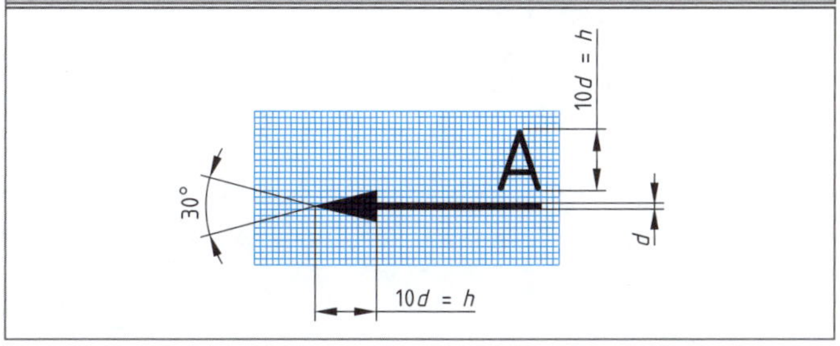

Wenn erforderlich, kann die gekennzeichnete Ansicht in einer anderen Lage, als der durch die Betrachtungsrichtung vorgegebenen, dargestellt werden. (Bild 3) Ein solcher Fall kann z.B. eintreten, wenn das gewählte Zeichenformat die Darstellung nach Bild 2 nicht zulässt. Dann muss die Drehrichtung mit einem gebogenen Pfeil (Tabelle 2) angegeben werden. Außerdem darf der Drehwinkel (Winkel, um den die Ansicht aus der Betrachtungsrichtung gedreht wurde) eingetragen werden.

Tabelle 2: Grafisches Symbol für gebogene Bezugspfeile

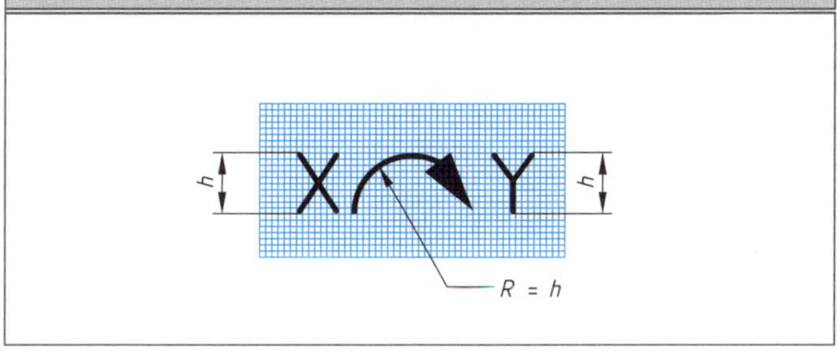

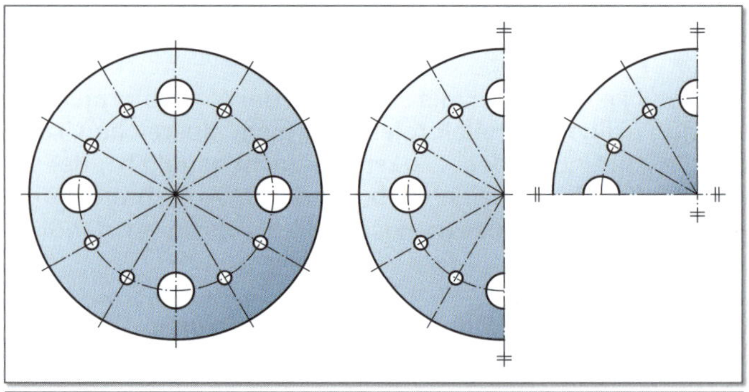

Bild 1: Teilansichten eines Flansches

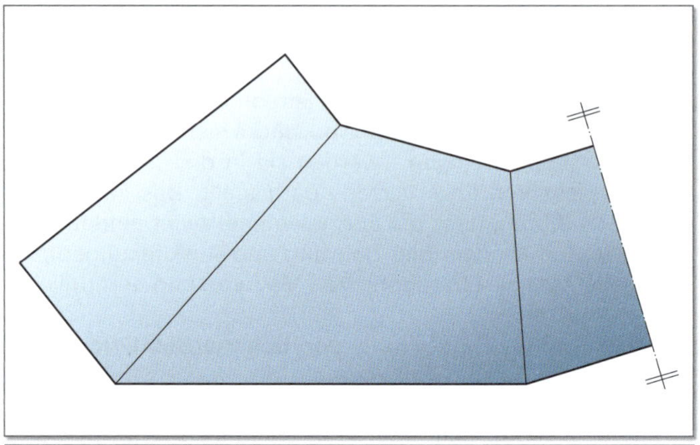

Bild 2: Teilansicht einer Mantelabwicklung

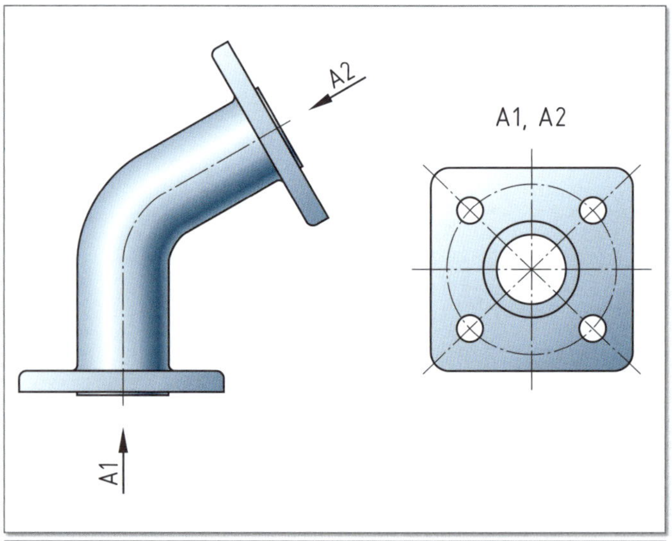

Bild 3: Rohrkrümmer mit zwei gleichen Flanschen

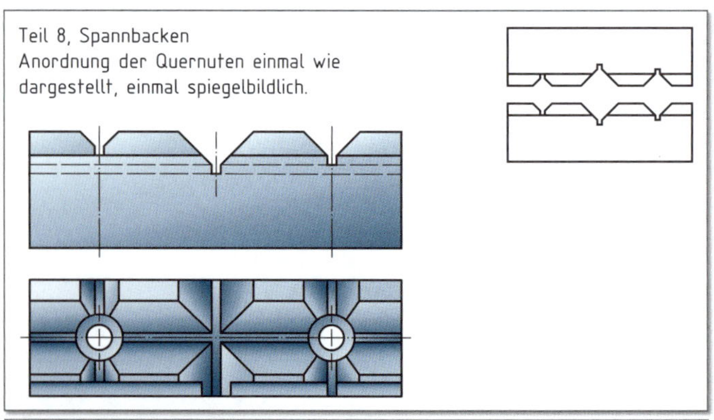

Bild 4: *„Spannbacke"* als spiegelbildliches Teil

Teilansicht symmetrischer Werkstücke

Symmetrische Werkstücke können zur Einsparung von Zeichenarbeit und Platz vereinfacht dargestellt werden.

Werkstücke gelten auch dann als symmetrisch, wenn die symmetrische Grundform in Einzelheiten verändert oder unterbrochen wurde.

Bei der vereinfachten Darstellung symmetrischer Werkstücke wird entweder nur eine Hälfte oder ein Viertel des Werkstücks dargestellt.

In jedem Fall wird eine Symmetrielinie (Strich-Punkt-Linie) gezeichnet. Sie wird an jedem Ende mit dem grafischen Symbol (Tabelle 1) für Symmetrie gekennzeichnet.

Tabelle 1: Grafisches Symbol für Symmetrie

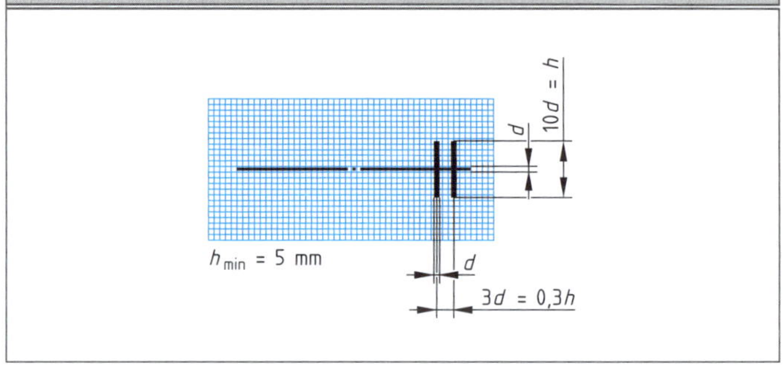

Anwendung findet diese Darstellungsmethode z.B. bei Flanschdarstellungen oder bei der Darstellung von Mantelabwicklungen von Blechfaltkörpern.

Die Darstellung eines Werkstücks und die Maßeintragung sind eng miteinander verbunden. ⇒ **Seite 130** zeigt Varianten der Maßeintragung, die die Darstellung symmetrischer Werkstücke sinnvoll ergänzen.

2.2.6 Besondere Darstellungen

Teile mit zwei oder mehr gleichen Ansichten

Werkstücke mit zwei oder mehr gleichen Ansichten dürfen durch die Angabe „symmetrisches Teil" oder durch die Benutzung von Bezugspfeilen in Verbindung mit Großbuchstaben und Zahlen zur Angabe der Betrachtungsrichtung und Kennzeichnung der Ansichten beschrieben werden. (⇐ **Seite 90**)

Spiegelbildlich gleiche Teile

Für spiegelbildlich gleiche Werkstücke mit unkomplizierter Formgebung genügt die vollständige Darstellung nur eines Werkstücks. Voraussetzung dafür ist, dass Fehlinterpretationen bei der Fertigung ausgeschlossen werden. Deshalb muss eine Textangabe zur Erläuterung über dem Schriftfeld der Zeichnung erscheinen, z.B. „Teil 2 spiegelbildlich gleich".

Falls erforderlich, dürfen vereinfachte Darstellungen beider Teile in verkleinertem Maßstab ohne Maßeintragung erläuternd ergänzt werden.

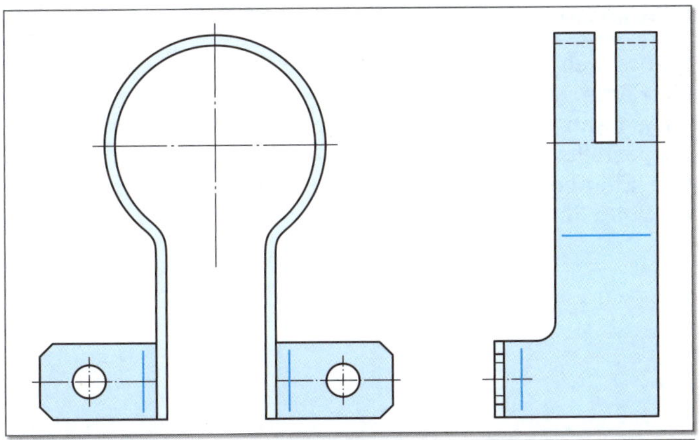

Bild 1: Lichtkanten

Lichtkanten

Kanten an abgerundeten Übergängen können durch schmale Volllinien dargestellt werden. Man zeichnet sie an den Stellen, wo sich bei scharfkantigem Übergang die Kante befände. Lichtkanten berühren die Umrisslinien (Körperkanten) nicht.

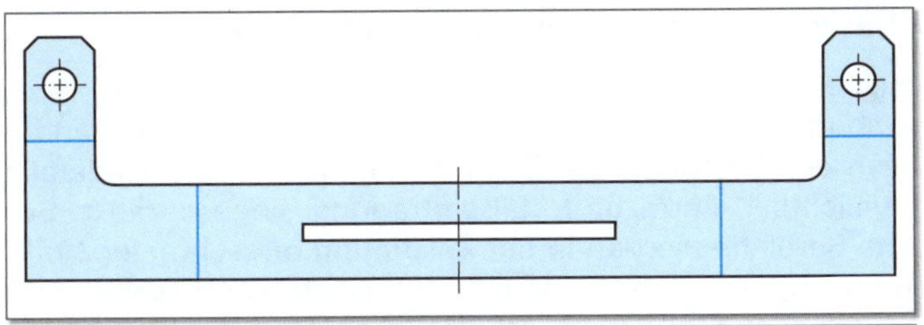

Bild 2: Biegekanten

Biegelinien, Biegekanten

Die Darstellung ist nur bei Abwicklungen von Biegeteilen erforderlich. Dort verlaufen Biegelinien als schmale Volllinien von Körperkante zu Körperkante.

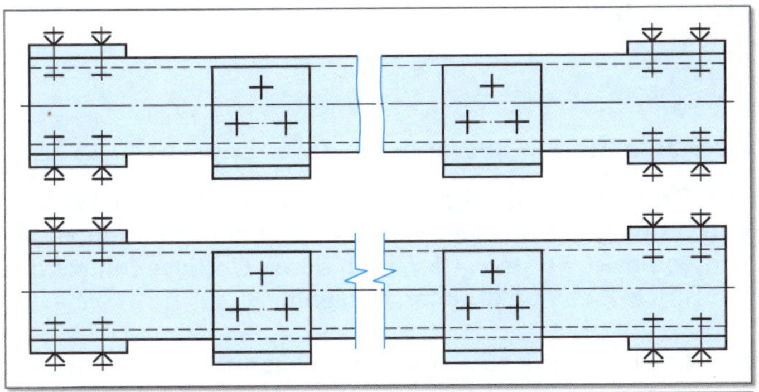

Bild 3: unterbrochene Darstellung

Abgebrochene oder unterbrochene Darstellung

Flache oder runde Werkstücke dürfen abgebrochen oder unterbrochen dargestellt werden, wenn die Eindeutigkeit und Vollständigkeit der Darstellung erhalten bleibt. Oftmals wird diese Art der Darstellung angewendet, wenn die Platzverhältnisse auf der Zeichenfläche des Zeichenblattes beengt sind.

Bruchlinien werden als schmale Linien, bei manueller Darstellung als Freihandlinien, bei CAD-Zeichnungen meist als Zick-Zack-Linien gezeichnet.

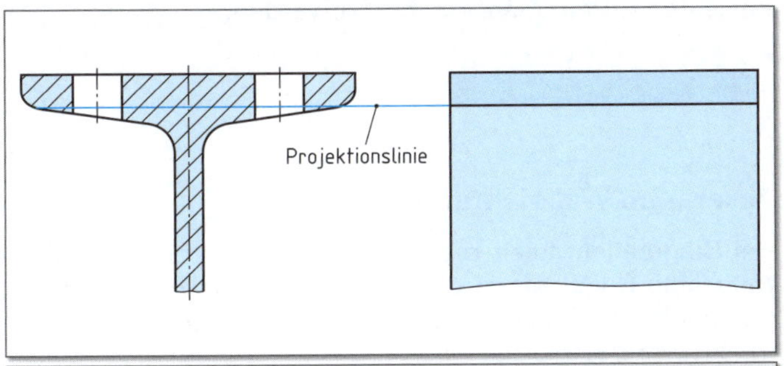

Bild 4: geringe Neigung – Innenflanschfläche eines Doppel-T-Profils

Geringe Neigungen

Wenn sich geringe Neigungen in der zugehörigen Ansicht nicht deutlich zeigen lassen, so kann auf ihre Darstellung verzichtet werden. In diesen Fällen ist nur die Kante mit einer breiten Volllinie darzustellen, die der Projektion des kleineren Maßes entspricht.

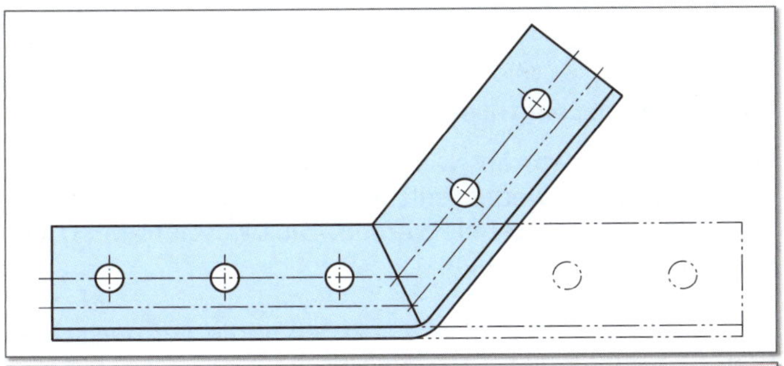

Bild 5: Umriss vor dem Verformen

Ursprüngliche Formen

Manchmal ist es erforderlich, den Umriss eines Werkstücks darzustellen, den es vor der Verformung hatte. Diese Art der Darstellung wird hauptsächlich bei Biege- und Schmiedeteilen angewendet.

EUROPA LEHRMITTEL

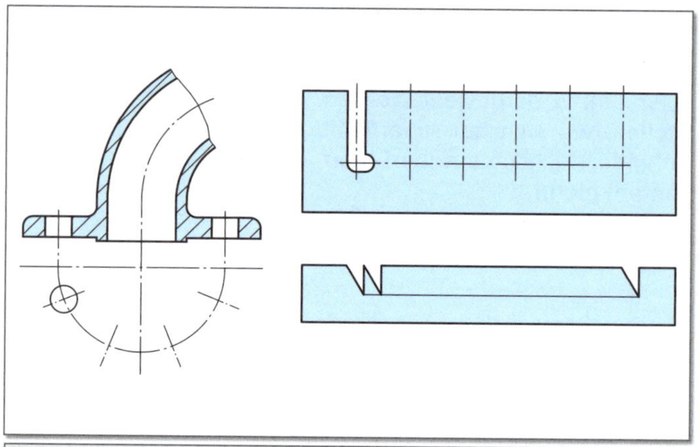

Bild 1:

Wiederkehrende Geometrieelemente

Wenn sich an einem Werkstück bestimmte Geometrieelemente regelmäßig wiederholen, z.B. Löcher, Schlitze usw. dann wird vereinfachend nur ein solches Element dargestellt. Die genaue Anzahl und die Lage der einzelnen Elemente geht dann aus der Maßeintragung hervor. (⇒ **Seite 100**)

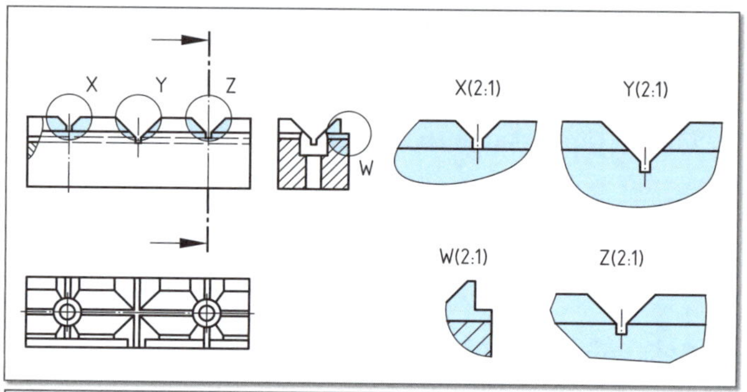

Bild 2:

Werkstückdetails in größerem Maßstab

Besonders in Zeichnungen mit großen Verkleinerungsmaßstäben, wie sie z.B. im Stahl- und Metallbau angewendet werden, ist oftmals die Erkennbarkeit von Werkstückdetails hinsichtlich Form und Maßeintragung eingeschränkt. Solche Bereiche werden in der Zeichnung mit schmalen Volllinien eingekreist, mit einem Kennbuchstaben versehen und an anderer Stelle in einem größeren Maßstab dargestellt. Hinter dem Kennbuchstaben wird in Klammern der Maßstab angegeben.

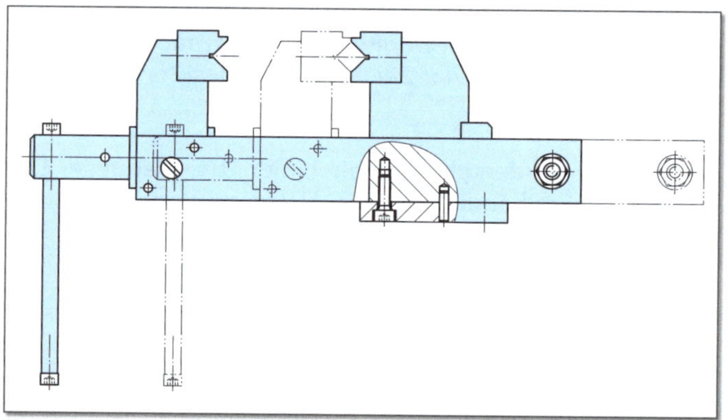

Bild 3:

Grenzstellungen beweglicher Teile, angrenzende Teile

Die Grenzstellungen beweglicher Teile, z.B. Hebelstellungen, Endlagen von Bauteilen usw. können dadurch kenntlich gemacht werden , dass man deren Umrisse mit schmalen Strich-Zweipunkt-Linien darstellt.

Auf die gleiche Weise werden angrenzende Teile gezeichnet, wobei die Hauptansicht des dargestellten Gegenstandes nicht verdeckt werden darf. Angrenzende Teile in Schnittansichten dürfen nicht schraffiert werden.

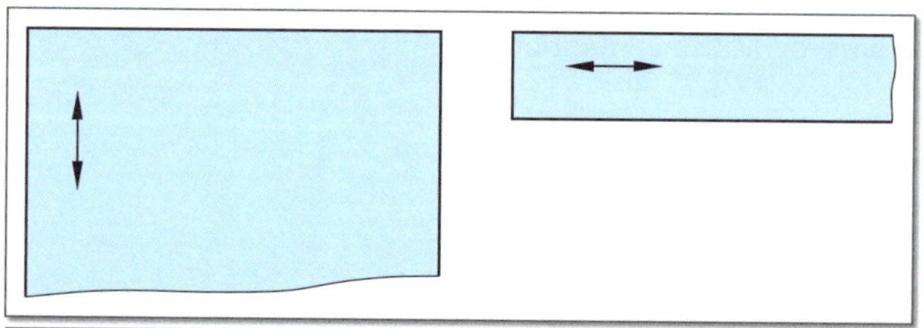

Bild 4:

Faser- und Walzrichtung

Bei Biegeteilen spielt manchmal die Faser- oder Walzrichtung eine Rolle. Wenn es nötig ist, darf sie mit schmalen Volllinien, die mit zwei Pfeilen versehen sind, kenntlich gemacht werden.

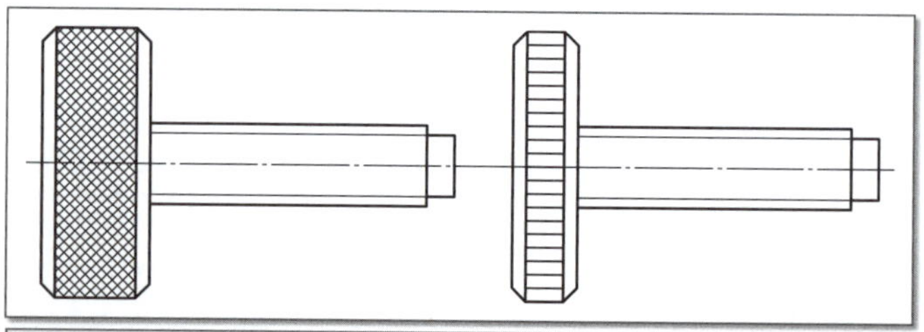

Bild 5:

Oberflächenstrukturen

Oberflächenstrukturen wie z.B. Riffelungen, Prägungen usw. müssen entweder vollständig oder teilweise mit breiten Volllinien dargestellt werden. Die Maßeintragung vervollständigt die Angaben.

Sie wird an Hinweislinien eingetragen, die auf der schraffierten Fläche enden. (⇒ **Seite 102**)

Übungsaufgaben 10

Stellen Sie die Werkstücke nach den folgenden Beschreibungen in der geforderten Lage dar. Planen Sie bereits jetzt genügend Platz für die spätere Maßeintragung ein.

Aufgabe 1

Aus Rundmaterial von 100 mm Länge soll ein Tragzapfen nach folgender Beschreibung dargestellt werden:

- In Gebrauchslage rechts befindet sich ein Vierkant 25 x 25 mit einer Länge von 24 mm.
- Daran schließt sich der zylindrische Teil des Zapfens mit ø36 mm und einer Traglänge von 60 mm an.
- Der verbleibende Teil soll ein Vierkant 55 x 55 erhalten.

Handlungsablauf:

1. Ermitteln Sie zunächst das Eckmaß für das größte Vierkant.
2. Wählen Sie dann aus dem Tabellenbuch einen geeigneten Rundstahl nach DIN EN 10060 (Ersatz für DIN 1013) aus.
3. Machen Sie sich einen Arbeitsplan, indem Sie die Arbeitsgänge für das Anfertigen der Zeichnung angeben.
4. Stellen sie die Zeichnung entsprechend dieses Planes her.

Aufgabe 2

Das folgende Werkstück mit der Bezeichnung Zwischenstück wurde aus Rundmaterial ø60 mm, 106 mm lang gefertigt. Zeichnen Sie das Teil in Gebrauchslage Symmetrieachse senkrecht nach folgender Beschreibung:

- Oben ist ein Vierkant mit quadratischem Querschnitt 15 x 15 angearbeitet. Es hat eine Länge von 20 mm.
- Dem Vierkant folgt nach unten hin ein zylindrischer Teil mit ø24 und 46 mm Länge.
- Von unten wurde ein Zapfen ebenfalls mit ø24 und 26 mm Länge angearbeitet.
- Der verbleibende Bund erhält zwei symmetrisch gegenüberliegende Planflächen, auf die ein Maulschlüssel der Schlüsselweite 42 passen soll.

Handlungsablauf:

1. Fertigen Sie zunächst eine Skizze nach der Beschreibung an.
2. Überlegen Sie, welche Ansichten die zeichnerische Darstellung enthalten sollte.
3. Planen Sie die Zeichenarbeit und stellen Sie die Zeichnung nach Ihrem Plan her.

Aufgabe 3

Von der Fertigung einer Platte mit den Rohmaßen 25 x 50 x 70 sind folgende Arbeitsgänge bekannt:

- Hobeln des Grundkörpers, 40 mm breit, 22 mm dick, 60 mm lang.
- Fräsen von Nuten an den 40 mm breiten gegenüberliegenden Seiten, parallel zur Grundfläche, Abstand der unteren Nutkante von der Oberseite 18 mm, Nutbreite 6 mm, Nuttiefe 4 mm.
- Fräsen einer Quernut auf der Oberseite mittig durch das Werkstück, parallel zu den beiden seitlichen Nuten, Nutbreite 22 mm, Nuttiefe 14 mm.
- Ausarbeiten dieser Nut zu einer Schwalbenschwanznut, Flankenwinkel 60°, Öffnungsbreite 26 mm, Tiefe 12 mm.
- Bohren einer Durchgangsbohrung ø10 mm mittig durch die Platte.

Handlungsablauf:

1. Skizzieren Sie zunächst die genannten Bearbeitungsphasen des Werkstücks.
2. Fertigen Sie eine axonometrische Darstellung und eine Darstellung in Ansichten von dem Werkstück an.

Aufgabe 4

Auf einer Drehmaschine wird ein Rundmaterial ø45 mm, 135 mm lang wie folgt bearbeitet:

- Einspannen und Plandrehen auf ø45, 110 lang.
- Absatz Drehen auf ø31, 90 lang.
- Absatz Drehen auf ø17, 29 lang.
- Umspannen, Plandrehen auf 130 Länge.
- Absatz Drehen auf ø19, 29 lang.
- Zwischen Spitzen aufnehmen, verbliebenen Bund auf ø41 Schruppen.
- Gesamte Kontur, außer Planflächen mit 1mm Spantiefe Schlichten.

Zeichnen Sie das Fertigteil in Fertigungslage.

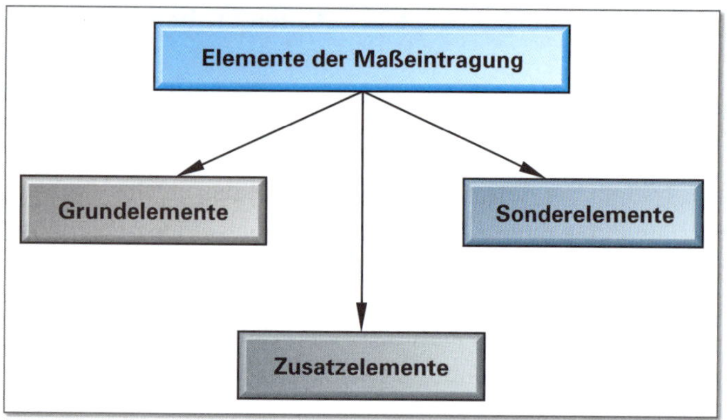

Bild 1: Elemente der Maßeintragung

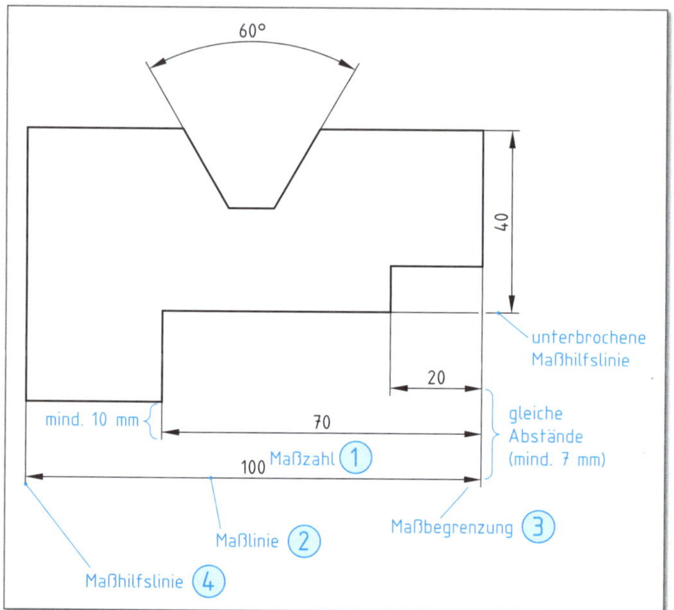

Bild 2: Grundelemente einer Maßeintragung

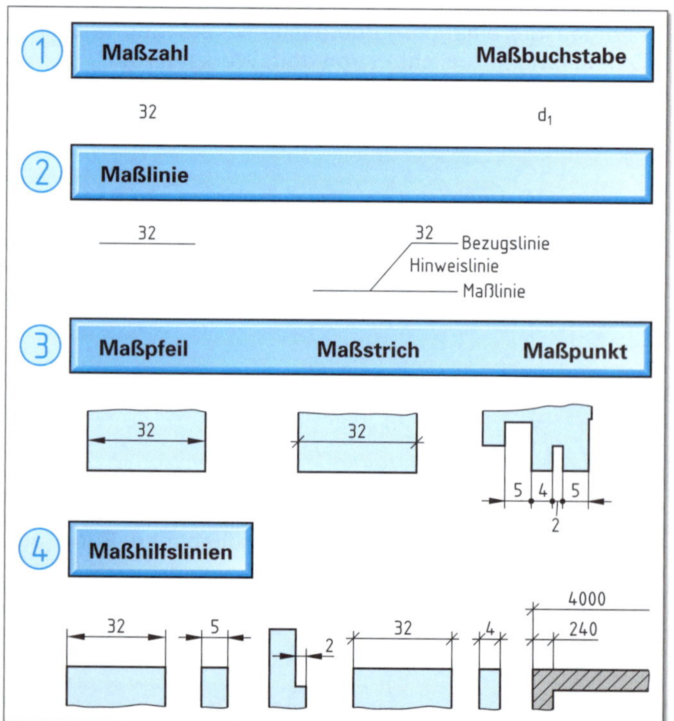

Bild 3: Anwendung der Grundelemente

2.3.1 Elemente der Maßeintragung DIN 406

Der Informationsgehalt einer Zeichnung wird wesentlich erhöht, wenn die normgerecht dargestellte Form und Gestalt von Einzelteilen und Baugruppen eines Erzeugnisses nun noch in ihrer Größe klar definiert wird. Das geschieht durch die Eintragung von Maßen.

Um ein wenig Übersicht in die Vielzahl von Bemaßungselementen und Bemaßungsregeln zu bringen, ist die Einteilung in Grundelemente, Zusatzelemente und Sonderelemente der Maßeintragung sinnvoll.

Grundelemente

Zu den Grundelementen der Maßeintragung zählt man die Teile einer Maßeintragung, die grundsätzlich vorhanden sein müssen, um einer dargestellten Form ein bestimmtes Maß zuordnen zu können. (Bild 2)

■ Maßlinien

- Grundsätzlich wird ein Längenmaß parallel zu der zu bemaßenden Strecke (Messrichtung) eingetragen.
- Maßlinien sind schmale Volllinien. Sie sind mindestens 10 mm von den Körperkanten entfernt einzutragen und haben untereinander einen Abstand von mindestens 7 mm.
- Innerhalb einer Zeichnung sollen die Maßlinienabstände möglichst gleich sein.
- Maßlinien sollen sich mit anderen Maßlinien möglichst nicht schneiden. Sie dürfen nicht unterbrochen werden.

■ Maßhilfslinien

- Maßhilfslinien werden ebenfalls als schmale Volllinien gezeichnet.
- Sie werden rechtwinklig zur zugehörigen Messstrecke eingetragen.
- Falls erforderlich, dürfen sie unterbrochen werden, wenn ihre Fortsetzung eindeutig erkennbar ist.
- Wenn Mittellinien als Maßhilfslinien verwendet werden, so müssen sie außerhalb der Werkstückbegrenzung als schmale Volllinien gezeichnet werden.
- Wenn erforderlich, dürfen Maßhilfslinien unter einem Winkel von ca. 60° zur Maßlinie stehen, wenn dadurch die Maßeintragung deutlicher erkennbar wird.

■ Maßlinienbegrenzungen

- Jedes eingetragene Maß erhält eine Begrenzung durch Maßpfeile, Maßstriche, Maßpunkte oder Kreise. Es gilt der Grundsatz, dass innerhalb derselben Zeichnung möglichst nur eine Art der Maßbegrenzung angewendet wird.
- Bei Platzmangel kann der Maßpunkt zusammen mit anderen Maßbegrenzungen verwendet werden.

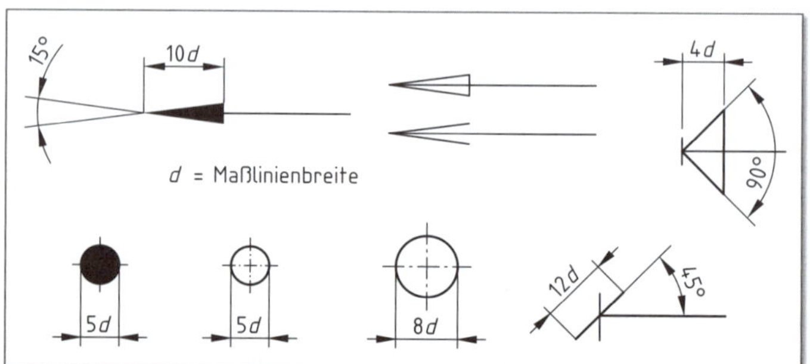

Bild 4: Maßbegrenzungen

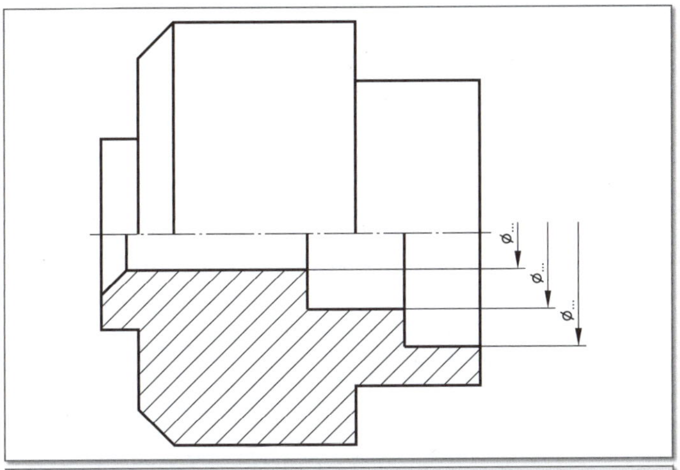

Bild 1: Maßlinienabbruch bei Halbschnittdarstellungen

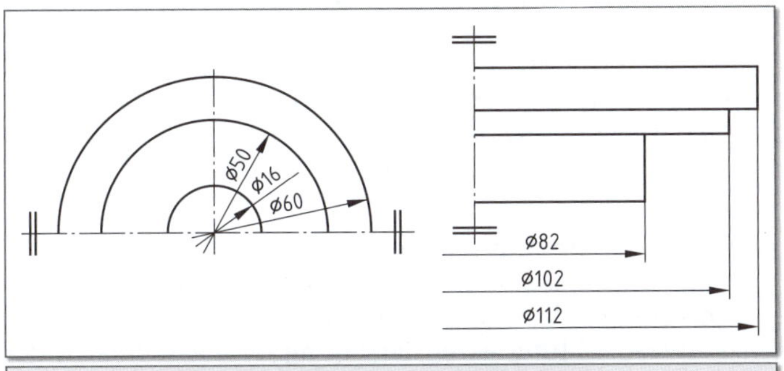

Bild 2: Maßlinienabbruch bei Teilansichten

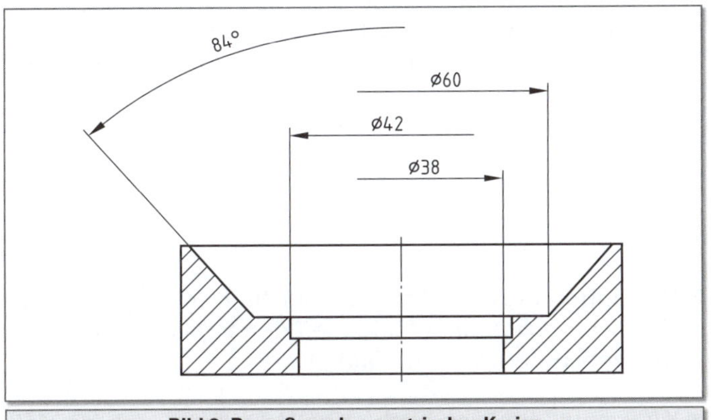

Bild 3: Bemaßung konzentrischer Kreise

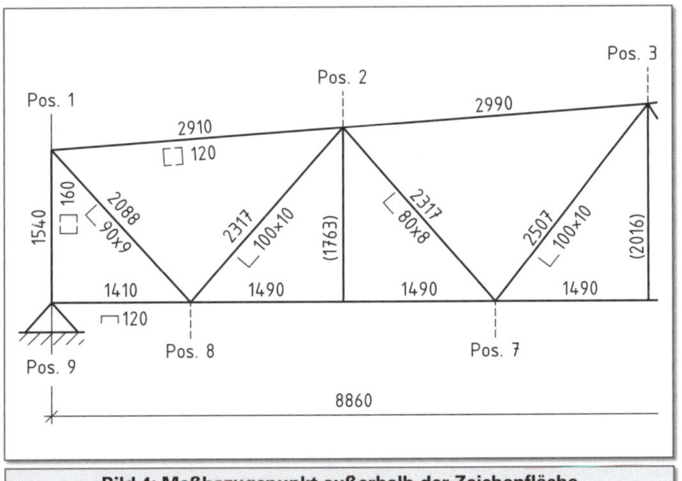

Bild 4: Maßbezugspunkt außerhalb der Zeichenfläche

In folgenden Fällen ist es zulässig, Maßlinien abzubrechen:

- bei Halbschnitten, wenn nur eine Seite der zu bemaßenden Strecke mit einer Maßhilfslinie versehen werden kann (Bild 1)
- bei Teildarstellungen symmetrischer Werkstücke (Bild 2)
- bei der Bemaßung konzentrischer Durchmesser und wenn die Maßhilfslinien zu eng aneinander liegen würden (Bild 3)
- wenn einer der beiden Bezugspunkte außerhalb der Zeichenfläche liegt (Bild 4).

Grundregeln für die Maßeintragung

Abgesehen von den Normen, die bei der Maßeintragung zu beachten und einzuhalten sind, hat sich die Beachtung einiger Grundregeln bewährt:

① Jedes Maß darf in eine Zeichnung nur einmal eingetragen werden und zwar möglichst dort, wo die Form der Messstelle am deutlichsten erkennbar ist.

② Gehören zu einem Formelement mehrere Maße, so sind sie auch zusammen, d.h. möglichst in derselben Ansicht, einzutragen.

③ Gleiche Formelemente werden in derselben Zeichnung nur einmal bemaßt.

④ An verdeckten Werkstückkanten sollte die Maßeintragung vermieden werden.

⑤ Die jeweils ersten Maßlinien sollen von den Körperkanten einen Abstand von mindestens 10 mm haben, untereinander mindestens 7 mm.

⑥ Maßeintragungen müssen vom Schriftfeld der Zeichnung aus gesehen von unten und von rechts lesbar sein. Die Maßzahlen stehen im Normalfall über der Maßlinie.

⑦ Die Enden der Maßhilfslinien sollen ca. 1 mm ... 2 mm über die Maßlinie hinausragen.

⑧ Bei Maßen bis 10 mm werden die Maßpfeile von außen, bei Maßen größer als 10 mm von innen an die Maßhilfslinie gesetzt.

⑨ Maßlinien verlaufen immer parallel zur Messrichtung.

⑩ Die Maßeintragung soll so vorgenommen werden, dass sie die Besonderheiten der Fertigung, des Prüfens und der Funktion der Werkstücke widerspiegelt.

2.3 Grundlagen der Maßeintragung

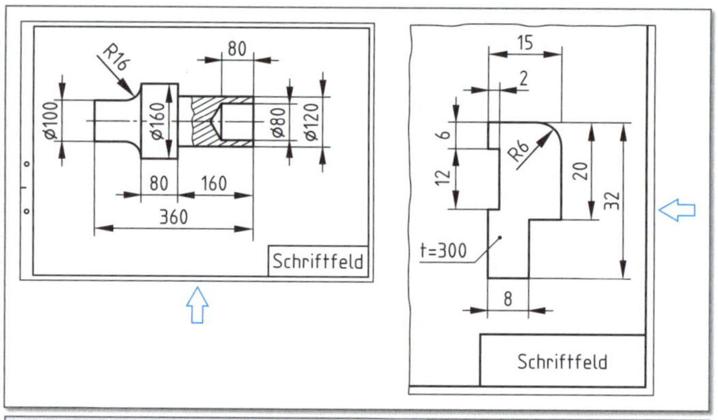

Bild 1: Leselage

Maßzahlen

- Die Maßzahlen sind in Schriftform B, vertikal zu schreiben. Ihre Höhe richtet sich nach der Größe der Zeichnung. Bei einer Zeichnung im Format A4 sollten die Maßzahlen mindestens 3,5 mm hoch sein.
- Maßzahlen werden zwischen den Maßhilfslinien über der Maßlinie angeordnet. Bei Platzmangel können sie auch außerhalb der Maßhilfslinien auf die Maßlinie geschrieben werden. Aus dem gleichen Grund ist auch die Eintragung mit einer Hinweislinie gestattet. (⇐ **Seite 100, Bild 3**)

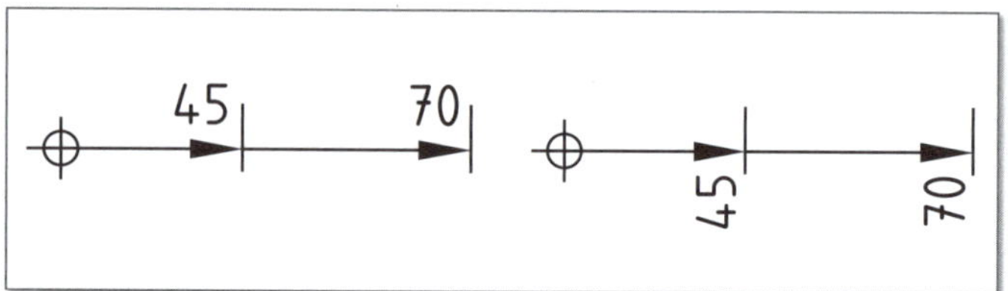

Bild 2: Anordnung der Maßzahlen bei steigender Bemaßung

- Bei steigender Maßeintragung werden die Maßzahlen in der Nähe der Maßlinienbegrenzung oder parallel zur Maßhilfslinie eingetragen. (Bild 2)

  Man trägt die Absolutmaße, gemessen vom eingetragenen Nullpunkt aus, ein. Der Nullpunkt muss besonders gekennzeichnet werden.

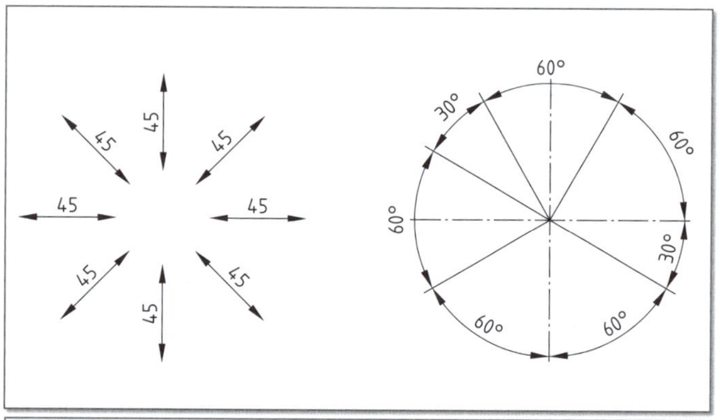

Bild 3: Maßeintragung unter Beachtung der Leselage

- Die Maßzahlen müssen so eingetragen werden, dass sie in den Hauptleserichtungen der Zeichnung gelesen werden können, also von unten und von rechts. (Bild 3) Die Hauptleserichtung einer Zeichnung richtet sich nach der Lage des Schriftfeldes. (Bild 1)
- Die Maßzahlen müssen auch dann in den Hauptleserichtungen eingetragen werden, wenn die Gebrauchslage des dargestellten Gegenstandes nicht der Leselage der Zeichnung entspricht.

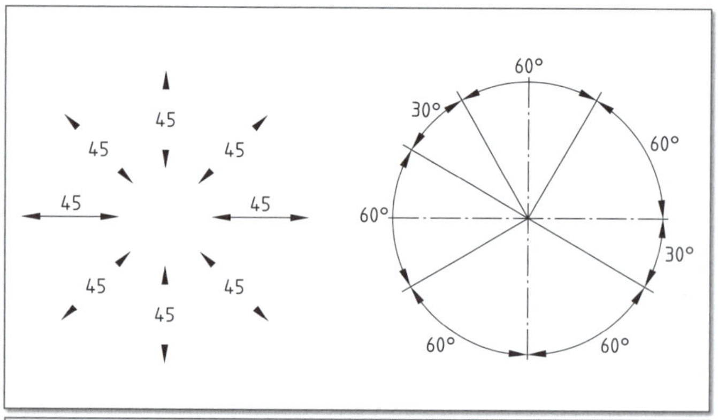

Bild 4: alle Maße in derselben Leselage

- Bei Eintragung aller Maße in derselben Leselage, werden die nichthorizontalen Maßlinien durch das Eintragen der Maßzahl unterbrochen. (Bild 4)
- Winkelmaße dürfen auch ohne Unterbrechung der Maßlinie in Leselage eingetragen werden. (Bild 4)

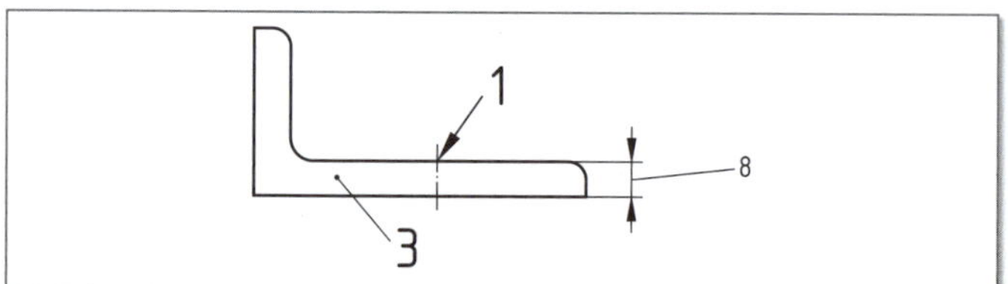

Bild 5: Eintragung von Hinweislinien

Bei der Eintragung mit **Hinweislinien** ist zu beachten:
Hinweislinien enden entweder:

- als Pfeil an einer Körperkante,
- ohne Begrenzung an einer Linie,
- oder als Punkt auf einer Fläche.

Tabelle 1: Zusatzelemente der Bemaßung[1)]

Benennung	Symbole
Quadratzeichen	□
Diagonalkreuz	×
Schlüsselweite	SW
Durchmesserzeichen	⌀
Radiuszeichen	R
Kugelzeichen	S
Zeichen für geneigte Flächen	◺
Zeichen für sich verjüngende Oberflächen	◁
Bogenmaß	⌒86, $\overset{\frown}{86}$

[1)] Auswahl

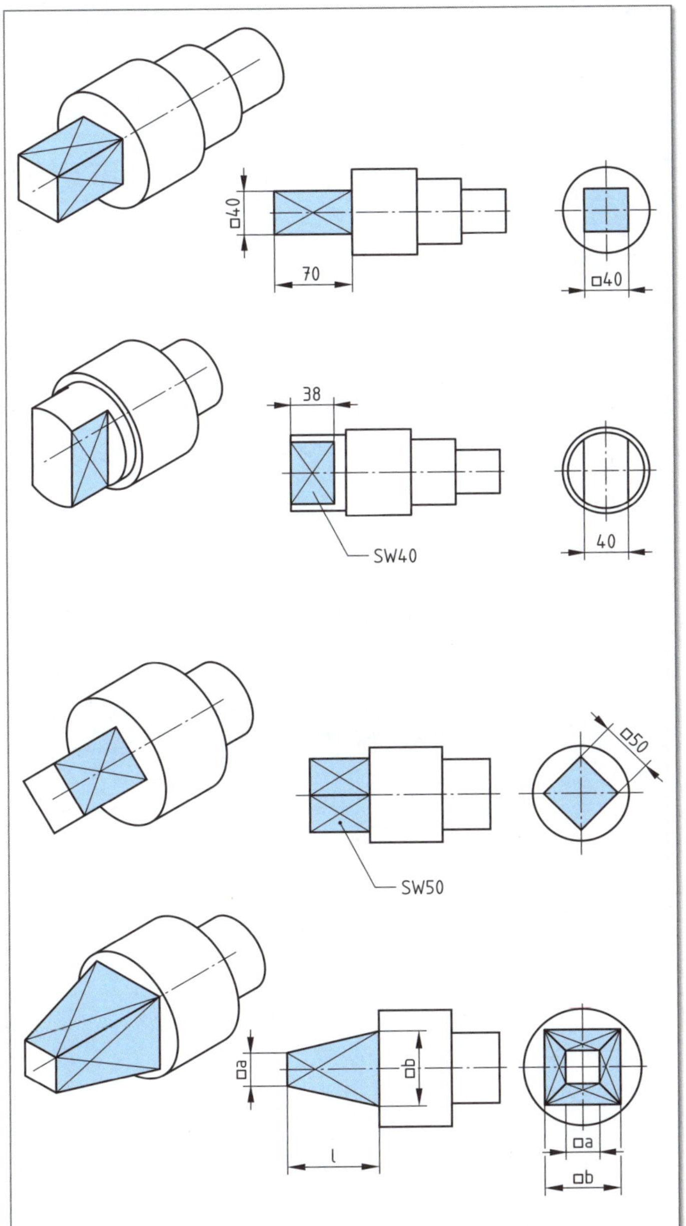

Bild 1: Anwendungsbeispiele von Quadrat, Schlüsselweite, Diagonalkreuz

Zusatzelemente

Zusätzliche Bemaßungselemente ergänzen die mit den Grundelementen Maßlinie, Maßhilfslinie, Maßzahl vorgenommene Maßeintragung. Sie tragen einerseits zum besseren Verständnis des dargestellten Gegenstandes, andererseits zur Vereinfachung der Maßeintragung insgesamt bei.

Die Symbole für Zusatzelemente stehen vor der Maßzahl, die sich auf das zu bemaßende Formelement bezieht. Ihre Größe wird in verschiedenen Normen geregelt. Die grundlegende Bestimmung für das Gestalten grafischer Symbole enthält DIN EN 81714. Für das Durchmesser-Zeichen und das Quadrat-Zeichen kann man sich merken, dass es etwa 5/7 der Höhe der Maßzahl hat, die mit der Schrift nach DIN EN ISO 3098 geschrieben wurde.

Für die Maßeintragung von Hand ist es sinnvoll Schablonen zu benutzen, mit denen man die Zusatzelemente eintragen kann.

Bei der Zeichnungserstellung mit einem CAD-Programm stehen meist entsprechende Werkzeuge zur Erzeugung der Zusatzelemente zur Verfügung. Sie sind auf unterschiedliche Art in die Bemaßungsfunktionen der Software integriert.

Im Folgenden wird die Anwendung der wichtigsten Zusatzelemente erläutert.

Quadratzeichen, Diagonalkreuz, Schlüsselweitea

Diese Zusatzelemente werden in vielen Fällen gemeinsam angewendet. Sie dienen dazu, quadratische Formelemente und ebene Flächen vorzugsweise an Werkstücken mit sonst zylindrischer Grundform zu kennzeichnen. Durch ihre Anwendung wird die Maßeintragung vereinfacht und es können Ansichten eingespart werden.

Regeln:

- Bei der Bemaßung quadratischer Formelemente wird das Quadratzeichen vor die Maßzahl gesetzt. Das Zeichen hat die Größe eines Kleinbuchstaben.
- Quadratische Formen sollen am besten in der Ansicht bemaßt werden, in der die Quadratform zu sehen ist.
- Zur Kennzeichnung der ebenen Flächen wird ein Diagonalkreuz aus schmalen Volllinien verwendet.
- Der Abstand gegenüberliegender paralleler ebener Flächen kann in der Ansicht, in der nicht wie sonst üblich bemaßt werden kann, als Schlüsselweite mit dem Kürzel SW vor der Maßzahl eingetragen werden.
- In Ansichten, bei denen der Abstand der Schlüsselflächen bemaßt werden kann, darf das Zeichen SW nicht angewendet werden.

Schlüsselweiten und Eckmaße von Zweikant-, Vierkant-, Sechskant- und Achtkant-Formen sind in DIN 475-1 genormt.

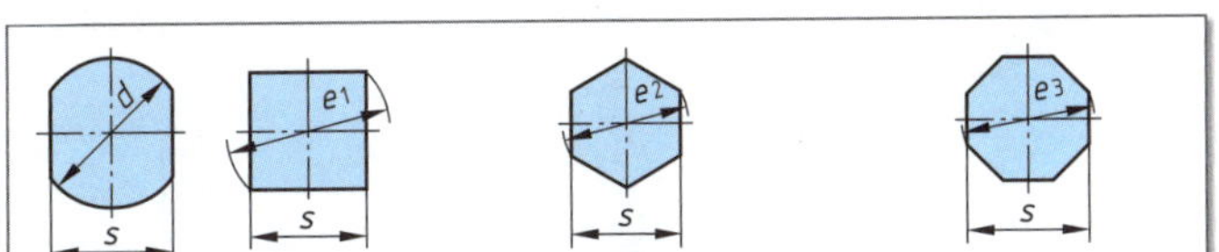

$e_1 = 1{,}4142 \cdot s$
$s = 0{,}7071 \cdot e_1$

$e_2 = 1{,}1547 \cdot s$
$s = 0{,}8660 \cdot e_2$

$e_3 = 1{,}0824 \cdot s$
$s = 0{,}9239 \cdot e_3$

Bild 2: Eckmaß und Schlüsselweite

Radien

Radien sind kreisbogenförmige Übergänge zwischen Kanten und Flächen. Sie kommen sowohl bei prismatischen Werkstücken z.B. als nach innen oder außen gewölbte Kantenrundungen, als auch bei zylindrischen Werkstücken (Drehteilen) z.B. als gerundete Übergänge zwischen Absätzen oder als gewölbte Kuppen oder Vertiefungen an Stirnflächen vor. Bei flachen Werkstücken (Blechteilen) sind nach außen oder innen gewölbte kreisförmige Übergänge zwischen geraden Kanten häufig vorkommende Formelemente.

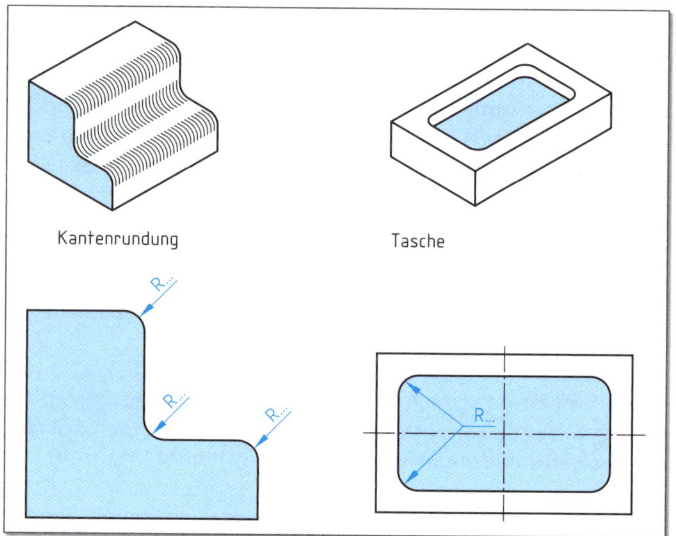

Bild 1: Radien an prismatischen Werkstücken

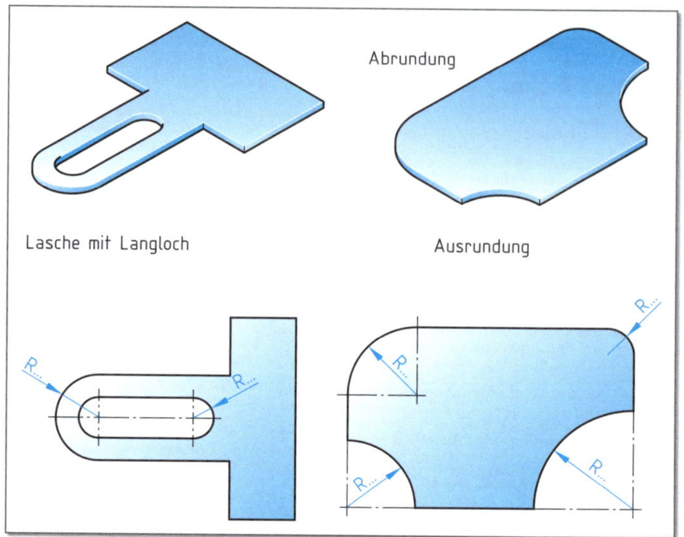

Bild 2: Radien an flachen Werkstücken

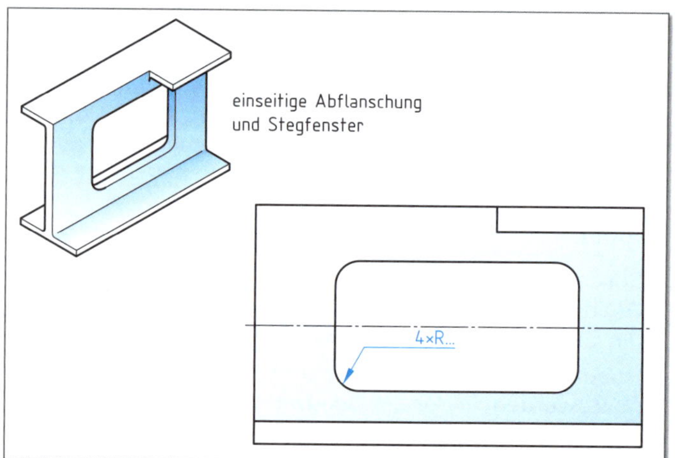

Bild 3: Radien am Stegfenster eines Stahlprofils

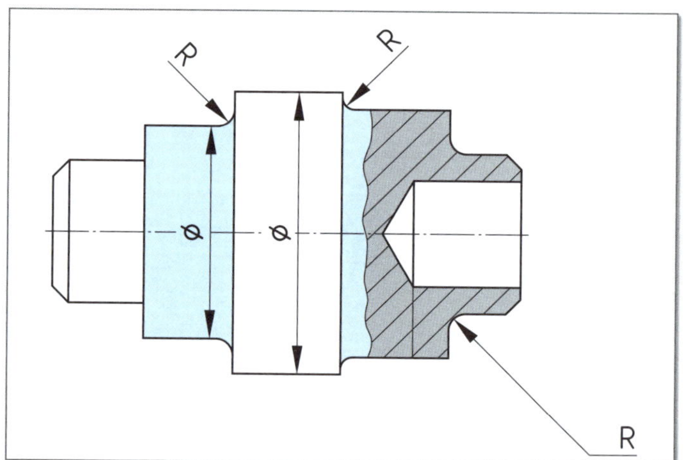

Bild 4: Übergangsradien an einem Drehteil

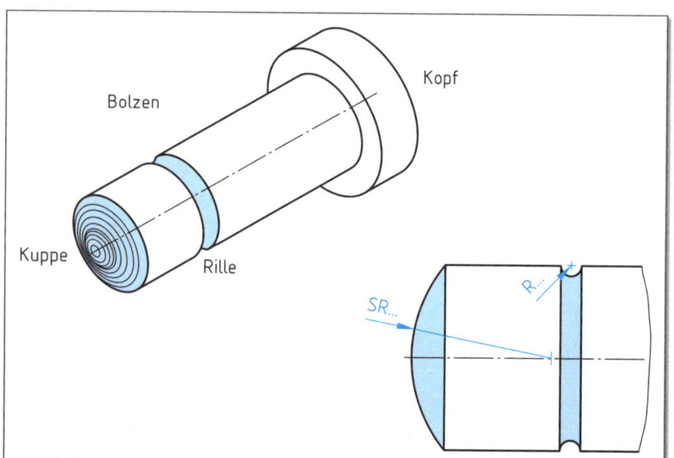

Bild 5: Rille und Linsenkuppe am Bolzen

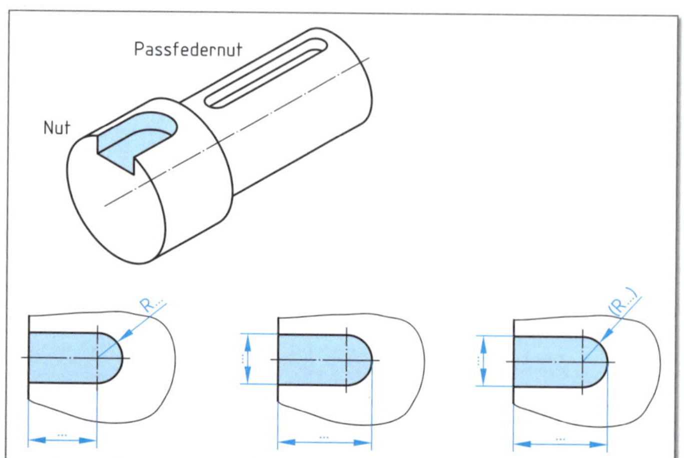

Bild 6: Nut an einem Drehteil

Regeln für die Eintragung von Radien

- Zur Kennzeichnung eines Maßes als Radius steht der Großbuchstabe R vor der Maßzahl.
- Die Maßlinien sind vom geometrischen Mittelpunkt des Kreisbogens ausgehend zu zeichnen bzw. zeigen in dessen Richtung.
- Nur ein Maßpfeil wird von außen oder von innen an den Kreisbogen gesetzt.
- Der Radius eines Halbkreises, der parallele Linien verbindet, muss entweder angegeben werden oder darf bei sonst eindeutiger Maßeintragung als Hilfsmaß eingetragen oder ganz weggelassen werden.
- Wenn sich der Mittelpunkt eines Radius nicht aus den geometrischen Beziehungen der angrenzenden Formelemente ableiten lässt, dann muss er mit Lagemaßen versehen werden.

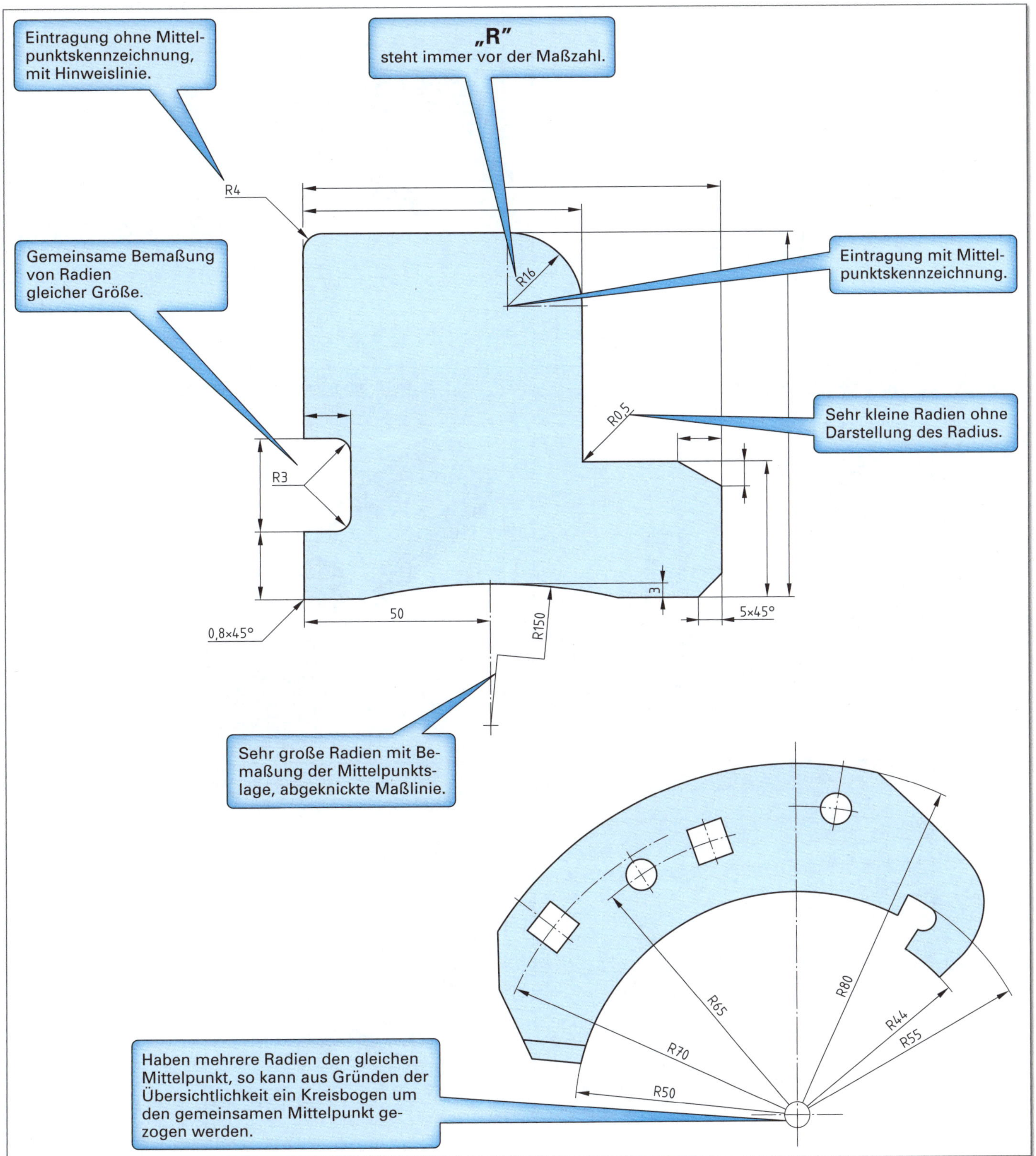

Bild 1: Regeln für die Eintragung von Maßen für Radien

Durchmesser

Die Durchmesserbemaßung wird zur Kennzeichnung und Bemaßung von geschlossenen kreisrunden oder offenen kreisbogenförmigen Formelementen verwendet. Solche Formelemente entstehen bei prismatischen Werkstücken z.B. durch das Einbringen von Bohrungen und Löchern, bei flachen Werkstücken durch Lochen, Ausrunden und Abrunden. Bei zylindrischen Werkstücken dagegen ist schon die Körperquerschnittsfläche der Grundform eine Kreisfläche.

Durch die Bearbeitung z.B. mit dem spanenden Bearbeitungsverfahren Drehen entstehen Abstufungen des Querschnitts, bei denen die Durchmesserbemaßung angewendet wird. Aber auch Bohrungen quer zur Achsrichtung zylindrischer Teile kommen oft vor. Schließlich sind scheibenförmige flache Werkstücke, wie z.B. Flansche, Dichtungen usw. Träger kreisrunder Formelemente.

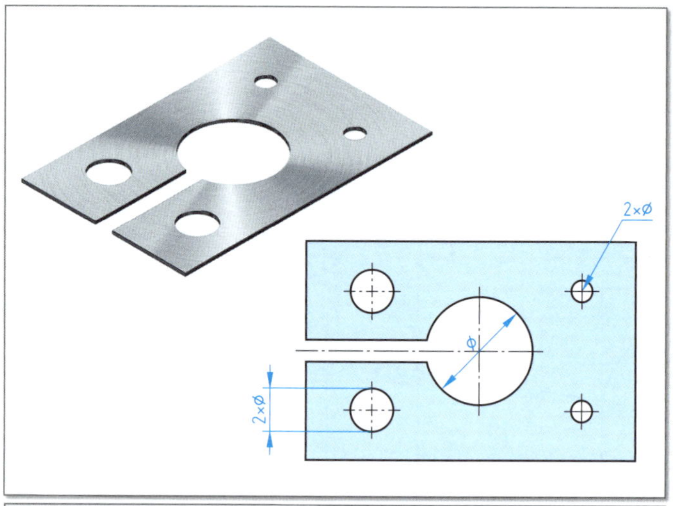

Bild 1: Löcher in Blechen

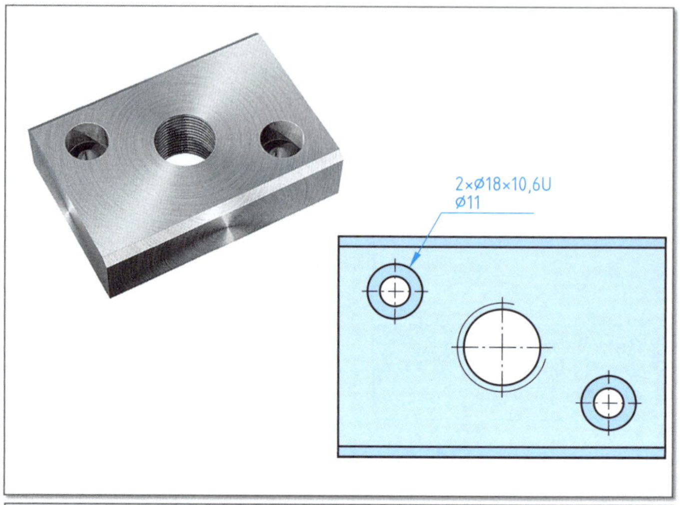

Bild 2: prismatische Werkstücke mit Bohrungen

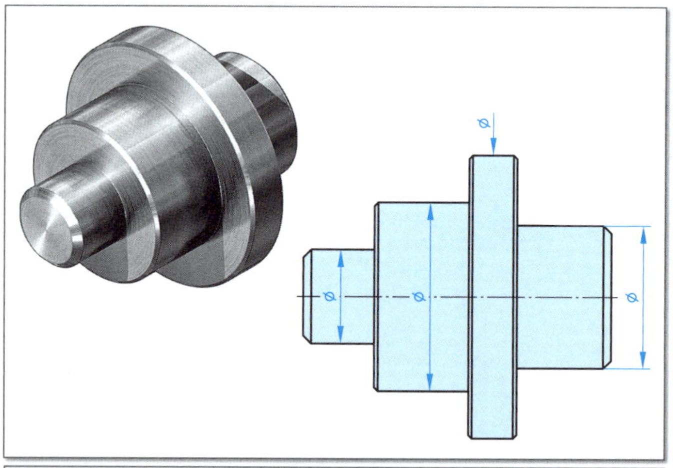

Bild 3: Drehteil

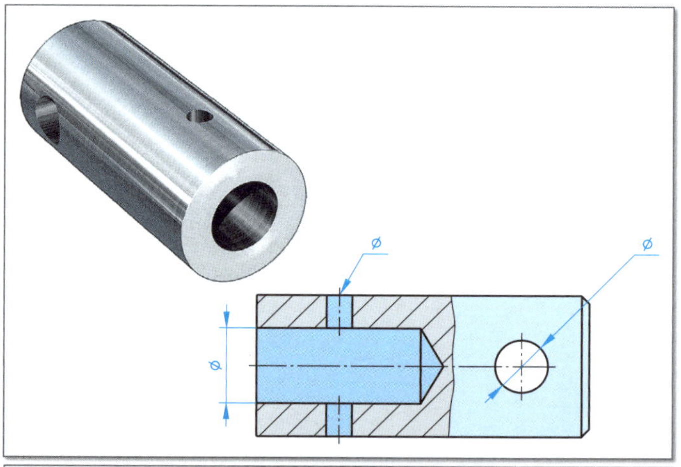

Bild 4: Drehteil mit Querbohrung

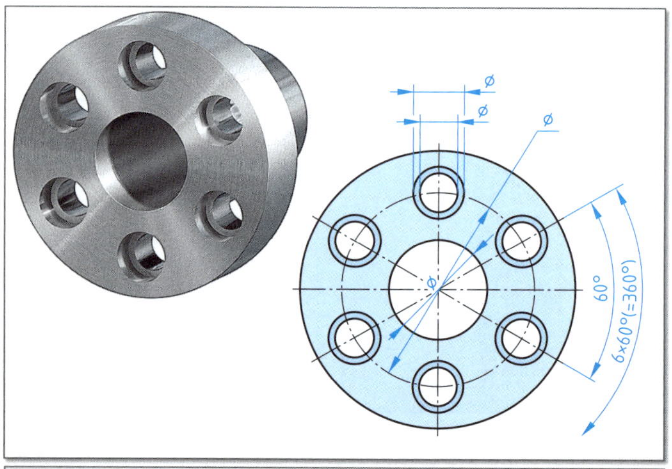

Bild 5: Flansch mit Bohrungen

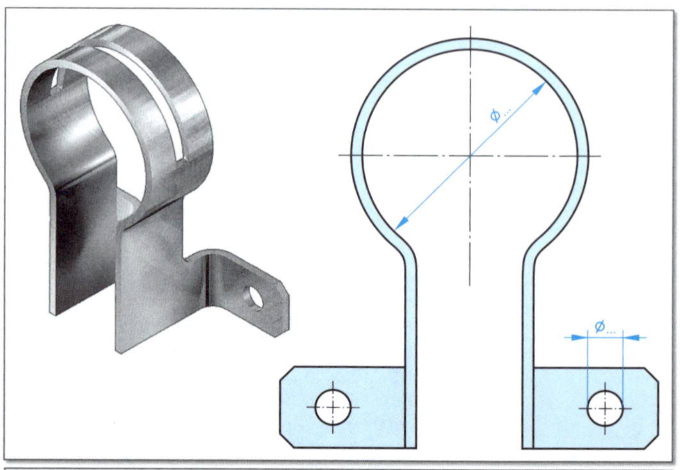

Bild 6: Durchmesser an einem Biegeteil

2.3 Grundlagen der Maßeintragung

Regeln für die Eintragung von Durchmessermaßen

- Zur Kennzeichnung eines Maßes als Durchmesser steht immer das Zeichen „ø" vor der Maßzahl.
- Das Durchmesserzeichen wird sowohl in den Fällen angewendet, wo die Kreisform des zu bemaßenden Formelements in der Ansicht sichtbar ist, als auch dann, wenn nur die Projektion der Kreisform als Linie z.B. bei einer umlaufenden Körperkante zu sehen ist.
- Durchmessermaße können abhängig von der Größe der Kreisform entweder innerhalb oder außerhalb des Kreises eingetragen werden.
- Mittellinien können für die Maßeintragung unterbrochen werden, das Achsenkreuz muss aber erhalten bleiben.
- Die Maßlinie einer Durchmessereintragung darf nicht mit den Mittellinien der Kreisform zusammenfallen.

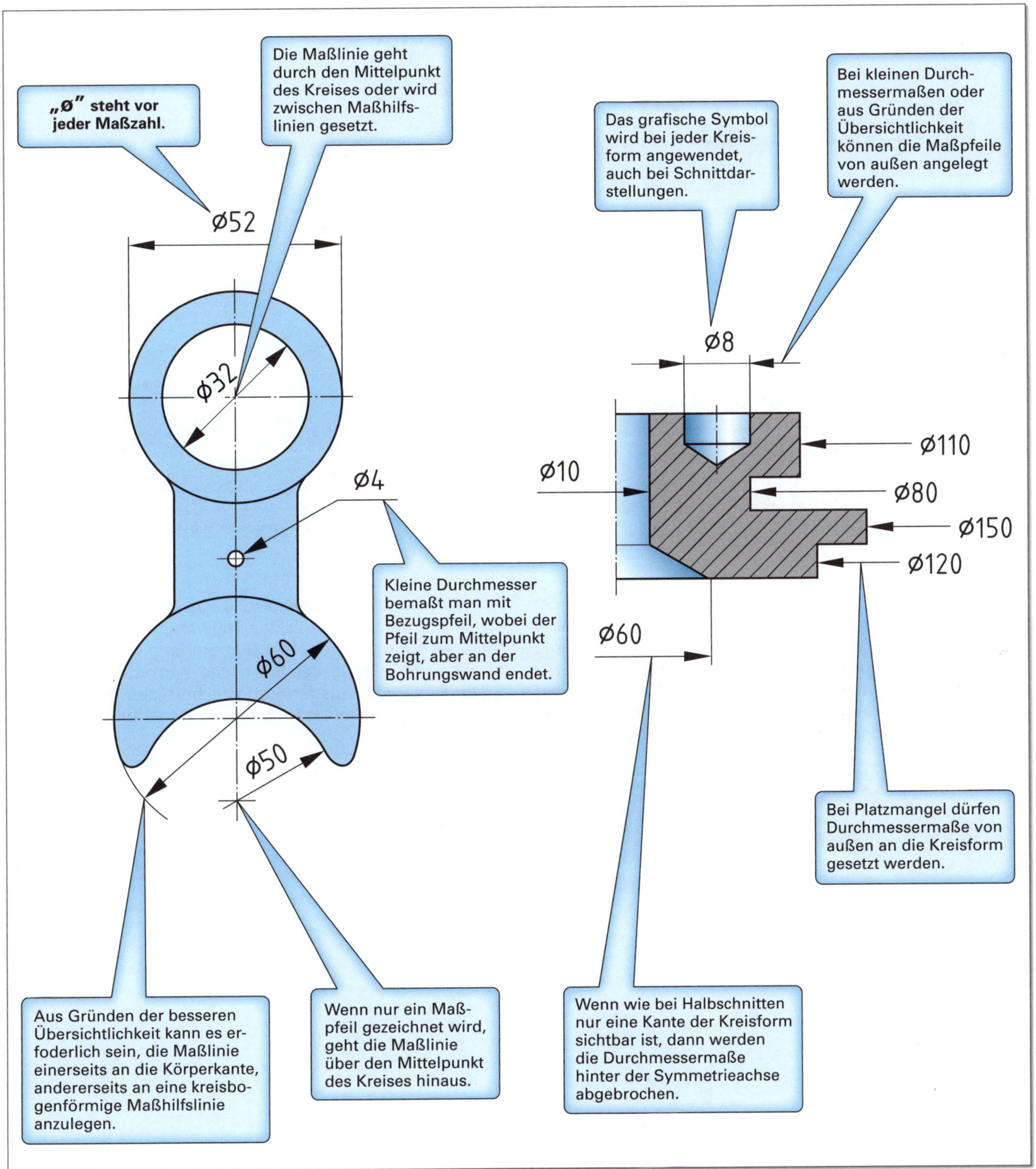

Bild 1: Regeln für die Eintragung von Durchmessermaßen

Kugel

Eine Kugelform wird in jedem Fall mit dem Großbuchstaben **S** vor der Radius- oder Durchmesserangabe gekennzeichnet. Der Buchstabe „S" steht dabei für „sphärisch" und bedeutet so viel wie „auf die Kugel bezogen", womit hier die Kugeloberfläche gemeint ist.

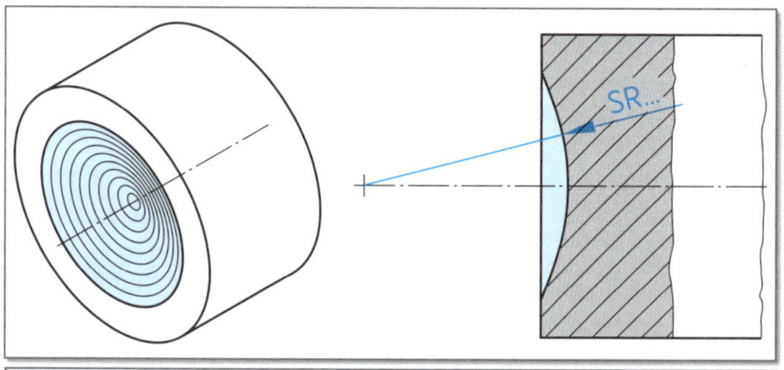

Bild 1: Ballige Vertiefung an der Stirnfläche eines Drehteils

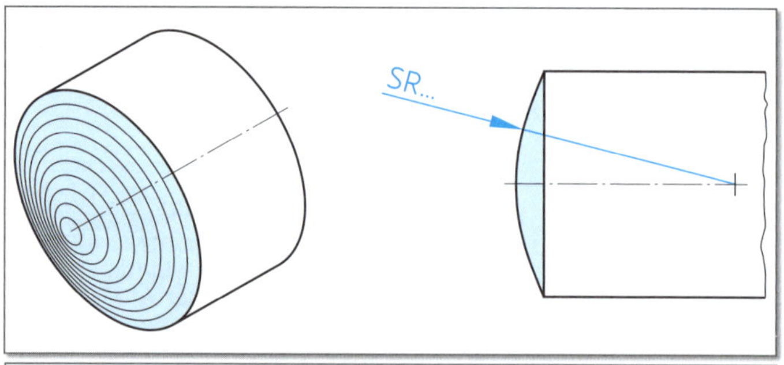

Bild 2: Ballige Erhebung an einem Wellenende

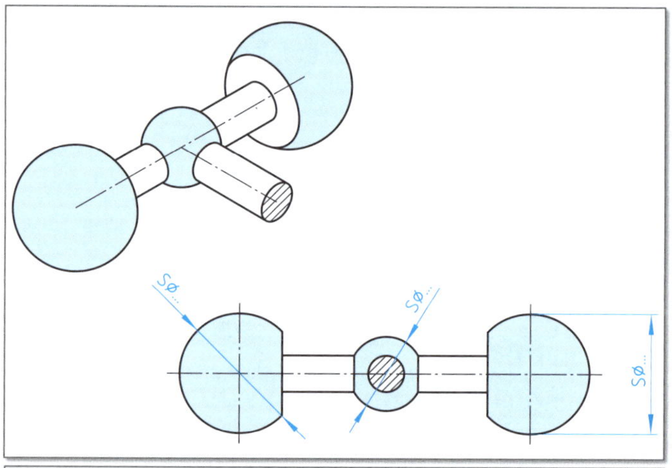

Bild 3: Kugelgriffe

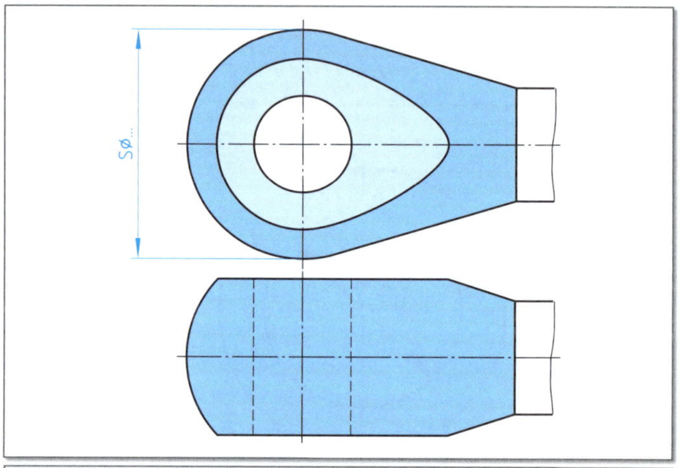

Bild 4: Lagerauge einer Stange

Neigung am Keil

Im Zusammenhang mit dem Keil spricht man auch von der geneigten Ebene, die technisch vielfach angewendet wird. Der Begriff Neigung steht für die Differenz der rechtwinklig zur Bauchfläche eines Keiles stehenden Höhen und deren waagerechten Abstand. Die Neigung wird als Zahlenverhältnis zwischen Höhendifferenz und Länge des Keiles angegeben. Zur Kennzeichnung wird das Symbol in jedem Fall vor die Maßzahl gesetzt. Diese Angabe ist vorzugsweise auf einer abgeknickten Hinweislinie an der geneigten Ebene einzutragen. Das Symbol ist dabei in der Lage einzutragen, wie es der Form des Werkstücks an dieser Stelle entspricht. Aus fertigungstechnischen Gründen darf der Neigungswinkel als Hilfsmaß (⇒ **Seite 109**) angegeben werden.

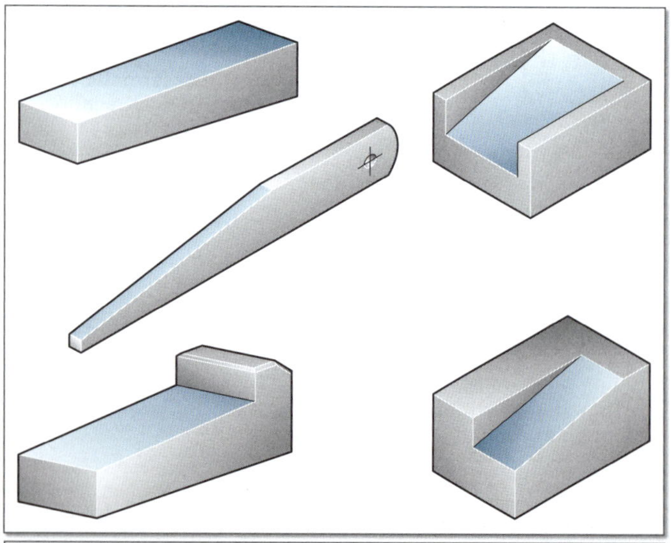
Bild 5: Geneigte Flächen an Werkstücken

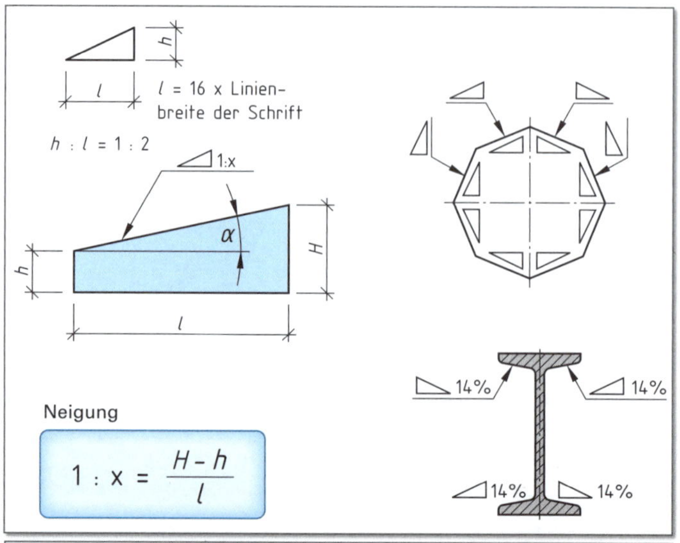

Bild 6: Kenngrößen geneigter Flächen und Maßeintragung

Verjüngung am Kegel

Die Verjüngung *C* am Kegel ist das Verhältnis aus der Differenz von zwei Kegeldurchmessern und deren waagrechtem Abstand. Derartige kegelige Formelemente, durch zwei parallel liegende Kreisflächen unterschiedlicher Größe begrenzt, nennt man auch Kegelstumpf. Sie kommen praktisch immer dort vor, wo durch die Kegelform eine kraftschlüssige Verbindung hergestellt werden soll und die gefügten Bauteile sich durch den Formschluss von Außen- und Innenkegel selbst zentrieren sollen, z.B. bei der Verbindung eines Achsschenkels mit dem Radkörper (Nabe) eines Rades oder bei einer Werkzeugaufnahme (Werkzeugkegel).

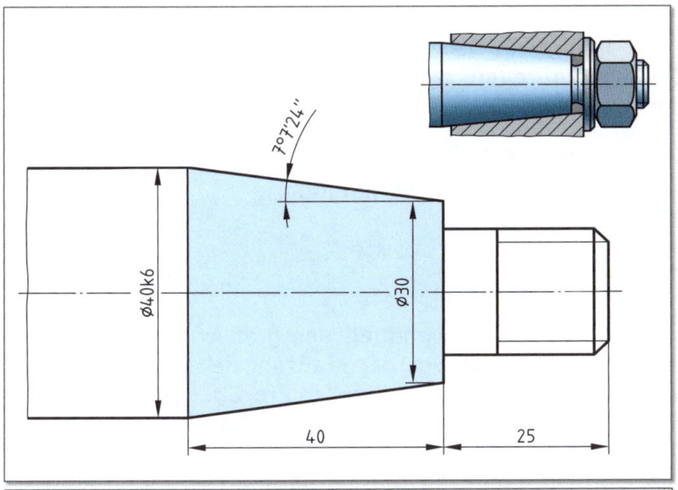

Bild 1: Achsschenkel mit kegeliger Verjüngung

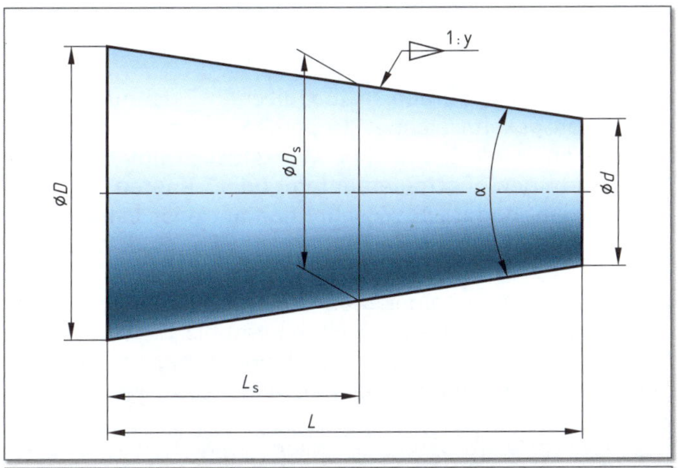

Bild 2: Maße am Kegelstumpf

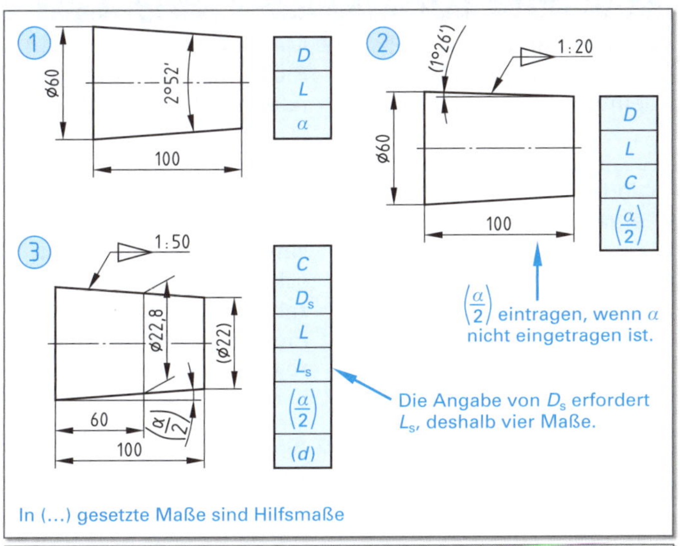

Bild 3: Beispiele für die Kegelbemaßung

Kegelbemaßung

Die Kegelverjüngung $C = 1 : y$ wird zusammen mit dem grafischen Symbol in die Zeichnung eingetragen. (Bild 2)

$$C = 1 : y = \frac{D - d}{L}$$

Das grafische Symbol wird vorzugsweise auf eine zur Mittellinie des Kegels parallel liegende Bezugslinie gezeichnet, die mit einer auf die Körperkante des Kegelmantels weisende Hinweislinie verbunden ist. (Bild 2)

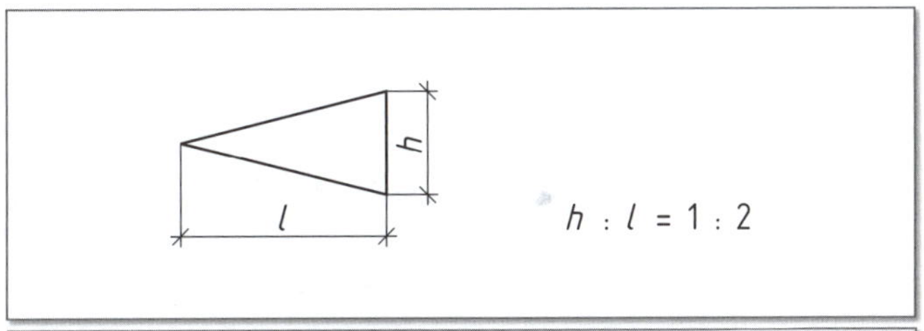

Bild 4: grafisches Symbol für Verjüngung

Die Lage des grafischen Symbols muss mit der Richtung der Kegelverjüngung übereinstimmen.

Zur Bemaßung können verschiedene Maßkombinationen, die Größe, Form und Lage eines Kegels festlegen, verwendet werden. Die Wahl der Kombination erfolgt nach funktionellen und fertigungstechnischen Forderungen.

Tabelle 1: Maße am Kegel

Bezeichnung	Zeichen
Großer Durchmesser	D
Kleiner Durchmesser	d
Durchmesser	D_s
im Abstand	L_s
Kegellänge	L
Kegelwinkel	α
Kegelverjüngung *C*	1 : y
Einstellwinkel	$\alpha/2$

Mindestens sind drei Bestimmungsmaße einzutragen, weitere Maße können als Hilfsmaße in Klammern gesetzt werden.

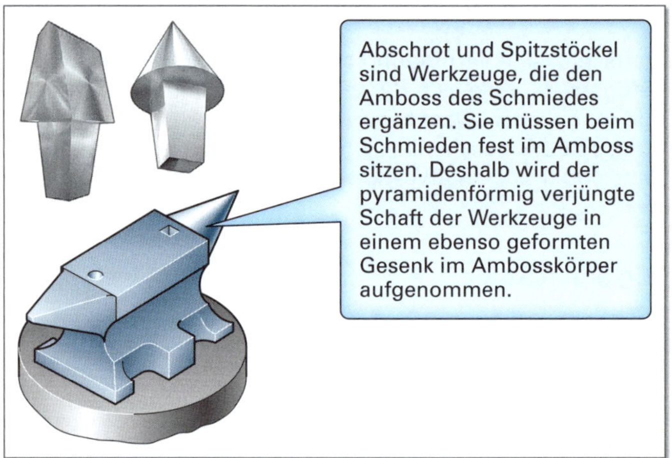

Bild 1: Anwendungsbeispiel für Verjüngung an Pyramiden

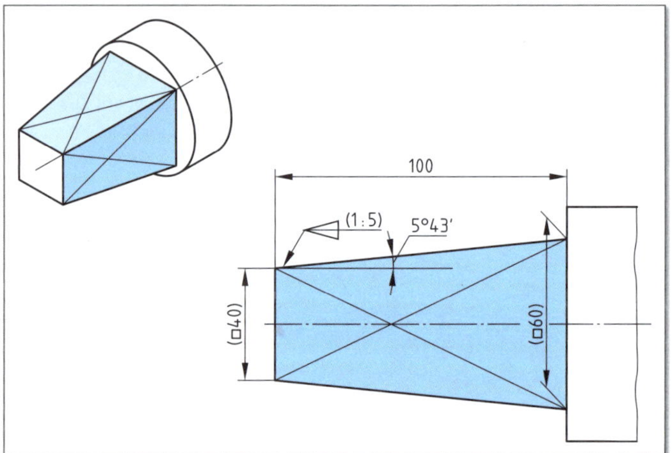

Bild 2: Maße am verjüngten Formelement Pyramidenstumpf

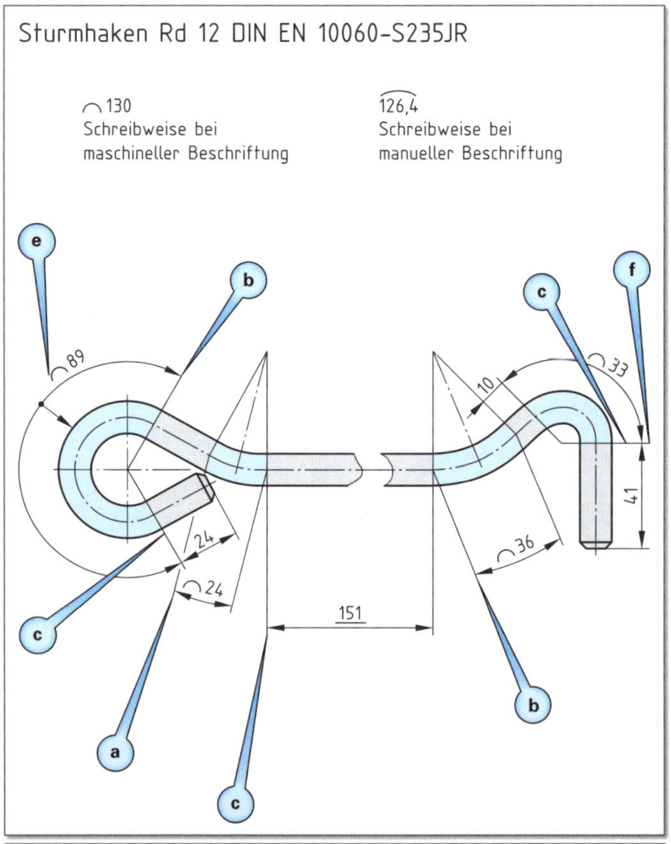

Bild 3: Bemaßung von Bögen mit Bogenmaß

Verjüngung an Pyramiden

Mit Verjüngungen an Pyramiden sind pyramidenstumpfförmige Formelemente von Werkstücken gemeint, deren quadratischer Querschnitt sich auf einer Bezugslänge stetig ändert. Derartige Formelemente werden als Außen- oder Innenform gefertigt und finden sich z.B. an Werkzeugen. Insbesondere sind gerade Pyramiden bzw. Pyramidenstümpfe mit der Verjüngungsangabe zu bemaßen.

Bild 1 zeigt ein Beispiel dafür, wie Werkzeuge durch das Ineinandergreifen pyramidenförmig verjüngter Formelemente in ihrer Lage fixiert werden können.

Verjüngung:

$$1 : y = \frac{b - a}{l}$$

Bild 2 zeigt die Anwendung des grafischen Symbols. Es wird in jedem Fall vor der Maßzahl der Verjüngung, die als Zahlenverhältnis 1 : y oder in Prozent angeben werden kann, mit einer abgeknickten Hinweislinie eingetragen.

Im Übrigen gelten für die Eintragung der Verjüngung an pyramidenförmigen Werkstücken die gleichen Regeln wie für die Kegelbemaßung.

Bogenmaß

Als Bogenmaße werden in technischen Zeichnungen Bogenlängen gekennzeichnet. Bogenlängen müssen z.B. bei Biegeteilen sowie bei flachen Werkstücken aus Blech mit bogenförmigen Formelementen oder Kanten angegeben werden, damit z.B. Zuschnittlängen oder Längen von Trennschnitten aus der Zeichnung ablesbar sind.

Die Kennzeichnung eines Maßes als Bogenmaß geschieht durch Anwendung des grafischen Symbols. Es wird vor die Maßzahl geschrieben, bei manuell angefertigten Zeichnungen darf der Bogen über die Maßzahl gesetzt werden.

Tabelle 1: Eintragungsregeln für Bogenmaße

Zentriwinkel < 90°	Zentriwinkel > 90°
■ Maßhilfslinien parallel zur Winkelhalbierenden eintragen (a)	■ Maßhilfslinien werden in Richtung des Bogenmittelpunktes eingetragen. (d)
■ Jedes Bogenmaß hat eigene Maßhilfslinien. (b)	■ Zur unmissverständlichen Zuordnung des Maßes kann die Verbindung zwischen Bogen und Maßzahl durch eine Linie mit Pfeil und Punkt gekennzeichnet werden. (e)
■ Anschließende Maße dürfen nicht an derselben Maßhilfslinie eingetragen werden. (c)	■ Anschließende Maße werden an derselben Maßhilfslinie eingetragen werden. (f)

Tabelle 1: Sonderelemente der Maßeintragung[1]

Benennung	Symbol
Rohmaß	[160]
Prüfmaß	(78) in Prüfmaßrahmen
ideales Maß (theoretisch genaues Maß)	60 (gerahmt)
Hilfsmaß	(30)
nichtmaßstäbliches Maß	160 (unterstrichen)
Werkstückdicke	t=5
gestreckte Länge	Kreis mit Pfeil
Symmetriezeichen	Doppelstrich

[1] Auswahl

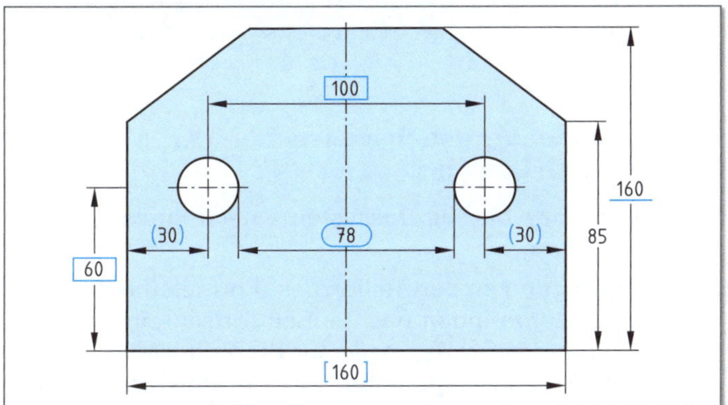

Bild 1: Arten von Maßen

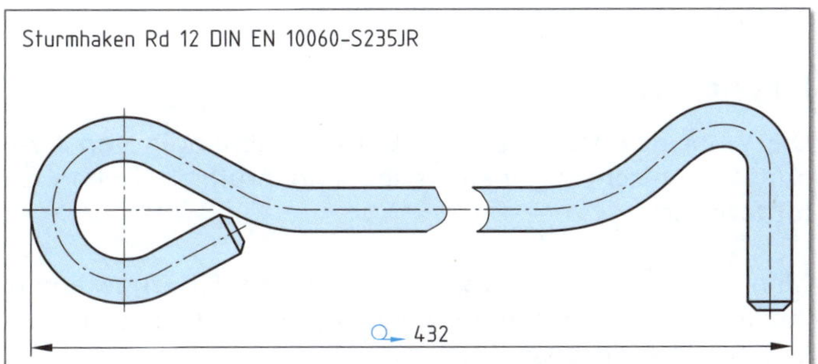

Bild 2: gestreckte Länge

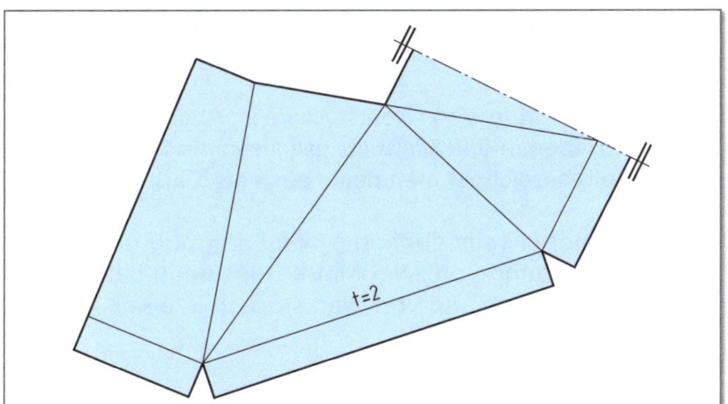

Bild 3: Symmetriezeichen und Werkstückdicke

Sonderelemente

Rohmaß

Rohmaße beziehen sich auf den Ausgangszustand eines Werkstücks.
Innerhalb einer Fertigungszeichnung werden sie in eckige Klammern gesetzt. (Bild 1)

Prüfmaß

Prüfmaße müssen bei der Festlegung des Prüfumfangs besonders berücksichtigt werden. Derartige Maßangaben sind meist Vertragsbestandteil und werden vom Abnehmer mit besonderer Sorgfalt geprüft.

Zur Kennzeichnung erhalten sie einen Rahmen, der aus zwei parallelen Linien besteht, die an beiden Enden mit Halbkreisen miteinander verbunden sind. (Bild 1)

Ideales Maß

Diese Maßangabe dient zur Kennzeichnung der geometrisch idealen Lage oder der Form eines Formelements, die es ohne Berücksichtigung von Fertigungstoleranzen hätte.
Man setzt derartige Maße in einen rechteckigen Rahmen. (Bild 1)

Hilfsmaß

Hilfsmaße sind für die hinreichende geometrische Beschreibung eines Werkstückes eigentlich nicht erforderlich. Trotzdem werden sie vor Allem zur Kennzeichnung funktioneller Zusammenhänge in Zeichnungen eingetragen. Geschlossenen Maßketten löst man durch Kennzeichnung eines Maßes als Hilfsmaß auf.

Solche Maße setzt man in runde Klammern. (Bild 1)

Nichtmaßstäbliches Maß

Im Regelfall erfolgt die Darstellung und Maßeintragung an Werkstücken maßstabsgerecht (⇐ Seite 52). Deshalb ist die Eintragung eines nichtmaßstäblichen Maßes die Ausnahme, z.B. bei Änderungen an bestehenden Zeichnungen. In derartigen Ausnahmefällen darf ein solches Maß durch Unterstreichung der Maßzahl gekennzeichnet werden. (Bild 1)

Werkstückdicke

Es ist insbesondere bei flachen Werkstücken zur Einsparung einer Ansicht üblich, die Werkstückdicke mit dem Buchstaben t auf der betreffenden Fläche einzutragen, z.B. t = 5. (Bild 3)

Gestreckte Länge

Die Kennzeichnung von Maßangaben als „gestreckte Längen" kommt vor allem bei der Bemaßung von Biegeteilen und bei Werkstücken der Feinblechtechnik vor. Ein Kreis mit einem waagerecht angesetzten Pfeil ist das grafische Symbol, das anstelle der Wortangabe immer vor die Maßzahl der „gestreckten Länge" gesetzt wird. (Bild 2)

Symmetriezeichen

Das Symmetriezeichen besteht aus zwei schmalen Volllinien, die als Doppelstrich mittig an den Enden einer Symmetrielinie angeordnet werden. Sie sind mindestens 5mm lang. Die Anwendung wurde bereits auf ⇐ Seite 86 beschrieben. (Bild 3)

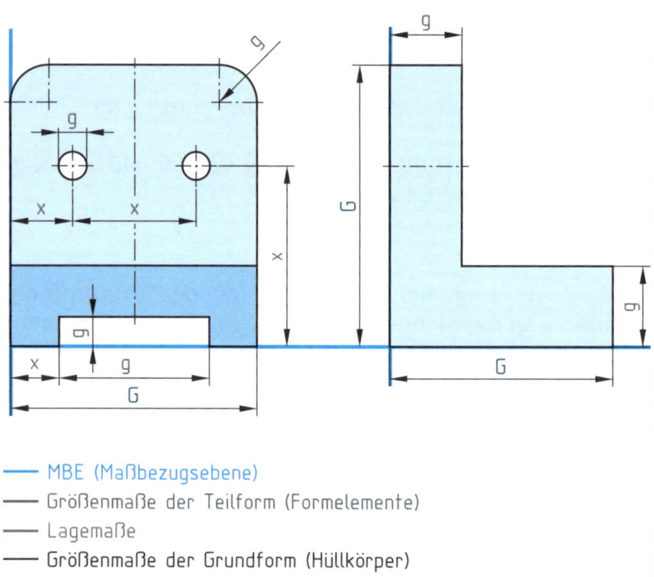

Bild 1: Vorgehen bei der Maßeintragung

Tabelle 1: Maßbezugssysteme

Eine Ansicht - zwei Maßbezugslinien	
Fläche - Fläche	Achse - Achse
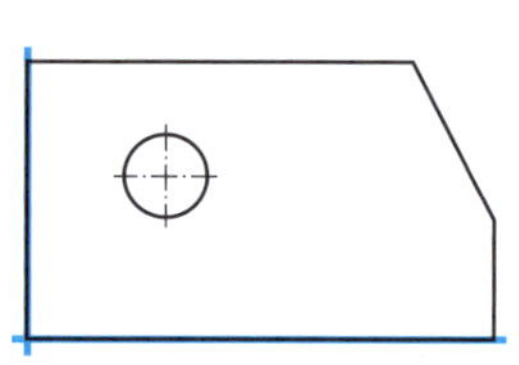	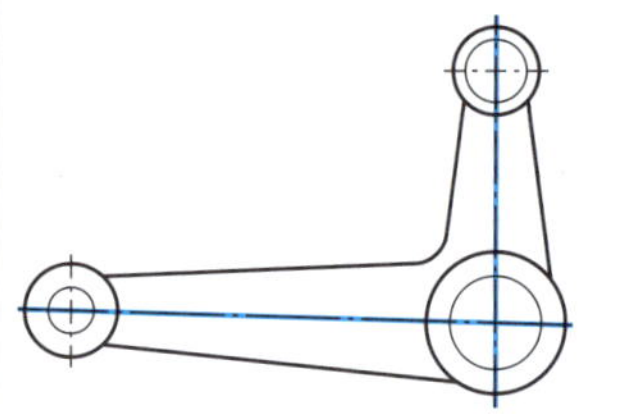
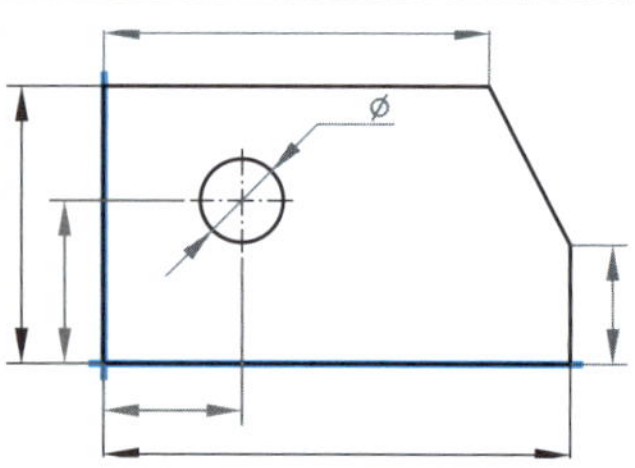	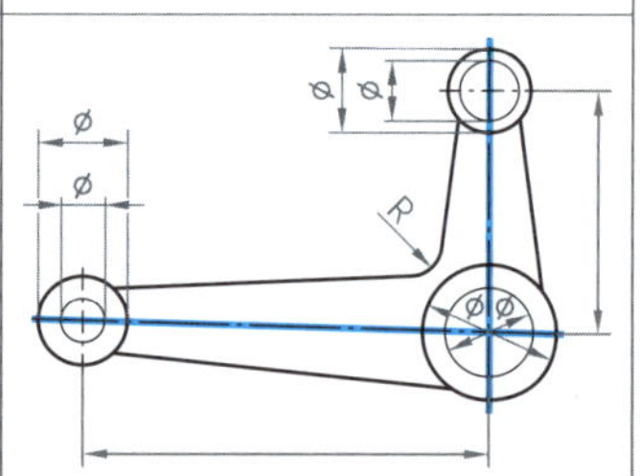
Fläche - Achse	
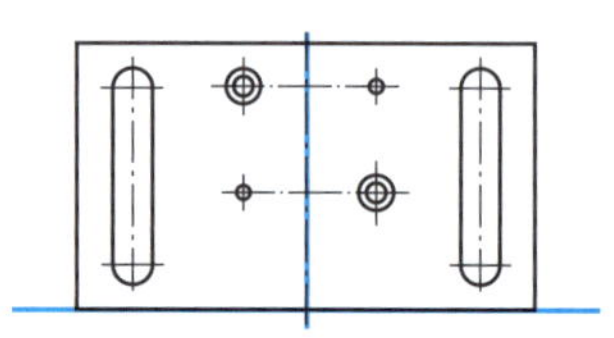	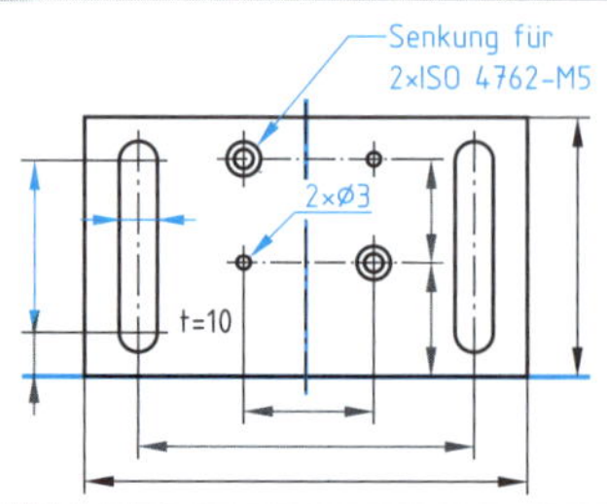 Senkung für 2×ISO 4762-M5; 2×⌀3; t=10
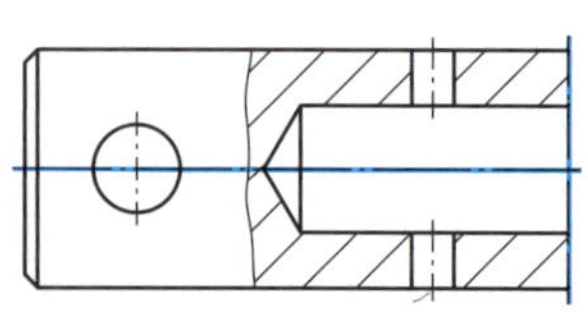	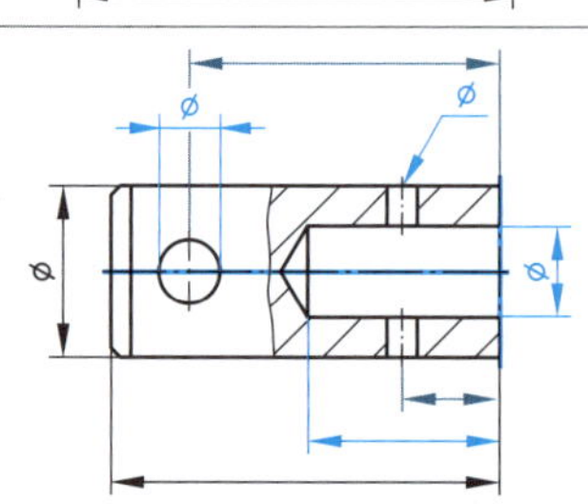

2.3.2 Systematik der Maßeintragung

Anwendungsregeln

Nach DIN 406 enthalten technische Zeichnungen alle Maßangaben, die für die vollständige Beschreibung des dargestellten Werkstücks notwendig sind und die sich auf den dargestellten Bearbeitungszustand dieses Werkstücks beziehen.

Die Darstellung kann den Roh-, Zwischen- oder Fertigzustand des Werkstücks zeigen.

Formelemente eines Werkstücks dürfen in einer Zeichnung nur ein Mal bemaßt werden.

Maße, die in technischen Unterlagen enthalten sind, z.B. in Normen, Stücklisten u. dgl. werden in der Zeichnung nicht wiederholt. Falls erforderlich, können sie als Hilfsmaße angegeben werden.

> Die Maßeintragung an Werkstücken soll so vorgenommen werden, dass sie den Anforderungen der Fertigung, der Funktion und des Prüfens gerecht wird.

Die folgende Vorgehensweise bei der Maßeintragung hat sich bewährt:

1. Festlegen des Maßbezugssystems nach Funktion, Fertigung, Prüfung.
2. Maßeintragung an den Teilformen (Formelementen) des Werkstücks von innen nach außen fortschreitend durch Eintragung der Größenmaße für die Teilformen und Angabe ihrer Lage (Lagemaße) am Gesamtwerkstück bei Zugrundelegung des ausgewählten Maßbezugssystems.
3. Bemaßung der Grundform (des Hüllkörpers) des Werkstücks. (Bild 1)

Maßbezugssysteme

Die Wahl des Maßbezugssystems ist abhängig von fertigungstechnischen, funktionellen und prüftechnischen Erfordernissen.

Man unterscheidet Bezugsebenen (Flächen), Bezugskanten (bei flachen Werkstücken z.B. aus Blech) und Bezugsachsen (z.B. Symmetrieachsen).

Grundsätzlich gilt, dass ebene Flächen mit langen Kanten bevorzugt als Maßbezugsebene ausgewählt werden sollen, weil diese Flächen besser als andere als Messbasis geeignet sind.

Bei der Darstellung von Werkstücken in Ansichten werden Maßbezugsebenen und Maßbezugsachsen als Linien abgebildet. Deshalb bezeichnet man beide auch als Maßbezugslinien.

Tabelle 1 zeigt jeweils abhängig von Fertigung und Funktion die Anwendung von zwei Maßbezugslinien bei der Darstellung und Bemaßung von Werkstücken in einer Ansicht:

- Fläche - Fläche
- Achse - Achse
- Fläche - Achse

2. Technische Darstellung von Werkstücken

2.3 Grundlagen der Maßeintragung

Tabelle 1 zeigt jeweils abhängig von Fertigung und Funktion die Anwendung von zwei Maßbezugsebenen und einer Maßbezugsachse bei der Darstellung und Bemaßung von Werkstücken in einer Ansicht:

- Fläche - Fläche - Achse

Diese Kombination ist wegen der komplexen Form der Werkstücke und der damit verbundenen Fertigung in mehreren Aufspannungen in ihrer Anwendung typisch für Dreh- und Frästeile.

Tabelle 1: Maßbezugssysteme
Eine Ansicht - drei Maßbezugslinien
Fläche - Fläche - Achse

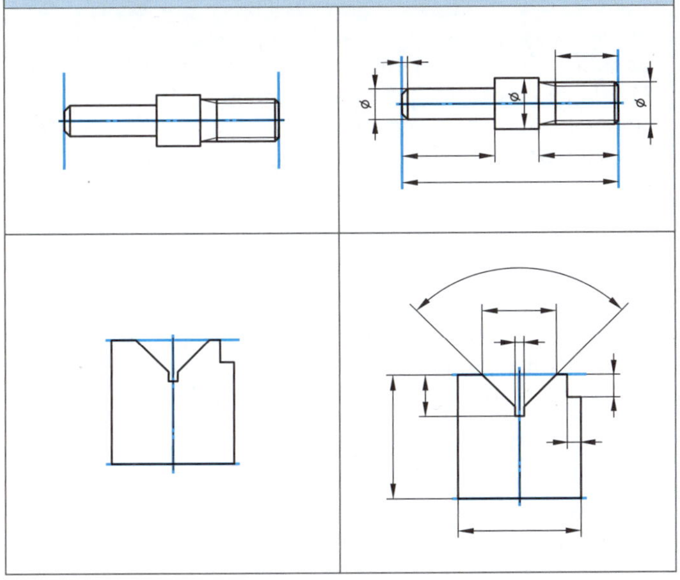

Die verschiedenen Formelemente dieser Werkstücke werden ausgehend von verschiedenen Basisebenen gefertigt. Entsprechend den Besonderheiten und Erfordernissen des Fertigungsverfahrens bestimmen deshalb mehrere Maßbezugsebenen und -achsen die Maßeintragung.

Das Bild 1 der vorangehenden Seite zeigt, dass nicht alle erforderlichen Maßbezugsebenen und Maßbezugsachsen in derselben Zeichenebene liegen müssen. So kommen bei der Darstellung und Maßeintragung in zwei Ansichten die Kombinationen

- Fläche - Fläche - Fläche
- Fläche - Fläche - Achse zur Anwendung.

Anordnung der Maße

Bei der Bemaßung von Formelementen an Werkstücken ist es erforderlich, zusammengehörige Lagemaße und Größenmaße der Teilform zu gruppieren. Das soll derart geschehen, dass diese Maße möglichst in derselben Ansicht eingetragen werden. Diese Ansicht soll das Formelement am besten veranschaulichen.

So werden z.B. Maße von Bohrungen, Nuten, Ansätzen usw. möglichst in einer Ansicht eingetragen.
Insbesondere bei Schnittdarstellungen sind Maßgruppen für Außen- und Innenmaße zu bilden und gruppiert einzutragen. Der Informationsgehalt lässt sich dadurch wesentlich leichter erfassen.

Wenn mehrere Werkstücke als Baugruppe gezeichnet und bemaßt werden, sollen die Maße für jedes Bauteil eine Maßgruppe bilden und voneinander getrennt angeordnet werden.

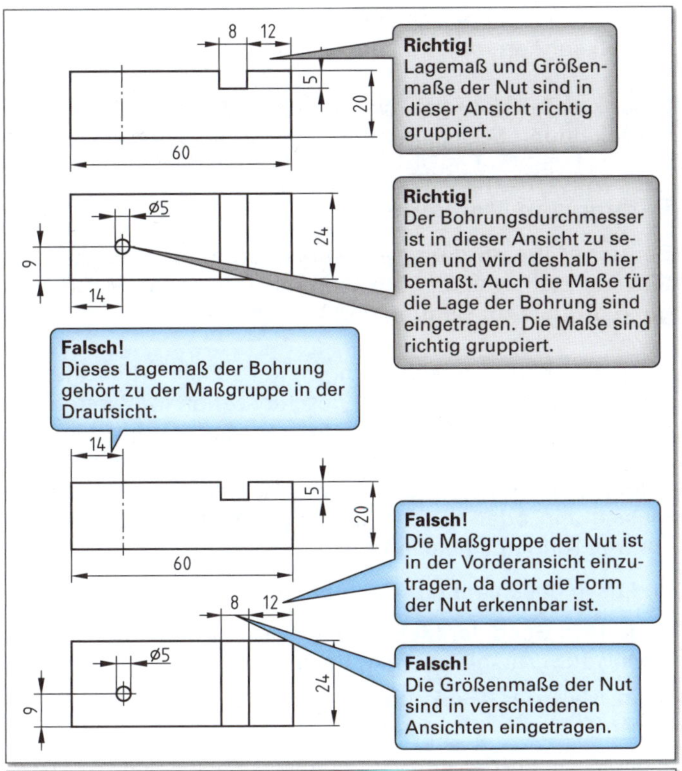

Bild 1: Maßgruppierung für Formelemente

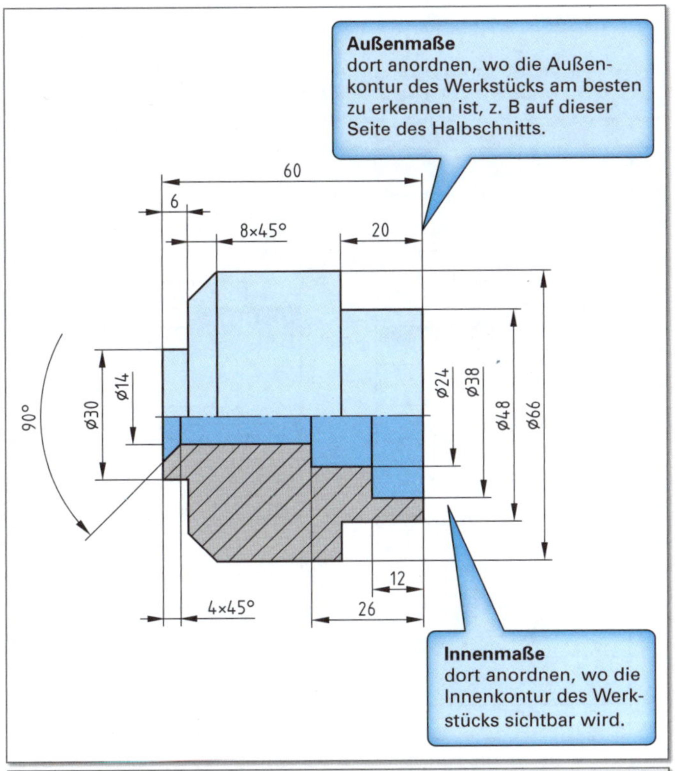

Bild 2: Gruppierung von Außen- und Innenmaßen

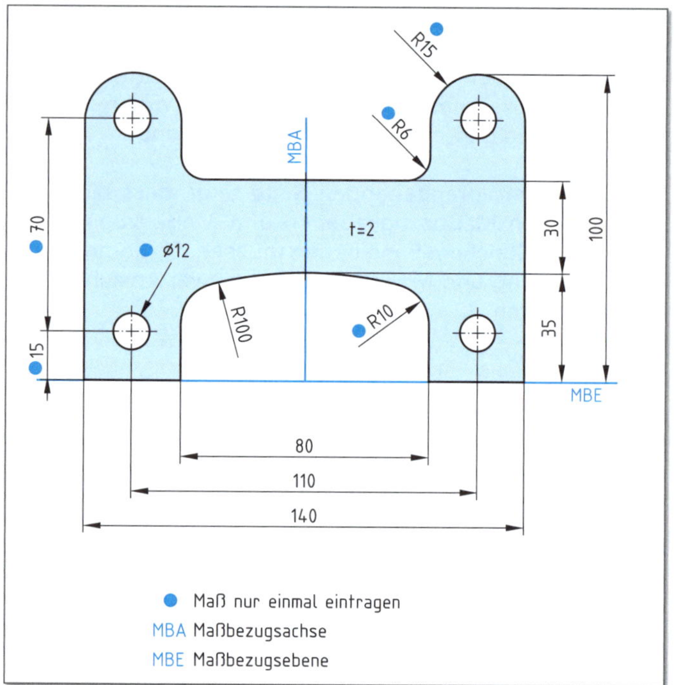

Bild 1: Maßanordnung bei symmetrischen Werkstücken

Bemaßung symmetrischer Werkstücke

Bei symmetrischer Werkstückform ist die Symmetrieachse, als Mittellinie, gleichzeitig Maßbezugsachse. So werden Lagemaße der Teilformen und Größenmaße der Grundform über die Mitte hinweg bemaßt. Bei gleichgroßen symmetrisch angeordneten Teilformen werden deren Größenmaße und Lagemaße nur an einer Teilform eingetragen.

Die Maßeintragung kann von mehreren Bezugsflächen, Bezugskanten oder Bezugsachsen ausgehen.

An manchen Werkstücken ist die Bearbeitungsrichtung nicht ausgesprochen deutlich erkennbar. In solchen Fällen empfiehlt es sich, die Maßeintragung in Anreißrichtung vorzunehmen.

Beachte: In einer Technischen Zeichnung werden die Maßbezugsebenen, Maßbezugsflächen und Maßbezugsachsen nicht mitgezeichnet. Man erkennt sie an der Art und Weise der Maßeintragung.

Nr.	a	b	c	d	e	t
Teil 1	140	12	R 2,5	20	R 20	5
Teil 2	175	15	R 3	25	R 24	6

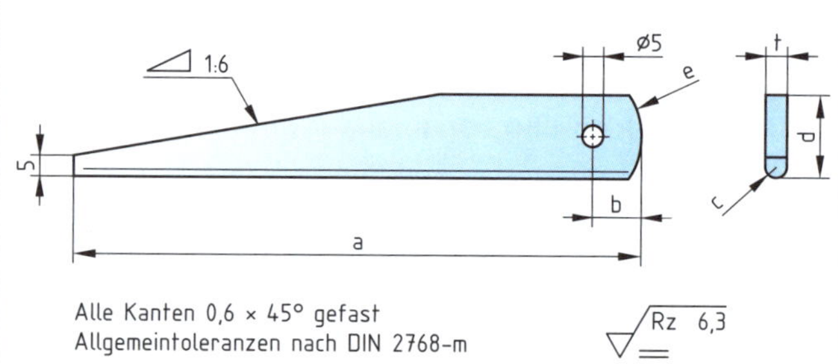

Bild 2: Verwendung von Maßbuchstaben

Verwendung von Maßbuchstaben

Bei der Darstellung von Werkstücken gleicher Gestalt aber unterschiedlicher Größe können für die variablen Maße Buchstaben statt Zahlen eingetragen werden.

Die Zahlenwerte müssen dann in einer Maßtabelle zusammengefasst werden. Jede Zeile der Tabelle gilt für eine Ausführung des Teiles. Entsprechend seiner Ausführungsart erhält jedes Werkstück eine Identifikationsnummer.

Grafische Symbole und Kennzeichen zur Maßzahl werden in dem Fall nicht den Buchstaben der Maßeintragung zugeordnet, sondern den Zahlenwerten in der Tabelle.

Derartige Zeichnungen werden nach DIN 406-11 als Sammelzeichnung bezeichnet.

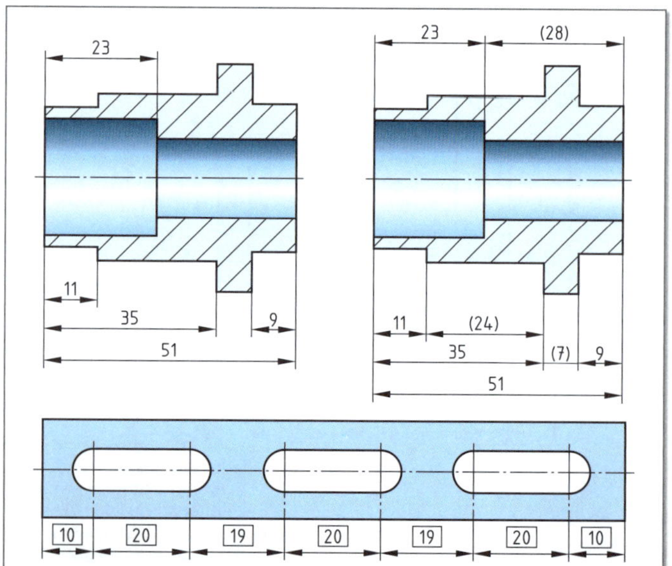

Bild 3: Maßketten

Bildung von Maßketten

Bei der Maßeintragung an Werkstücken mit Formelementen, die sich wiederholen, kommt es bei der Maßeintragung oftmals zur Bildung von Maßketten.

Da jedes Maß für sich genommen eine Fertigungstoleranz aufweist, kommt es bei geschlossenen Maßketten zur Summierung der Fertigungstoleranzen der Einzelmaße. Die Summe der Toleranzen der Einzelmaße stimmt dann nicht mit der Toleranz des Gesamtmaßes überein. Deshalb müssen ein oder mehr Maße in der Kette diese Toleranzsummierung ausgleichen.

Praktisch geschieht das dadurch, dass

- man ein Glied der Maßkette fortlässt und dadurch dieses Maß zum Ausgleichsmaß bestimmt, oder
- ein Maß der Maßkette als Hilfsmaß (⇐ **Seite 112**) einträgt, oder
- die Maße als theoretisch genaue Maße (⇐ **Seite 111**) einträgt.

2.3.3 Arten der Maßeintragung

Parallelbemaßung

- Die Maßlinien werden an jede Teilform und zueinander parallel verlaufend eingetragen.
- Winkelmaße werden mit konzentrisch zueinander verlaufenden Maßlinien versehen. Jedem Winkel ist eine Maßlinie zugeordnet. (Bild 1)

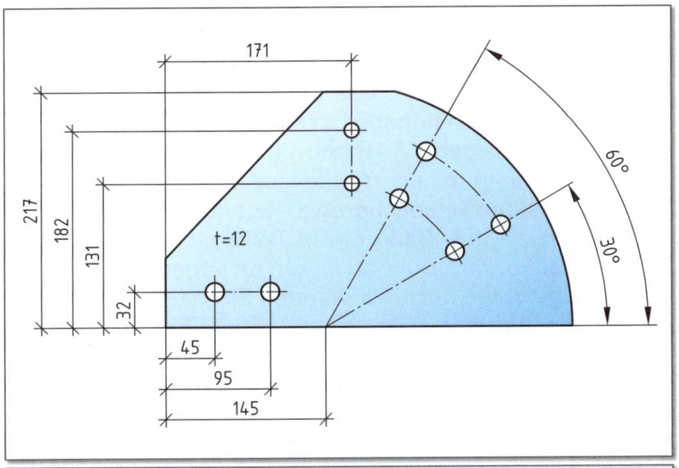

Bild 1: Parallelbemaßung

Steigende Bemaßung

- Der Beginn der Bemaßung wird mit einem kleinen Kreis als Ursprung gekennzeichnet.
- Vom Ursprung aus wird für beide Richtungen der Längenmaße und für die Winkelmaße nur jeweils eine Maßlinie eingetragen.
- Bei Platzmangel dürfen zusätzliche Maßlinien eingetragen werden.
- Maße, die vom Ursprung aus in Gegenrichtung eingetragen werden, erhalten ein negatives Vorzeichen.
- Die Maßzahlen dürfen auch in Leserichtung über der zugehörigen Maßlinie eingetragen werden.
- Bei Platzmangel können auch abgebrochene Maßlinien verwendet werden. (Bild 2)

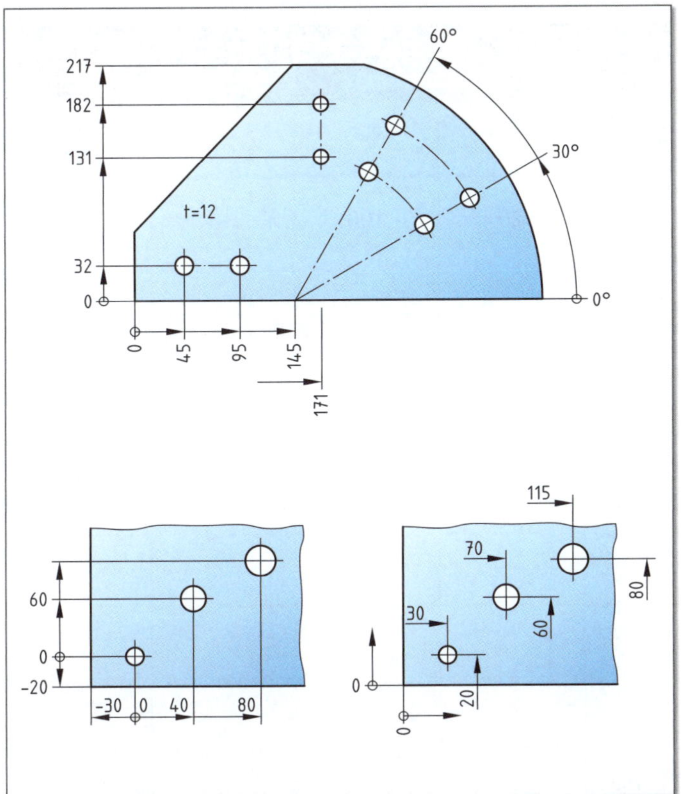

Bild 2: Steigende Bemaßung

Koordinatenbemaßung

- Die Koordinatenbemaßung wird bei Zeichnungen verwendet, die zur Vorbereitung und Durchführung der Fertigung von Werkstücken an numerisch gesteuerten Maschinen benötigt werden.
- Der Werkstücknullpunkt, gleichzeitig Ursprung der Bemaßung, wird auch hier mit einem kleinen Kreis gekennzeichnet.
- Kartesische Koordinaten werden, gemessen vom Ursprung aus, jeweils in Richtung der senkrecht zueinander verlaufenden Achsen des Koordinatensystems festgelegt. Dabei werden Maßlinien und Maßhilfslinien nicht gezeichnet.
- Der Ursprung des Koordinatensystems kann an beliebiger Stelle, auch außerhalb der Darstellung liegen. Damit können sich positive und negative Messrichtungen ergeben. Deshalb sind die in negativer Achsrichtung zu messenden Maße mit negativem Vorzeichen zu versehen.
- Die Koordinatenwerte werden entweder in Tabellen zusammengefasst oder direkt in unmittelbarer Nähe zu den bezeichneten Koordinatenpunkten angegeben.
- Auch die Angabe von Polarkoordinaten ist möglich. Sie werden durch einen absoluten Betrag (Radius) und einen Winkel, der bezüglich der Polarachse im Gegenuhrzeigersinn gemessen wird, beschrieben.
- Auch hier werden die Koordinatenwerte in einer Tabelle zusammengefasst. (Bild 3)

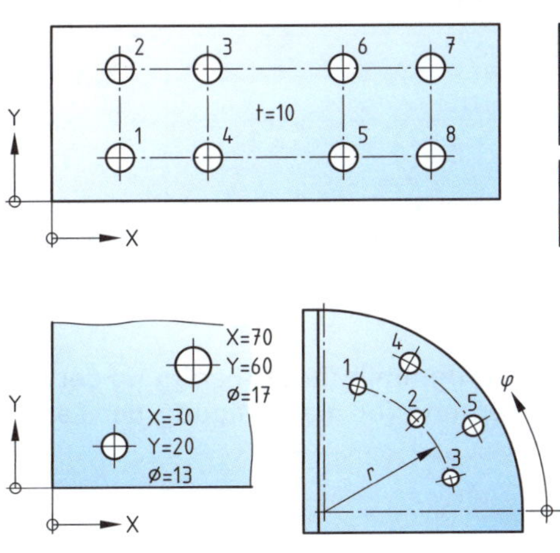

Pos.	x	y	⌀
1	30	20	13
2	30	60	13
7	170	60	13
8	170	20	13

Pos.	r	φ	⌀
1	60	75°	9
2	60	45°	9
3	60	15°	9
4	90	60°	13
5	90	30°	13

Bild 3: Koordinatenbemaßung

Übungsaufgaben 11

Aufgabe 1

AutoCAD verwendet ein kartesisches Koordinatensystem, X- und Y-Achse bilden einen rechten Winkel. Die Achsen schneiden sich im Ursprung. Die positiven Achsrichtungen verlaufen nach rechts (X-Achse) und nach oben (Y-Achse). Die Maßeinheit ist bei der Koordinateneingabe ohne Bedeutung. Die Eingabe von Koordinaten mittels Tastatur ist nicht sonderlich beliebt. Bei der Nutzung eines CAD-Programms sind Koordinateneingaben aber in vielen Situationen unumgänglich, etwas überzogen könnte man sogar sagen, wer mit CAD konstruieren will, muss die Zeichenaufgabe in Koordinaten übersetzen können.

Die folgende Übung soll beim Erwerb von Grundwissen über die Arbeit mit der Koordinateneingabe helfen.

Gegeben ist die manuell erstellte Einzelteilzeichnung des Werkstücks *Grundplatte*. Das Einzelteil soll mit AutoCAD mittels Koordinateneingabe gezeichnet werden. Dazu sind die Koordinaten der markierten Punkte der Geometrie zu ermitteln und in einer Tabelle zusammenzufassen. Der Werkstücknullpunkt soll bezogen auf das absolute Koordinatensystem des Bildschirms (WKS) die Koordinaten (20,100) haben. Zu Übungszwecken erzeugen Sie die Punkte der Reihenfolge nach. Verwenden Sie zu ihrer Definition jeweils absolute Koordinaten und relative Koordinaten. Beachten Sie, dass sich relative Koordinatenangaben immer auf den zuletzt definierten Punkt beziehen. *(Auf die Möglichkeit der Definition von Benutzerkoordinatensystemen BKS soll bewusst verzichtet werden.)*

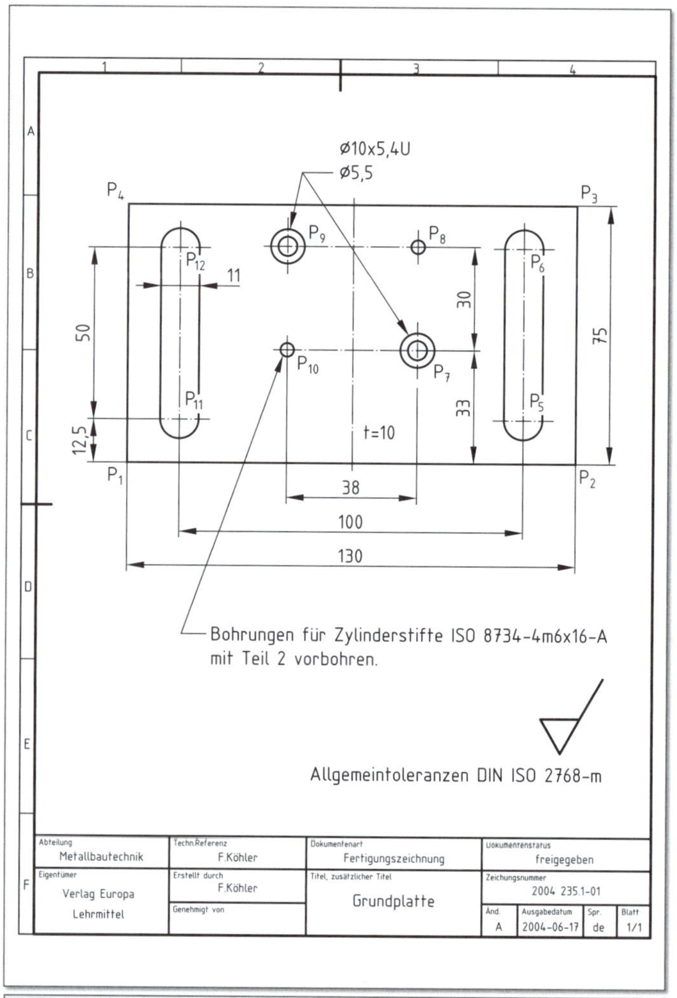

Bild 1: Einzelteilzeichnung mit markierten Punkten

Punkt	absolute Koordinaten		relative Koordinaten	
	X	Y	X_R	Y_R
P_1	20	100	–	–
P_2				
P_3				
P_4				
P_5				
P_6				
P_7				
P_8				
P_9				
P_{10}				
P_{11}				
P_{12}				

Aufgabe 2

Fertigen Sie eine Einzelteilzeichnung von der *Grundplatte* nach dem Vorbild der Zeichnung dieser Seite an, jedoch mit Koordinatenbemaßung.

Aufgabe 3

Schreiben Sie ein NC-Programm für die Fertigung der Bohrungen mit Senkungen und für die Fertigung der Langlöcher der *Grundplatte*.

2.3.4 Fertigungsgerechte Maßeintragung

Bevor man die Maßeintragung vornehmen kann, ist es erforderlich, die einzelnen Fertigungsschritte zur Herstellung des Werkstücks gedanklich vorwegzunehmen. Entsprechend den zur Erzeugung der Grundform und der einzelnen Formelemente des Werkstücks anzuwendenden Fertigungsverfahren sind Maßbezugsachsen und Flächen festzulegen. Auf diese beziehen sich die Maßeintragungen für die verschiedenen Arbeitsstufen, die durchzuführenden Prüfschritte und die Maschinen- und Werkzeugeinstellungen.

> Die fertigungsgerechte Maßeintragung wird von der Reihenfolge der Arbeitsstufen bestimmt. Die Maße derselben Arbeitsstufe sollen zweckmäßig auch in derselben Ansicht eingetragen werden.

Bild 1: verschlissene Spannbacken

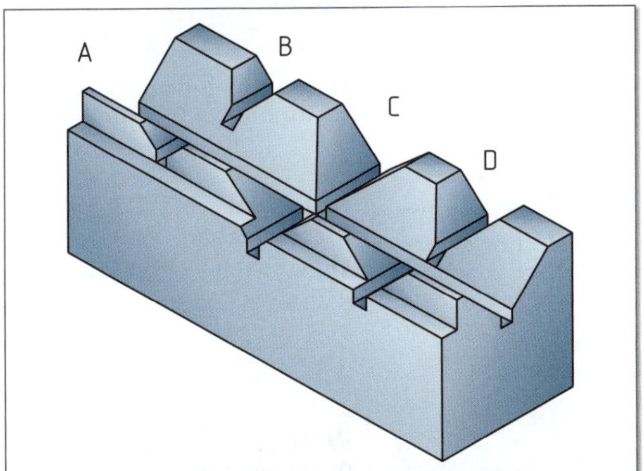

Bild 2: wiederherzustellende Form

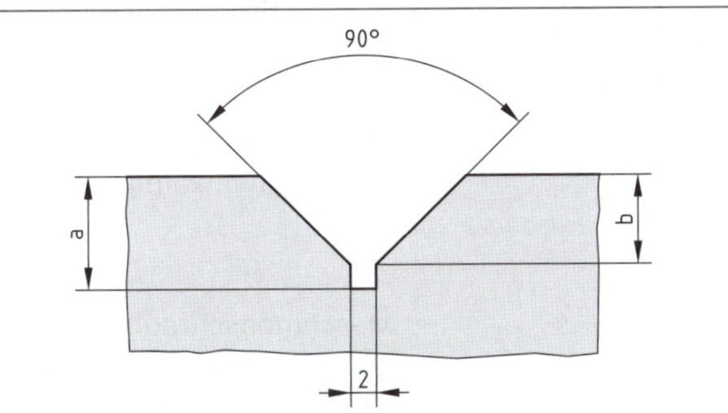

Maß (in mm)	Prismennut			
	A	B	C	D
a	9	5	9	7
b	7	3	7	5

Bild 3: Maße der Prismennuten

Im Folgenden wird die Entwicklung der fertigungsgerechten Maßeintragung am Beispiel des Werkstücks „Spannbacken" dargestellt. Dieses prismatische Werkstück wird durch das Fertigungsverfahren Fräsen bearbeitet.

Fertigungsaufgabe

Die Spannbacken eines Schraubstocks sind verschlissen und sollen erneuert werden.

Information

Derartige Prismenbacken erleichtern das Spannen runder oder prismatischer Werkstücke. Die sich kreuzenden Längs- und Quernuten führen zu einem sicheren Halt dieser Teile. Der ausgefräste Nutgrund nimmt Schmutz und Späne auf und erleichtert außerdem das Fräsen der schrägen Aufnahmeflächen mit dem Winkelfräser. Der an einer Kante gefräste Absatz bietet die Möglichkeit, auch dünne Blechteile sicher zu spannen.

Konstruktion

Als Ausgangsmaterial steht warm gewalzter Vierkantstahl 30 aus C45E zur Verfügung. Zunächst wird die Grundform des Backens, ein Quader mit den Kantenlängen 70 x 25 x 25, aus dem Ausgangsmaterial hergestellt. Bild 2 zeigt, dass in Längsrichtung eine prismatische Aufnahme und quer dazu drei derartige Aufnahmen unterschiedlicher Größe angebracht sind. Der Abstand der Quernuten zueinander beträgt 40 mm.

Außerdem ist eine Seite mit einem Absatz (5 mm tief und 3 mm breit) versehen. Zur Befestigung des Backens am Gestell erhält er auf der den Nuten gegenüberliegenden Seite zwei Gewindegrundbohrungen M6 mit einer nutzbaren Einschraubtiefe von 9 mm. Die Bohrungen liegen, über die Mitte gemessen, 50 mm voneinander entfernt.

Die Oberflächenrauheit soll allseits mindestens Rz 25 betragen. Im Anschluss an die spanende Bearbeitung soll eine Wärmebehandlung folgen, die insbesondere den Spannflächen eine größere Härte verleiht (55 HRC). Abschließend sollen die Spannflächen des Prismenbackens durch Anwendung eines weiteren spanenden Verfahrens fein bearbeitet werden, sodass sie eine Oberflächenrauheit von Rz 1,6 aufweisen.

Arbeitsplanung

Zur Arbeitsvorbereitung soll ein Arbeitsplan zur Fertigung des Prismenbackens entwickelt werden. Er bildet zusammen mit der technischen Zeichnung die Grundlage für die handwerkliche Fertigung oder für die Planung und Programmierung der maschinellen Fertigung. Aus ihm ist ersichtlich, welche Arbeitsschritte in welcher Reihenfolge abgearbeitet werden müssen und er enthält auch alle erforderlichen technologischen Angaben, z.B. zu Werkzeugen, Maschinen, Spannmitteln, Prüfmitteln.

Der nachfolgend dargestellte Arbeitsplan zur Fertigung des Spannbackens enthält neben der zeichnerischen Darstellung und den Angaben über Arbeitsgang, Werkzeuge und Prüfmittel eine fotografische Darstellung, die den jeweiligen Arbeitsgang veranschaulichen soll. In der Praxis der Arbeitsplanung ist die fotografische Darstellung für die Weitergabe von Informationen nicht geeignet.

Tabelle 1: Arbeitsplan für die Fertigung des Werkstücks Spannbacken durch Fräsen, Bohren und Gewindeschneiden

Fotografische Darstellung	Zeichnerische Darstellung der Arbeitsgänge mit fertigungsgerechter Maßeintragung	Arbeitsgang, Werkzeuge, Prüfmittel
	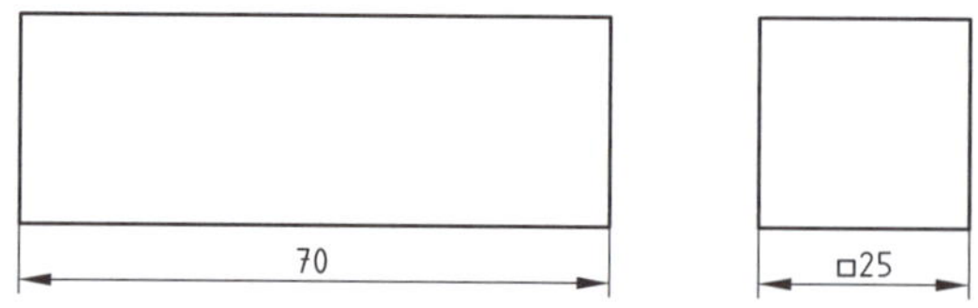	Fräsen der Grundform 25 x 25 x 70 aus 4kt 30 DIN 1014-C45E Maschinenschraubstock, Walzenfräser, Messschieber
	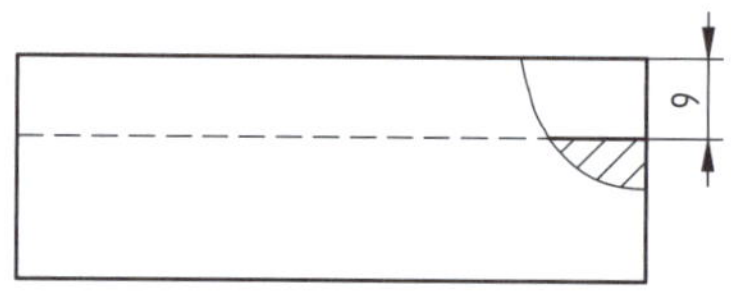	Werkzeugwechsel, Scheibenfräser Längsnut mittig 2 mm breit, 9 mm tief fräsen Maschinenschraubstock mit skalierter Drehplatte, Scheibenfräser, Messschieber
	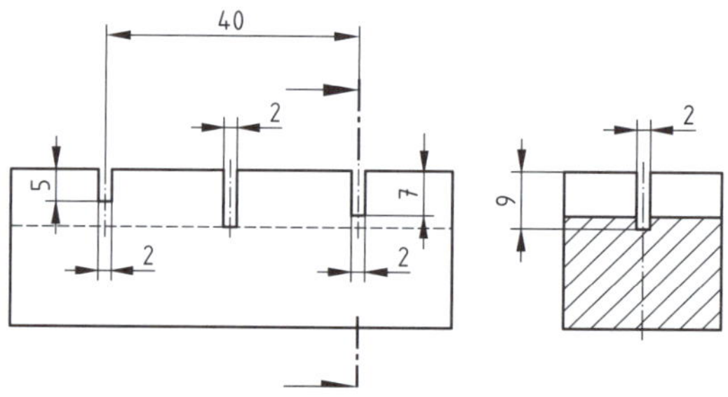	Quernuten fräsen, 2 mm breit, 5/9/7 mm tief Maschinenschraubstock, Messschieber, Universalwinkelmesser
	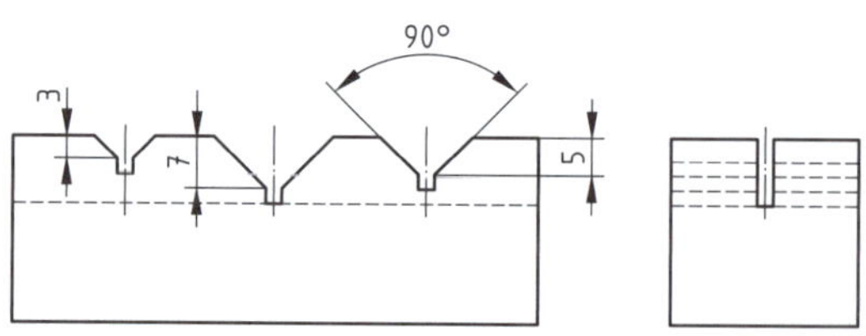	Werkzeugwechsel, 90° Winkelfräser Querprismen fräsen 3/7/5 mm tief Maschinenschraubstock, Messschieber, Universalwinkelmesser
	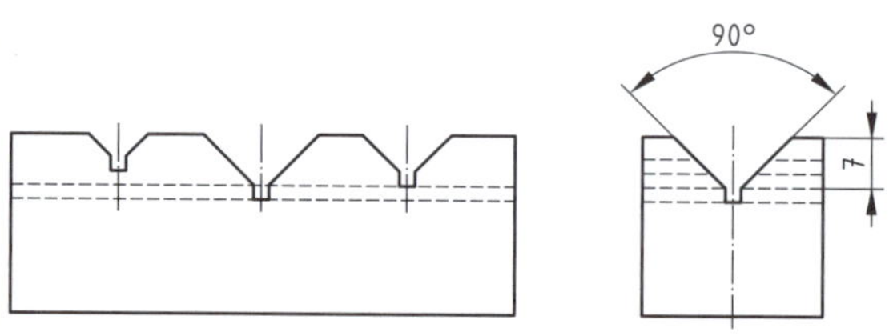	Maschinenschraubstock 90° schwenken, Längsprisma 7 mm tief fräsen, Maschinenschraubstock, Messschieber, Universalwinkelmesser

Tabelle 1: Fortsetzung des Arbeitsplanes für die Fertigung des Werkstücks Spannbacken

Fotografische Darstellung	Zeichnerische Darstellung der Arbeitsgänge mit fertigungsgerechter Maßeintragung	Arbeitsgang, Werkzeuge, Prüfmittel
	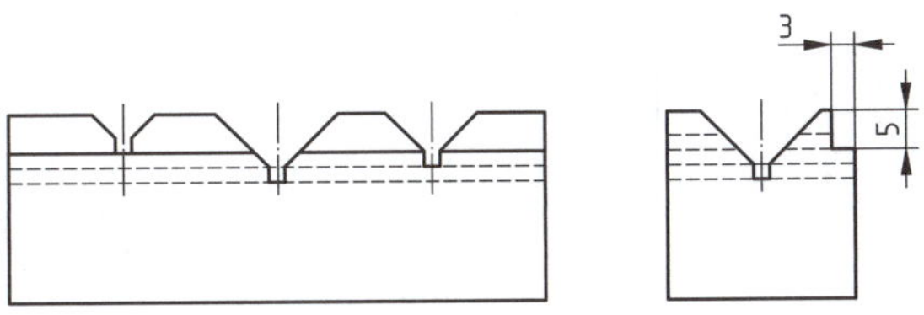	Werkzeugwechsel, Schaftfräser Stufe in Längsrichtung fräsen 3 mm breit und 5 mm tief Maschinenschraubstock, Messschieber, Universalwinkelmesser
	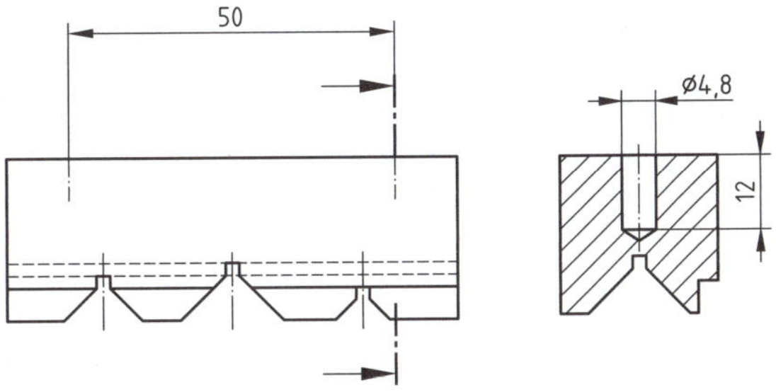	Werkzeugwechsel, Spiralbohrer ø4,8 Werkstück ausspannen, umspannen zwei Grundbohrungen ø4, 8, 12 mm tief bohren, Abstand über die Mitte gemessen 40 mm, Messschieber
	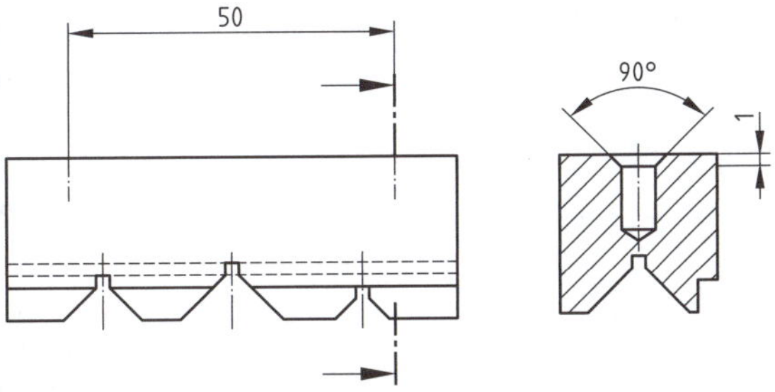	Werkzeugwechsel, Kegelsenker 90° Kernlochbohrungen auf ca. ø7 ansenken
	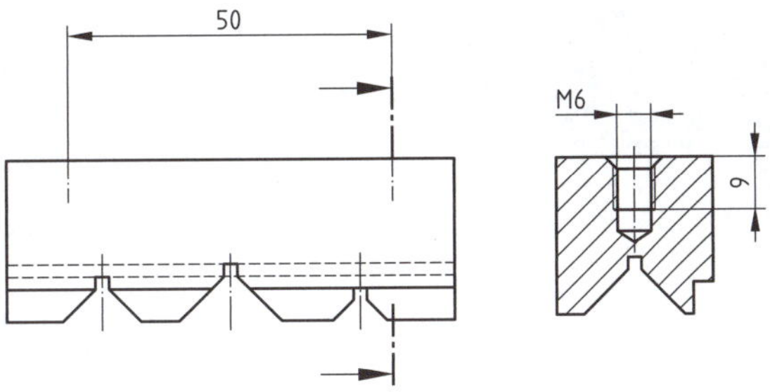	Werkzeugwechsel, Gewindebohrer M6 zwei Gewindegrundbohrungen M6, 9 tief herstellen
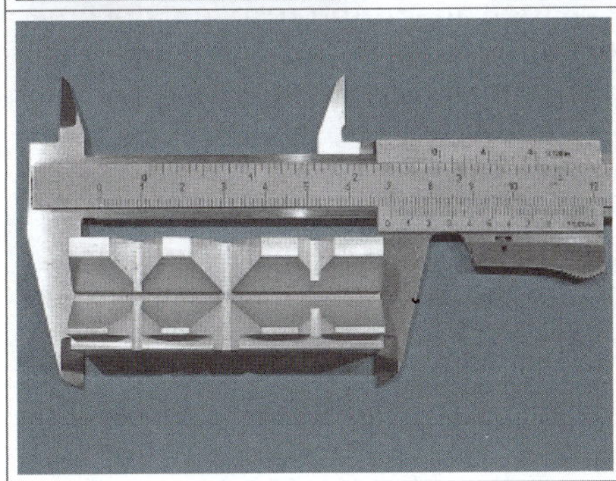	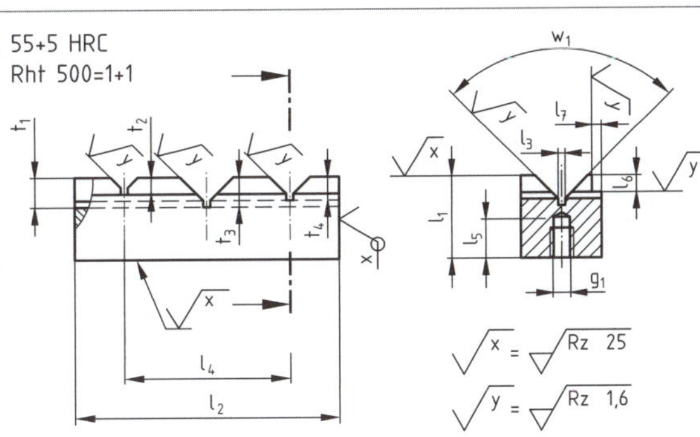	Werkstück ausspannen, Werkstück reinigen, Endkontrolle Prüfen der Maßangaben nach Prüfplan

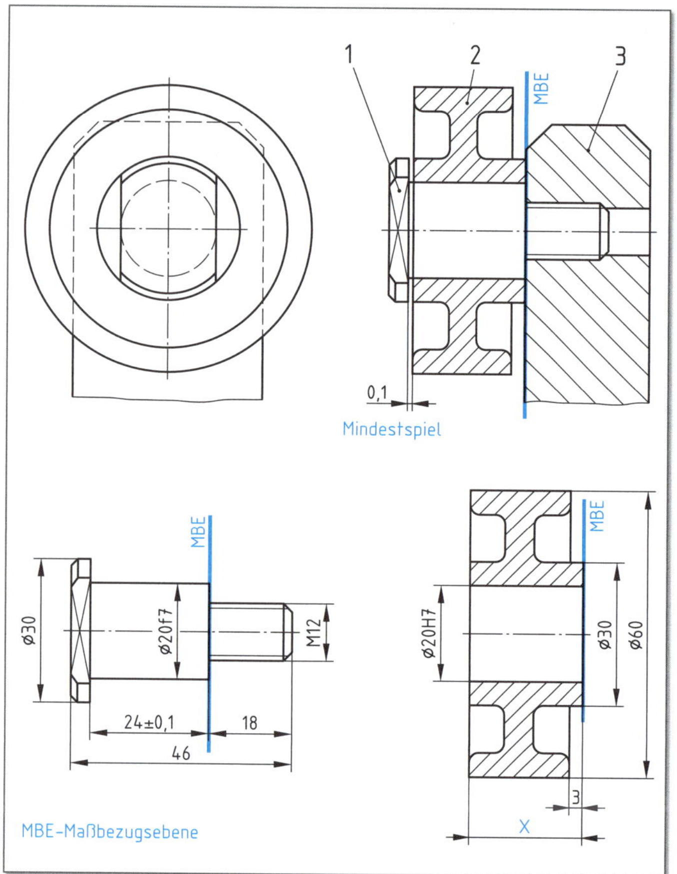

Bild 1: funktionsgerechte Maßeintragung

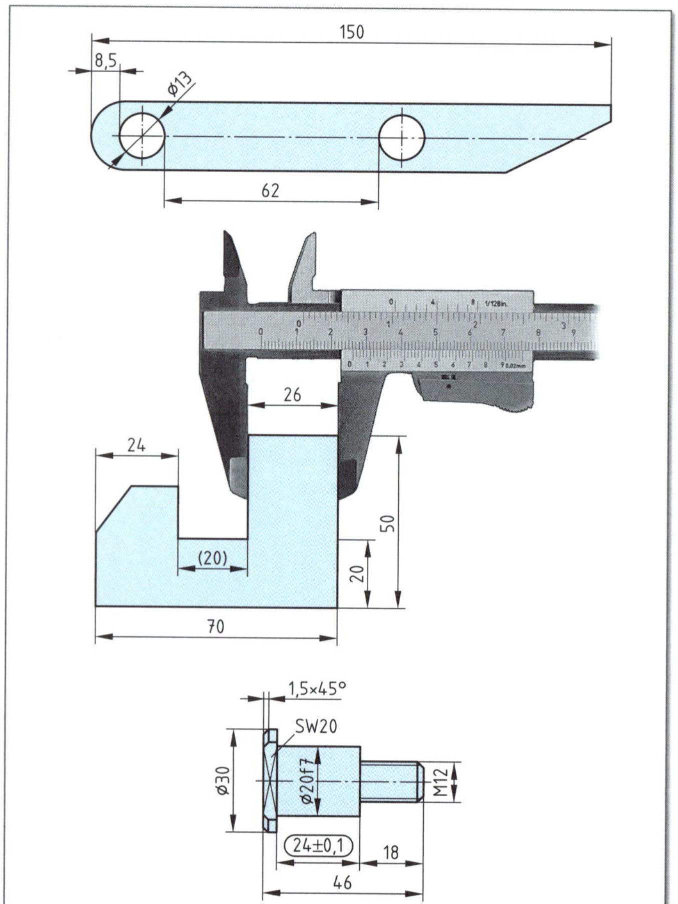

Bild 2: prüfgerechte Maßeintragung

2.3.5 Funktionsgerechte Maßeintragung

Eine funktionsgerechte Maßeintragung soll so vorgenommen werden, dass die Auswahl, Eintragung und Tolerierung der Maße das beabsichtigte Zusammenwirken aller Bauteile einer Baugruppe oder eines Erzeugnisses sichert.

Die Ausführung einer funktionsgerechten Maßeintragung beginnt mit der Auswahl des Maßbezugssystems nach funktionssichernden Bedingungen.

Bei dem dargestellten Beispiel soll ein Radkörper mittels eines Schraubenbolzens so an einer Gehäusewand befestigt werden, dass in jedem Fall die Drehbarkeit des Radkörpers gesichert ist.

Die Gehäusewand wird Maßbezugsebene. Beim Einschrauben des Bolzens schlägt dessen Bund an der Gehäusewand an, sodass das Längenmaß des Absatzes und die Breite des Radkörpers an der Lagerstelle so toleriert werden muss, dass ein ausreichendes Spiel, in diesem Fall mindestens 0,1 mm, die Beweglichkeit des Radkörpers sichert.

Für die Bemaßung des Bolzens wird deshalb die Maßbezugsebene an den Bund des Absatzes gelegt.

Beim Radkörper wird die dem Gehäuse zugewandte Seite Maßbezugsebene.

Das Maß x des Radkörpers muss nun so festgelegt und toleriert werden, dass das Mindestspiel zwischen Bolzenkopf, Radkörper und Gehäusewand 0,1 mm beträgt.

2.3.6 Prüfgerechte Maßeintragung

Prüfgerecht ist eine Maßeintragung dann, wenn die Maße und Toleranzen so in die Zeichnung eingetragen sind, dass sie beim Zeichnungslesen ohne erst rechnen zu müssen direkt entnommen werden können.

Prüfgerecht ist eine Maßeintragung auch dann, wenn die Maße so eingetragen sind, dass sie mit den zur Verfügung stehenden Prüfmitteln auch effektiv geprüft werden können.

Besonders zu prüfende Maße werden in technischen Zeichnungen gekennzeichnet. (⇐ **Seite 111**)

Bei Serienfertigung von Werkstücken ist es sinnvoll, die zu prüfenden Merkmale in Prüfplänen festzuschreiben. Nach diesen Prüfplänen werden dann die Werkstücke geprüft. Die Prüfergebnisse werden in Prüfprotokollen dokumentiert. Prüfpläne enthalten oftmals Prüfzeichnungen, die eigens zu Prüfzwecken angefertigt wurden und komplett prüfgerecht bemaßt sind. (⇐ **Seite 32**)

Maßeintragungen sollen fertigungs-, funktions- und prüfgerecht vorgenommen werden. Praktisch ist es oftmals so, dass Maßeintragungen diese geforderten Eigenschaften auf sich vereinen. Die meisten Maßeintragungen stellen eine bedarfsgerechte Kombination dieser Eigenschaften dar.

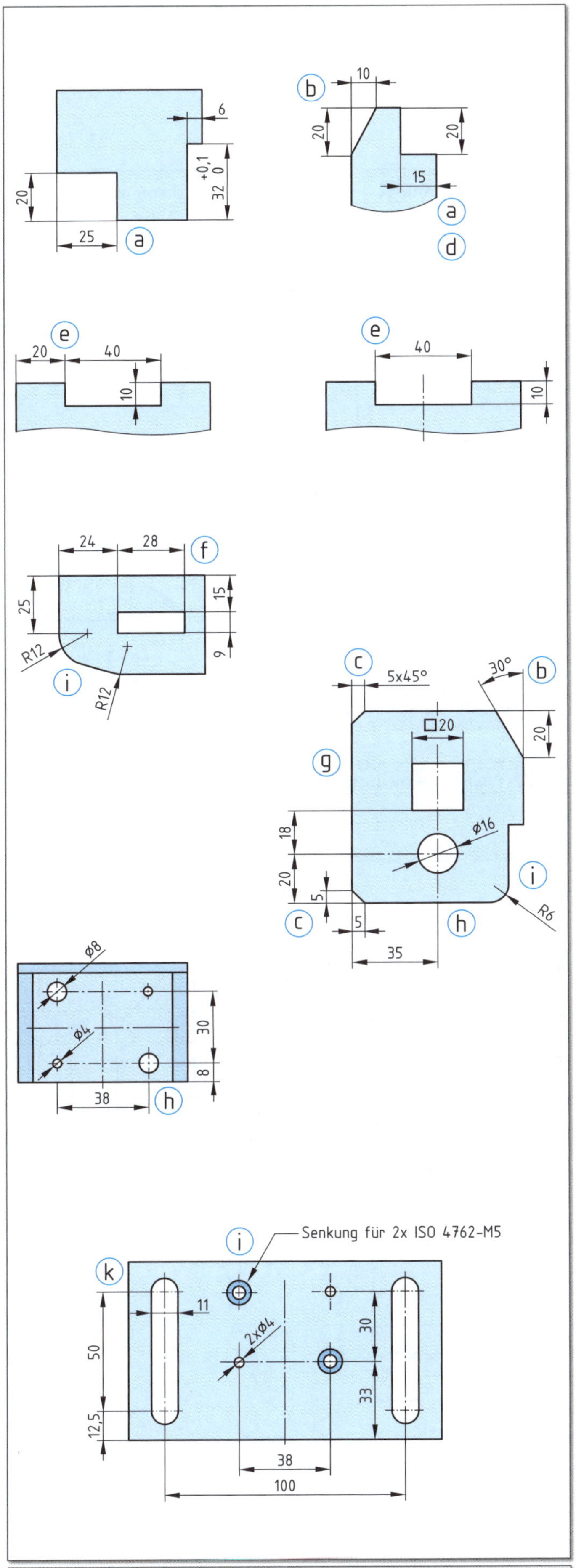

Bild 1: charakteristische Maße für Formelemente

2.4.1 Formelemente an prismatischen Werkstücken

Außer den Maßen für die *Grundform* eines prismatischen Werkstücks **Länge x Breite x Höhe** oder Breite x Höhe x Dicke erhält jedes dargestellte Formelement (⇐ **Seite 9**) seine charakteristische Maßeintragung. Die Maße bestimmen die Form. Man nennt sie aus diesem Grund *Formmaße*. Die Lage der Teilform am Gesamtwerkstück wird durch ein oder zwei *Lagemaße* bestimmt.

Tabelle 1: charakteristische Maße für Formelemente

Kennbuchstabe	Formelement	Formmaße: Radius	Formmaße: Durchmesser	Formmaße: Länge/Höhe	Formmaße: Breite	Formmaße: Tiefe	Formmaße: Winkel	Lagemaße
a	Ausnehmungen Ausklinkungen Absätze				■	■		■
b	Abschrägungen				■	■	■[1]	
c	Fasen			■			■[2]	
d	Stufen				■	■		■
e	Nuten				■	■		
f	Durchbrüche rechteckig			■	■			■
g	Durchbrüche quadratisch			■				■
h	Bohrungen		■					■
i	Rundungen	■						■
k	Langlöcher			■	■			■

[1] Nur 2 von 3 Maßen eintragen.

[2] Winkel entfällt, wenn 2 Längen bemaßt werden. Wenn Fasenbreite und Fasenhöhe gleich sind, dann kann in der Form Fasenbreite x 45° bemaßt werden.

Beachten Sie:

- Bei der praktischen Ausführung der Maßeintragung sind die Grundregeln der Bemaßung einzuhalten (⇐ **Seite 101**).
- Durchbrüche mit quadratischem Querschnitt, Bohrungen und Rundungen erhalten nur ein Formmaß.
- Rundungen benötigen oft kein Lagemaß.
- die Regeln für die Anwendung des ø -, R- und □- Zeichens (⇐ **Seite 103 ff**).

Beispiele für die Maßeintragung an prismatischen Werkstücken

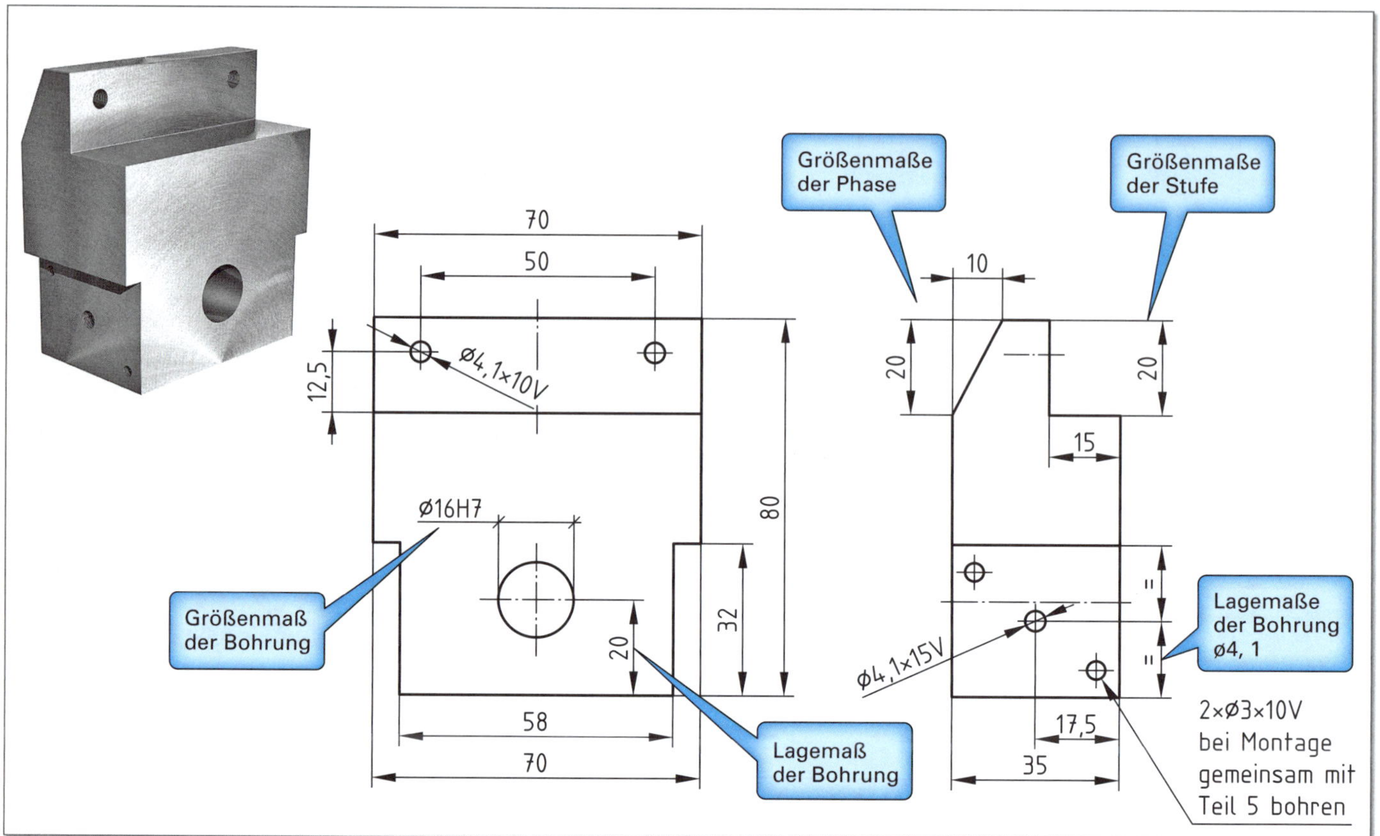

Bild 1: Werkstück „beweglicher Backen" des Projektes Schraubstock

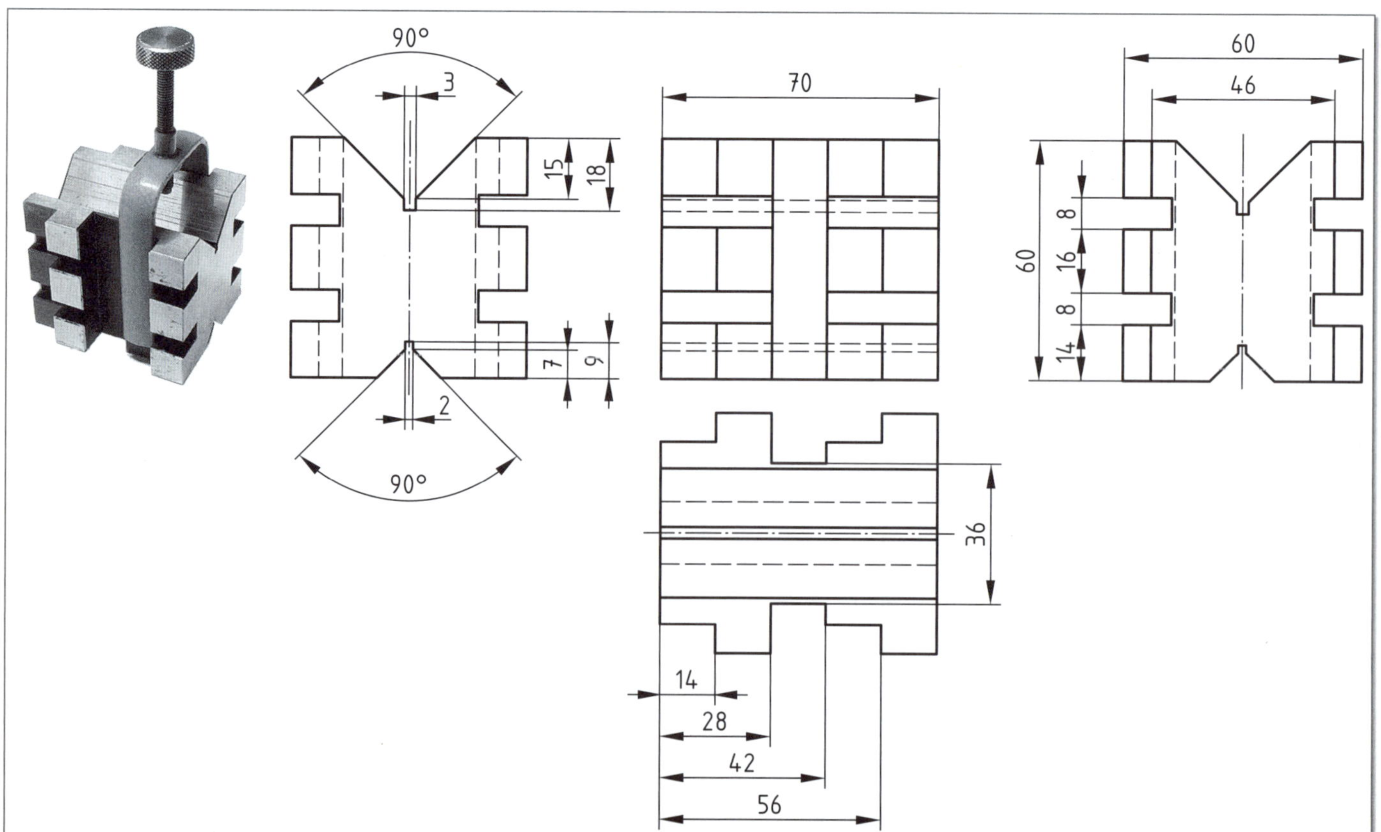

Bild 2: Spannprisma

2.4.2 Formelemente an zylindrischen Werkstücken

Die *Grundform* zylindrischer Werkstücke ist mit den Maßen für **Durchmesser x Höhe** ausreichend beschrieben. Werkstückformen mit Querschnittsänderungen kommen häufig vor. Deshalb sind oft mehrere Durchmesser an demselben Werkstück zu bemaßen.

Teilformen sind vielgestaltig. Um sie zu ordnen geht man davon aus, dass sie durch Schnittebenen unterschiedlicher Lage zur Zylinderachse entstehen. Die folgende Tabelle zeigt eine Auswahl, beschreibt die Konstruktion und gibt die charakteristischen Maße, die *Formmaße*, zur Beschreibung dieser Teilformen an.

Tabelle 1: Formelemente, die durch achsparallele Schnitte entstehen

Raumbild	Darstellung in Ansichten und Maßeintragung	Beschreibung
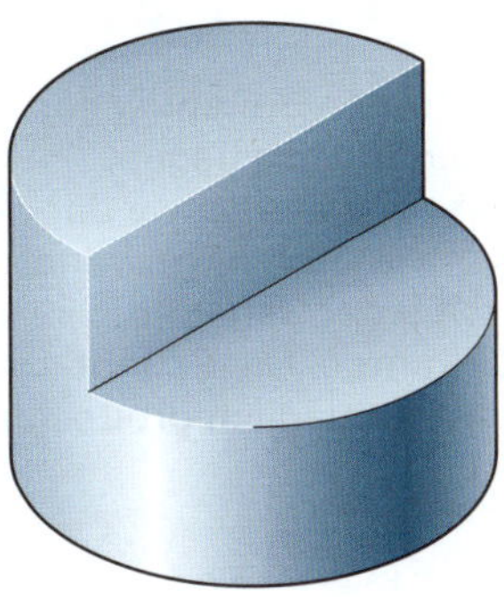	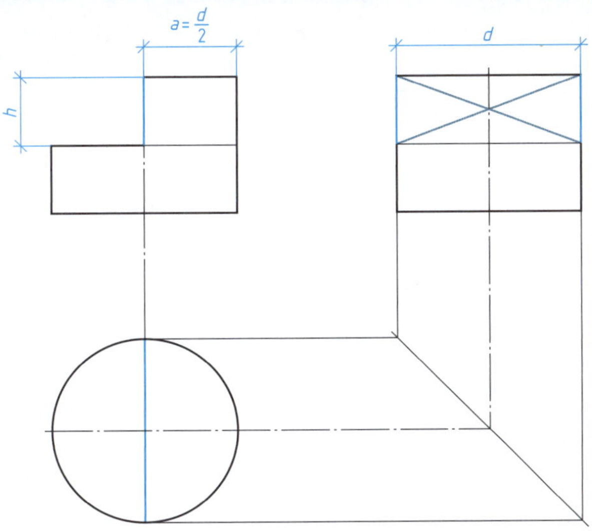	Die Schnittführung durch das Teil erfolgt so, dass die Zylinderachse in der Schnittebene liegt. Als Schnittfigur entsteht ein Rechteck mit den Kantenlängen *d* x *h*. *d* Durchmesser des Zylinders *h* Höhe des Formelements *a* Lagemaß für die Schnittebene **a = *d*/2** Zur besseren Unterscheidung von den gekrümmten Mantelflächen des Zylinders können die ebenen Schnittflächen mit einem Diagonalkreuz gekennzeichnet werden (⇐ **Seite 109**).
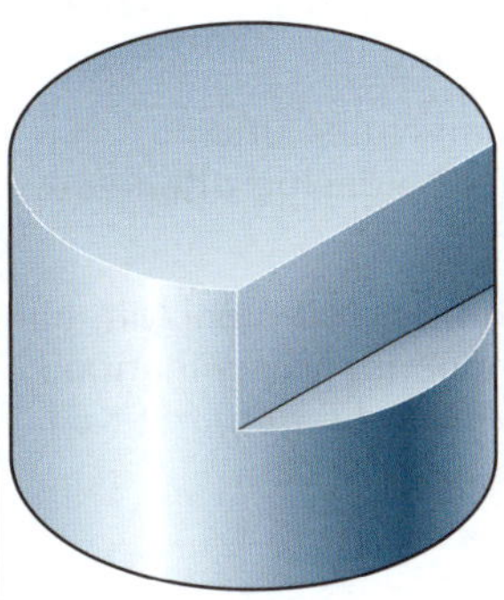	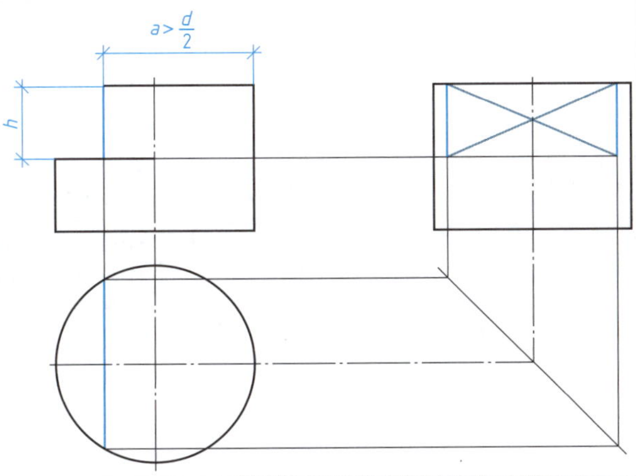	Bei diesem Beispiel liegt die Schnittebene achsparallel vor der Zylinderachse. **a > *d*/2** Die Schnittfigur ist ein Rechteck, die Kanten des Rechtecks sind gegenüber dem Zylindermantel zurückgesetzt. Liegen zwei derartige Schnittflächen symmetrisch gegenüber, so bezeichnet man sie als Schlüsselflächen. (⇐ **Seite 109**)
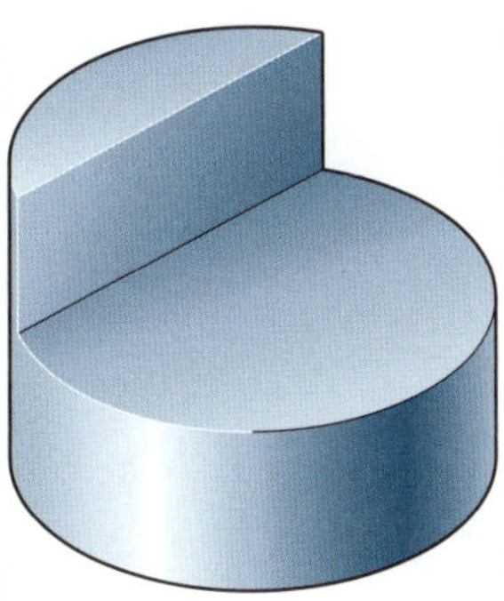	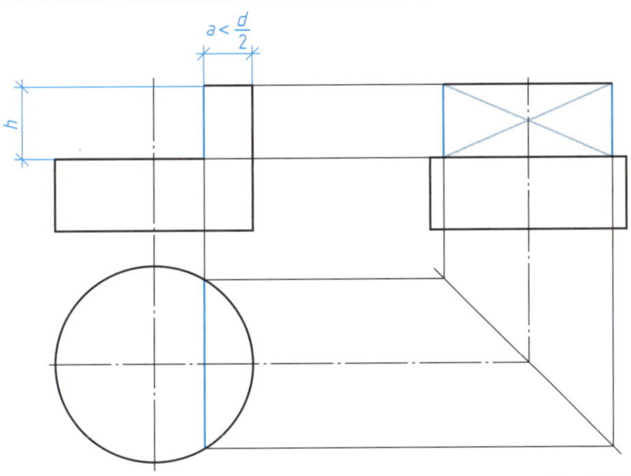	Die Schnittebene liegt achsparallel hinter der Zylinderachse. **a < *d*/2** Die Schnittfigur ist auch hier ein Rechteck. Dessen Kanten sind gegenüber dem Zylindermantel zurückgesetzt, die Mantellinie selbst entfällt im Bereich des Formelements.

Tabelle 1.2: Formelemente, die durch achsparallele Schnitte entstehen

Raumbild	Darstellung in Ansichten und Maßeintragung	Beschreibung
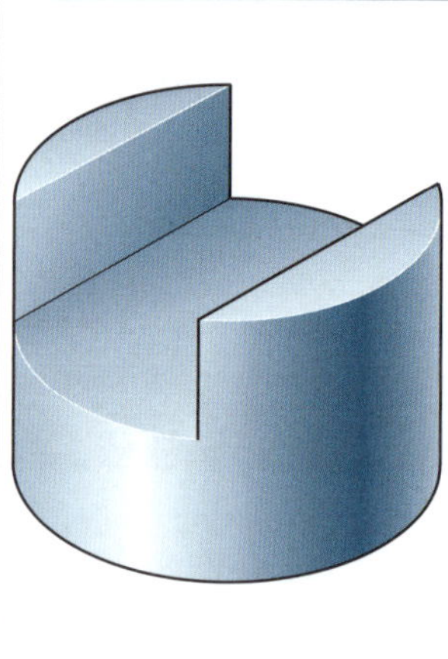	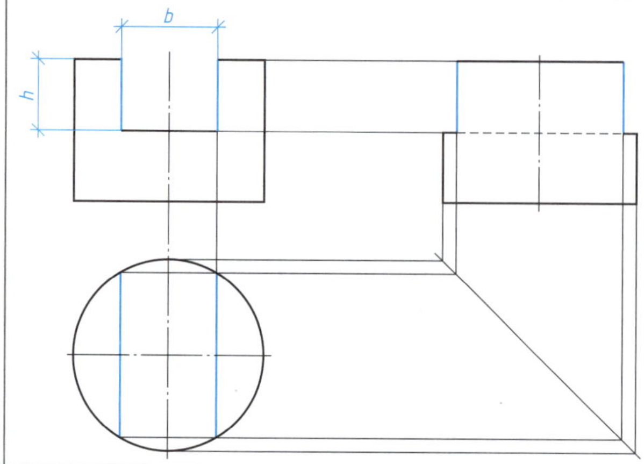	Eine offene Nut, deren Seitenflächen parallel zur Zylinderachse liegen und auf der Planfläche symmetrisch zur Mittellinie angeordnet sind, ergibt in der Seitenansicht zurückgesetzte Kanten. Die Schnittflächen sind Rechtecke. Der Nutgrund ist als verdeckte Kante dargestellt. *b* Breite der Nut *t* Tiefe der Nut
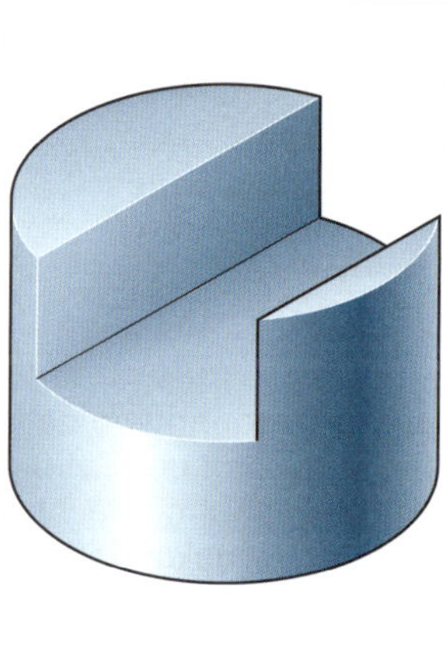	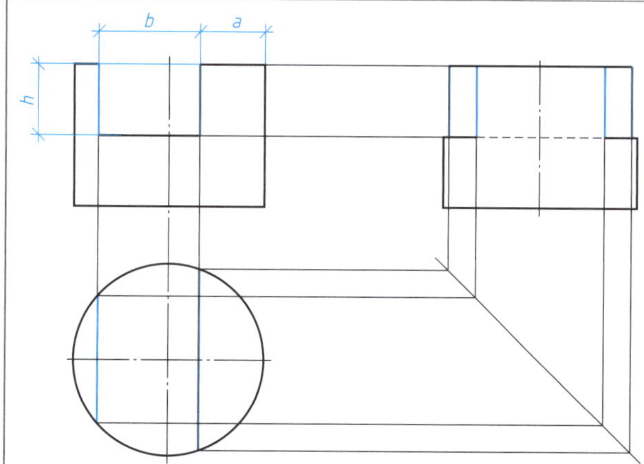	Eine offene Nut, deren Seitenflächen parallel zur Zylinderachse liegen, aber gegenüber der Mittelachse der Planfläche asymmetrisch angeordnet sind, erzeugt mit jeder Seitenfläche zurückgesetzte Kanten. Die Schnittflächen sind unterschiedlich große Rechtecke. *b* Breite der Nut *t* Tiefe der Nut *a* Lagemaß der Nut
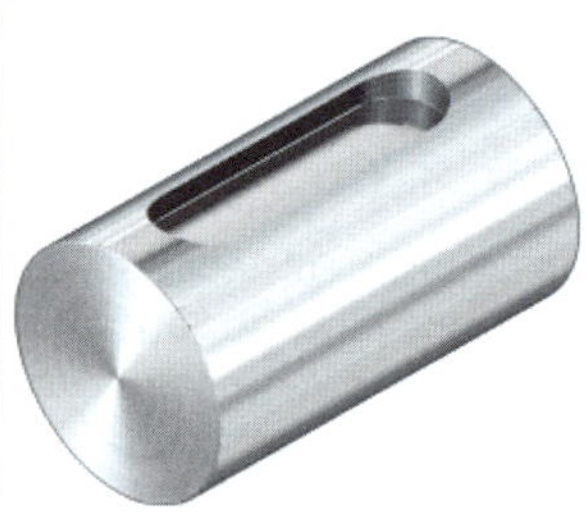	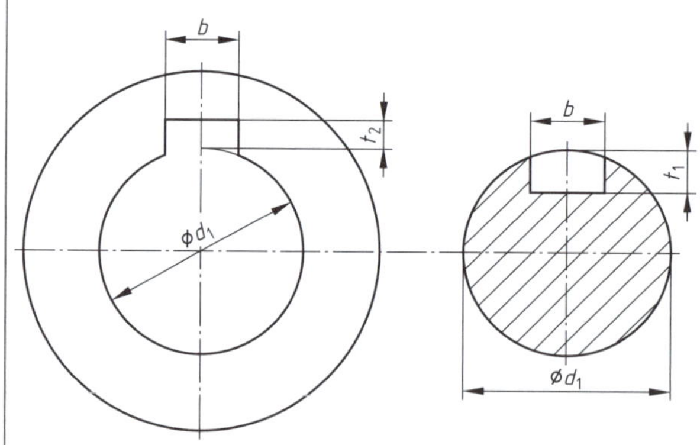	Das Beispiel zeigt die Unterschiede in der Maßeintragung bei ■ geschlossenen Nuten und ■ einseitig oder beidseitig offenen Nuten. Beide Formelemente sind bei Mitnehmerverbindungen im Maschinenbau (Welle-Nabe-Verbindungen) mit Keil und Passfeder anzutreffen.
	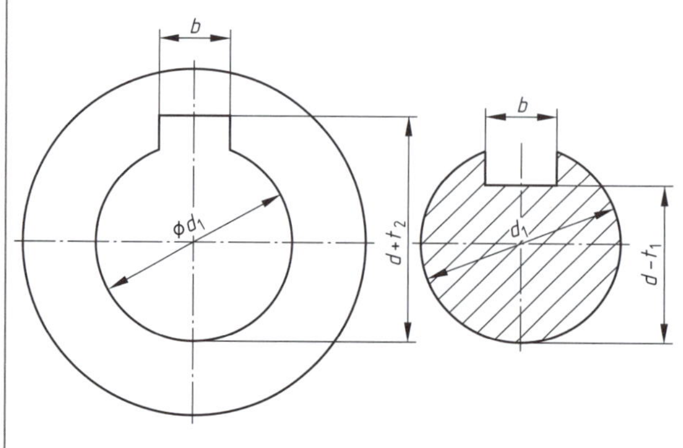	

Tabelle 2: Formelemente, die durch Schnitte quer zur Zylinderachse entstehen

Raumbild	Darstellung in Ansichten und Maßeintragung	Beschreibung
	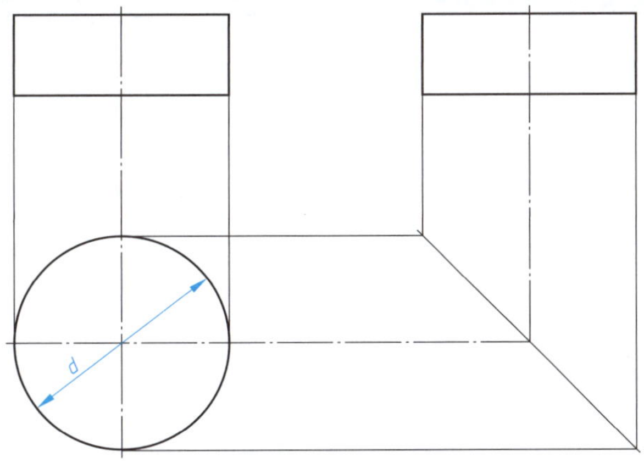	Die Schnittebene liegt rechtwinklig zur Zylinderachse. Als Schnittfigur entsteht ein Kreis mit dem Durchmesser des Zylinders.
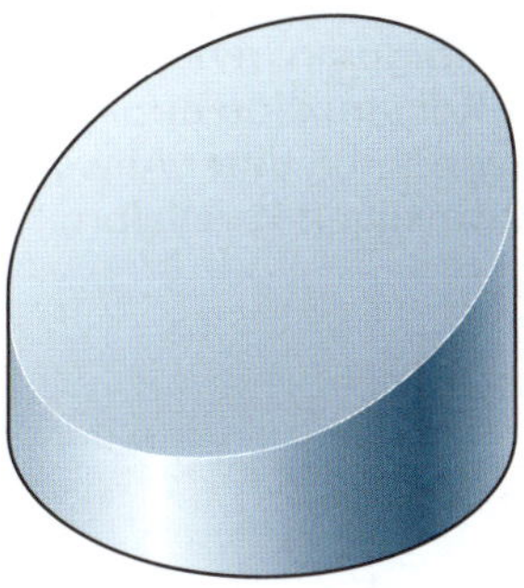	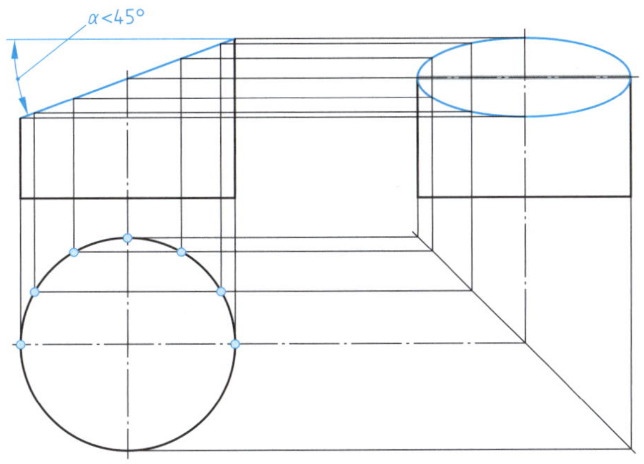	Die Schnittebene verläuft schräg durch den ganzen Zylinderquerschnitt. Der Schnittwinkel $\alpha < 45°$ ergibt als Schnittfigur eine liegende Ellipse (lange Halbachse rechtwinklig zur Zylinderachse). Bei einem Schnittwinkel $\alpha = 45°$ ist die Schnittfigur ein Kreis. Wenn der Schnittwinkel $\alpha > 45°$ wird, dann ist die Schnittfigur eine stehende Ellipse (kurze Halbachse rechtwinklig zur Zylinderachse).
	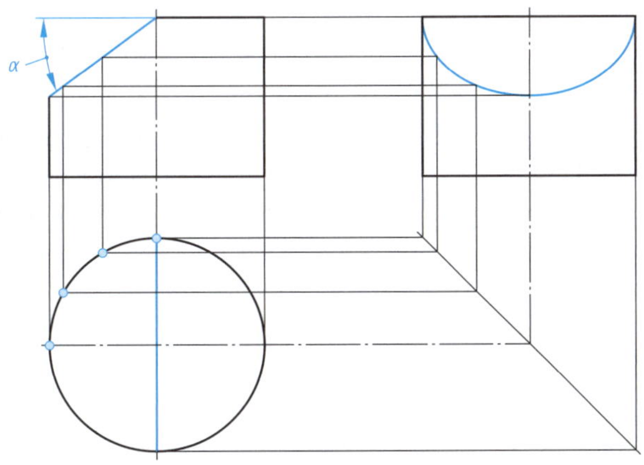	Die Schnittebene verläuft schräg genau bis zur Zylinderachse. Bei Schnittwinkeln $\alpha \neq 45°$ ergibt sich als Schnittfigur eine Halbellipse. Bei einem Schnittwinkel $\alpha = 45°$ ist die Schnittfigur ein Halbkreis.
	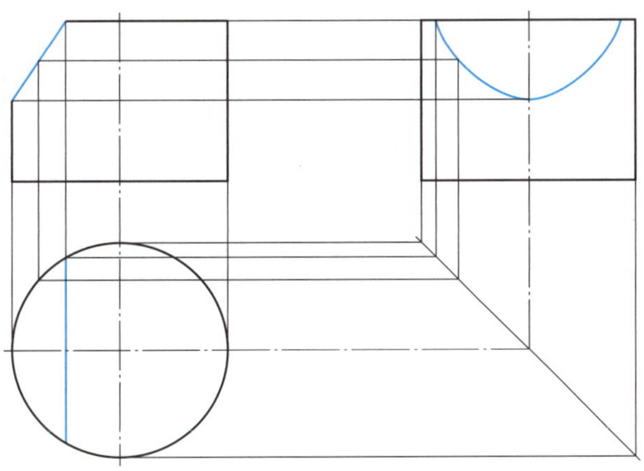	Die Schnittebene verläuft schräg, sie endet vor der Zylinderachse. Als Schnittfigur entsteht das Teilstück einer Ellipse.

Tabelle 2: Durchbrüche quer zur Zylinderachse

Raumbild	Darstellung in Ansichten und Maßeintragung	Beschreibung
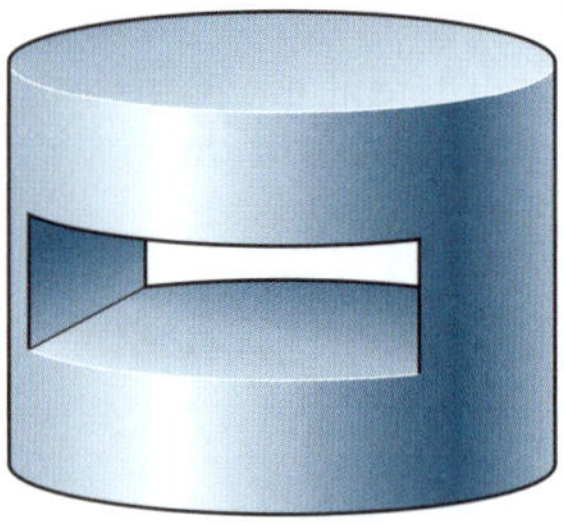	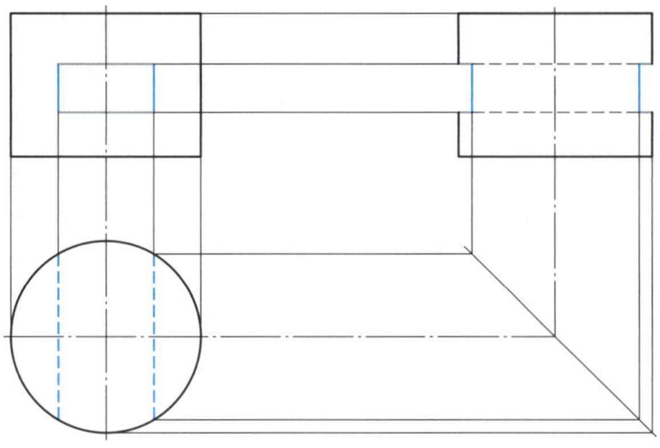	Durchbruch mit rechteckigem Querschnitt unter $\alpha = 90°$ zur Zylinderachse. Man nennt diesen Fall auch Durchdringung von Prisma und Zylinder. Die dabei auf dem Zylindermantel entstehenden Schnittlinien nennt man Durchdringungslinien. Jede Seitenwand des Durchbruchs erzeugt eine in der Seitenansicht zurückgesetzte Kante. Bei mittigen Durchbrüchen überdecken sich die zurückgesetzten Kanten. Der Verlauf im Inneren wird mit Strichlinien dargestellt.
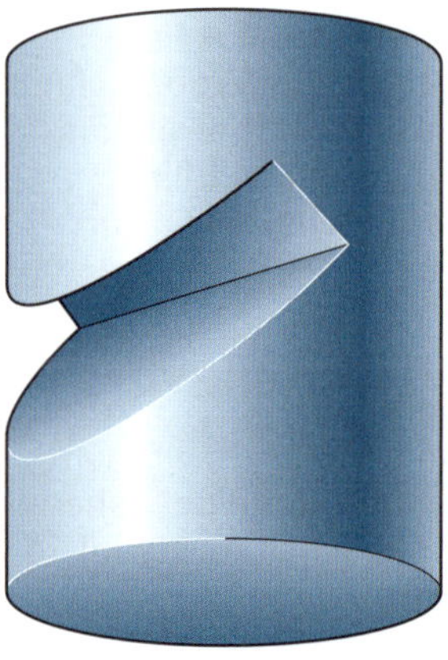	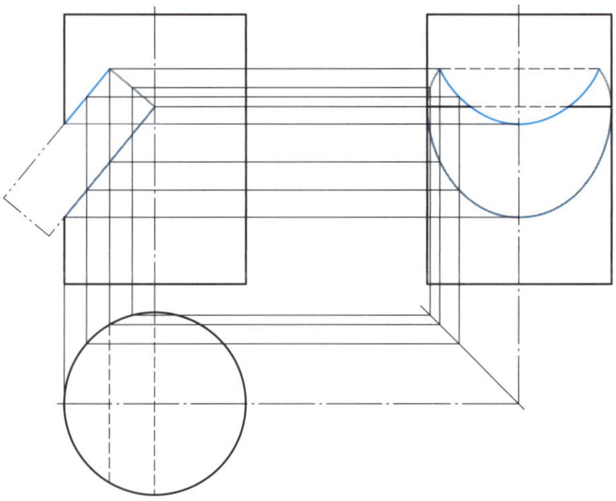	Durchbruch mit rechteckigem Querschnitt unter $\alpha \neq 90°$ zur Zylinderachse. Elliptische Schnittfiguren in der Seitenansicht. Die Konstruktion erfolgt im Hilfsschnittverfahren unter Anwendung der rechtwinkligen Parallelprojektion.
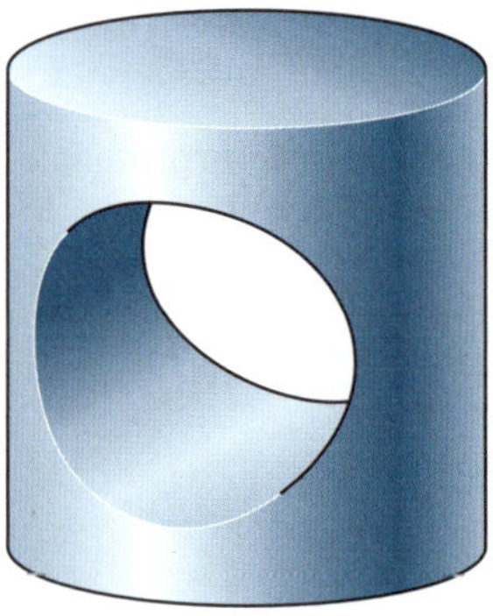	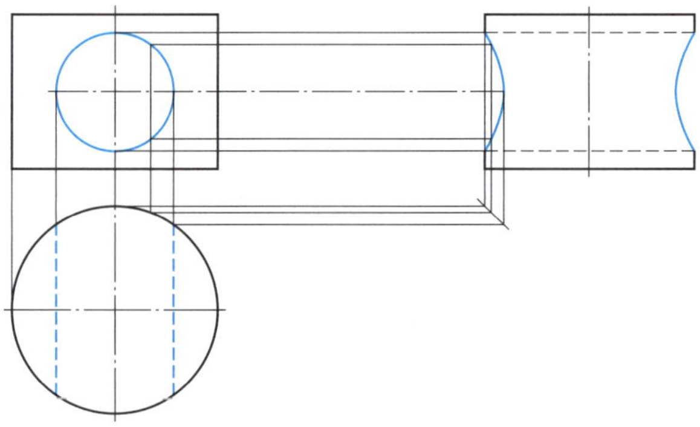	Durchbruch mit Kreisquerschnitt unter $\alpha = 90°$ zur Zylinderachse. Diesen Fall bezeichnet man auch als Durchdringung zweier Zylinder von unterschiedlichen Durchmessern.
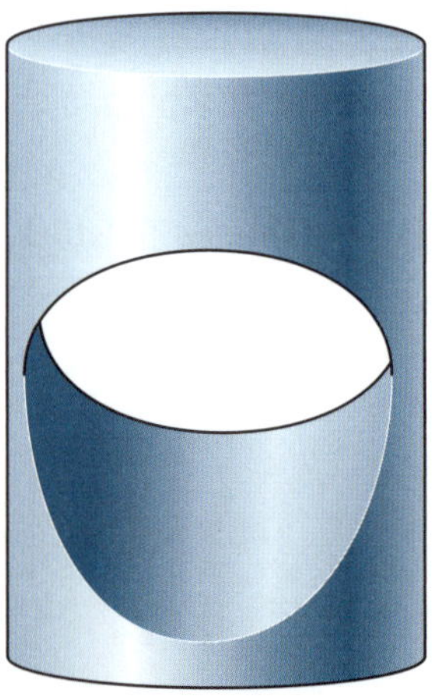	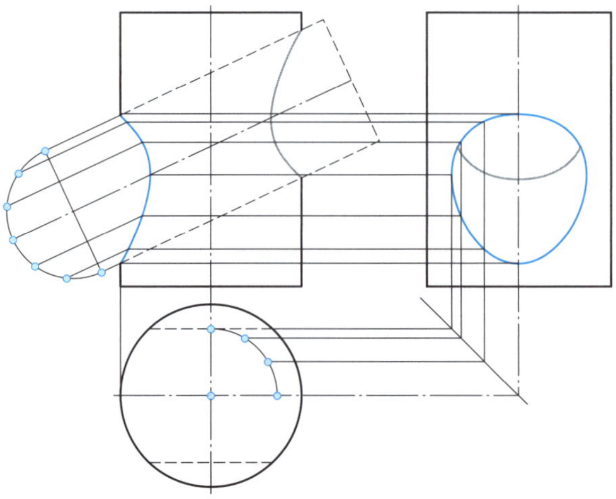	Durchbruch mit Kreisquerschnitt unter $\alpha \neq 90°$ zur Zylinderachse. Die Konstruktion der Durchdringungslinien erfolgt im Hilfsschnittverfahren. Man benutzt eine 12er Kreisteilung. Anwendung der rechtwinkligen Parallelprojektion.

Beispiele für die Maßeintragung an weiteren Formelementen zylindrischer Werkstücke

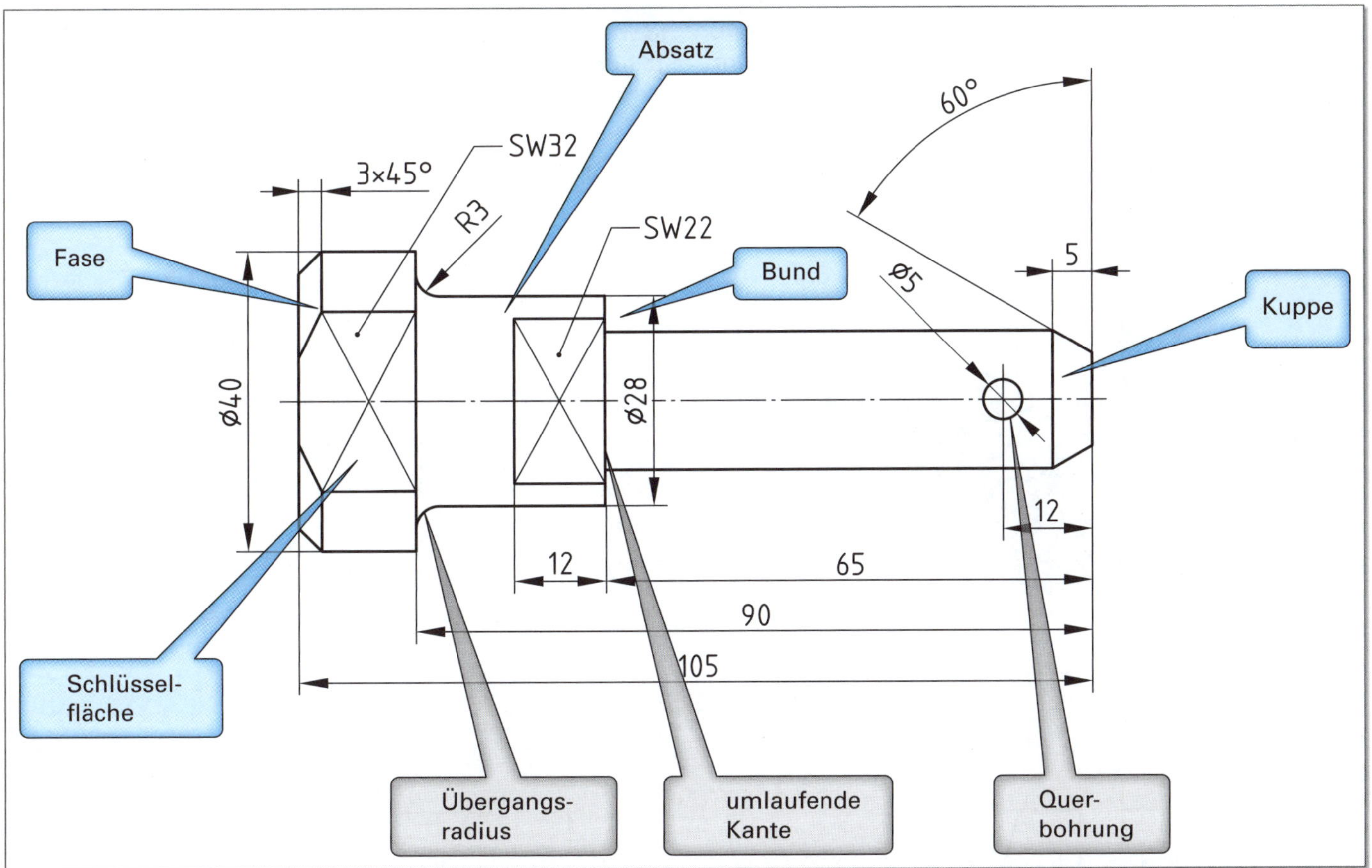

Bild 1: Bolzen

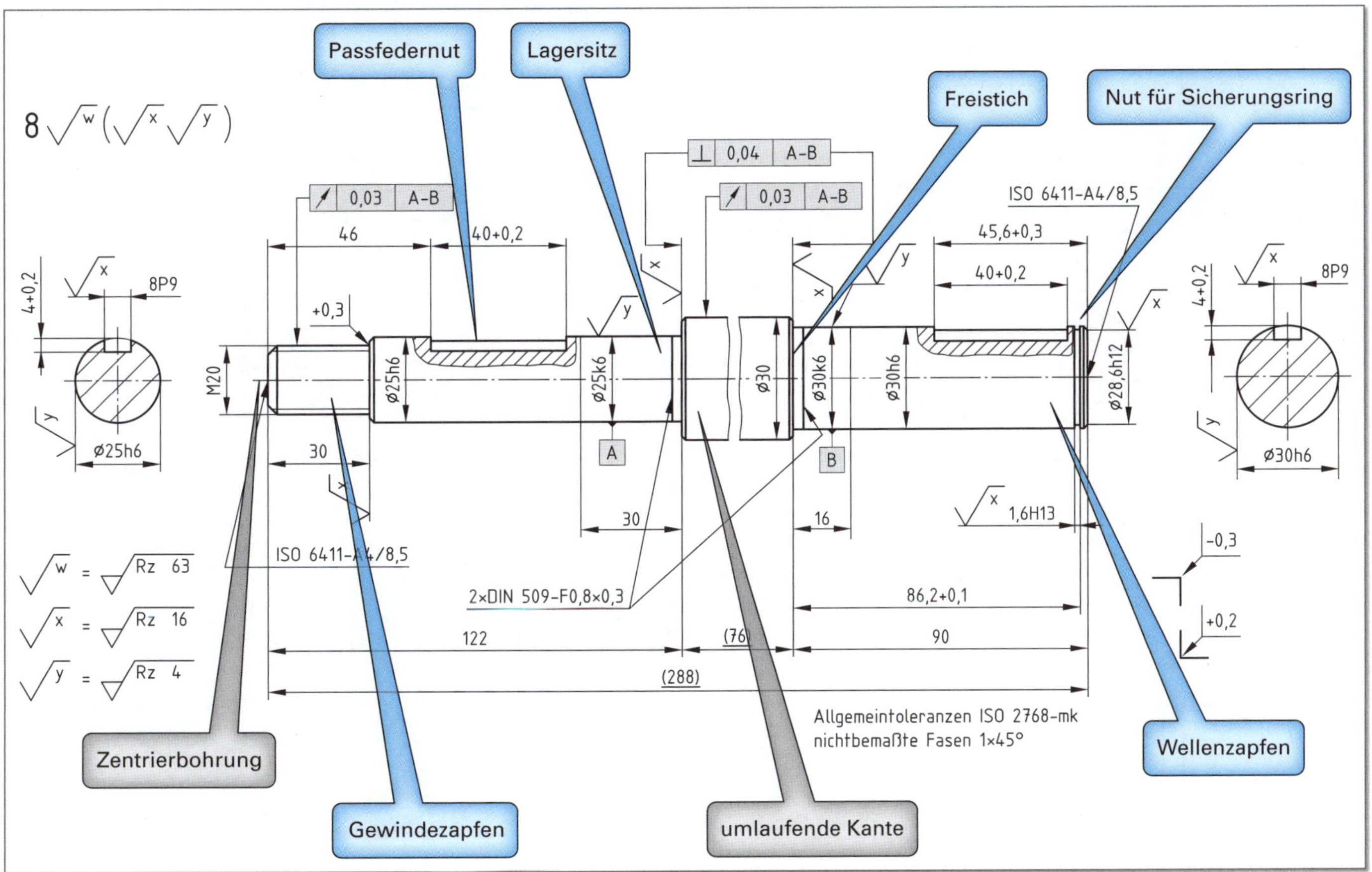

Bild 2: Antriebswelle

2.4.3 Werkstücke mit pyramidenförmigen Formelementen

Pyramidenförmige Formelemente kommen häufig an Werkstücken mit prismatischer oder zylindrischer Grundform vor. Die Regeln der Maßeintragung für diese Formelemente wurden bereits auf ⇐ **Seite 110** erklärt. Die Grund- oder Teilform eines Gesamtwerkstücks kann natürlich ebenfalls pyramidenförmig sein.

Beispiele für die Darstellung und Maßeintragung an Werkstücken mit pyramidenförmigen Formelementen

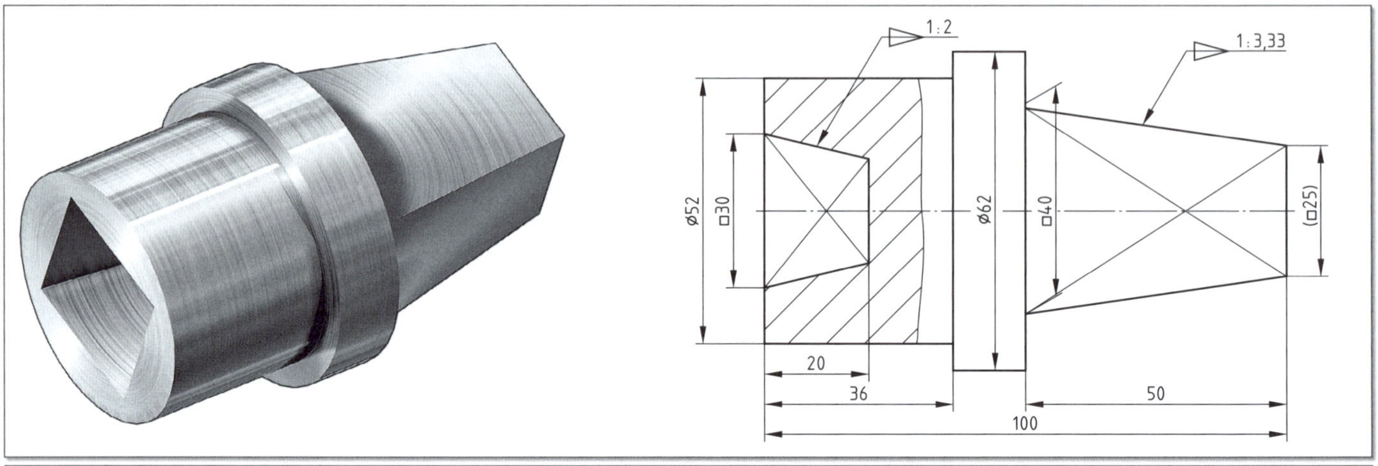

Bild 1: zylindrisches Werkstück mit pyramidenförmigen Formelementen

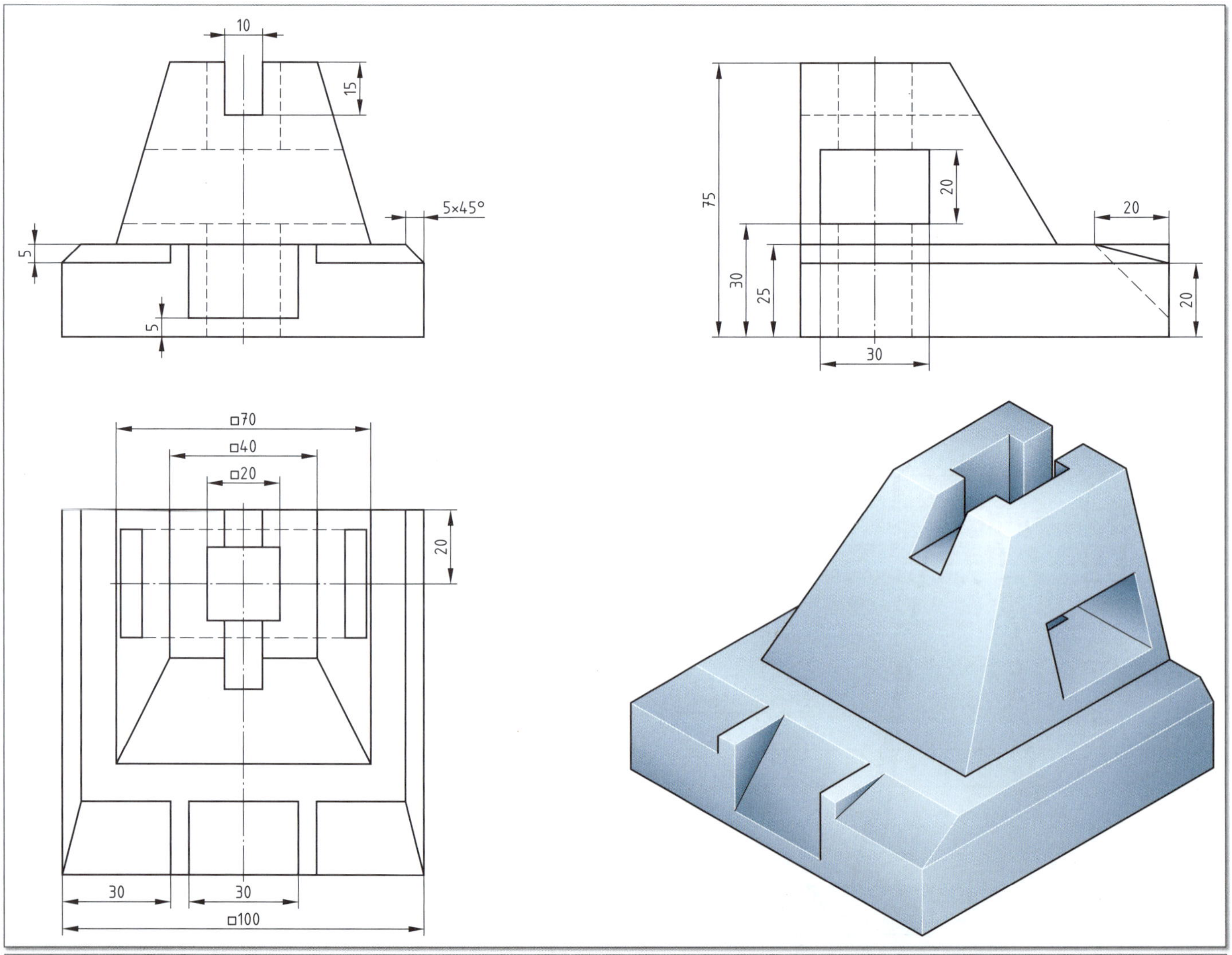

Bild 2: prismatisches Werkstück mit pyramidenförmiger Teilform

2.4.4 Werkstücke mit kegelförmigen Formelementen

Kegelförmige Formelemente kommen am häufigsten an Werkstücken mit zylindrischer Grundform vor. Selbstverständlich kann auch die Grundform oder eine Teilform des Gesamtwerkstücks kegelförmig sein. Die Regeln der Maßeintragung für diese Formelemente wurden bereits auf ⇐ **Seite 109** erklärt.

Beispiele für die Darstellung und Maßeintragung an Werkstücken mit kegelförmigen Formelementen

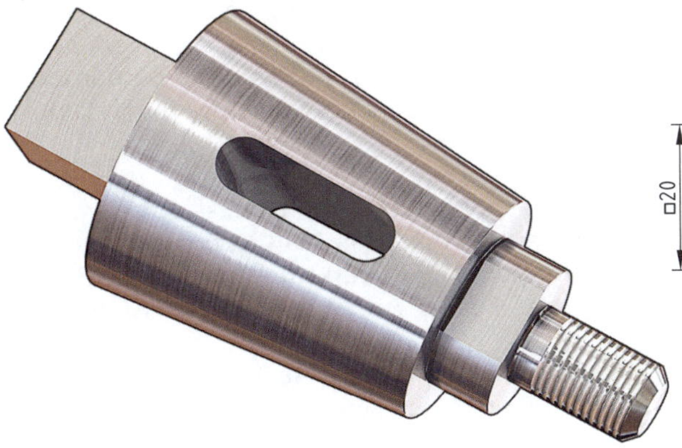
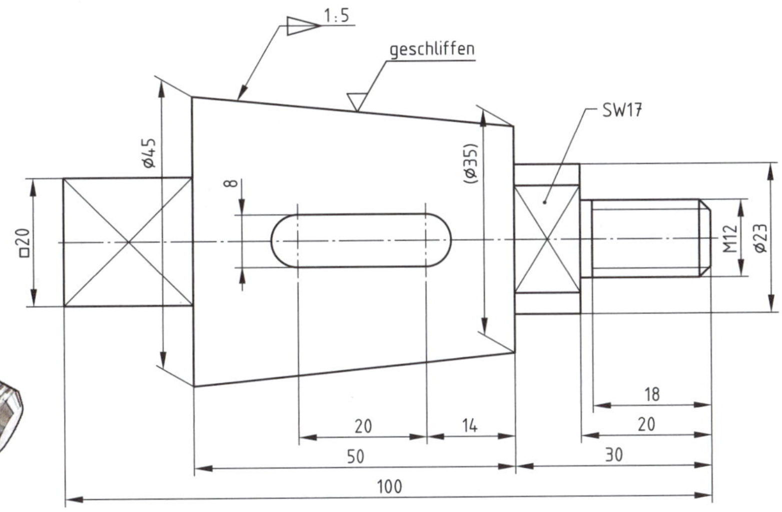

Bild 1: Küken eines Absperrhahnes

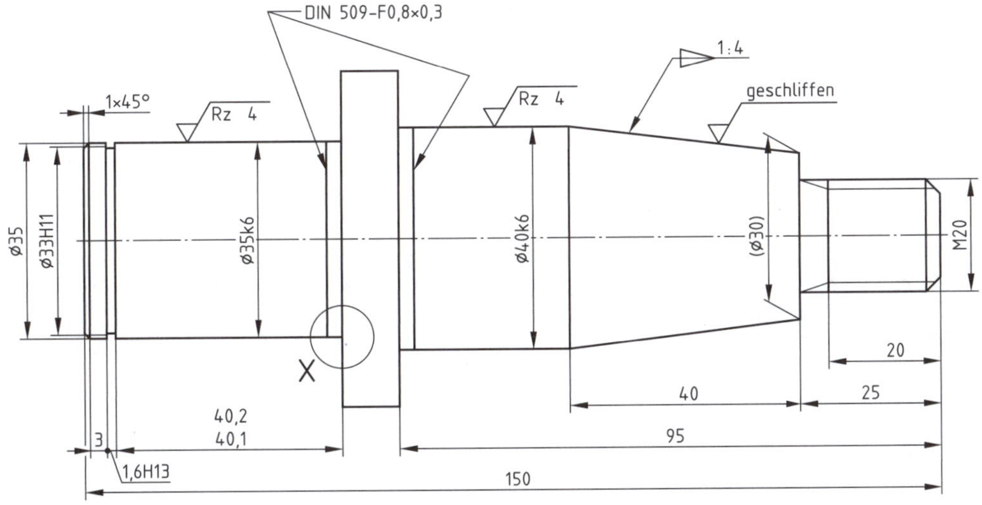

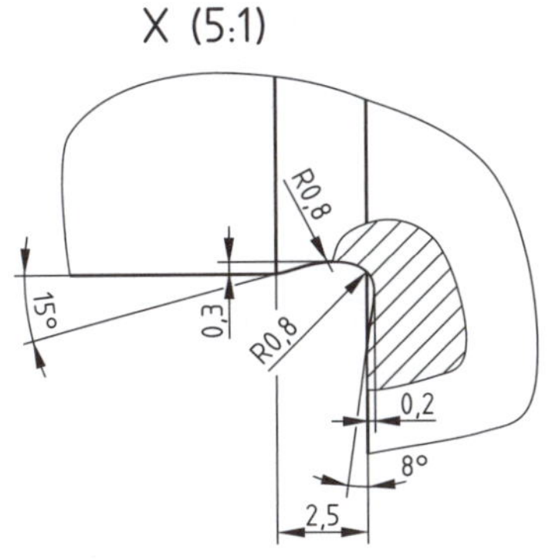

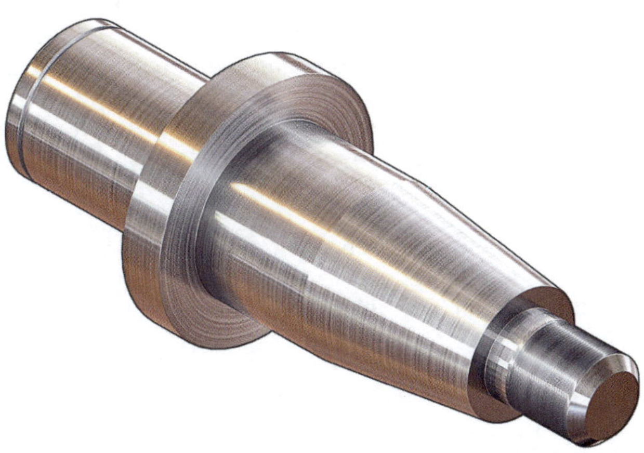

Bei der mit Buchstabe X gekennzeichneten Teilform handelt es sich um einen Freistich DIN 509-F0,8×0,3. Freistiche sind Abtragungen an einer umlaufenden Innenkante mit einer bestimmten Form. Sie sind insbesondere notwendig zum Auslauf der Werkzeuge bei der Fertigung, zur Sicherung einer sicheren Anlage der Maschinenteile, z.B. von Wälzlagerringen am Wellenbund. Außerdem tragen sie zur Verminderung der Kerbwirkung bei Querschnittsübergängen bei. Zur Erklärung können sie als Einzelheit gekennzeichnet, und in einem Vergrößerungsmaßstab herausgezeichnet werden.

Bild 2: Achse mit kegeligem Achsschenkel

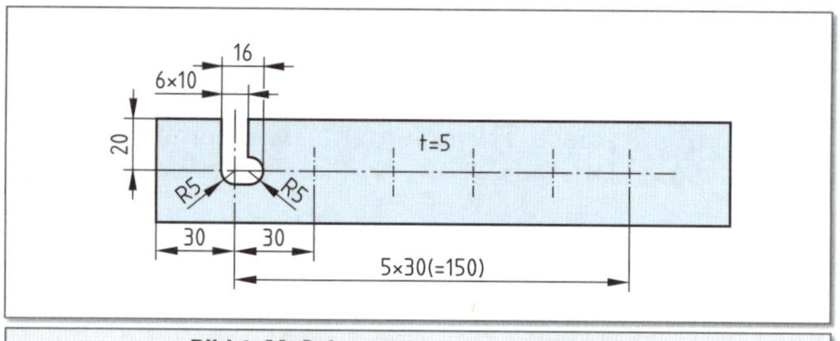

Bild 1: Maßeintragung an einem Blechteil

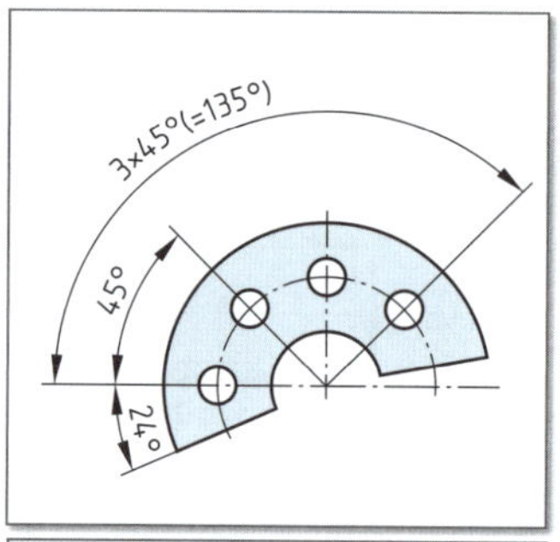

Bild 2

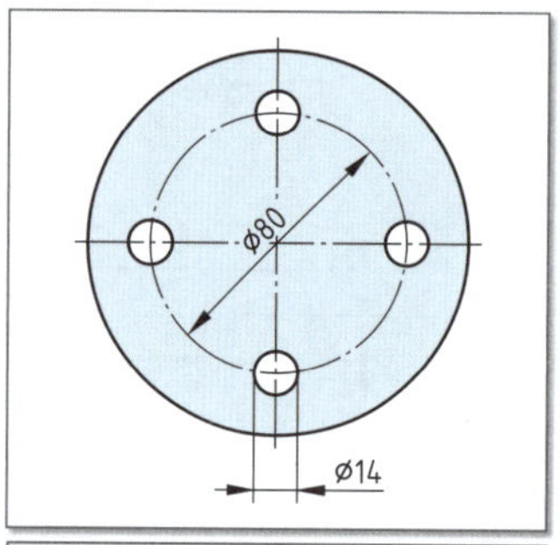

Bild 3

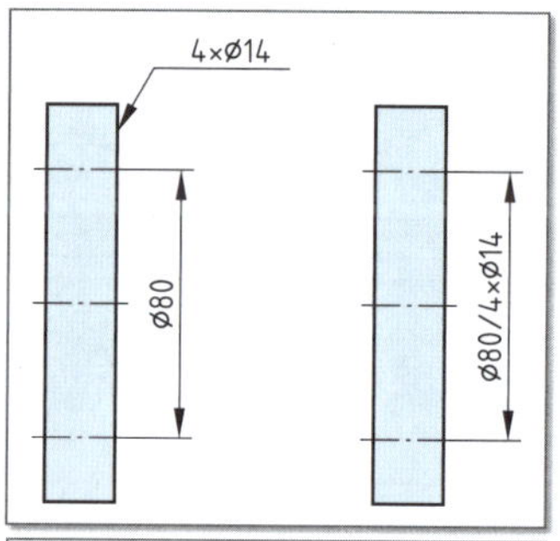

Bild 4

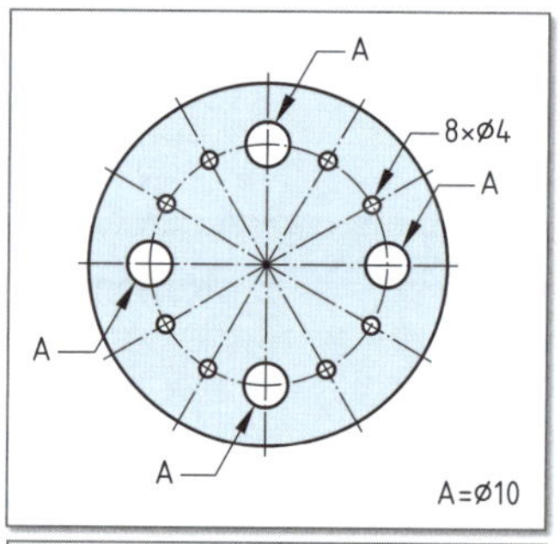

Bild 5

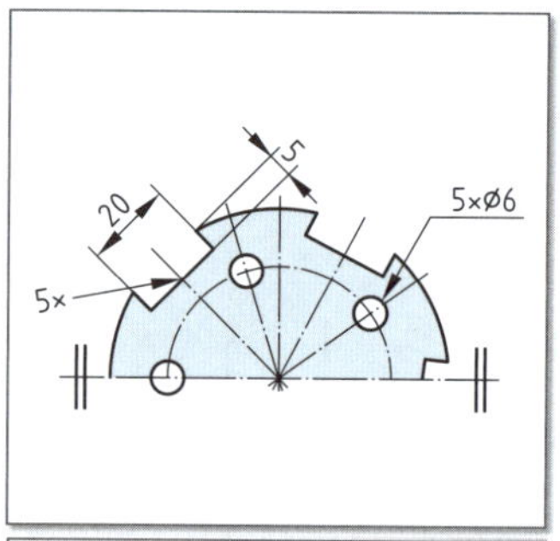

Bild 6

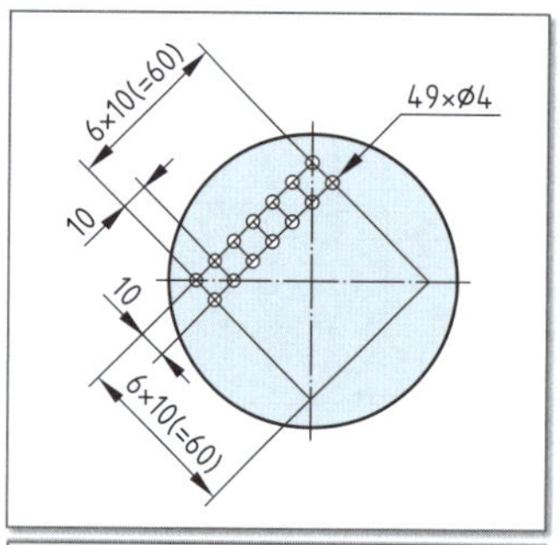

Bild 7

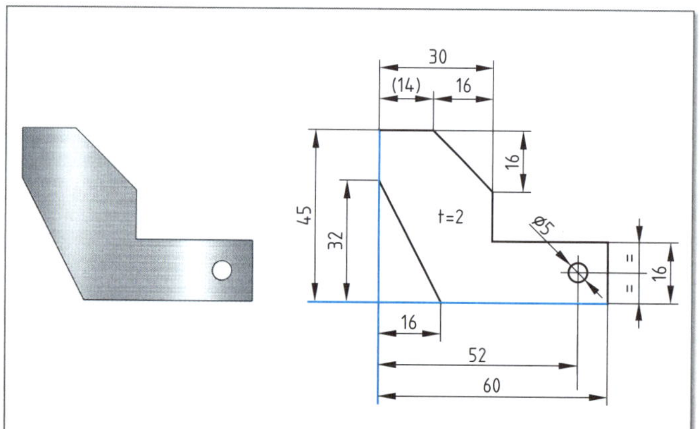

Bild 8

2.4.5 Formelemente an flachen Werkstücken

Flache Werkstücke sind meist aus Blech verschiedener Metalle, z.B. Stahl, Kupfer, Aluminium oder aus Kunststoffen gefertigt.

Sie sind oftmals mit nur einer Ansicht hinreichend beschrieben. Die *Grundform* wird mit **Länge x Breite x Dicke** angegeben. Die gezeichnete Ansicht zeigt Länge und Breite, die Dicke wird mit dem Buchstaben ***t*** bezeichnet, z.B. $t = 5$.

Die einzelnen Formelemente, wie Radien, Löcher, Ausklinkungen (die für diese Werkstücke typischen Formelemente wurden bereits beschrieben ⇐ **Seite 11**) werden durch *Formmaße*, ihre Lage am Gesamtwerkstück durch *Lagemaße* beschrieben.

Bei der Maßeintragung geht man meist von zwei geraden Bezugskanten aus, die das Maßbezugssystem bilden (Bild 1). Bei symmetrischen Werkstücken kann die Symmetrieachse Teil des Maßbezugssystems sein (⇐ **Seite 114**).

Flache Werkstücke können auch Ausgangsformen für die Herstellung von Biegeteilen sein.

Teilungen

Bei Werkstücken, die gleiche Formelemente mit untereinander gleichen Abständen (Teilungsmaßen) aufweisen, werden die Längen- und Winkelmaße vereinfacht angegeben (Bilder 2 u. 3).

Dabei muss die Anzahl der Formelemente entweder dargestellt oder als Bestandteil der Maßeintragung angegeben werden (Bilder 2, 4, 8).

Zusätzlich zu den Teilungsmaßen für Längen und Winkel muss das Produkt aus der Anzahl der Teilungen und dem Teilungsmaß sowie das Ergebnis mit Gleichheitszeichen in Klammern gesetzt eingetragen werden (Bilder 2, 3, 8).
Gleiche Formelemente, die zusammengehören und sich wiederholen, können

- vollständig in Anzahl und Form (Bilder 2, 3, 5), oder
- nur ein mal vollständig (Bild 1), oder
- in Halb- oder Vierteldarstellung (Bild 7), oder
- als Mittellinien auf einem Teilkreis (Bild 5), oder
- als Achsenkreuz (Bild 2) dargestellt werden.

Unterschiedliche Formelemente, die sich wiederholen, dürfen mit Großbuchstaben bezeichnet werden, deren Bedeutung in unmittelbarer Nähe zu erklärt werden muss (Bild 6).

Bei wenigen abweichenden Formelementen darf die direkte Maßeintragung mit der Buchstabenkennzeichnung kombiniert werden (Bild 6).

Sind bei Kreisteilungen die Formelemente am Umfang oder auf dem Lochkreis gleichmäßig verteilt, so kann man die Anzahl gleicher Formelemente mit einer Hinweislinie eintragen (Bild 7).

Bei Werkstücken, die eine Vielzahl gleicher Formelemente enthalten, kann eine vereinfachte Darstellung und Maßeintragung erfolgen. Sie ist so vorzunehmen, dass Fehlinterpretationen ausgeschlossen sind (Bild 8).

Übungsaufgaben 12

Aufgabe 1

Zeichnen Sie die abgebildeten Werkstücke sind in 3 Ansichten, Vorderansicht, Draufsicht und Seitenansicht von links und tragen Sie die erforderlichen Maße unter Beachtung der Bemaßungsregeln ein.

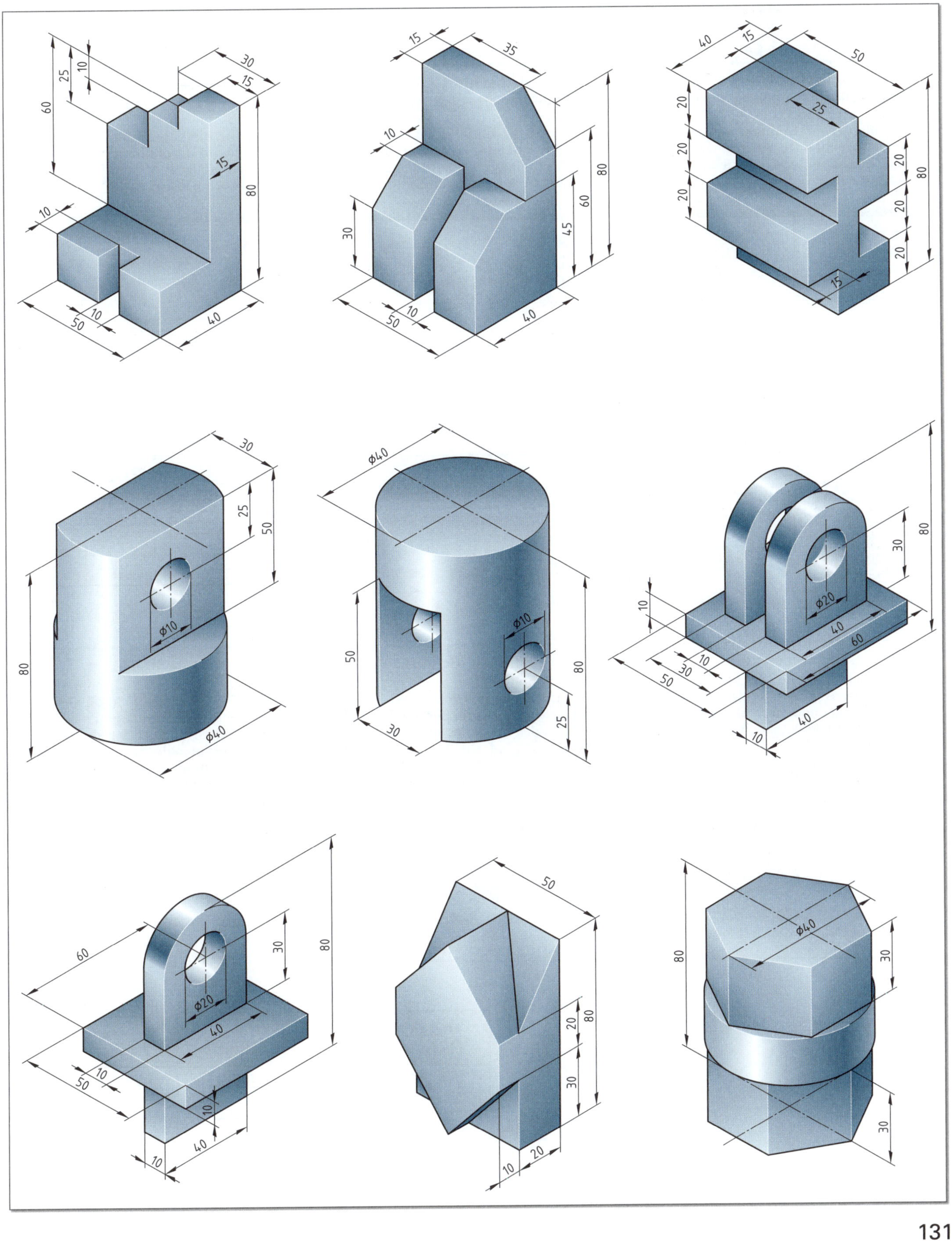

Schnittdarstellungen

entstehen, wenn gedachte Schnittebenen das Werkstück durchschneiden. Innen liegende Formelemente und Querschnittsformen können auf diese Weise sichtbar gemacht werden.

Vollschnitt

Die gedachte Schnittebene durchschneidet das Werkstück vollständig entlang einer Symmetrieachse oder senkrecht dazu. Alles in und hinter der Schnittebene liegende wird gezeichnet.

Halbschnitt

Die Schnittführung erfolgt so, dass ein Viertel eines symmetrischen Werkstücks entfernt wird. Die rechte oder die untere Hälfte der Ansicht wird im Schnitt dargestellt. Die Trennlinie zwischen Ansicht und Schnitt ist die Mittellinie (Symmetrieachse).

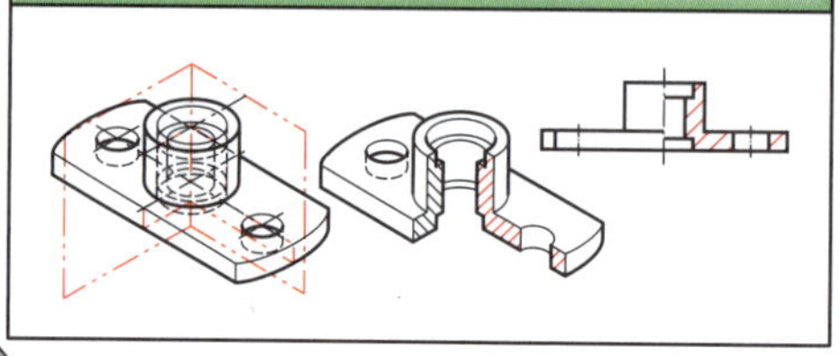

Teilschnitt

Die gedachte Schnittebene führt nur in Teilabschnitten durch das Werkstück. Nur ein begrenzter Teil einer Ansicht wird geschnitten dargestellt, wenn ein Vollschnitt zu aufwändig oder nicht zulässig ist.

Ausbruch

Nur ein kleiner, mit Freihandlinie begrenzter Teilbereich des Werkstücks wird im Schnitt gezeichnet.

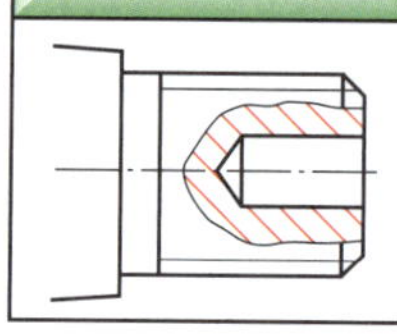

Ausschnitt

Ein Teilbereich des Werkstücks wird meist vergrößert ohne zugehörige Ansicht geschnitten dargestellt.

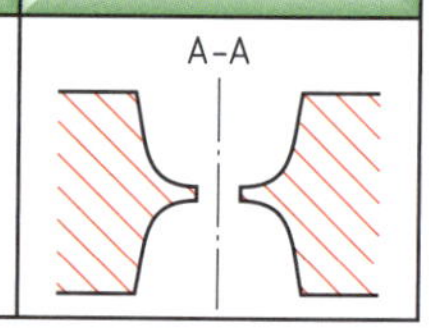

in einer Ebene

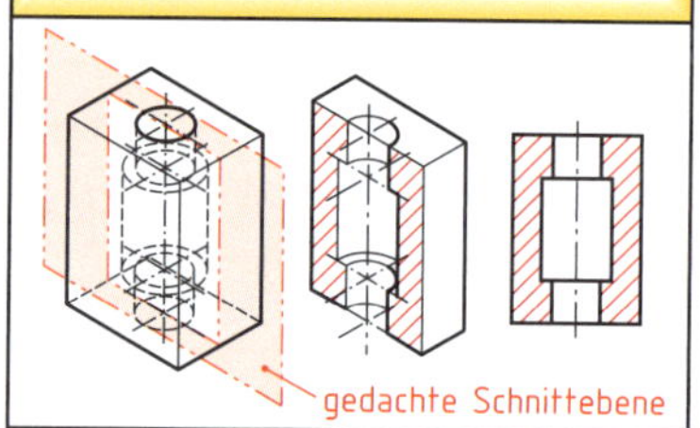

in mehreren Ebenen

Stufenschnitt

Die Schnittebenen sind parallel versetzt. Die Darstellung erfolgt so, als befänden sich alle Schnittebenen in derselben Zeichenebene.
Die Schnittfläche wird durchgängig schraffiert. Der Schnittverlauf ist anzugeben.

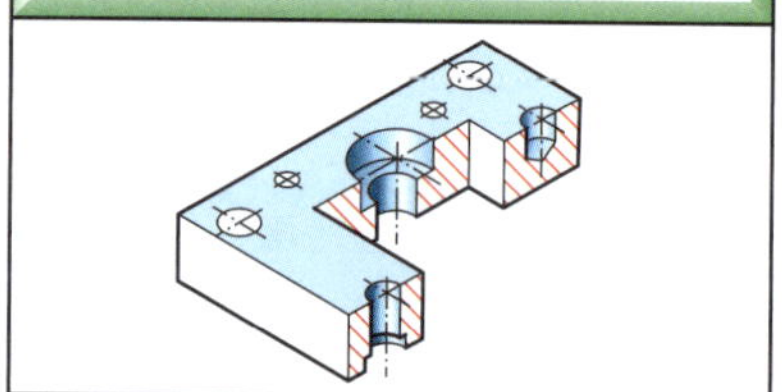

geknickter Schnitt

Zwei Schnittebenen schneiden sich unter einem Winkel > 90°. Die schräg liegende Schnittebene wird in die Projektionsebene hineingeklappt. Die Schnittfläche wird zusammenhängend so gezeichnet, als läge sie insgesamt in derselben Zeichenebene.

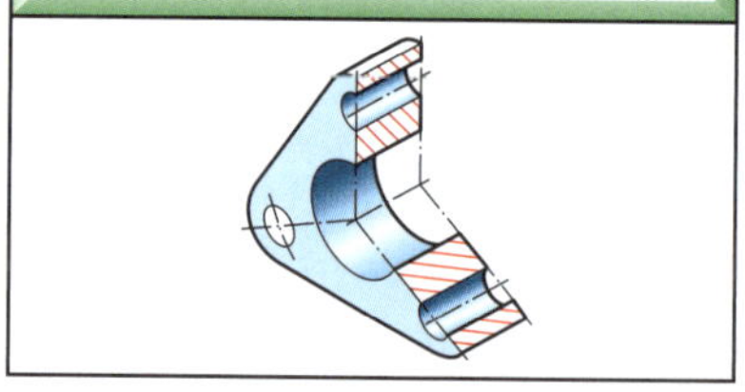

Profilschnitt

Eine oder mehrere Schnittebenen werden an den Stellen durch das Werkstück gelegt, an denen die Querschnittsform sichtbar gemacht werden soll.
Es wird im Regelfall nur das dargestellt, was sich unmittelbar in der gedachten Schnittebene befindet.

eingeklappte Querschnitte

Reihenprofilschnitte

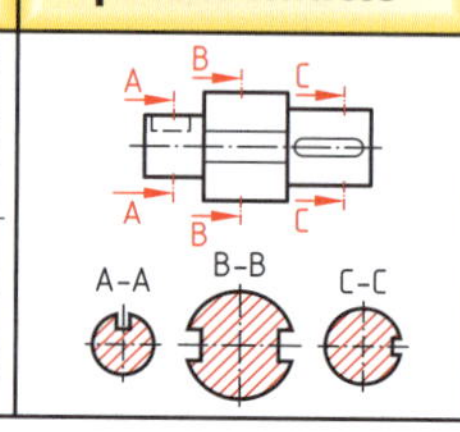

herausgetragene Profilschnitte

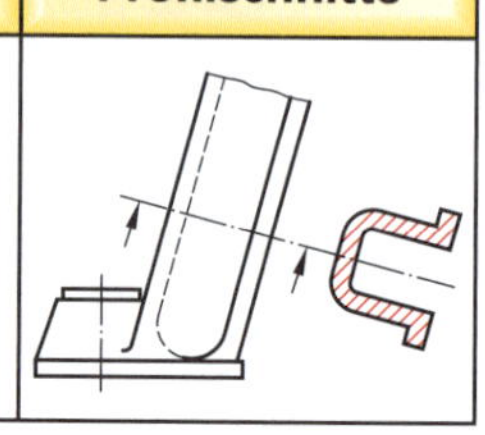

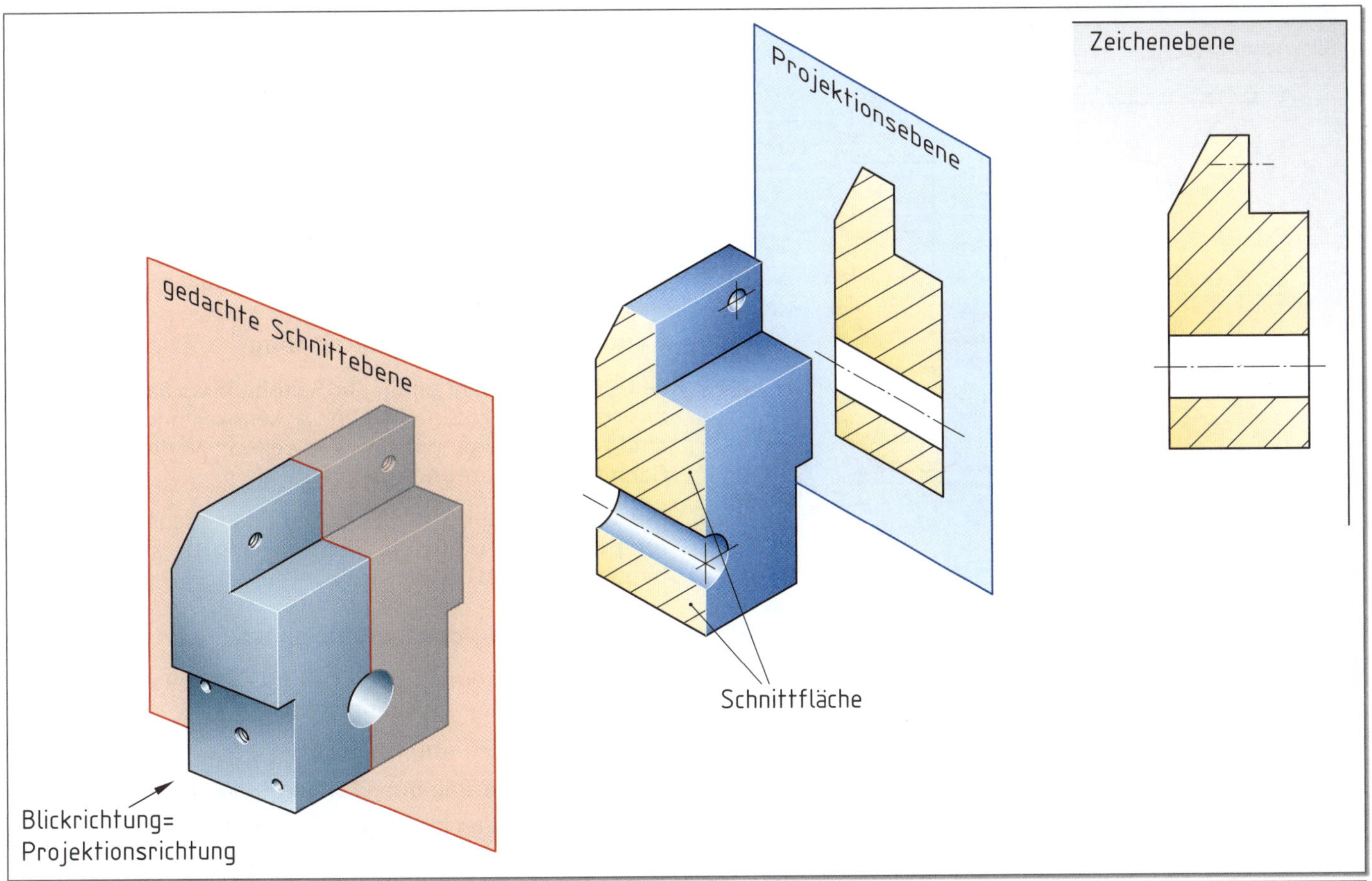

Bild 1: Vollschnitt durch Teil 6 „Beweglicher Backen" des Projektes Schraubstock

Anwendungszweck der Schnittdarstellung

Eine Schnittdarstellung entsteht, wenn eine oder mehr gedachte Schnittebenen durch ein Werkstück oder eine ganze Baugruppe gelegt werden.

Man beabsichtigt damit in Ansichtsdarstellungen sonst verdeckt liegende Körperformen sichtbar zu machen. Das verbessert die Anschaulichkeit der Darstellung und schafft die Möglichkeit, eine Maßeintragung an diese Formelemente zu bringen.

Außerdem lässt sich durch Anwendung der Schnittdarstellung die Anzahl erforderlicher Ansichten, die zur eindeutigen Beschreibung des Werkstücks benötigt werden, deutlich verringern und damit Zeichenaufwand sparen.

Wenn Baugruppen geschnitten dargestellt werden, erhält der Betrachter ein besseres Bild der Lage der Bauteile zueinander. Damit verbessert sich die Anschaulichkeit der Darstellung. Außerdem erhält man wichtige Informationen, z.B. für die Planung von Montage- und Demontageprozessen.

Durch die Kennzeichnung der Schnittflächen mit unterschiedlichen Schraffuren wächst der Informationsgehalt einer Schnittdarstellung noch, denn so kann man die verwendeten Werkstoffe identifizieren.

> Schnittdarstellungen werden angewendet, wenn Werkstückkonturen sichtbar gemacht werden sollen, die sonst verdeckt sind. Sie entstehen, wenn eine oder mehrere Schnittebenen gedanklich durch ein Werkstück oder eine Baugruppe gelegt werden. Schnittführung und Kennzeichnung der Schnittflächen unterliegen Regeln.

Darstellungsregeln

- Die Schnittebene ist so zu wählen, dass zu beschreibende Konturen von innen liegenden Formelementen sichtbar werden.
- Die gedachte Schnittebene liegt in der Regel parallel zu einer Projektionsebene.
- Schnittebenen sind in der zugehörigen Ansichtsdarstellung zu kennzeichnen.
- Die entstehenden Schnittflächen werden durch eine Schraffur gekennzeichnet.
- Hohlräume, die in der Schnittebene liegen, sind keine Schnittflächen und werden nicht schraffiert.
- Normteile, die in Längsrichtung der Schnittebene liegen und keine Hohlräume oder verdeckte Einschnitte haben, wie z.B. Schrauben, Niete, Stifte, Keile, Passfedern usw. sowie massive Elemente eines Werkstücks, die sich von der Grundform abheben, wie z.B. Rippen, Speichen, Stege, werden nicht geschnitten dargestellt.
- Hinter der Schnittebene liegende verdeckte Kanten werden nicht dargestellt.
- In manchen Fällen müssen Einzelheiten von Werkstücken dargestellt werden, die vor der Schnittebene liegen. Dann können diese mit schmalen Strich-Zweipunktlinien eingezeichnet werden.
- Schnitte durch bereits vorhandene Schnittdarstellungen sollen möglichst vermieden werden. Es gibt jedoch Fälle, bei denen eine Abweichung von dieser Regel zweckmäßig ist.

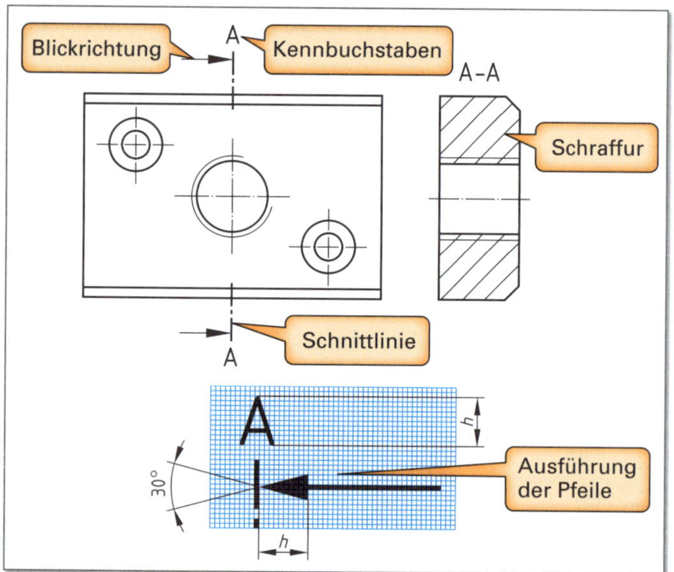

Bild 1: Kennzeichnung des Schnittverlaufes

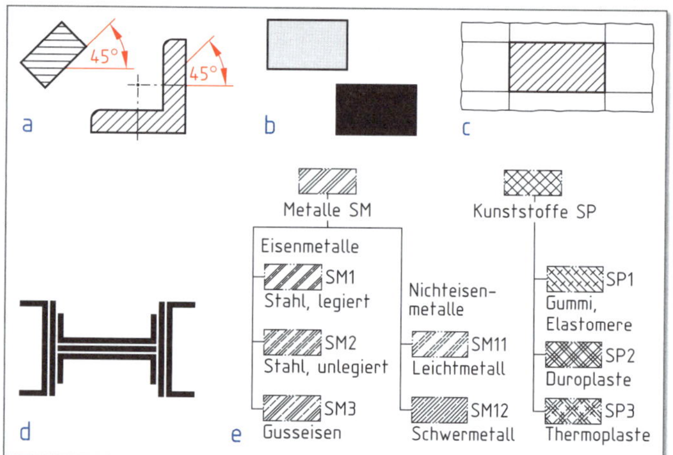

Bild 2: Kennzeichnung der Schnittflächen

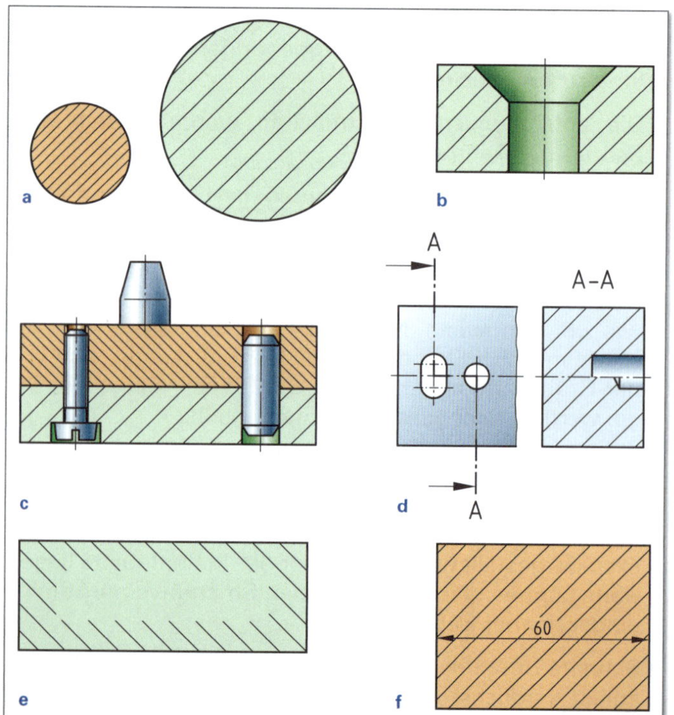

Bild 3: Schraffurregeln

Kennzeichnung des Schnittverlaufes

Der Lage des Schnittes wird bei einer Schnittebene durch eine Schnittlinie, bei zwei oder mehr Schnittebenen durch Angabe des Schnittverlaufes verdeutlicht.

Die Lage der Schnittebene wird mit einer breiten Strich-Punktlinie mit langem Strich angegeben. In der Regel genügt es, ein kurzes Linienstück zu zeichnen, das etwas in die Ansicht hineinragt (Bild 1). Wenn erforderlich, kann die Schnittlinie auch durchgezeichnet werden.

Kennzeichnung der Blickrichtung

Jede Schnittansicht und jeder Schnitt muss nach Norm mit zwei gleichen Großbuchstaben gekennzeichnet sein. Diese sind in der Ausgangsansicht jeweils in Verlängerung der Schnittlinie anzuordnen (Bild 1).

Die Kennzeichnung der Schnittebenen muss in Leserichtung lesbar sein. Für die Richtungsangabe sind Pfeile zu benutzen (Bild 1).

Kennzeichnung der Schnittflächen

Schnittflächen können nach DIN ISO 128-50 auf verschiedene Weise gekennzeichnet werden:

- durch Grundschraffur (Bild 2a),
- durch Schattierung oder Tönung (Bild 2b),
- durch besonders breite Umrisse (Bild 2c),
- durch geschwärzte schmale Schnittflächen (Bild 2d) und
- durch Schraffuren für spezielle Stoffe (Bild 2e).

Im Bereich der Metalltechnik verwendet man überwiegend die Grundschraffur. Dabei sind einige Ausführungsregeln zu beachten.

Schraffurregeln

- Die Schraffur besteht aus schmalen Volllinien, die im Winkel von 45° zu den Symmetrieachse oder zum Hauptumriss verlaufen. (Bild 2a)
- Der Abstand der Schraffurlinien ist der Größe der Schnittfläche anzupassen. Je größer die zu schraffierende Fläche, desto größer der Linienabstand. (Bild 3a)
- Teilflächen einer Schnittansicht desselben Werkstücks müssen gleichartig schraffiert werden. (Bild 3b)
- Die Schraffur angrenzender Teile, z.B. in Baugruppen, muss sich durch Schraffurrichtung oder Abstand der Schraffurlinien oder beides unterscheiden. (Bild 3c)
- Wenn parallele Schnittansichten oder Schnitte desselben Werkstücks nebeneinander gezeichnet werden, muss die Schraffur gleichartig sein, d.h. Abstand der Linien und Richtung sind gleich. (Bild 3d)
- Bei großen Schnittflächen kann man die Schraffur auf die Randzonen begrenzen. (Bild 3e)
- Für jegliche Beschriftungen, z.B. Maßzahlen, wird die Schraffur unterbrochen, sonst nicht. (Bild 3f)

> In der Metalltechnik werden Schnittflächen durch Grundschraffur gekennzeichnet. Es gilt: gleichartige Schraffur für Schnittflächen desselben Werkstücks. In Gruppenzeichnungen: verschiedenartige Schraffur für unterschiedliche Teile.

2.5.1 Vollschnitt

Schnitt in einer Ebene

Beim Vollschnitt wird eine gedachte Schnittebene durch das Werkstück gelegt. Oft geschieht das entlang einer Symmetrieachse oder Mittellinie.
Man denkt sich das abgeschnittene Teil vor der Schnittebene weg und zeichnet die Ansicht in rechtwinkliger Parallelprojektion so, das die Schnittfläche und dahinter liegende Körperkanten auf einer parallel zur Schnittebene liegenden Projektionsebene, die gleichzeitig die Zeichenebene ist, abgebildet werden. Verdeckte Kanten werden nicht dargestellt.

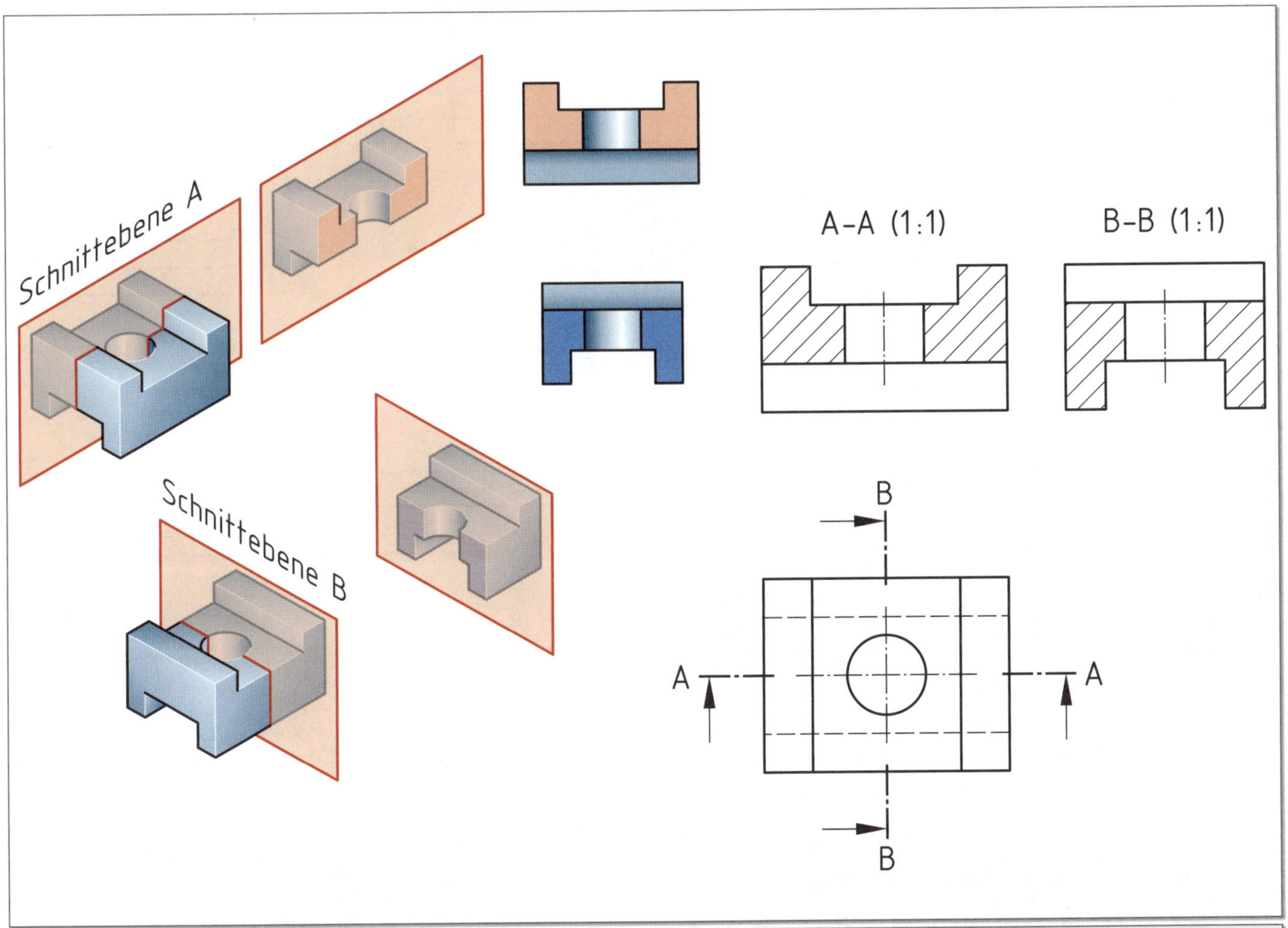

Bild 1: Vollschnitt in jeweils einer gedachten Schnittebene durch ein prismatisches Werkstück

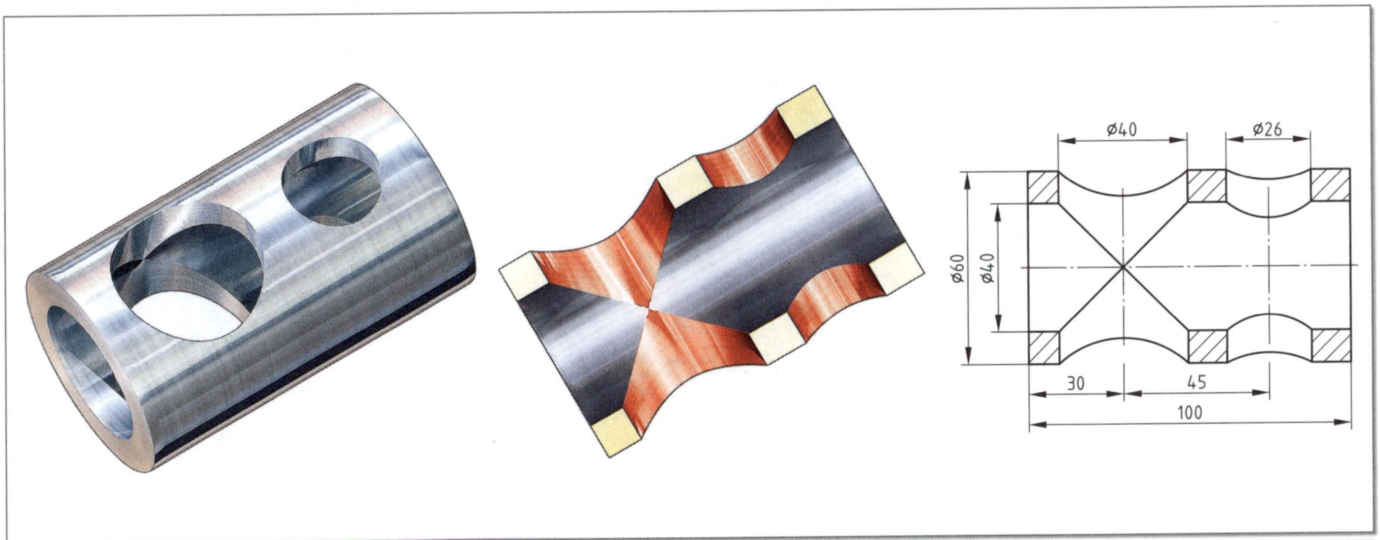

Bild 2: Vollschnitt durch ein zylindrisches Werkstück

Schnitt in zwei oder mehr Ebenen

■ Stufenschnitt

Beim Stufenschnitt werden mehrere gedachte Schnittebenen durch das Werkstück gelegt, die in Betrachtungsrichtung zueinander parallel verlaufen. Die Richtungsänderungen der Schnittebene betragen also immer 90° sind wie in Bild 1 gezeigt anzugeben. Dadurch entsteht in der Ausgangsansicht ein stufenförmiger Schnittverlauf, der dieser Art des Vollschnittes seinen Namen gab.

Man denkt sich das stufenförmig abgeschnittene Teil vor den Schnittebenen weg und zeichnet die Ansicht in rechtwinkliger Parallelprojektion so, dass die Schnittflächen und dahinter liegende Körperkanten auf einer parallel zur Schnittebene liegenden Projektionsebene, die gleichzeitig die Zeichenebene ist, abgebildet werden. Alle Teilschnittflächen liegen in derselben Zeichenebene und werden als zusammenhängende Schnittfläche mit einheitlicher Schraffur dargestellt. Die Knickstellen des gedachten Schnittverlaufes ergeben keine Körperkanten. Verdeckte Kanten werden nicht dargestellt.

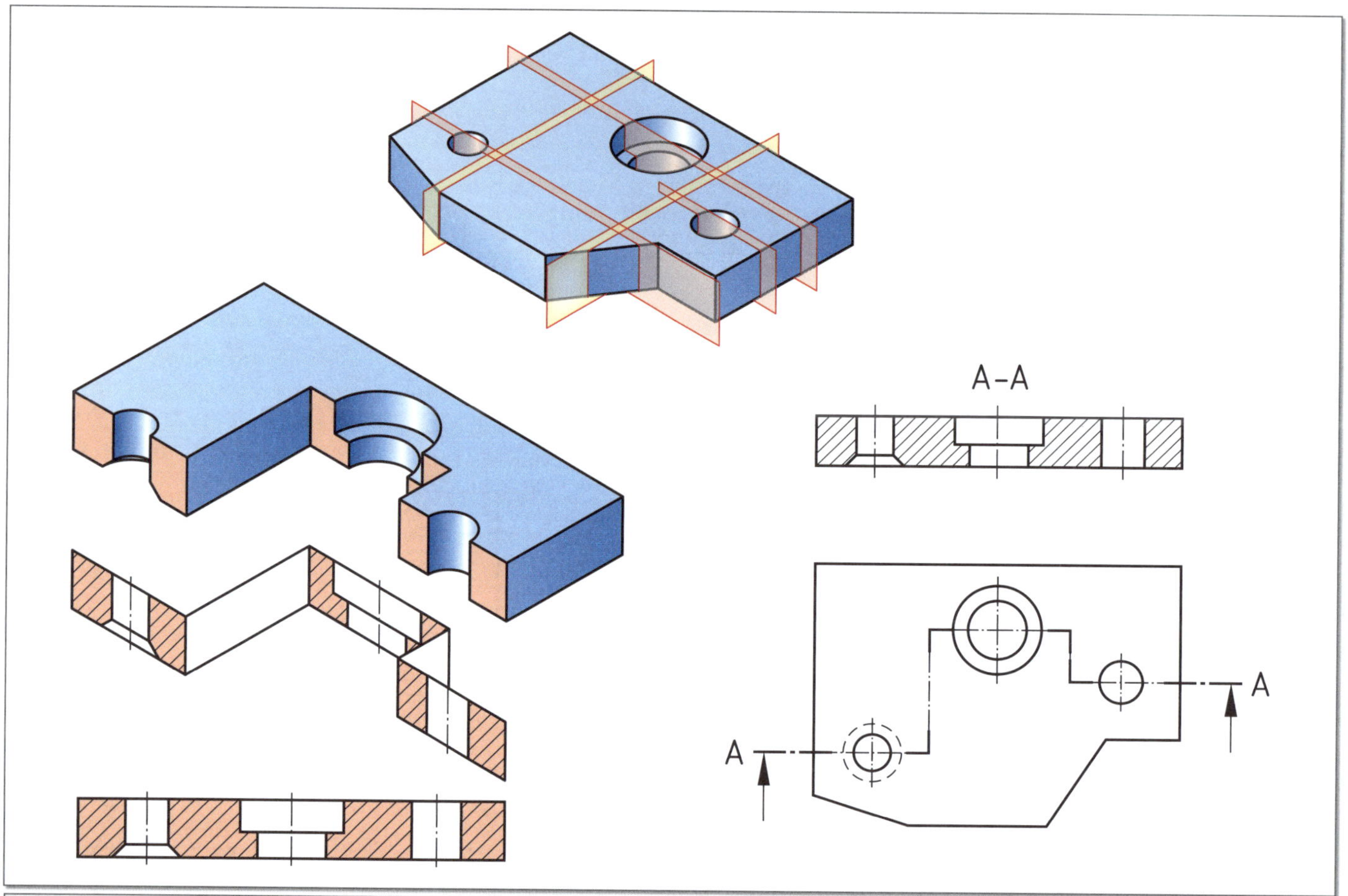

Bild 1: Schnitt in drei parallelen Ebenen

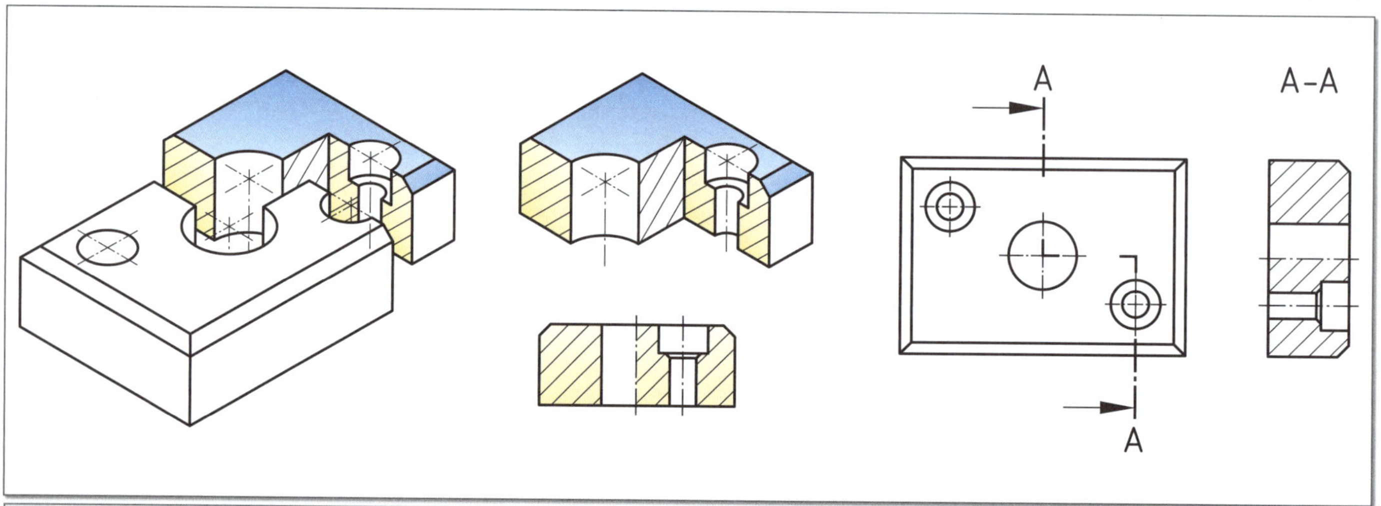

Bild 2: Schnitt mit zwei parallelen Schnittebenen, Teil 17 „Getriebemutter" des Projektes Schraubstock

■ Geknickter Schnitt

Beim geknickten Schnitt schneiden sich zwei durch das Werkstück gelegte gedachte Schnittebenen unter einem Winkel von > 90°. Der Schnittverlauf erscheint dadurch abgeknickt.

Die schräg liegende Schnittebene wird gedreht, bis sie parallel zur Projektions- bzw. Zeichenebene liegt. Die Schnittebene wird zusammenhängend so gezeichnet, als läge sie insgesamt in derselben Zeichenebene. Diese Art der Schnittführung wird vor allem bei rotationssymmetrischen Werkstücken angewendet, bei denen Details dargestellt werden sollen, die sonst, z.B. bei Anwendung eines Vollschnittes in einer Ebene nicht im Schnittverlauf liegen würden.

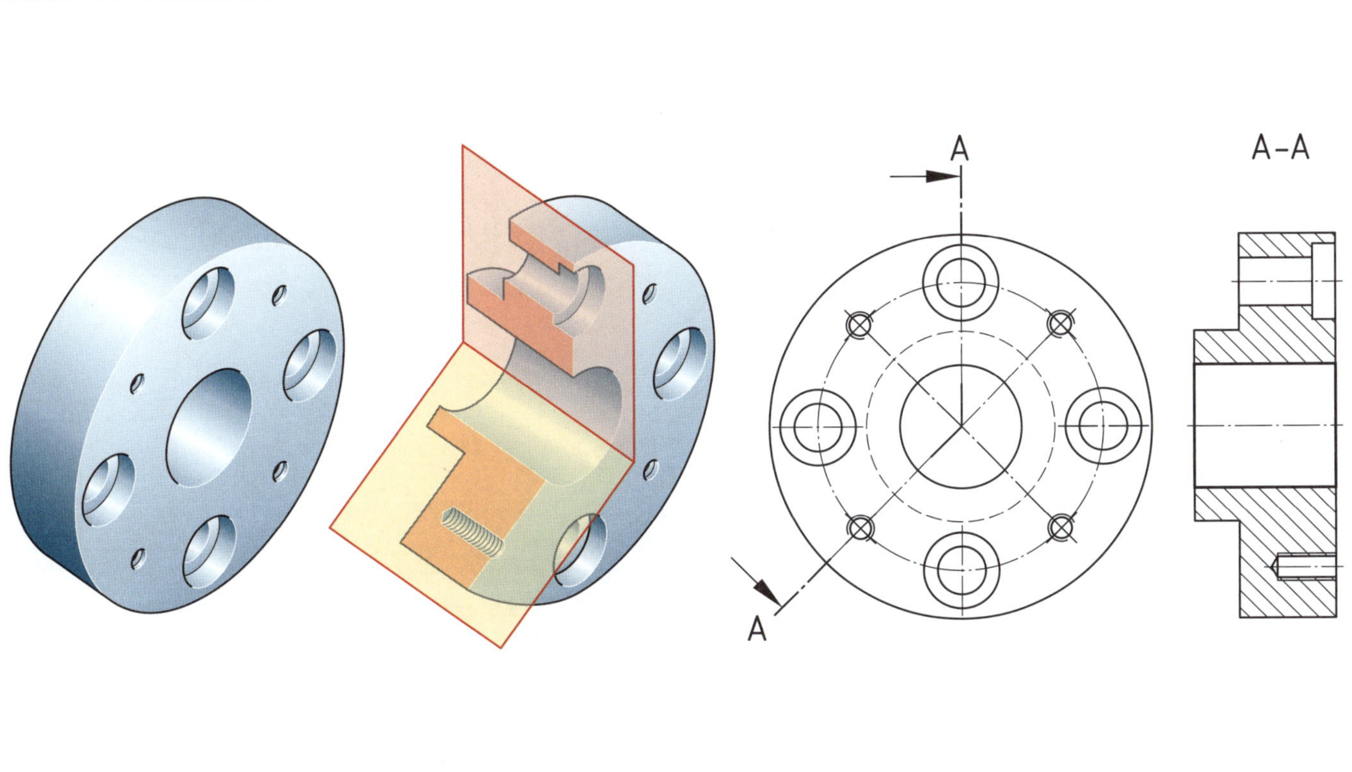

Bild 1: Geknickter Schnitt an einem Gehäusedeckel

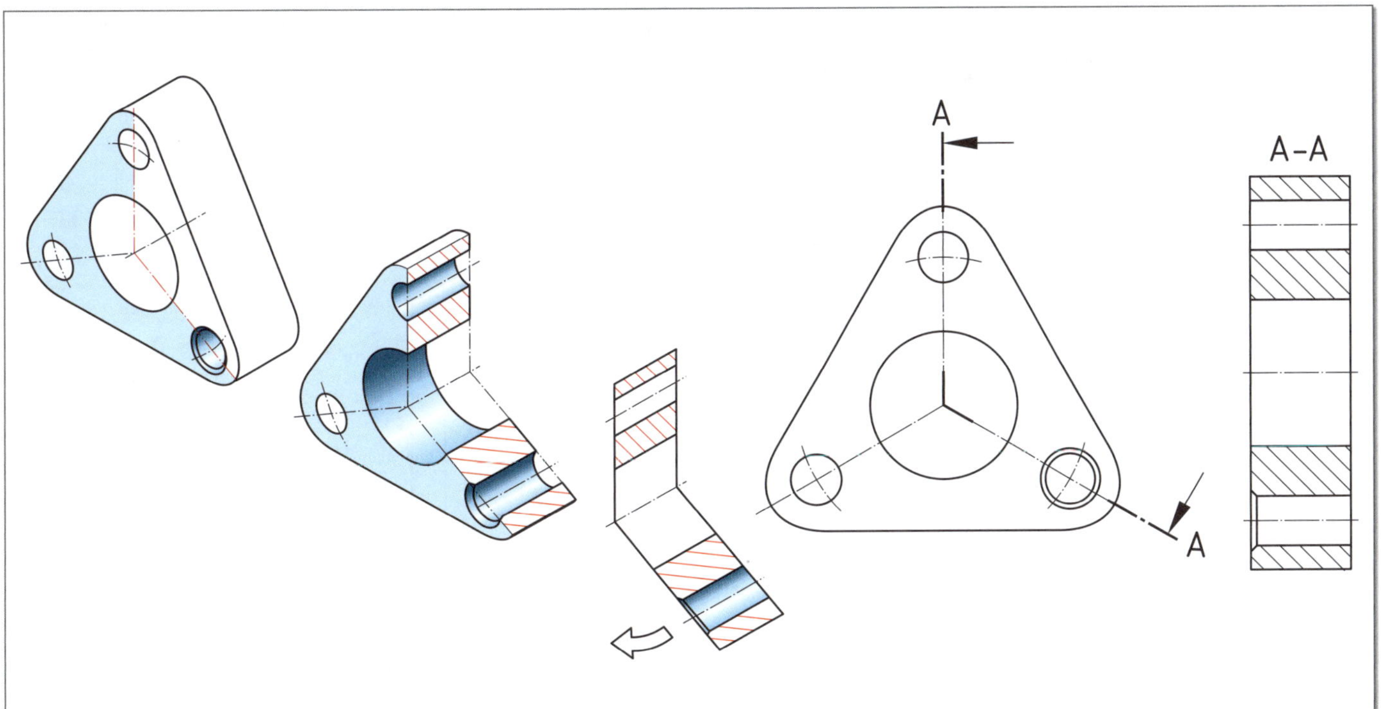

Bild 2: Dreieckflansch mit geknicktem Schnittverlauf

■ **Profilschnitt**

Bei Profilschnitten soll nichts als die Querschnittsform eines Werkstücks sichtbar gemacht werden. Dazu werden ein oder mehr Schnittebenen durch das Werkstück gelegt. Sie liegen senkrecht zur Stabachse des Werkstücks. Es wird nur das dargestellt, was sich unmittelbar in der Schnittebene befindet.

Man unterscheidet drei Arten von Profilschnitten:

- eingeklappte Querschnitte
- Reihenprofilschnitte
- herausgetragene Profilschnitte

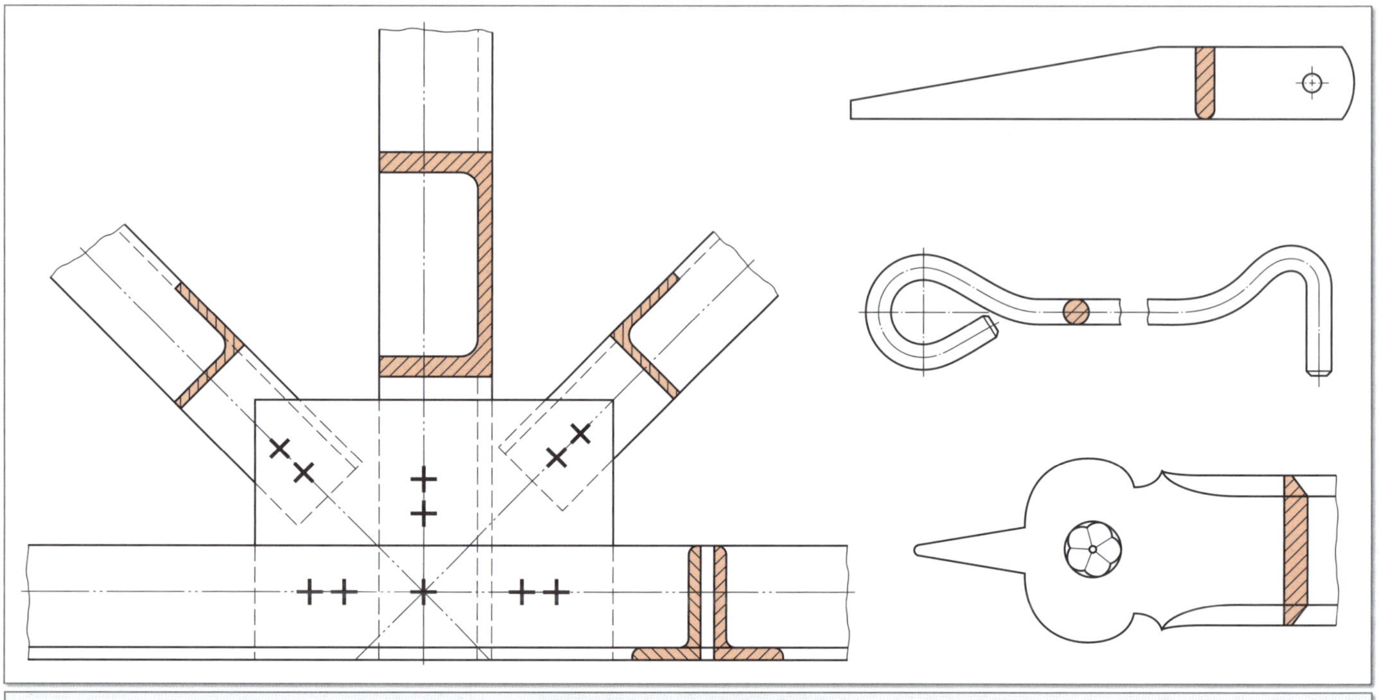

Bild 1: eingeklappte Querschnitte

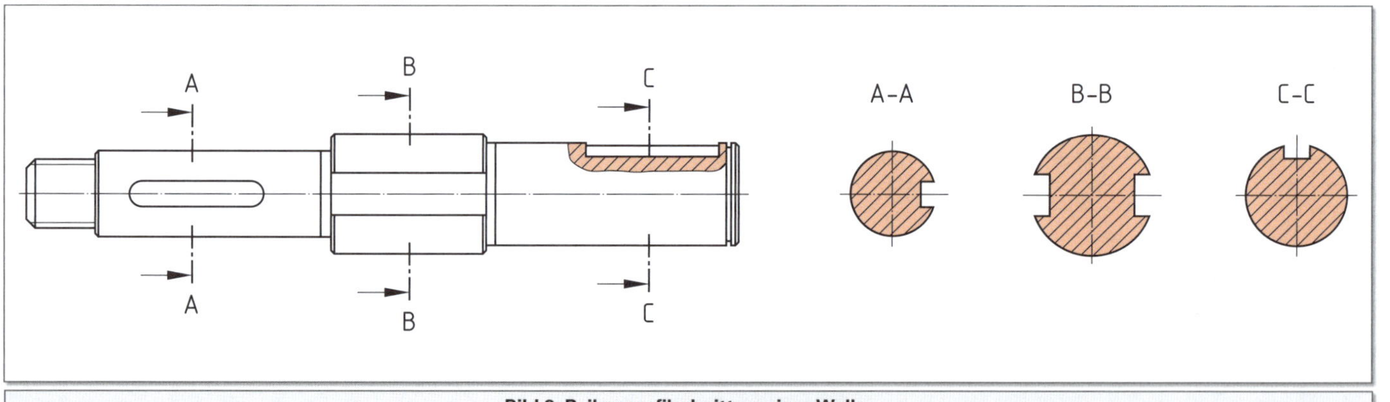

Bild 2: Reihenprofilschnitt an einer Welle

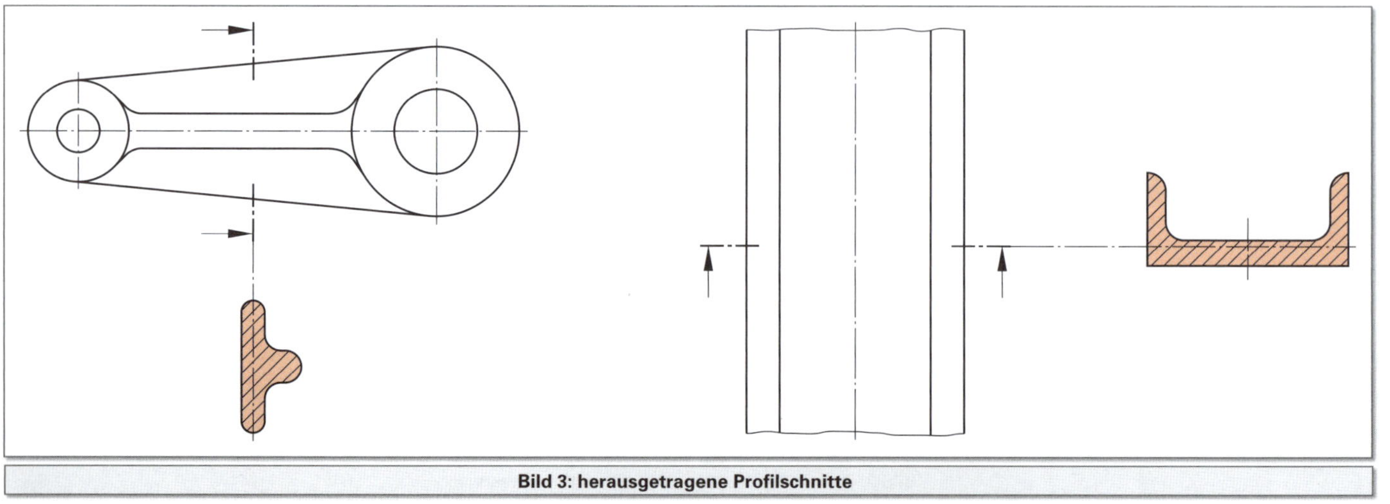

Bild 3: herausgetragene Profilschnitte

2.5.2 Halbschnitt

Symmetrieachse senkrecht

Symmetrische Werkstücke dürfen zur Hälfte als Ansicht und zur Hälfte als Schnitt dargestellt werden. Beim Halbschnitt denkt man sich zwei Schnittebenen durch das Werkstück gelegt. Sie stehen im rechten Winkel zueinander und ihre Schnittlinie liegt genau auf der Symmetrieachse des Werkstücks. Das von den Schnittebenen eingeschlossenen Viertel denkt man sich herausgeschnitten. Nach der rechtwinkligen Parallelprojektion erscheint auf der Zeichenebene die linke Seite des Werkstücks in Ansichtsdarstellung, die rechte Seite als Schnittdarstellung. Die Mittellinie trennt die beiden Ansichtsteile. Liegt eine Körperkante in der Projektion genau auf dieser Trennlinie, so wird sie mit breiter Volllinie gezeichnet. Der Schnittverlauf wird nicht gekennzeichnet. Verdeckte Kanten werden nicht dargestellt.

Werkstücke mit zylindrischer Grundform

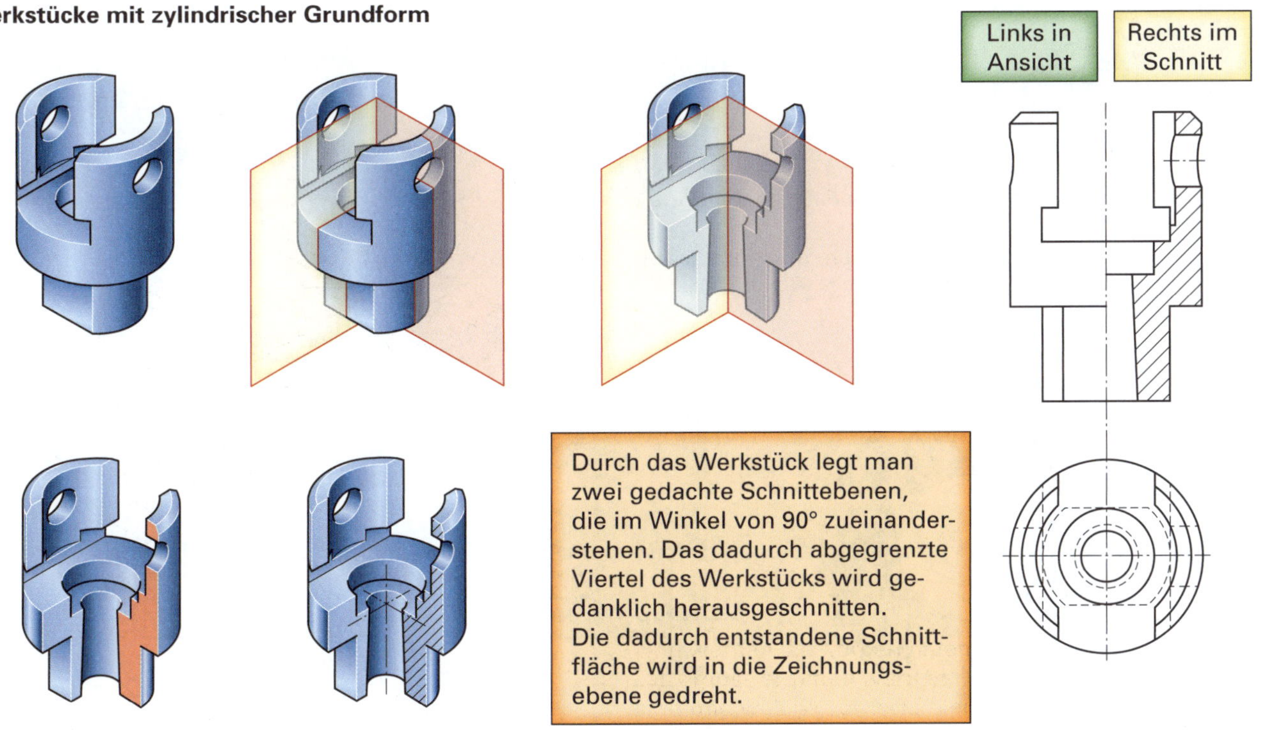

Durch das Werkstück legt man zwei gedachte Schnittebenen, die im Winkel von 90° zueinanderstehen. Das dadurch abgegrenzte Viertel des Werkstücks wird gedanklich herausgeschnitten. Die dadurch entstandene Schnittfläche wird in die Zeichnungsebene gedreht.

Werkstücke mit prismatischer Grundform

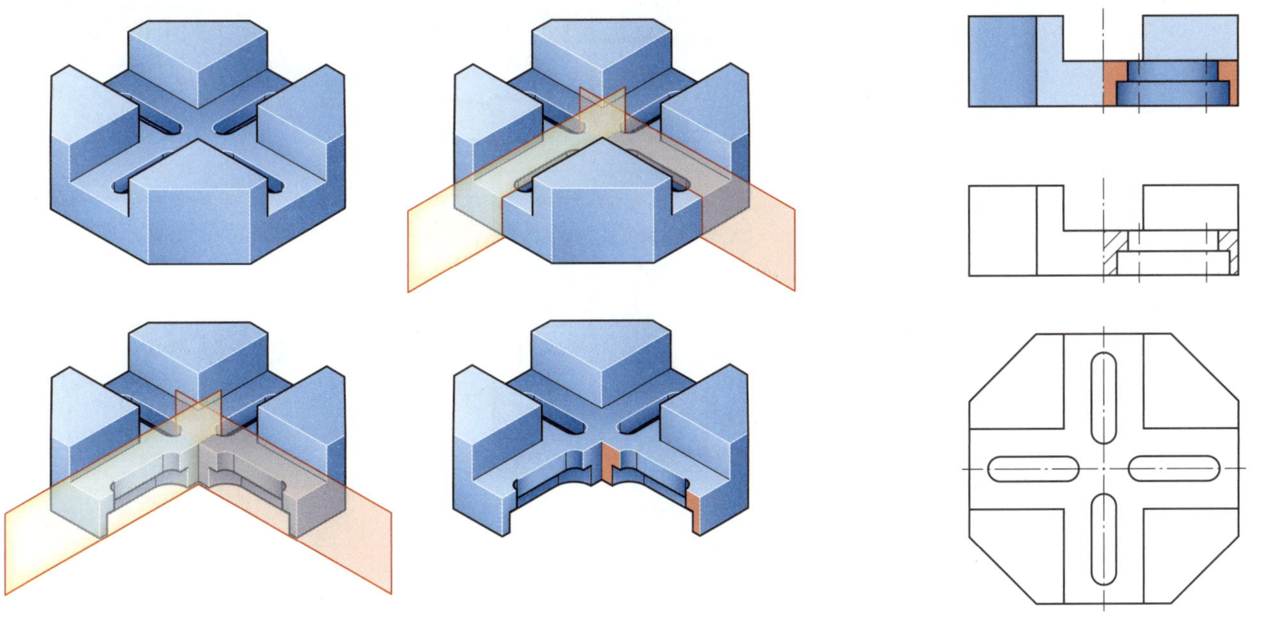

Bild 1: Halbschnitt entlang einer senkrechten Symmetrieachse

Symmetrieachse waagerecht

Die Grundform rotationssymmetrischer Werkstücke wird hauptsächlich durch Drehen hergestellt. Dabei ist die Fertigungslage waagerecht. Die Darstellung dieser Teile im Halbschnitt ist zweckmäßig, weil damit äußere und innere Teilformen sichtbar gemacht und somit bemaßt werden können, ohne dass eine zusätzliche Ansicht benötigt wird. Nach der rechtwinkligen Parallelprojektion erscheint auf der Zeichenebene die über der Symmetrieachse liegende Seite des Werkstücks in Ansichtsdarstellung, die darunter liegende Seite als Schnittdarstellung. Die Mittellinie trennt die beiden Ansichtsteile. Auch hier werden Körperkanten, die in der Projektion genau auf dieser Trennlinie liegen, mit breiter Volllinie gezeichnet. Verdeckte Kanten werden ebenfalls nicht dargestellt.

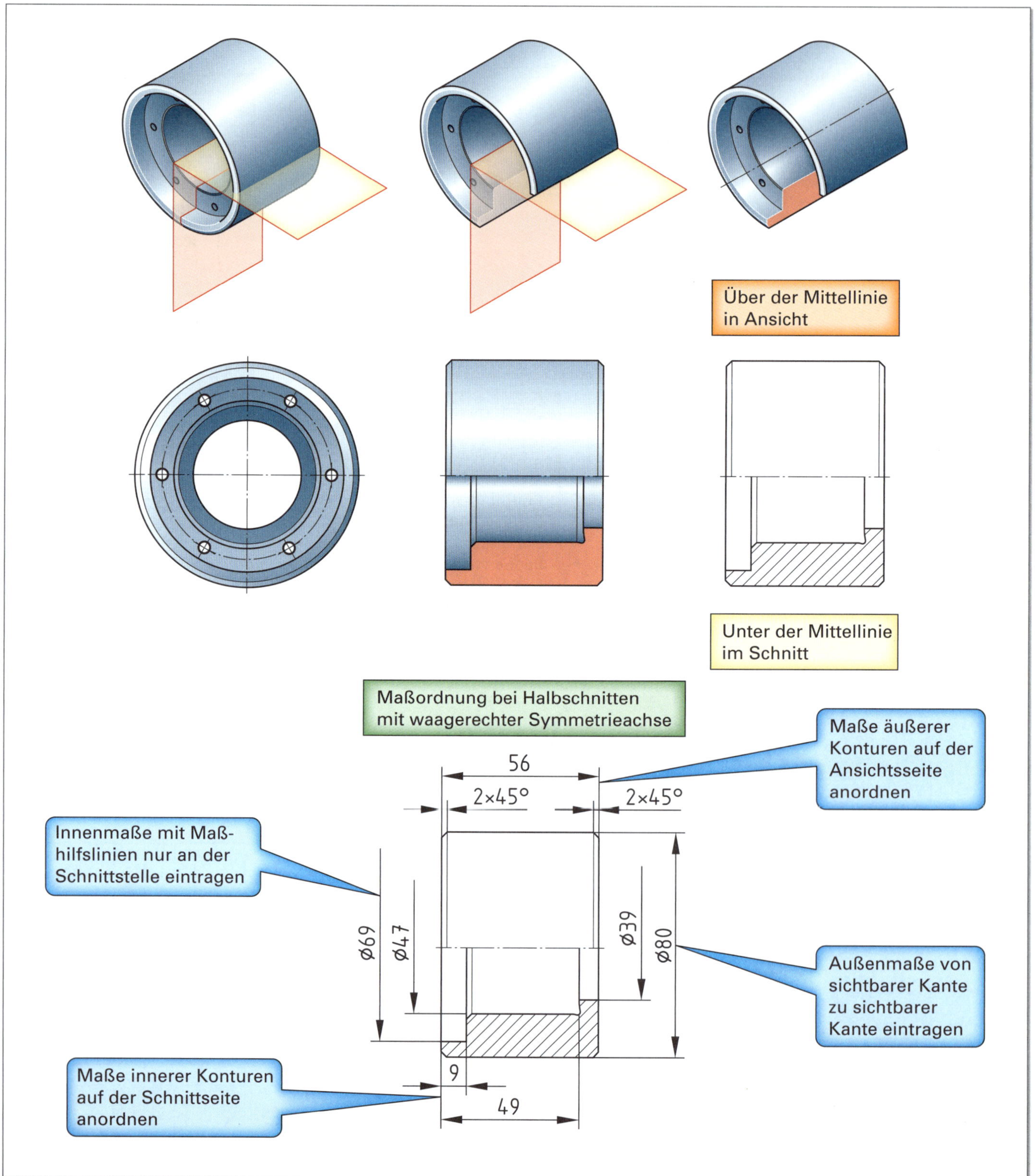

Bild 1: Halbschnitt entlang einer waagrechten Symmetrieachse

2.5.3 Teilschnitt

Bei Teilschnitten führt die gedachte Schnittebene nur in einem abgegrenzten Bereich durch das Werkstück. In einer Ansicht wird nur ein abgegrenzter Bereich geschnitten dargestellt. Diese Methode wird immer dann gewählt, wenn innere Konturen, etwa eine Passfedernut, dargestellt und bemaßt werden müssen, für die ein Vollschnitt nicht erforderlich, zu aufwändig oder nicht zulässig ist. Man unterscheidet zwei Arten von Teilschnitten, den Ausbruch und den Ausschnitt.

Ausbruch

Bei einem Ausbruch wird ein eingegrenzter Teilbereich einer Ansicht im Schnitt gezeichnet. In diesem Teilbereich werden innere Konturen sichtbar gemacht, Schnittflächen schraffiert und es können Maße eingetragen werden. Die vorher verdeckten Körperkanten sind ja jetzt sichtbar geworden. Diese Teilbereiche werden mittels schmalen Freihandlinien eingegrenzt. Der Schnittverlauf wird nicht besonders gekennzeichnet.

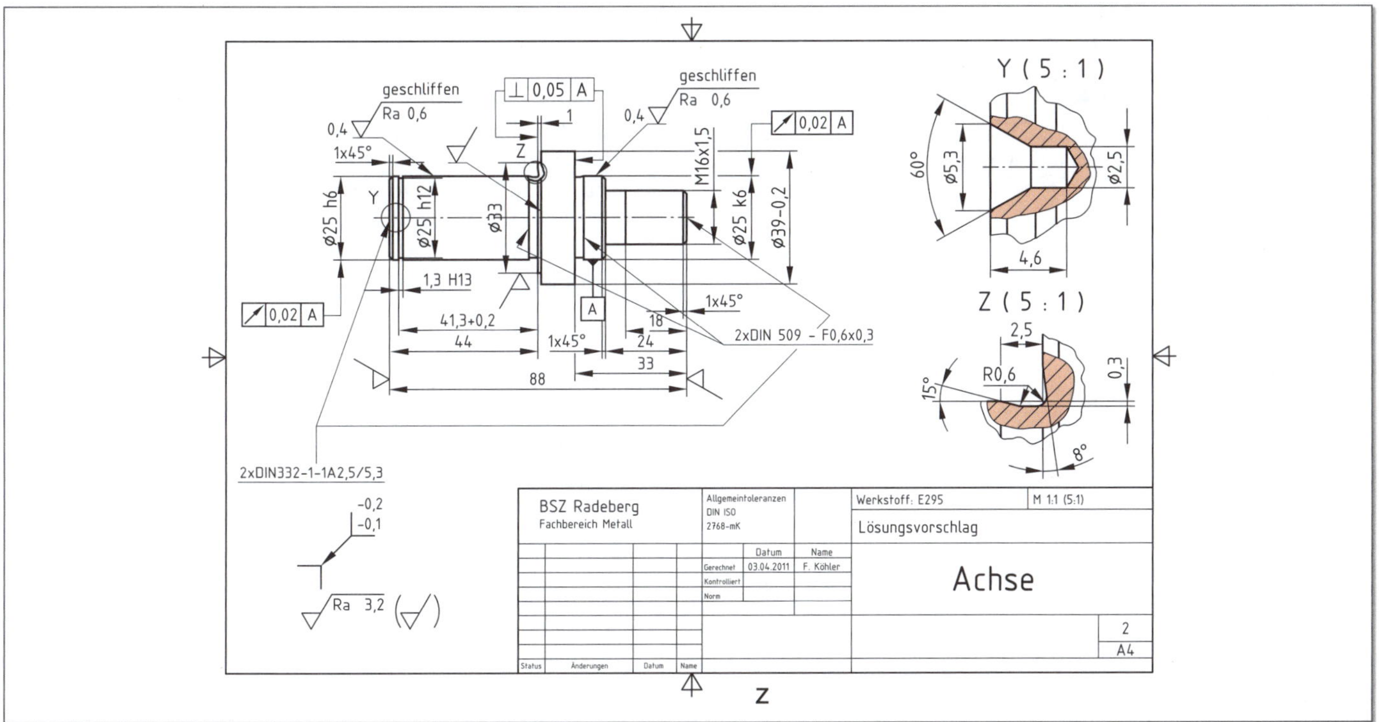

BSZ Radeberg Fachbereich Metall	Allgemeintoleranzen DIN ISO 2768-mK		Werkstoff: E295	M 1:1 (5:1)
			Lösungsvorschlag	
		Datum / Name		
	Gerechnet	03.04.2011 / F. Köhler	Achse	
	Kontrolliert			
	Norm			
Status / Änderungen / Datum / Name				2 A4

Bild 1: Ausbrüche

Ausschnitt

Bei einem Ausschnitt wird die gedachte Schnittebene nur durch einen Teilbereich des Werkstücks gelegt. Schnittverlauf und Blickrichtung werden wie üblich gekennzeichnet. Der geschnittene Teilbereich wird als Schnitt herausgezeichnet, ohne dass die dazugehörige Ansicht auch dargestellt wird. Begrenzungslinien für die Schnittfläche sind nicht erforderlich. In vielen Fällen wird der geschnittene Teilbereich in einem Vergrößerungsmaßstab abgebildet, um Einzelheiten sichtbar zu machen. Anwendung vorzugsweise bei gefügten Teilen.

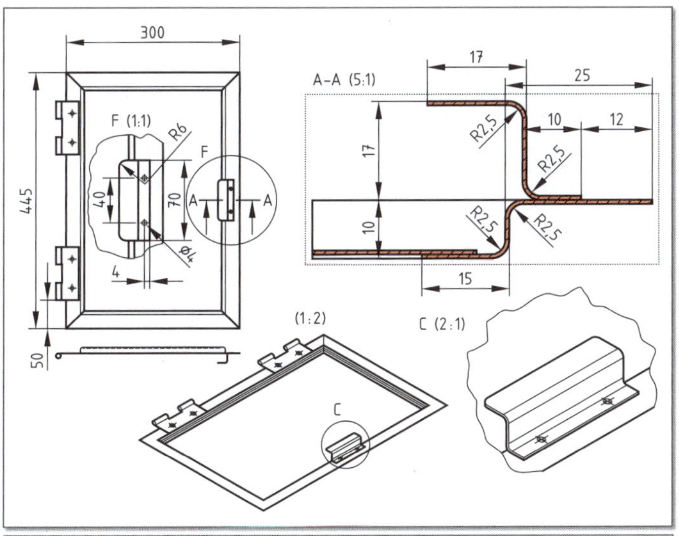

Bild 2: Ausschnitt aus einem Blechrahmen

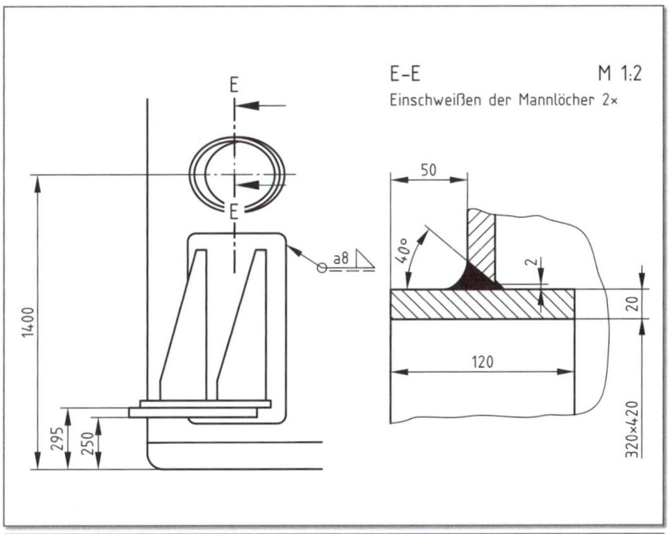

Bild 3: Ausschnitt aus einer Schweißnaht

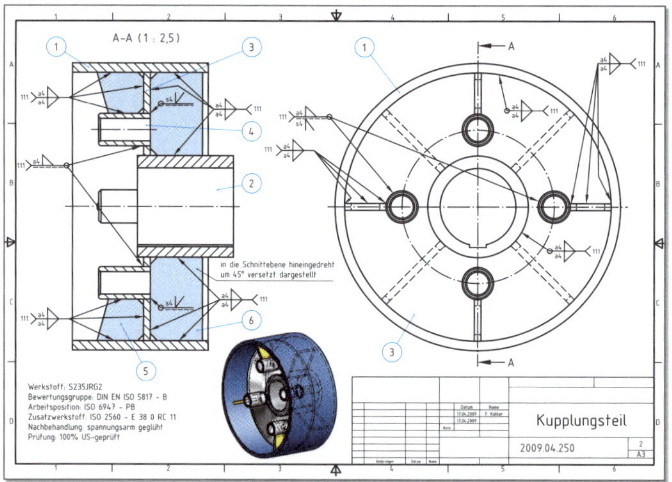

Bild 1: Schnitt durch die Rippen

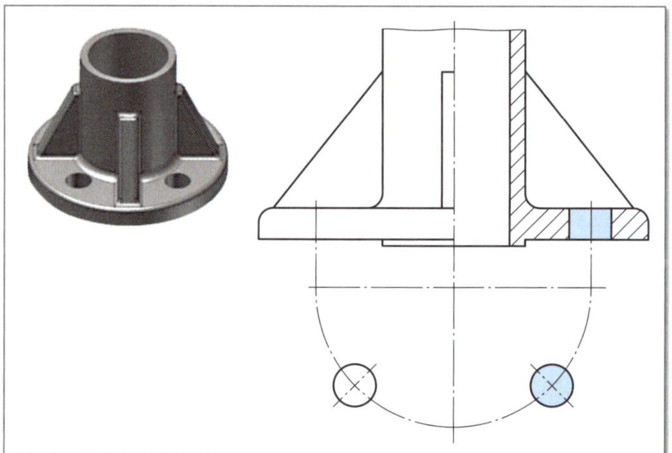

Bild 2: Bohrung in die Schnittebene gedreht

2.5.4 Besondere Schnittdarstellungen

Werkstücke mit Rippen

Rippen und Aussteifungen werden zum Zweck der Erhöhung der Steifigkeit von Konstruktionen beispielsweise bei Guss- und Stahlbauteilen angewendet. Sie werden, obwohl sie in der Schnittebene liegend, nicht geschnitten dargestellt.

In die Schnittebene hinein gedrehte Elemente

Wenn in rotationssymmetrischen Teilen Formelemente gleichmäßig angeordnet sind, deren Darstellung im Schnitt erforderlich ist, sie aber nicht in der gedachten Schnittebene liegen, so dürfen sie in die Schnittebene gedreht werden. Eine zusätzliche Kennzeichnung ist nicht erforderlich. Es ist aber üblich, die tatsächliche Lage dieser Formelemente außerhalb der Schnittebene, z.B. durch einen Grundriss, anzugeben.

Teile, die nicht geschnitten dargestellt werden

Normteile, die in Längsrichtung der Schnittebene liegen und keine Hohlräume oder verdeckte Einschnitte haben, wie z.B. Schrauben, Stifte, Niete, Keile, Passfedern, Wellen, Achsen usw. sowie massive Elemente eines Werkstücks, die sich von der Grundform des Werkstücks abheben, wie z.B. Rippen, Speichen, Stege ... werden in einer Schnittansicht nicht geschnitten dargestellt, d.h. sie erhalten keinerlei Schraffur, obwohl sie in der Schnittebene liegen. Bei Wellen und Achsen können wiederum Ausbrüche gezeichnet werden, um eingebaute Verbindungsteile oder innen liegende Formelemente sichtbar zu machen. Diese zu den Ausbrüchen gehörenden Schnittflächen müssen dann natürlich eine Schraffur erhalten.

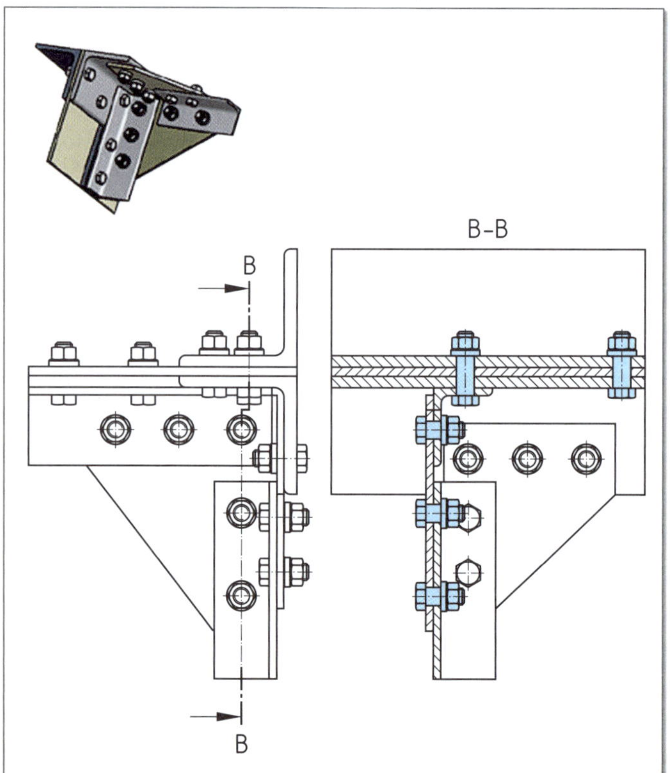

Bild 3: Schnitt durch Normteile in einer Stahlbauzeichnung

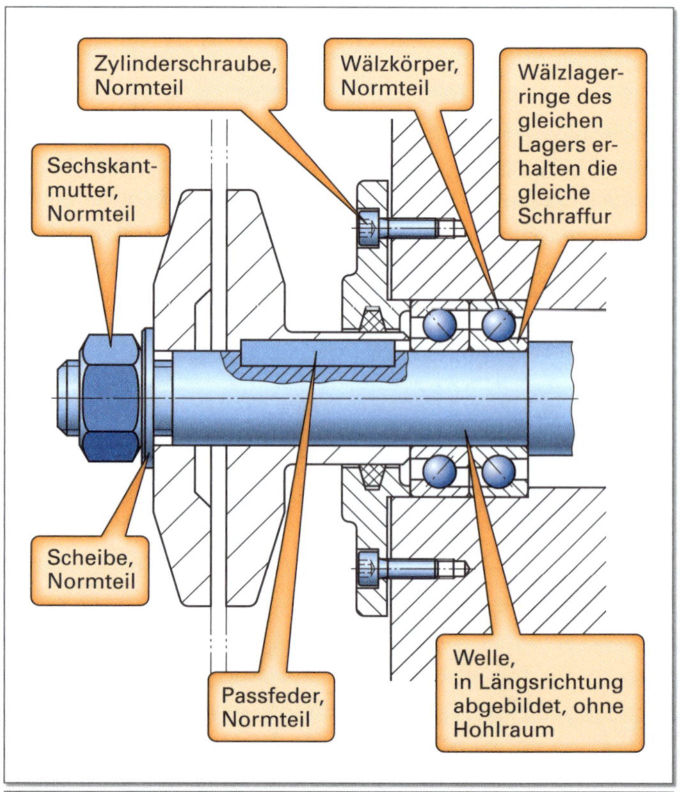

Bild 4: Schnitt durch Normteile einer Maschinenbaugruppe

2. Technische Darstellung von Werkstücken

Übungsaufgaben 13

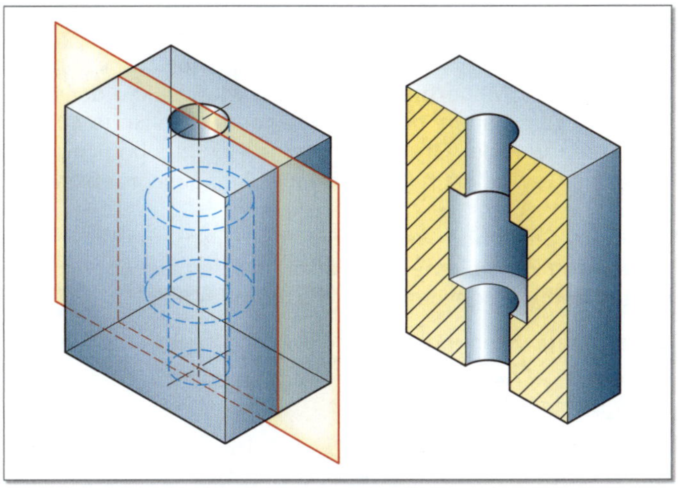

Aufgabe 1

Das Werkstück 40 x 60 x 80 ist mittig in seiner Längsachse mit einer Bohrung versehen. Die Bohrung ø16 ist im Abstand von 25 mm von der Deckfläche auf einer Länge von 30 mm auf ø28 hinterdreht.

Durch das Werkstück wird ein Schnitt in einer Ebene gelegt, sodass die innen liegenden Formelemente sichtbar werden. Zeichnen Sie die Vorderansicht und die Draufsicht als Normalansicht, die Seitenansicht von links im Vollschnitt und die tragen Sie die Maße ein.

Benennung: Hülse
Maßstab: 1:1
Werkstoff: S235JR

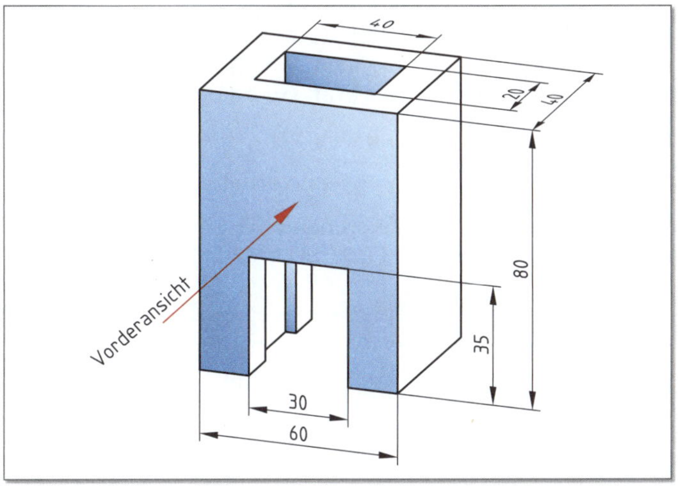

Aufgabe 2

Legen Sie eine räumliche Skizze von dem abgebildeten Werkstück an.

Zeichnen Sie das Werkstück in drei Ansichten. Durch ebene Schnitte entlang der Symmetrieachse sind die inneren Formelemente sichtbar zu machen. Stellen Sie die Vorderansicht und die Seitenansicht im Schnitt dar, die Draufsicht als Normalansicht.

Benennung: Führungshülse
Maßstab: 1:1
Werkstoff: C45E

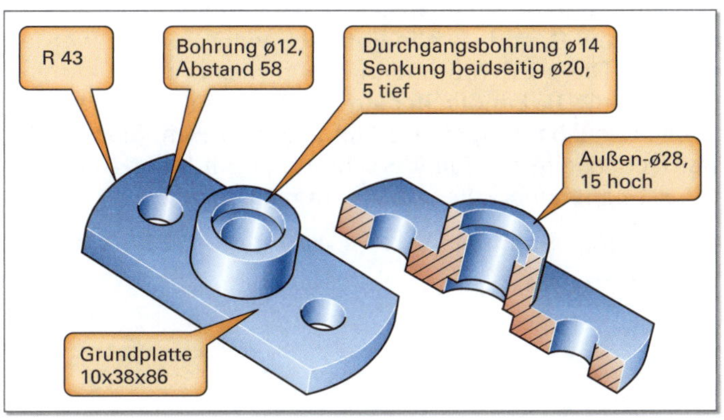

Aufgabe 3

Fertigen Sie von dem dargestellten Werkstück eine Zeichnung in drei Ansichten an. Führen Sie dabei die Vorderansicht als Halbschnitt, die Seitenansicht ebenfalls als Halbschnitt aus. Nehmen Sie die Maßeintragung regelgemäß vor.

Benennung: Lagerplatte
Maßstab: 1:1
Werkstoff: E335

> *Der Spindelkopf Teil 18 ist ein zylindrisches Teil, ø22mm, 50mm lang. Von einer Planfläche aus ist entlang der Mittelachse des Zylinders eine Grundbohrung ø12mm, 25mm tief zur Aufnahme des Spindelzapfens eingebracht. Die Bohrung ist kleiner vorzubohren, da sie anschließend auf Passmaß 12K7 gerieben werden muss.*
>
> *Die Außenkante der gegenüberliegenden Planfläche ist mit einer Fase 1x45° versehen. Von dieser Seite aus 10 mm entfernt ist eine Querbohrung ø8,1mm für die Aufnahme des Knebels Teil 20 durchgebohrt.*
>
> *Beim Zusammenbau von Spindel und Spindelkopf wird 10 mm von der Planfläche der Gewindeseite entfernt eine um 90° gegenüber der ersten Querbohrung versetzt angeordnete Bohrung für den Zylinderstift Teil 19 gebohrt.*

Aufgabe 4

Der nebenstehende Text beschreibt ein Teil des Projektes Schraubstock. Das Werkstück soll auf einer Drehmaschine gefertigt werden. Fertigen Sie eine Einzelteilzeichnung mit der Darstellung in Fertigungslage als Halbschnitt an. Die im Text erwähnte Querbohrung für Teil 19 ist mit darzustellen.

Benennung: Spindelkopf
Maßstab: 2:1
Werkstoff: S235JR

Übungsaufgaben 13.1

EUROPA LEHRMITTEL

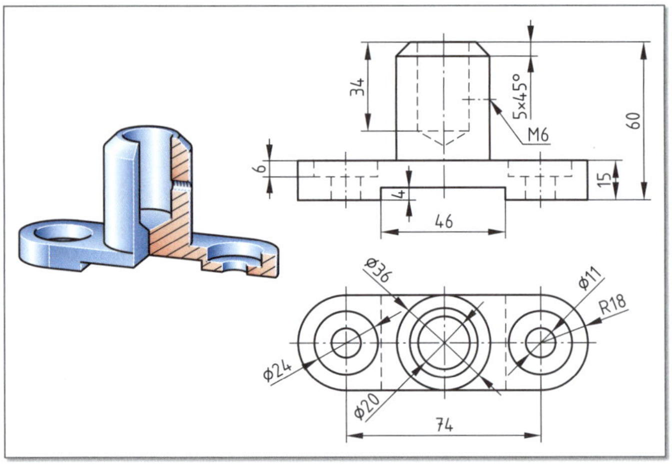

Aufgabe 1

Das Lager dient zur Befestigung eines Stahlstabes in der Laibung einer Maueröffnung. Um die Möglichkeit der Lagefixierung zu erhalten, erhält das Lagerauge in Höhe 40 mm gemessen von der Grundfläche eine Gewindebohrung M6, in die ein Gewindestift DIN 914-M6x12 eingeschraubt wird.

Zeichnen Sie einen Halbschnitt, der die Bemaßung aller verdeckten Formelemente erlaubt und den Gewindestift in ca. zur Hälfte eingeschraubter Position enthält.

Benennung:	Stangenlager	Werkstoff:	EN GJL-200
Format:	A4, hoch	Maßstab:	1:1

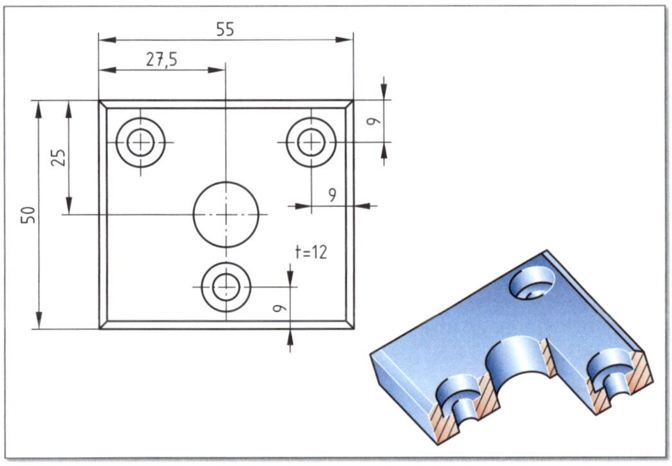

Aufgabe 2

Von der dargestellten Lochplatte ist eine Einzelteilzeichnung so anzufertigen, dass möglichst wenige Ansichten zur eindeutigen Beschreibung des Werkstücks benötigt werden.

Maße der Grundform: 55 x 50 x 12

Die Kanten auf der Senkungsseite erhalten Fasen 2x45°.

Mittelbohrung Ø14, Randbohrungen mit Senkungen für Senkschrauben mit Zylinderkopf DIN ISO 4762-M5 nach DIN 974-1.

Bemaßen Sie vollständig.

Benennung:	Lochplatte	Werkstoff:	E335
Format:	A4, hoch	Maßstab:	1:1

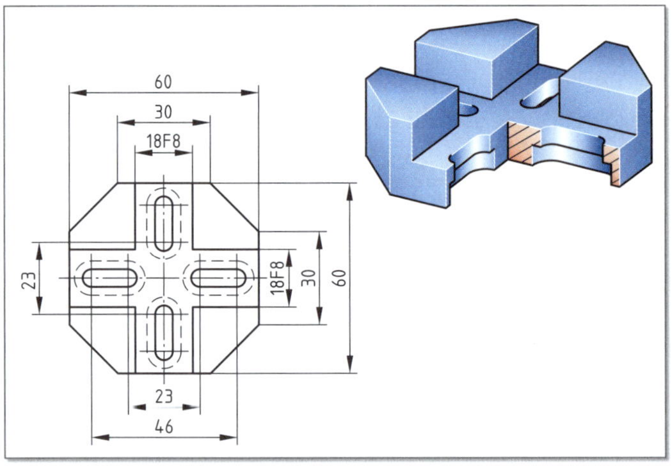

Aufgabe 3

Zeichnen Sie eine Seitenansicht der Spannplatte 60 x 60 x 20 im Vollschnitt, sodass alle Formelemente bemaßt werden können. Die sich kreuzenden Nuten haben eine Tiefe von 10+0,1 mm. Die Langlöcher auf den Nutgründen haben eine Breite von 5,5 mm und eine Länge von 17 mm. Sie sind auf der Gegenseite für Zylinderschrauben mit Innensechskant M5 x 14 auf eine Tiefe von 5,4 mm gesenkt.

Benennung:	Spannplatte	Werkstoff:	S235JR
Format:	A4, quer	Maßstab:	1:1

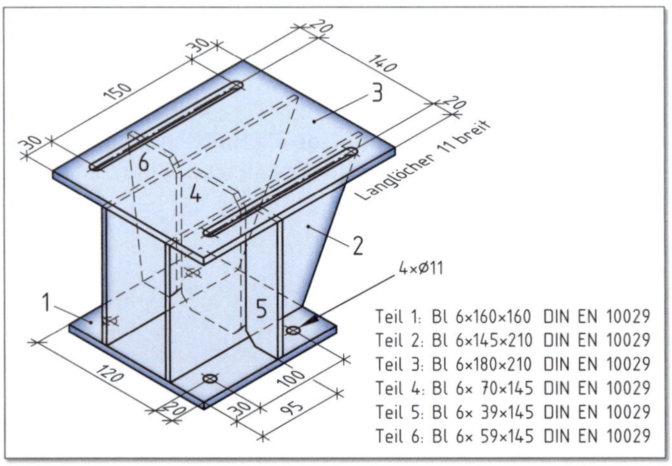

Aufgabe 4

Zeichnen Sie den Lagerbock in 3 Ansichten der rechtwinkligen Parallelprojektion. Ergänzen Sie zusätzlich den Schnitt A-A. Die Schnittebene soll sich in 20 mm Höhe über der Grundplatte befinden und horizontal verlaufen. Tragen Sie alle erforderlichen Maße ein (ohne Schweißangaben).

Benennung:	Lagerbock	Werkstoff:	S235J2G4
Format:	A3, quer	Maßstab:	1:2

2.6.1 Anwendung und Darstellung

Anwendung

Gewinde werden zur Herstellung kraftschlüssiger oder formschlüssiger Verbindungen von Werkstücken benötigt. Man bezeichnet diese Verbindungen als Verschraubungen. Die Herstellung von Verschraubungen gehört zur Fertigungshauptgruppe Fügen. Beim Verschrauben werden Werkstücke mit *Außengewinde* mit Werkstücken, die *Innengewinde* haben direkt gefügt. Werkstücke mit Durchgangsbohrungen können indirekt unter Benutzung von Hilfsfügeteilen, die ihrerseits Außen- und Innengewinde haben (Schrauben, Muttern) verbunden werden. Entsprechend seiner Bestimmung unterscheidet man Befestigungs- und Bewegungsgewinde. Während *Befestigungsgewinde* feste oder dichte lösbare Verbindungen ermöglichen, dienen *Bewegungsgewinde* zum Umformen von Drehbewegungen in geradlinige Bewegungen von Maschinenteilen.
Beim Schraubstock wird die mit dem Knebel durch Handkraft erzeugte Drehbewegung der Gewindespindel im Innengewinde der Getriebemutter in eine geradlinige Bewegung des Schlittens gewandelt.

Darstellung

Bei der Darstellung in technischen Zeichnungen unterscheidet man nur nach Außen- und Innengewinde. Alle anderen Informationen sind aus den Kurzbezeichnungen für die verschiedenen Gewindearten nach DIN 202, aus den Maßeintragungen und ergänzenden Angaben zu entnehmen.

Man unterscheidet drei Methoden der Gewindedarstellung:

- Detaillierte Darstellung nach DIN 6410-1,
- Vereinfachte Darstellung (konventionelle Darstellung) nach DIN 6410-1 und -3
- Sinnbildliche Darstellung, nach DIN 6780.

Die detaillierte Darstellung ist aufwändig und wird deshalb nur sehr selten angewendet. Aus diesem Grund wird im Folgenden nur auf die vereinfachte Darstellung und auf die sinnbildliche Darstellung eingegangen.

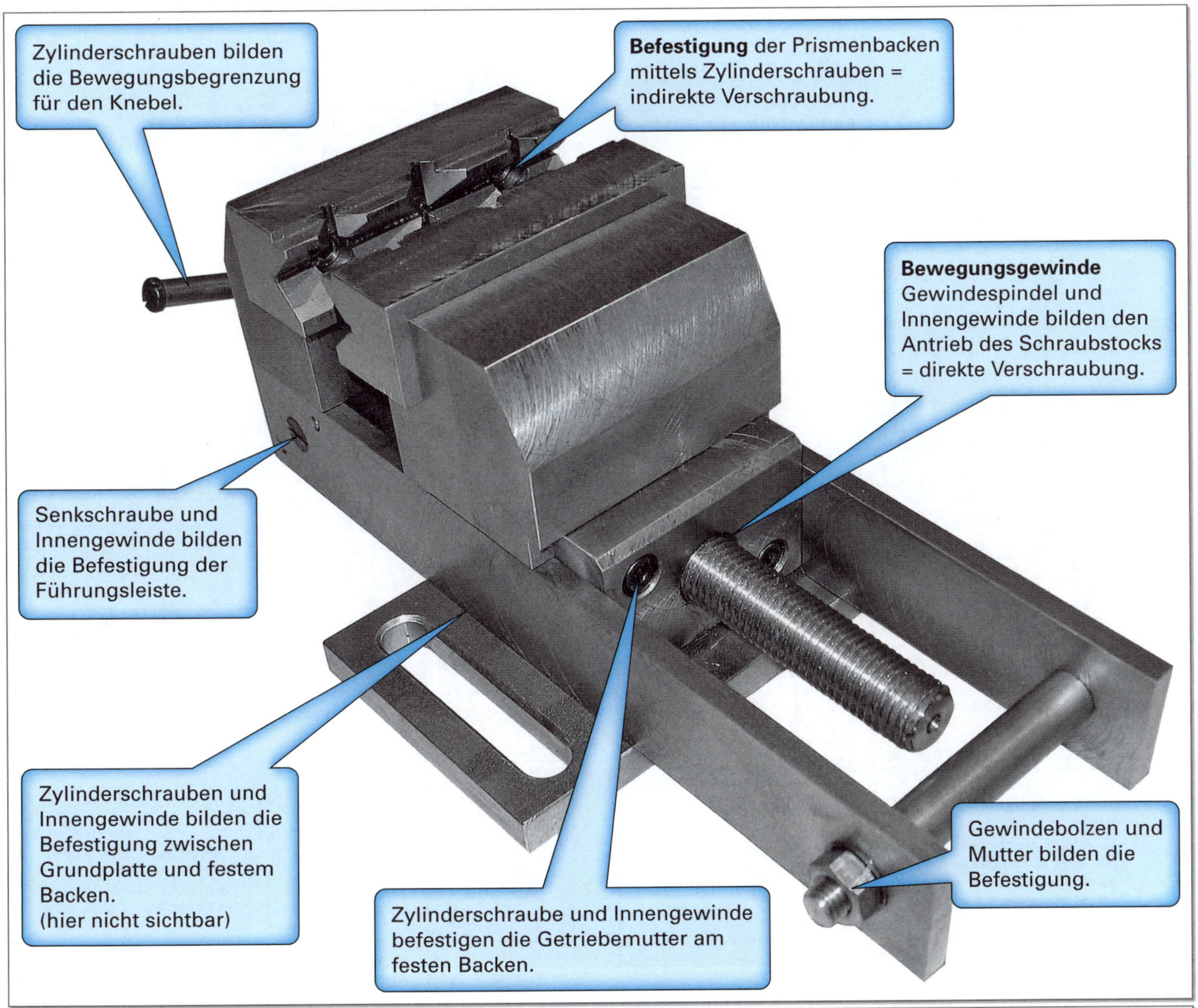

Bild 1: Gewinde am Projekt Schraubstock

2.6.2 Außengewinde

Für die Darstellung von Außengewinde benötigt man nur die Kenngrößen Nenndurchmesser d und Kerndurchmesser d_3. Sie sind aus den Gewindetabellen für Bolzengewinde eines Tabellenbuches Metalltechnik zu entnehmen.

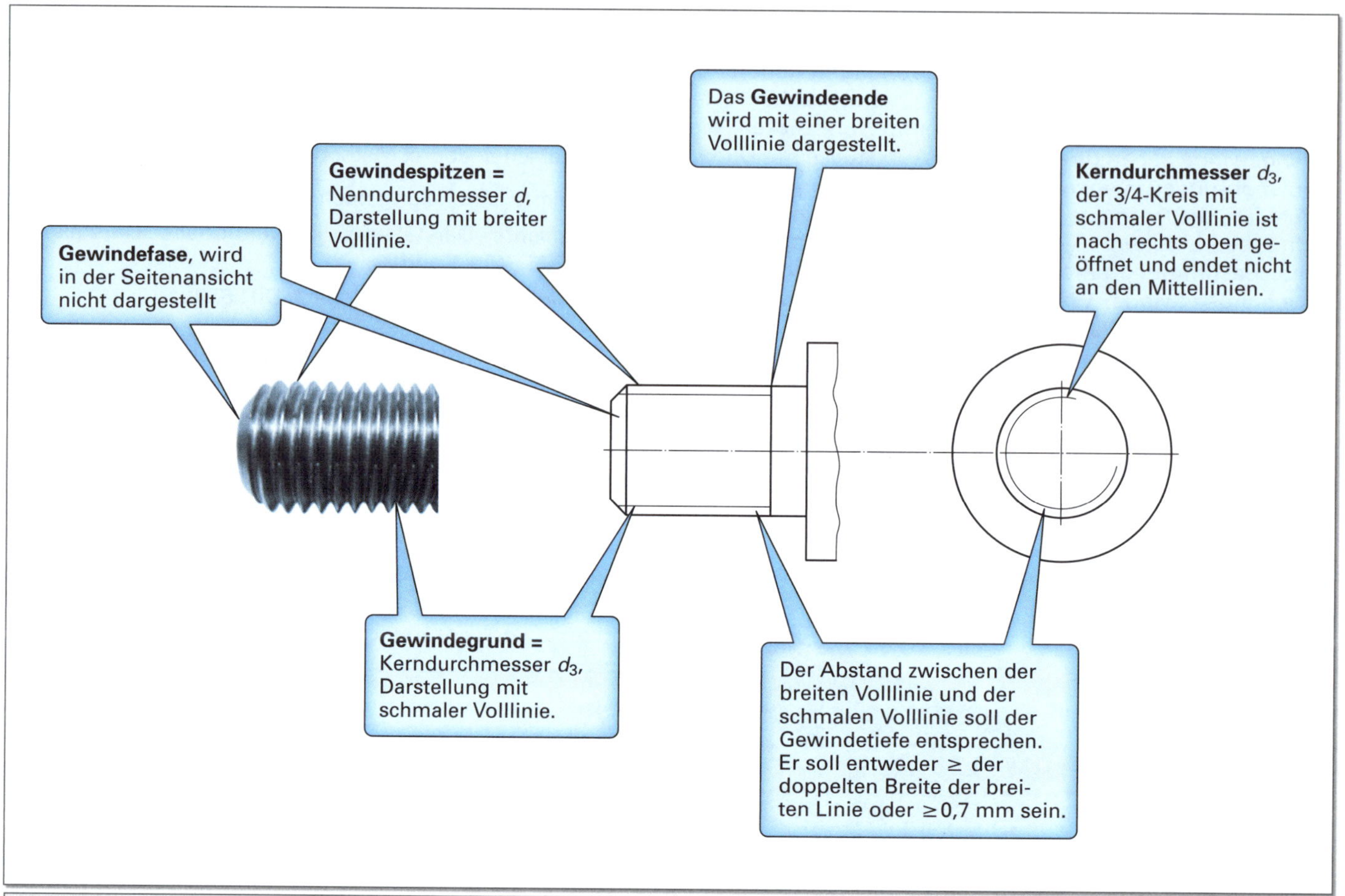

Bild 1: Darstellen von Außengewinde in Ansicht

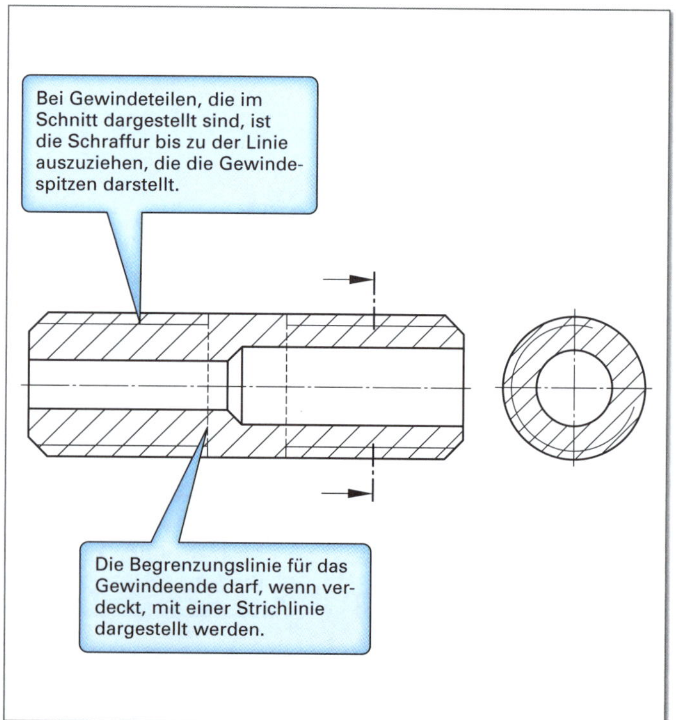

Bild 2: Darstellen von Außengewinde im Schnitt

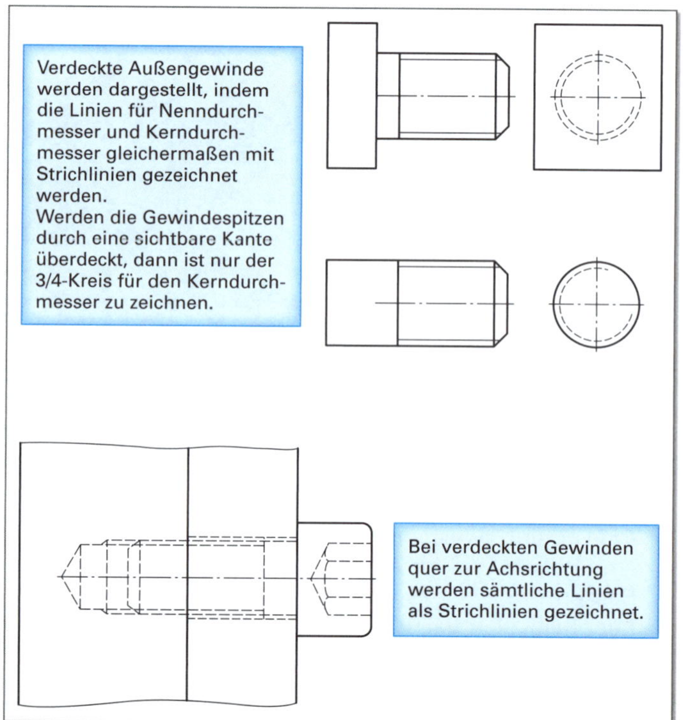

Bild 3: Außengewinde verdeckt

2. Technische Darstellung von Werkstücken

2.6 Werkstücke mit Gewinde

Maßeintragung am Außengewinde

Die Art des Gewindes und seine Maße sind mit Hilfe der Kurzbezeichnungen anzugeben, die in internationalen Normen festgelegt sind. Bei der Maßeintragung in technischen Zeichnungen werden für Gewinde folgende Größen angegeben:

- Kennbuchstaben für die Gewindeart, z. B. **M** für metrisches Gewinde, **Tr** für Trapezgewinde usw.
- Nenndurchmesser *d* des Gewindes

Je nach Erfordernis können zusätzliche Angaben gemacht werden:

- Gewindesteigung ***P*** in mm
- Drehrichtung des Gewindes beim Einschrauben (**LH** – *left hand* für Linksgewinde; **RH** – *right hand* für Rechtsgewinde)
- Toleranzklasse des Gewindes, z.B. **6 g**
- Tragende Gewindelänge (**S** für kurz, **L** für lang, **N** für normal)

Beispiel: Bezeichnung für ein metrisches Feingewinde, Nenndurchmesser $d = 24$ mm, Steigung $P = 2$ mm, linksdrehend: **M24 x 2 - LH**

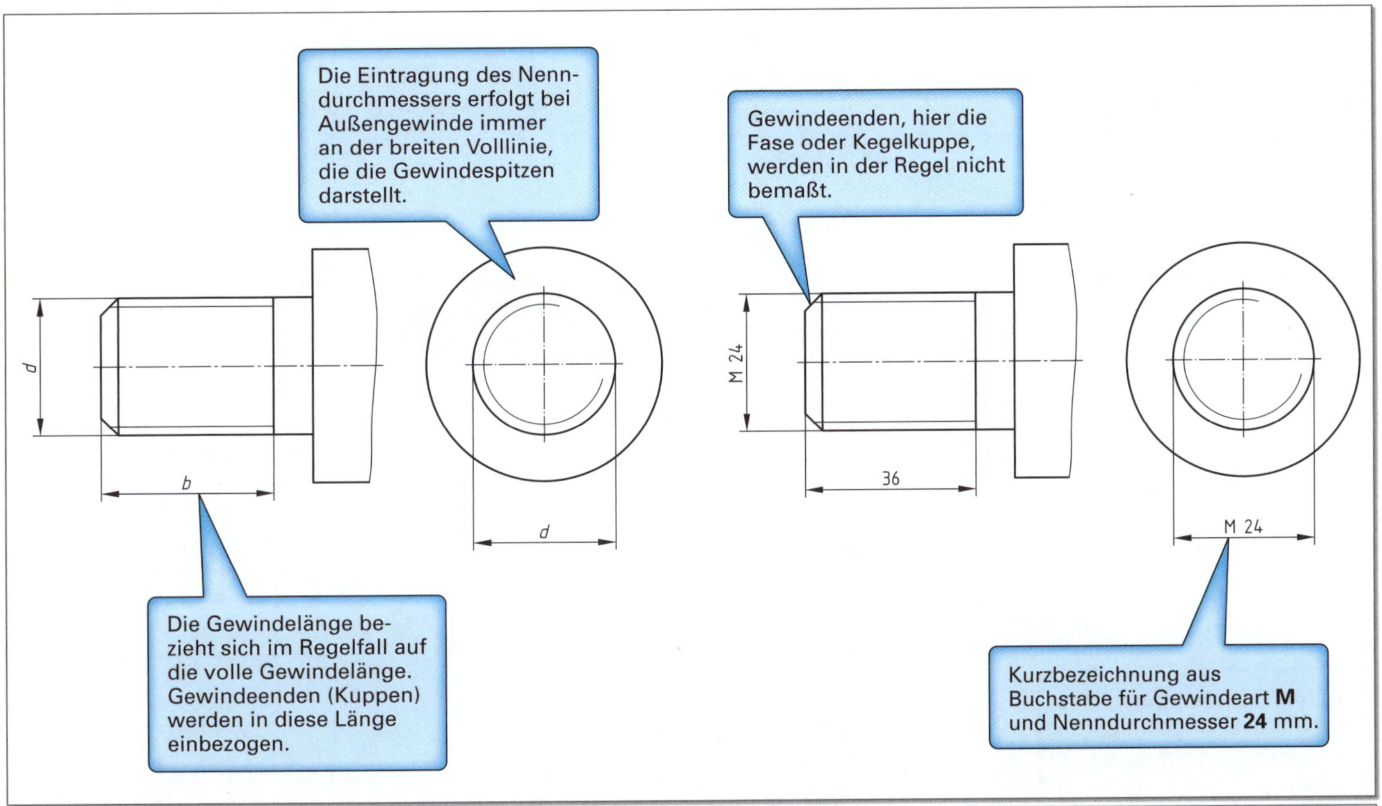

Bild 1: Bemaßung von Außengewinde

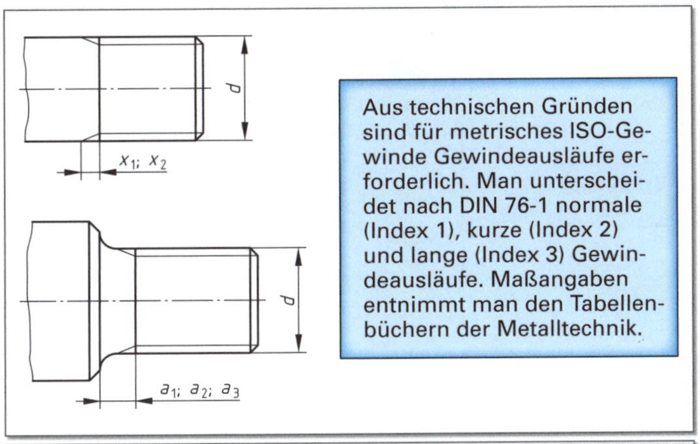

Bild 2: Gewindeauslauf

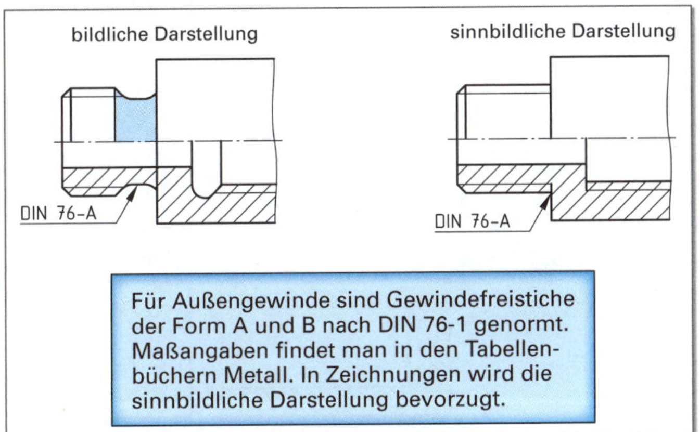

Bild 3: Gewindefreistich

2.6.3 Innengewinde

Bei Innengewinde unterscheidet man Gewindedurchgangsbohrungen und Gewindegrundbohrungen. Für die Darstellung von Gewindegrundbohrungen benötigt man außer den Kenngrößen Nenndurchmesser *d* und Kerndurchmesser d_3 die Tiefe der Grundbohrung und das Maß für die Gewindetiefe. Bei der Gestaltung von Gewindegrundbohrungen sind Mindesteinschraubtiefen zu beachten. Diese sind werkstoffabhängig. Genaue Werte sind Tabellenbüchern zu entnehmen.

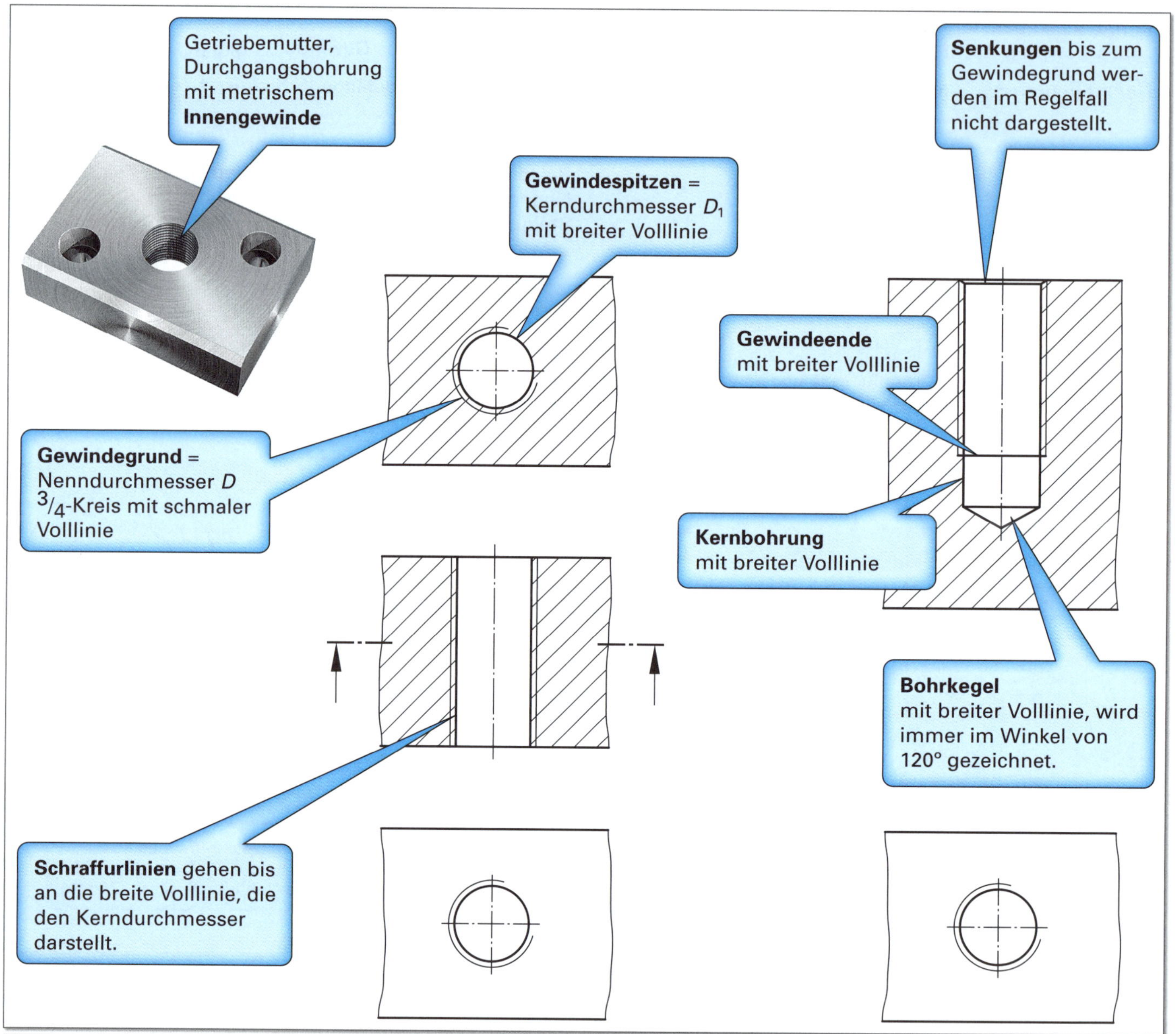

Bild 1: Darstellen von Innengewinde in Ansicht und Schnitt

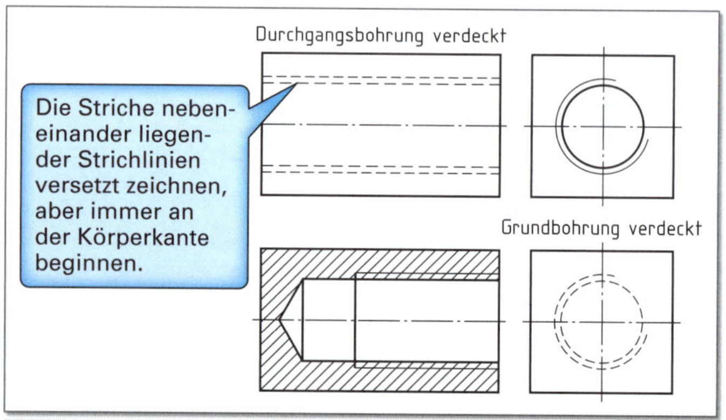

Bild 2: Innengewinde verdeckt

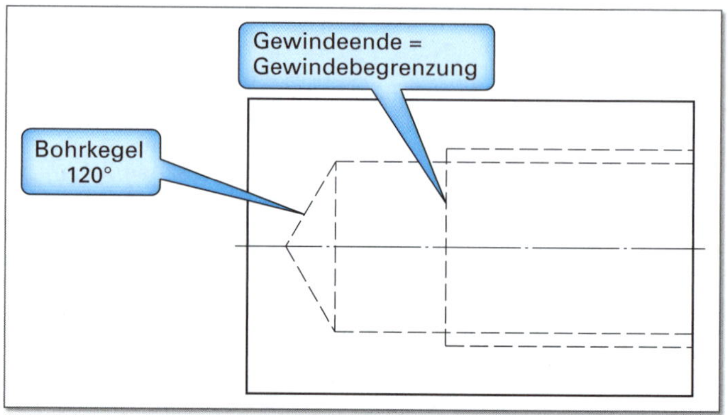

Bild 3: Gewindegrundbohrung verdeckt

Bemaßung von Innengewinde

Für Innengewinde gelten die gleichen Regeln bezüglich der Eintragung der Gewindebezeichnung in technischen Zeichnungen wie für Außengewinde (⇐ **Seite 147**). Besonders beachtet werden muss die Maßeintragung an Gewindegrundlöchern.

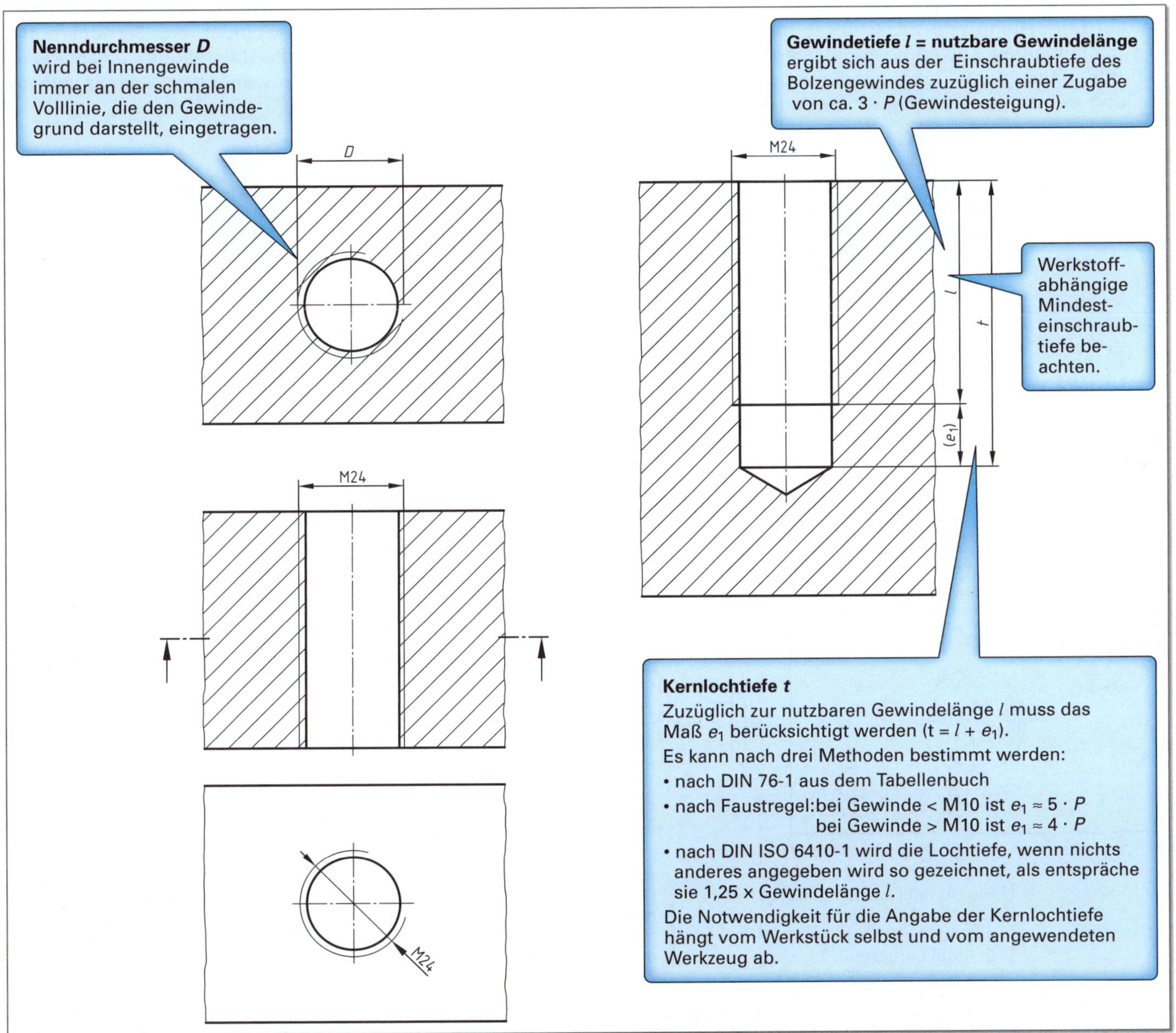

Bild 1: Bemaßung von Innengewinde

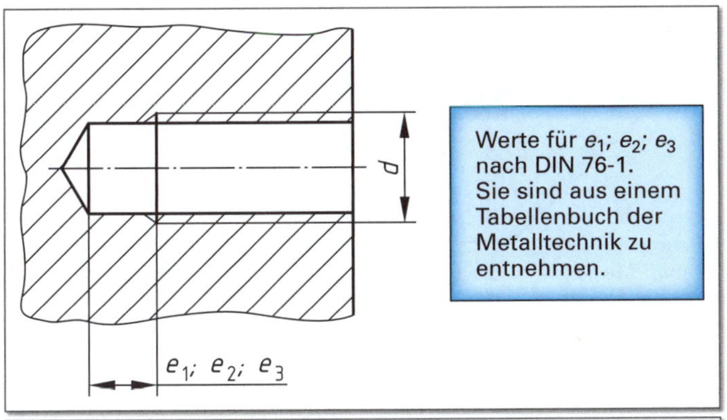

Bild 2: Gewindeauslauf bei Innengewinde

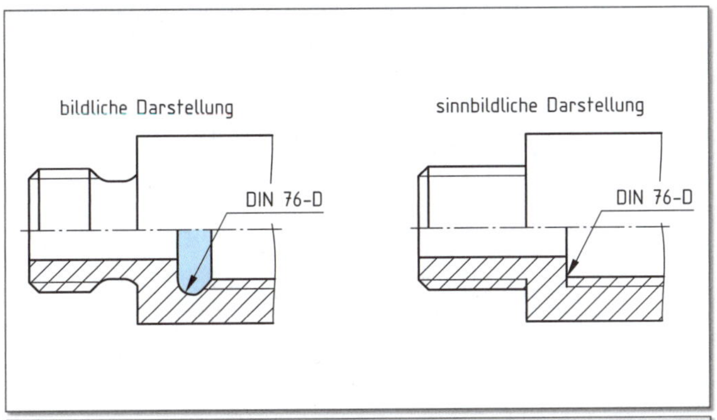

Bild 3: Gewindefreistich bei Innengewinde

EUROPA LEHRMITTEL

2.6.4 Gewindeteile im zusammengebauten Zustand

Direkte Verschraubungen

Wenn Werkstücke, die selbst mit Innen- bzw. Außengewinde versehen sind zusammengeschraubt werden, spricht man von einer direkten Verschraubung.

Bei der Darstellung von Werkstücken mit Gewinde im zusammengebauten Zustand wendet man zweckmäßig die Schnittdarstellung an. Dabei gilt die Regel, dass in der Darstellung immer das Außengewinde den Vorrang vor dem Innengewinde erhält.

> Bei der Gewindedarstellung im zusammengebauten Zustand gilt: Außengewinde vor Innengewinde!

In Bild 1 ist am Beispiel der Spindel und Getriebemutter des Projektes Schraubstock die Darstellung verschiedener Einschraubtiefen gezeigt. Anzuwenden sind die Regeln der Schnittdarstellung (⇐ **Seite 133**).

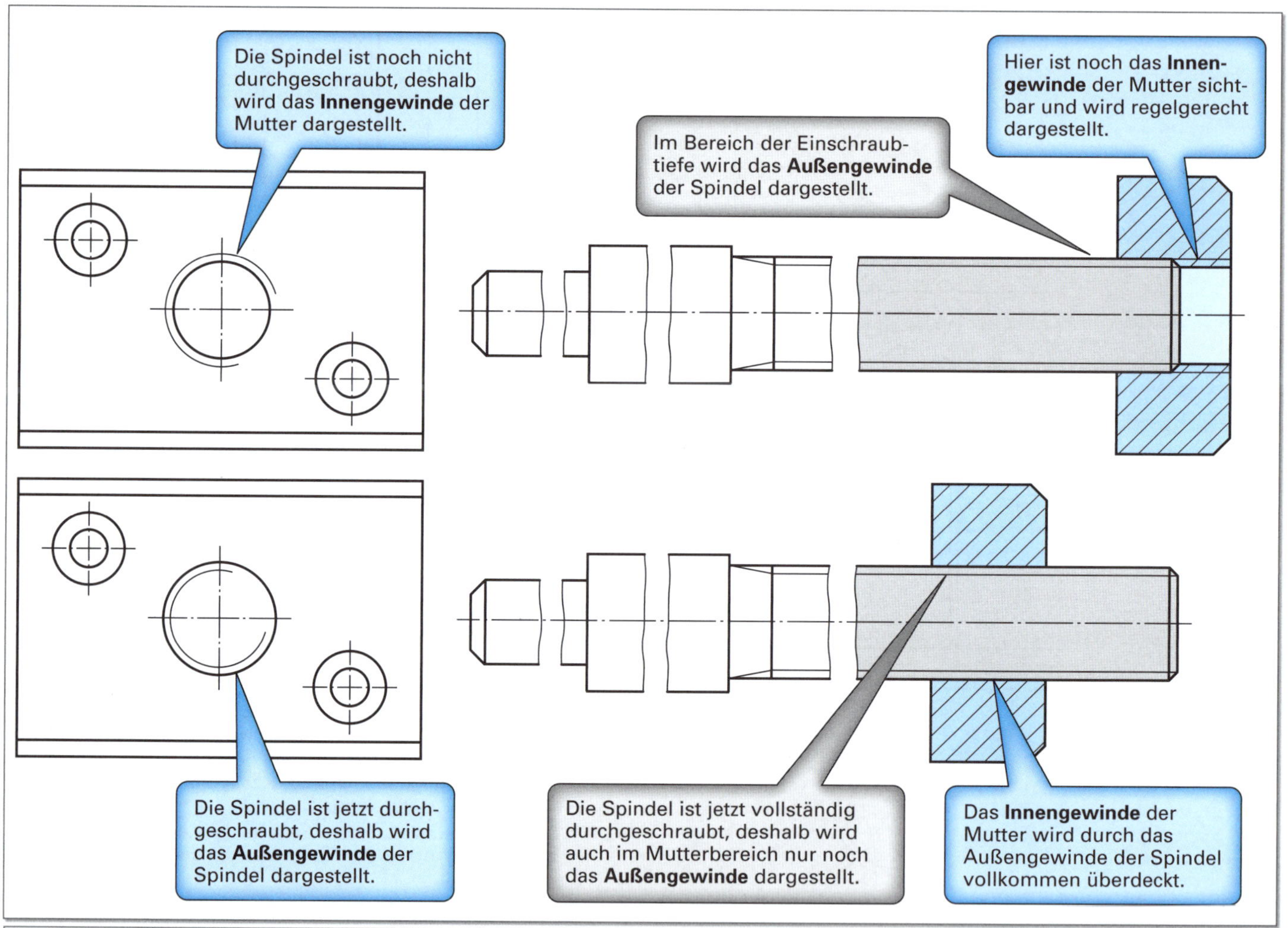

Bild 1: Darstellung verschraubter Werkstücke

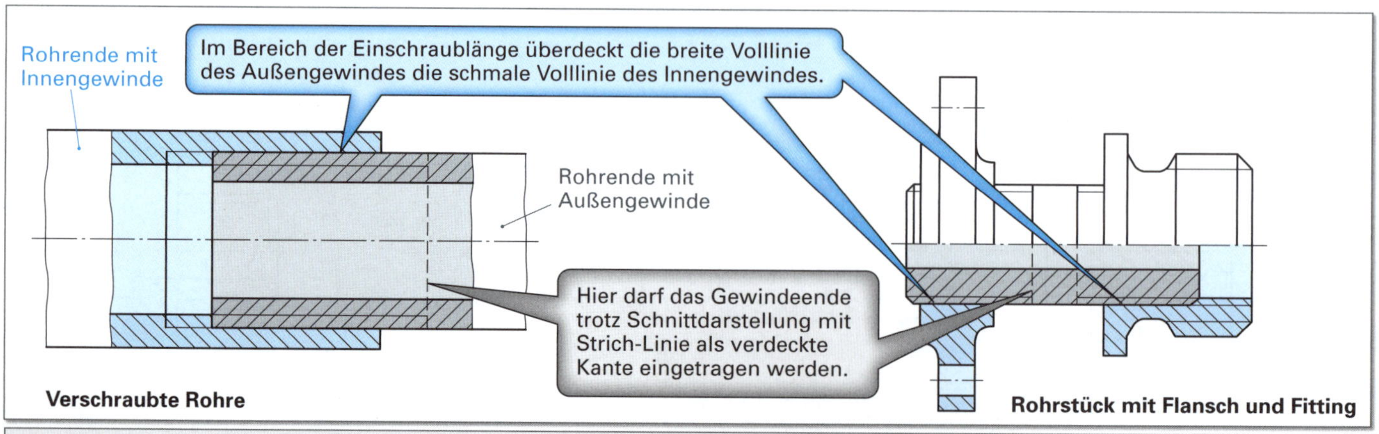

Bild 2: Verschraubungen an Rohren

Indirekte Verschraubungen

Von indirekten Verschraubungen spricht man, wenn eines der zu verbindenden Teile oder beide kein Gewinde haben und nur unter Zuhilfenahme eines oder mehrerer mit Gewinde versehener Hilfsfügeteile verbunden werden können.

■ Durchsteckverbindung

Bei einer Durchsteckverbindung haben die zu verbindenden Teile selbst kein Gewinde, sondern Durchgangsbohrungen. Durch diese Durchgangsbohrungen werden Verbindungselemente, Schrauben, gesteckt. Auf den durchgesteckten Schraubenbolzen wird auf der Gegenseite Unterlegscheibe und Mutter aufgesteckt. Die Verbindung hält durch das Verspannen des Außengewindes der Schraube gegen das Innengewinde der Mutter.

In Bild 1 ist die Darstellung einer solchen Verbindung am Beispiel der Durchsteckverbindung mit einer Sechskantschraube erklärt. Man kann die Möglichkeit der *ausführlichen Darstellung*, bei der Merkmale wie Fasen bei Muttern und Schraubenköpfen, Gewindeausläufe und Gewindeenden mit dargestellt werden, oder die der *vereinfachten Darstellung* nach DIN ISO 6410-3 nutzen, bei der diese Merkmale nicht gezeichnet werden. Zur Ermittlung der Schraubenkenngrößen benötigt man ein Tabellenbuch der Metalltechnik.

Ausführliche Darstellung

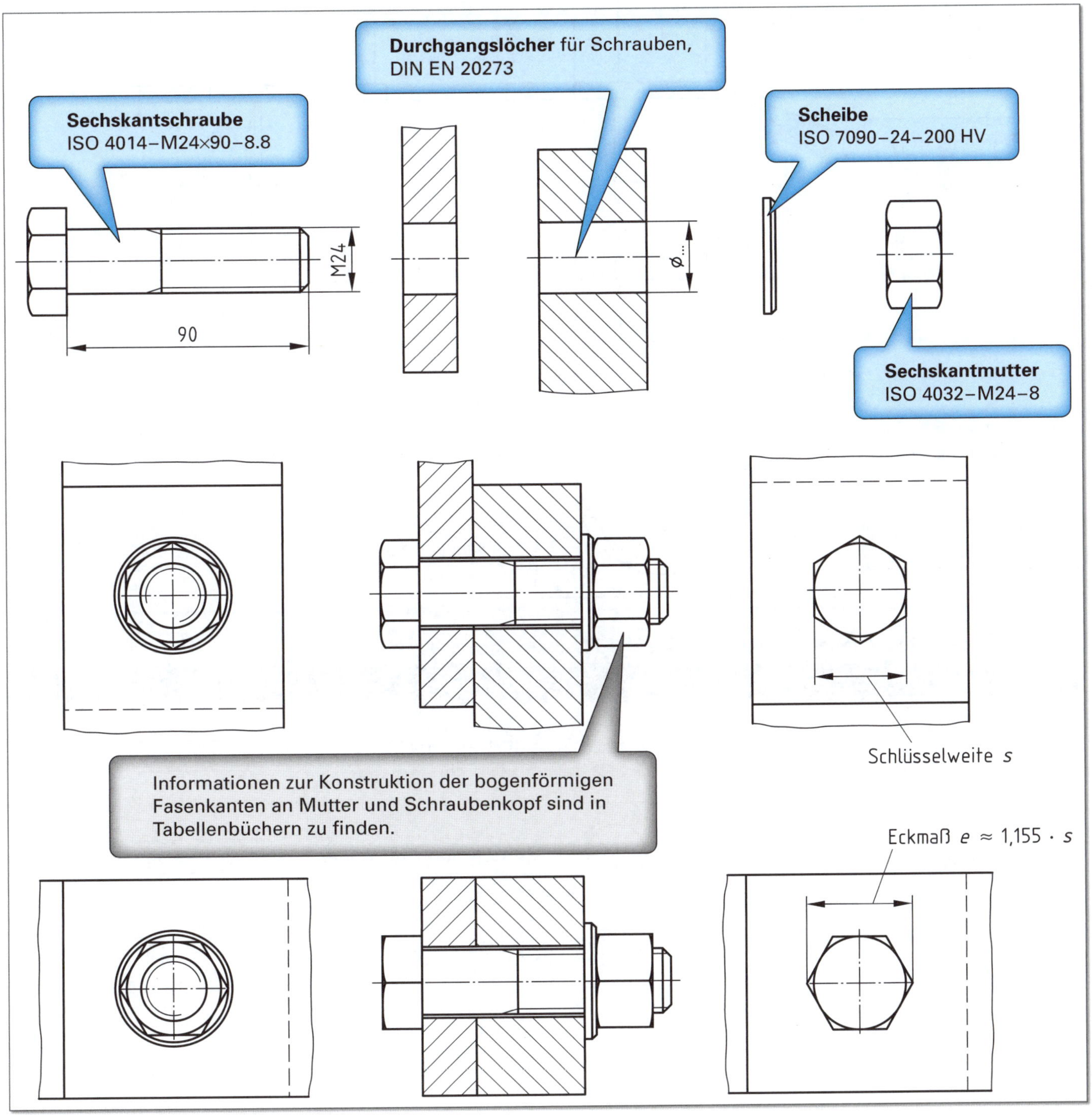

Vereinfachte Darstellung nach DIN ISO 6410-3

In der vereinfachten Darstellung müssen nur wesentliche Merkmale gezeigt werden. Der Grad der Vereinfachung hängt von der Art des dargestellten Gegenstandes, vom Maßstab der Zeichnung (⇐ **Seite 52**) und dem Zweck der Dokumentation ab.

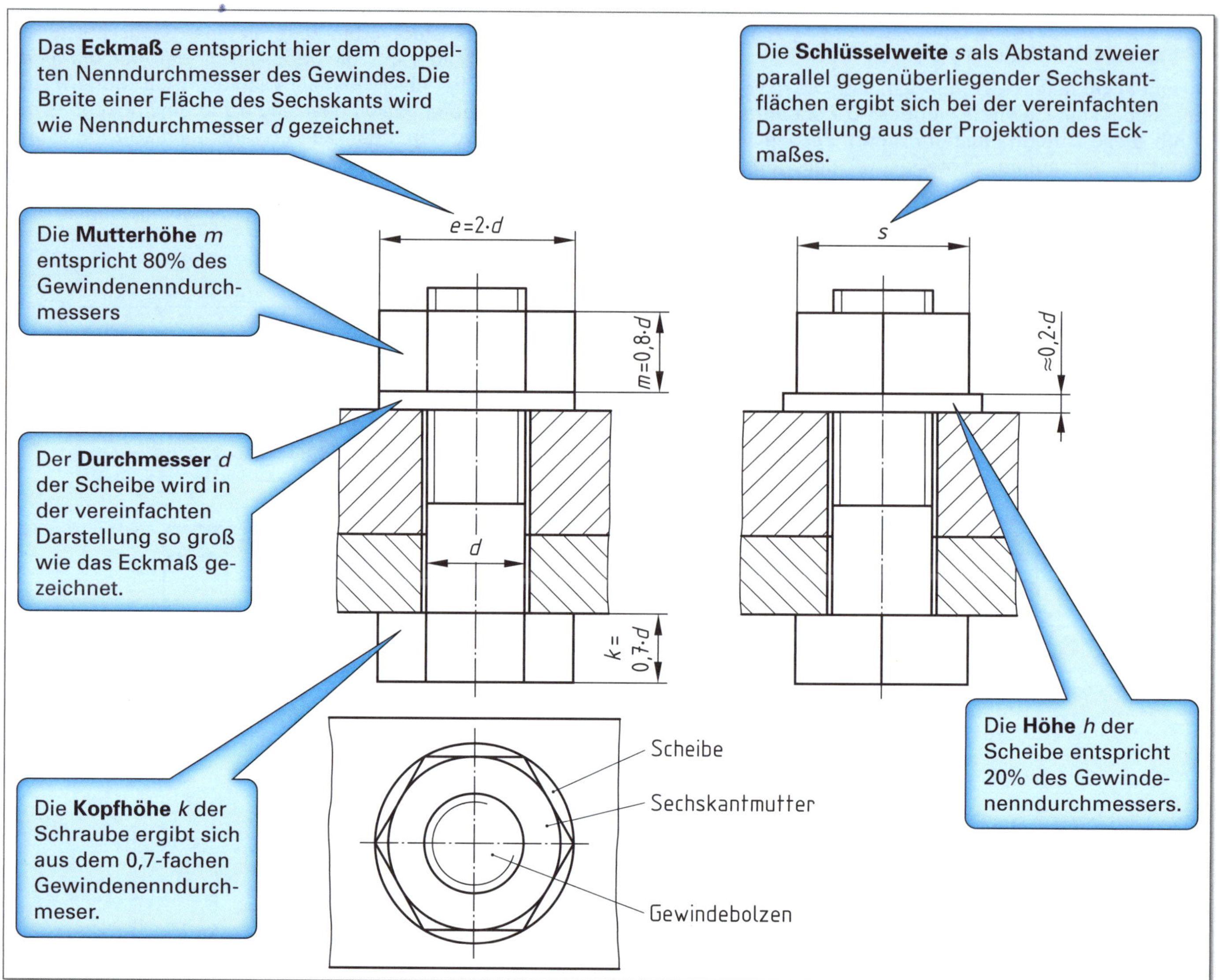

Tabelle 1: Vereinfachte Darstellung von Schrauben und Muttern nach DIN ISO 6410-3

Bezeichnung	Vereinfachte Darstellung	Bezeichnung	Vereinfachte Darstellung
Sechskantschraube	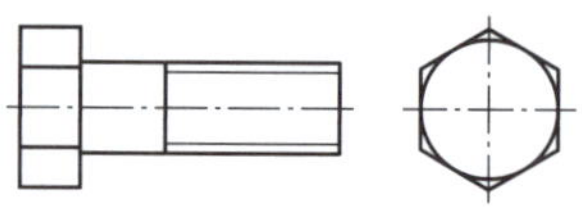	Senkschraube mit Kreuzschlitz	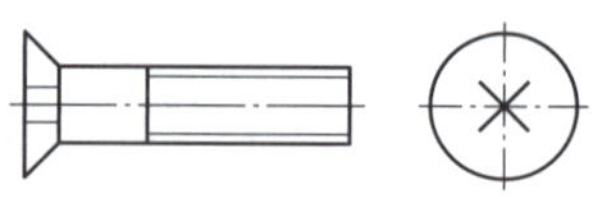
Zylinderschraube mit Innensechskant	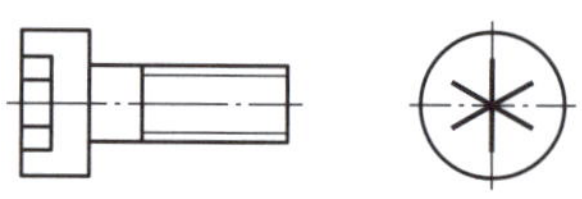	Stiftschraube mit Schlitz	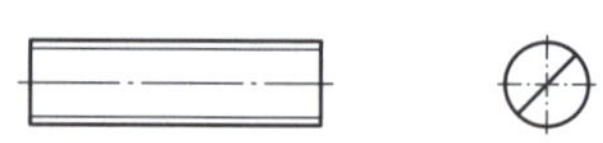
Zylinderschraube mit Schlitz	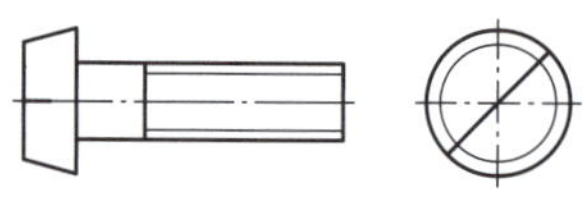	Sechskantmutter	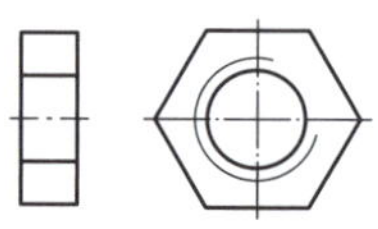
Sechskantschraube mit Schlitz	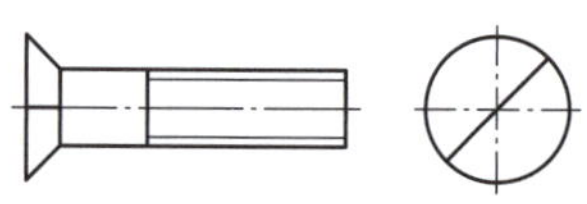	Kronenmutter	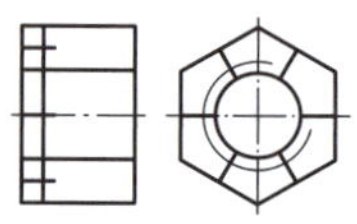

■ Eingezogene Schrauben

Bei einer Einziehverbindung hat eines der zu verbindenden Teile ein Durchgangsloch, das andere Teil hat entweder ein Gewindedurchgangsloch (Durchschraubverbindung) oder eine Gewindegrundbohrung (Einschraubverbindung). Zum Fügen werden Schrauben unterschiedlicher Kopfform verwendet. Wenn der Schraubenkopf in die Oberfläche eingelassen werden soll, sind Senkungen entsprechend der Form des Schraubenkopfes notwendig. Bei der Bemessung der Tiefe der Senkung ist die optionale Verwendung von Unterlegteilen, z.B. Scheiben, Losdreh- oder Setzsicherungen zu beachten. Außerdem sind bei der Bemessung der Gewindelöcher die werkstoffabhängigen Mindesteinschraubtiefen für Gewindebolzen und die Gewindeausläufe zu berücksichtigen. Maßgenaue Informationen findet man in einem Tabellenbuch der Metalltechnik.

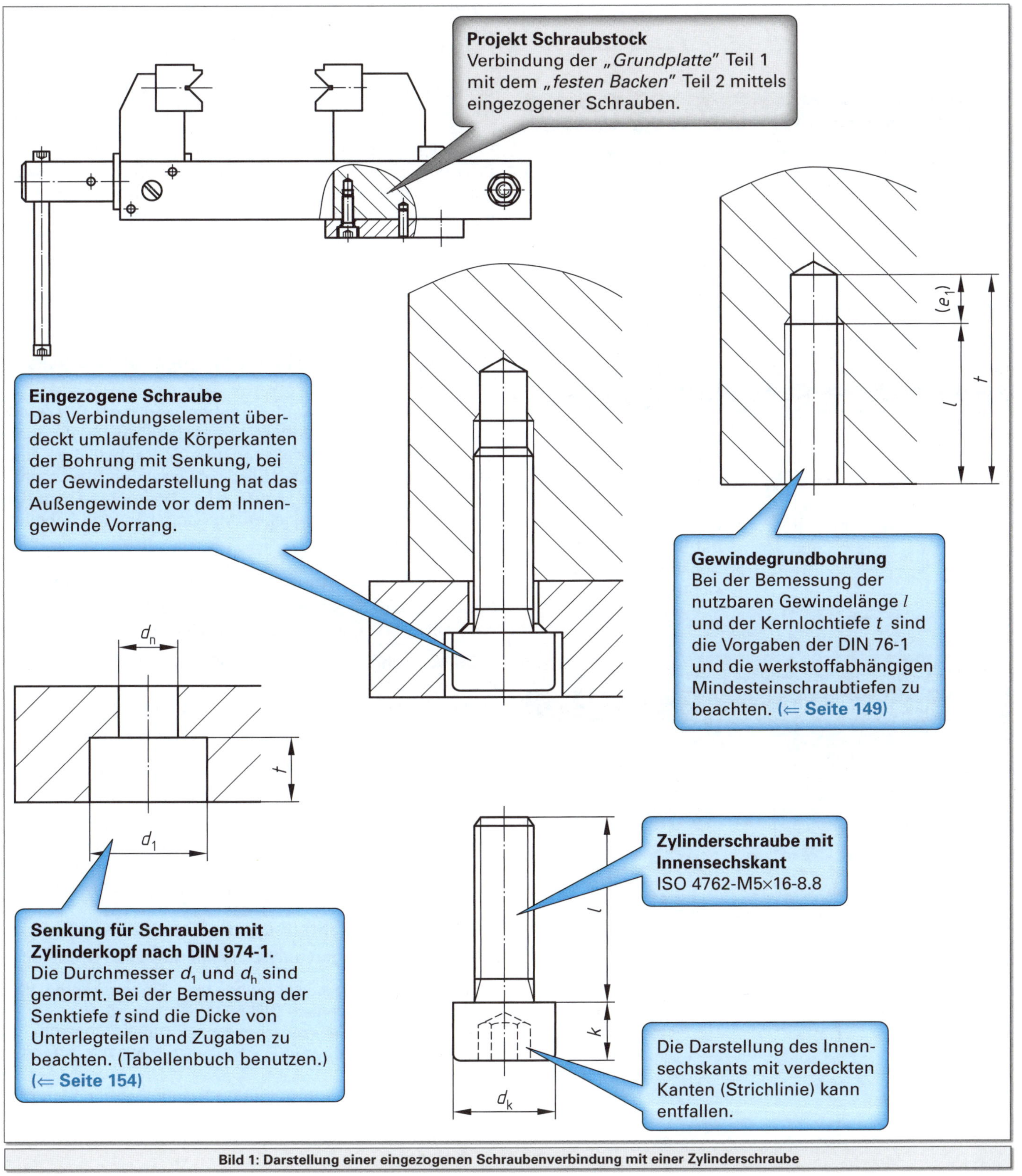

Bild 1: Darstellung einer eingezogenen Schraubenverbindung mit einer Zylinderschraube

Tabelle 1: Senkungen für Sechskantschrauben

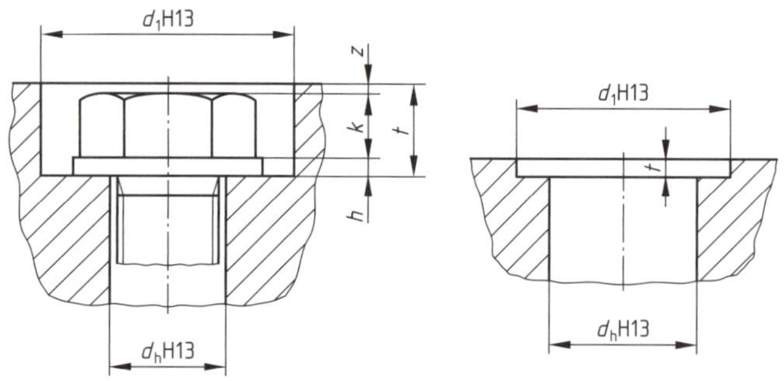

Einzutragende Maße	
d_1	Durchmesser der Senkung
t	Tiefe der zylindrischen Senkung
	Schraubenkopfhöhe k
	Scheibendicke h, wenn Unterlegteile eingesetzt werden
	Zugabe Z aus Tabellen (DIN 974)
d_h	Durchmesser des Durchgangsloches

Tabelle 2: Senkungen für Zylinderschrauben

Zeichnungseintragung bei	
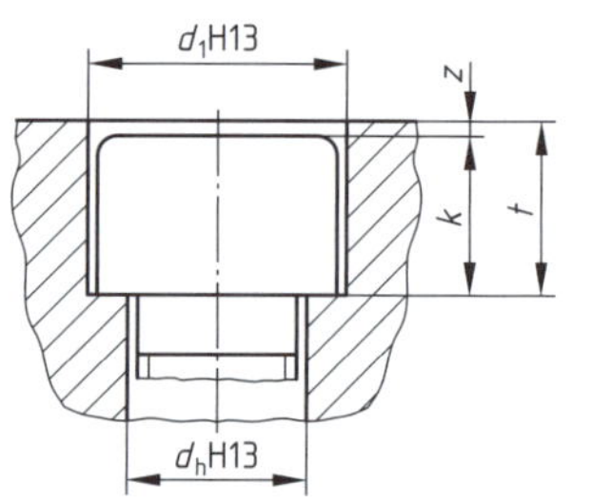	Einzutragende Maße wie Tabelle 1, Unterlegteile wie Scheiben bzw. Sicherungselemente sind bei der Bemessung der Senktiefe t zu berücksichtigen

Tabelle 3: Senkungen für Senkschrauben

Zeichnungseintragung bei	
Angabe des Senkdurchmessers d_2	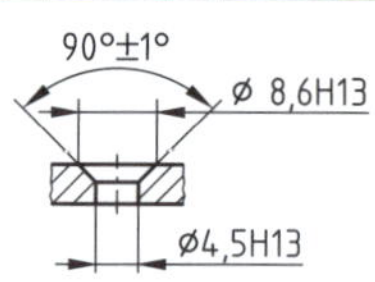 90°±1°; Ø 8,6H13; Ø4,5H13
Angabe der Senktiefe t_1	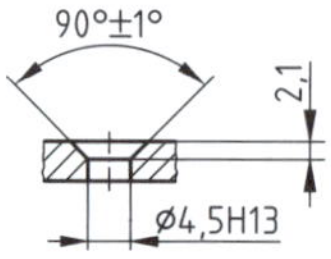 90°±1°; 2,1; Ø4,5H13
Teilen mit einer Dicke $s < t_1$	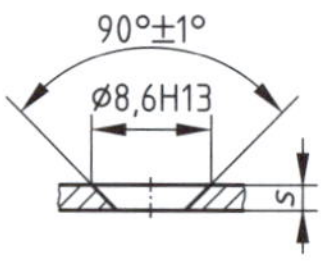 90°±1°; Ø8,6H13; s
Anwendung von Kurzbezeichnungen	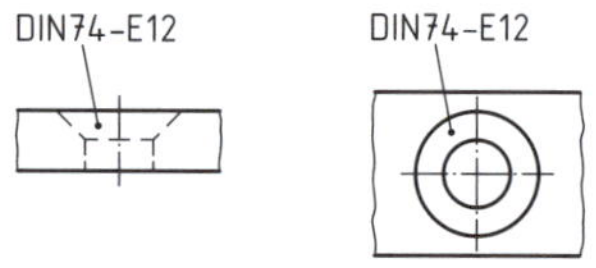 DIN74-E12; DIN74-E12

2.6.5 Senkungen für Schrauben

Zweck

Werkstückoberflächen werden zur Aufnahme von Schraubenköpfen und Muttern mit Senkungen versehen. Dafür sind drei Gründe zu nennen:

- Die Schraubenköpfe sollen in die Werkstückoberfläche eingelassen werden,
- die Werkstückoberfläche ist zu rau und uneben für eine ordentliche Anlage des Schraubenkopfes am Werkstück,
- die Werkstückoberflächen liegen nicht parallel zueinander bzw. nicht rechtwinklig zur Schraubenachse.

Senkungen kommen bei Werkstücken des Maschinenbaus häufiger vor als bei Konstruktionen des Metall- und Stahlbaus.

Prinzipiell sind beim Herstellen von Senkungen nicht nur die Kopfform der Schraube, sondern auch die Abmessungen der Unterlegteile, die in großer Vielfalt vorkommen und unterschiedliche Funktionen zu erfüllen haben, zu beachten.
Das gilt demzufolge auch für die zeichnerische Darstellung dieser Formelemente und für die Maßeintragung. Man unterscheidet Senkungen für Schrauben mit zylindrischer und mit kegeliger Kopfform.

Senkungen für Sechskantschrauben und Sechskantmuttern

Senkungen für Sechskantschrauben sind nach DIN 974-2 genormt. Die Norm enthält unterschiedliche Maßreihen, die die Zugangsmöglichkeiten der Schraubenköpfe und Muttern für Ringschlüssel, Steckschlüssel und Steckschlüsseleinsätze, die man bei Montage und Demontage benötigt, berücksichtigen. Die genauen Maßangaben sind Tabellen zu entnehmen.

Senkungen für Schrauben mit zylindrischer Kopfform

Senkungen für Schrauben mit zylindrischer Kopfform sind nach DIN 974-1 genormt. Die Norm ist z.B. anwendbar für:

- Zylinderschrauben mit Schlitz ISO 1207
- Zylinderschrauben mit Innensechskant ISO 4762
- Zylinderschrauben mit Innensechskant und niedrigem Kopf ISO 7984
- Flachkopfschrauben ISO 1580

Die genauen Maße sind unter Berücksichtigung der eingesetzten Unterlegteile Tabellen zu entnehmen.
DIN 974 enthält keine Angaben zu Kurzbezeichnungen für Senkungen.
Für die vereinfachte Darstellung und Maßeintragung für diese Senkungen ist DIN 6780 anwendbar. (⇒ **Seite 155**)

Senkungen für Schrauben mit kegeliger Kopfform

Bei diesen Senkungen unterscheidet man zwei Gruppen:

- Senkungen für Senkschrauben mit Einheitsköpfen ISO 7721, Ausführung nach DIN 66 (1990-04) und
- Senkungen für Senkschrauben nach DIN 74 (2003-04)
  - Form A, für Schrauben nach DIN 97, DIN 9797, DIN 95, DIN 7995,
  - Form E, für Senkschrauben für Stahlkonstruktionen DIN 7969,
  - Form F, für Senkschrauben mit Innensechskant DIN EN ISO 10642.

2.6.6 Vereinfachte Darstellung und Bemaßung von Bohrungen, Senkungen und Gewindelöchern, DIN 6780

Darstellungs- und Bemaßungsvarianten, Gegenüberstellung

Vollständige Darstellung und Maßeintragung	Vollständige Darstellung, aber vereinfachte Maßeintragung	Vereinfachte Darstellung und vereinfachte Maßeintragung
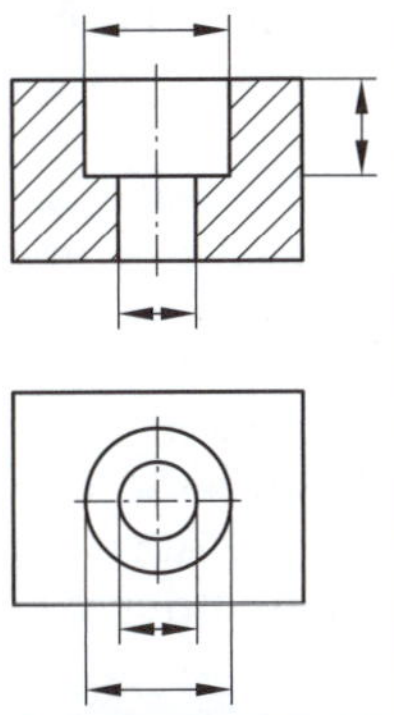 Diese Art der Maßeintragung muss immer dann Anwendung finden, wenn die Vereinfachung zu Fehldeutungen der Zeichnungsangaben führen könnte.	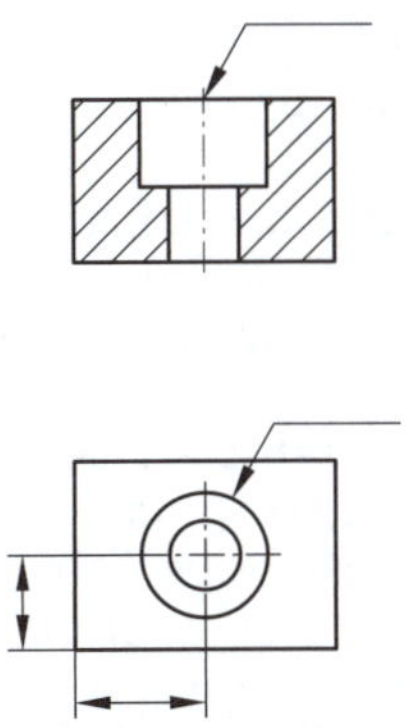 Die Maßeintragung in der Draufsicht soll bevorzugt Anwendung finden. In der Draufsicht zeigt die Hinweislinie zum Lochmittelpunkt und endet an der Lochaußenkante. In der Vorderansicht endet sie am Schnittpunkt der Mittellinie mit der Werkstückkante.	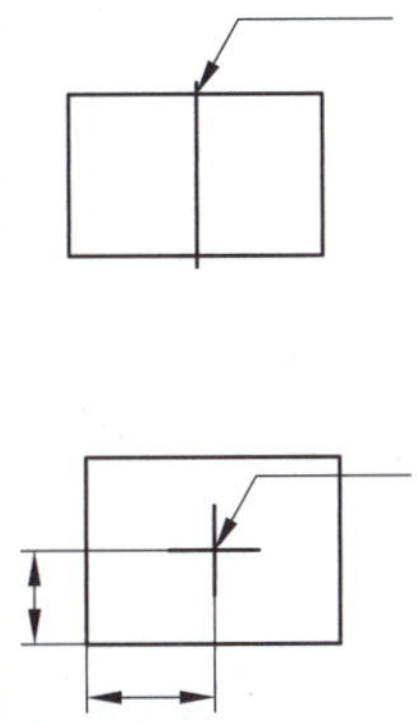 Bei dieser Darstellung werden nur die Mittellinien des Loches gezeichnet. In der Draufsicht als Mittellinienkreuz aus breiten Volllinien, in Ansichten parallel zur Zeichenebene, z.B. in einer Schnittdarstellung als schmale Volllinie.

Aufbau und Reihenfolge der Angaben für die vereinfachte Maßeintragung

Die vereinfachte Maßeintragung setzt sich aus der aneinander gereihten Aufzählung und Benennung der verwendeten Geometrieelemente zusammen. dazu werden die grafischen Symbole und die Maßangaben nacheinander aufgezählt. Die Angaben für ein Loch oder einen Senkungsdurchmesser stehen in einer Zeile. Ist die Bemaßung mehrer Loch- oder Senkungsdurchmesser an demselben Formelement nötig, so werden entsprechend weitere Zeilen angefügt. Dabei ist der größte Loch- bzw. Senkungsdurchmesser immer in der ersten Zeile zu nennen.

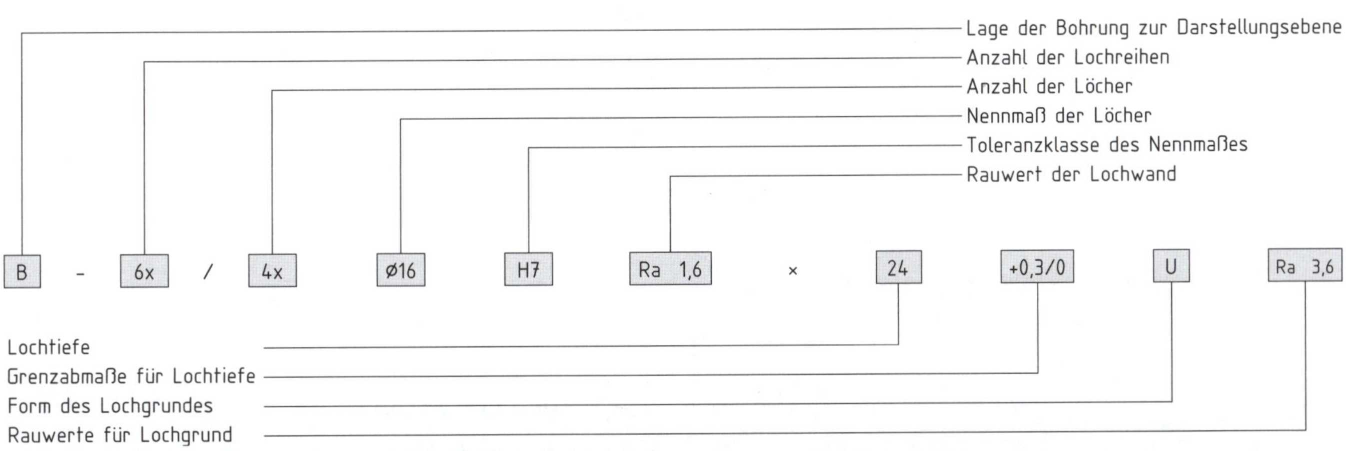

Anzuwendende grafische Symbole

Symbol	Bedeutung	Beispiel	Symbol	Bedeutung	Beispiel
ø	Durchmesserzeichen	ø 12	U	Senkung ist zylindrisch	ø 10 x 30 U
□	Quadratzeichen	□ 22	V	Bohrerspitze werkstoffabhängig, (Spitzenwinkel des Lochgrundes)	ø 10 x 30 V
x	Trennzeichen zwischen Nennmaß und Tiefenangabe, oder Winkelangabe, oder Anzahl der Löcher bzw. Lochgruppen	M12 x 30	W	Lochgrund bei Verwendung einer Wendeschneidplattenbohrerspitze	ø 10 x 30 W
/	Trennzeichen zwischen Tiefenangaben	M12 x 30/40	V̲	Tiefenmaßangabe bis Bohrerspitze	ø 10 x 30 V̲
			B -	Von der Rückseite (backside) gefertigt	B - ø 10 x 30

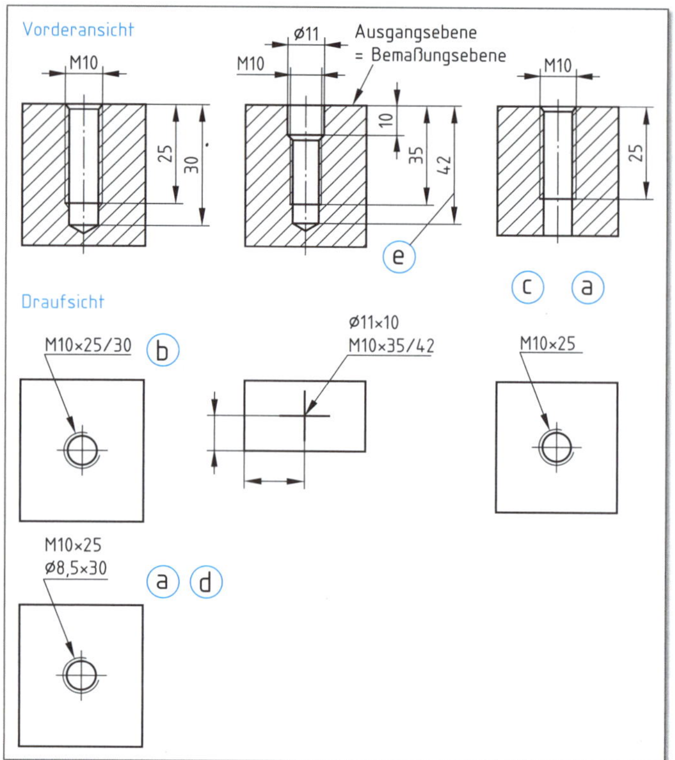

Bild 1: Beispiele für Tiefenangabe

Tiefenangaben

Bei der Kurzbezeichnung wird die Angabe der Lochtiefe oder der Gewindetiefe durch ein „x“ vom Nenndurchmesser getrennt. (Bild 1a)

Bei Gewindeangaben wird die Gewindelänge durch einen Schrägstrich „/“ von der Kernlochtiefe getrennt. (Bild 1b)

Löcher ohne Tiefenangaben sind Durchgangslöcher. (Bild 1c)

Wenn die Angabe des Kerndurchmessers erforderlich ist, dann wird er als zweites Geometrieelement, also in der zweiten Zeile angegeben. (Bild 1d)

Bei mehreren Geometrieelementen eines Loches, z.B. Senkung, Gewinde, Kernloch werden die Tiefenmaße immer von derselben Ausgangsebene angegeben. Die Ausgangsebene ist immer die, auf der das größte Geometrieelement beginnt. (Bild 1e)

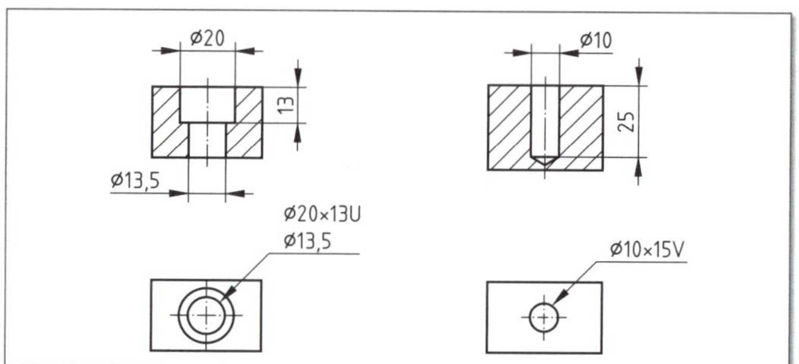

Bild 2: Beispiele für die Beschreibung des Lochgrundes

Lochgrund

Die Form des Lochgrundes ist abhängig vom verwendeten Werkzeug. Sie wird durch Symbole (⇐ **Seite 155**) gekennzeichnet.

Wenn kein Symbol für den Lochgrund angegeben wird, dann ist die Fertigungsart freigestellt. Die Darstellung des Lochgrundes in der Zeichnung erfolgt dann aber mit Bohrkegel. (⇐ **Seite 148**)

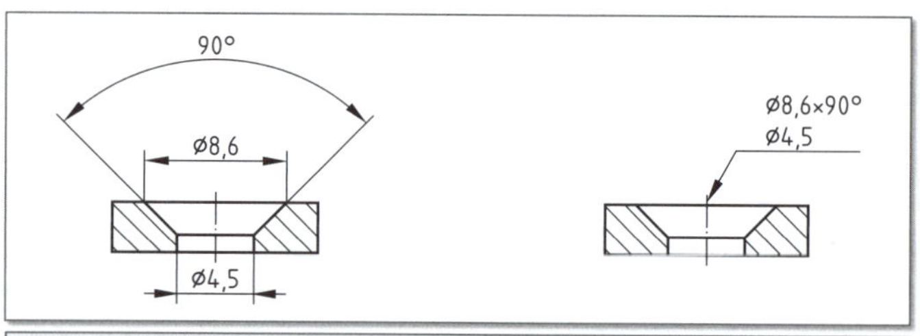

Bild 3: Bemaßung von Senkungen und Fasen

Senkungen und Fasen

Senkungen und Bohrungsfasen werden in der Bemaßung gleich behandelt.

Es wird der größte Durchmesser und der Senkungswinkel angegeben.

Beachten Sie, dass die Maße für Senkungen von der Schraubenart und eventuell erforderlichen Unterlegteilen abhängig sind.

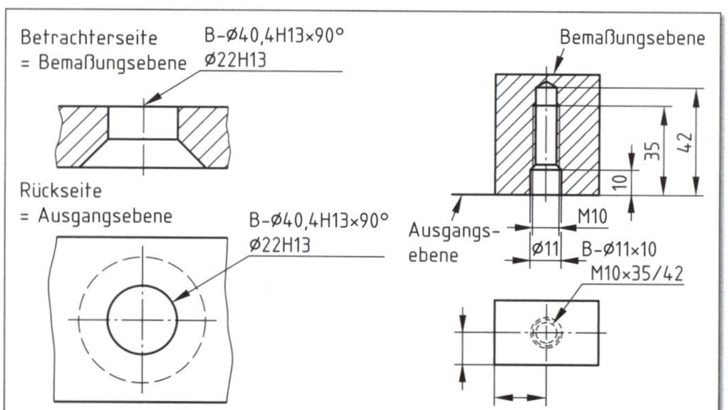

Bild 4: Von der Rückseite gefertigte Formelemente

Formelemente, von der Rückseite gefertigt

Alle Formelemente, die der Bemaßungsebene gegenüber liegen (Gegenseite = Ausgangsebene), können ebenfalls vereinfacht dargestellt und bemaßt werden.

Den Kurzbezeichnungen wird dann der Buchstabe „B“ für backside *(engl., deutsch: „Rückseite“)* vorangesetzt.

<table>
<tr><th colspan="3">Beispiele für die Darstellung und Bemaßung von Bohrungen und Gewindelöchern</th></tr>
<tr><th>Vollständige Darstellung und Bemaßung</th><th>Vollständige Darstellung und vereinfachte Bemaßung</th><th>Vereinfachte Darstellung und vereinfachte Bemaßung</th></tr>
<tr><td colspan="3">Beispiel 1: Durchgangsloch mit ø12 mm</td></tr>
<tr><td>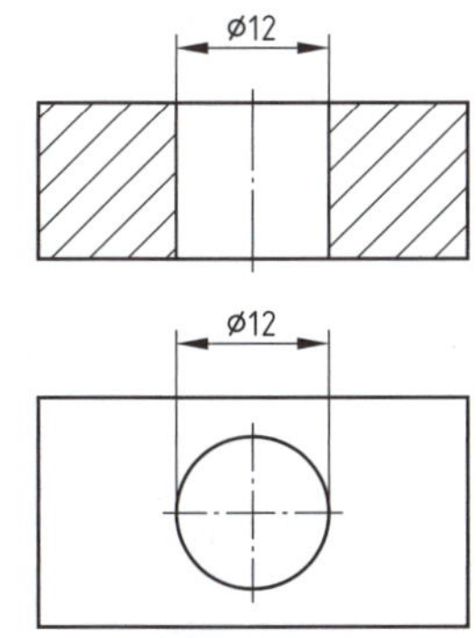
</td><td>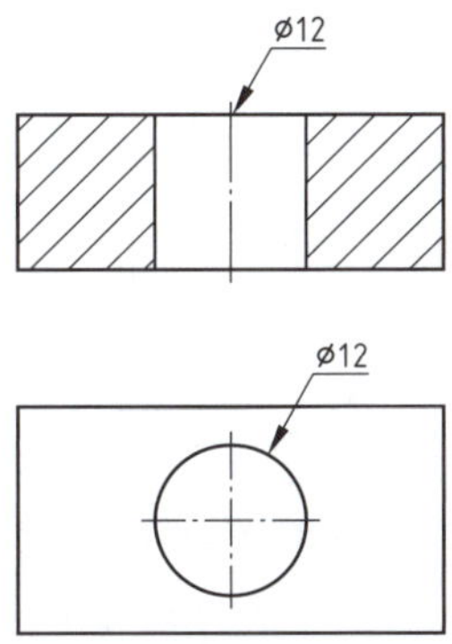
</td><td>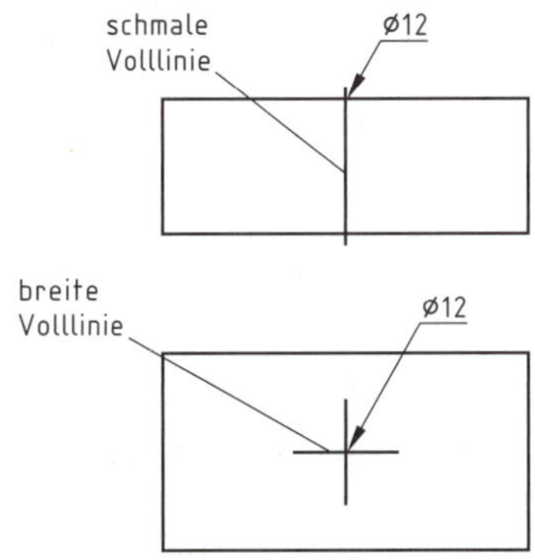
</td></tr>
<tr><td colspan="3">Beispiel 2: Grundbohrung mit ø12 mm und Tiefe 16 mm, ohne Angabe der Form des Lochgrundes</td></tr>
<tr><td>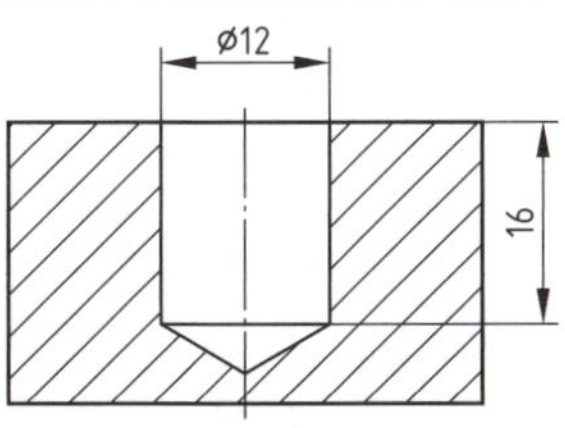
</td><td>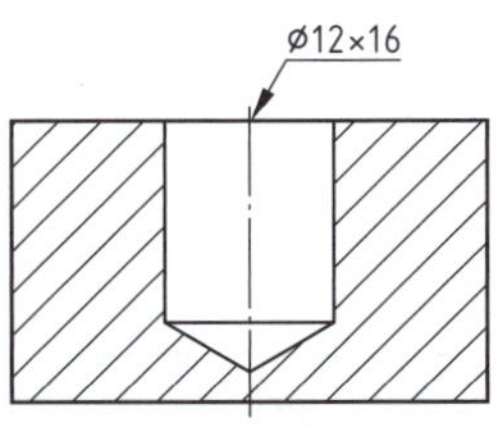
</td><td>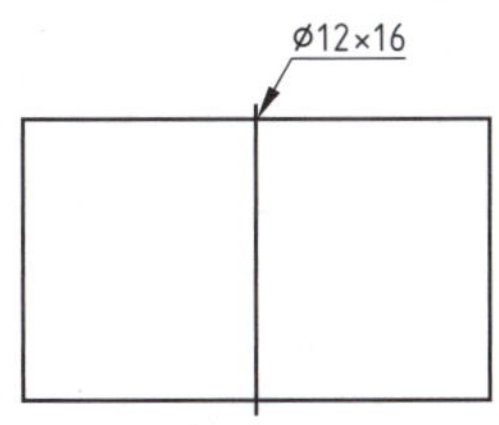
</td></tr>
<tr><td colspan="3">Beispiel 3: Grundbohrung mit ø12 und Tiefe 16 mm, von der Rückseite gebohrt</td></tr>
<tr><td>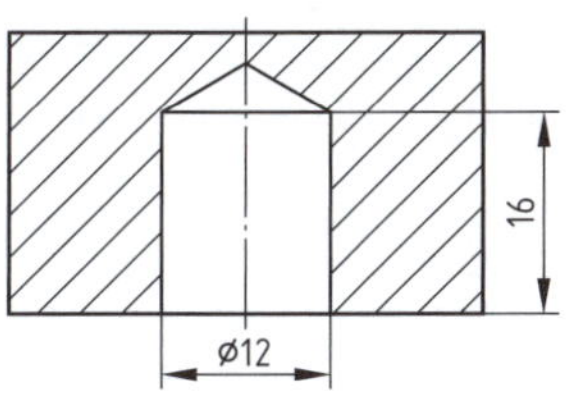
</td><td>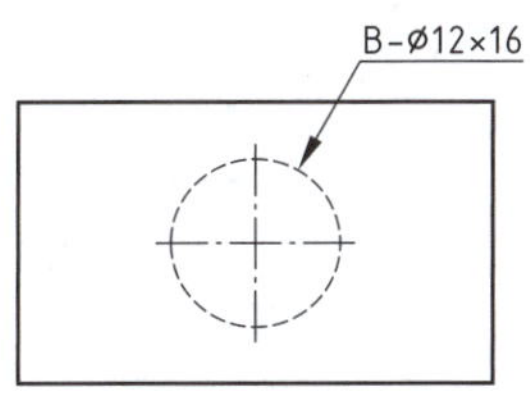
</td><td>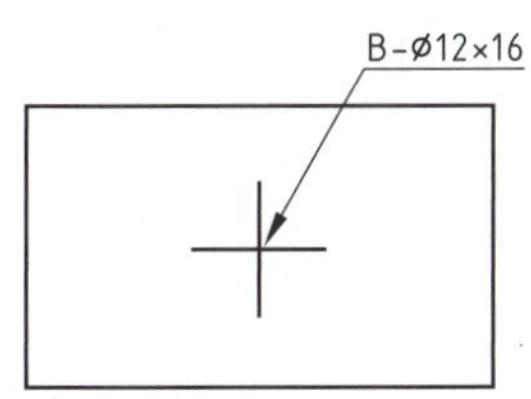
</td></tr>
<tr><td colspan="3">Beispiel 4: Gewindegrundbohrung M10, Gewindetiefe 14 mm, Kernlochtiefe 22 mm</td></tr>
<tr><td>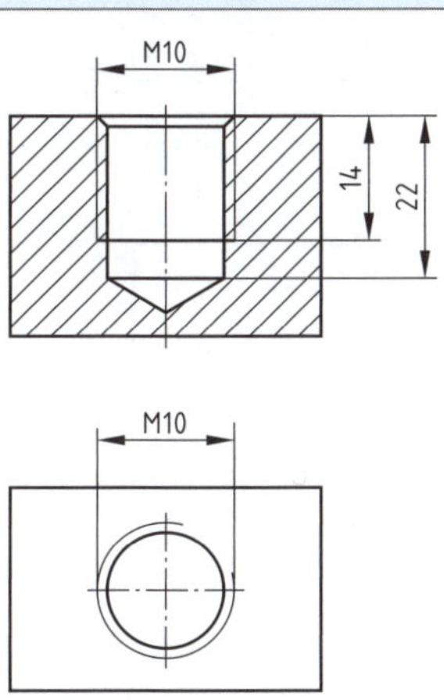
</td><td>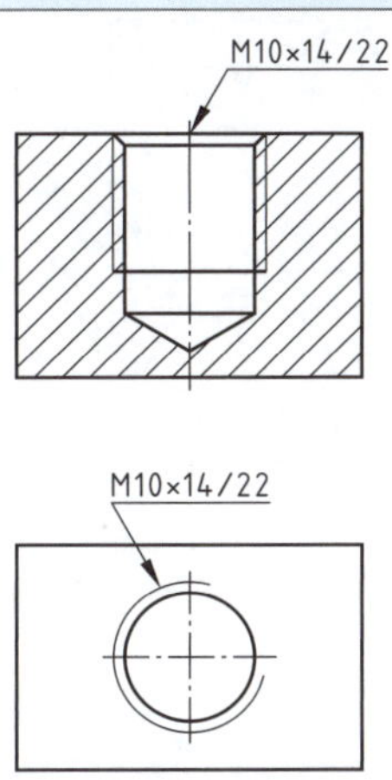
</td><td>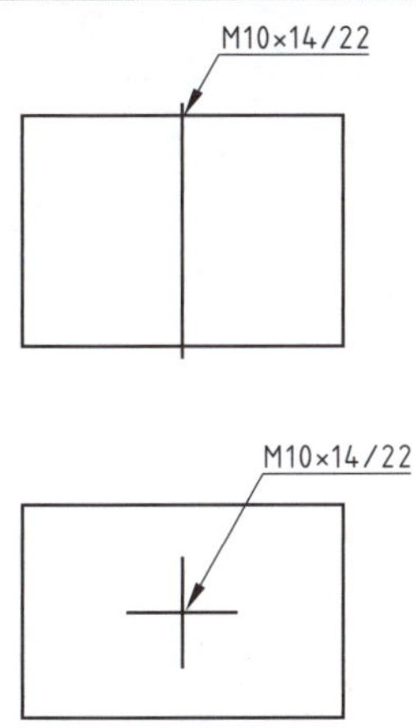
</td></tr>
<tr><td colspan="3">Beispiel 5: Gewindegrundbohrung M10, Gewindetiefe 14 mm, Kernlochtiefe 22 mm von der Rückseite gebohrt</td></tr>
<tr><td>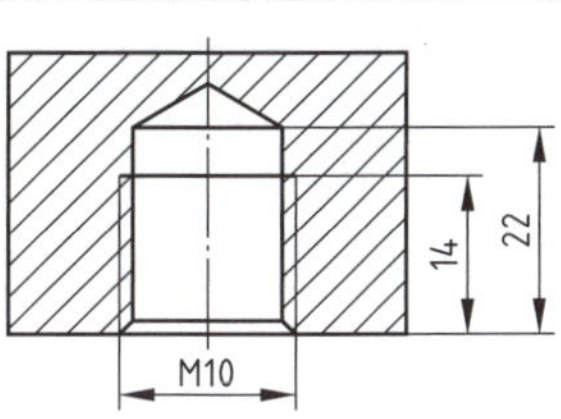
</td><td>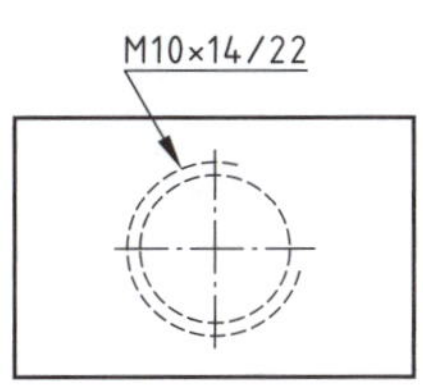
</td><td>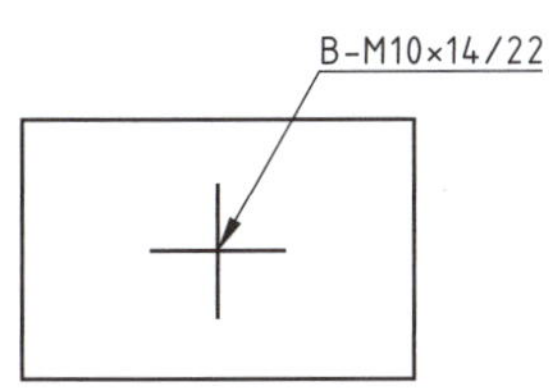
</td></tr>
</table>

Beispiele für die Darstellung und Bemaßung von Senkungen

Vollständige Darstellung und Bemaßung	Vollständige Darstellung und vereinfachte Bemaßung	Vereinfachte Darstellung und vereinfachte Bemaßung
Beispiel 1: Durchgangsloch mit ø11 mm mit flacher Ansenkung ø 22 mm, Senktiefe 3 mm		
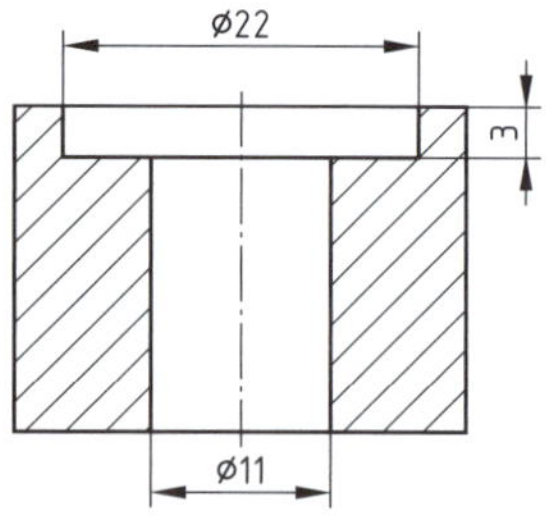	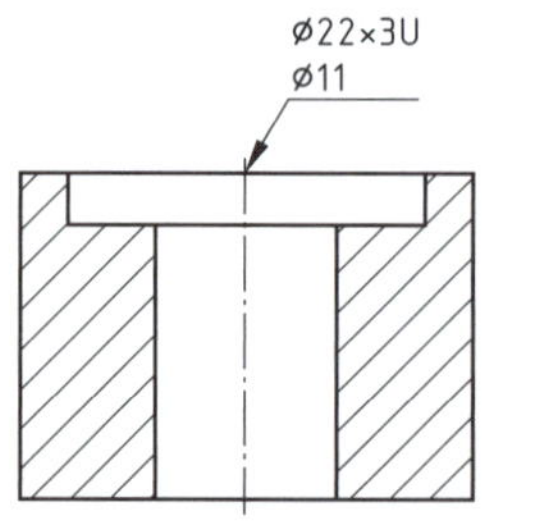	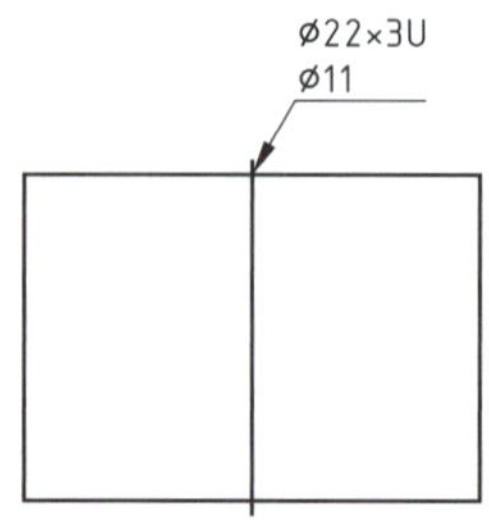
Beispiel 2: Senkung für Zylinderschraube M10, Senkdurchmesser ø 18 mm, Senktiefe 10,6 mm, Durchgangsloch ø11mm		
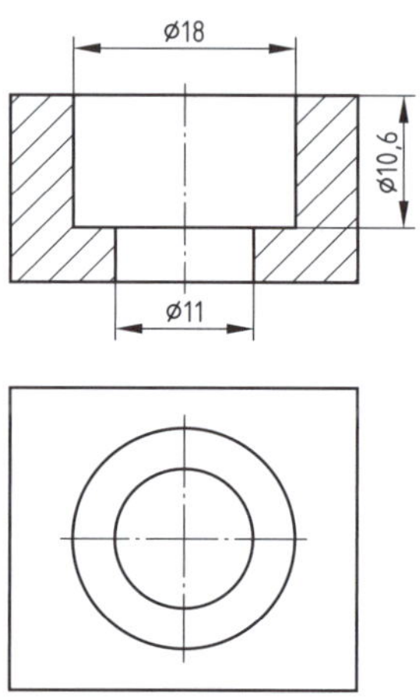	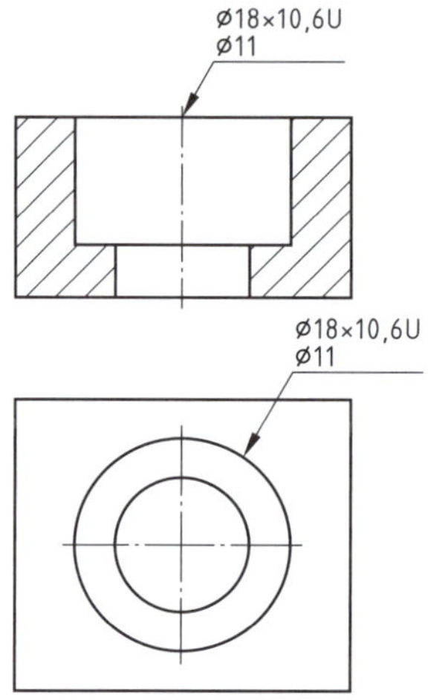	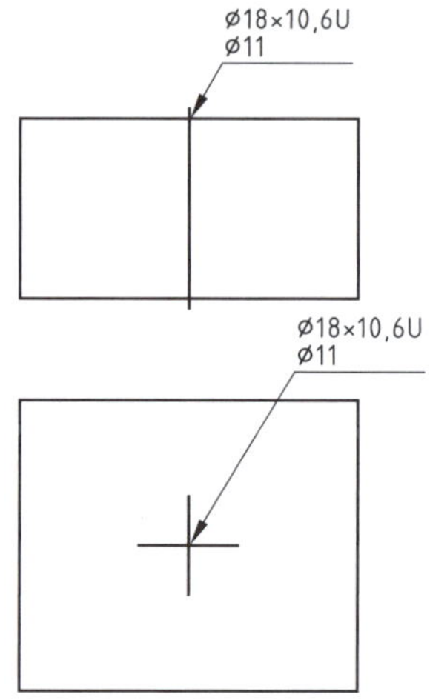
Beispiel 3: Durchgangsloch ø4,5 mm mit kegeliger Ansenkung von 90° und Senkdurchmesser ø8,6 mm		
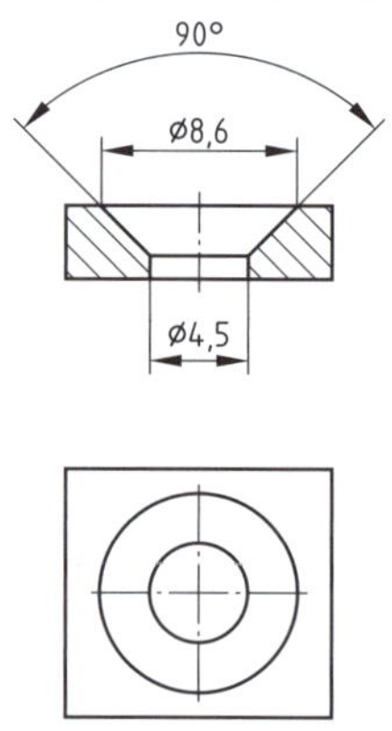	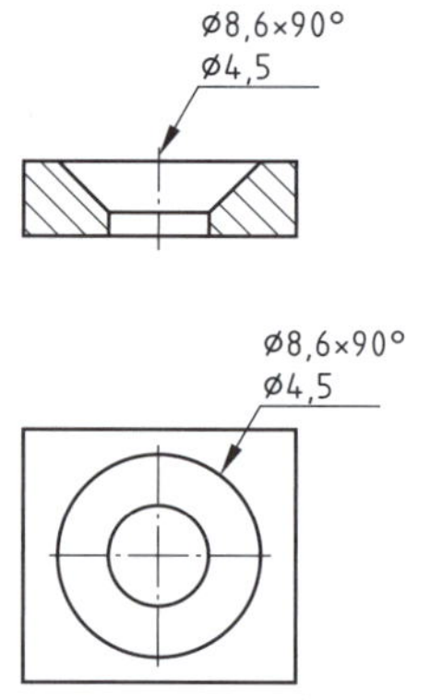	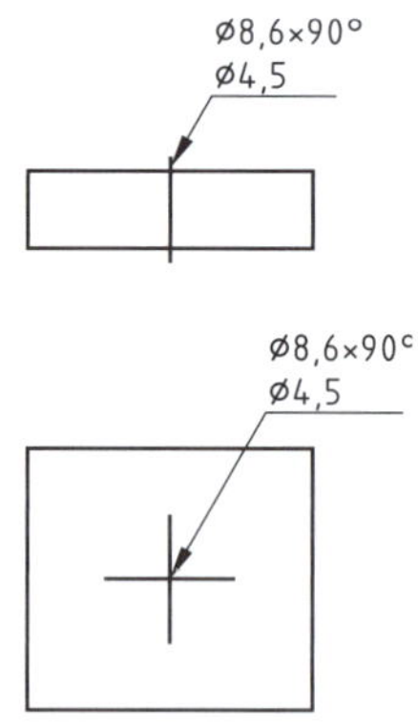
Beispiel 4: Kegelige Ansenkung von 90° und Senkdurchmesser ø8,6 mm		
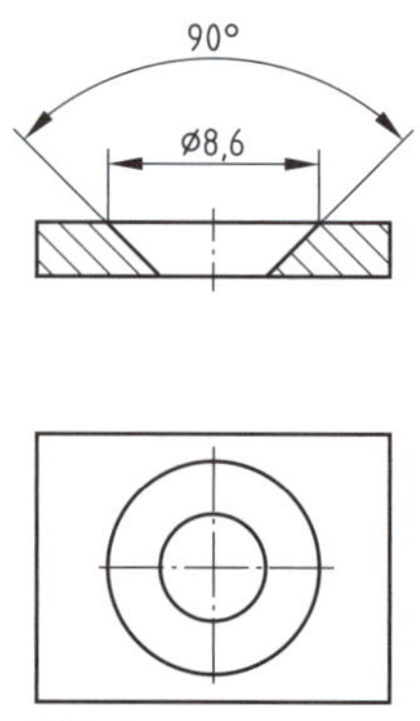	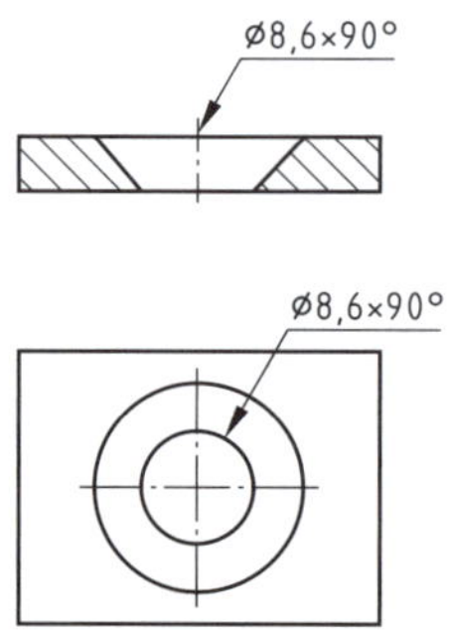	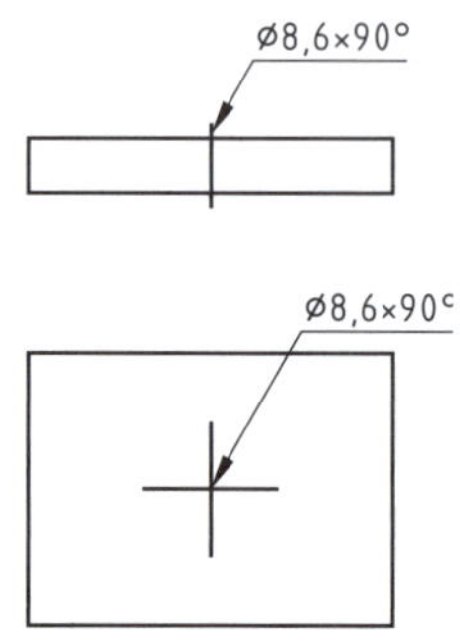

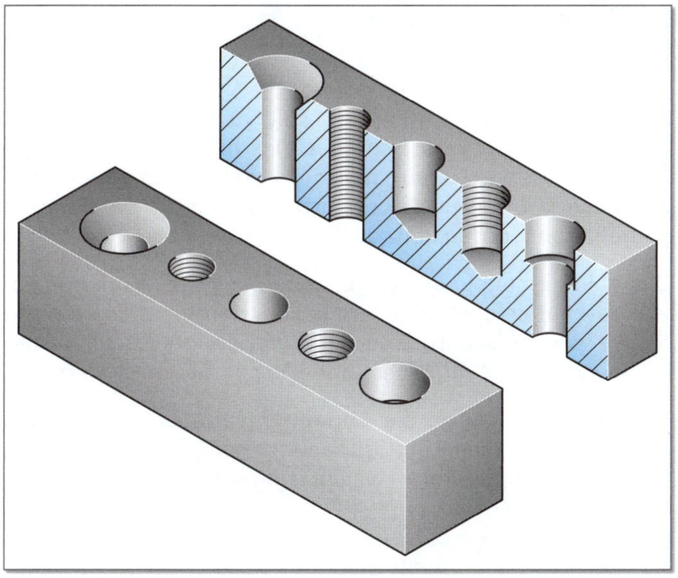

Aufgabe 1

In einen Vierkantstahl DIN EN 10059 50 x 50 – 200 werden folgende Formelemente eingebracht:

- Durchgangsbohrung ø18, mit Kegelsenker 90° auf ø33 aufgesenkt.
- Gewindedurchgangsloch M20 x 2,5.
- Grundbohrung ø22, 30 tief.
- Gewindesackloch M24 x 3, 30 tief, Gewindetiefe 18.
- Durchgangsbohrung ø17,5, zylindrisch gesenkt mit ø26, 17,5 tief.
- Randabstände 30, Lochabstände 35.

Zeichnen Sie den Vierkantstahl in der Vorderansicht im Vollschnitt und in der Draufsicht in Ansicht und bemaßen Sie.

Format: A4, quer

Maßstab: 1:1

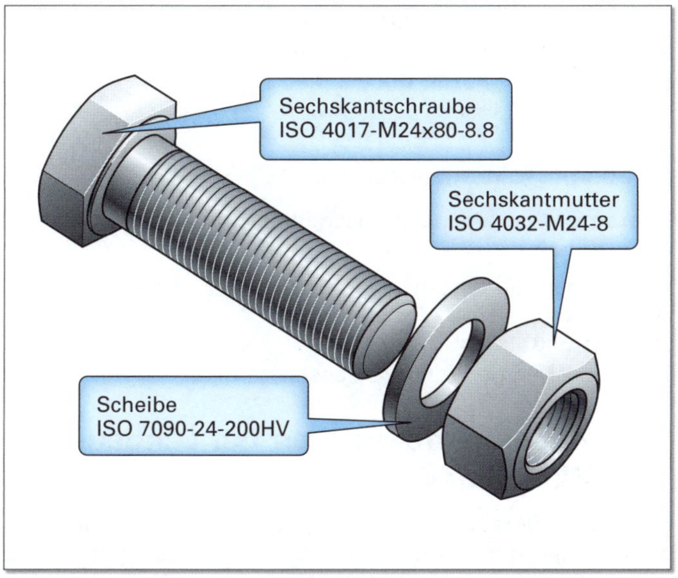

Aufgabe 2

Zwei Stahlstäbe Fl 60 x 20 und Fl 60 x 30 sollen mittels einer Durchsteckverschraubung miteinander verbunden werden. Die Stäbe erhalten fluchtende Durchgangsbohrungen der Qualität grob nach DIN EN 20273.

Als Verbindungsmittel kommen Schraubengarnituren M 24 wie im Bild dargestellt zur Anwendung.

Führen Sie gedanklich einen Vollschnitt in der Ebene eines Schraubensitzes in Richtung der Schraubenlängsachse durch die Verbindung. Zeichnen Sie die Verbindung in Vorderansicht, Draufsicht und Seitenansicht einmal in ausführlicher Darstellung und einmal in vereinfachter Darstellung.

Format: A4, hoch

Maßstab: 1:1

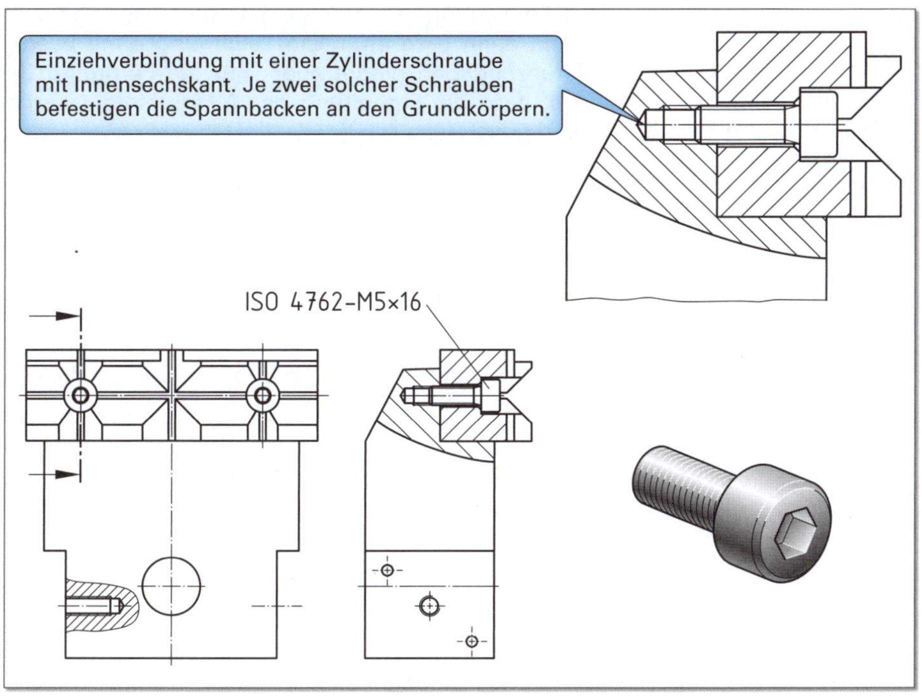

Aufgabe 3

Die nebenstehende Abbildung zeigt einen Ausschnitt aus einer Baugruppenzeichnung des Projektes Schraubstock. Spannbacken mit Prismennuten aus C45E werden an die Grundkörper der Schraubstockbacken aus S235JR angeschraubt.

Fertigen Sie eine Schnittdarstellung an, die die Befestigung des Spannbackens Teil 8 am beweglichen Backen Teil 6 mittels Schrauben ISO 4762-M5x16 zeigt.

Stellen Sie die Verschraubung in einem geeigneten Vergrößerungsmaßstab dar.

Format: A4, hoch

Maßstab: Vergrößerung

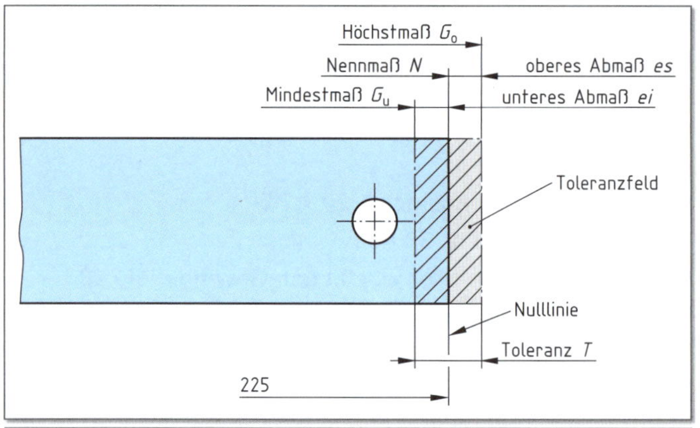

Bild 1: Begriffe bei Toleranzangaben

Tabelle 1: Allgemeintoleranzen für Längen- und Winkelmaße

Toleranzklasse		Längenmaße – Grenzabmaße in mm für Nennmaßbereiche					
Kurzzeichen	Benennung	0,5 bis 3	über 3 bis 6	über 6 bis 30	über 30 bis 120	über 120 bis 400	über 400 bis 1000
f	fein	± 0,05	± 0,05	± 0,1	± 0,15	± 0,2	± 0,3
m	mittel	± 0,1	± 0,1	± 0,2	± 0,3	± 0,5	± 0,8
c	grob	± 0,2	± 0,3	± 0,5	± 0,8	± 1,2	± 2
v	sehr grob	–	± 0,5	± 1	± 1,5	± 2,5	± 4

Toleranzklasse		Rundungshalbmesser und Fasen – Grenzabmaße in mm für Nennmaßbereiche			Winkelmaße – Grenzabmaße in Grad und Minuten für Längenbereiche in mm (kürzerer Schenkel)		
Kurzzeichen	Benennung	0,5 bis 3	über 3 bis 6	über 6	bis 10	über 10 bis 50	über 50 bis 120
f	fein	± 0,2	± 0,5	± 1	± 1°	± 0° 30′	± 0° 20′
m	mittel						
c	grob	± 0,4	± 1	± 2	± 1° 30′	± 1°	± 0° 30′
v	sehr grob				± 3°	± 2°	± 1°

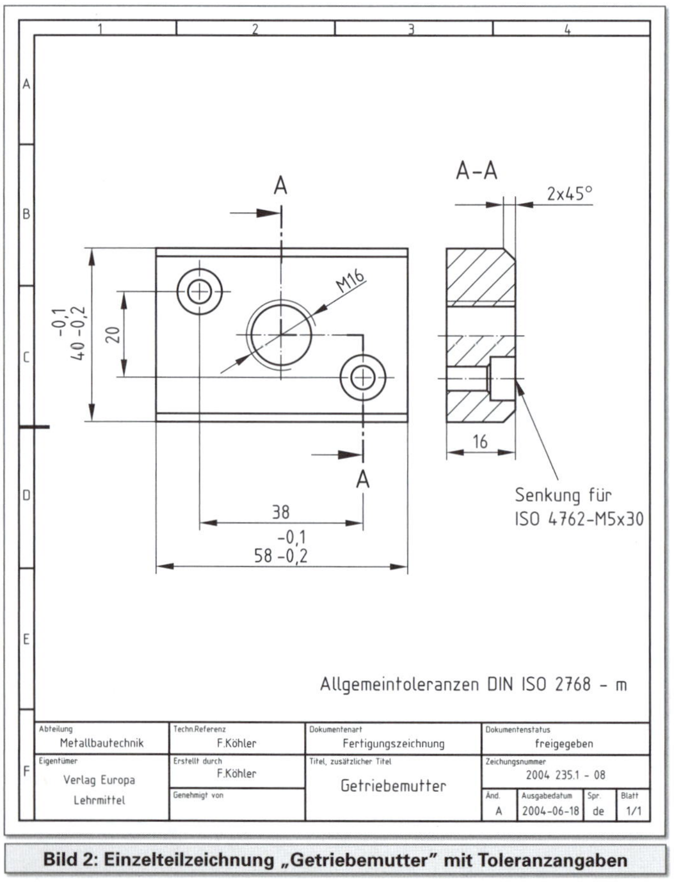

Bild 2: Einzelteilzeichnung „Getriebemutter" mit Toleranzangaben

2.7 Toleranzangaben

Notwendigkeit

Maßangaben in technischen Zeichnungen müssen mit Toleranzangaben versehen sein. Das in der Zeichnung genannte Maß, das Nennmaß, wird durch verschiedenartige Einflüsse auf den Fertigungsprozess niemals ganz genau eingehalten werden können.

Diese Fertigungsungenauigkeiten muss der Konstrukteur von vornherein einplanen, um bei der Kombination verschiedener Teile zu Baugruppen die beabsichtigte Funktion und Austauschbarkeit möglichst ohne Nacharbeit zu sichern.

Dies geschieht durch die Angabe der maßlichen Grenzen, in denen sich diese Fertigungsungenauigkeiten bewegen dürfen. Den Spielraum zwischen diesen Grenzen bezeichnet man als Toleranz.

> Maßtoleranzen sollen die Funktion der Erzeugnisse und die Montierbarkeit von Einzelteilen zu Baugruppen sicherstellen. Aus wirtschaftlichen Gründen gilt der Grundsatz, dass so genau wie nötig gefertigt werden soll. Die Toleranzen dürfen also nicht kleiner als nötig gewählt werden.

Arten von Toleranzangaben

Toleranzen werden in technischen Zeichnungen angegeben in Form von:

- Allgemeintoleranzen
- Abmaßen
- Grenzmaßen
- Kurzzeichen der Toleranzklassen

2.7.1 Allgemeintoleranzen bei Längen- und Winkelmaßen

Allgemeintoleranzen sind symmetrisch um das Nennmaß angeordnet, d.h. oberes Abmaß und unteres Abmaß sind gleich. Sie sind nach DIN 2768 genormt. Wenn ein Maß nach den Festlegungen für Allgemeintoleranzen toleriert werden soll, dann wird es in die Zeichnung ohne besondere Toleranzangaben eingetragen. Für die Fertigung bedeutet das, dass die Einhaltung der Allgemeintoleranzen hinreichend genau ist.

Die Toleranzgröße richtet sich einerseits nach der Größe des Nennmaßes, in der Norm sind Nennmaßbereiche angegeben, andererseits nach den Toleranzklassen f (fein), m (mittel), c (grob) und v (sehr grob). Die Toleranzklasse wird z.B. bei einer Einzelteilzeichnung im Schriftfeld oder in unmittelbarer Nähe des Schriftfeldes angegeben.

Je größer das Nennmaß und je gröber die Toleranzklasse, desto größer ist das Toleranzfeld.

Beispiel:

In der nebenstehenden Zeichnung findet sich der Vermerk: „*Allgemeintoleranzen DIN ISO 2768-m*". Das Nennmaß 38 enthält keine Toleranzangabe. In welchen Grenzen muss sich das Fertigmaß bewegen?

nach Tabelle: $ES = +\,0{,}3$ m; $EI = -\,0{,}3$ mm

$G_o = N + ES = 38\text{ mm} + 0{,}3\text{ mm} = 38{,}3\text{ mm}$
$G_u = N - EI = 38\text{ mm} - 0{,}3\text{ m} = 37{,}7\text{ mm}$

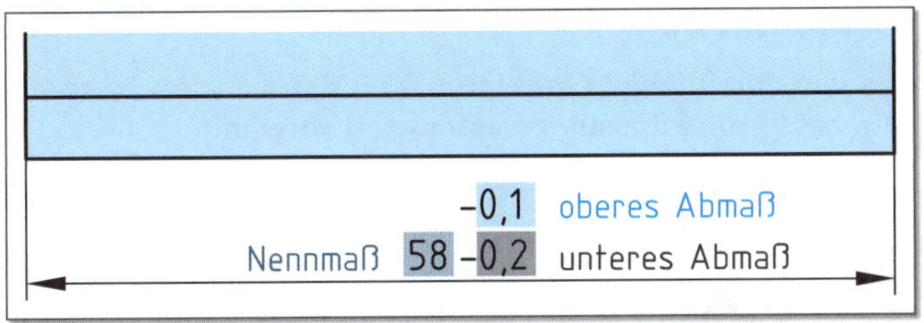

Bild 1: Eintragung des Nennmaßes mit Abmaßen

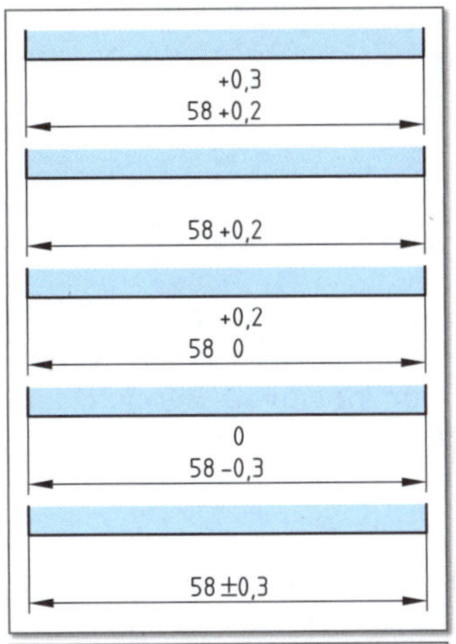

Bild 2: Eintragung von Abmaßen

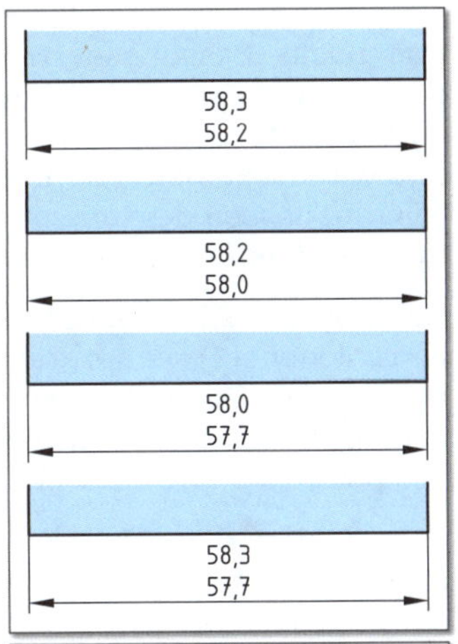

Bild 3: Eintragung von Grenzmaßen

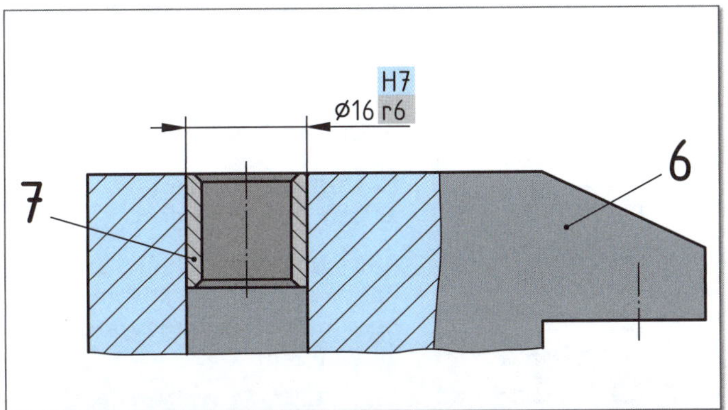

Bild 4: ISO-Toleranzangabe am Sitz zwischen Bohrung des Teiles 6 „beweglicher Backen" und Teil 7 „Buchse" des Projektes Schraubstock

Informationsgehalt der ISO-Toleranzangabe aus Bild 4

Angabe	Information
⌀16H7	Passmaß
⌀	Kreisform
16	Nennmaß N = 16 mm
H	Toleranzfeldlage (Innenpassfläche)
7	Toleranzgrad
ES	oberes Abmaß = 18 µm
EI	unteres Abmaß = 0 µm
G_{oB}	Höchstmaß der Bohrung = 16,018 mm
G_{uB}	Mindestmaß der Bohrung = 16,000 mm
T_B	Toleranz der Bohrung = 0,018 mm

2.7.2 Toleranzangabe durch Abmaße

Wenn in einer Maßeintragung wie in Bild 1 hinter dem Nennmaß Abmaße eingetragen sind, dann gelten für dieses Nennmaß nicht die Allgemeintoleranzen nach DIN ISO 2768, sondern die in die Zeichnung eingetragenen Abmaße. Oben steht immer das obere Abmaß, darunter das untere Abmaß. Es ist üblich, Vorzeichen mit anzugeben. Die Schrifthöhe für die Angabe der Abmaße und die Angabe des Nennmaßes ist gleich.

Die Toleranzfelder können oberhalb (+) oder unterhalb (–) oder beiderseits der Nulllinie liegen.

Wenn oberes und unteres Abmaß bezüglich des Nennmaßes den gleichen Betrag haben, so ist der Wert nur einmal mit dem Vorzeichen ± anzugeben.

Wenn ein Abmaß Null ist, d.h. ein Grenzmaß ist mit dem Nennmaß identisch, dann kann das durch die Ziffer 0 an Stelle des Abmaßes angegeben werden.

Für Winkelmaße gelten die gleichen Regeln.

Es ist außerdem zulässig, Nennmaß und Abmaße in dieselbe Zeile zu schreiben.

2.7.3 Toleranzangabe durch Grenzmaße

Grenzmaße werden nur in die Zeichnung eingetragen, wenn es erforderlich ist. Dann werden sie als Höchstmaß und als Mindestmaß angegeben.

2.7.4 Toleranzangabe durch Toleranzklassen

DIN ISO 286 legt für Nennmaße so genannte Grundtoleranzen fest. Diese werden nach ihrer Größe in unterschiedliche Toleranzgrade gestuft. Der Toleranzgrad wird durch eine Ziffer angezeigt. Je höher der Toleranzgrad, desto größer ist das Toleranzfeld.

Außerdem werden Grundabmaße unterschieden, die die Lage des Toleranzfeldes bezüglich der Nulllinie des Nennmaßes beschreiben. Man spricht von „Toleranzfeldlage". Zur Unterscheidung werden Toleranzfelder für Bohrungen bzw. Innenmaße mit großen Buchstaben des Alphabets, z. B. H bezeichnet, Toleranzfelder für Wellen bzw. Außenmaße mit kleinen Buchstaben, z. B. h bezeichnet.

Für die Kombination des Kennbuchstaben für die Toleranzfeldlage und der Kennzahl für den Toleranzgrad , z. B. H8, benutzt man den Begriff „Toleranzklasse".

Bei der Sicherung der Austauschbarkeit von Einzelteilen und Baugruppen in technischen Systemen spielt die sinnvolle Kombination von Toleranzfeldern von Außen- und Innenmaßen eine überragende Rolle, wenn bestimmte Eigenschaften, wie z.B. Festsitz oder Spiel der kombinierten Werkstücke zu erreichen sind. Man spricht dann von einer **Passung** der Teile.

Als Passung wird der gewünschte Zusammenbauzustand zweier Teile, die gemeinsam eine bestimmte Funktion zu erfüllen haben, bezeichnet.

Passungen bestimmen den Sitz von Bauteilen. Man unterscheidet Spiel-, Übermaß- und Übergangspassungen. ⇒ **Seite 163** zeigt die Anwendung von Passungen beim Projekt Schraubstock.

Informationsgehalt der ISO-Toleranzangabe aus Bild 4, Seite 161	
Angabe	**Information**
⌀16r6	Passmaß
⌀	Kreisform
16	Nennmaß N = 16 mm
r	Toleranzfeldlage (Außenpassfläche)
6	Toleranzgrad
ES	oberes Abmaß = +34 µm
EI	unteres Abmaß = +23 µm
G_{oW}	Höchstmaß der Bohrung = 16,034 mm
G_{uW}	Mindestmaß der Bohrung = 16,023 mm
T_W	Toleranz der Bohrung = 0,011 mm

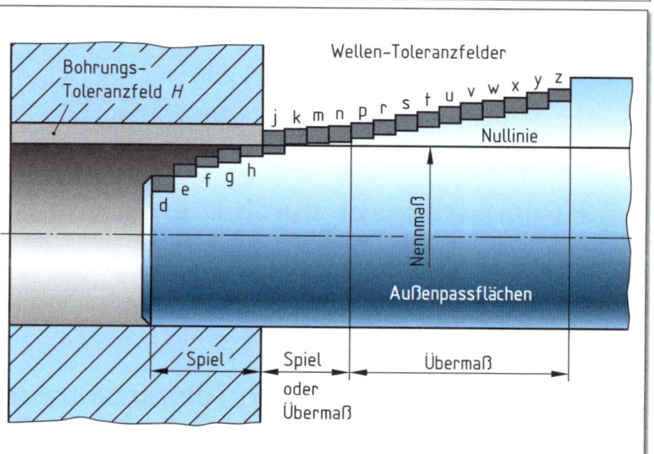

Bild 1: System Einheitsbohrung

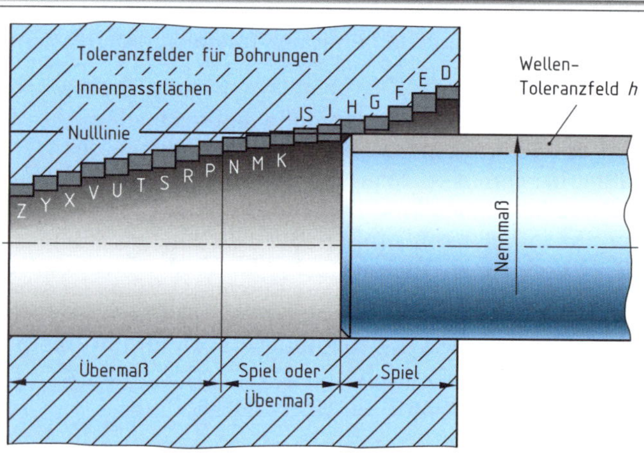

Bild 2: System Einheitsbohrung

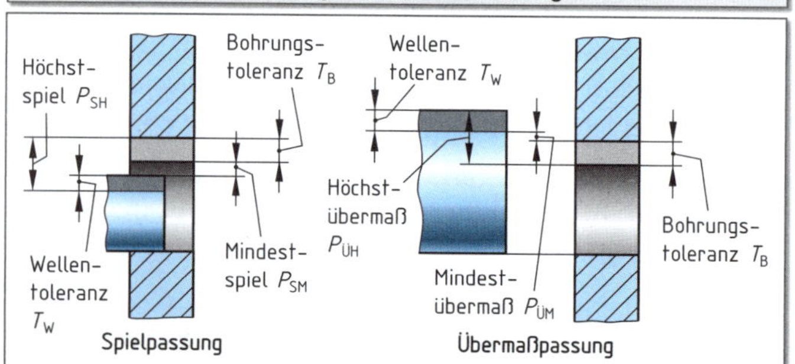

Bild 3: Spielpassung und Übermaßpassung

Passungssysteme

Aus wirtschaftlichen Gründen hat es sich als effektiv erwiesen, bestimmte **Passungssysteme** zu verwenden.

DIN ISO 286 legt diese Passungssysteme fest. Ein Passungssystem geht davon aus, dass die Lage des Toleranzfeldes eines Innenmaßes (Bohrung) bezüglich der Nulllinie des Nennmaßes konstant bleibt und die Passungen durch Kombination mit verschiedenen Toleranzklassen des Außenmaßes entstehen. Deshalb nennt man es **„System Einheitsbohrung"**.

Das zweite Passungssystem geht umgekehrt davon aus, dass die Lage des Toleranzfeldes eines Außenmaßes (Welle) bezüglich der Nulllinie des Nennmaßes konstant bleibt und die Passungen durch Kombination mit verschiedenen Toleranzklassen des Innenmaßes entstehen. Deshalb nennt man es **„System Einheitswelle"**.

Beim System ***Einheitsbohrung*** liegen die Toleranzfelder ***H*** verschiedener Toleranzgrade immer an der Nulllinie des Nennmaßes an und ragen in den positiven Bereich, d.h. das obere Abmaß hat immer ein positives Vorzeichen und das untere Abmaß ist Null.

Beim System ***Einheitswelle*** liegen die Toleranzfelder ***h*** ebenfalls immer an der Nulllinie des Nennmaßes, ragen aber in den negativen Bereich, d.h. das obere Abmaß ist immer Null und das untere Abmaß hat immer ein negatives Vorzeichen.

Es hat sich in der Fertigungspraxis als günstig erwiesen, nur eine kleine Auswahl möglicher Kombinationen von Toleranzfeldern zu benutzen, um bestimmte Eigenschaften der Passung zu erhalten. Deshalb ist die Passungsauswahl nach den Empfehlungen der DIN 7157 vorzunehmen.

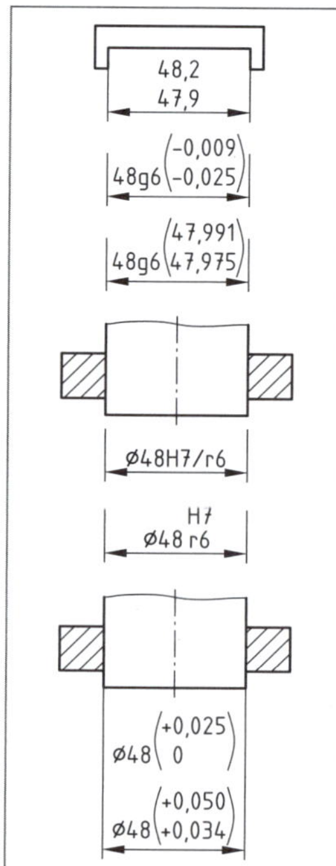

Nennmaß Toleranzklasse	Abmaße
48H7	+0,025 0
48r6	+0,050 +0,034

Bild 4: Eintragung von Passmaßen in Zeichnungen

Passungsangaben in technischen Zeichnungen

Aus wirtschaftlichen Gründen hat es sich als effektiv erwiesen, bestimmte **Passungssysteme** zu verwenden.

Im Normalfall werden nur die Nennmaße und Kurzzeichen der Toleranzklassen eingetragen.

Falls erforderlich, können zusätzlich
- die Abmaße in Klammern, oder
- die Grenzmaße in Klammern, oder
- beide in Tabellenform auf der Zeichenfläche des Zeichenblattes angegeben werden.

- Bei zusammengebaut dargestellten Werkstücken werden die Passungsangaben beider Teile, also die der zusammengehörenden Innenpassfläche und der Außenpassfläche gemeinsam auf derselben Maßlinie eingetragen. Dabei muss das Innenmaß immer vor bzw. über dem Außenmaß erscheinen.

Passungen am Projekt Schraubstock

Die Zeichnung zeigt einen Auszug aus einer Baugruppe des Projektes Schraubstock. Der bewegliche Backen Teil 6 wird bei Drehung der Getriebespindel Teil 15 zusammen mit dieser geradlinig bewegt. Dazu muss die Getriebespindel im beweglichen Backen Teil 6 drehbar gelagert sein. Das wird erreicht, indem in die Bohrung ø16 des Backens Buchsen aus einem Lagerwerkstoff, in dem Fall CuSn8P, eingepresst werden, durch die dann der Zapfen der Getriebespindel gesteckt wird. Es muss gesichert sein, dass der Spindelzapfen in den Buchsen Spiel hat, also leicht drehbar gelagert ist. Anschließend wird der Spindelkopf aufgesetzt. Das soll ohne großen Kraftaufwand bei geringem Übermaß oder leichtem Spiel möglich sein. Der Spindelkopf soll aber eher fest sitzen, obwohl er noch mit einem Zylinderstift am Spindelzapfen befestigt wird. Zur Erfüllung dieser Bedingungen wurden Passungen unterschiedlichen Charakters ausgewählt.

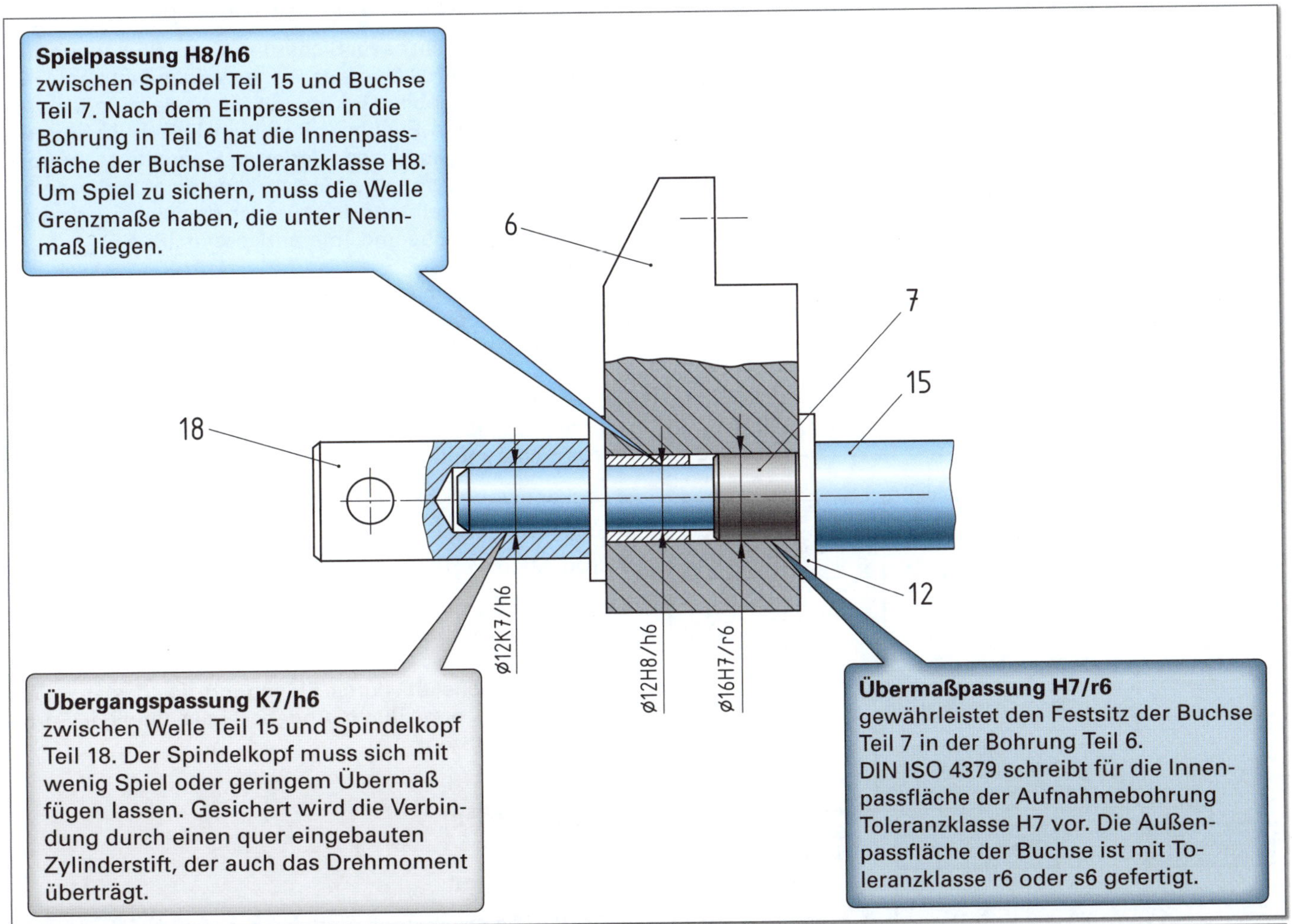

Bild 1: Passungen am Projekt Schraubstock

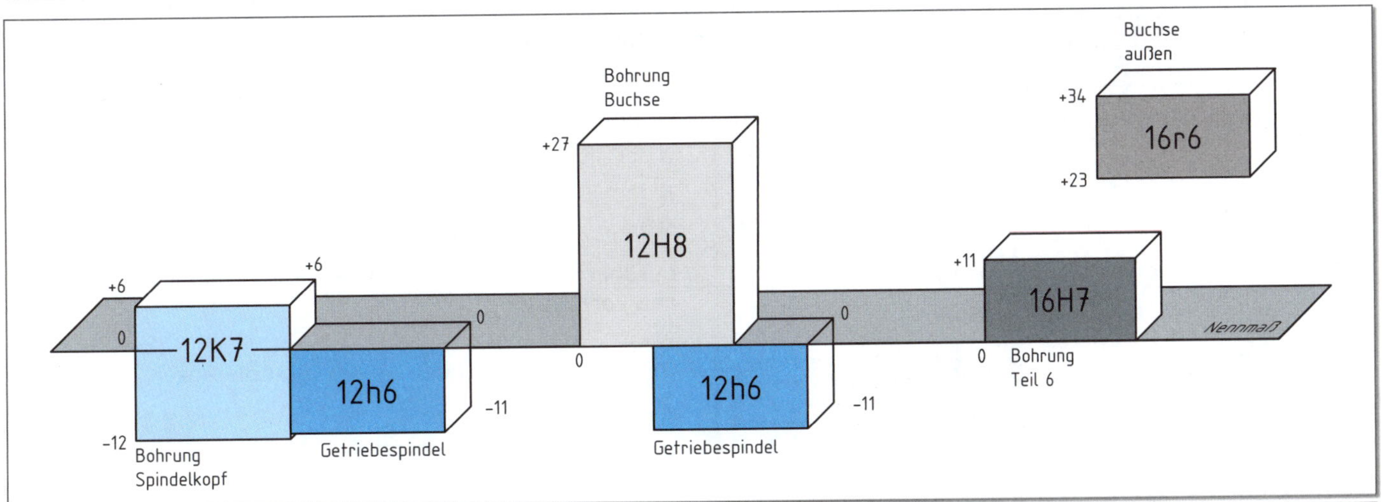

Bild 2: Toleranzfeldlage der ausgewählten Passungen

2.8.1 Erfordernis

Bei der manuellen und maschinellen Bearbeitung von Werkstücken wird das Ziel verfolgt, eine bestimmte, zunächst gedanklich, später durch die Zeichnung vorgegebene ideale Form zu erreichen. Genau wie bei der realen Fertigung Abweichungen vom gewünschten „idealen" Maß die Regel sind, kommt es auch regelmäßig zu Abweichungen von der gewünschten „geometrisch idealen" Form und Lage der einzelnen Flächen, Kanten, Ecken und anderer Formelemente. Auch diese Abweichungen müssen hingenommen werden. Um die Austauschbarkeit und Passfähigkeit der Bauteile und Baugruppen eines Erzeugnisses zu sichern, müssen sie sich aber in bestimmten Grenzen bewegen.

Allgemeintoleranzen für Form und Lage — vgl. DIN ISO 2768-2 (1991-04)

Toleranzklasse	Toleranzen in mm für: Geradheit und Ebenheit – Nennmaßbereiche in mm				Rechtwinkligkeit – Nennmaßbereiche in mm			Symmetrie – Nennmaßbereiche in mm			Lauf
	bis 10	über 10 bis 30	über 30 bis 100	über 100 bis 300	bis 100	über 100 bis 300	über 300 bis 1000	bis 100	über 100 bis 300	über 300 bis 1000	
H	0,02	0,05	0,1	0,2	0,2	0,3	0,4	0,5			0,1
K	0,05	0,1	0,2	0,4	0,4	0,6	0,8	0,6		0,8	0,2
L	0,1	0,2	0,4	0,8	0,6	1	1,5	0,6	1	1,5	0,5

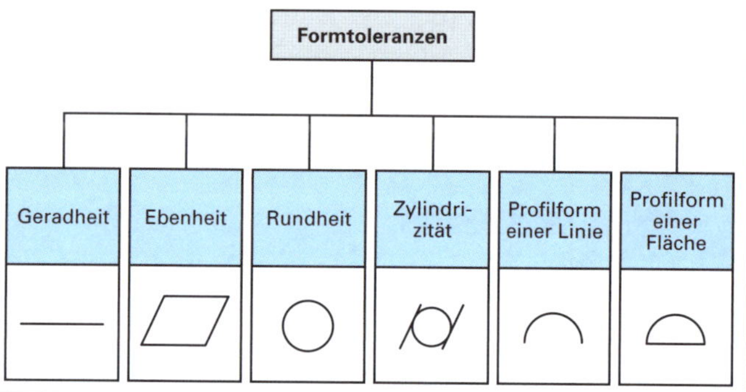

Bild 1: Formtoleranzen

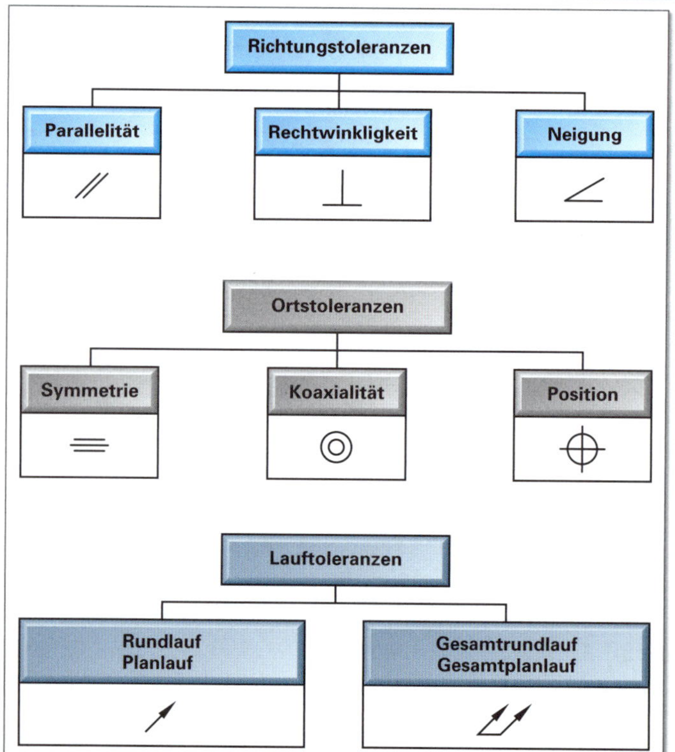

Bild 2: Lagetoleranzen

Allgemeintoleranzen für Form und Lage

In vielen Fällen reicht es zur Sicherung dieser Bedingung aus, die mit DIN ISO 2768-2 vorgegebenen Allgemeintoleranzen einzuhalten. Sie geben Grenzwerte für Abweichungen von der Geradheit und Ebenheit, Rechtwinkligkeit, Symmetrie oder Laufgenauigkeit eines tolerierten Elements gegenüber dem Idealzustand vor. Wie bei den Allgemeintoleranzen für Längen- und Winkelmaße erfolgt auch hier eine Gliederung in Nennmaßbereiche und Toleranzklassen. (Bild 1)

Der Geltungsbereich erstreckt sich auf alle Formelemente, die nicht mit besonderen Angaben für Form- oder Lagetoleranzen versehen sind.

Für die Realisierung mancher technischer Ansprüche reicht aber die Vorgabe der Allgemeintoleranzen nicht aus. Dann ist zur Sicherung der

- Funktionstauglichkeit,
- Austauschbarkeit und des
- Produktionsverfahrens

eine Eingrenzung und Präzisierung der Form- und Lagetoleranzen erforderlich.

Dies kann geschehen durch Einengung der bestehenden Maßtoleranzen oder durch Angabe eigenständiger Form- und Lagetoleranzen.

2.8.2 Begriffe

Formtoleranzen

Zulässige Abweichungen von der „geometrisch idealen" Form werden als Formtoleranzen bezeichnet. (Bild 1)

Lagetoleranzen

Dieser Begriff wird für die Angabe der zulässigen Abweichungen von

- der „idealen" Lage eines Formelements,
- dem „idealen" Ort eines Formelements, oder
- dem „idealen" Lauf von Oberflächen

bezüglich einer Bezugsachse oder bezüglich Bezugsebenen verwendet.

Danach unterscheidet man bei Lagetoleranzen:

- Richtungstoleranzen
- Ortstoleranzen
- Lauftoleranzen

(Bild 2)

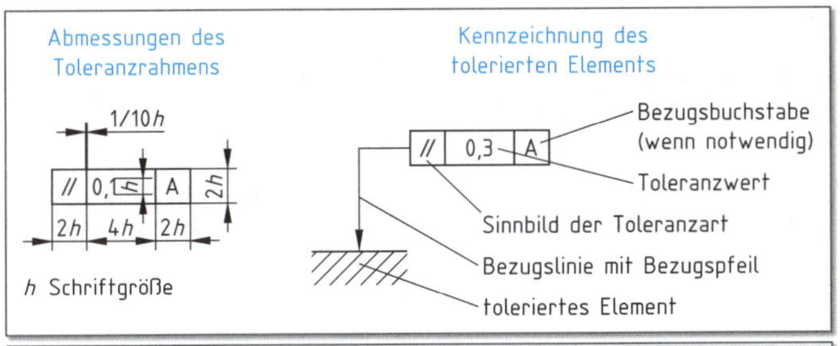

Bild 1: Symbole für tolerierte Elemente

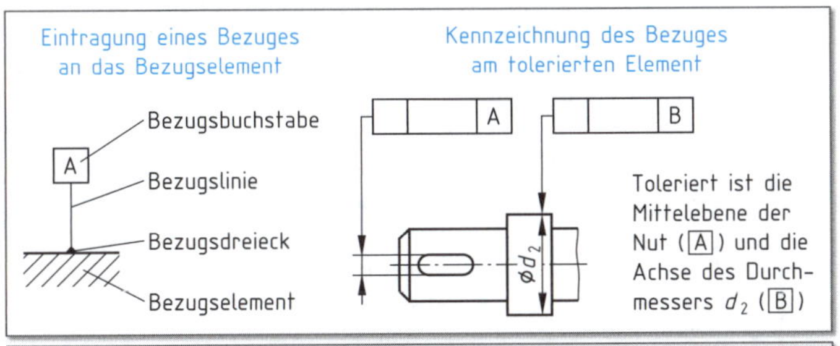

Bild 2: Symbole für Bezugselemente

2.8.3 Angaben in technischen Zeichnungen

Tolerierte Elemente

Die Eintragung tolerierter Elemente erfolgt mit einem Toleranzrahmen. Die Abmessungen sind Bild 1 zu entnehmen. In den Toleranzrahmen wird von links beginnend das Sinnbild der Toleranzart, der Toleranzwert und falls erforderlich der Kennbuchstabe für den Bezug eingetragen.

Bezüge

Der Bezug gibt an, auf welche Fläche oder Linie sich die Toleranz des tolerierten Elements bezieht. Bezüge werden mit einem großen Buchstaben des Alphabets, beginnend mit A gekennzeichnet. Dieser Buchstabe wird mittels Bezugsrahmen und Bezugsdreieck an das Bezugselement angetragen.

Die nachfolgenden Tabellen erklären die verschiedenen Arten der Form- und Lagetoleranzen und geben Eintragungsbeispiele.

Tabelle 1: Formtoleranzen nach DIN ISO 1101

Sinnbild	tolerierte Eigenschaft	Darstellung der Toleranzzone	Zeichnungsangabe	Erklärung
⏤	Geradheit	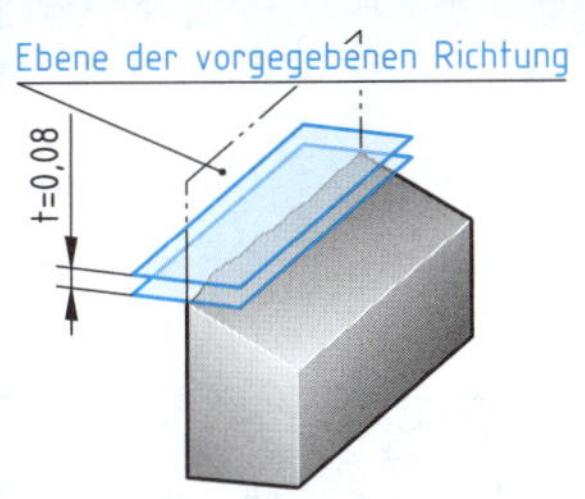	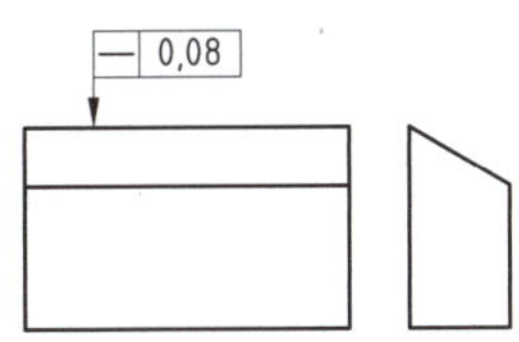	Die tolerierte Kante muss zwischen zwei Ebenen mit dem Abstand t = 0,08 mm liegen.
▱	Ebenheit	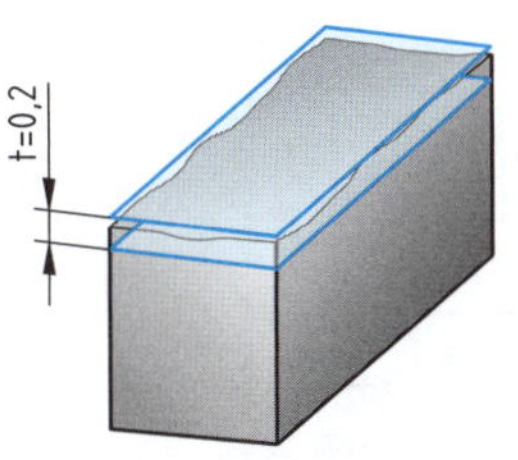	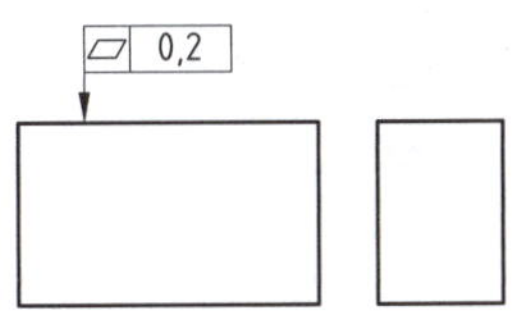	Die tolerierte Fläche muss zwischen zwei parallelen Ebenen liegen, die den Abstand t = 0,2 mm haben.
○	Rundheit	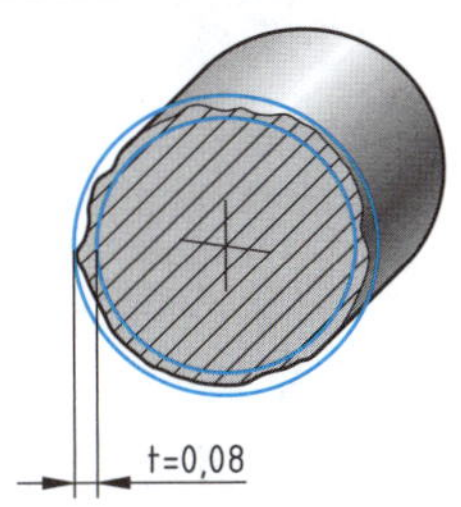	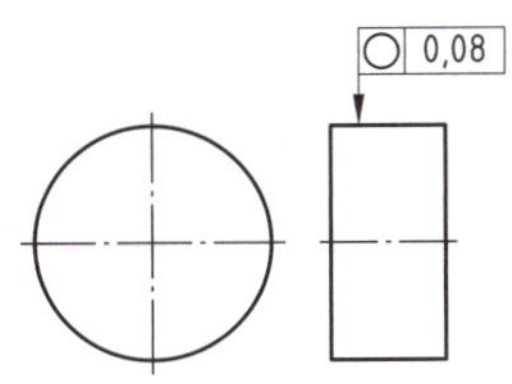	In jeder Schnittebene senkrecht zur Achse muss sich die tolerierte Umfangslinie des Kreises zwischen zwei konzentrisch liegenden Kreisen befinden, die den Abstand t = 0,08 mm haben.
⌭	Zylindrizität	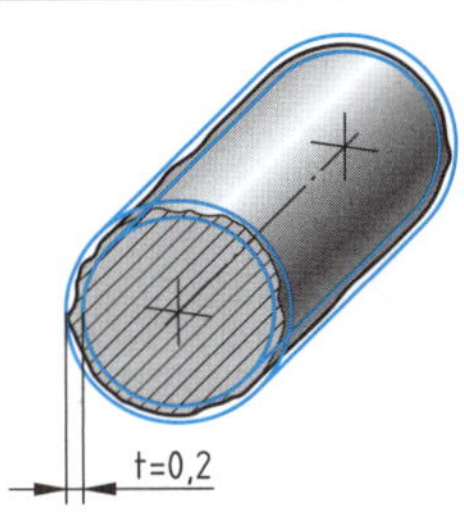	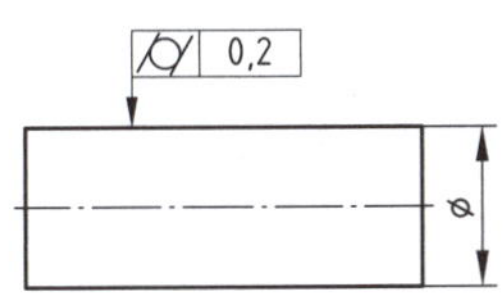	Die tolerierte Mantelfläche des Zylinders muss zwischen zwei koaxialen Zylindern liegen, die einen Abstand von t = 0,2 mm haben.

Tabelle 1: Lagetoleranzen nach DIN ISO 1101

Sinnbild	tolerierte Eigenschaft	Darstellung der Toleranzzone	Zeichnungsangabe	Erklärung
Richtungstoleranzen				
//	Parallelität	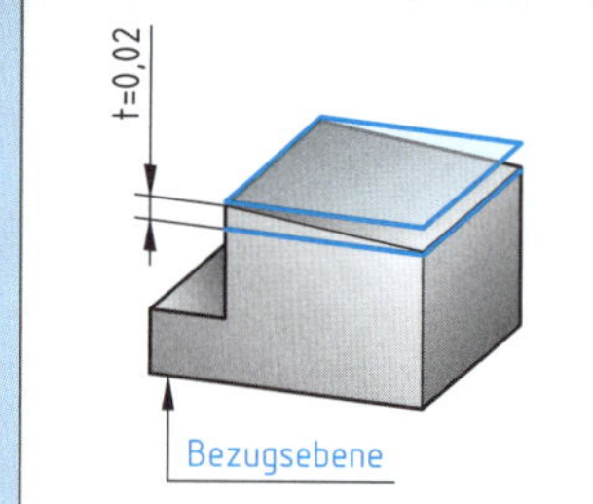	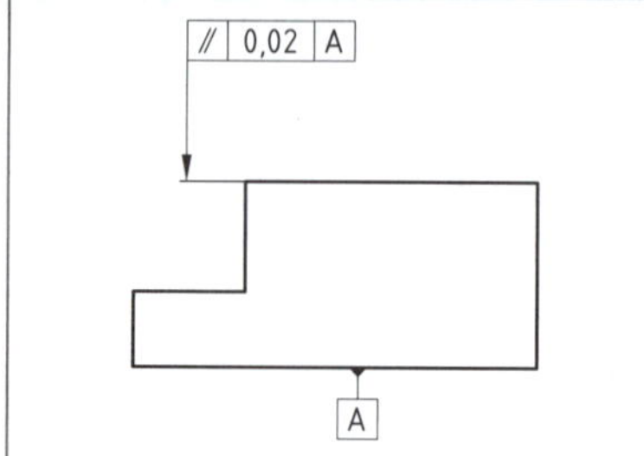	Die tolerierte Fläche muss sich zwischen zwei Ebenen befinden, die den Abstand t = 0,02 mm voneinander haben und die parallel zur Bezugsebene A liegen.
⊥	Rechtwinkligkeit	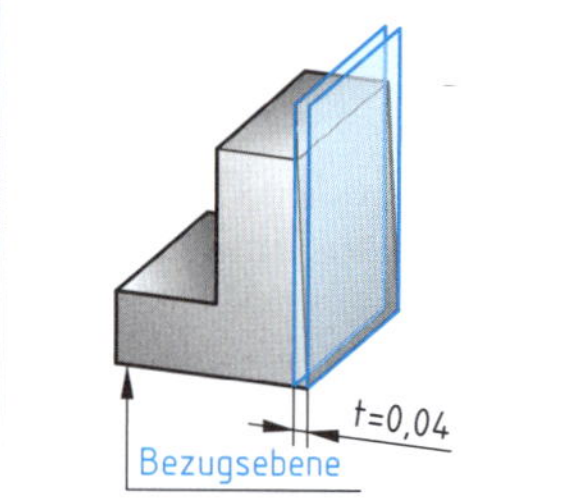	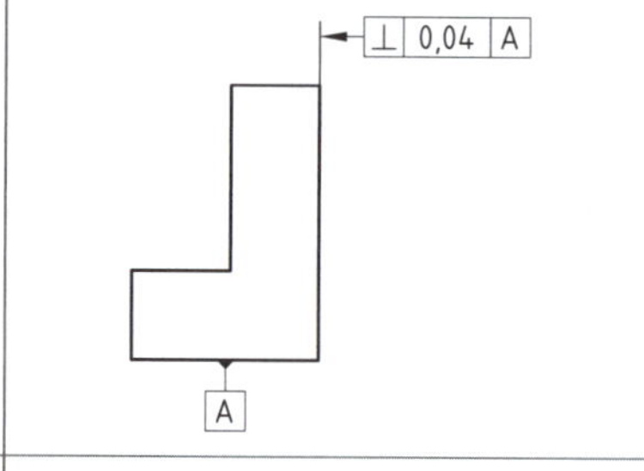	Die tolerierte Fläche muss zwischen zwei Ebenen vom Abstand t = 0,04 mm liegen, die senkrecht zur Bezugsfläche A stehen.
∠	Neigung	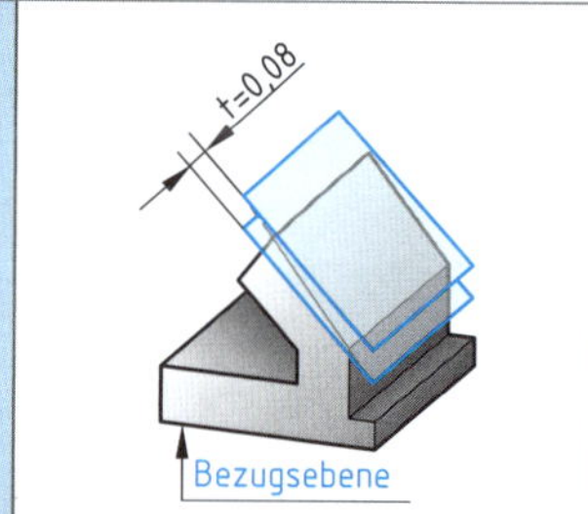	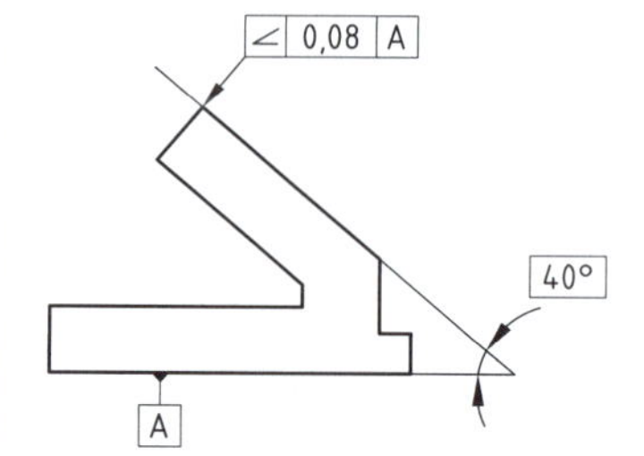	Die tolerierte geneigte Fläche muss zwischen zwei Ebenen vom Abstand t = 0,08 mm liegen, die gegenüber der Bezugsebene A um theoretisch genau 40° geneigt sind.
Ortstoleranzen				
⌯	Symmetrie	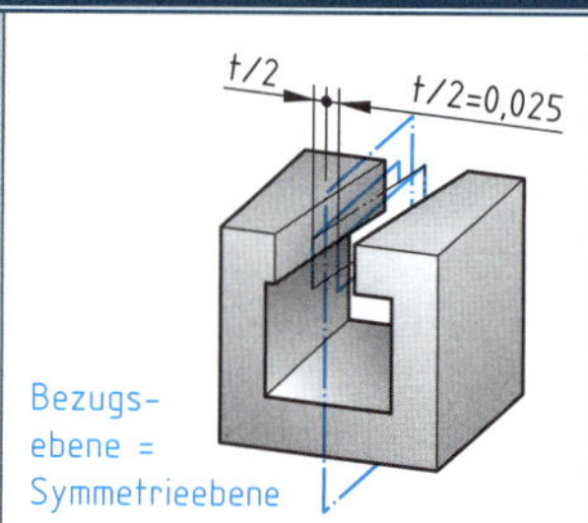	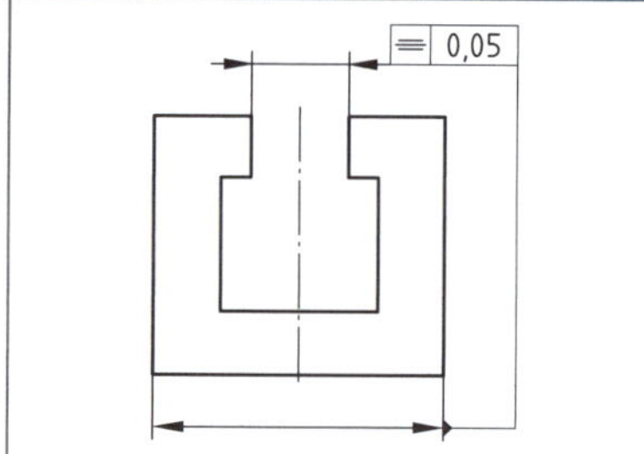	Die tolerierte Mittelebene des Schlitzes muss sich zwischen zwei parallelen Ebenen vom Abstand t = 0,05 mm befinden, die symmetrisch zu den Außenflächen liegen.
◎	Koaxialität	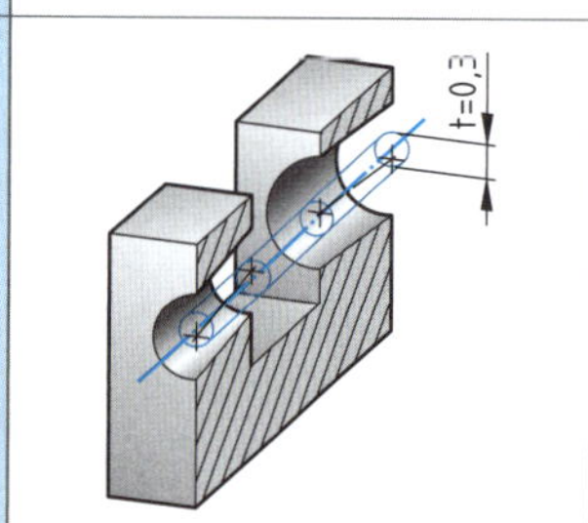	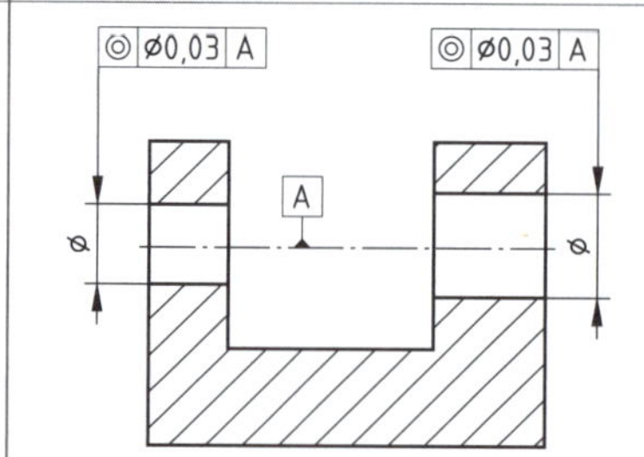	Die Achse der tolerierten Bohrungen muss sich innerhalb eines zur Bezugsachse A koaxialen Zylinders des ø t = 0,3 mm befinden. (koaxial: mit gleicher Achse)
⌖	Position	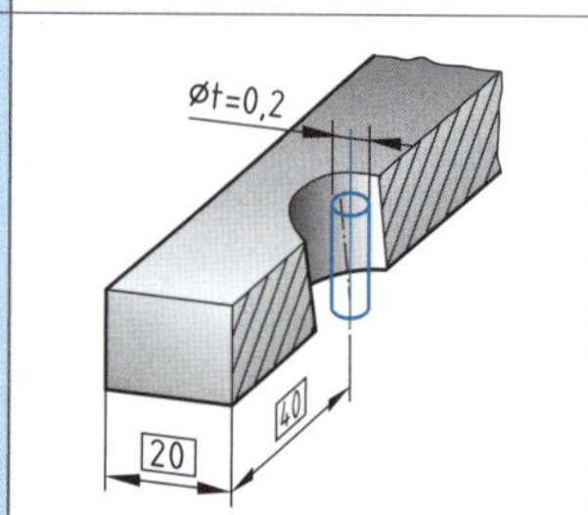	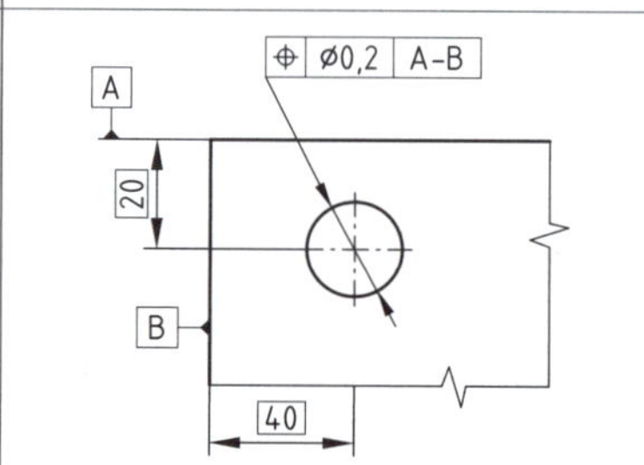	Die Achse der tolerierten Bohrung muss innerhalb eines Zylinders mit dem ø t = 0,2 mm liegen, dessen Achse sich bezogen auf die Flächen A und B am theoretisch genauen Ort befindet.

Tabelle 2: Lagetoleranzen nach DIN ISO 1101

Lauftoleranzen; Gesamtlauftoleranzen

Sinnbild	tolerierte Eigenschaft	Darstellung der Toleranzzone	Zeichnungsangabe	Erklärung
↗	Rundlauf	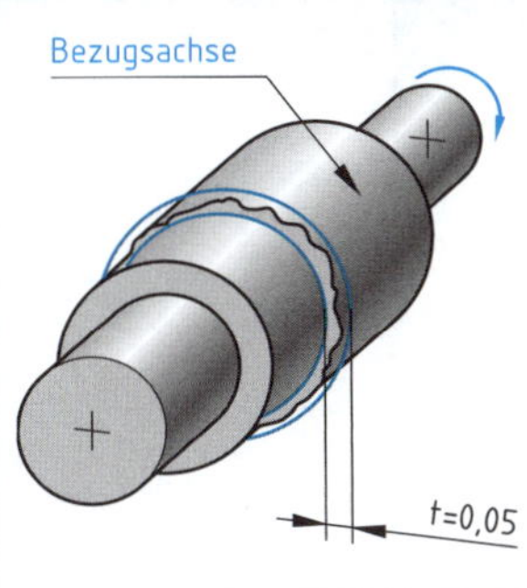	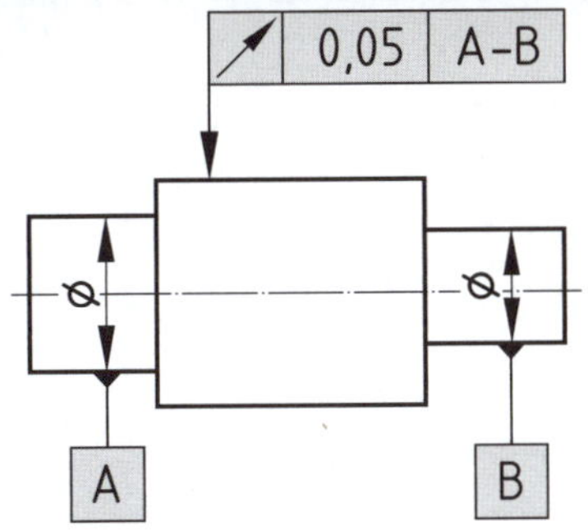	Bei einer Umdrehung der Welle um die aus A und B gebildete Achse darf die Rundlaufabweichung der tolerierten Fläche in jeder Messebene senkrecht zur Achse den Wert t = 0,05 mm nicht überschreiten.
⌰	Gesamtlauf Planlauf	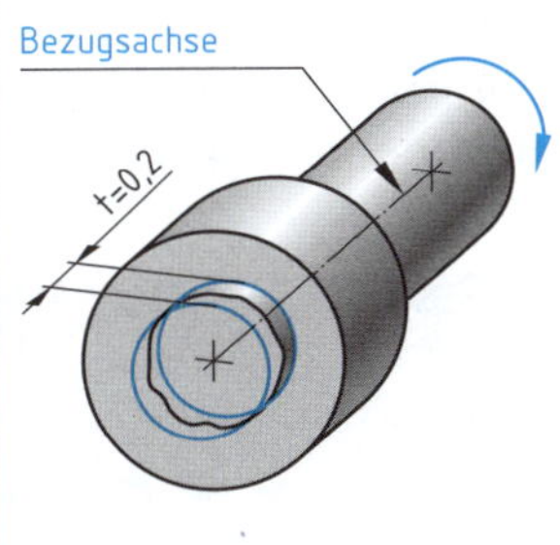	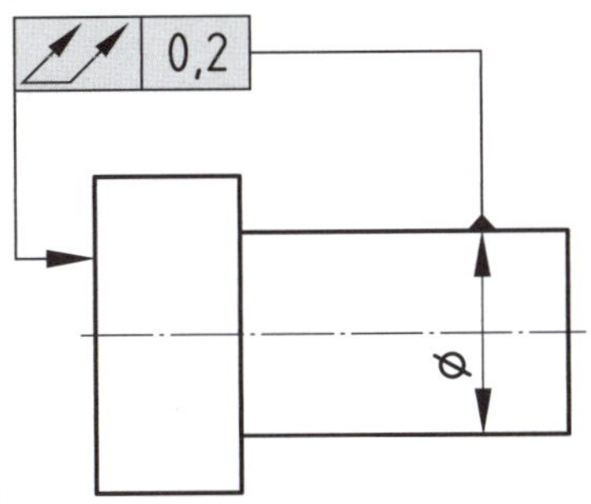	Bei mehrmaliger Drehung um die Bezugsachse und bei radialer Verschiebung der Messpunkte müssen alle Punkte der tolerierten Planfläche zwischen zwei Ebenen vom Abstand 0,2 mm liegen, die senkrecht zur Bezugsachse stehen.

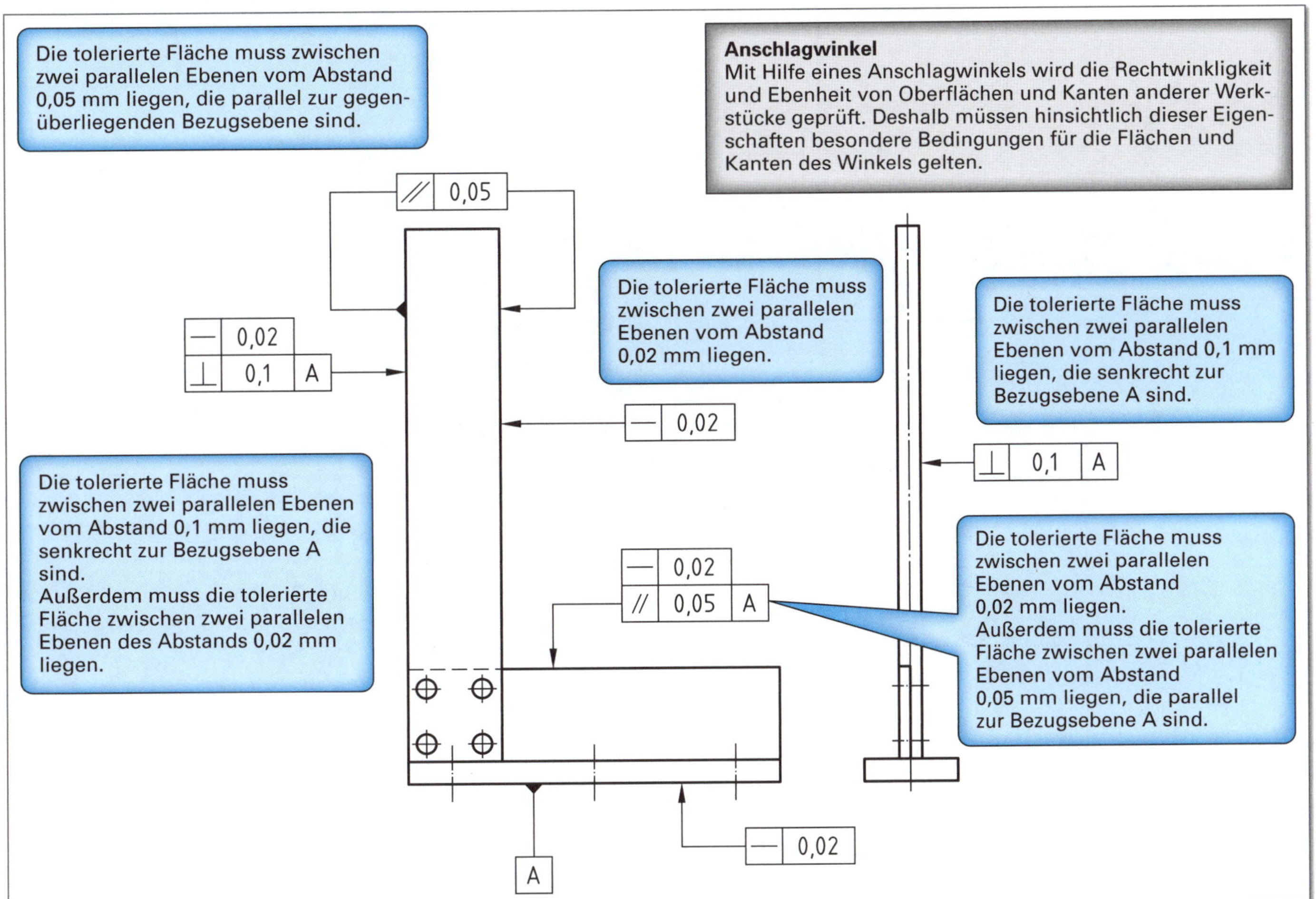

Bild 1: Anwendung und Eintragung von Form- und Lagetoleranzen in Zeichnungen

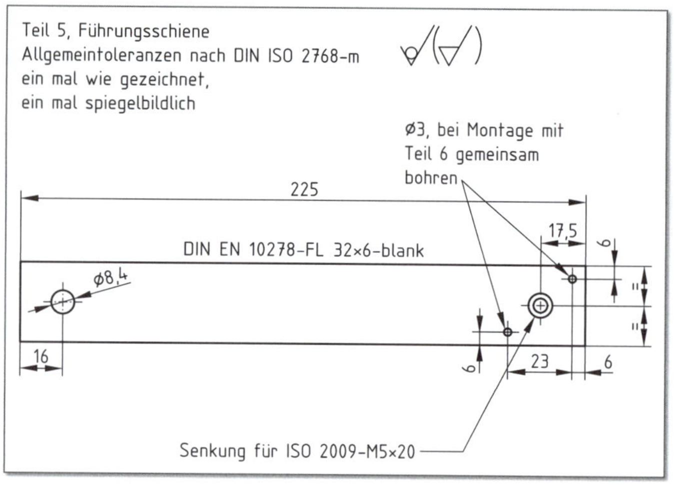

Aufgabe 1

Ergänzen Sie die Angaben der Tabelle. Benutzen Sie ein Tabellenbuch.

Nennmaß	Abmaße	Höchstmaß	Mindestmaß	Toleranz
6				
8,4				
17,5				
16				
23				
225				

Aufgabe 2

Weisen Sie für jede der angegebenen Passungen nach, ob es sich um eine Übermaßpassung, eine Spielpassung oder um eine Übergangspassung handelt. Ergänzen Sie dazu die Tabelle.

Passmaß		
Passungssystem		
Passfläche	Innen-	Außen-
ISO-Toleranzkurzzeichen		
Oberes Grenzabmaß		
Unteres Grenzabmaß		
Höchstmaß		
Mindestmaß		
Toleranz		
Höchstpassung		
Mindestpassung		
Passtoleranz		
Passungscharakter (Übermaßpassung/ Übergangspassung/ Spielpassung)		

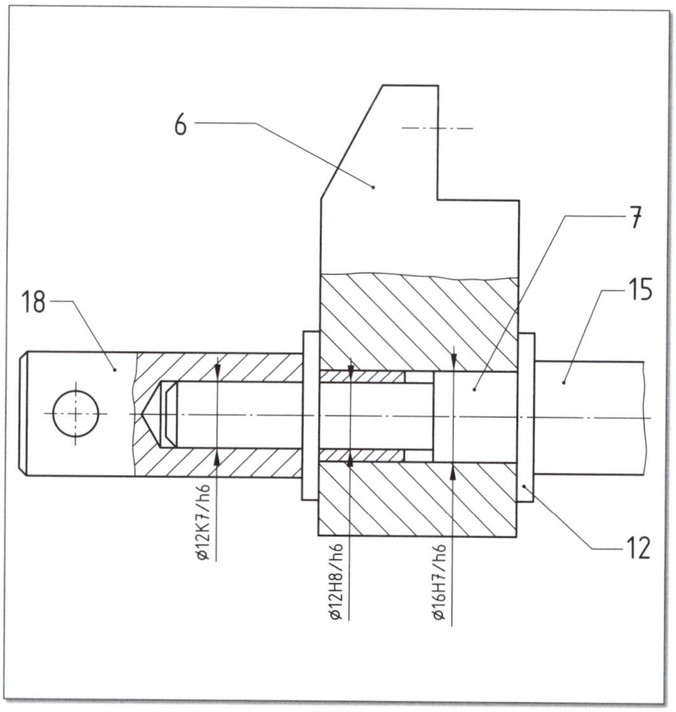

Aufgabe 3

Die Passungsangabe in einer Zeichnung lautet 110H7/n6. Ermitteln Sie in Tabellenform sämtliche Angaben zu dieser Passung.

Stellen Sie die Toleranzfeldlage von Außen- und Innenmaß dar und machen Sie Aussagen zu den Eigenschaften dieser Passung.

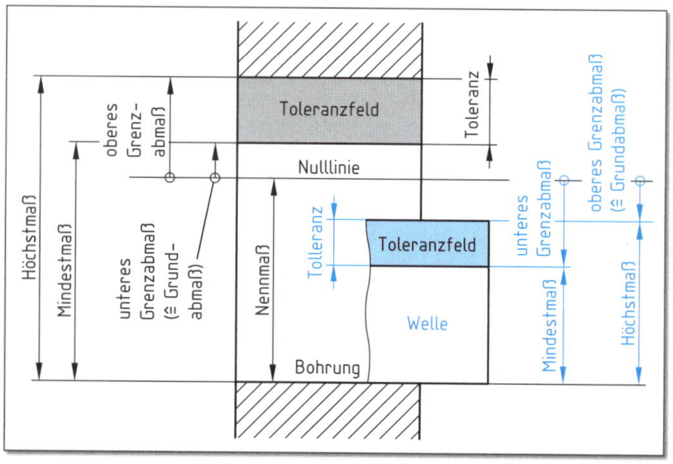

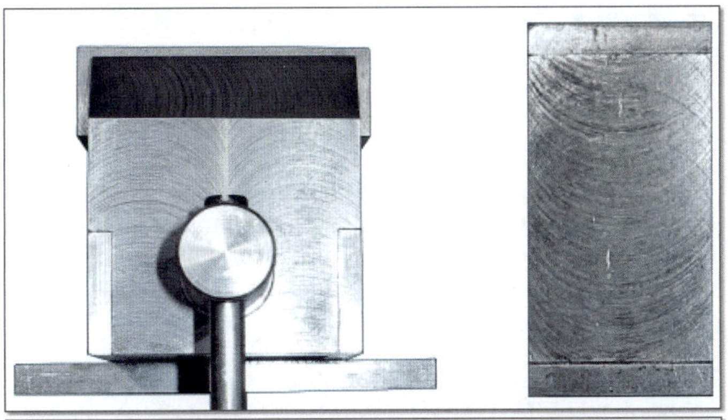

Bild 1: Bearbeitungsspuren an Werkstücken

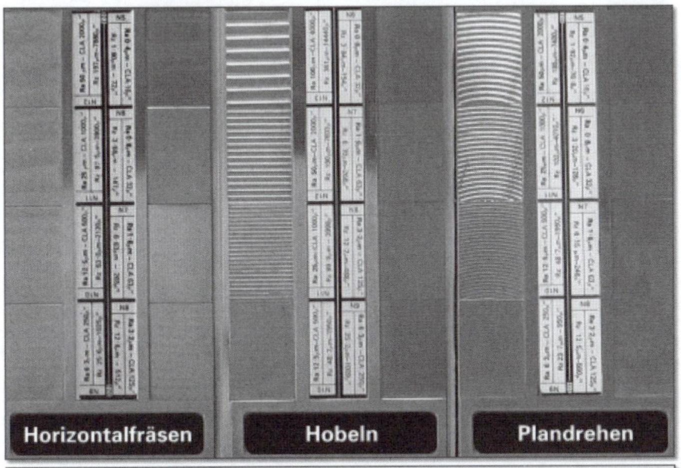

Bild 2: Oberflächenvergleichsnormale

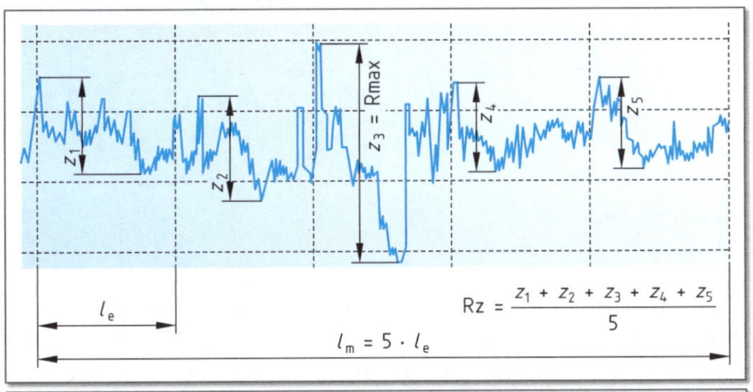

Bild 3: gemittelte Rautiefe *Rz*

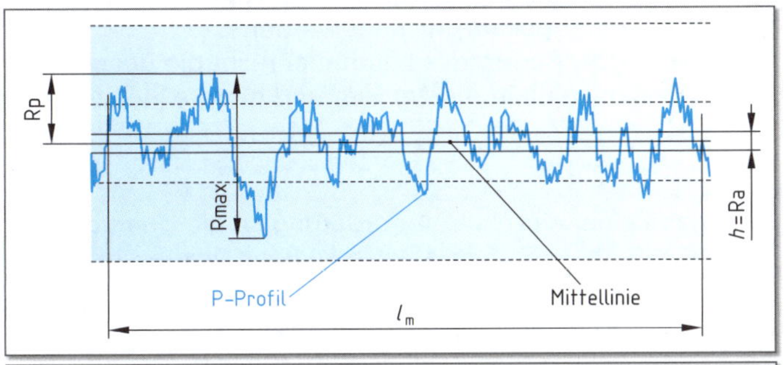

Bild 4: Mittenrauwert *Ra*, maximale Rautiefe *Rmax*, Glättungstiefe *Rp*

Tabelle 1: Zuordnung von Rauheitsklassen zu Rauwerten

Rauheitsklasse	N5	N6	N7	N8	N9	N10	N11	N12
Mittenrauwert *Ra* (µm)	0,4	0,8	1,6	3,2	6,3	12,5	25	50

2.9.1 Angaben zur Oberflächenrauheit nach DIN EN ISO 1302

Die Angaben in technischen Zeichnungen zur Rauheit von Oberflächen sind Vorgaben von Grenzwerten, die bestimmte Rauheitsmessgrößen nicht überschreiten dürfen.

Mit technischen Zeichnungen werden geometrisch bestimmte ideale Oberflächen vorgegeben. Die bei der Fertigung wegen der zahlreichen Einflüsse auf den Fertigungsprozess tatsächlich entstehenden Oberflächen der Werkstücke weichen von den idealisierten Vorgaben ab. Je nach angewendetem Fertigungsverfahren und den konkreten Fertigungsbedingungen sind mehr oder weniger deutliche Bearbeitungsspuren erkennbar (Bild 1). Diese kann man bei einer Sichtprüfung mit Hilfe von Oberflächenvergleichsnormalen (Bild 2) beurteilen. Durch vergleichendes Ertasten bzw. Überstreichen der Werkstückoberfläche und der Oberflächenvergleichs-normale mit dem Fingernagel können Rauheitsunterschiede bis zu einer Feinheit von 2 µm ertastet werden. Zu dieser subjektiven Prüfmethode gehört allerdings etwas Erfahrung.

Die Oberflächenqualität, die wesentlich von der Rauheit abhängt, ist eine wichtige Voraussetzung für das störungsfreie Funktionieren von bewegten Bauteilen und für ihre Lebensdauer. Deshalb müssen sich die Abweichungen vom Idealzustand in bestimmten Grenzen bewegen, die unter anderem mit der Vorgabe von Oberflächenrauheitswerten gesetzt werden.

Nach DIN 4760 werden die Abweichungen, die während der Fertigung auftreten können als Gestaltabweichungen 1. bis 6. Ordnung bezeichnet. Die Rauheit einer Oberfläche erfasst die Gestaltabweichungen 3. bis 5. Ordnung. Das sind Rillen und Riefen in der Oberfläche, deren Entstehung z.B. durch die gewählten Spanungswerte, die Schneidengeometrie u.a. beeinflusst werden kann. Die verlässliche Erfassung dieser Gestaltabweichungen erfolgt durch mechanische (Tastschnittverfahren) und optische Prüfverfahren, die entsprechende Rauheitsmessgrößen liefern.

Die Rauheitsangaben in den Zeichnungen sind Vorgaben von Rauheitsmessgrößen. Üblich ist die Vorgabe von:

- *Rz*, gemittelte Rautiefe (Bild 3) oder
- *Ra*, Mittenrauwert, oder
- *Rp*, Glättungstiefe, oder
- *Rmax*, maximale Rautiefe (Bild 4).

Hinsichtlich der Erreichbarkeit bestimmter Rauheitswerte haben die verwendeten Fertigungsverfahren Grenzen. Die in DIN 4766 genannten erreichbaren Rauheitswerte Rz und Ra sind Erfahrungswerte. Man kann sie dazu benutzen, das richtige Fertigungsverfahren auszuwählen, mit dem die Anforderungen an die Oberfläche des zu fertigenden Werkstücks erfüllt werden können. Informationen findet man in Tabellenbüchern.

In einer früheren Ausgabe der Norm ISO 1302 wurde die Beurteilung der Oberflächengüte nach Rauheitsklassen vorgenommen. Um Rauheitsangaben älterer Zeichnungen entschlüsseln zu können, kann man sie mit dem Mittenrauwert *Ra* vergleichen. (Tabelle 1)

EUROPA LEHRMITTEL

Tabelle 1: Schrifthöhen und Linienstärken

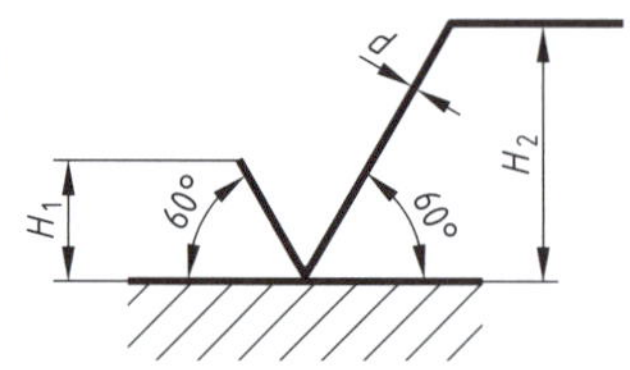

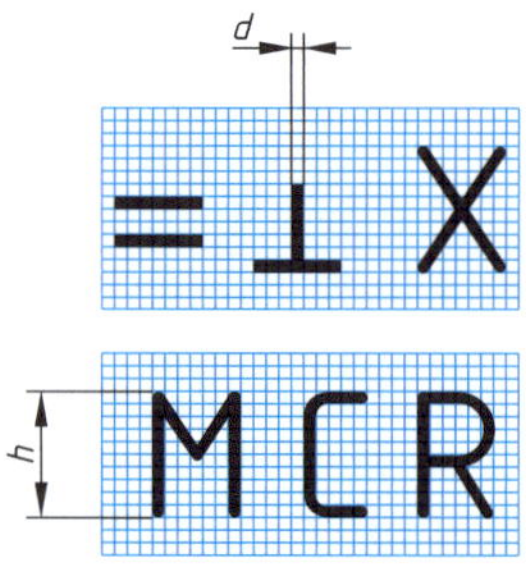

	Schrifthöhe			
	3,5	5	7	10
d	0,35	0,5	0,7	1
H_1	5	7	10	14
H_2	11	15	21	30

Angaben in Zeichnungen

Die Vorgabe von Anforderungen an die Oberflächenbeschaffenheit erfolgt in technischen Zeichnungen nach DIN EN ISO 1302. Danach werden unterschiedliche grafische Symbole mit jeweils eigener Bedeutung dargestellt (Tabelle 2). Diese grafischen Symbole werden ergänzt durch zusätzliche Anforderungen an die Oberflächenbeschaffenheit in Form von Textangaben, Zahlenwerten für Rauheitsmessgrößen und grafischen Symbolen für Oberflächenstrukturen (Tabelle 3).

Tabelle 1 zeigt das Grundsymbol für die Angabe der Oberflächenbeschaffenheit. Es bedeutet nichts anderes, als dass die Oberfläche, an der es eingetragen ist, nicht im Rohzustand verbleibt, sondern bearbeitet werden soll. Es wird noch keine Aussage darüber getroffen, ob die Bearbeitung durch Materialabtrag erfolgen soll oder ob Materialabtrag unzulässig ist. Das Grundsymbol ist für sich genommen wenig aussagefähig und muss deshalb ergänzt werden. Seine Anwendung bei Sammelangaben ist üblich. (⇒ **Seite 172**)

Tabelle 2: Erweiterte grafische Symbole

Vollständiges grafisches Symbol			
	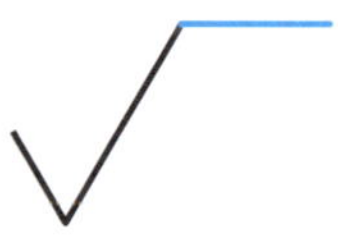	Wenn zusätzliche Anforderungen an Merkmale der Oberflächenbeschaffenheit angegeben werden sollen, dann ist das Grundsymbol aus Tabelle 1 mit einem Bezugsstrich ergänzt werden. Für sich genommen hat es die Bedeutung: **„Jedes Fertigungsverfahren zulässig."**	Grafisches Symbol für: „alle Oberflächen rund um die Kontur des Werkstücks" 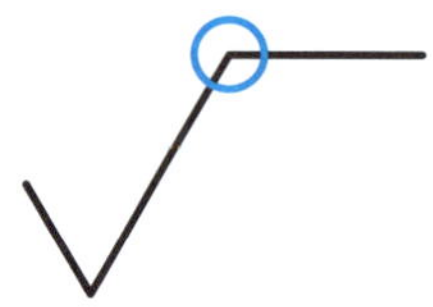 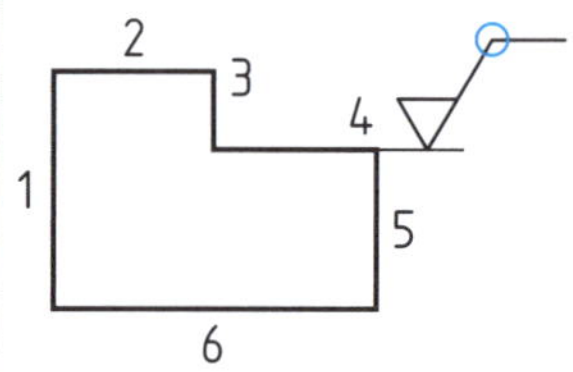 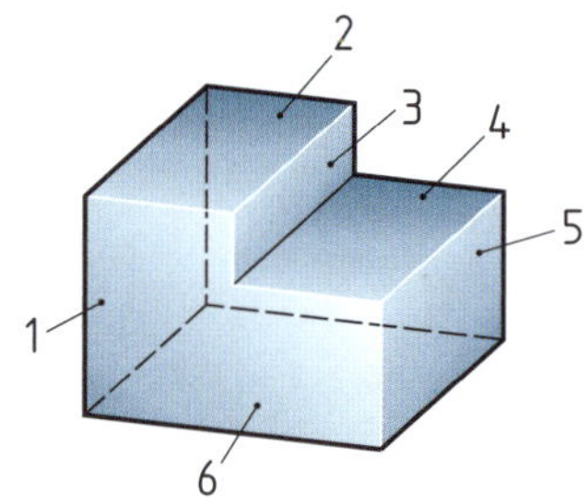
		Wenn Materialabtrag, z.B. durch mechanische Bearbeitung, gefordert wird, um die vorgeschriebene Oberfläche zu erhalten, muss dem Grundsymbol der farbig markierte Querstrich hinzugefügt werden. **„Materialabtrag gefordert."**	
		Wenn die Oberfläche im Zustand des vorherigen Arbeitsganges verbleiben soll, oder Materialabtrag zur Erreichung der geforderten Oberfläche nicht zugelassen ist, dann wird das Grundsymbol mit einem Kreis ergänzt. Für sich genommen hat es die Bedeutung: **„Materialabtrag unzulässig."**	Wenn die gleiche Oberflächenbeschaffenheit für alle Flächen rund um die Kontur eines Werkstücks gefordert wird, dann ist dem *vollständigen* Symbol ein Kreis nach obigem Bild hinzuzufügen. Bei nicht eindeutiger Rundum-Kennzeichnung müssen die Oberflächen einzeln und unabhängig voneinander gekennzeichnet werden. Beachte: Der Außenumriss beinhaltet nicht die gesamte Oberfläche, also nicht die vordere und hintere Fläche!

Tabelle 3: Angabe zusätzlicher Anforderungen an die Oberflächenbeschaffenheit

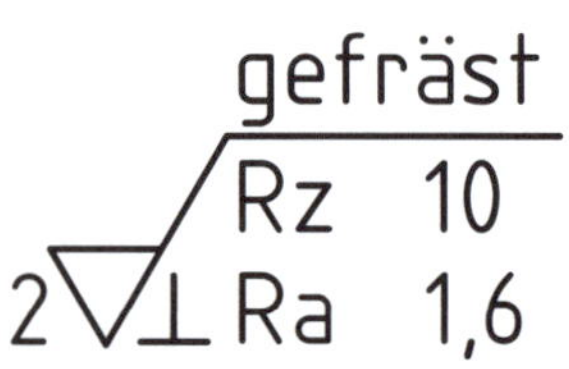

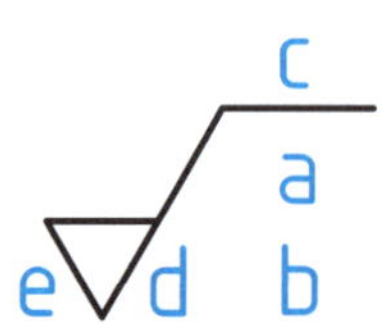

a	Angabe einer einzelnen Anforderung an die Oberflächenbeschaffenheit: Einzelmessstrecke/Rauheitsmessgröße.
b	Angabe einer weiteren Anforderung an die Oberflächenbeschaffenheit in der Form wie a.
c	Angabe des Fertigungsverfahrens, der Behandlung, Beschichtung oder anderer Anforderungen an den Fertigungsprozess der gekennzeichneten Fläche.
d	Angabe des Symbols für die erforderliche Oberflächenstruktur (-rillen) und ihre Ausrichtung.
e	Zahlenmäßige Angabe einer geforderten Bearbeitungszugabe.

Tabelle 1: Grafische Symbole zur Kennzeichnung der Oberflächenstruktur

Symbol für vorherrschende Struktur	=	⊥	X	M	C	R	P
Darstellung der Rillenrichtung	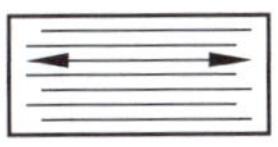	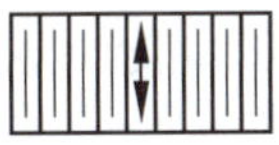					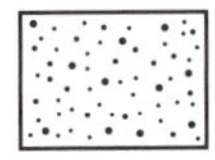
Bedeutung	Parallel zur Projektionsebene der Anwendungsansicht.	Senkrecht zur Projektionsebene der Anwendungsansicht.	Gekreuzt in 2 schrägen Richtungen zur Projektionsebene der Anwendungsansicht.	Viele Richtungen	Annähernd zentrisch zum Mittelpunkt der Oberfläche, zu der das Symbol gehört.	Annähernd radial zum Mittelpunkt der Oberfläche, zu der das Symbol gehört.	Nichtrillige Oberfläche, ungerichtet oder muldig.

Tabelle 2: Zuordnungshilfe für Rauheitsmessgrößen zu Oberflächenbeschaffenheiten

Beschreibung der Oberflächenbeschaffenheit des Werkstücks		*Rz* in µm				*Ra* in µm			
		R1	R2	R3	R4	R1	R2	R3	R4
Oberfläche **geschruppt** Riefen sind leicht ertastbar und mit bloßem Auge sichtbar	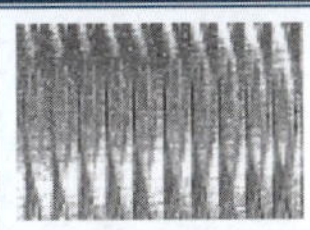	160	100	63	25	25	12,5	6,3	3,2
Oberfläche **geschlichtet** Riefen sind mit bloßem Auge noch zu sehen und mit dem Fingernagel noch ertastbar.	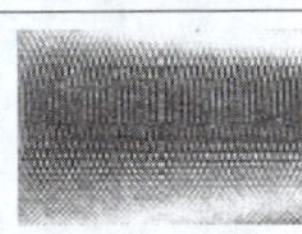	40	25	16	10	6,3	3,2	1,6	0,8
Oberfläche **feingeschlichtet** Riefen sind nicht mehr mit bloßem Auge erkennbar	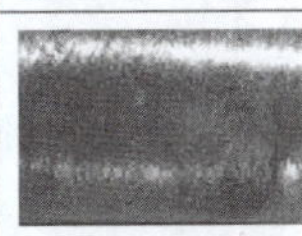	16	6,3	4	2,5	1,6	0,8	0,4	0,2
Oberfläche **feinstgeschlichtet** Sie erscheint spiegelglatt. Keine Rauheit fühlbar.	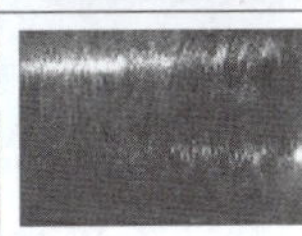	–	1	1	0,4	–	0,1	0,1	0,025

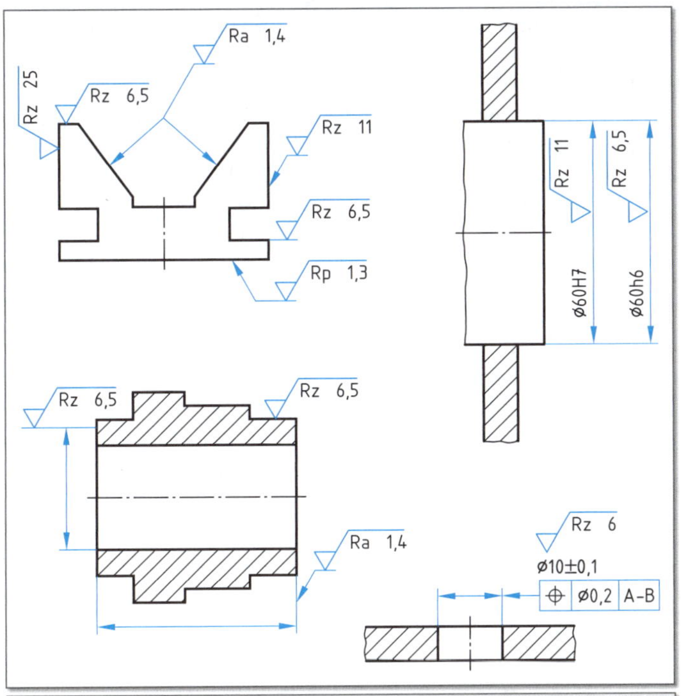

Bild 1: Anordnung der Symbole in Zeichnungen

Eintragung in Zeichnungen

- Anforderungen an die Oberflächenbeschaffenheit sind für eine bestimmte Werkstückfläche nur einmal anzugeben. Das sollte in der Ansicht geschehen, in der auch die Toleranzangaben für Maß, Form und Lage enthalten sind.
- Symbole sind so einzutragen, dass die Informationen von unten oder von rechts gelesen werden können. Das Symbol muss direkt oder mittels einer Hinweislinie mit der Oberfläche verbunden sein und von außerhalb auf eine Körperkante oder deren Verlängerung, z.B. eine Maßhilfslinie, zeigen.
- Die Oberflächenangabe kann auch zusammen mit der Maßangabe erfolgen.
- Die Oberflächenangabe darf über dem Toleranzrahmen für Form- und Lageabweichungen angebracht werden.
- Oberflächenangaben an zylindrischen und prismatischen Oberflächen brauchen nur einmal angegeben werden, wenn eine Symmetrieachse vorhanden ist und dieselben Anforderungen für jede zylindrische oder prismatische Fläche gelten.
- Sammelangaben sind zulässig, wenn an die Mehrzahl der Oberflächen gleiche Anforderungen gestellt werden. (⇒ **folgende Seite**)

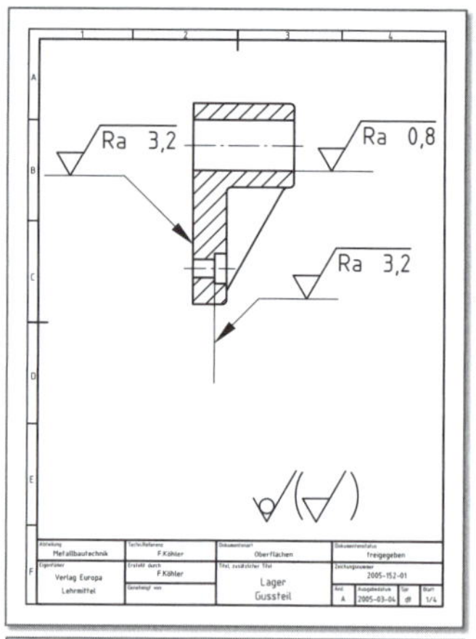

Bild 1: Grundsymbol

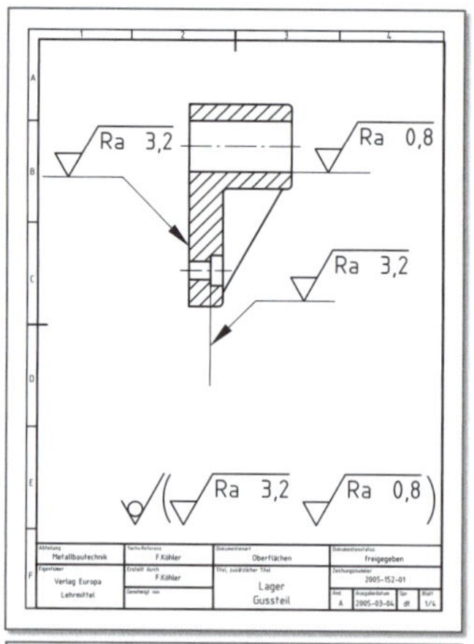

Bild 2: abweichende Anforderungen

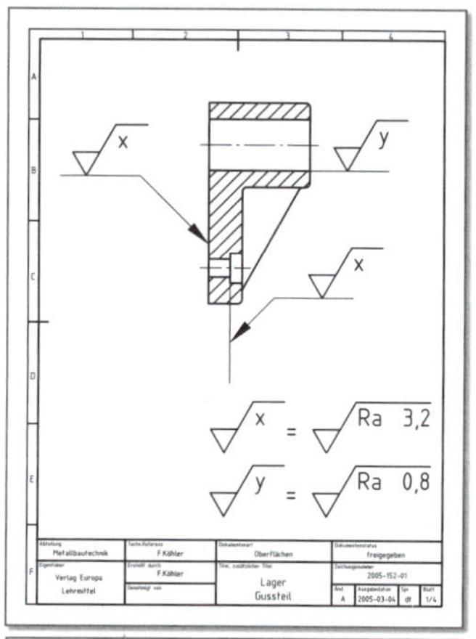

Bild 3: Buchstaben

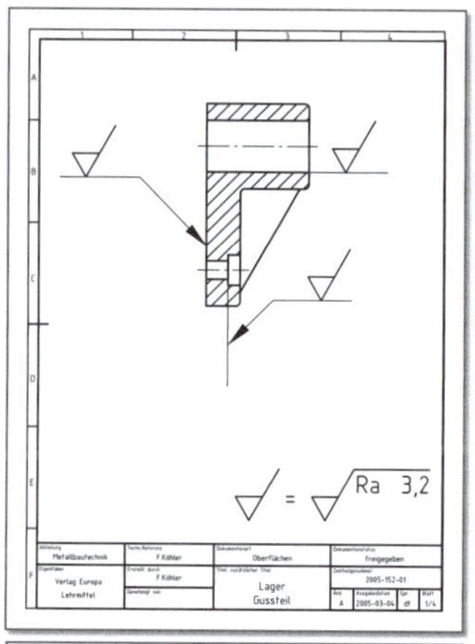

Bild 4: Symbol alleine

Tabelle 1: Begriffe und Abkürzungen (Auswahl)	
Kurzzeichen bisher nach DIN 6773	**Benennung bisher nach DIN 6773**
Eht	Einsatzhärtungstiefe
At	Aufkohlungstiefe
VS	Verbindungschichtdicke
Sht	Schmelzhärtetiefe
Nht	Nitrierhärtetiefe
Rht	Einhärtungstiefe
Kurzzeichen neu nach DIN ISO 15787	**Benennung neu nach DIN ISO 15787**
CHD	Einsatzhärtungs-Härtetiefe
CD	Aufkohlungstiefe
CLT	Verbindungschichtdicke
FHD	Schmelzhärtungs-Härtetiefe
NHD	Nitrier-Härtetiefe
SHD	Einsatzhärtungs-Härtetiefe, Synonym: Randschichthärtungs-Härtetiefe

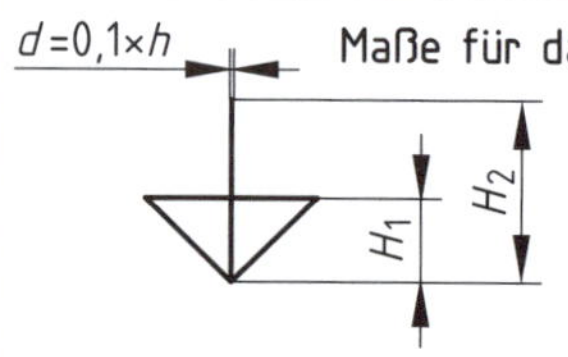

Maße für das Symbol einer Messstelle

h in mm	3,5	5	7
H_1 in mm	5	7	10
H_2 in mm	10,5	15	21

h Schrifthöhe

Bild 5: Messstellensymbol

Sammelangaben

Wenn die gleiche Anforderung an die Mehrzahl der Oberflächen des dargestellten Werkstücks gestellt wird, so setzt man zeichnet man das Symbol in die Nähe des Zeichnungsschriftfeldes. Nach diesem Symbol müssen folgende Angaben aufgeführt werden:

- In Klammern ein Grundsymbol ohne weitere Angaben (Bild 1), oder
- ebenfalls in Klammern gesetzt, die abweichenden Anforderungen an einzelne Werkstückoberflächen. (Bild 2)

Die abweichenden Anforderungen sind an den betreffenden Werkstückflächen ebenfalls einzutragen.

Wenn komplizierte Oberflächenangaben mehrfach vorgenommen werden müssen, der Platz auf der Zeichnung dafür aber nicht reicht, oder wenn die gleiche Oberflächenbeschaffenheit an mehreren Flächen desselben Werkstücks einzutragen ist, dürfen folgende Vereinfachungen erfolgen:

- Angabe grafischer Symbole mit Buchstaben (Bild 3), oder
- Angabe durch das grafische Symbol alleine. (Bild 4)

2.9.2 Wärmebehandelte Teile aus Eisenwerkstoffen – Darstellung und Angaben

Anwendungsbereich

Die Internationale Norm DIN ISO 15787 (2010-01) gilt für die Kennzeichnung des Endzustandes wärmebehandelter Teile aus Eisenwerkstoffen in technischen Zeichnungen.

Angaben in Zeichnungen

Werkstoffangaben

Unabhängig vom Wärmebehandlungsverfahren muss in der Zeichnung vermerkt sein, welcher Werkstoff für das wärmebehandelte Werkstück verwendet worden ist. Das kann z. B. durch Hinweis auf die Stückliste geschehen.

Wärmebehandlungszustand

Grundsätzlich wird der Zustand nach der Wärmebehandlung mittels Wortangaben festgelegt. Beispiele: „gehärtet", „gehärtet und angelassen", „randschichtgehärtet" usw.
Wenn mehrere Wärmebehandlungen erforderlich sind, dann sind die Angaben in der Reihenfolge ihrer Durchführung zu machen, z. B. „einsatzgehärtet und angelassen".

Härteangaben

Oberflächenhärte
Die Oberflächenhärte muss als Vickershärte, als Brinellhärte oder als Rockwellhärte angegeben werden. Es kommt vor, das Oberflächen unterschiedliche Härtewerte aufweisen, dann müssen zusätzliche Härtewerte angegeben werden.

Kernhärte
Die Kernhärte ist immer dann in die Zeichnung einzutragen, wenn das nötig ist und wenn ihre Prüfung vorgeschrieben ist.

Härtewerte
Allen Härtewerten muss eine Toleranz zugewiesen werden, die größtmöglich und funktionsgerecht sein soll.

Kennzeichnung der Messstellen
Die Messstellen sind, wenn erforderlich, in der Zeichnung durch Symbole (Bild 5) zu kennzeichnen. Die Messstelle erhält eine Kennzahl und ihre Lage muss genau bemaßt werden.

Härtetiefe
Die Härtetiefe wird dem jeweiligen Wärmebehandlungsverfahren entsprechend als Einhärtungs-Härtetiefe (SHD), Einsatzhärtungs-Härtetiefe (CHD), Schmelzhärtungs-Härtetiefe (FHD) oder Nitrier-Härtetiefe (NHD) angegeben. Die Norm enthält Tabellen, aus denen man eine zweckmäßige Stufung der Werte entnehmen kann.
Allen Härtetiefenwerten ist eine Toleranz zuzuordnen. Diese sollten größtmögliche und funktionsgerechte Grenzabweichungen enthalten.

■ Aufkohlungstiefe (CD)

Diese wird üblicherweise mit einem Kohlenstoffgehalt, der als Masseanteil in % angegeben wird, ermittelt. Die Angabe $CD_{0,35}$ bedeutet einen Grenzkohlenstoffgehalt von 0,35 %. Der Aufkohlungstiefe ist eine Toleranz zuzordnen. Die untere Grenzabweichung ist Null.

■ Verbindungsschichtdicke (CLT)

Die Verbindungsschichtdicke ist die Dicke des äußeren Bereichs der Nitrierschicht. Sie wird lichtmikroskopisch ermittelt. Auch hier sind Grenzwerte anzugeben, wobei die untere Grenzabweichung Null ist.

■ Zeichnerische Darstellung

Man unterscheidet Angaben zur Wärmebehandlung des ganzen Teiles, wobei die der wärmebehandelte Zustand überall gleich oder in verschiedenen Oberflächenbereichen unterschiedlich sein kann.

Manche Werkstücke erhalten jedoch nur in Teilbereichen eine Wärmebehandlung. Man spricht von örtlich begrenzter Wärmebehandlung.

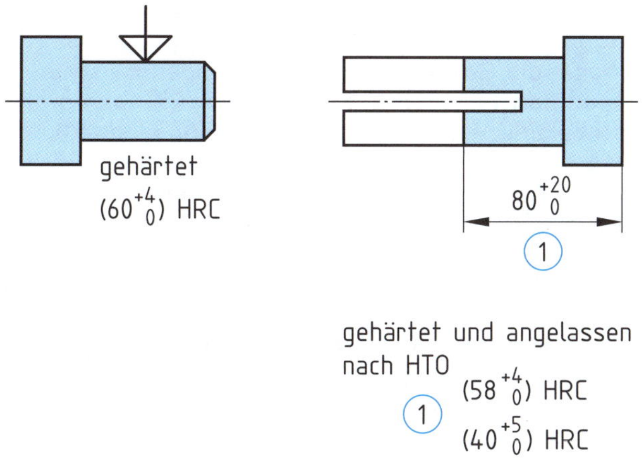

Bereiche, die nicht wärmebehandelt werden sollen, sollten auch nicht gekennzeichnet werden.

Kennzeichnung	Bedeutung
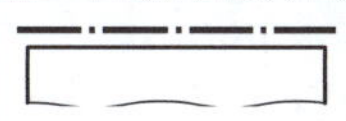	Bereiche, die wärmebehandelt sein müssen.
	Bereiche, die wärmebehandelt sein dürfen.
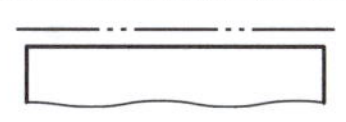	Bereiche, die nicht wärmebehandelt sein dürfen.

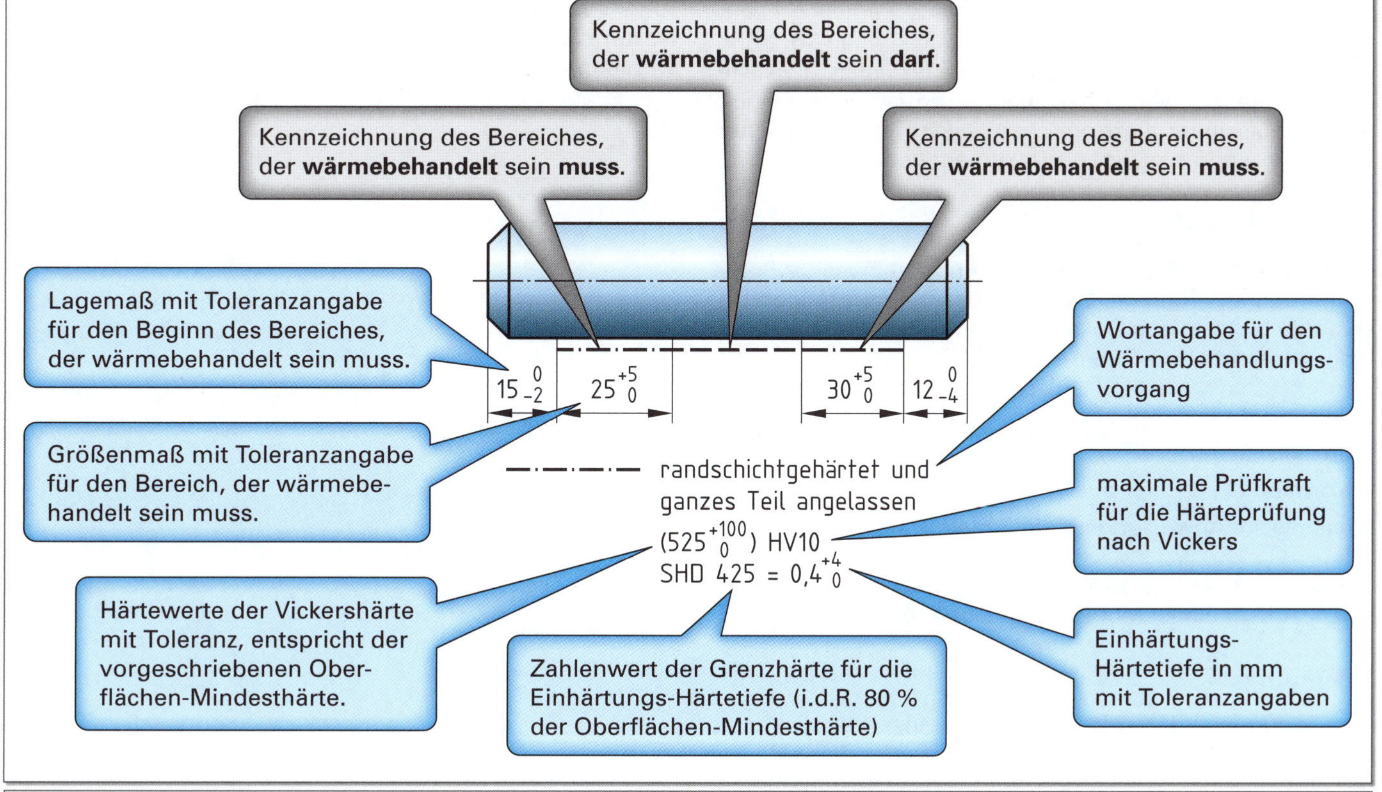

Bild 1: Inhalt einer Härteangabe für das Randschichthärten

EUROPA LEHRMITTEL

3.1.1 Begriffe

Dokumentationssystematik

Die Fülle der Daten, die ein Produkt beschreiben, wird in technischen Produktdokumentationen erfasst. Ihr Inhalt ist naturgemäß eng an die Erzeugnisstruktur gebunden. Diese beinhaltet die Gesamtheit der Beziehungen zwischen den Gruppen und Teilen eines Erzeugnisses. Sie kann grafisch oder tabellarisch dargestellt werden (⇐ **Seite 38/40**).

Bevor ein Produkt fertig gestellt ist und das Werk oder die Werkstatt verlässt, müssen im Verlauf seines Herstellungsprozesses zahlreiche Informationen sach- und fachgerecht ausgewertet werden. Die Ergebnisse dieser Auswertung fließen z.B. in Arbeitspläne für die Fertigung, Programme für Maschinensteuerungen, in Fertigungshandlungen selbst ein. Im Umgang mit technischen Produktdokumentationen muss also die Handlungskette

Lesen ⇒ Verstehen ⇒ Auswerten ⇒ Anwenden

immer wieder neu vollzogen werden. Eine Produktdokumentation besteht aus technischen Dokumenten, die ein Produkt beschreiben und für die Herstellung, Installation und Wartung, den Gebrauch oder die Beschaffung des Produkts benötigt werden. Damit solche Dokumentationen verstanden werden, sind sie nach bestimmten Regeln aufzubauen. Deshalb ist in DIN 6789 eine Dokumentationssystematik festgeschrieben.

Dokument

Ein Dokument ist eine Zusammenfassung oder Zusammenstellung von Informationen, die als Einheit gehandhabt wird. Diese Zusammenstellungen können logische Einheiten sein, z.B. wenn mehrere Blätter einer Stückliste ein Dokument bilden. Aber auch eine materielle Einheit, z.B. die auf einem elektronischen Datenträger gespeicherten NC-Programme, wird als Dokument bezeichnet.

Dokumentensatz

Die Gesamtheit aller für einen bestimmten Zweck, z.B. für die Fertigung, Montage, Wartung zusammengestellten Dokumente bilden einen Dokumentensatz. Bestandteile eines Dokumentensatzes können sein:

- Zeichnungssatz
- Stücklistensatz
- Normen
- technische Anweisungen und Regeln

Ein Dokumentensatz kann z.B. auch Zeichnungen, Stücklisten, Arbeitspläne, Montagepläne usw. beinhalten.

Zeichnungssatz

Ein Zeichnungssatz dagegen ist ein ausschließlich aus Zeichnungen bestehender Dokumentensatz, der z.B. Anordnungspläne, Gesamtzeichnungen, Gruppenzeichnungen und Einzelteilzeichnungen enthalten kann.

Aufbau eines Dokuments

Ein technisches Dokument besteht grundsätzlich aus einem verwaltungstechnischen Teil, der die Daten für die Verwaltung des Dokuments beinhaltet und einem Teil mit den technischen Daten. Der verwaltungstechnische Teil, z.B. das Schriftfeld, ist erforderlich, damit das Dokument eindeutig zugeordnet, identifiziert und archiviert werden kann. Am Beispiel des Erzeugnisses Schraubstock werden im Folgenden mögliche Bestandteile eines Dokumentensatzes vorgestellt und ihr Informationsgehalt erklärt.

3.1.2 Handhabung von Dokumenten

Freigabe

Eine Freigabe ist eine Genehmigung des Dokuments nach abgeschlossener Prüfung durch eine verantwortliche Person, z.B. die Freigabe einer vom Technischen Zeichner fertig gestellten technischen Zeichnung durch den Leiter eines Konstruktionsbüros. Die Nutzungsphase eines Dokuments beginnt dann, wenn es nach einer Freigabe den Verantwortungsbereich der Abteilung verlässt, in der es erstellt wurde. Von diesem Zeitpunkt an muss eine mögliche beabsichtigte oder unbeabsichtigte Veränderung des Dokumenteninhaltes ausgeschlossen werden. Das Dokument wird deshalb archiviert und erst dann zum Datenaustausch freigegeben.

Änderungen

Ein freigegebenes Dokument, z.B. eine technische Zeichnung, darf nicht von jedermann geändert werden. Wenn ein Dokument aktualisiert werden muss, dann müssen alle Bearbeitungsvorgänge einschließlich des Zeitpunktes der Änderung und der Identität der Person, die diese Bearbeitung vornimmt, protokolliert werden. Danach muss das Dokument erneut zur Nutzung freigegeben werden und wird dann auch erneut archiviert.

3.1.3 Funktion von technischen Zeichnungen und Stücklisten

Mit der fortschreitenden Entwicklung der Computertechnik haben sich Veränderungen am Inhalt und Aufbau von Zeichnungsunterlagen und Stücklisten vollzogen. Mit der Möglichkeit der massenhaften elektronischen Speicherung von Informationen haben die Datenmengen zugenommen, die Produktdokumentationen sind umfangreicher geworden. Gleichzeitig können die benötigten Informationen jederzeit abgerufen werden.

Wesentlich ist, dass technische Zeichnungen und Stücklisten das Entwicklungs- und Konstruktionsergebnis ausreichend genau beschreiben. Deshalb müssen sie unabhängig von der weiteren Entwicklung der Datenverarbeitungstechnik folgende Bedingungen erfüllen:

- Technische Zeichnungen stellen Gegenstände in der für den jeweiligen Zweck erforderlichen Art und Vollständigkeit dar. Im Normalfall beschreibt die Zeichnung den geplanten Endzustand eines Erzeugnisses.
- Technische Zeichnungsunterlagen und Stücklisten sind durch Sachnummern und Positionsnummern logisch miteinander verknüpft.
- Konstruktionszeichnungen und Stücklisten sind die Grundlage für die Fertigung, Qualitätssicherung und Instandhaltung der in ihnen beschriebenen Gegenstände. Von ihnen werden deshalb auch alle anderen Dokumente abgeleitet, wie z.B. Arbeitspläne, Prüfpläne, NC-Programme, Wartungspläne usw.

3.1.4 Aufbau eines Zeichnungs- und Stücklistensatzes

Der Aufbau eines Zeichnungs- und Stücklistensatzes soll der Erzeugnisstruktur folgen. Ein Erzeugnis kann nach unterschiedlichen Gesichtspunkten gegliedert werden, z.B. nach Erfordernissen der Fertigung oder der Funktion. Die Mehrheit der Erzeugnisse entsteht aus mehreren Zusammenbaustufen. Einzelteile werden zunächst zu Baugruppen, diese wiederum zu Baugruppen höherer Ordnung zusammengefügt, bis schließlich in der höchsten Stufe das fertige Erzeugnis vorliegt. Der Zusammenhang zwischen Einzelteilen und Baugruppen eines Erzeugnisses wird In einem Strukturbild dargestellt. (⇐ **Seite 28**)

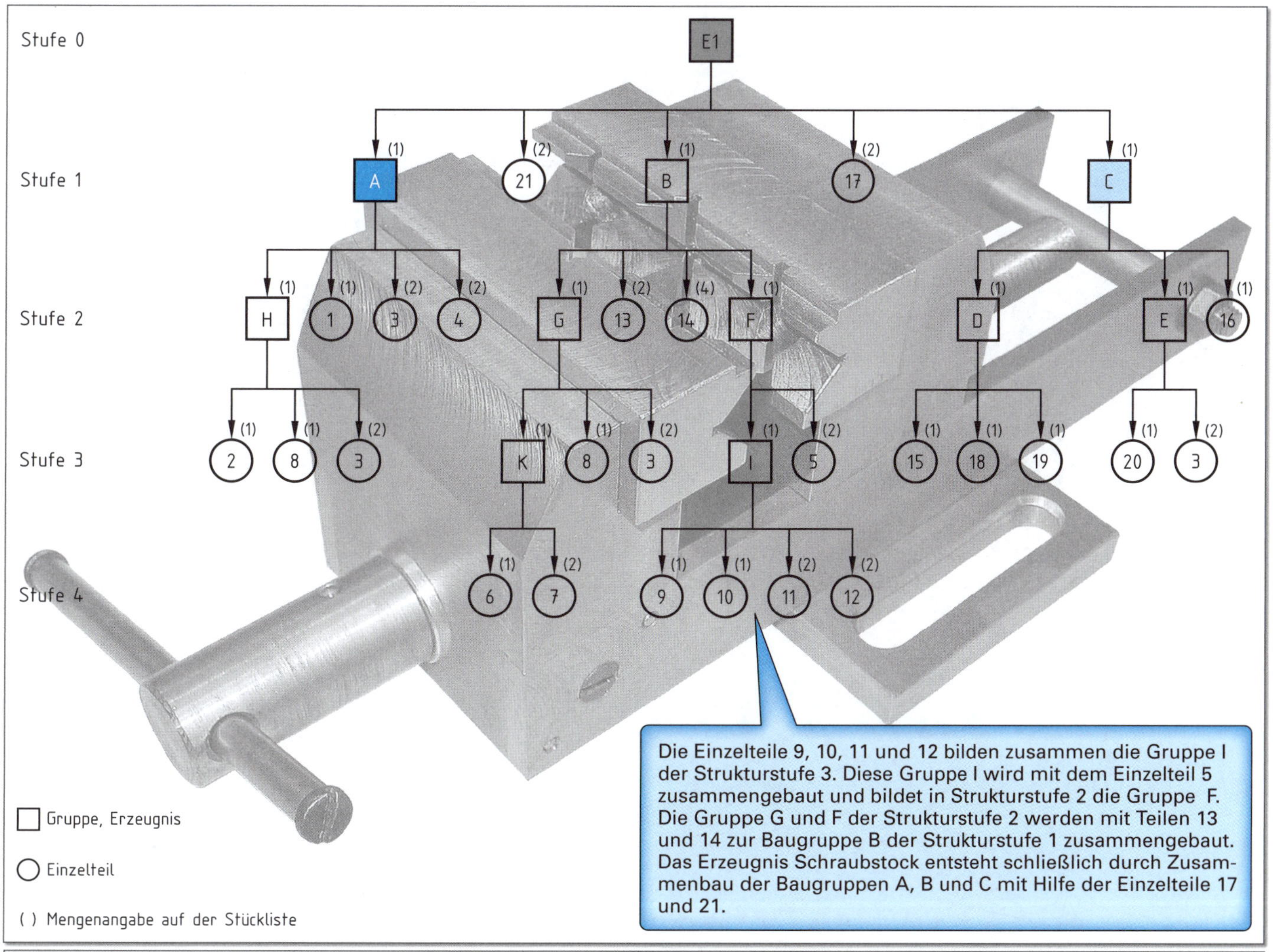

Bild 1: Strukturstufen eines Erzeugnisses am Beispiel des Schraubstocks

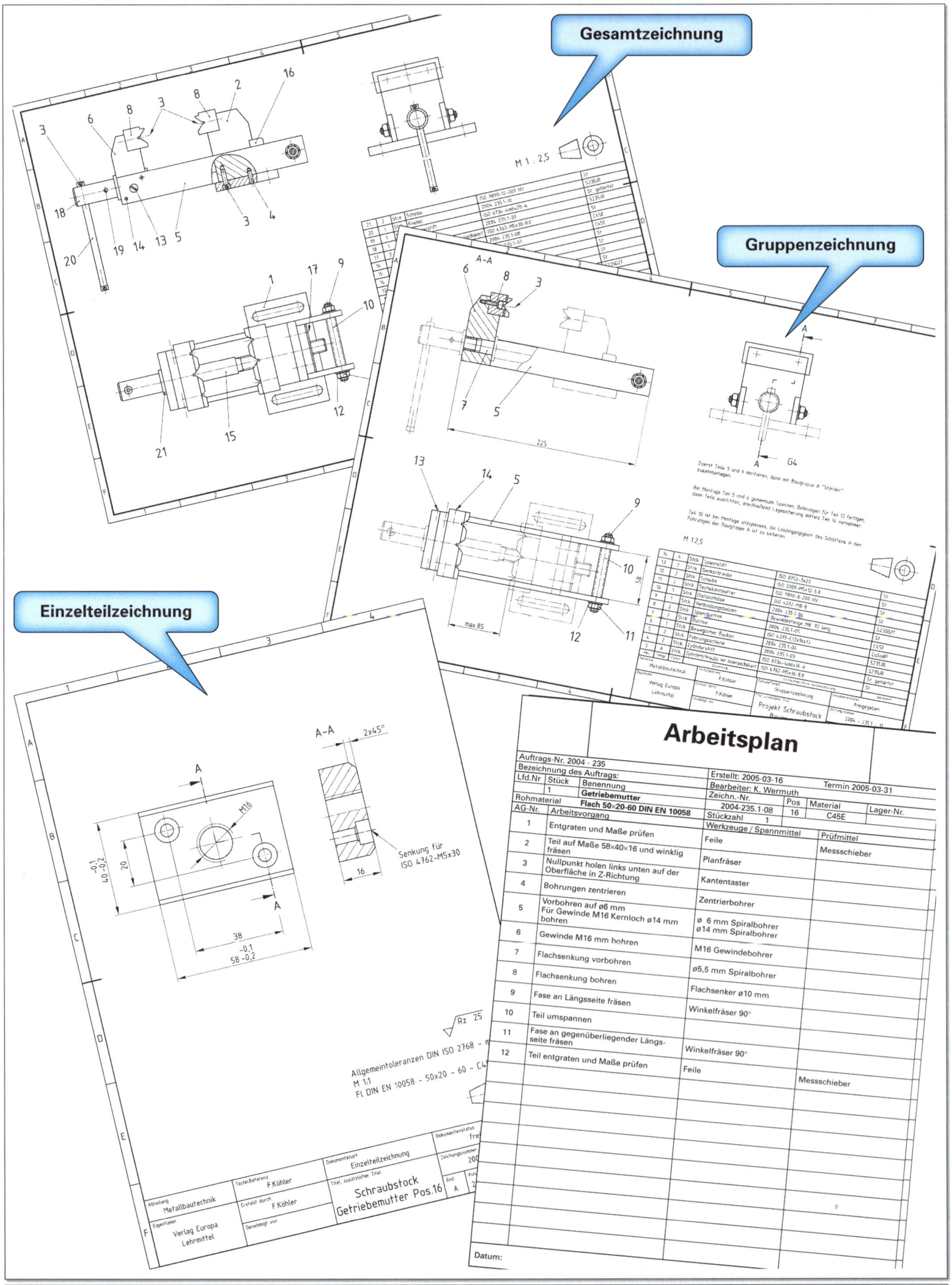

Bild 1: Bestandteile eines Dokumentensatzes

3.2.1 Gliederung des Informationsgehaltes

Dokument	Gruppen von Informationen	Arten von Informationen	Informationsmerkmal
Technische Zeichnung, Stückliste	Technologische Informationen	Werkstoffbezogene Informationen	• Werkstoff,Halbzeug • Härte • Wärmebehandlungsangaben
		Oberflächenbezogene Informationen	• Oberflächenbehandlung • Überzüge • Oberflächenbeschaffenheit
		Qualitätsbezogene Informationen	• Abnahmebedingungen • Lieferantenvereinbarung • Teilekennzeichnung • Transportbedingungen
		Fertigungsbezogene Informationen	• Arbeitsanweisung • Technische Anweisung • Werksnorm • Schablone • Modell
	Geometrische Informationen	Informationen über den Gegenstand in Linie, Bild, Text	• Einzelheiten • Aufbau des Gegenstandes • Geometrie der Werkstücke • Symbole
		Informationen zu Darstellung des Gegenstandes	• Projektionsmethode • Schnittführung • Ansichtsbezeichnung
		Maß- und Wortangaben	• Maßlinie • Maßzahl • Maßhilfslinie • Maßbezug • Einheit, Gewicht, Menge
		Toleranzangaben	• Allgemeintoleranzen für Längen- und Winkelmaße • Allgemeintoleranzen für Form- und Lageabweichungen • Maßtoleranzen • Form- und Lagetoleranzen
	Organisatorische Informationen	Dokumentbezogene Informationen	• Dokumentennummer • Blatt-Nr. • Verantwortlichkeit • Freigabevermerk • Ausgabedatum • Maßstab • Format
		Sach- bzw. Teilbezogene Informationen	• Positionsnummer • Identifikationsnummer • Benennung • Titel • Änderungsindex

Bild 1: Gliederung des Informationsgehaltes

3.2.2 Lesen und Auswerten einer Einzelteilzeichnung

Zur vollständigen Erfassung aller Informationen, die in einer Einzelteilzeichnung enthalten sind, empfiehlt sich eine sinnvolle und systematische Vorgehensweise. Ein Leitfaden für die Informationsgewinnung kann die Gliederung nach Seite 177 sein. Danach können aus einer Einzelteilzeichnung drei Gruppen von Informationen abgelesen werden:

- Technologische Informationen
- Geometrische Informationen und
- Organisatorische Informationen

Organisatorische Informationen (S)

Diese Art von Informationen findet man im Schriftfeld einer Zeichnung oder einer Stückliste. Die Bedeutung der in einem Schriftfeld enthaltenen Datenfelder ist bereits erklärt worden. (⇐ **Seite 40**)

■ Dokumentbezogene Informationen

Die Zeichnungsnummer (**S2**) lautet 2004 235.1 – 08. Sie gehört als Einzelteilzeichnung (**S7**) Nr. 08 zu dem Zeichnungssatz mit der Nummer 2004 235.1. Sie besteht aus einem Blatt (**S6**). Die Zeichnung ist am 18.6.2004 (**S4**) in deutscher Sprache (**S5**) erstmals freigegeben (**S1**) worden. Bisher ist keine Änderung (**S3**) erfolgt. Für die technischen Inhalte ist die Abteilung Metalltechnik (**S11**) verantwortlich. Die Zeichnung wurde von F. Köhler (**S10**) erstellt, der auch Rückfragen zu den technischen Inhalten (**S9**) beantworten kann. Gesetzlicher Eigentümer der Zeichnung ist der Verlag Europa Lehrmittel (**S12**).

■ Teilebezogene Informationen

Die Zeichnung gehört zum Erzeugnis Schraubstock (**S8**) und stellt das Einzelteil Getriebemutter dar, das mit Positionsnummer 16 belegt ist. Unter dieser Positionsnummer ist das Teil auch in der Stückliste zu finden.

Technologische Informationen (T)

■ Werkstoff

Das Werkstück soll aus dem Halbzeug Flachstahl (**T1**) nach der Norm DIN EN 10058 gefertigt werden. Der Querschnitt des Stabes ist ein Rechteck von 50 mm Breite und 20 mm Höhe. Die Zuschnittlänge ist 60 mm. Als Werkstoff kommt der Vergütungsstahl C45E zum Einsatz. Es ist ein unlegierter Edelstahl.

■ Oberfläche

Für alle Oberflächen des Werkstücks wird Materialabtrag gefordert (**T2**). Die größte gemittelte Rautiefe *Rz* aus 5 Einzelmessstrecken darf 25 µm nicht übersteigen (**T3**).

■ Fertigung

Materialabtrag und geforderte Oberflächenrauheit bei der Erzeugung der Grundform des Werkstücks lassen sich durch Fräsen erzielen. Zu fertigende Teilformen sind Innengewinde (**T4**), Senkungen nach DIN 974 -1 für Zylinderschrauben mit Innensechskant ISO 4762 (**T5**), Nenndurchmesser 5, 30 lang und zwei Längsfasen (**T6**).

■ Qualität

Besondere Qualitätsbezogene Informationen, z.B. Prüfmaße sind nicht enthalten.

Geometrische Informationen (G)

■ Form

Aus der Maßeintragung entnimmt man eine quaderförmige Grundform (**G1**) mit den Nennmaßen 58 x 40 x 16. Die Gewindedurchgangsbohrung (**G2**) ist mittig angeordnet. Die Senkungen (**G3**) sind an den Mittelachsen der Gewindebohrung gespiegelt angeordnet und verlaufen parallel zur Gewindebohrung. Die langen Kanten der Grundform (**G4**) sind auf der Senkungsseite gefast.

■ Darstellung

Die Darstellung erfolgte nach Projektionsmethode 1 (**G5**). Da in der Ansicht von vorn (**G6**) nicht alle Teilformen, insbesondere die Geometrie der Senkung, hinreichend beschrieben und bemaßt werden konnten, wurde die Seitenansicht von links als Stufenschnitt dargestellt (**G7**). Der Schnittverlauf ist mit breiter Strichpunktlinie eingetragen und mit Buchstaben A gekennzeichnet (**G8**). Das Werkstück ist in Naturgröße dargestellt (**G9**).

■ Maße

Die Maße für die Grundform (**G10**) und für die Teilformen (**G11**) sind angegeben. Die Formmaße für die Senkung (**G3**) müssen der Norm DIN 974 -1 entnommen werden. Die Lagemaße für die Senkungen (**G13**) sind über die Mitte gemessen. Bezugsachsen sind also die Mittelachsen der Gewindebohrung. Die Gewindebohrung selbst ist erkennbar mittig angeordnet und deshalb ist ihre Lage nicht bemaßt. Die zwei langen Kanten der Grundform sind mit Fasenbreite 2 mm im Winkel von 45° gefast (**G14**). Ein Vergleich der Rohmaße (**T1**) und der Fertigmaße in der Maßeintragung zeigt, dass ausreichend Bearbeitungszugabe für die spanende Fertigung vorhanden ist.

■ Toleranzen

Zwei Längenmaße der Grundform sind mit Toleranzangaben versehen (**G15**). Deren Toleranzen weichen von den für alle anderen Maße gültigen Allgemeintoleranzen für Längenmaße nach DIN ISO 2768, Toleranzklasse mittel (**G16**), ab.

Form und Lage sind mit Toleranzklasse K (**G17**) nach der gleichen Norm toleriert.

Hinweis:
Bei der Erläuterung dieses und folgender Beispiele wird von der neuen Norm für Schriftfelder für Zeichnungen und Stücklisten DIN EN ISO 7200 ausgegangen. Der Inhalt dieser Norm wurde bereits an anderer Stelle dargestellt (⇐ **Seite 40**).

Schriftfelder und Zeichnungsangaben älterer Norm sind nach den dort angewendeten Normen auszuwerten. Dabei helfen fast alle derzeit gebräuchlichen Tabellenbücher der Metalltechnik.

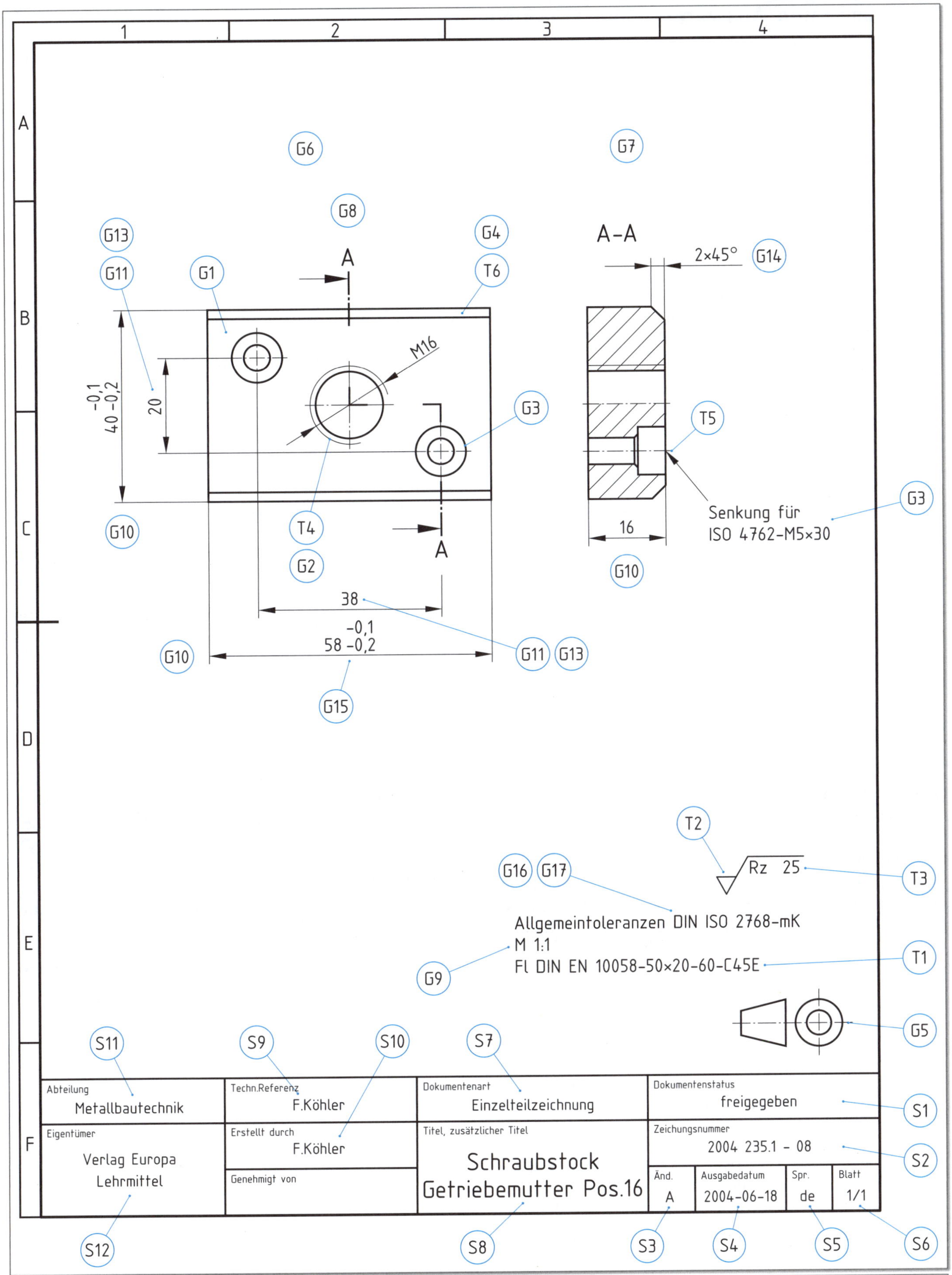

Bild 1: Einzelteilzeichnung Getriebemutter

3.2.3 Lesen und Auswerten einer Gruppenzeichnung

Organisatorische Informationen (S)

■ Dokumentbezogene Informationen

Die Zeichnungsnummer lautet 2004 235.1 - 11. Sie gehört als Gruppenzeichnung zu dem Zeichnungssatz mit der Nummer 2004 235.1. Sie besteht aus einem Blatt.

Die Zeichnung ist am 15.6.2004 in deutscher Sprache erstmals freigegeben worden. Bisher sind mehrere Änderungen vorgenommen worden. Derzeit ist Variante B, 2. Ausführung aktuell. Für die technischen Inhalte ist die Abteilung Metalltechnik verantwortlich. Die Zeichnung wurde von F. Köhler erstellt, der auch Rückfragen zu den technischen Inhalten beantworten kann. Gesetzlicher Eigentümer der Zeichnung ist der Verlag Europa Lehrmittel.

■ Teilebezogene Informationen

Die Zeichnung gehört zum Erzeugnis Schraubstock und stellt die Baugruppe B dar. Zu dieser Baugruppe gehören alle mit Positionsnummern versehenen Teile, die auch in der über dem Schriftfeld aufsteigend angeordneten Stückliste aufgelistet sind.

Technologische Informationen (T)

■ Werkstoff

Werkstoffangaben für Zeichnungsteile sind der Stückliste zu entnehmen (T1). Werkstoffangaben für Normteile sind vereinfacht. Genaue Angaben findet man in den einschlägigen Normen (T2).

■ Oberfläche

Oberflächenangaben sind in der Gruppenzeichnung nicht enthalten.

■ Fertigung

In der Stückliste sind die Teile 5, 6, 8 und 10 mit Zeichnungsnummern (T3) versehen. Für diese Teile existiert also jeweils eine Einzelteilzeichnung mit detaillierten Angaben. Daraus sind die Informationen über die Fertigung der betreffenden Teile zu entnehmen.

Normteile (T4) sind Lieferteile und werden meist in Massenproduktion von Fremdherstellern angefertigt. Sie sind im Fachhandel auf Bestellung erhältlich. Im Normalfall existieren von Normteilen keine Einzelteilzeichnungen. Weiterführende Angaben zu den Normteilen findet man in Tabellenbüchern oder Herstellerkatalogen.

Die Informationen über Form und Abmessungen der eingesetzten Normteile müssen sorgfältig analysiert werden, denn oftmals leiten sich aus den dabei gewonnenen Informationen Bedingungen für die Fertigung und Montage ab.

Die Zeichnung enthält Wortangaben (T5), die Anweisungen für Fertigungshandlungen bei der Montage der Baugruppe darstellen.

In diesem Fall wird angewiesen, in welcher Art und Weise die Teile 5 und 6 zu montieren sind und welche Hilfsfügeteile dazu verwendet werden sollen.

■ Qualität

Die Wortangaben (T5) enthalten die Anweisung, dass aus funktionellen Gründen die Leichtgängigkeit der Baugruppe B in den Führungen der Baugruppe A gesichert werden muss. Sonst sind keine Qualitätsanforderungen enthalten.

Geometrische Informationen (G)

■ Form

Die Form der Baugruppe ist aus der Zeichnung erkennbar. Weitergehende Informationen müssen den Einzelteilzeichnungen oder Normtabellen entnommen werden.

■ Darstellung

Die Darstellung erfolgte nach Projektionsmethode 1 (G1). Es wurden drei Ansichten dargestellt, davon die Vorderansicht im Schnitt. Dabei sind Teilschnitt (G2) und geknickter Schnitt (G3) kombiniert angewendet. Der Schnittverlauf ist in der Seitenansicht von links mit breiter Strichpunktlinie eingetragen und mit Buchstaben A gekennzeichnet (G4). Das Werkstück ist in dem nicht genormten Verkleinerungs-Maßstab 1 : 2,5 dargestellt (G5).

Zum besseren Verständnis von Aufbau und Funktion der Baugruppe B und der räumlichen Zuordnung der Teile wurden die angrenzenden Baugruppen mit Strich-Zweipunkt-Linie dargestellt (G6).

■ Maße

Die eingetragenen Maße geben einerseits eine Größenvorstellung von der Baugruppe, andererseits gibt das Maß max. 85 (G7) an, wie weit maximal die Spannbacken des Schraubstocks voneinander entfernt sind, wenn der Schlitten voll ausgefahren ist. Damit ist eine Beurteilung der Anwendungsgrenzen der Vorrichtung möglich.

■ Toleranzen

Toleranzangaben sind nicht enthalten. Der Zeichnungstext (G8) gibt den Hinweis, dass die Länge von Teil 10 so anzupassen ist, dass die Funktion der Vorrichtung gesichert wird. Man wird in der Einzelteilzeichnung weitergehende Angaben finden.

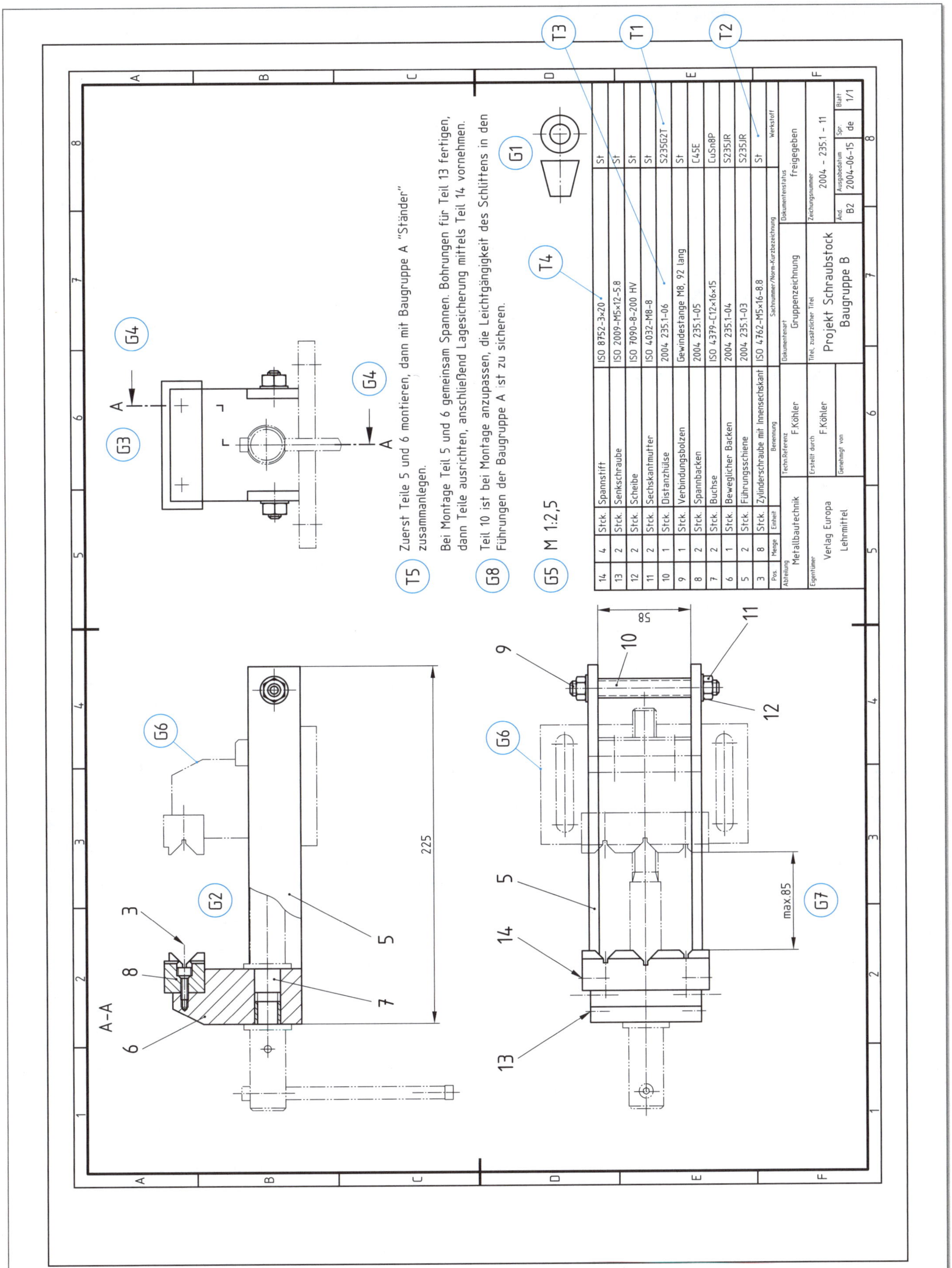

Bild 1: Gruppenzeichnung der Baugruppe B des Schraubstocks

3.2.4 Lesen und Auswerten einer Gesamtzeichnung

Organisatorische Informationen (S)

■ Dokumentbezogene Informationen

Die Zeichnungsnummer für das Dokument mit der Bezeichnung *Gesamtzeichnung* lautet 2004 235.1. Es ist die Sachnummer, unter der der gesamte Zeichnungssatz, der aus 16 Zeichnungen besteht, abgelegt ist. Die Zeichnung ist am 15.6.2004 in deutscher Sprache erstmals freigegeben worden. Bei dieser Zeichnung handelt es sich um die zweite Version. Es wurden also bereits Änderungen gegenüber der ursprünglichen Version vorgenommen. Für die technischen Inhalte ist die Abteilung Metalltechnik verantwortlich. Die Zeichnung wurde von F. Köhler erstellt, der auch Rückfragen zu den technischen Inhalten beantworten kann. Gesetzlicher Eigentümer der Zeichnung ist der Verlag Europa Lehrmittel.

■ Teilebezogene Informationen

Die Zeichnung gehört zum Zeichnungssatz des Erzeugnisses Schraubstock. Sie zeigt alle Baugruppen und Einzelteile im zusammengebauten Zustand. Alle zum Erzeugnis gehörenden Fertigungsteile sind mit ihrer Positionsnummer bezeichnet, unter der sie auch in der über dem Schriftfeld aufsteigend angeordneten Stückliste zu finden sind. Aus der Stückliste sind die Zeichnungsnummern der Fertigungsteile ablesbar. Aus diesen Einzelteilzeichnungen können weitergehende Informationen gewonnen werden. Auch alle Normteile, die benötigt werden, sind in der Zeichnung mit Positionsnummern bezeichnet und in der Stückliste mit den dazugehörigen Kurzbezeichnungen genannt.

Technologische Informationen (T)

■ Werkstoff

Werkstoffangaben für Zeichnungsteile sind der Stückliste zu entnehmen (**T1**). Werkstoffangaben für Normteile sind vereinfacht. Genaue Angaben findet man in den einschlägigen Normen (**T2**).

■ Oberfläche

Oberflächenangaben sind in der Gesamtzeichnung nicht enthalten.

■ Fertigung

In der Stückliste sind die Teile 1, 2, 5, 6, 8, 10, 15, 16,18 und 20 mit Zeichnungsnummern (**T3**) versehen. Für diese Teile existiert also jeweils eine Einzelteilzeichnung mit detaillierten Angaben. Daraus sind die Informationen über die Fertigung der betreffenden Teile zu entnehmen.

Normteile (**T4**) sind die Teile mit den Positionsnummern 3, 4, 7, 9, 11, 12, 13, 14, 17, 19 und 21. Es sind Lieferteile. Sie werden meist in Massenproduktion von Fremdherstellern angefertigt und sind im Fachhandel auf Bestellung erhältlich. Im Normalfall existieren von Normteilen keine Einzelteilzeichnungen. Weiterführende Angaben zu den Normteilen findet man in Tabellenbüchern oder Herstellerkatalogen. Die Informationen über Form und Abmessungen der eingesetzten Normteile müssen sorgfältig analysiert werden, denn sie haben Auswirkungen auf Fertigung und Montage.

■ Aufbau und Funktion

Bei dem dargestellten Erzeugnis handelt es sich um eine Spannvorrichtung, bei der mit Hilfe von Gewindeteilen eine Drehbewegung in eine geradlinige Bewegung umgewandelt wird. Dadurch bewegen sich die Spannbacken aufeinander zu. Die Spannwirkung des Gewindes wird ausgenutzt, um Werkstücke zwischen den Spannbacken einzuklemmen.

Das Erzeugnis kann funktionell in drei Baugruppen gegliedert werden. Um die Funktion der jeweiligen Baugruppe zu verstehen, ist es sinnvoll, das Zusammenwirken der Einzelteile in dieser Baugruppe zu betrachten und zu analysieren.

- **Baugruppe A „Ständer"**, mit der Aufgabe eines Gestells. Die Baugruppe trägt die anderen Funktionsgruppen und stellt die Schnittstelle zur Unterkonstruktion, z.B. der Werkbank oder dem Maschinentisch her. Zu dieser Baugruppe gehören die Grundplatte (1), die mittels Zylinderschrauben mit Innensechskant (3) mit dem festen Backen (2) verbunden sind (*Befestigungsgewinde*). Die Zylinderstifte (4) dienen der Lagesicherung dieser Verbindung (*formschlüssig*). Der feste Backen (2) nimmt schließlich einen Spannbacken (8) auf, der mit Zylinderschrauben (3) befestigt wird. Diese Baugruppe bildet auch die Führung für die bewegliche Baugruppe B, die durch die Aussparungen in Teil 2 und die anschließende Grundplatte (1) entsteht (*Formschluss*).

- **Baugruppe B „Schlitten"** übt die Funktion der beweglichen Spannbacke des Schraubstocks aus. Die Führungsleisten (5) bilden zusammen mit der eben beschriebenen Führung in Baugruppe A eine Gleitpaarung (*Formschluss*). Der bewegliche Backen (6) hält einerseits die Distanz zwischen den Führungsleisten (5), trägt aber auch den zweiten Spannbacken (8). Die Führungsleisten sind mit Senkschrauben (13) an Teil 6 befestigt. Die Spannstifte (14) dienen der Lagesicherung der Verbindung. Auf der Gegenseite dienen die Teile 9 bis 12 gleichzeitig zur Befestigung der Führungsschienen (5) und der Sicherung des richtigen Abstandes zwischen ihnen. Das Längenmaß der Distanzhülse (10) entscheidet über die Qualität der Gleitführung.

- **Baugruppe C „Antrieb"** übernimmt die Bewegungsumwandlung und das Erzeugen der Spannkraft. Dazu ist die Getriebemutter (16) mittels Zylinderschrauben (17) an Teil 2 befestigt. Darin läuft die Getriebespindel (15) (*Bewegungsgewinde*). Sie ist im beweglichen Backen (6) mit Hilfe zweier Gleitlagerbuchsen (7) leichtgängig gelagert (*Formschluss*). Der Spindelkopf (18) begrenzt durch seinen Festsitz am Spindelende einerseits das Längsspiel der Getriebespindel (15) in den Lagerbuchsen (7), gleichzeitig nimmt er den Knebel (20) auf, dessen Verliersicherung die Zylinderschrauben (3) bilden. Zylinderstift (19) leitet als Querstift (*Formschluss*) das Drehmoment weiter, das vom Knebel (20) auf die Getriebespindel (15) übertragen werden kann. Außerdem sichert er den Sitz des Spindelkopfes. (⇐ **Seite 29**)

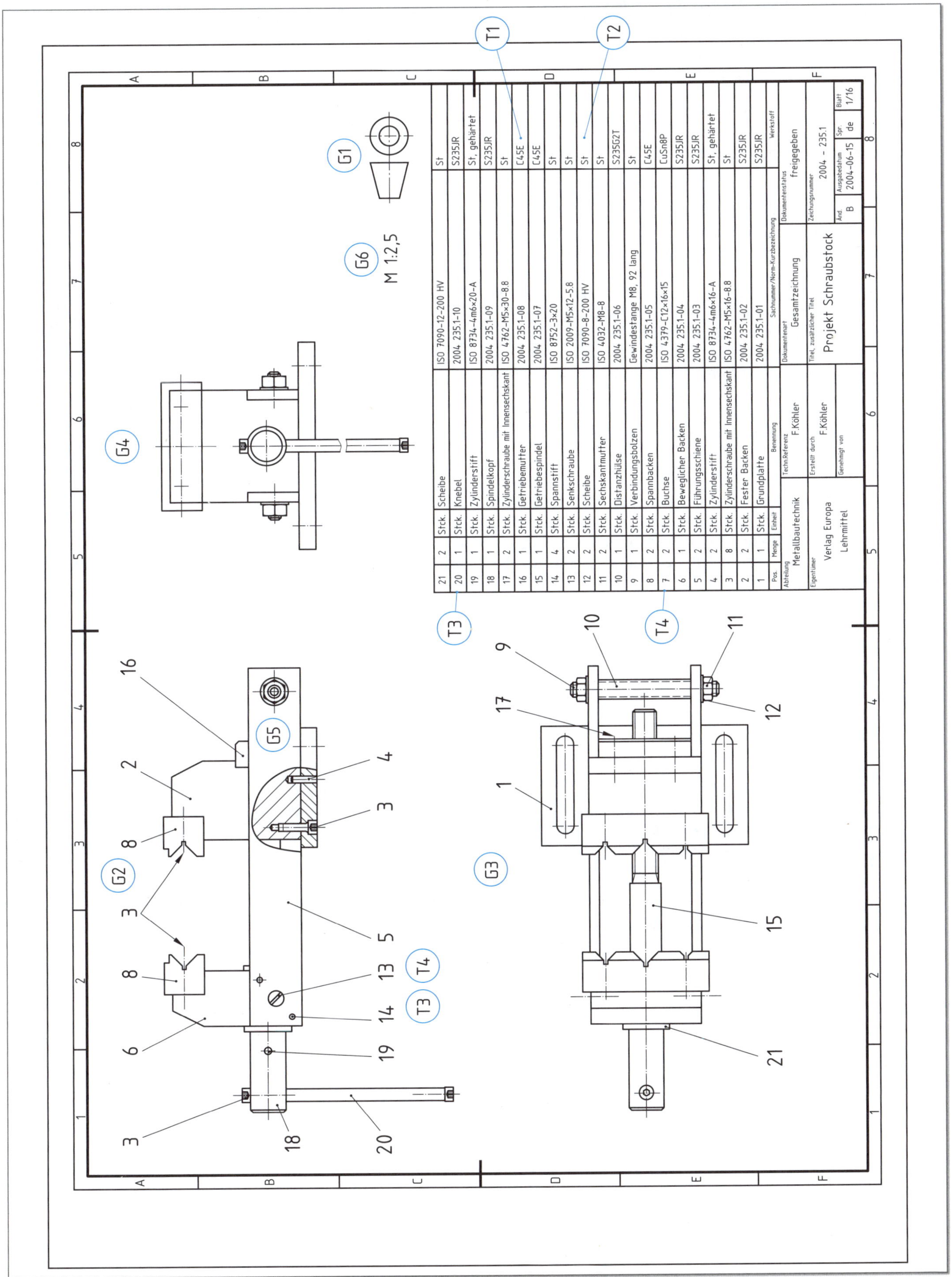

Bild 1: Gesamtzeichnung des Erzeugnisses Schraubstock

Versetzt man die Getriebespindel in Drehung, so bewegt sich die ganze Baugruppe B mit dem Spannbacken (8) und dem Antrieb je nach Drehrichtung auf die feststehende Baugruppe A zu oder von ihr weg. Damit ist die Spannbewegung realisiert. Die Größe der Spannkräfte hängt von der Größe der Handkraft ab, die am Knebel (20) eingesetzt wird.

Geometrische Informationen (G)

■ Form

Die Form des Erzeugnisses ist aus der Zeichnung erkennbar. Weitergehende Informationen müssen den Einzelteilzeichnungen oder Normtabellen entnommen werden.

Die Form der Spannbacken (8) ist durch längs- und quer angeordnete Prismennuten so gestaltet, dass zylindrische Werkstücke verschiedener Durchmesser sicher gespannt werden können. Der kleine Absatz an den gegenüberliegenden Kanten der Spannbacken ermöglicht außerdem das Spannen flacher Werkstücke z.B. aus Blech. Die Langlöcher in der Grundplatte (1) erlauben eine gewisse Variabilität beim Befestigen der Vorrichtung.

■ Darstellung

Die Darstellung erfolgte nach Projektionsmethode 1 (G1). Es wurden drei Ansichten dargestellt, Vorderansicht (G2), Draufsicht (G3) und Seitenansicht (G4) von links. Die Vorderansicht, die die Gebrauchslage der Vorrichtung darstellt, enthält einen Teilschnitt (G5) , der die Fügetechnik zwischen den Teilen 1 und 2 erläutern soll. Das Werkstück ist in dem nicht genormten Verkleinerungs-Maßstab 1 : 2,5 dargestellt (G6).

■ Maße

Sind nur den Kurzbezeichnungen (G7) der Normteile direkt zu entnehmen oder müssen aus Tabellen abgelesen werden.

3.2.5 Normteilanalyse

Stücklisten werden als Konstruktionsstücklisten auch in loser Form, d.h. losgelöst von der zugehörigen Zeichnung ausgeführt. Inzwischen gehört es zum Standard der in Gebrauch befindlichen Konstruktionssoftware, dass aus den Informationen einer mit einem CAD-System erstellten Zeichnung auch Stücklisten generiert werden können. Die Daten werden meist Tabellenkalkulationsprogrammen zugeführt und weiter bearbeitet. Die im Ergebnis angefertigten Ausdrucke solcher Listen haben die unterschiedlichste äußere Form.

Konventionell werden Stücklisten in Stücklistenformulare eingetragen. Jede Formularseite hat ein Schriftfeld (⇐ Seite 40). Die dort eingetragenen Informationen sichern die eindeutige Zuordnung des Dokuments.

Aus der unten abgebildeten Stückliste des Erzeugnisses Schraubstock wird das Normteil Pos. 3 exemplarisch analysiert und die gewonnenen Informationen dargestellt.

1	2	3	4	5	6
Pos.	Menge	Einheit	Benennung	Sachnummer/Norm-Kurzbezeichnung	Werkstoff
1	1	Stck.	Grundplatte	2004 235.1-01	S235JR
2	2	Stck.	Fester Backen	2004 235.1-02	S235JR
3	8	Stck.	Zylinderschraube mit Innensechskant	ISO 4762-M5x16-8.8	St
4	2	Stck.	Zylinderstift	ISO 8734-4m6x16-A	St, gehärtet
19	1	Stck.	Zylinderstift	ISO 8734-4m6x20-A	St, gehärtet
20	1	Stck.	Knebel	2004 235.1-10	S235JR
21	2	Stck.	Scheibe	ISO 7090-12-200HV	St

Abteilung	Techn.Referenz	Dokumentenart	Dokumentenstatus			
Metallbautechnik	F.Köhler	Konstruktions-Stückliste	freigegeben			
Eigentümer	Erstellt durch	Titel, zusätzlicher Titel	Zeichungsnummer			
Verlag Europa Lehrmittel	F.Köhler	Projekt Schraubstock	2004 235.1			
	Genehmigt von		Änd.	Ausgabedatum	Spr.	Blatt
			B	2004-06-15	de	1/1

Bild 1: eigenständige Konstruktions-Stückliste

Tabellenbuch, Sachwortverzeichnis

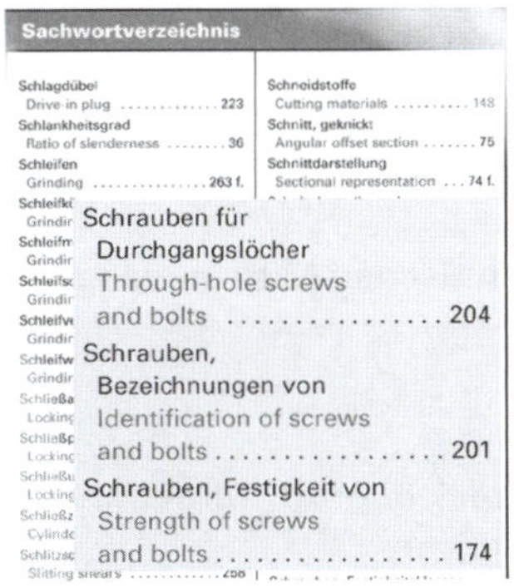

Tabellenbuch, Gewinde

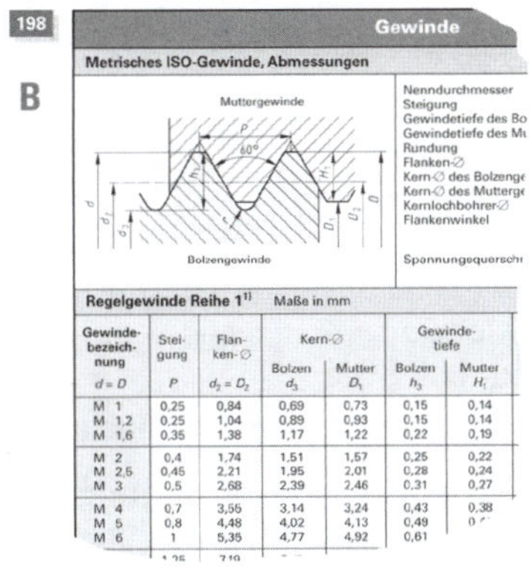

Fachbuch, Tabellenbuch, Festigkeitsklassen

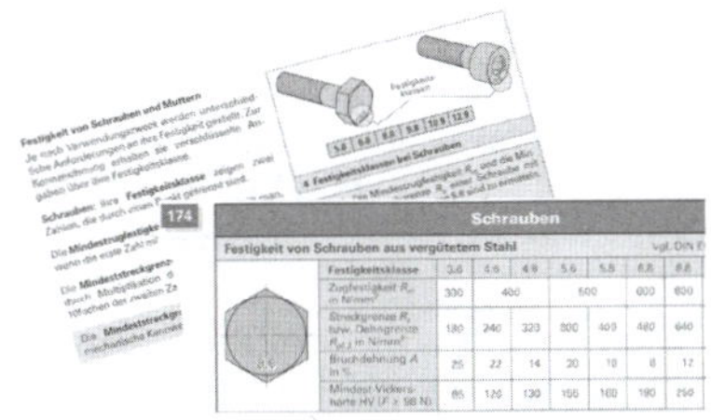

Pos.Nr.: 3

Normkurzbezeichnung: Zylinderschraube ISO4762 - M5×16 - 8.8

- Bennenung, Schraubenart
- Art der Norm
- Ordnungsnummer der Norm
- Festigkeitsklasse
- Schraubenlänge
- Gewinde-Nenn-Ø
- Gewindeart, -form

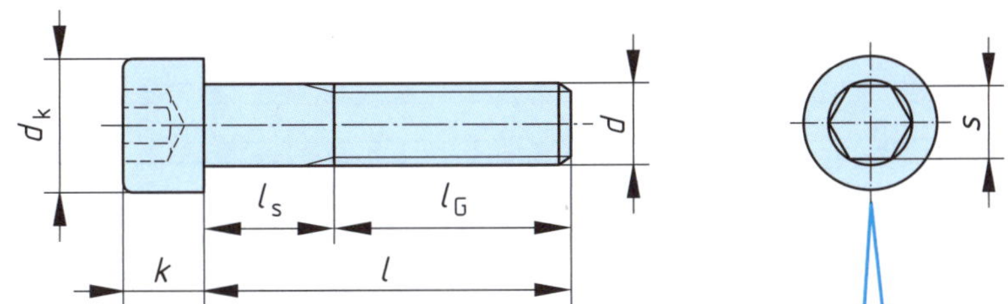

Kenngröße	d	l_s	l	S	k	d_k	R_e	R_m
Einheit	mm	mm	mm	mm	mm	mm	N/mm²	N/mm²
Zahlenwert	5	8	16	4	5	8,5	640	800

Tabellenbuch, Schrauben

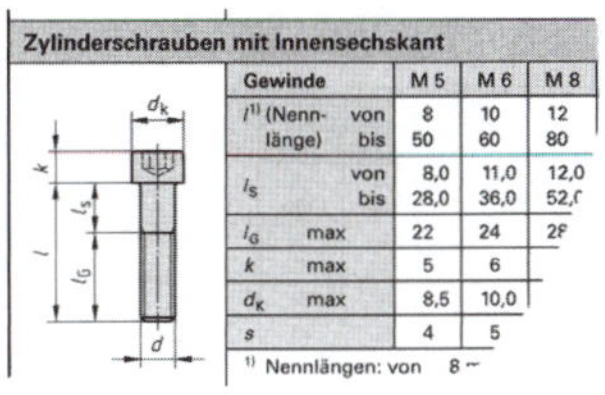

Tabellenbuch, Mindesteinschraubtiefe

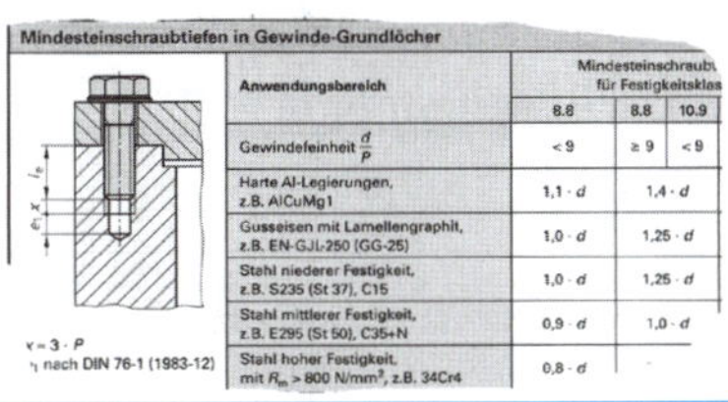

Tabellenbuch, Senkungen

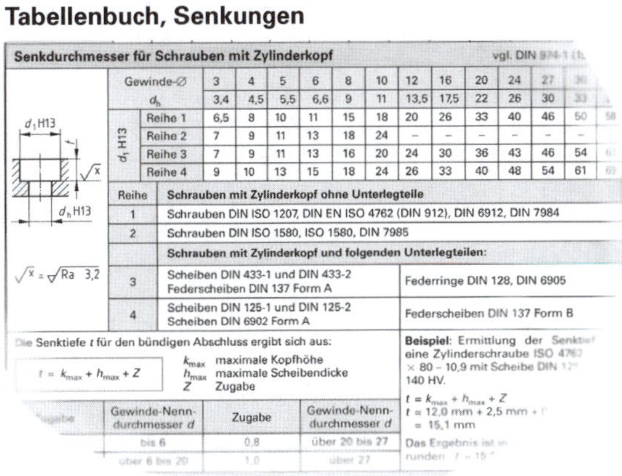

Bild 1: Analyse des Normteils Pos. 3 aus der Stückliste Schraubstock

3.2.6 Lesen und Auswerten einer Prüfzeichnung

Fertigung und Qualitätssicherung

Die Fragen der Qualität erfordern im gesamten Produktions- und Lebenszyklus eines Erzeugnisses immer mehr Beachtung.

Qualität ist der Grad, indem eine bestimmte Menge von Merkmalen eines Gegenstandes, z.B. eines Werkstücks, die gestellten Anforderungen erfüllt.

Die Bewertung der Qualität von Produkten erfolgt anhand der Qualitätsmerkmale. Je komplexer ein Produkt oder ein Werkstück ist, desto größer ist die Zahl der Qualitätsmerkmale. Je nach Bedeutung des jeweiligen Qualitätsmerkmals für das Produkt wird die Prüfung des Merkmals im Fertigungsprozess festgelegt und durchgeführt. Damit werden Qualitätsmerkmale zu Prüfmerkmalen.

Bereits im Ergebnis der Planung der einzelnen Arbeitsschritte und beim erstellen der Fertigungszeichnung für ein Werkstück sind die zur Qualitätskontrolle erforderlichen Maßnahmen und Hilfsmittel festzulegen. Dazu kann auch die Erstellung eines Prüfplanes gehören.

Grundlage für einen Prüfplan kann eine Prüfzeichnung sein, in der die Prüfmerkmale selbst bzw. auch zu erfüllende Anforderungen dargestellt und bezeichnet sind. Das Bild zeigt eine mögliche Ausführungsform einer Prüfzeichnung.

Ein Prüfplan enthält Angaben zu:

- **Prüfmerkmal**

Hier werden sowohl die aus den Qualitätsanforderungen abgeleiteten und zu prüfenden Merkmale, als auch die Forderungen und Bedingungen genannt, die sie erfüllen müssen.

- **Prüfmittel**

Festlegung, mit welchen technischen Mitteln die jeweiligen Merkmale zu prüfen sind.

- **Prüfumfang**

Festlegung, ob jedes Werkstück geprüft werden muss oder ob z.B. Stichproben genügen.

- **Prüfmethode**

Festlegung, welcher Personenkreis für die Prüfung des Merkmals verantwortlich ist.

- **Prüfzeitpunkt**

Hier wird festgelegt, zu welchem Zeitpunkt im Fertigungsprozess die Prüfung des Merkmals erfolgen soll.

- **Prüfdokumentation**

Prüfdaten werden erfasst und in den Betriebsdatenverbund eingestellt. Hier wird festgelegt, in welcher Art und Weise das erfolgen soll.

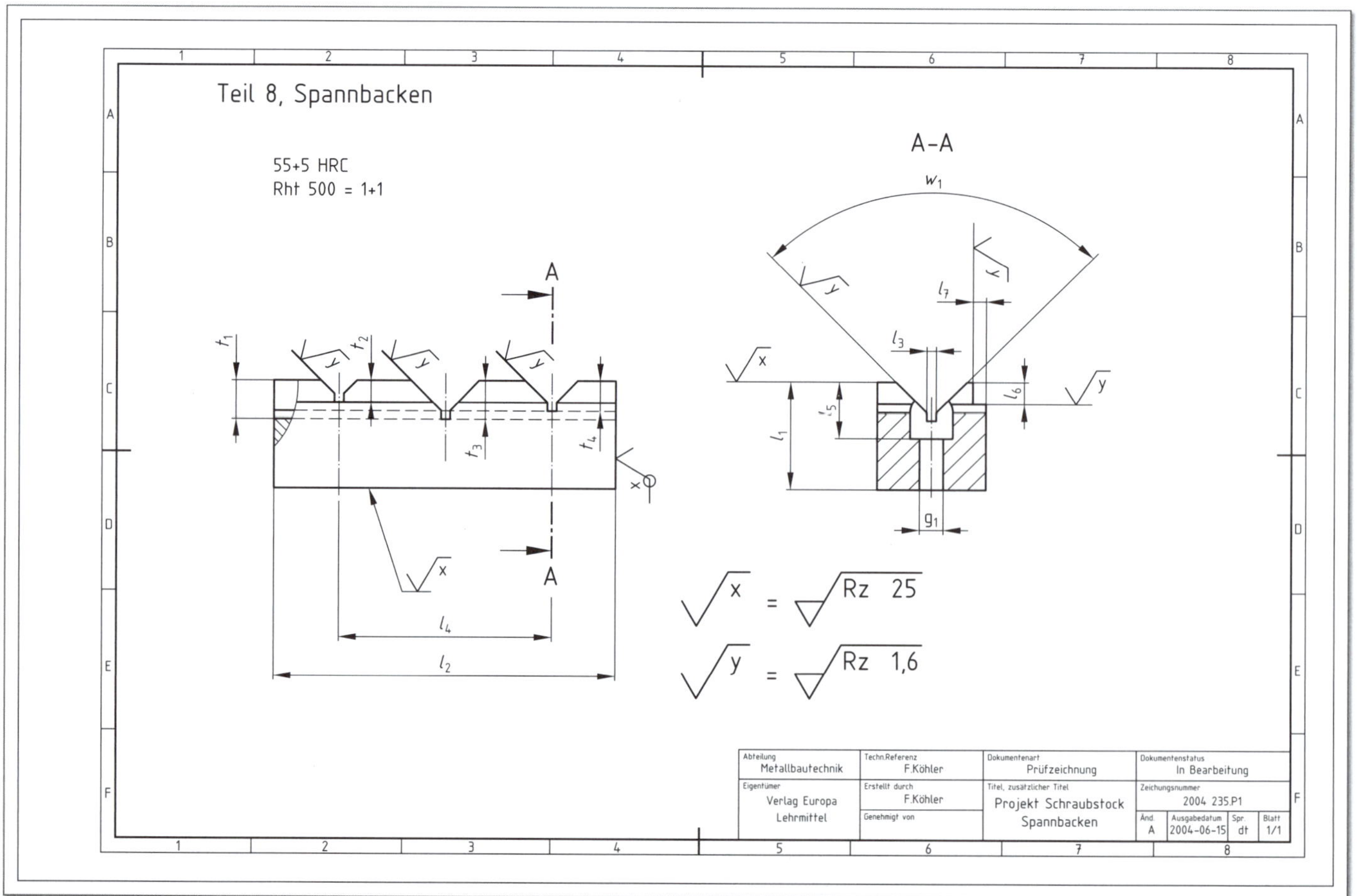

Bild 1: Prüfzeichnung für Teil 8 des Projekts Schraubstock

Prüfplan

Voraussetzung für die Erstellung eines Prüfplanes ist nicht nur die Prüfzeichnung. Auch die Informationen der Einzelteilzeichnung und des nach Arbeitsgängen gegliederten Arbeitsplanes (⇐ **Seite 118**, ⇒ **Seite 189**) müssen ausgewertet und im Prüfplan verarbeitet werden.

Prüfplan

Benennung: Spannbacken	**Zeichnungsnr.:** 2004 235. P1	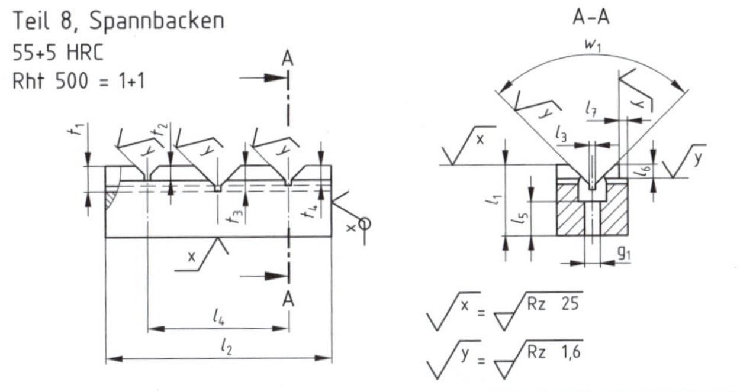

Lfd.Nr	Prüfmerkmal	Prüfmittel	Prüfumfang	Prüfmethode	Prüfzeitpunkt	Prüfdokumentation
1	Breite und Höhe des Prismas l_1 DIN ISO 2768-f 25 ± 0,1	Messschieber	jedes Werkstück	Messen durch Werker	Nach Arbeitsgang 1	Prüfprotokoll
2	Länge des Prismas l_2 DIN ISO 2768-f 80 ± 0,15	Messschieber	jedes Werkstück	Messen durch Werker	Nach Arbeitsgang 1	Prüfprotokoll
3	Planflächen des Prismas Rz 25	Oberflächenvergleichsnormal Fräsen	jedes 5. Werkstück	Prüfen durch Werker	Nach Arbeitsgang 1	Prüfprotokoll
4	Schlitzbreite l_3 DIN ISO 2768-f 2 ± 0,05	Messschieber	jedes Werkstück	Messen durch Werker	Nach Arbeitsgang 2	Prüfprotokoll
...	...	...	...	...	...	...
...	...	...	...	...	...	...
16	Härteprüfung	Härteprüfgerät	jedes 10. Werkstück	Prüflabor	Nach dem Randschichthärten	Prüfprotokoll

Prüfprotokoll

Prüfprotokoll

Auftrag NR.:	235	Sachnr.:	2004-235.1-05
Benennung:	Spannbacken	Teilnr.:	08
Prüfer:	Mike Scharf	Datum:	2004-06-15

Werkstück Nr.	Prüfmerkmal								Gut	Nacharbeit	Ausschuss
	Maß l_1 25	Maß l_2 80	Maß l_3 2	...	...	Rz 25	...	Härte			
1	25,04	79,9	1,96	...	...	i. O.		56 HRC	X		
2	24,86	79,84	2,02	...	...	–		–			X
3	25,15	80,2	2,0	...	...	–		–		X	
...	...	...	...	...	...	...	...	...			

Übungsaufgaben 16

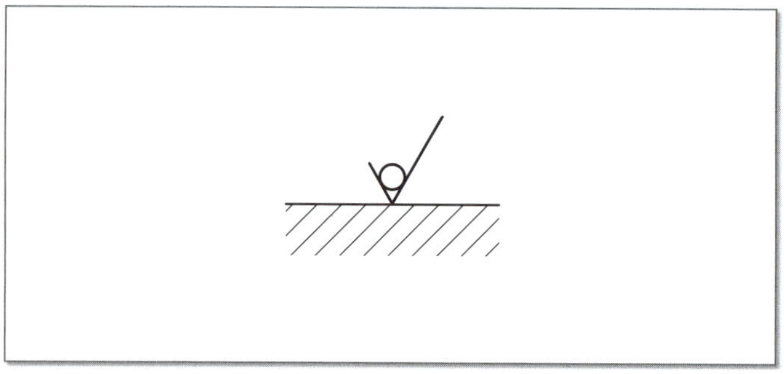

Aufgabe 1

Welche Bedeutung hat das dargestellte Symbol?

A) Die Oberfläche soll behandelt werden.

B) Die Oberfläche muss durch ein spanendes Fertigungsverfahren bearbeitet werden.

C) Die Oberflächenbeschaffenheit gilt für den ganzen Außenumriss des Werkstücks.

D) Die Oberfläche verbleibt in dem Zustand, den sie beim vorherigen Arbeitsgang erhalten hat.

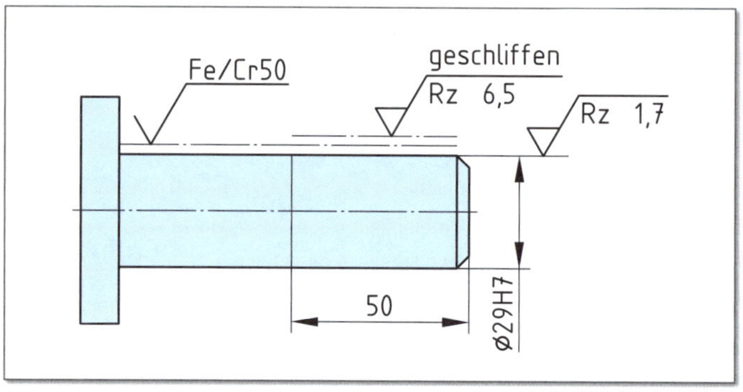

Aufgabe 2

Welche Aussage zu nebenstehender Zeichnung ist richtig?

A) Aus der Eintragung der Oberflächenangaben geht hervor, dass zwei Fertigungsschritte aufeinander folgen.

B) Es ist lediglich zu entnehmen, dass das Teil einen Chromüberzug erhalten soll.

C) Der Bolzen soll zuerst Material abtragend bearbeitet werden, dann erhält er einen Chromüberzug und wird zum Schluss auf einer Länge von 50 mm überschliffen.

D) Die Passungsangabe ø29h7 muss ø29H7 heißen.

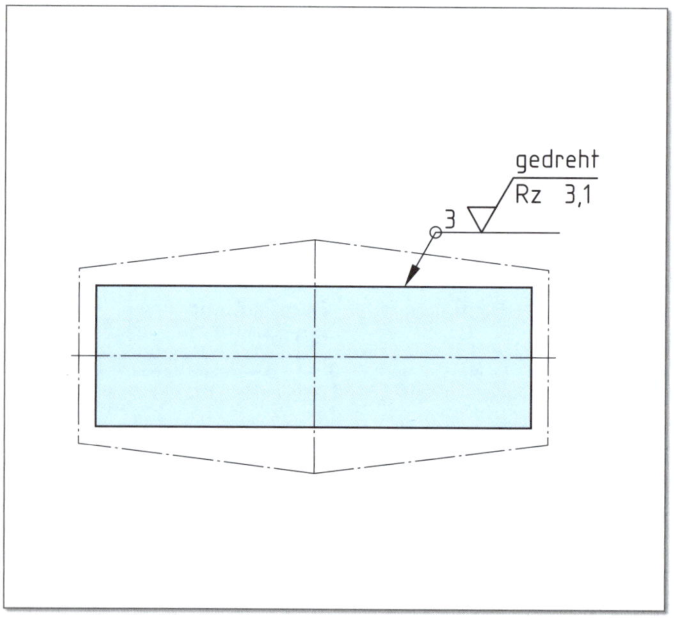

Aufgabe 3

Welche Aussage gibt den Informationsgehalt der Oberflächenangabe richtig wieder?

A) Für die Oberfläche wird Materialabtrag gefordert, der jedoch nicht durch drehen erfolgen darf.

B) Die Oberflächenangabe gilt für die gesamte Werkstückkontur, eine Bearbeitungszugabe von 3 mm ist vorgeschrieben, der einseitig vorgegebene obere Grenzwert der gemittelten Rautiefe beträgt 3,1 µm und die Oberfläche ist durch das Material abtragende Verfahren Drehen zu erzeugen.

C) Rund um den Umfang des Drehteils soll eine Rille mit 3 mm Breite gedreht werden, die eine Tiefe von 3,1 mm haben soll.

D) Die Oberflächenangabe gilt nicht für die Stirnseiten des Werkstücks. Sonst ist Materialabtrag durch Drehen in 3 Zyklen mit maximaler Rautiefe von 3,1 µm vorgeschrieben.

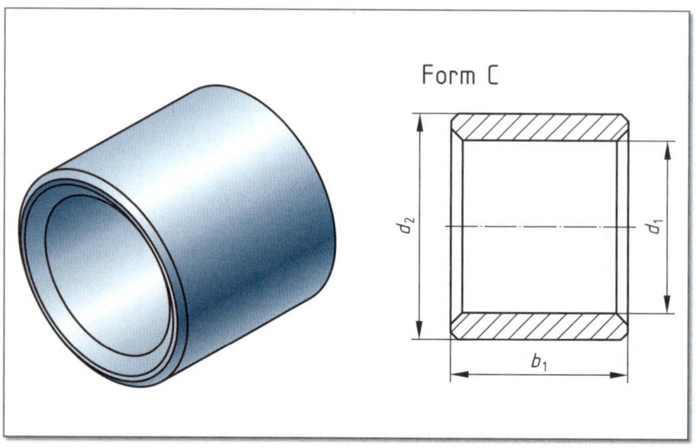

Aufgabe 4

Das abgebildete Normteil wird in der Stückliste des Projektes Schraubstock unter Position 7 aufgeführt. Es trägt die Kurzbezeichnung ISO 4379-C12x16x15-CuSn8P?

Tragen Sie unter der Verwendung des Tabellenbuches alle Informationen zu diesem Normteil zusammen.

Welche Informationen haben Auswirkungen auf die Funktion angrenzender Teile?

Welche Informationen haben Bedeutung für die Fertigung angrenzender Teile.

4. Arbeitspläne

4.1 Inhalt und Zweck

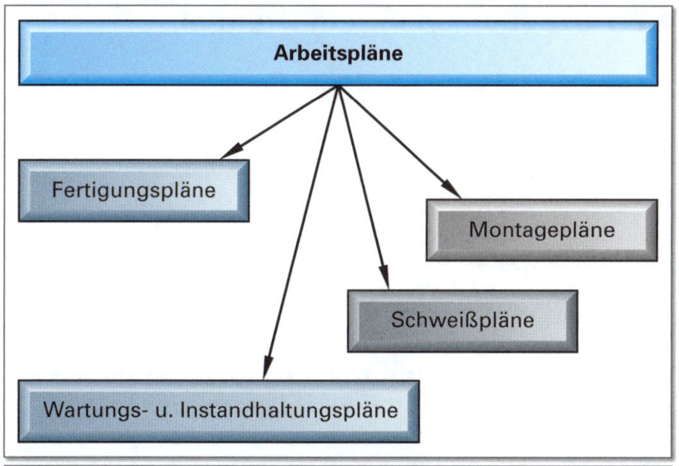

Bild 1: Arbeitspläne

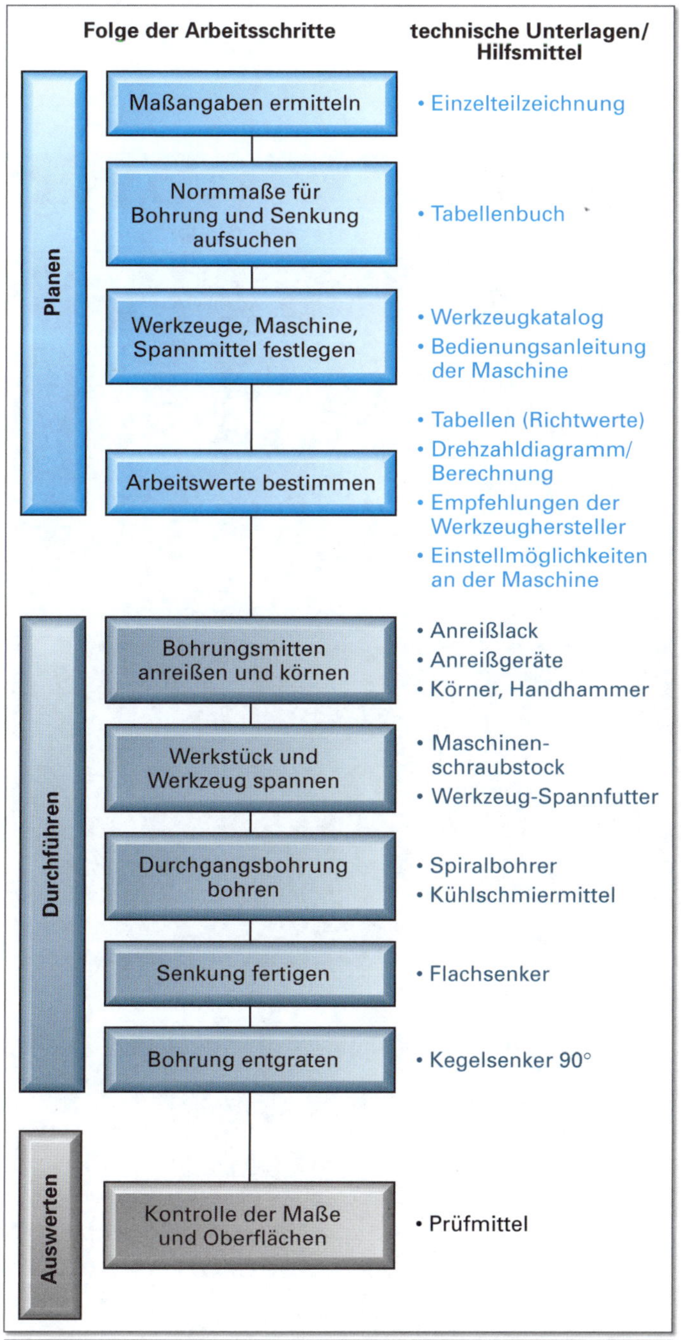

Bild 2: Arbeitsschritte beim Herstellen einer Bohrung mit Senkung

Arbeitspläne sind wichtige Hilfsmittel zur Arbeitsvorbereitung und Voraussetzung für die fachgerechte Ausführung von Arbeitstätigkeiten. Auf der Grundlage von technischen Zeichnungen nehmen sie die Abfolge der einzelnen Arbeitsschritte, die anzuwendende Fertigungstechnologie und die dazu benötigten Maschinen, Werkzeuge und Hilfsmittel gedanklich vorweg. Indem sie die Vorgehensweise von Arbeitshandlungen beschreiben, helfen sie auch Fehler zu vermeiden und Qualität zu sichern.

Arbeitspläne werden für die Fertigung von Einzelteilen, die Montage von Baugruppen und Erzeugnissen sowie die Durchführung von Instandhaltungsmaßnahmen benötigt.

Dem Verwendungszweck entsprechend unterscheiden sich die Inhalte. (Bild 1)

Trotz der Formenvielfalt der Werkstücke weisen sie doch ähnliche oder gleichartige Formelemente (⇐ **Seite 11**) oder typische Bearbeitungsformen auf.

Die Arbeitshandlungen zur Herstellung z.B. einer Bohrung, einer Senkung, einer Nut, einer Fase, eines Langloches usw. müssen immer wieder aufs Neue ausgeführt werden. Man bezeichnet sie als Routinen oder Zyklen.

Der Arbeitsplan zur Herstellung eines Einzelteiles entsteht letztlich durch die planvolle Abfolge solcher Arbeitszyklen. Welche Schrittfolge für die jeweilige Fertigungs-, Montage- oder Instandhaltungsaufgabe die sinnvollste ist, muss vor allem nach funktionellen und fertigungstechnischen Gesichtspunkten entschieden werden.

Zur Planungstätigkeit gehört aber ebenso die Analyse, welche Werkzeuge und Maschinen in der Werkstatt zur Verfügung stehen, um die Fertigungsaufgabe erfüllen zu können. Bei Einsatz von Maschinen sind außerdem die Arbeitswerte, wie Schnittgeschwindigkeiten, Drehzahlen, Vorschübe zu bestimmen, mit dem Ziel die Fertigungsabläufe wirtschaftlich zu gestalten. Dazu benötigt man technische Informationen über Maschinen und Werkzeuge. Tabellenbücher können dafür nützlich sein. Sie enthalten allgemeingültige Richtwerte. Optimale Arbeitswerte erhält man jedoch aus den Katalogen der Werkzeug- und Maschinenhersteller.

Zur Unterstützung der Planungstätigkeit kann man die Folge der einzelnen Arbeitsschritte grafisch darstellen (Bild 2). Bei der Programmierung von NC-Maschinen greift man auf genormte Zyklen und Unterprogramme für wiederkehrende Arbeitshandlungen zurück.

Inhalt

Ein Arbeitsplan sollte wenigstens folgende Angaben enthalten:

- Hinweis auf zugehörige Planungsunterlagen
- Reihenfolge der Arbeitsschritte
- Inhalt der Arbeitshandlungen
- Angaben zu Maschinen, Werkzeugen, Prüfmitteln

4.2.1 Arbeitsplan für ein Drehteil

Fertigen eines Kegelbolzens

Der Kegelbolzen einer Spannvorrichtung ist verschlissen und muss ersetzt werden. Dazu ist ein Ersatzteil nach Zeichnung anzufertigen.

Als Halbzeug steht blank gezogenes Rundmaterial aus Automatenstahl 1.0726 in den Abmessungen ø70, 105 lang zur Verfügung.

Für die Ausführung des Arbeitsauftrages steht eine Universaldrehmaschine konventioneller Bauart bereit.

Werkzeuge und Prüfmittel sind auszuwählen und ein Arbeitsplan ist zu erstellen.

Darstellung ausgewählter Arbeitsschritte

Werkstück spannen

Plandrehen

Längsdrehen

Zentrierbohrung fertigen

Vorbohren

Aufbohren

Absatz drehen

Einstiche drehen

Kegel drehen

Verlag Europa Lehrmittel	**Arbeitsplan**		
Auftrags-Nr.	**Erstellt:** 27.01.05	**Termin:**	
Bezeichnung des Auftrags:	**Bearbeiter:** R. Schütze		

Lfd. Nr.	**Stück**	**Benennung**	**Zeichn.-Nr.**	**Pos**	**Werkstoff**	**Lager-Nr.**
01	1	Kegelbolzen	01		35S20	
Halbzeug		Rd EN 10278–35S20+C-70×105	**Stückzahl** 1			

AG-Nr.	**Arbeitsvorgang**	**Werkzeuge/Spannmittel**	**Prüfmittel**
1.	Rohteil entgraten, Maße prüfen.	Feile	Messschieber
2.	Werkstück spannen.		
3.	Linke Seite plandrehen und längsdrehen auf ø68 mm.	Rechter gebogener Drehmeißel	Messschieber
4.	Umspannen mit Zwischenlagen aus Cu oder Al oder in weiche Backen.		
5.	Zentrieren.	Zentrierbohrer ø2,5×7 Form A	
6.	Vorbohren auf ø8 mm.	Spiralbohrer Typ „N" ø8 mm	
7.	Aufbohren auf ø15 mm und Kante brechen mit Senker ø20 mm, 90°.	Spiralbohrer Typ „N" ø15 mm, Senker ø20 mm/ 90°	Messschieber
8.	Absatz ø51 mm vor- und fertig drehen.	Rechter Seitendrehmeißel	Messschieber
9.	Beide Einstiche drehen auf ø43 mm und Kanten brechen.	Stechmeißel Breite 3 mm, zum Kantenbrechen Seitendrehmeißel k = 45°	Messschieber
10.	Kegeldrehen mit Oberschlittenverstellung und Handvorschub.	Rechter Seitendrehmeißel	Winkelmesser u. Haarlineal
11.	Entgraten, prüfen.	Feile	Messschieber
12.	Werkstücke ausspannen.		

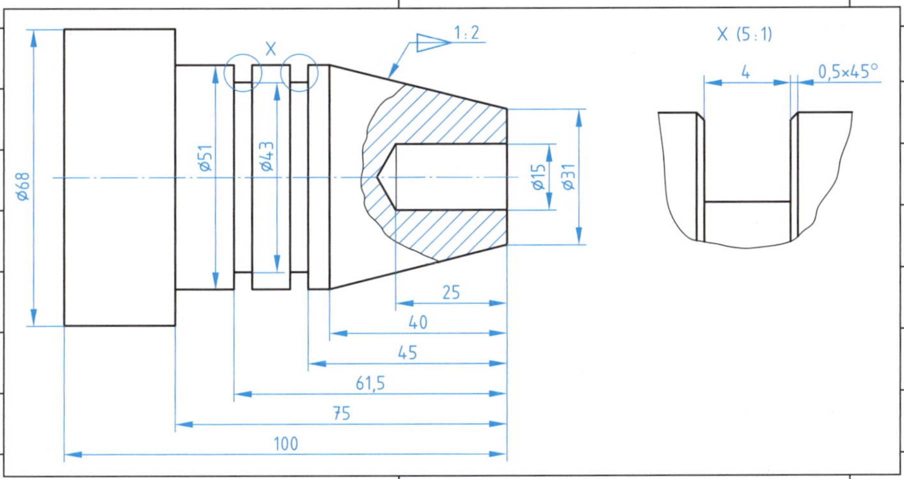

Datum: 01.02.05 **Geprüft:** K. Wermuth

4.2.2 Fertigungsplanung für ein Frästeil

Spannvorrichtung

Diese kleine, nützliche Vorrichtung wird z.B. zum Spannen von Blechen für Schweißübungen in verschiedenen Schweißpositionen oder zum Anfertigen von Schweißproben für Schweißnahtuntersuchungen im Technologieunterricht eingesetzt.

Mit Hilfe von Klemmstücken, die in den Nuten der Spannplatte mittels Schrauben geführt werden, können die Probebleche schnell und sicher eingespannt und in die gewünschte Position gebracht werden.

Zum sicheren Spannen werden die Vorrichtungen meist paarweise verwendet.

Auftrag

Fertigen der Spannplatte

Für einen neuen Übungsraum werden weitere Vorrichtungen benötigt. Deshalb sollen 20 Stück nachgebaut werden. Eine Gruppe von Auszubildenden erhielt den Auftrag, die erforderlichen Unterlagen für die Fertigung zu erstellen. Die Teile wurden vermessen und eine Fertigungszeichnung erstellt.

Als Halbzeug steht blanker Stabstahl in den Abmessungen 63 x 20 zur Verfügung. So können Deck- und Grundfläche im Anlieferungszustand verbleiben.
Da es sich bei der Spannplatte um ein niedrig beanspruchtes Bauteil handelt, sollte der Werkstoff S235JR den Anforderungen genügen.

Für die Ausführung des Arbeitsauftrages steht eine Senkrecht-Universaldrehmaschine konventioneller Bauart zur Verfügung.

Als Spannmittel wird ein Maschinenschraubstock verwendet.

Werkzeuge und Prüfmittel sind auszuwählen und ein Arbeitsplan ist zu erstellen.

Darstellung ausgewählter Arbeitsschritte

Rohteil prüfen	Seitenflächen fräsen	Fasen fräsen
	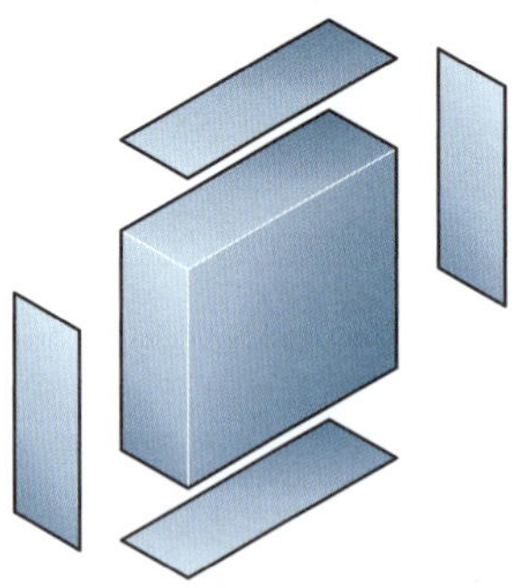	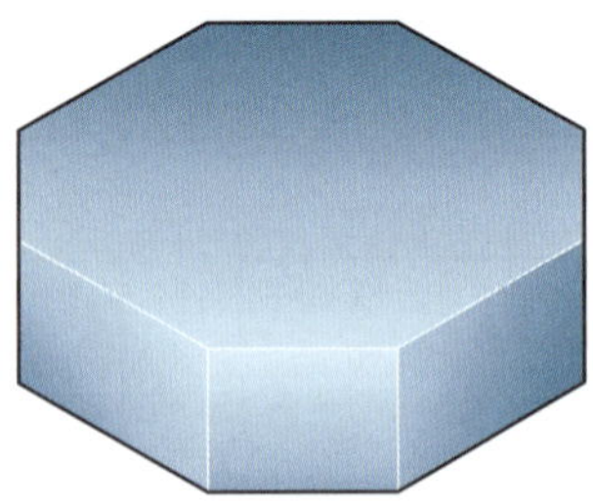
Nuten fräsen	**Langlöcher fräsen**	**Langlöcher senken**
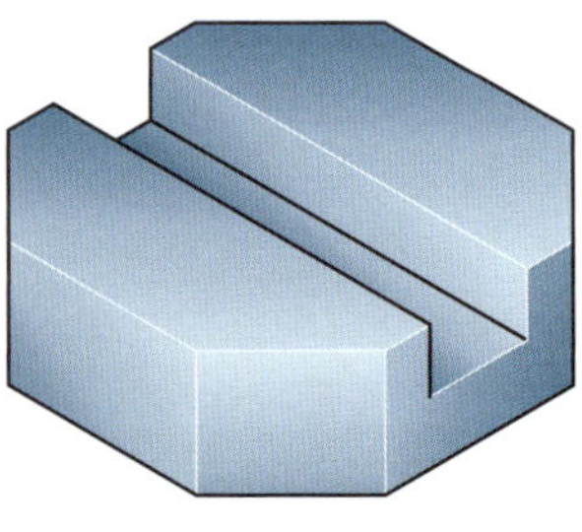	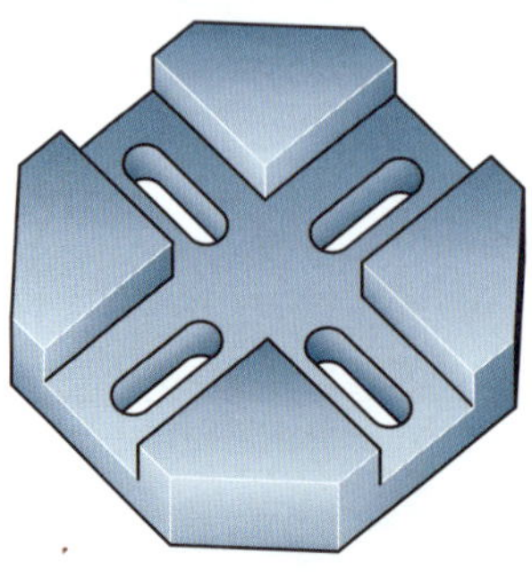	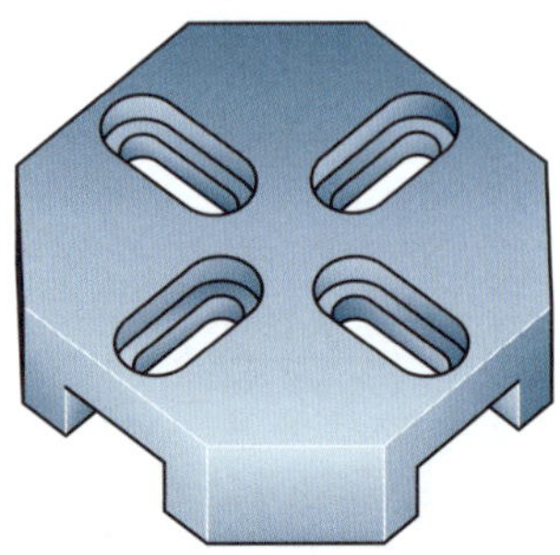

Planung der Arbeitsschritte

- Zunächst muss das Rohteil auf Maßhaltigkeit geprüft werden, dann wird es im Maschinenschraubstock ausgerichtet und gespannt. Für das nachfolgende Fräsen der Seitenflächen muss das Werkstück hochkant gespannt werden, sodass gegen den festen Backen gefräst werden kann.

- Das Fräsen der Seitenflächen sollte zeitsparend so ausgeführt werden, dass an einer der sich gegenüberliegenden Flächen nur der Schlichtschnitt, an der anderen Schrupp- und Schlichtschnitt ausgeführt werden. Diese Methode spart Zeit. Als Werkzeug wird ein Walzenstirnfräser benötigt.

- Danach sollen die Fasen mit geneigtem Fräskopf gefräst werden. Da es keine Funktionsflächen sind, genügt Schruppen. Da viel Material abgenommen wird, muss die Spanabnahme in mehreren Schnitten erfolgen.

- Anschließend wird umgespannt, die Nuten sind zu Fräsen. Zunächst wird geschruppt, dann beim Schlichtschnitt auf Toleranzmitte die Nut herausgearbeitet. Hierzu wird ein Schaftfräser benötigt.

- Danach folgt das Anreißen der Langlöcher, die dann mit einem Bohrnutenfräser in mehreren Schnitten herausgearbeitet werden. Anschließend muss das Werkstück gewendet und erneut gespannt werden.

- Mit einem weiteren Bohrnutenfräser wird nun in mehreren Schnitten die Senkung der Langlöcher vorgenommen.

- Nun wird das Werkstück ausgespannt, entgratet und einer abschließenden Kontrolle unterzogen.

Werkzeugauswahl

Entsprechend der zu lösenden Fertigungsaufgabe wurden folgende Werkzeuge ausgewählt:

■ **T01: Walzenstirn-Schruppschlichtfräser aus HSS, ø70 mm, 8 Zähne**	
■ **T02: HSS-Schaftfräser ø16 mm, 6 Zähne**	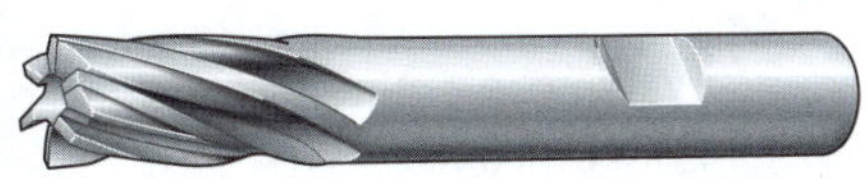
■ **T03: Bohrnutenfräser ø5,5 mm, 2 Schneiden**	
■ **T04: Bohrnutenfräser ø10 mm, 2 Schneiden**	

Weitere Werkzeuge und Prüfmittel

Anreißwerkzeuge, Anreißplatte, Höhenreißer, Messschieber, Anschlagwinkel, Universalwinkelmesser, Innenmessschraube, Feile, Schaber.

Wahl der Schnittwerte

Die Auswahl der Schnittwerte ist nach den Angaben der Werkzeug- und Maschinenhersteller vorzunehmen. Tabellenbücher liefern Richtwerte.

Verlag Europa Lehrmittel	**Arbeitsplan**	

Auftrags-Nr.			**Erstellt:** 27.11.02		**Termin:**	
Bezeichnung des Auftrags:			**Bearbeiter:** K. Wermuth			
Lfd. Nr.	**Stück**	**Benennung**	**Zeichn.-Nr.**	**Pos**	**Werkstoff**	**Lager-Nr.**
01	20	Spannplatte	03		S235JR	
Halbzeug		Vkt EN 10278–S235JR+C–63×20	**Stückzahl** 1			

AG-Nr.	**Arbeitsvorgang**	**Werkzeuge / Spannmittel**	**Prüfmittel**
1.	Rohteil auf Maßhaltigkeit prüfen, Werkstück ausrichten und Spannen.	Maschinenschraubstock	Messschieber
2.	Fräsen der Seitenflächen auf die Maße 60 × 60, hochkant spannen und gegen die feste Backe fräsen. An einer der sich gegenüberliegenden Flächen nur Schlichtschnitt, an der anderen Schrupp- und Schlichtschnitt ausführen.	Anreißwerkzeuge Anreißplatte T01	Messschieber
3.	Fräsen der Fasen 15×45°, nur Schruppen, Fräskopf 45° neigen, Fräsen in 5 Schnitten.	T01	Universalwinkelmesser
4.	Nuten 18F8 fräsen, in 5 Schnitten auf Tiefe fräsen, beim Schlichtschnitt durch Fertigung auf toleranzmitte Nut herausarbeiten.	T02	Messschieber
5.	Langlöcher anreißen, Langlöcher 5,5 × 17 fräsen in 5 Schnitten, Werkstück wenden und neu spannen.	Höhenreißer Anreißer T03	Messschieber
6.	Langlöcher senken auf 10 × 21,5 , 5,5 tief in 3 Schichten.	T04	Messschieber Innenmessschraube
7.	Werkstück entgraten, Endkontrolle.	Schaber Feile	Messschieber Anschlagwinkel Universalwinkelmesser Innenmessschraube
8.			
9.			
10.			

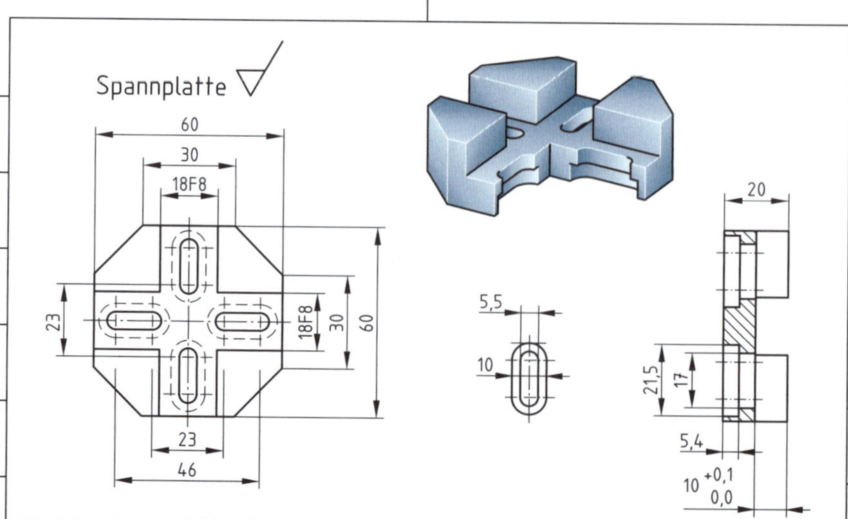

Datum: 30.08.05 **Geprüft:** F. Köhler

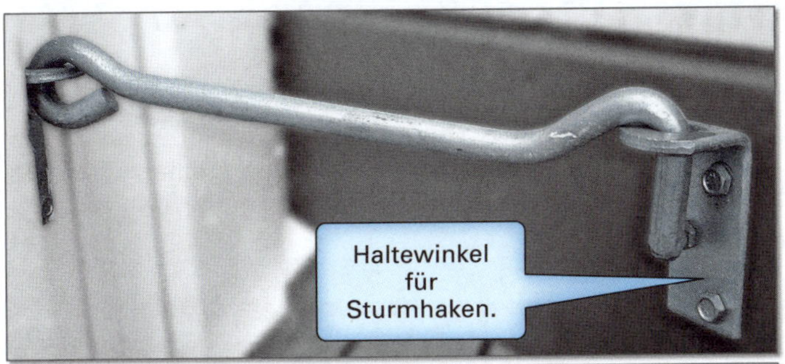

Bild 1: Sturmhaken mit Haltewinkeln

4.2.3 Fertigungsplanung für ein Biegeteil

Auftrag

Fertigung von Haltewinkeln

Bei der Rekonstruktion eines denkmalgeschützten Bauwerkes fallen auch Schlosserarbeiten an. So erhält ein Metallbaubetrieb den Auftrag zur handwerklichen Fertigung von Sturmhaken mit Haltewinkeln zur Sicherung von schweren Türen. Bestellt wurden 130 Stück. Der Werkstattleiter gibt den Auftrag zur Fertigung der Haltewinkel an zwei Auszubildende zur eigenverantwortlichen Planung und Ausführung.

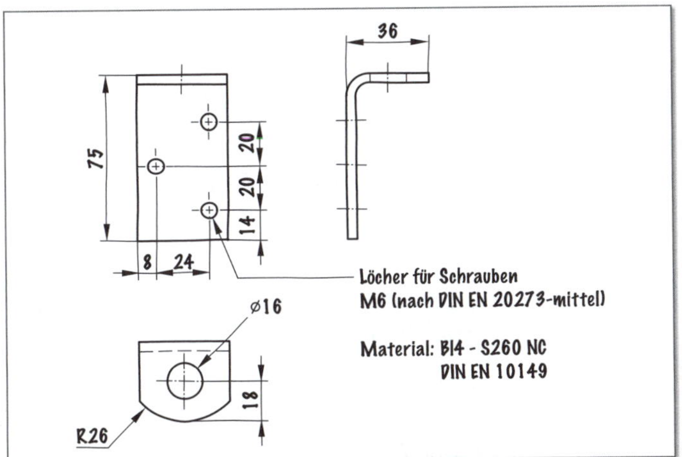

Bild 2: Maßskizze des Haltewinkels

Aufnehmen der Maße

Von einer noch intakten Baugruppe wurden die Maße genommen. Danach fertigten die Azubi folgende Maßskizze an.

- Arbeitsschritte beim Anfertigen einer Skizze
  ⇐ **ab Seite 58**.

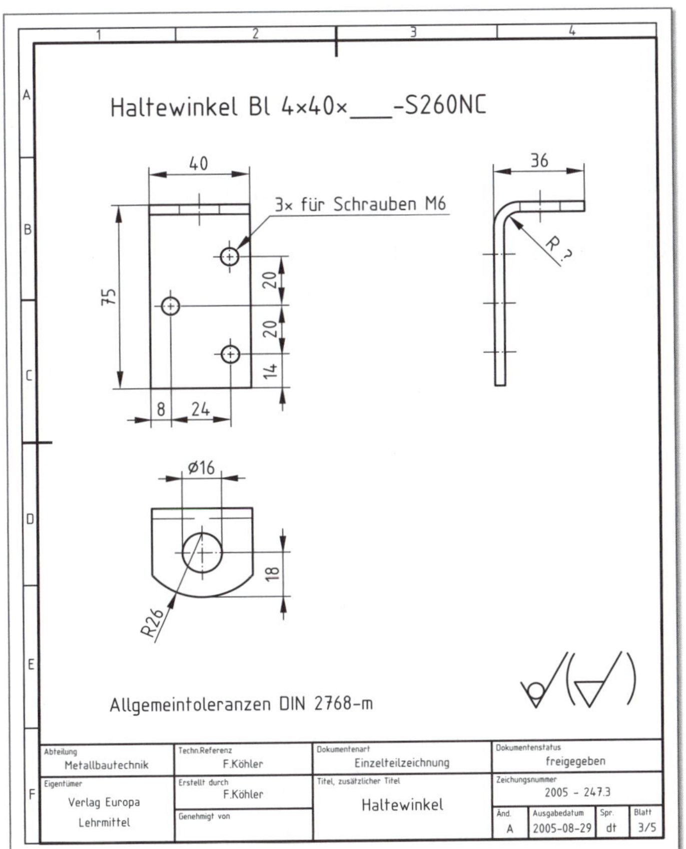

Bild 3: Einzelteilzeichnung

Anfertigen einer Einzelteilzeichnung

Grundlage für die Anfertigung einer Einzelteilzeichnung ist die Maßskizze.

Ausgehend von dieser Skizze wird das Werkstück in einem geeigneten Maßstab ⇐ **Seite 52** auf dem dafür geeigneten Blattformat ⇐ **Seite 45** in den erforderlichen Ansichten ⇐ **Seite 83** und der notwendigen Maßeintragung ⇐ **ab Seite 100** exakt dargestellt.

Aus der Einzelteilzeichnung sind Form und Größe des Biegeteiles sowie Angaben zu Maßtoleranzen und Oberflächenbeschaffenheit zu entnehmen.

Biegeteile können leichter angerissen und zugeschnitten werden, wenn sie in dem Zustand dargestellt werden, den sie vor der Verformung hatten. ⇒ **Seite 175**

Man bezeichnet eine solche Darstellung, die aus der Einzelteilzeichnung abgeleitet wird oder bereits Bestandteil einer solchen Zeichnung ist, als Zuschnittszeichnung oder auch als Abwicklung.

Eine solche Zeichnung enthält außer der Darstellung der Werkstückkontur des Biegeteils vor der Verformung die eingezeichneten Mitten der Biegerundungen, die **Biegelinien**.

Ebenso ist es üblich, Beginn und Ende des gebogenen Bereiches mit schmalen Volllinien zu kennzeichnen, die **Biegezone**.

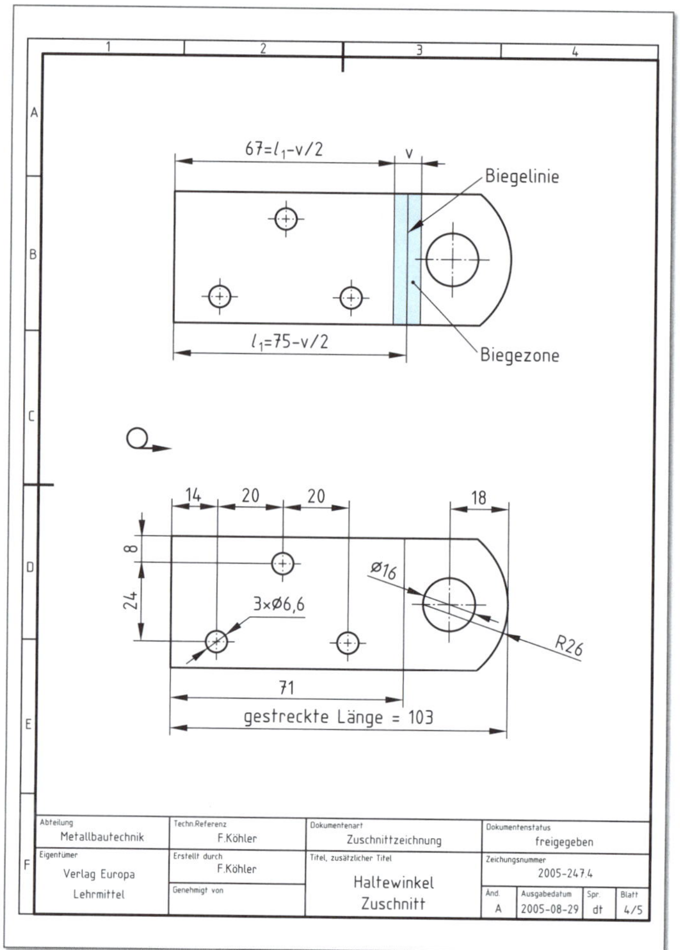

Bild 1: Zuschnittzeichnung

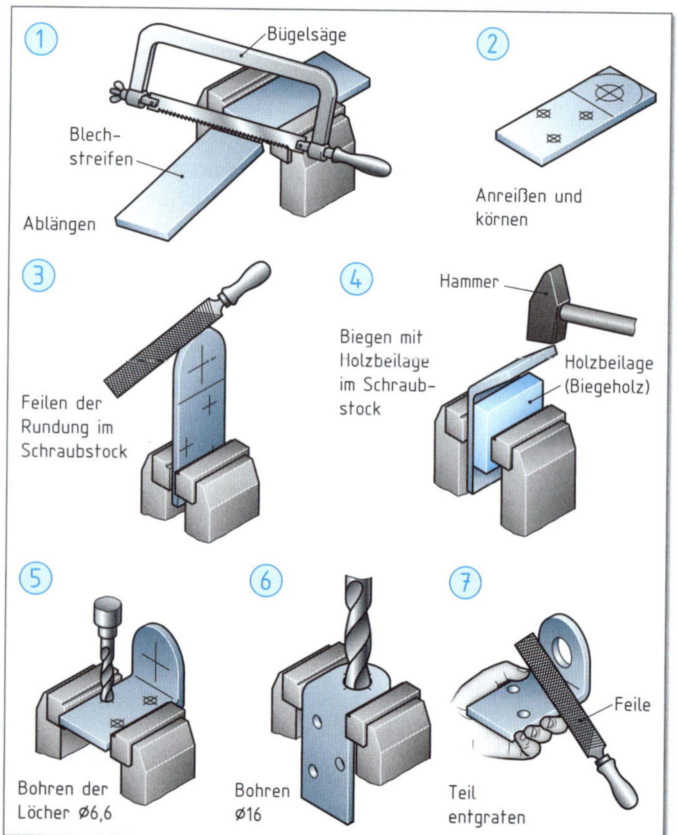

Bild 2: Arbeitsschritte bei der Herstellung des Haltewinkels

Bestimmende der Maße

Gestreckte Länge

Sie wird ermittelt, indem man die Summe aller Außenmaße bildet. In dem Fall sind die beiden Schenkellängen 75 mm und 36 mm zu addieren. Davon zieht man für jede

$$L = a + b + c + \ldots - v_1 - v_2 - \ldots$$

Biegestelle den Ausgleichswert v ab. Der Ausgleichswert berücksichtigt, dass sich die neutrale Faser beim Biegen aus der Mittellage verschiebt.

Die Größe des Ausgleichswertes ist abhängig von:

- der Blechdicke s
- dem Biegeradius R
- dem Biegewinkel.

Angaben zu Ausgleichswerten findet man in Tabellenbüchern.

Beachten Sie, dass die kleinstzulässigen Biegeradien werkstoffabhängig sind. Bei der Bestimmung des Biegewinkels sollte der Unterschied zwischen Öffnungswinkel und Biegewinkel beachtet werden.

Für den Haltewinkel liest man ab:

Für den Werkstoff S260NC bei einer Blechdicke von 4 mm einen kleinstzulässigen Biegeradius von 6 mm.

Bei Anwendung dieses Biegeradius weist die Tabelle einen Ausgleichswert von v = 8,26 aus. Damit wird die gestreckte Länge.

$$l_1 = a - \frac{1}{2} \cdot v$$

L = 75 mm + 36 mm – 8,26 mm = 102,7 mm ≈ 103 mm.

Abstand bis zur Biegelinie

$$l_1 = 75\ \text{mm} - \frac{1}{2} \cdot 8{,}26\ \text{mm} = 70{,}87\ \text{mm} \approx 71\ \text{mm}$$

Diese beiden Maße, gestreckte Länge und Abstand bis zur Biegelinie, werden als Anreißmaße in die Zuschnittzeichnung eingetragen. (Bild 1)

Vorüberlegungen zur Fertigung

Biegelinien sollen auf dem Blech mit einer Messingreißnadel oder mit Bleistift angerissen werden, um Kerbwirkungen an der Oberfläche zu vermeiden. Aus dem gleichen Grund soll möglichst auf der Innenseite der Biegungen angerissen werden.

Wenn das Biegeteil mehrere Biegestellen aufweist, ist die Reihenfolge der Abkantungen vorauszuplanen. Andernfalls kann es vorkommen, dass sich einige Kantungen in der Folge nicht ausführen lassen.

Welche Biegefolge gewählt wird, ist natürlich auch von den zur Verfügung stehenden Werkzeugen, Vorrichtungen und Maschinen abhängig.

Verlag Europa Lehrmittel	Arbeitsplan					
Auftrags-Nr.: ...			**Erstellt:** 2005-09-10		**Termin:** sofort	
Bezeichnung des Auftrags: ...			**Bearbeiter:** F.Köhler			
Lfd. Nr.	**Stück**	**Benennung**	**Zeichn.-Nr.**	**Pos**	**Werkstoff**	**Lager-Nr.**
01	130	Haltewinkel	2005-247-3		S260NC	
Halbzeug:	Bl 4 × 40 × 500		**Stückzahl:** 2			

AG-Nr.	Arbeitsvorgang	Werkzeuge/Spannmittel	Prüfmittel
1.	Rohlänge ermitteln.	Zuschnittzeichnung	
2.	Rohlänge anreißen mit 2 mm Fertigungszugabe.	Anschlagwinkel Reißnadel	Stahlmaßstab
3.	Ablängen	Handbügelsäge	
4.	Entgraten	Feile	
5.	Zuschnitt mit Biegelinie anreißen und körnen, einschließlich Bohrungen mit Kontrollkörnungen.	Anschlagwinkel, Körner, Anreißzirkel, Anreißplatte	Stahlmaßstab
6.	Rohling im Schraubstock spannen, Radius 26 feilen.	Schraubstock, Schrupp- und Schlichtfeile	Radienlehre
7.	Biegen mit Hartholzbeilage im Schraubstock.	Schraubstock, Biegeklotz, Bankhammer	Anschlagwinkel, Stahlmaßstab
8.	Werkstück spannen im Maschinenschraubstock.	Maschinenschraubstock	Anschlagwinkel
9.	Bohren der Schraubenlöcher ø6,6 Ausspannen, beidseitig Entgraten.	Spiralbohrer ø6,6 Ständerbohrmaschine Kegelsenker	Sichtprüfung
10.	Werkstück erneut spannen mit Hartholzunterlage im Maschinenschraubstock.	Maschinenschraubstock Hartholzunterlage	Sichtprüfung
11.	Vorbohren der Bohrung ø16.	Spiralbohrer ø6,6 Ständerbohrmaschine	
12.	Werkzeugwechsel	Spiralbohrer ø16	Sichtprüfung
13.	Fertigbohren der Bohrung ø16, Ausspannen und Entgraten.	Spiralbohrer ø16 Kegelsenker	Messschieber
14.	Entgraten, Säubern Maßkontrolle.		Stahlmaßstab Messschieber Anschlagwinkel
Datum: 12.09.05		**Geprüft:** K.Wermuth	

Bild 1: Arbeitsplan für die Fertigung des Biegeteils „Haltewinkel"

Auftrag

Montage der Baugruppe A „Ständer" des Schraubstocks

Nachdem die Fertigungsteile nach den Vorgaben der Einzelteilzeichnungen und Fertigungspläne hergestellt und die Normteile bereitgestellt worden sind, müssen sie zum Erzeugnis Schraubstock zusammengebaut werden. Da das Erzeugnis aus drei Baugruppen besteht ⇐ **ab Seite 34**, ist es zweckmäßig zunächst die Baugruppen zu montieren. Bei der Fertigmontage werden dann die vormontierten Baugruppen zusammengefügt.

Am Beispiel der Baugruppe A „Ständer" des Schraubstocks (Bild 1) sollen im Folgenden die einzelnen Montageschritte dargestellt werden.

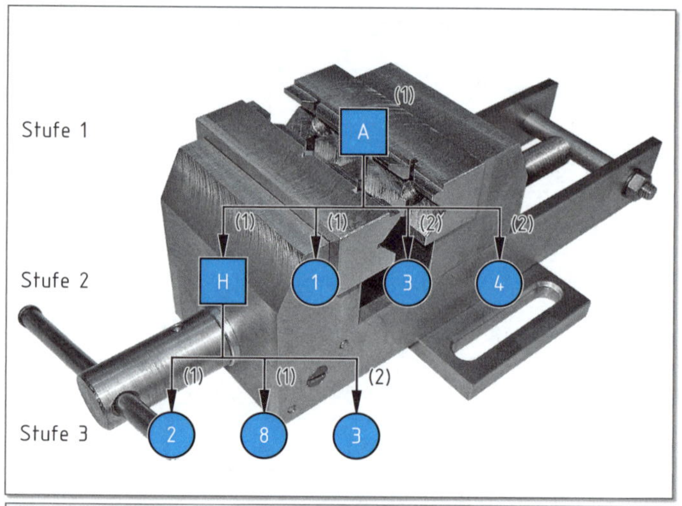

Bild 1: Erzeugnis Schraubstock

Voraussetzungen für die Durchführung der Montage

Ebenso wie bei der Fertigung sind auch bei der Montage von Einzelteilen zu Baugruppen und Erzeugnissen bestimmte Arbeitsschritte einzuhalten, damit das angestrebte Ziel in gleich bleibend guter Qualität erreicht wird. Die dazu erforderlichen Informationen findet der Monteur in den dafür vorgesehenen technischen Unterlagen, wie z.B. dem Anordnungsplan ⇐ **Seite 26**, der Gesamtzeichnung vom Erzeugnis ⇐ **Seite 27**, der Baugruppenzeichnung (Bild 2), den Baukasten- und Struktur-Stücklisten ⇐ **ab Seite 33**.

Aus diesen Unterlagen sind die Informationen zu entnehmen, mit deren Hilfe die Struktur der Baugruppe oder des Erzeugnisses erfasst, Mittel und Methoden der Montage erfasst und konkrete Montageschritte abgeleitet werden können. Diese Informationen können in speziellen Montageanleitungen, in denen zumeist die bildhafte Darstellung der Montageschritte mit Textangaben kombiniert ist, sinnvoll dargestellt werden. ⇒ **Seite 178**

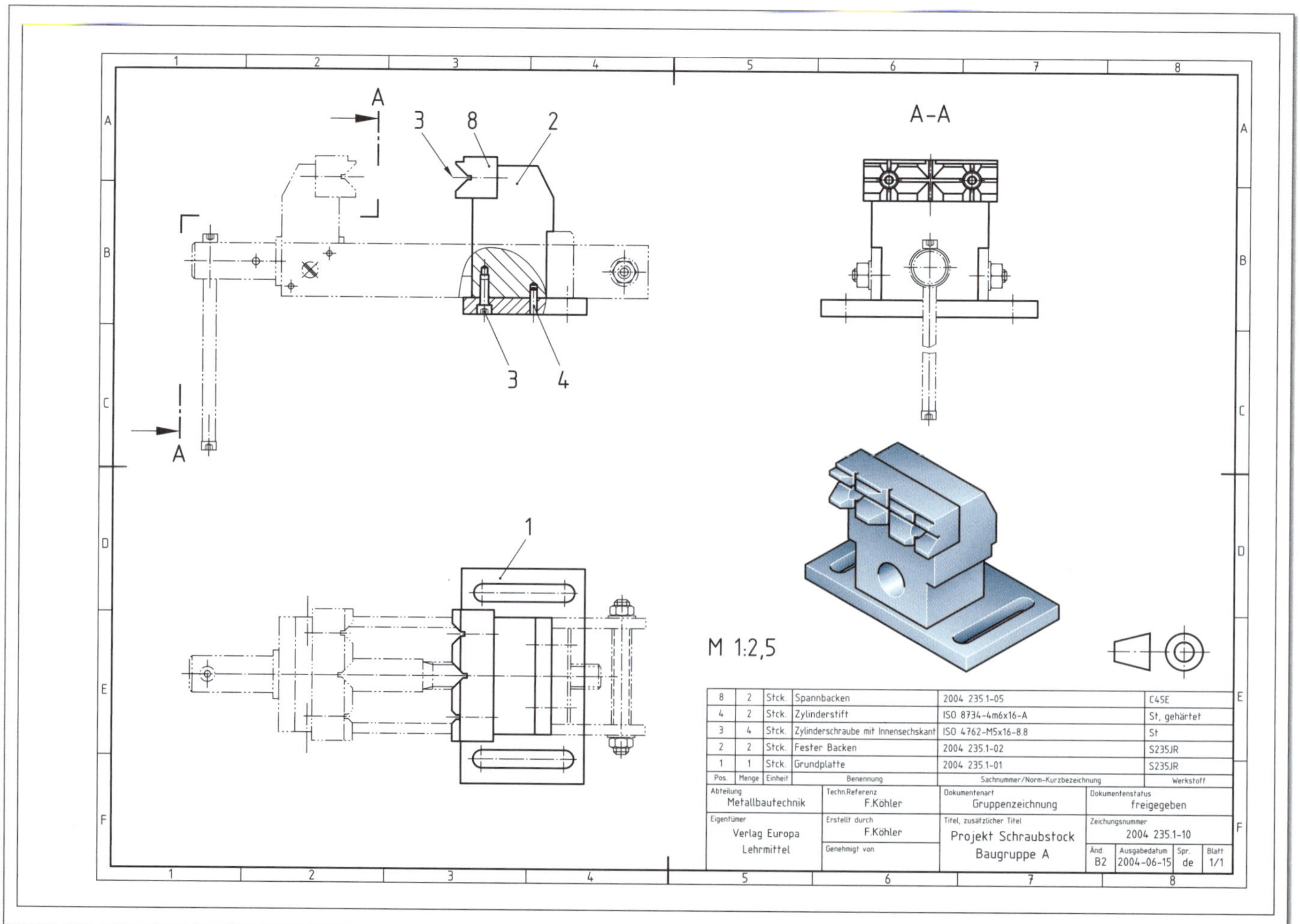

Pos.	Menge	Einheit	Benennung	Sachnummer/Norm-Kurzbezeichnung	Werkstoff
8	2	Stck.	Spannbacken	2004 235.1-05	C45E
4	2	Stck.	Zylinderstift	ISO 8734-4m6x16-A	St, gehärtet
3	4	Stck.	Zylinderschraube mit Innensechskant	ISO 4762-M5x16-8.8	St
2	2	Stck.	Fester Backen	2004 235.1-02	S235JR
1	1	Stck.	Grundplatte	2004 235.1-01	S235JR

Abteilung: Metallbautechnik	Techn.Referenz: F.Köhler	Dokumentenart: Gruppenzeichnung	Dokumentenstatus: freigegeben
Eigentümer: Verlag Europa Lehrmittel	Erstellt durch: F.Köhler	Titel, zusätzlicher Titel: Projekt Schraubstock Baugruppe A	Zeichungsnummer: 2004 235.1-10
	Genehmigt von		Änd. B2 · Ausgabedatum 2004-06-15 · Spr. de · Blatt 1/1

Bild 2: Gruppenzeichnung der Baugruppe A „Ständer" des Schraubstocks

Montageanleitung

Das Auswerten der Gesamtzeichnung Schraubstock wurde bereits auf ⇐ Seite 182 dargestellt. Das Ergebnis war die Beschreibung des Aufbaus und der Funktion der Baugruppe A „Ständer“:

Die Baugruppe hat die Funktion eines Gestells. Sie trägt die anderen Funktionsgruppen und stellt die Schnittstelle zur Unterkonstruktion, z.B. der Werkbank oder dem Maschinentisch her. Nach den Angaben der Struktur-Stückliste gehören zu dieser Baugruppe die Fertigungsteile Grundplatte (1), fester Backen (2) und Spannbacken (8) sowie die Normteile Zylinderschraube mit Innensechskant (3) und Zylinderstift (4).

Dabei sollen mit den Zylinderschrauben jeweils lösbare Verbindungen zwischen Grundplatte und festem Backen sowie Spannbacken und festem Backen erzeugt werden. Für die einwandfreie Funktion des Schraubstocks ist die exakte Lage des festen Backens auf der Grundplatte besonders wichtig. Nach der Montage der Antriebsbaugruppe, deren Teil 16 Getriebemutter mit dem festen Backen (2) verschraubt wird, muss die Spindelachse (15) mit der Getriebemutter (16) genau fluchten. Damit wird die einwandfreie Funktion des Gewindetriebs gesichert. Zur Lagesicherung der Schraubenverbindung zwischen Grundplatte (1) und festem Backen (2) werden nach dem Ausrichten der beiden Teile die Zylinderstifte (3) als Passstifte eingebaut. Beide Teile müssen deshalb in der gleichen Aufspannung gebohrt und gerieben werden.

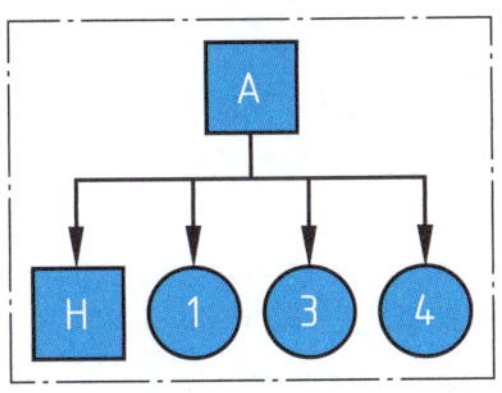

A besteht aus	
Sach-Nr.	Menge
H	1
1	1
3	2
4	2

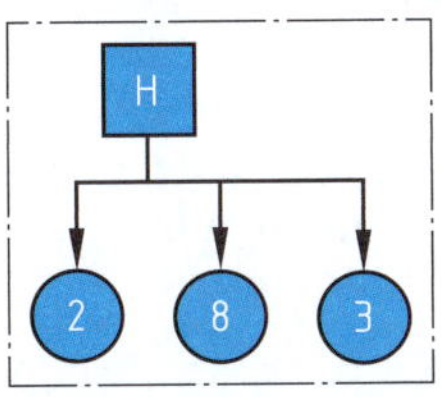

H besteht aus	
Sach-Nr.	Menge
2	1
8	1
3	2

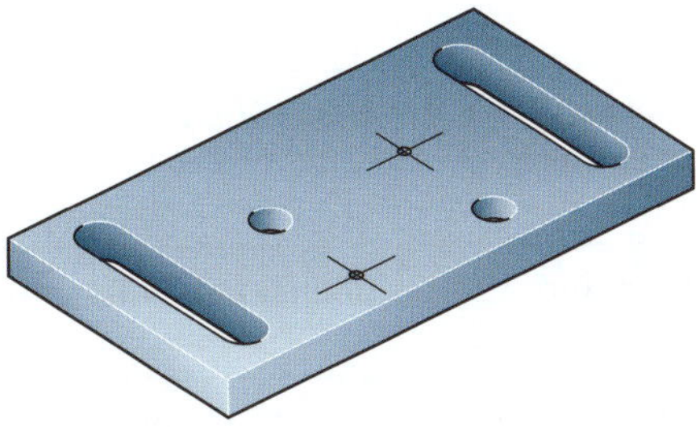

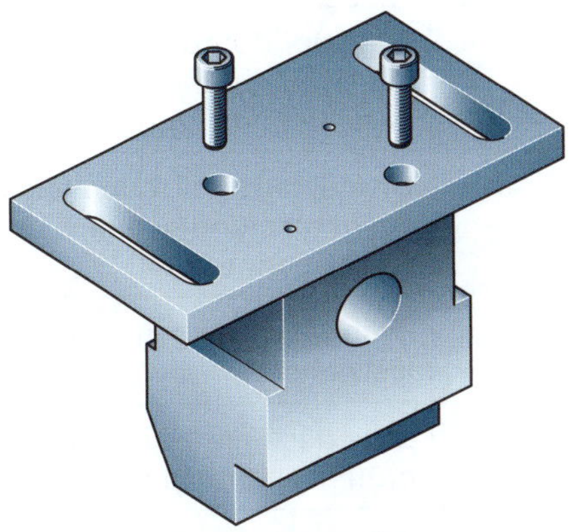

1
Alle Teile nach den Angaben der Baukasten-Stückliste in der erforderlichen Stückzahl bereitlegen und vor der Montage prüfen.

2
Lage der Stiftbohrungen auf der Seite der Grundplatte (1) anreißen und körnen, auf der sich die Senkungen für die Zylinderschrauben (3) befinden.

3
Grundplatte (1) und festen Backen (2) exakt ausrichten, gemeinsam im Schraubstock spannen und mit zwei Zylinderschrauben (3) verschrauben.

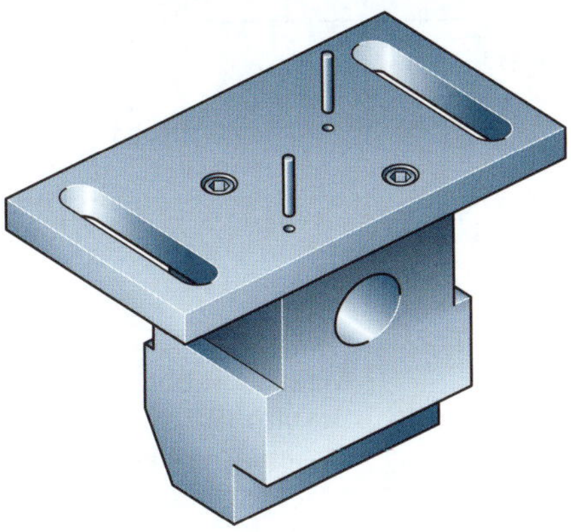

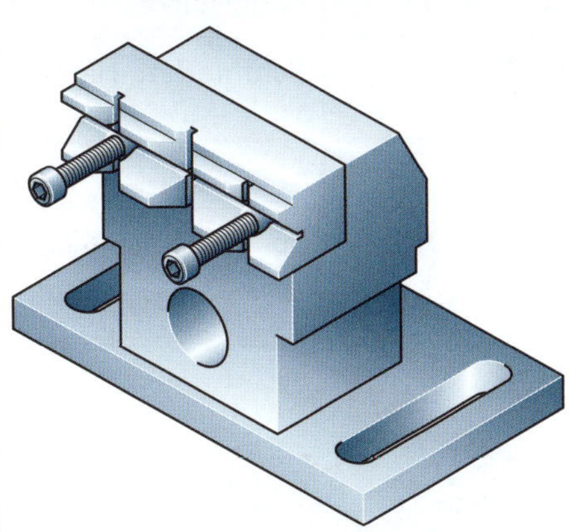

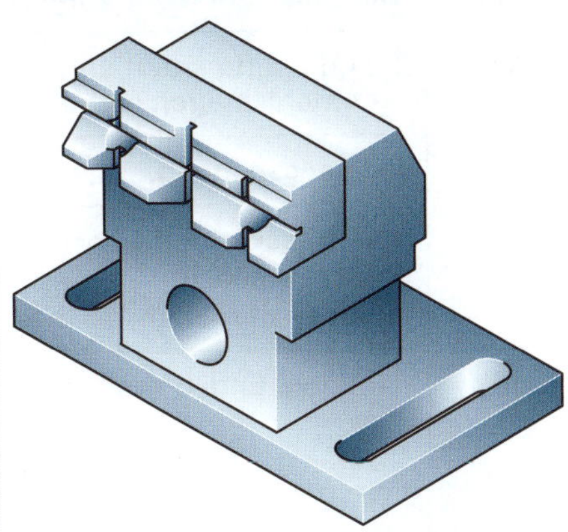

4
Exakte Lage der Teile prüfen. Bohrungen für Passstifte in beide Teile gemeinsam bohren und reiben. Zylinderstifte (4) einsetzen.

5
Teile Ausspannen. Spannbacken (8) mit festem Backen zusammenlegen, richtige Lage beachten, mittels zwei Zylinderschrauben (3) fest verschrauben.

6
Reinigen, Endkontrolle.

Verlag Europa Lehrmittel	**Montageplan**	

Auftrags-Nr.:	...	**Erstellt:** 2005-09-10	**Termin:** sofort
Bezeichnung des Auftrags:	...	**Bearbeiter:** F.Köhler	

Lfd. Nr.	**Stück**	**Benennung**	**Zeichn.-Nr.**	**Pos**	**Werkstoff**	**Lager-Nr.**
01	20	Baugruppe „Ständer"	2004-235.1-10			
Fertigungsteile		1, 2, 8	**Normteile**	3, 4		

AG-Nr.	Arbeitsvorgang	Werkzeuge/Spannmittel	Prüfmittel/Hilfsmittel
1.	Teile bereitstellen laut Stückliste.	Gruppenzeichnung, Stückliste	
2.	Eingangskontrolle Sichtprüfung und Maßkontrolle		Messschieber, Stahlmaßstab, Anschlagwinkel
3.	Lage der Bohrungen für die Passstifte auf der Grundplatte Teil 1 (Senkungsseite) anreißen und körnen.	Anreißplatte, Höhenreißer, Körner, Hammer	Stahlmaßstab, Anreißlack
4.	Grundplatte Teil 1 und festen Backen Teil 2 ausrichten und gemeinsam im Schraubstock spannen.	Schraubstock	Anschlagwinkel, Stahlmaßstab
5.	Zylinderschrauben Teil 3 einbauen und festziehen.	Sechskant-Stiftschlüssel SW4	
6.	Lage der Teile 1 und 2 zueinander nochmals prüfen, eventuell ausrichten.	Hammer, Hartholzbeilage	Anschlagwinkel, Stahlmaßstab
7.	Bohrungen für Passstifte in einer Aufspannung mit Reibzugabe bohren, auf richtige Tiefe achten.	Ständerbohrmaschine, Spiralbohrer	
8.	Bohrungen auf Passmaß reiben.	Maschinenreibahle ø4H7	Grenzlehrdorn ø4H7
9.	Teile ausspannen und demontieren.	Sechskant-Stiftschlüssel SW4	
10.	Alle Bohrungen entgraten.	Kegelsenker	Sichtprüfung
11.	Zylinderstifte fetten und mit leichten Hammerschlägen eintreiben.	Schmierfett, Hammer, Zange	
12.	Teile ausspannen.		
13.	Spannbacken Teil 8 an Teil 2 anbauen, richtige Lage beachten, befestigen mit zwei Zylinderschrauben Teil 3.	Sechskant-Stiftschlüssel SW4	
14.	Reinigen, Endkontrolle		Messschieber, Stahlmaßstab, Anschlagwinkel

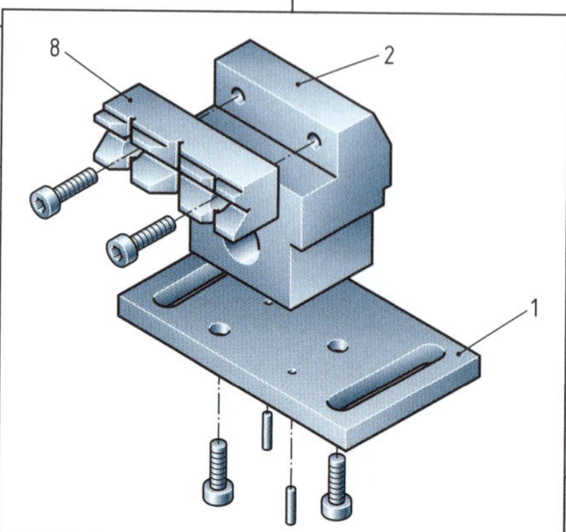

Geprüft: K.Wermuth

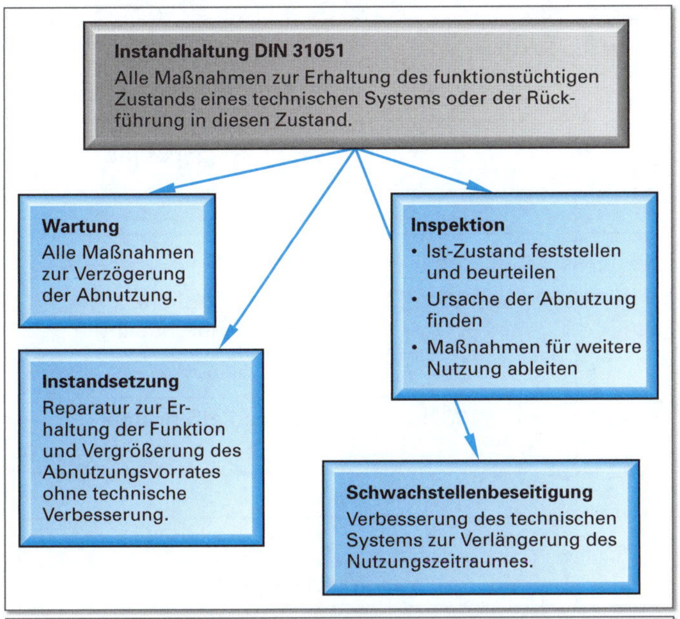

Bild 1: Grundmaßnahmen der Instandhaltung

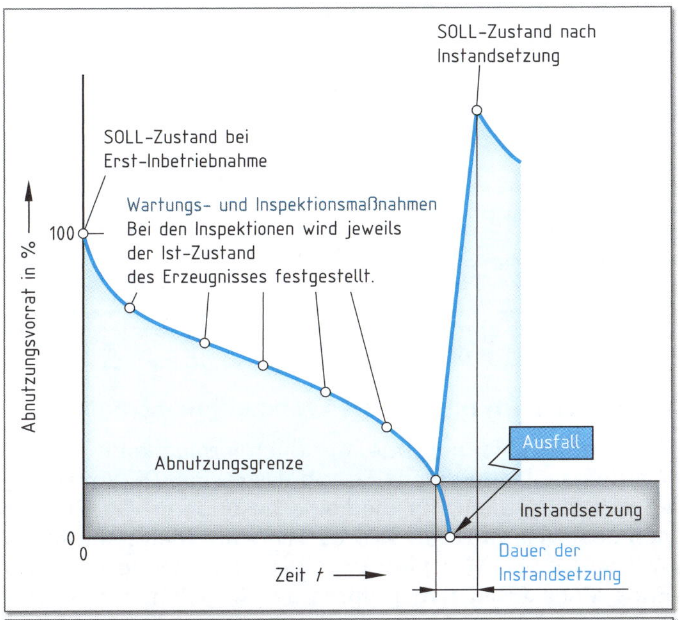

Bild 2: Abnutzungsdiagramm

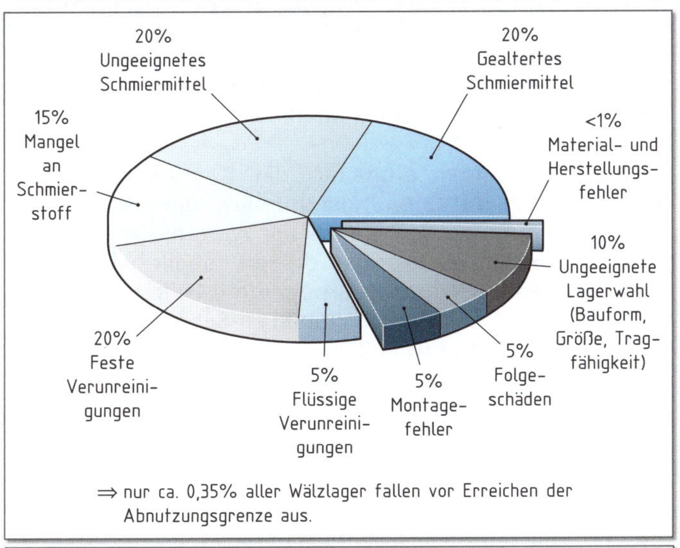

Bild 3: Ausfallursachen für Wälzlager

Grundmaßnahmen der Instandhaltung

Im Zusammenhang mit Maßnahmen der Instandhaltung spricht man wie bei biologischen Wesen auch bei technischen Erzeugnissen von einem Lebenszyklus. Unmittelbar nach seiner Herstellung, bei der Inbetriebnahme, befindet sich das Erzeugnis in einem ganz bestimmten funktionsfähigen Zustand, den es nach Garantien des Herstellers über eine bestimmte Zeitdauer behält. Diese Zeitdauer ist von der Größe des Abnutzungsvorrates, den der Konstrukteur dem Erzeugnis zugedacht hat, abhängig. Während des Betriebes bzw. der Nutzung unterliegt das Erzeugnis dem Verschleiß, es nutzt sich ab und dabei wird der Abnutzungsvorrat immer kleiner. Ist er ganz aufgebraucht, dann ist die Abnutzungsgrenze erreicht. Wenn jetzt keine Maßnahmen ergriffen werden, die die Funktionsfähigkeit des Erzeugnisses erhalten oder verbessern, dann wird sich das Erzeugnis schnell weiter abnutzen, nach kurzer Zeit nicht mehr voll funktionsfähig sein und ausfallen. (Bild 2)

Die Instandhaltung greift mit verschiedenen Tätigkeitsfeldern, Grundmaßnahmen genannt, in diesen Prozess ein. Dies sind Maßnahmen der Wartung, Inspektion, Instandsetzung und der Schwachstellenbeseitigung (Bild 1). Sie sind eng verbunden mit sicherheitstechnischen Anforderungen an das betreffende Erzeugnis.

Wartung

Zur Wartung gehören alle Maßnahmen, die den Abbau des vorhandenen Abnutzungsvorrates verzögern. Damit sind Wartungsmaßnahmen ein Teil der vorbeugenden Instandhaltung. Sie werden nach festen inhaltlichen und zeitlichen Regeln durchgeführt. Diese werden in technischen Unterlagen dokumentiert, die man als Wartungsanleitungen bezeichnet.

Wartungspläne

Wartungsanleitungen sollten zweckmäßig in Listenform erstellt werden. Sie sollten folgende Angaben enthalten:

- Benummerung nach DIN 1421-1
- Beschreibung der auszuführenden Arbeiten (Ort, Inhalt, Umfang).
- Häufigkeit der durchzuführenden Arbeiten.

Diese Mindestangaben können ergänzt werden durch Angaben zu:

- Hilfsmitteln, Werkzeugen, Sonderausrüstungen, Anschlagmitteln, Mess- und Prüfgeräten
- Mess- und Prüfgrößen
- Betriebs- und Hilfsstoffen
- Verantwortlichkeiten (Qualifikation von Wartungspersonal)

Wartungspläne werden häufig durch andere technische Unterlagen ergänzt. Üblich sind:

- Anordnungspläne
- Inspektions- und Wartungsstellen-Übersichten
- Schmieranleitungen
- Liste der Verschleißteile

und andere.

Hersteller	Wartungs- und Inspektionsliste			
	Erzeugnis:	...	Liste Nr:	...
lfd.Nr.	Auszuführende Arbeiten	Mess- und Prüfgröße Betriebs- u. Hilfsstoffe	Häufigkeit	Bemerkungen
1.	Gesamte Maschine			
1.1	Reinigen		40h	mit Sorgfalt
1.2	Dichtheit ölführender Baugruppen prüfen		1000h	ungewöhnliche Geräusche beachten
2.	Hauptantreib			
2.1	Riemen spannen		1000h	Verschleiß prüfen
)1	)2	)3	)4	)5

	Datum:	Unterschrift:
Wartung durchgeführt	19.09.2005 19:08	Max Wartungsmann
Anlage übernommen	19.09.2005 19:09	Fritz Fertiger

)1 Benummerung nach DIN 1421
)2 Wartungs- bzw. Inspektionsarbeiten angeben
)3 Bei Betriebs- und Hilfsstoffen firmenneutrale Bezeichnungen angeben, z.B. nach DIN, SAE usw.
)4 Hier können Zeitintervalle (h-stündlich, w-wöchentlich, m-monatlich, a-jährlich), Betriebsstunden, Einschalthäufigkeiten usw. eingetragen werden. (z.B. 8h - alle 8 Stunden, 3m - alle 3 Monate)
)5 Hier können folgende Angaben erscheinen: Sonderwerkzeuge, Hilfsmittel, Prüfbedingungen, Gefahrenhinweise, Hinweise auf Sicherheitseinrichtungen, persönliche Schutzausrüstungen, erforderliche Zusammenarbeit mit sachkundigen Personen usw.

Bild 1: Beispiel für eine Wartungs- und Inspektionsliste

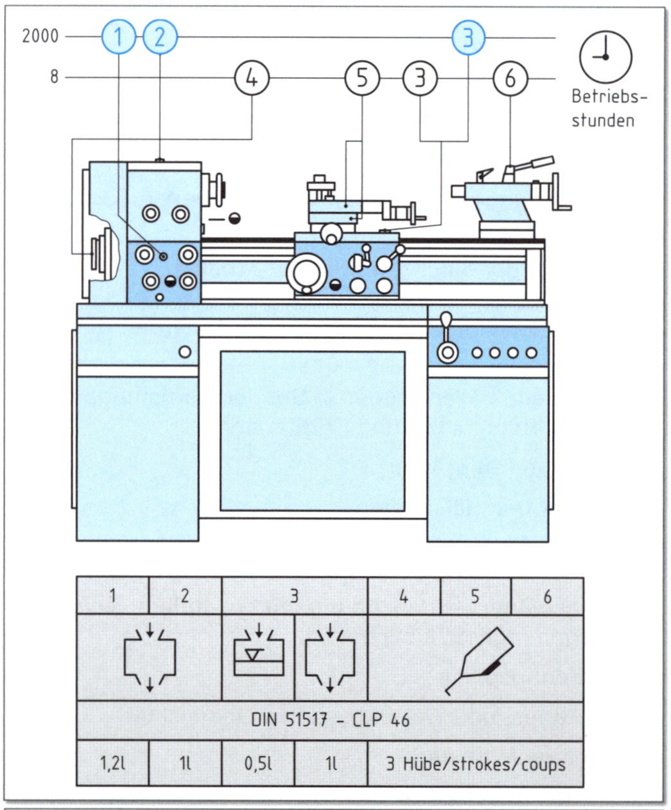

Bild 2: Schmierschaubild einer Werkzeugmaschine

Schmieranleitung für eine Werkzeugmaschine

Die Schmieranleitung bzw. der Schmierplan kann Teil der Wartungsanleitung eines Erzeugnisses sein. Die Anleitung enthält Tätigkeiten, für die keine besonderen Qualifikationen des Ausführenden erforderlich sind. Die regelmäßige Wartung einer Maschine wird bei Schichtende oder am Ende eines Arbeitstages durch den Maschinenführer vorgenommen. Nur für Arbeiten, für die der Ausführende über besondere maschinentechnische Qualifikationen verfügen muss, wird z.B. der Wartungsservice des Maschinenherstellers bemüht. Schmieranleitungen können in Textform oder als Schmierschaubild gegeben werden, letzteres findet man oft als Schild direkt an der Maschine.

Solche Schaubilder enthalten die Kennzeichnung der Schmierstellen mit Ordnungsnummern, die auf Zeitschienen angeordnet werden, um so die Wartungsintervalle zu verdeutlichen. In einer zugeordneten Tabelle werden die vorzunehmenden Wartungsarbeiten mit Hilfe von Symbolen dargestellt und durch Angaben zu Schmiermitteln und Füllmengen ergänzt. (Bild 2)

Beispiel:

Schmierstelle 1
Spindelkasten, erstmals nach 200 Betriebsstunden, dann alle 2000 Betriebsstunden Öl ablassen (Ablassschraube) und 1,2 Liter auffüllen (Einfüllschraube) bis maximal zur Hälfte des Ölstandsglases. Schmiermittel CLP 46.

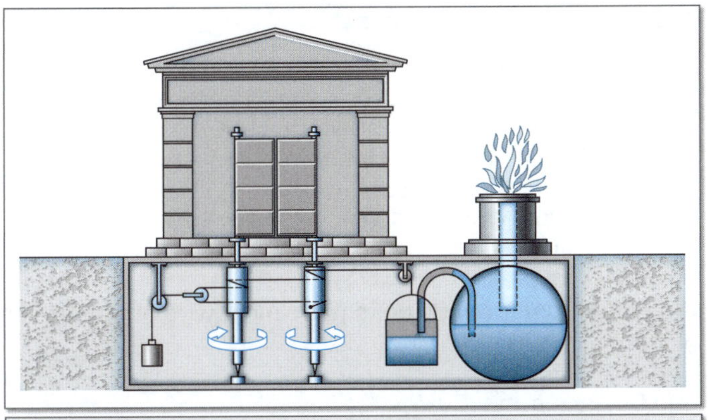

Bild 1: Modell einer Tempeltürsteuerung - Heron von Alexandria

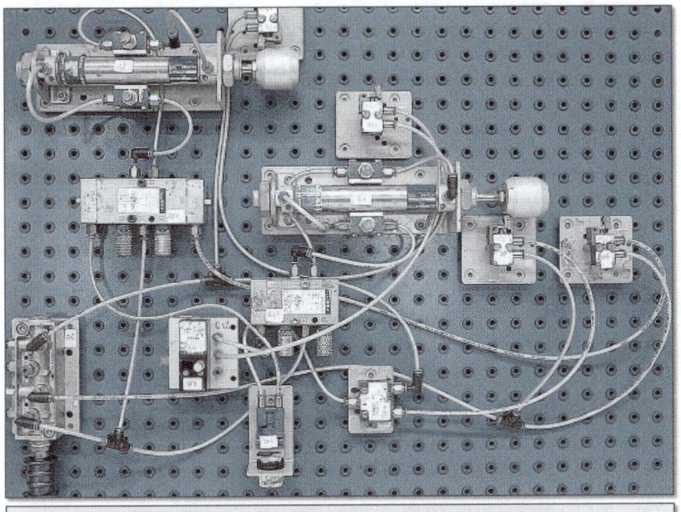

Bild 2: Laboraufbau einer Pneumatischen Anlage

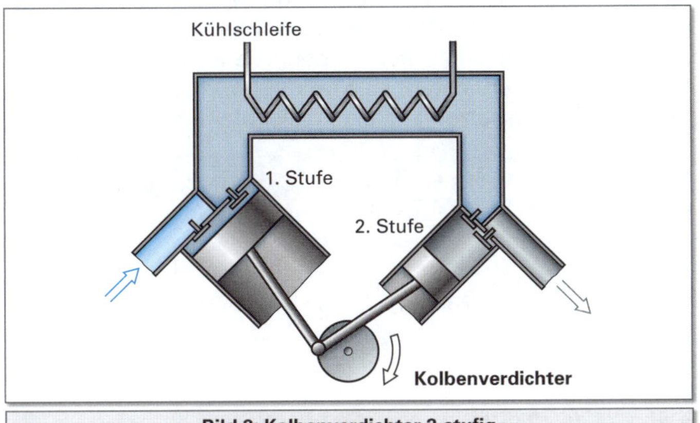

Bild 3: Kolbenverdichter 2-stufig

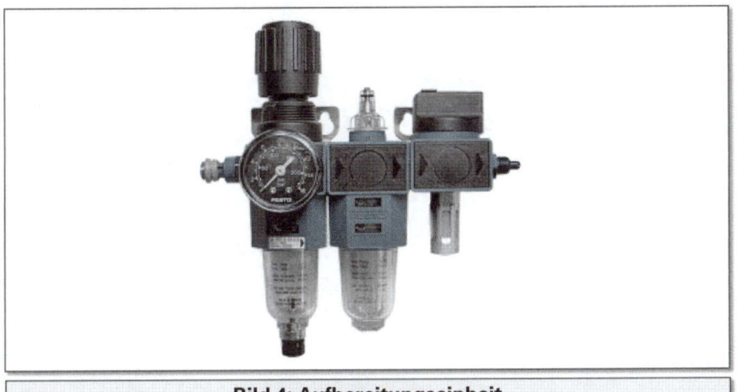

Bild 4: Aufbereitungseinheit

Pneumatik vor ca. 2000 Jahren

Entzündete man auf dem Altar ein Feuer, dann erwärmte sich die Luft im Wasserkessel (rechts), dehnte sich aus und drückte das Wasser in das Ausgleichsgefäß (links daneben). Das zunehmende Gewicht des Wassers führte zur Absenkung des Ausgleichsbehälters und bewegte die Seile mit. Damit wurden die Drehwellen zusammen mit den Tempeltüren bewegt. War das Feuer aus, floss das Wasser in den Kessel zurück, das Gegengewicht (links Außen) zog die Drehwellen in Ausgangsstellung.

Pneumatik in der industriellen Anwendung

Pneumatik leitet sich von dem griechischen Wort *Pneuma* ab, und bedeutet soviel wie: Wind, Hauch, Atem.
In der heutigen Zeit versteht man unter Pneumatik die technische Anwendung von Druckluft. Für geradlinige Bewegungen werden Zylinder und für rotierende Bewegungen Druckluftmotoren verwendet.

Der wirtschaftliche Einsatzbereich der Druckluft liegt bei ca. 6 bar (600 kPa). Die Zylinder werden mit einem Durchmesser von 6 bis 320 mm und einer Hublänge bis 2000 mm gefertigt. Die entstehenden Kräfte reichen bis 50000 N. Die Geschwindigkeiten der Zylinder liegt im Bereich von 0,02 m/s bis 1 m/s.

Drucklufterzeugung

Die Druckluft wird mit Kompressoren (Verdichtern) erzeugt. Verschiedene Bauarten sind z.B. Membranverdichter, Schraubenverdichter oder Kolbenverdichter.

Beim 2-Stufen-Kolbenverdichter wird atmosphärische Luft im Rückhub des 1. Zylinders angesaugt und in der Vorwärtsbewegung durch das schließen des Ventils verdichtet. Die verdichtete Luft strömt über eine Kühlschleife. Dabei wird Kondenswasser ausgeschieden und die Luft zieht sich zusammen. In der zweiten Stufe wird die vorverdichtete Luft dann weiter komprimiert. Zur Vermeidung von Druckstößen und Druckschwankungen wird die verdichtete Luft zuerst in einen Speicherkessel (Windkessel) geleitet.

Druckluftaufbereitung

Die Bauteile (Ventile, Zylinder, Motore) einer Pneumatikanlage müssen vor Verunreinigungen geschützt werden. Fremdstoffe in der Anlage sind häufig Wasser, Ablagerungen aus den Leitungen oder Dichtungsreste. Eine Wartungseinheit nach dem Speicherkessel und direkt vor jeder Anlage übernimmt diese Schutzfunktion. Die Wartungseinheit besteht aus: Filter mit Wasserabscheider, Druckregelventil und Druckluftöler.

Der Druckluftöler soll die Luft mit einem leichten Ölnebel versorgen, damit in den Bauteilen eine Schmierung erfolgt. In Modernen Anlagen haben die Zylinder aber oft eine Grundschmierung, wobei dann auf den Druckluftöler verzichtet wird.

Einstellhinweise und Informationen befinden sich in Montageanleitungen, Wartungsplänen und Datenblättern der jeweiligen Hersteller.

5.1 Grundlagen

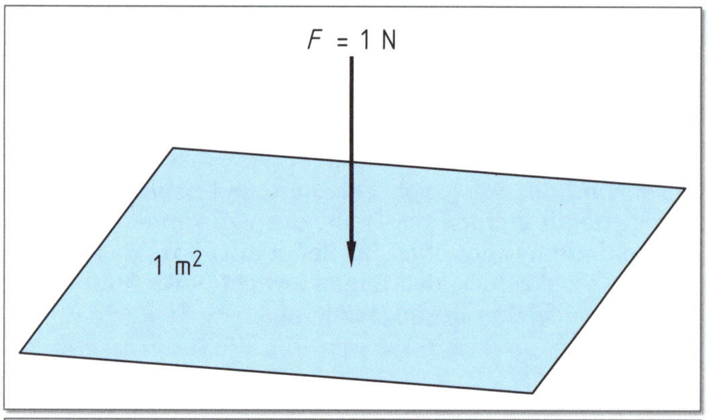

Bild 1: Die Einheit Pascal

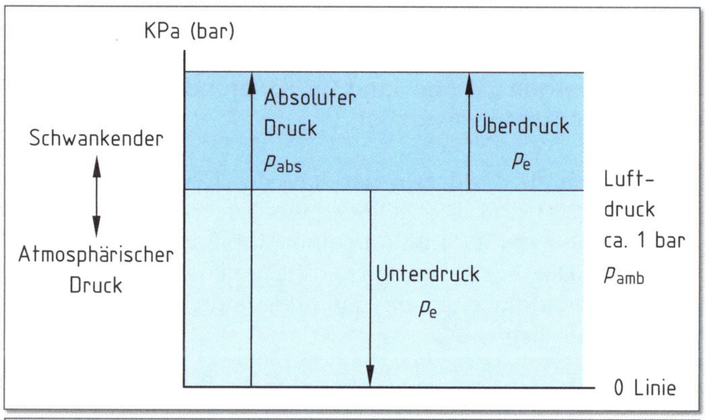

Bild 2: Luftdruck/Druckluft

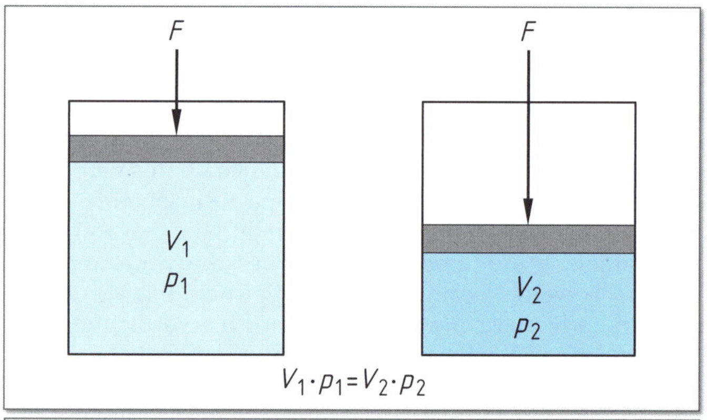

Bild 3: Boyle-Mariott`sches Gesetz

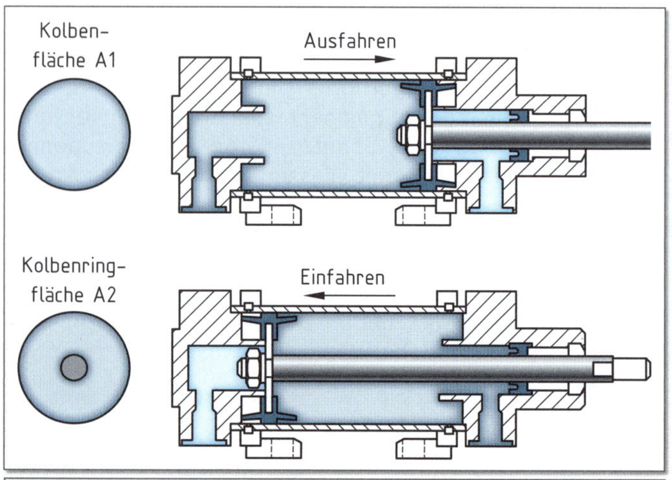

Bild 4: doppeltwirkender Zylinder

Maßeinheiten des Druckes

Die SI-Einheit für den Druck ist das **Pascal** (Pa).
1 Pascal entspricht dem Druck, den eine senkrechte Kraft von 1N auf eine Fläche von 1 m^2 ausübt.
Die Druckeinheit **bar** findet weiterhin Verwendung.

1 Pa = 1 N/m^2 = 0,01 mbar
1 bar = 100 000 N/m^2 = 10 N/cm^2 = 10^5 Pa
1 mbar = 1hPa

Die Einheit **psi** (pounds per square inch) wird ebenfalls verwendet.

1 Pound = 453,6 g
1 inch = 25,4 mm
1 bar = 14,5 psi

Druckbereiche

Der **atmosphärische Druck** (Luftdruck) ändert sich mit dem Wetter und der geographischen Lage. Der Bereich über dem atmosphärischen Druck ist der **Überdruckbereich** (Druckluft), der Bereich darunter heißt **Unterdruckbereich** (Vakuum). Der **absolute Druck** ist der auf den Druck Null bezogene Wert. Er ist gleich der Summe des atmosphärischen Drucks und des Überdrucks.

Die Druckmessgeräte **(Manometer)** in der Praxis zeigen nur den Überdruck an, das bedeutet einen Unterschied von ca. 1 bar zum absoluten Druck.
Messgeräte, die den Luftdruck anzeigen, werden als **Barometer** bezeichnet.

Verhältnis von Druck und Volumen

Das Volumen einer abgeschlossenen Gasmenge ist bei konstanter Temperatur umgekehrt proportional zum absoluten Druck. Das Produkt aus Volumen und absolutem Druck ist demnach für eine bestimmte Gasmenge konstant.
Wird z.B. eine bestimmte Gasmenge auf die Hälfte zusammengedrückt (verdichtet), so wird der herrschende Druck verdoppelt. Vorraussetzung ist eine gleichbleibende Temperatur.

V_1 = 500 cm^3 V_2 = 250 cm^3
p_1 = 1 bar p_2 = ? bar

$$V_1 \cdot p_1 = V_2 \cdot p_2$$

$$p_2 = \frac{V_1 \cdot p_1}{V_2} = \frac{500\ cm^3 \cdot 1\ bar}{250\ cm^3} = \frac{\overset{2}{\cancel{500\ cm^3}} \cdot 1\ bar}{\cancel{250\ cm^3}} = 2\ bar$$

Kolbenkräfte

Zylinder 32/16x200
32 = Zylinderdurchmesser
16 = Kolbenstangendurchmesser
200 = Hublänge (alles in mm)

$$p = \frac{F}{A} \qquad F = p \cdot A$$

A_1 = 8,04 cm^2
A_2 = 6,03 cm^2

$$F = \frac{60\ N \cdot 8{,}04\ \cancel{cm^2}}{\cancel{cm^2}} = 482{,}4\ N$$ **Ausfahren**

$$F = \frac{60\ N \cdot 6{,}03\ \cancel{cm^2}}{\cancel{cm^2}} = 361{,}8\ N$$ **Einfahren**

Berechnung ohne Reibungsverluste

5.2 Schaltzeichen nach DIN ISO 1219

Funktionssinnbilder

- Drukluftstrom
- Strömungsrichtung
- Verstellbarkeit
- Drehrichtung

Leitungsdarstellung

- Arbeitsleitung
- Steuerleitung
- Leitungskreuzung
- Leitungsverbindung
- Leitungsabzweigung

Energieversorgung

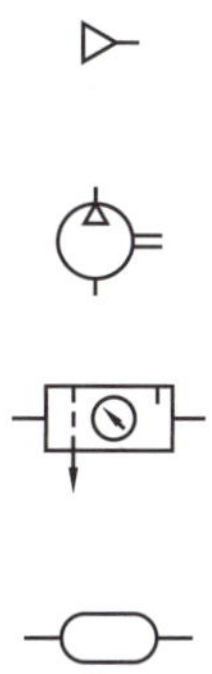

- Druckluftquelle
- Verdichter
- Aufbereitungseinheit
- Druckluftspeicher

Zylinder

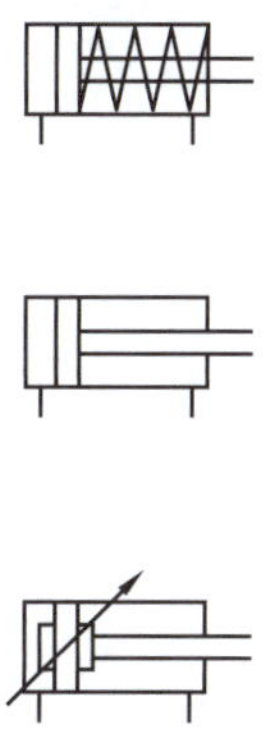

- einfachwirkender Zylinder
- doppelwirkender Zylinder
- doppelwirkender Zylinder mit beidseitig einstell-barer Endlagendämpfung

Druckventile

- Druckbegrenzungsventil
- Druckregelventil

Stromventile

- Drosselventil nicht einstellbar
- Drosselventil verstellbar

Sperrventile

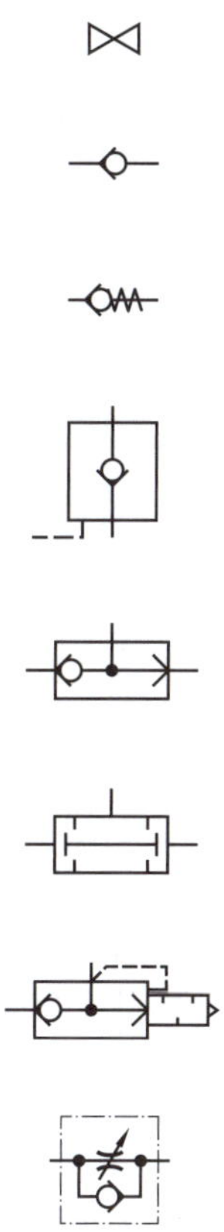

- Absperrventil
- Rückschlagventil
- Rückschlagventil mit Feder
- Rückschlagventil, entsperrbar
- Wechselventil
- Zweidruckventil
- Schnellentüftungsventil
- Drosselrückschlagventil

Wegeventile

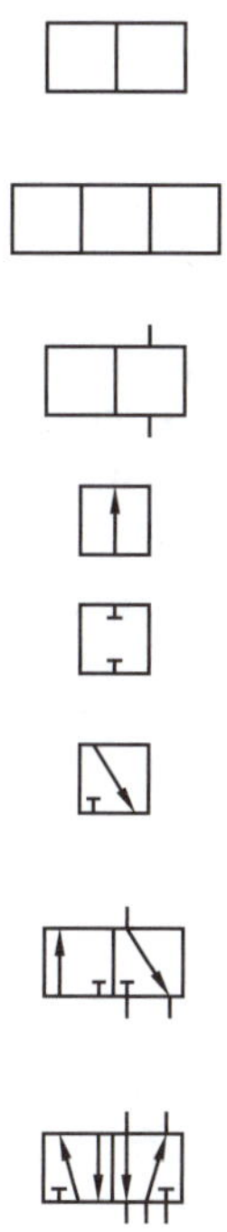

- Grundsymbol für zwei Schaltstellungen
- Grundsymbol für drei Schaltstellungen
- Anschlüsse werden durch kurze Linien dargestellt
- Durchflussrichtung
- Anschlüsse gesperrt
- ein Durchflussweg drei Anschlüsse
- drei Anschlüsse zwei Schaltstellungen 3/2 Wegeventil
- fünf Anschlüsse zwei Schaltstellungen 5/2 Wegeventil

Die erste Ziffer steht für die Anschlüsse, die zweite Ziffer steht für die Schaltstellungen

Betätigungsarten

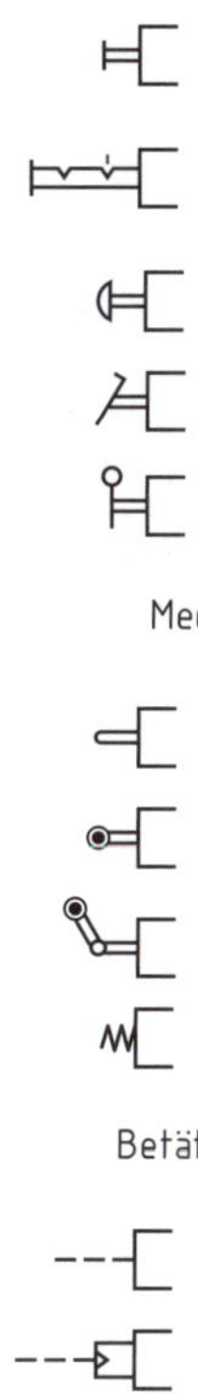

Betätigung durch Muskelkraft

- Allgemeine Betätigung
- Allgemeine Betätigung mit Raster
- Betätigung durch Druckknopf
- Betätigung durch Pedal
- Betätigung durch Hebel

Mechanische Betätigung

- Betätigung durch Stößel
- Betätigung durch Rolle
- Betätigung durch Kipphebel
- Betätigung durch Feder

Betätigung durch Druckluft

- direkt
- indirekt

Hilfssymbole

Entlüftung ohne Anschluss

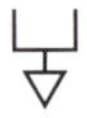
Entlüftung mit Anschluss

Geräuschdämpfer

Druckmessgerät

Optische Anzeige

Anschlussbezeichnung an Ventilen

(DIN ISO 5599)

Druckluftanschluss	1
Entlüftung	3, 5
Ausgänge	2 , 4
Steueranschlüsse	10, 12, 14

2/2 Wegeventil in Sperrruhestellung, Druckknopfbetätigung und Federrückstellung

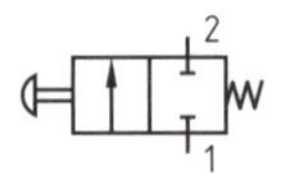

Druckeingang 1 ist im unbetätigtem Zustand (Ruhestellung) gesperrt. Nach Druckknopfbetätigung strömt Druckluft von 1 nach 2.

2/2 Wegeventil in Durchflussruhestellung, Pedalbetätigung und Federrückstellung

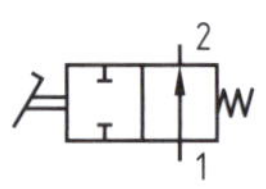

Druckeingang 1 ist im unbetätigtem Zustand (Ruhestellung) geöffnet. Druckluft strömt von 1 nach 2. Nach Betätigung wird der Eingang 1 verschlossen.

3/2 Wegeventil in Sperrruhestellung, Tasterbetätigung und Federrückstellung

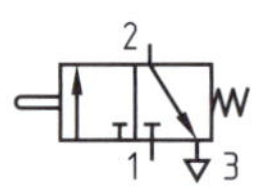

Druckeingang 1 ist im unbetätigtem Zustand gesperrt. Entlüftung von 2 nach 3. Durch Betätigung wird 3 verschlossen und Druckluft strömt von 1 nach 2.

3/2 Wegeventil in Sperrruhestellung, Druckluftbetätigt und Federrückstellung

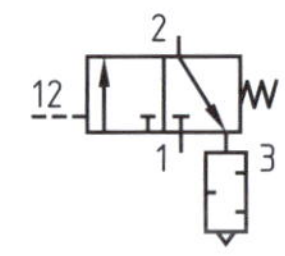

Strömt Druckluft in den Steuereingang 12, so fließt die Energie von 1 nach 2. Entlüftung mit Geräuschdämpfer. Steuereingang 12, Energie von 1 nach 2.

3/2 Wegeventil in Durchflussruhestellung, Druckluftbetätigt und Federrückstellung

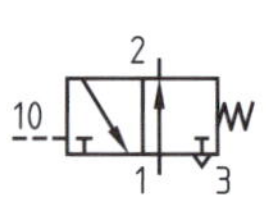

Strömt Druckluft in den Steuereingang 10, so wird der Eingang 1 verschlossen. Entlüftung ohne Anschluss. **Steuereingang 10 ,Energie wird gesperrt (0)**

3/2 Wegeventil beidseitig Druckluftbetätigt

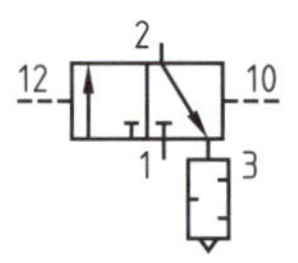

Entlüftung über Geräuschdämpfer
Steuereingang 12, Energie von 1 nach 2
Steuereingang 10, Energie wird gesperrt (0)

5/2 Wegeventil beidseitig Druckluftbetätigt mit Vorsteuerung

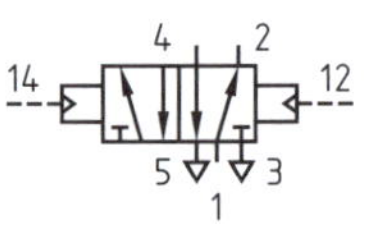

Entlüftung über Geräuschdämpfer
Steuereingang 12, Energie von 1 nach 2
Steuereingang 14, Energie von 1 nach 4

5/2 Wegeventil einseitig Druckluftbetätigt mit Vorsteuerung und Federrückstellung

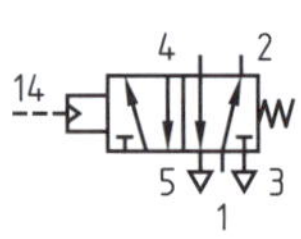

Bei drucklosem Steuereingang strömt die Luft von 1 nach 2. Entlüftung erfolgt von 4 nach 5. Druckbeaufschlagung des Steuereingang 14, so strömt die Luft von 1 nach 4, Entlüftung erfolgt von 2 nach 3.
Steuereingang 14, Energie von 1 nach 4

5/3 Wegeventil in Sperrmittelstellung beidseitig Druckluftbetätigt mit Vorsteuerung und Federzentrierung.

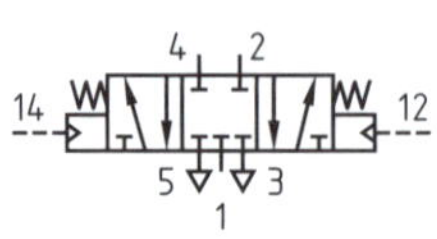

Bei drucklosen Steuereingängen schaltet das Ventil in Sperrmittelstellung, alle Aus- und Eingänge sind verschlossen.
Steuereingang 12, Energie von 1 nach 2
Steuereingang 14, Energie von 1 nach 4

3/2 Wegeventil mit Anzugsverzögerung

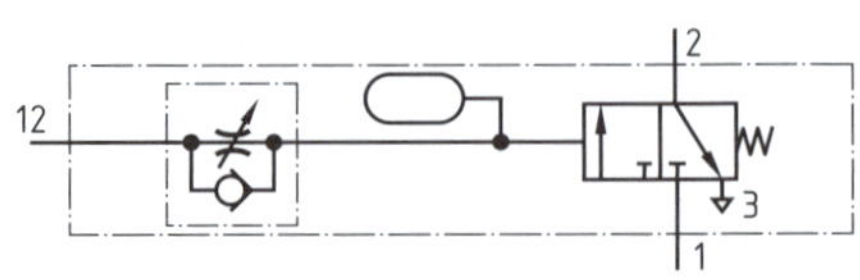

Baugruppe aus einem Drosselrückschlagventil, einem Speicher und einem 3/2 Wegeventil. Strömt Steuerdruck in den Eingang 12, wird die Energie erst nach einer bestimmten Zeit von 1 nach 2 weitergeleitet.
Steuereingang 12, Energie von 1 nach 2

Schaltzeichen nach DIN ISO 1219	Schematische Darstellung	Funktionsbeschreibung
Zylinder, einfachwirkend		
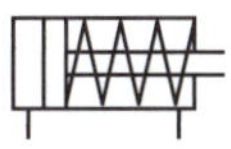	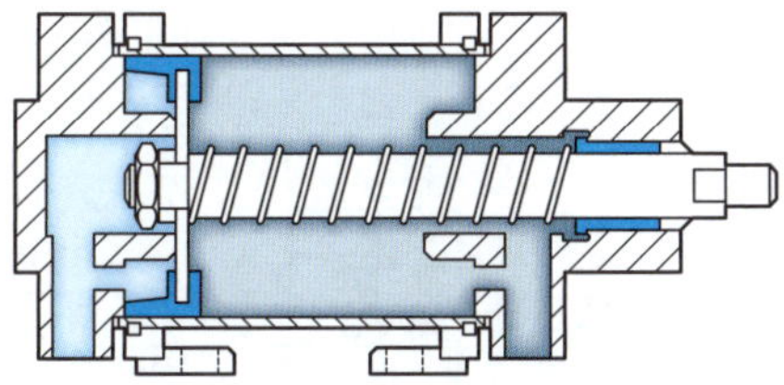	Wird die Kolbenseite mit Druckluft beaufschlagt, so fährt die Kolbenstange aus. Bei Entlüftung drückt die Rückstellfeder den Kolben wieder in seine Ausgangslage. Der einfachwirkende Zylinder verrichtet nur beim Ausfahren Arbeit und eignet sich deshalb zum Spannen, Pressen oder Auswerfen von Teilen.
Zylinder, doppeltwirkend		
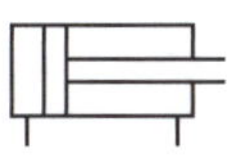	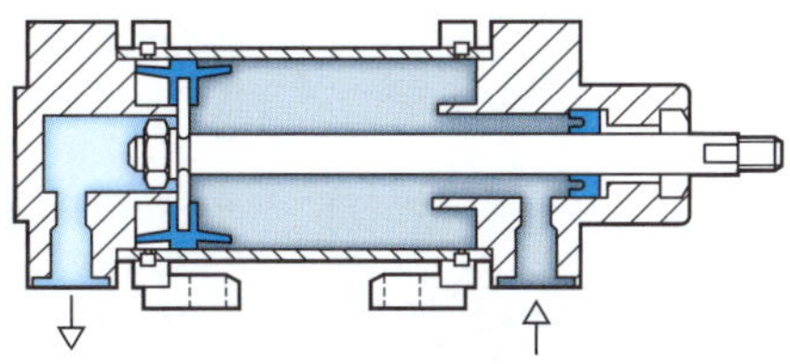	Wird der Zylinder auf der Kolbenseite belüftet und auf der Stangenseite entlüftet, so fährt die Kolbenstange aus. Wird die Stangenseite mit Druckluft beaufschlagt und auf der Gegenseite entlüftet, so fährt die Kolbenstange wieder in ihre Ausgangslage zurück. Bei gleichem Druck ist die Kolbenkraft beim Vorhub größer als beim Rückhub, bedingt durch unterschiedliche Kolbenflächen. Arbeit kann in beiden Richtungen verrichtet werden.
Zylinder, doppeltwirkend mit Endlagendämpfung		
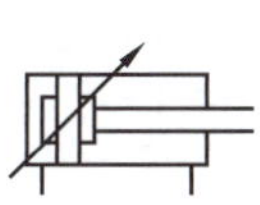	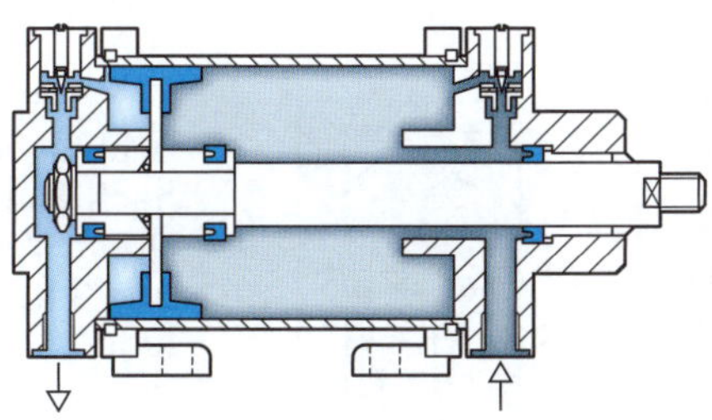	Vor Erreichen der Endlage unterbricht der Dämpfungskolben den direkten Abflussweg der Luft ins Freie. In dem verbleibenden Zylinderraum baut sich ein Luftpolster auf. Der entstehende Überdruck entweicht über ein verstellbares Drosselventil. Dadurch wird die Dämpfung der Kolbenbewegung erreicht.
2/2 Wegeventil, Ruhestellung gesperrt		
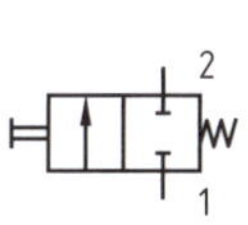	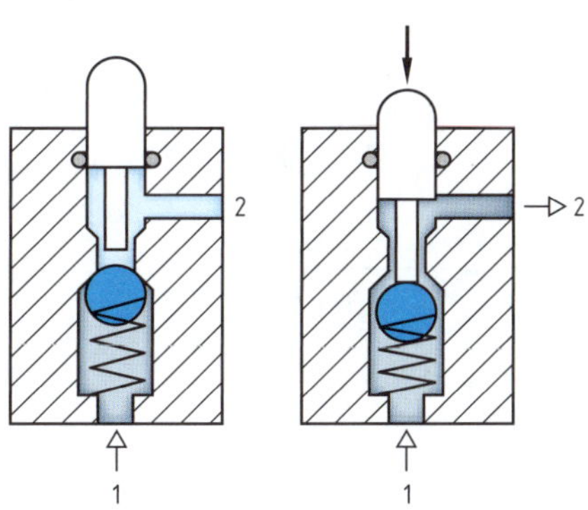	Kugelsitzventile sind wegen ihres einfachen Aufbaus sehr preiswert. Er ermöglicht eine kleine Bauweise. Die Kugel wird durch eine Feder gegen den Ventilsitz gedrückt und sperrt den Druckluftdurchgang von 1 nach 2. Bei Betätigung des Stößels wird die Kugel aus dem Sitz gedrückt und die Druckluft strömt von 1 nach 2. Diese Ventile werden nur für untergeordnete Zwecke verwendet, da eine einwandfreie Dichtung (durch den Kugelsitz) nicht immer gewährleistet ist.

Schaltzeichen nach DIN ISO 1219	Schematische Darstellung	Funktionsbeschreibung
3/2 Wegeventil, Ruhestellung gesperrt		
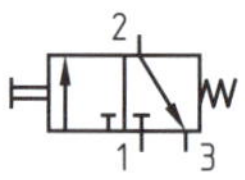	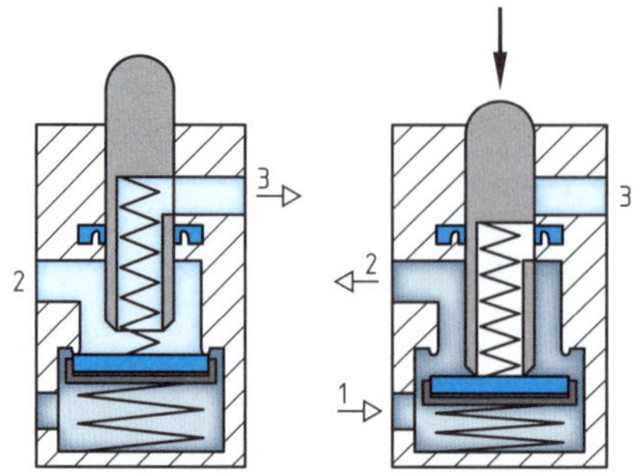	Tellerdichtsitzventile dieser Bauart sind überschneidungsfrei, daher keine unnötige Lärmbelästigung durch Zuluftüberströmung ins Freie und keine Luftverluste. Tellerdichtsitzventile zeichnen sich durch großen Durchströmquerschnitt bei kurzen Betätigungswegen aus. Das 3/2 Wegeventil sperrt in Nullstellung (Ruhestellung) Druckeingang 1 und entlüftet von 2 nach 3. Beim Betätigen des Stößels wird die Entlüftung verschlossen, bevor der Durchgang von 1 nach 2 öffnet.
3/2 Wegeventil, Ruhestellung offen		
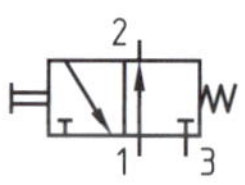	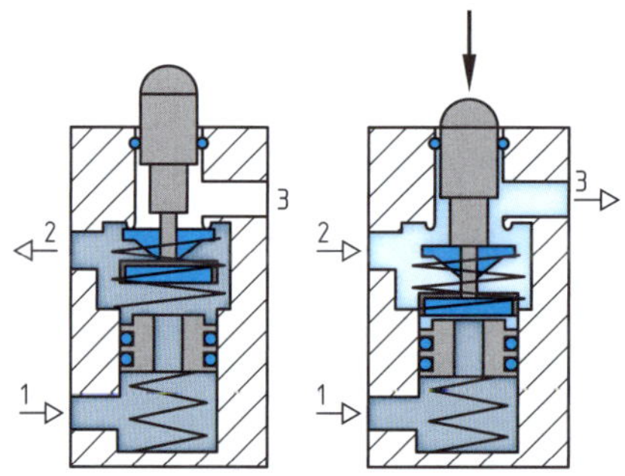	Das 3/2 Wegeventil mit Durchfluss-Nullstellung gibt in unbetätigter Stellung (Ruhestellung) den Weg von 1 nach 2 frei und sperrt die Entlüftung 3. Beim Betätigen wird zuerst 1 verschlossen und anschließend der Durchgang von 2 nach 3 geöffnet.
3/2 Wegeventil, Ruhestellung offen, Betätigung mit Druckluft		
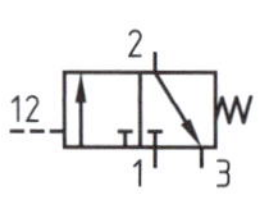	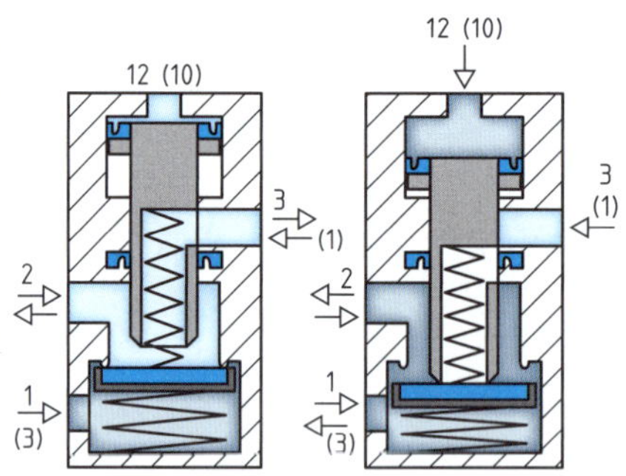	Das 3/2 Wegeventil sperrt in Ruhestellung Druckeingang 1 und entlüftet von 2 nach 3. Wird der Eingang 12 mit Steuerdruckluft beaufschlagt, so ist der Durchgang von 1 nach 2 geöffnet und 3 gesperrt. Durch Vertauschen der Anschlüsse von 1 und 3 hat das Ventil Durchflussruhestellung.
5/2 Wegeventil, Betätigung mit Druckluftimpuls		
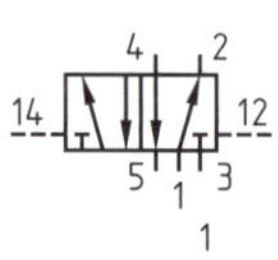	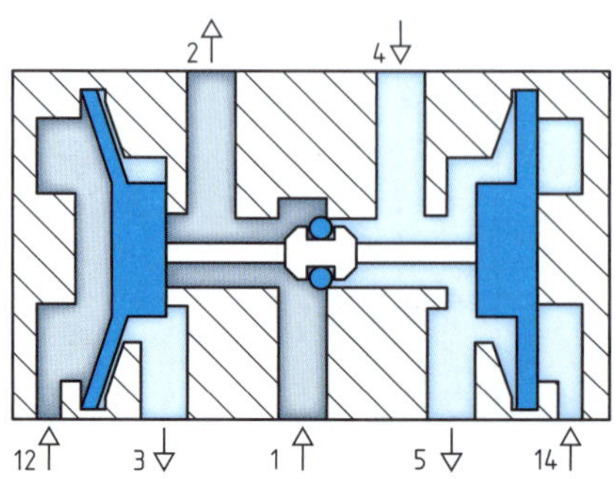	Das 5/2-Wegeventil wird wechselseitig über die Steuereingänge 12 und 14 durch Druckluft umgesteuert. Der Steuerkolben behält wegen des Schnappverhaltens der Membranen die jeweilige Schaltstellung solange bei, bis ein Gegensignal gegeben wird, d.h. das Ventil hat Signalspeichereigenschaften.

Schaltzeichen nach DIN ISO 1219	Schematische Darstellung	Funktionsbeschreibung
3/2 Wegeventil, Ruhestellung gesperrt, Betätigung durch Rolle und Vorsteuerung		
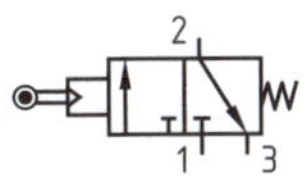	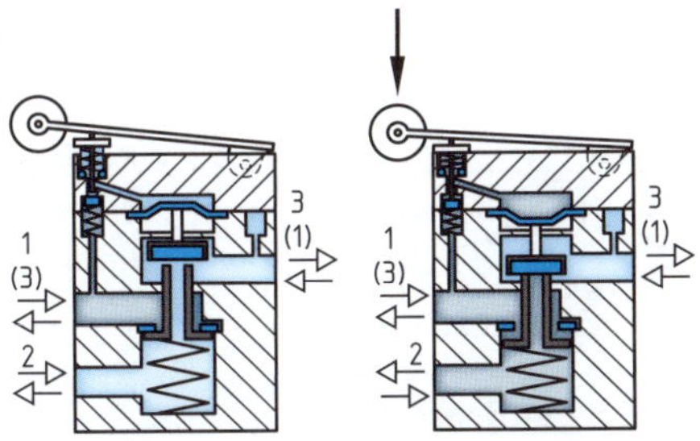	Die erforderliche Betätigungskraft direkt gesteuerter Sitzventile steigt mit der Arbeitsdruckluft an. Die Verringerung der Betätigungskraft ist mit vorgeschalteten 3/2-Wegeventilen kleiner Nennweite möglich. Bei Betätigung öffnet das kleine Vorsteuerventil den Weg von 1 zur Membrane des Betätigungskolbens. Dieser verschließt 2 gegen 3 und hebt den Steuerkolben von seinem Dichtsitz ab, 1 ist mit 2 verbunden. Der Umbau von Sperr-Ruhestellung in Durchfluss-Ruhestellung ist durch Verdrehen des Steuergehäusekopfes um 180 Grad bei gleichzeitigem Vertauschen der Anschlüsse 1 und 3 gegeneinander möglich.
3/2 Wegeventil, Anzugsverzögerung		
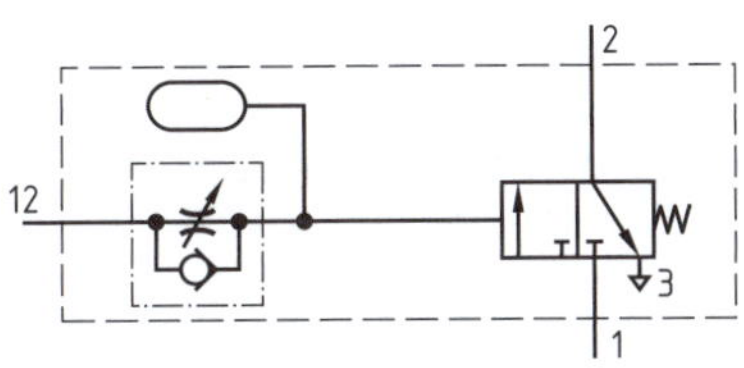	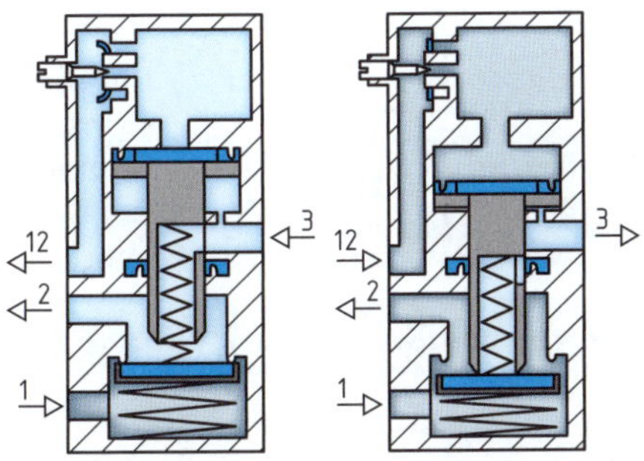	Das Verzögerungsventil besteht aus einem 3/2-Wegeventil, einem Drosselrückschlagventil und einem kleinen Druckluftbehälter. Steuerluft strömt von 12 über die einstellbare Drossel in den Behälter. Dort baut sich ein Druck auf. Dieser wirkt auf den Betätigungskolben. Wenn der Druck im Behälter einen bestimmten Wert erreicht hat, wird vom Ventilkolben der Weg von 2 nach 3 gesperrt und von 1 nach 2 geöffnet. Anwendung: Wenn das Startsignal 12 erst nach Ablauf einer bestimmten Zeit wirksam werden soll.
Drosselrückschlagventil, verstellbar		
	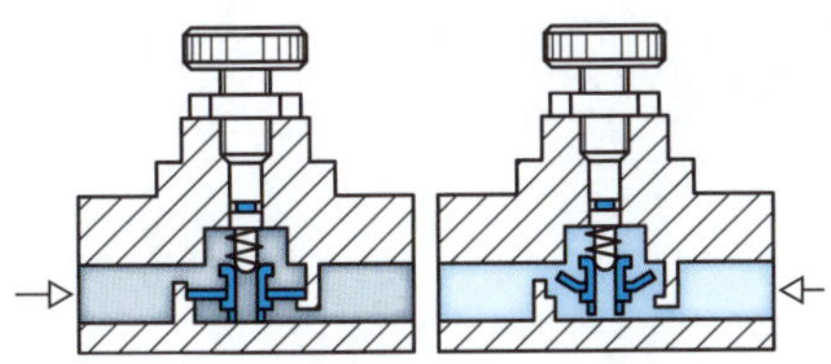	Drosselrückschlagventile geben der Druckluft in einer Richtung nur den einstellbaren Querschnitt am Kegelsitz der Verstellschraube frei. Der Durchflussquerschnitt kann von 0 bis zur Nennweite des Ventils verändert werden. In Gegenrichtung hebt die Membrane von ihrem Sitz ab, die Druckluft hat „freien Durchgang". Anwendung: zur Geschwindigkeitsregulierung von Zylindern.
Schnellentlüftungsventil		
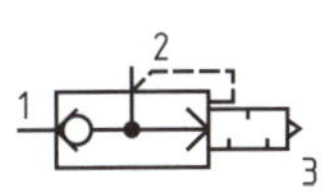	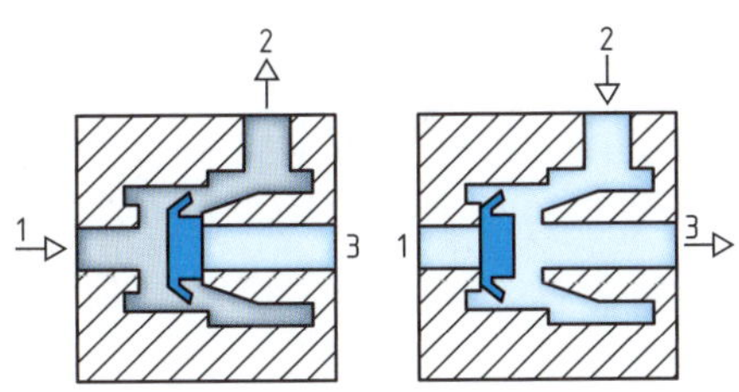	Schnellentlüftungsventile dienen zum raschen entlüften von Zylindern und Leitungen. Besonders bei großvolumigen Zylindern kann die Kolbengeschwindigkeit um ein mehrfaches gesteigert werden. Die Dichtmanschette verschließt die Bohrung 3, wenn Druckluft von 1 nach 2 strömt. Die Dichtlippen legen sich dabei um. Bei Entlüftung drückt die abströmende Luft die Dichtmanschette gegen die Bohrung 1, die Dichtlippen legen sich an die Gehäusewand an und die Abluft gelangt über den größeren Querschnitt über 3 direkt ins Freie.

Schaltzeichen nach DIN ISO 1219	Schematische Darstellung	Funktionsbeschreibung
	Wechselventil	
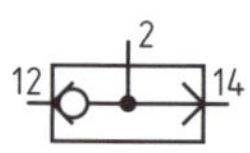	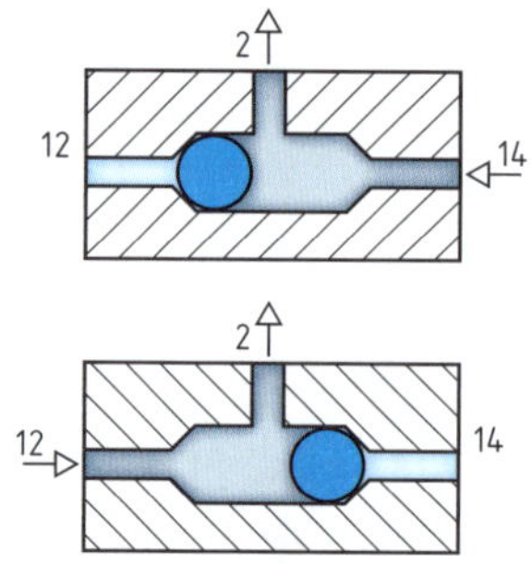	Das Wechselventil lässt die Druckluft von dem jeweiligen Anschluss 12 oder 14 nach 2 strömen. Dabei verschließt die Kugel den gegenüberliegenden Anschluss. Anwendung: zur wechselweisen Betätigung bzw. Steuerung pneumatischer Geräte von zwei verschiedenen Stellen aus (ODER-Glied).
	Zweitdruckventil	
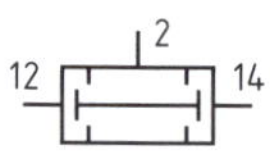	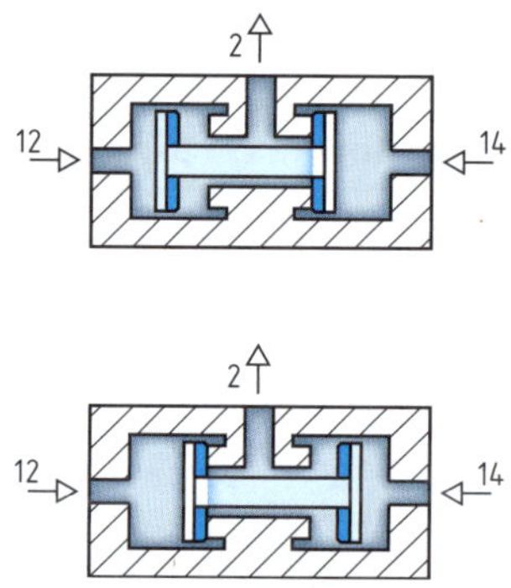	Das Zweidruckventil hat zwei Druckluft-eingänge 12 und 14. Bei 2 ist nur dann ein Ausgangssignal vorhanden, wenn beide Eingänge mit Druckluft beaufschlagt sind. Wenn nur ein Signal anliegt, bleibt der Durchfluss gesperrt. Bei zeitlichen Unterschieden der Eingangs-signale gelangt das zuletzt ankommende Signal nach 2. Bei Druckunterschieden gelangt das schwä-chere Signal zum Ausgang 2. (UND-Glied)
	Druckbegrenzungsventil, verstellbar	
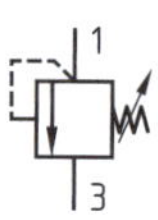	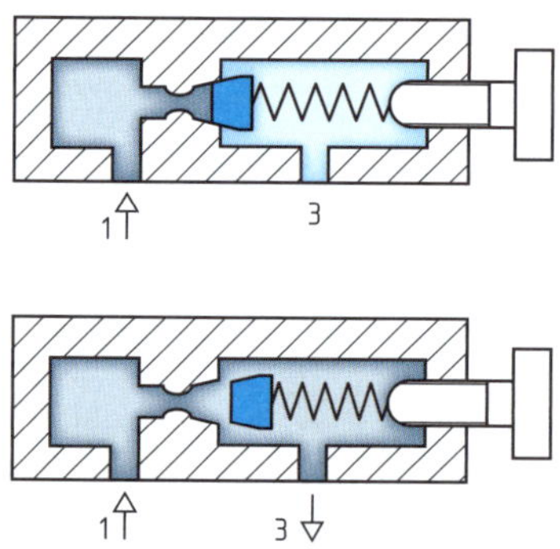	Das Druckbegrenzungsventil besteht aus einer Kegeldichtung, einer Druckfeder und einer Einstellschraube. Wenn der Druck bei 1 den eingestellten Wert erreicht hat, hebt der Dichtkegel von seinem Sitz ab und gibt den Weg zur Entlüf-tung frei. Um Flattererscheinungen infolge von klei-nen Druckschwankungen zu verhindern, ist vor dem Dichtkegel ein größeres Volumen angeordnet, das nur über eine Drosselstelle nach 3 entlüften kann.
	Druckregelventil	
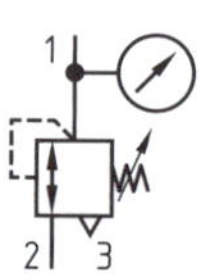	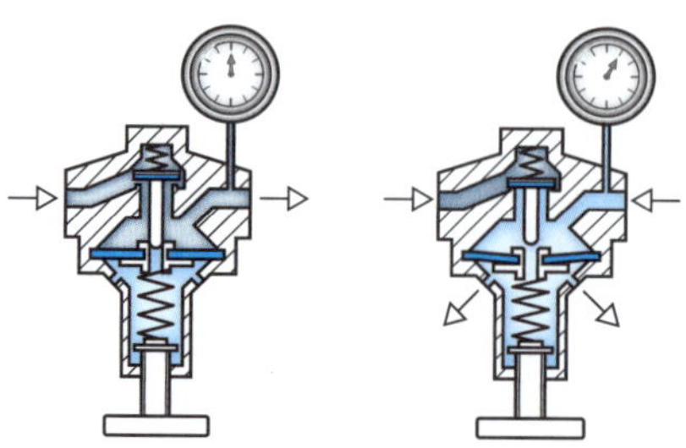	Das Druckregelventil reduziert einen hohen Eingangsdruck auf einen geringeren Aus-gangsdruck. Dieser Ausgangsdruck ist ein-stellbar und wird nahezu konstant gehalten. Übersteuerungen werden ausgeglichen. Mit der Einstellschraube wird die Vorspan-nung der Membranfeder verändert. Die Membrane drückt den Stößel gegen die Wirkung der Ventilstößelfeder von sei-nem Sitz. Dabei verschließt der Stößel die Entlüftungsbohrung der Membrane. Steigt der Druck auf der Ausgangsseite über den eingestellten Wert an so bewegt sich die Membrane nach unten und der Überdruck entweicht.

Schaltzeichen nach DIN ISO 1219	Schematische Darstellung	Funktionsbeschreibung
Filter mit Wasserabscheider		
	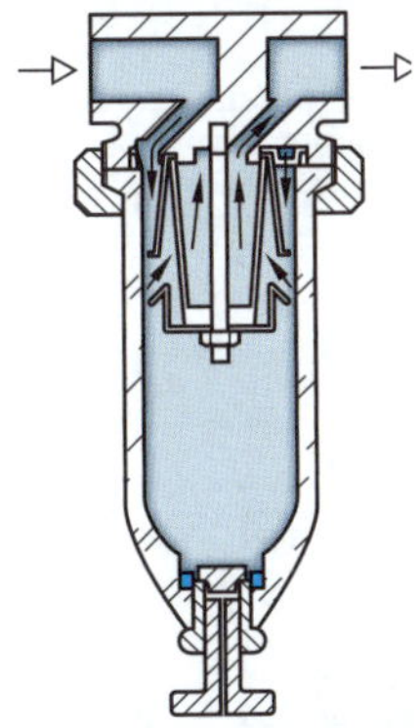	Der Druckluftfilter befreit die durchströmende Druckluft von Verunreinigungen, insbesondere von Kondensat. Die Druckluft wird über ein Leitblech in die Filterschale geleitet und in eine schnelle kreisende Bewegung versetzt. Durch die Wirkung der Zentrifugalkraft werden die schweren Schmutzteilchen und Wassertröpfchen nach außen an die Filterwand geschleudert, wo sie sich niederschlagen. Das Kondensat sammelt sich im unteren Teil der Filterschale und muss über die Ablassschraube entleert werden.
Druckluftöler		
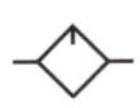	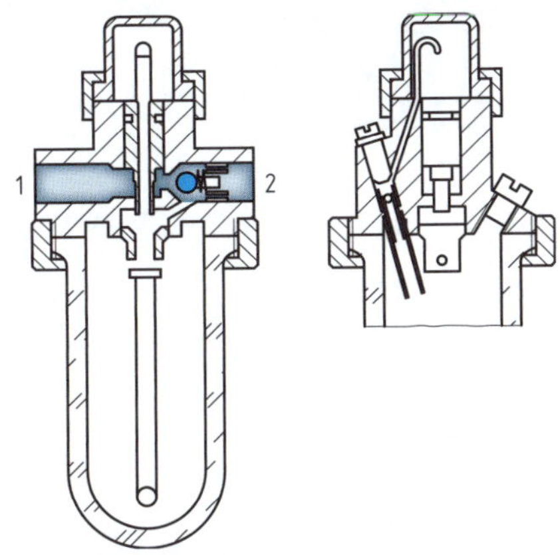	Im Druckluftöler wird die durchströmende Druckluft mit einem feinen Ölnebel vermischt. Auf diese Weise werden die beweglichen Teile der Pneumatikelemente mit Schmiermittel versorgt, Reibung und Verschleiß werden verringert. Die Luft durchströmt den Druckluftöler von 1 nach 2. Ein Teil der strömenden Luft wird durch die Düse geführt. Der dadurch entstehende Druckabfall bewirkt, dass über ein Steigrohr Öl angesaugt wird. An der Saugdüse reißt die strömende Luft die Öltropfen mit und zerstäubt sie. (Venturiprinzip)
Druckschaltventil (Folgeventil)		
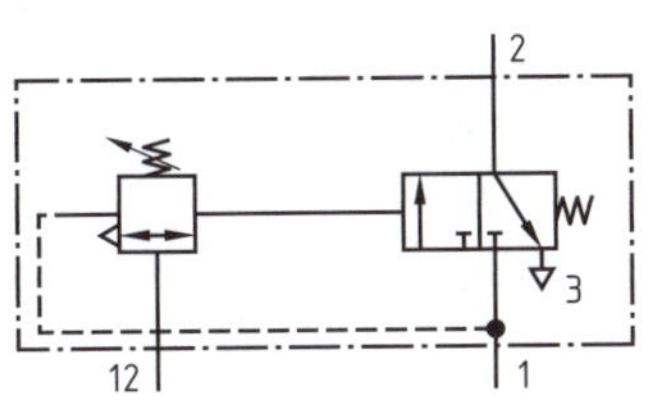	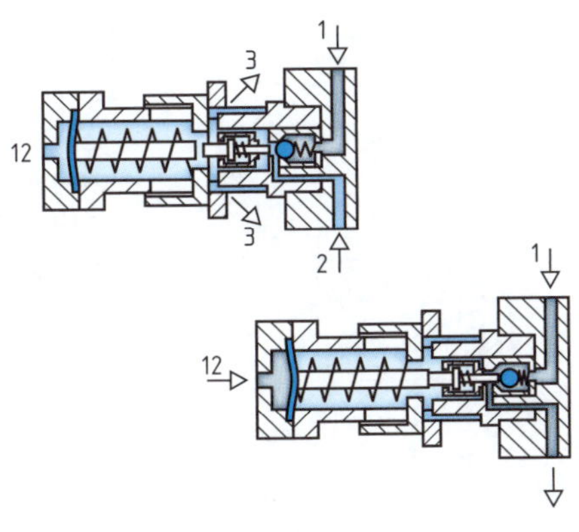	Das Folgeventil dient zur druckabhängigen Weiterleitung eines Signals von 1 nach 2. Bei unbeaufschlagter Membrane wird der Durchfluss von 1 gesperrt, 2 nach 3 entlüftet. Je nach der einstellbaren Vorspannung der Membranrückstellfeder muss bei 12 ein entsprechend hoher Druck anstehen, damit der Kolben den Ventilkörper verschiebt und 3 verschließt. Im weiteren Vorlauf des Kolbens wird die Kugel durch den Stößel von ihrem Sitz abgehoben und der Weg von 1 nach 2 geöffnet.
Rückschlagventil		
	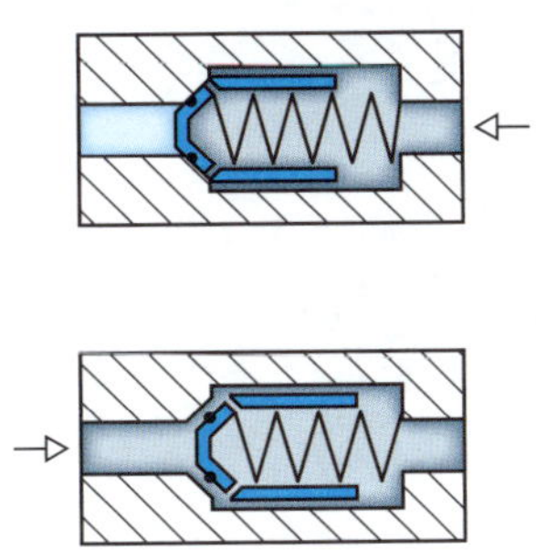	Im unbelasteten Zustand ist das Rückschlagventil geschlossen. Strömt die Druckluft von rechts ein, bleibt der Durchgang gesperrt. Wird der linke Eingang mit Druck beaufschlagt, so wird der Dichtkörper entgegen der Feder aus seinem Sitz gedrückt, so dass die Druckluft durchströmen kann.

<table>
<tr><th>Pneumatikschaltplan</th><th>Schematische Darstellung</th><th>Funktionsbeschreibung</th></tr>
<tr><td colspan="3">Direkte Ansteuerung eines einfachwirkenden Zylinders</td></tr>
<tr><td>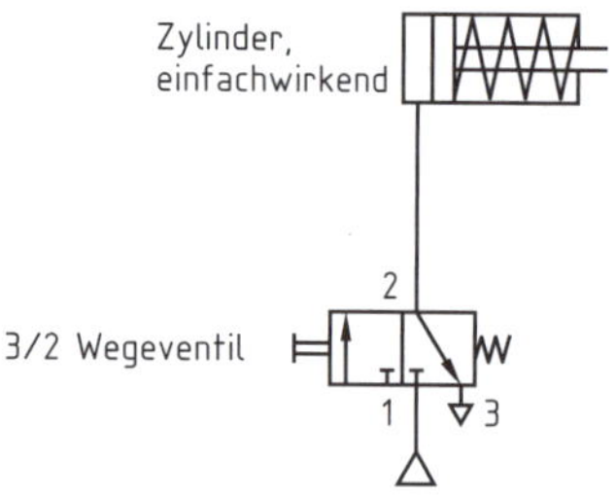
</td><td>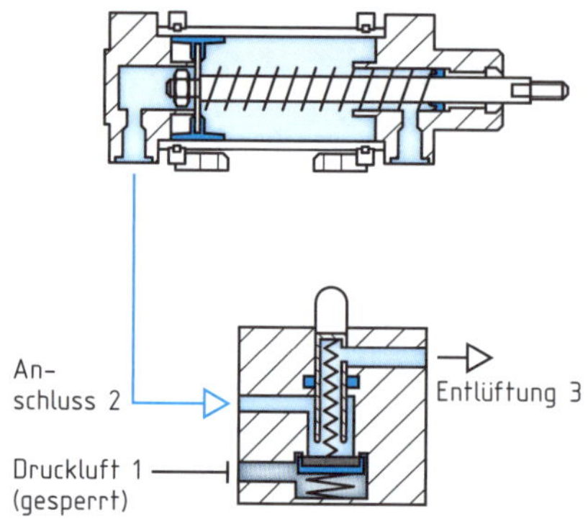
</td><td>Bei Nichtbetätigung befindet sich das 3/2 Wegeventil in Sperrruhestellung, Anschluss 1 wird verschlossen, Entlüftung erfolgt von 2 nach 3. Der einfachwirkende Zylinder befindet sich durch die Rückholfeder in der hinteren Endlage</td></tr>
<tr><td>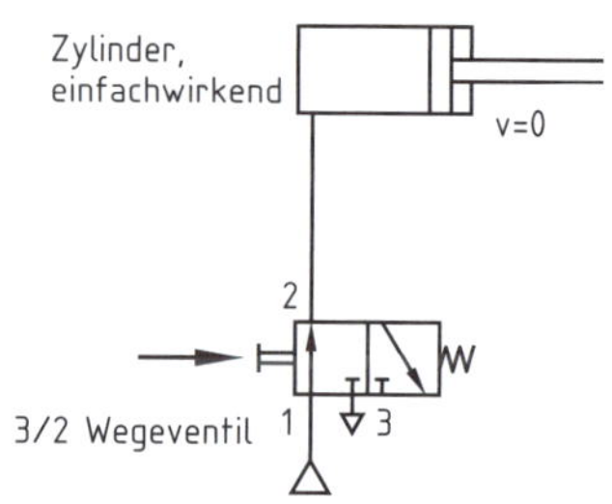
</td><td>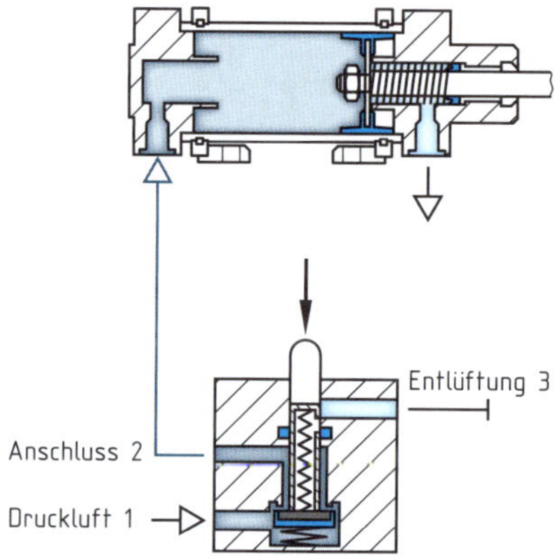
</td><td>Wird das Ventil entgegen der Federkraft geschaltet, strömt die Druckluft von 1 nach 2 in den Zylinder, Anschluss 3 wird verschlossen, der Zylinder fährt entgegen der Federkraft in die vordere Endlage.
Anwendung: z.B. das Auswerfen, Spannen oder Pressen von Werkstücken.
Der einfach wirkende Zylinder verrichtet nur bei der Ausfahrbewegung Arbeit.</td></tr>
<tr><td colspan="3">Indirekte Ansteuerung eines doppeltwirkenden Zylinders</td></tr>
<tr><td>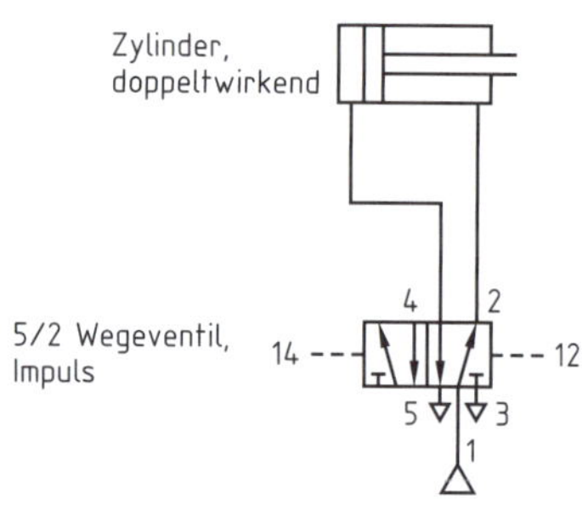
</td><td>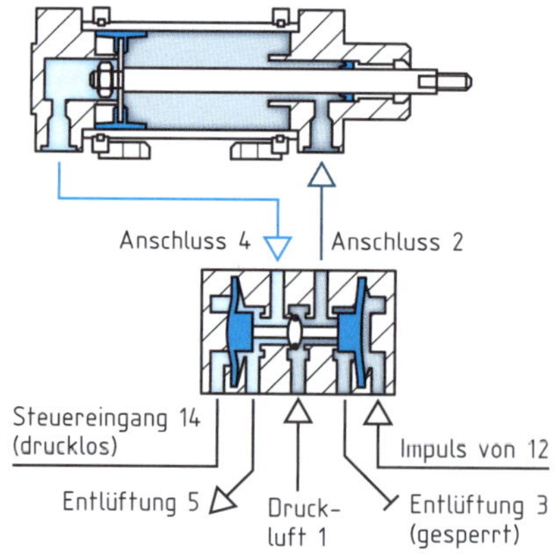
</td><td>In der Ausgangsstellung befindet sich der Zylinder in der hinteren Endlage, die Entlüftung erfolgt über das 5/2 Wegeventil von Anschluss 4 nach 5. Druckluft strömt von 1 nach 2 in den Kolbenstangenraum, der nun mit Druck beaufschlagt ist.</td></tr>
<tr><td>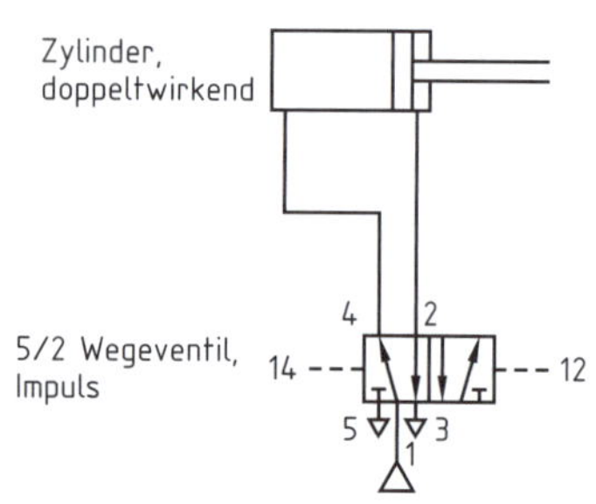
</td><td>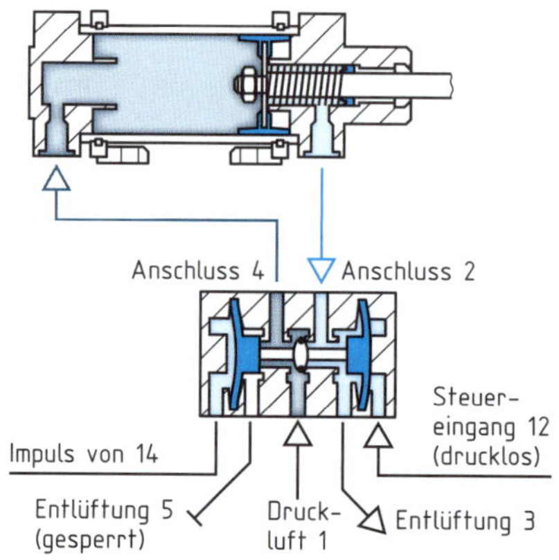
</td><td>Strömt ein Druckluftimpuls in den Steuereingang 14, so schaltet das 5/2 Wegeventil um, der Steuereingang 12 muss dazu entlüften können. Die Arbeitsluft strömt von 1 nach 4 in den Zylinder, wobei der Kolbenstangenraum von 2 nach 3 entlüftet, der Zylinder fährt in die vordere Endlage.
Der doppeltwirkende Zylinder kann in beiden Richtungen Arbeit verrichten, wie z.B. Vorschub von Maschinenschlitten, Werkstücke ziehen oder auswerfen, Türen öffnen und schließen.</td></tr>
</table>

EUROPA LEHRMITTEL

Pneumatikschaltplan	Funktionsbeschreibung

Zuluftdrosselung am einfachwirkenden Zylinder

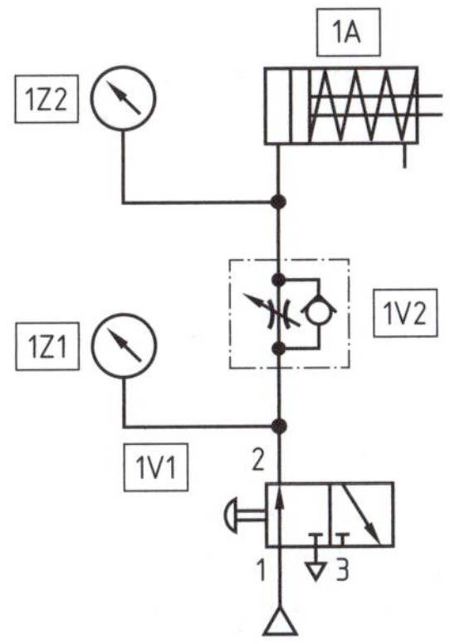

Bei einfachwirkenden Zylindern wird die Zuluftdrosselung eingesetzt, da der Zylinder nur beim Ausfahren Arbeit verrichtet, wie z.B. Teile Spannen, Auswerfen oder Zuführen. Wird das 3/2 Wegeventil 1V1 geschaltet, so strömt die Druckluft von 1 nach 2 zum Drosselrückschlagventil **1V2**, dort baut sich ein Druck auf, der dann durch das Drosselventil strömt. Der Druck baut sich nun allmählich im Zylinder **1A** auf und er bewegt sich langsam in die vordere Endlage. Nach zurückschalten von **1V1** strömt die Luft ungedrosselt aus **1A** über **1V2** (das Rückschlagventil öffnet) und über **1V1** von 2 nach 3 ins Freie. Der Zylinder wird durch die Federkraft zurück in die hintere Endlage gestellt.

Zuluftdrosselung am doppeltwirkenden Zylinder

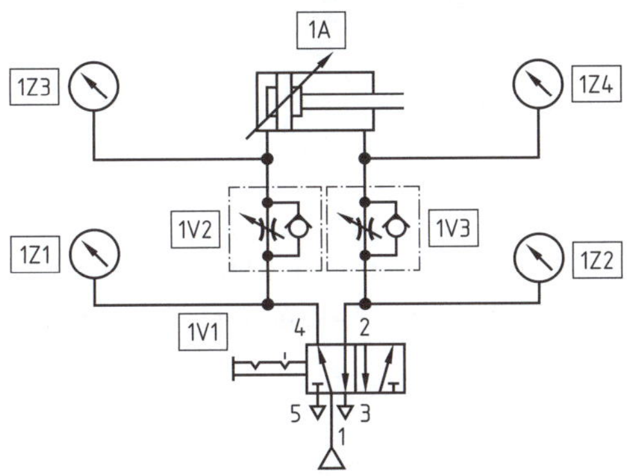

Doppeltwirkende Zylinder können beim Ein- und Ausfahren Arbeit verrichten. Wird die Zuluftdrosselung eingesetzt und es wirken äußere Kräfte auf die Kolbenstange, so wird sie herausgezogen oder hineingedrückt, da die gegenüberliegende Seite nach Umschalten von **1V1** drucklos ist.
Wird **1V1** geschaltet strömt Druckluft von 1 nach 4 zu **1V2**, dort baut sich ein Druck auf, der dann gedrosselt in **1A** langsam wirksam wird. Auf der Gegenseite der Kolbenstange wird sofort nach **1V3** zu **1V1** über 2 nach 3 entlüftet, die Kolbenstangenseite ist drucklos. Nach zurückschalten von **1V1** verhält sich der Druck analog zum Ausfahren.

Abluftdrosselung am doppeltwirkenden Zylinder

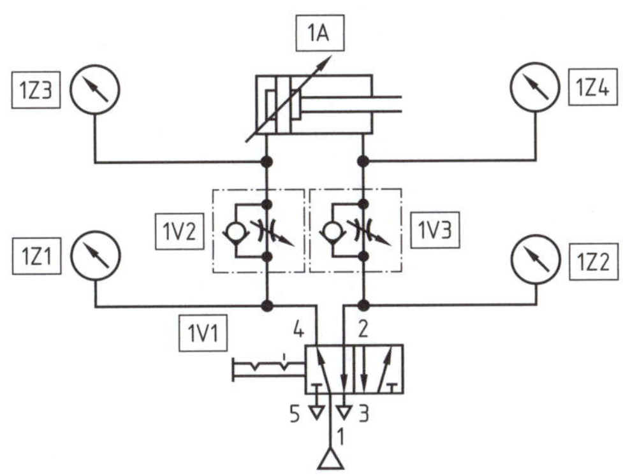

Die Abluftdrosselung hat gegenüber der Zuluftdrosselung den Vorteil, dass Kolben und Kolbenstange zwischen zwei Luftpolstern eingespannt sind.

Wird **1V1** geschaltet, so strömt die Druckluft von 1 nach 4 ungedrosselt durch **1V2** in den Zylinder. Auf der Kolbenstangenseite entweicht die Druckluft gedrosselt über **1V3** zu **1V1** von 2 nach 3 ins Freie. Da die Druckluft zwischen **1A** und **1V3** nicht ungehindert entweichen kann, bildet sich ein Druckluftpolster, welches ziehenden Lasten entgegenwirkt. Dadurch kann die Kolbenstange kann nicht herausgezogen werden. Der gleiche Effekt ergibt sich beim Rücklauf von Kolben und Kolbenstange.

Abluftdrosselung nach dem 5/3 Wegeventil

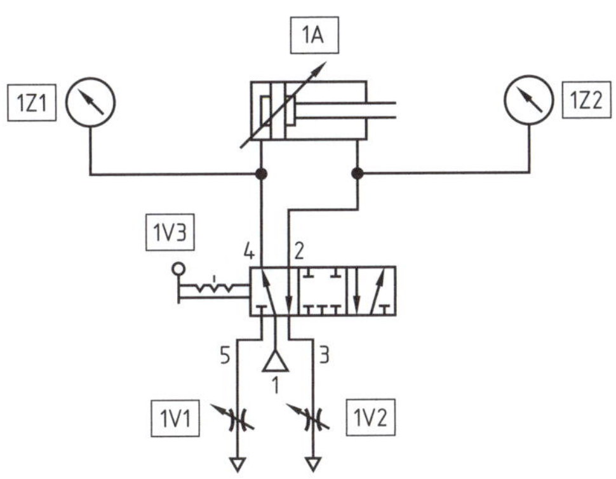

Wird der Zylinder in Zwischenstellungen positioniert, müssen die Drosselventile am Ausgang von **1V3** montiert werden, da andernfalls der Zylinder durch Druckausgleich nachlaufen würde.
Wird **1V3** betätigt, so strömt die Druckluft durch das 5/3 Wegeventil von 1 nach 4 in den Zylinder **1A**. Die Abluft aus dem Zylinder strömt abluftgedrosselt durch **1V3** von 2 nach 3 und durch **1V2**. Wird das Ventil **1V3** in Mittelstellung geschaltet, so sind alle Anschlüsse geschlossen. Es kann keine Druckluft aus **1A** entweichen, der Druck bei **1Z2** bleibt stabil und der Zylinder in seiner Position.

5.5 Schaltplanaufbau und Beschriftung

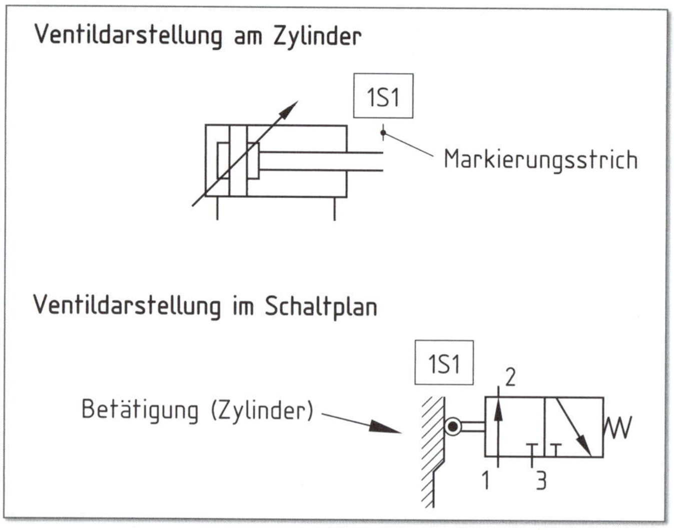

Regeln für die Anordnung der Bauteile nach DIN ISO 1219

- Die räumliche Anordnung der Bauteile in der Anlage wird nicht berücksichtigt.
- Bauteile eines Schaltkreises werden von unten nach oben in Richtung des Energieflusses und von links nach rechts angeordnet.
- Energiequellen werden unten links dargestellt.
- Das 1. Antriebsglied wird oben links dargestellt, jedes weitere Antriebsglied wird fortlaufend jeweils rechts daneben gezeichnet.
- Bauteile werden in Ausgangsstellung mit Druckbeaufschlagung dargestellt.
- Bauteile, die durch Antriebe betätigt sind, werden am Antrieb durch einen Markierungsstrich und der Bauteilkennzeichnung dargestellt.

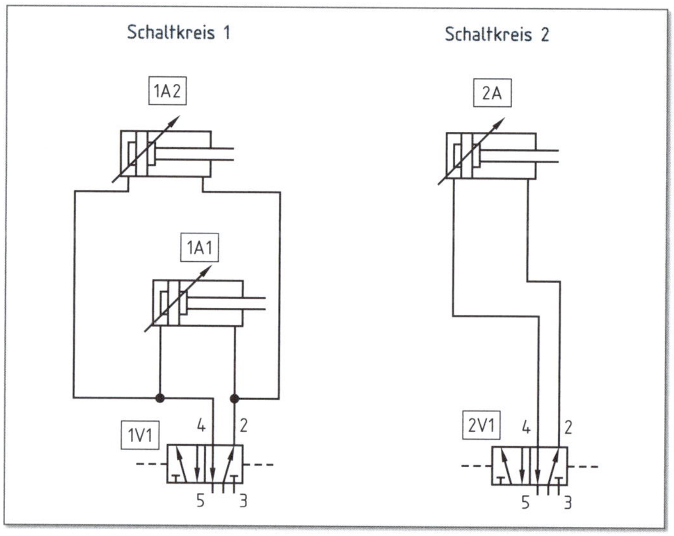

Regeln für die Kennzeichnung der Bauteile nach DIN ISO 1219

- Die Bauteilbezeichnung wird mit einem Rahmen versehen.
- Schaltkreise erhalten eine Schaltkreisnummer, beginnend mit der Ziffer 1.
- Bauteile innerhalb eines Schaltkreises erhalten eine fortlaufende Nummerierung, beginnend mit der Ziffer 1.
- Den Bauteilen sind folgende Buchstaben zugeordnet:

P Pumpen und Verdichter
A Antriebe (Zylinder)
M Motore
S Signalaufnehmer
V Ventile
Z Für jedes andere Bauteil. Hierfür kann auch ein anderer, noch nicht belegter Buchstabe genutzt werden.

Kennzeichnungsschlüssel

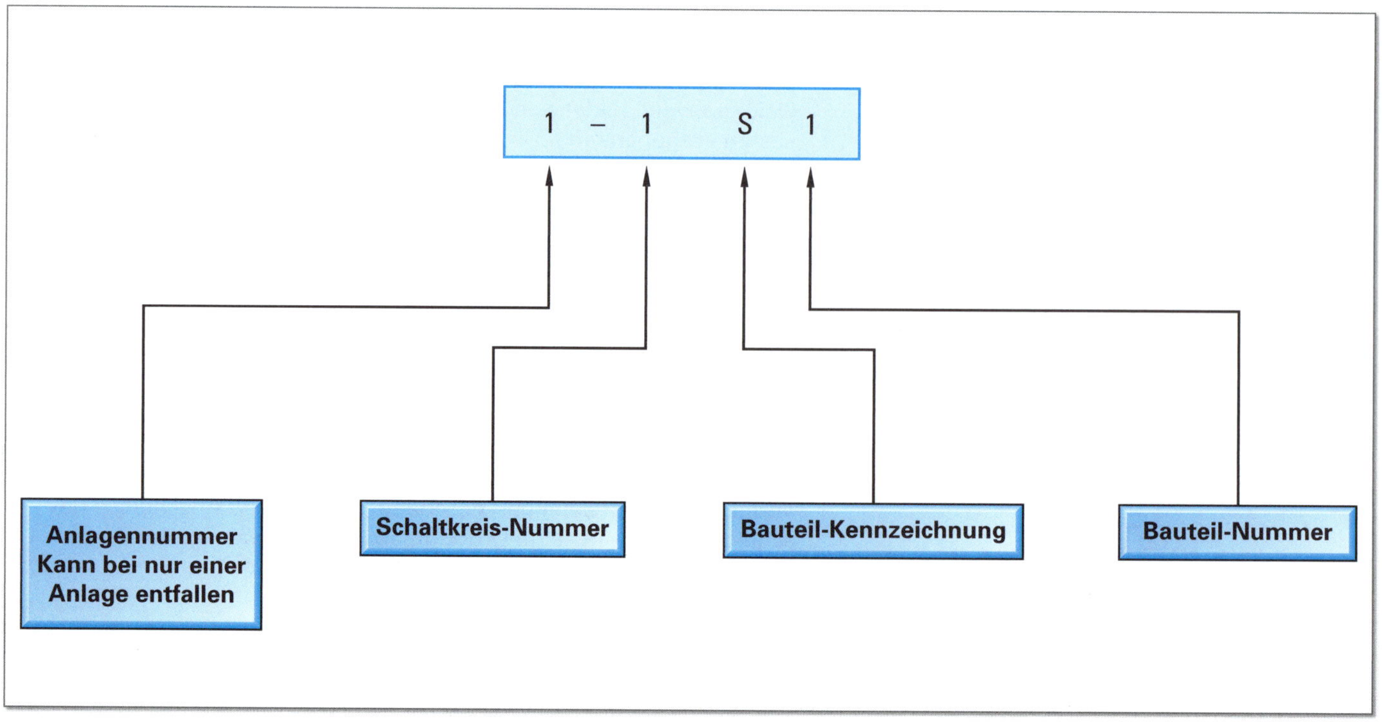

Zeichnerische Darstellung

- Die Steuerleitungen werden nach DIN ISO 1219 als gestrichelte Linie gezeichnet. Diese Darstellung wird jedoch in der Praxis nicht angewendet, da sie den Schaltplan unübersichtlich gestaltet. Eine pneumatische Steuerung besteht, wie der Name schon sagt, ohnehin überwiegend aus Steuerleitungen. Die einzigen Arbeitsleitungen sind die vom Stellglied (1V5) zum Antriebsglied (1A).
- Ferner muss nicht jede Druckluftversorgung einzeln an die Energieversorgung (0Z1) gezeichnet werden, da viele Leitungskreuzungen den Schaltplan ebenfalls unübersichtlich gestalten würden. Man kann deshalb das Symbol für die Druckluftversorgung auch direkt an den Anschluss des jeweiligen Bauelementes zeichnen.
- Wird die Druckluftversorgung am Wegeventil nicht weiter beschriftet, geht man davon aus, dass sie zur Hauptversorgungsquelle gehört, hier am Beispiel von Ventil 1V5 dargestellt.
- Am Steuerglied 1V4 darf die „Kugel" rechts oder links gezeichnet werden, da ein Schaltzeichen nur als Symbol zu sehen ist und nichts über die eigentliche Bauart aussagt.

Beispiel für Aufbau und Beschriftung eines Schaltplans

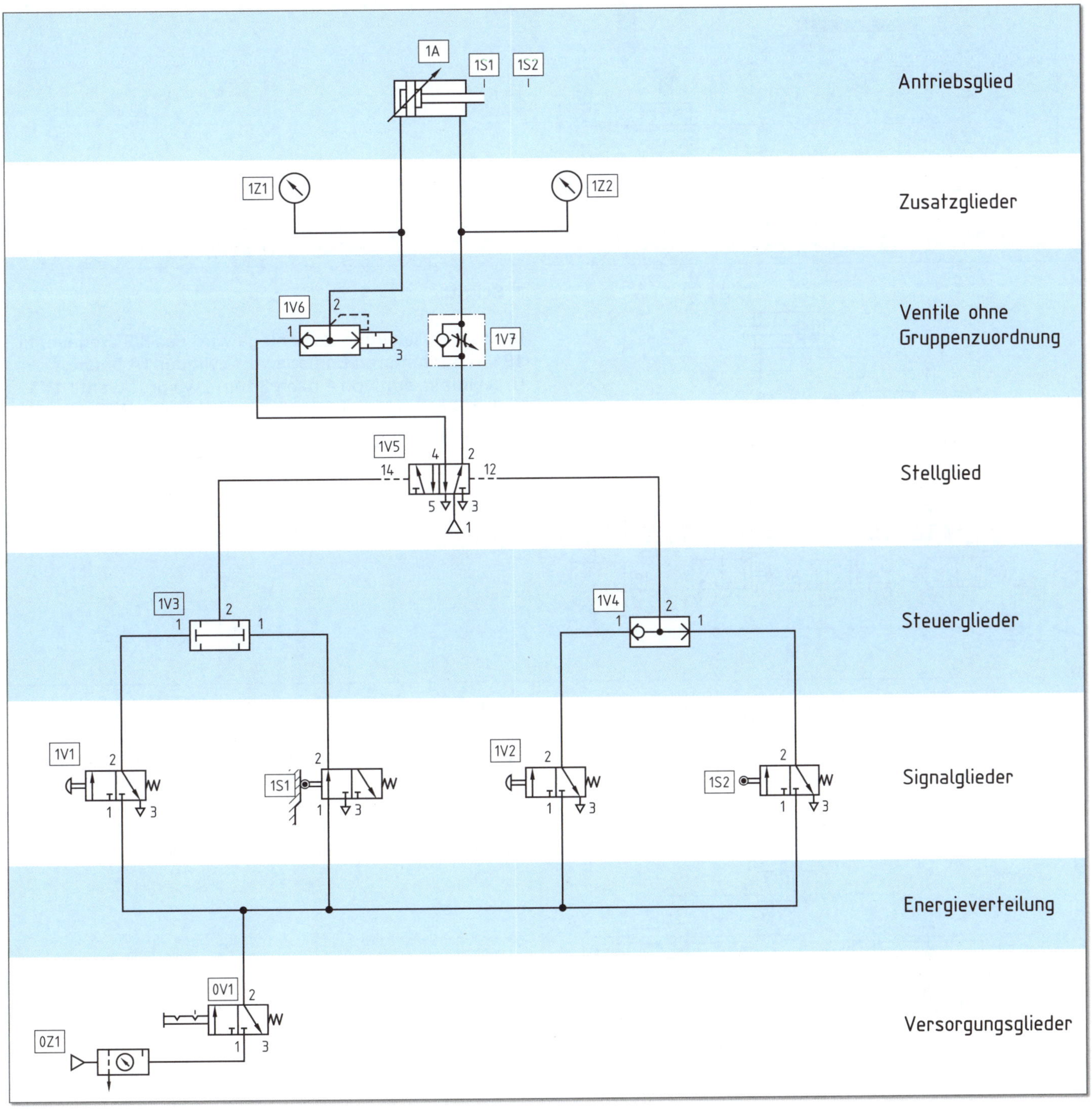

Biegevorrichtung für Bleche

Beschreibung der Anlage

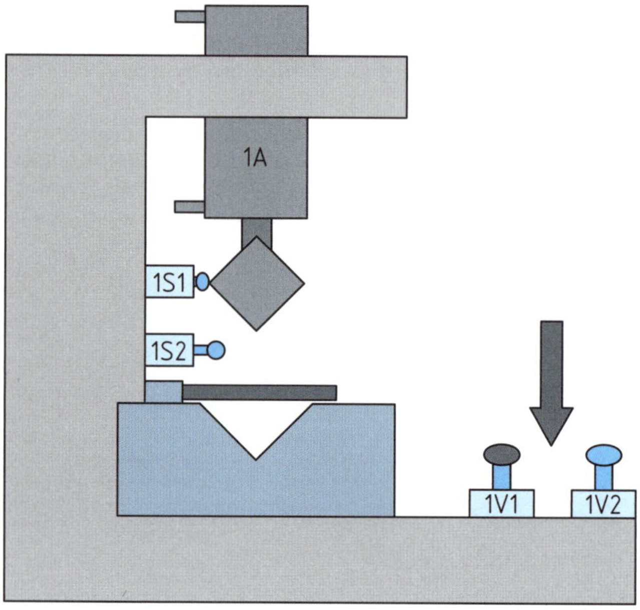

Die Bleche werden zum Biegen einzeln von Hand eingelegt. Durch Betätigung von Taster **1V2** fährt der Zylinder langsam in die vordere Endlage und biegt das Werkstück. Bevor der Zylinder ausfährt, muss er sich in der hinteren Endlage befinden, Abfrage durch **1S1**. Ist das Blech gebogen steuert das Ventil **1S2** den Zylinder um und er fährt zurück in die hintere Endlage – das fertige Blech kann von Hand entnommen werden. Durch Betätigung von **1V2** kann der Zylinder umgesteuert werden, bevor er das Blech biegt.

Steuerungsablauf / Ablaufbeschreibung

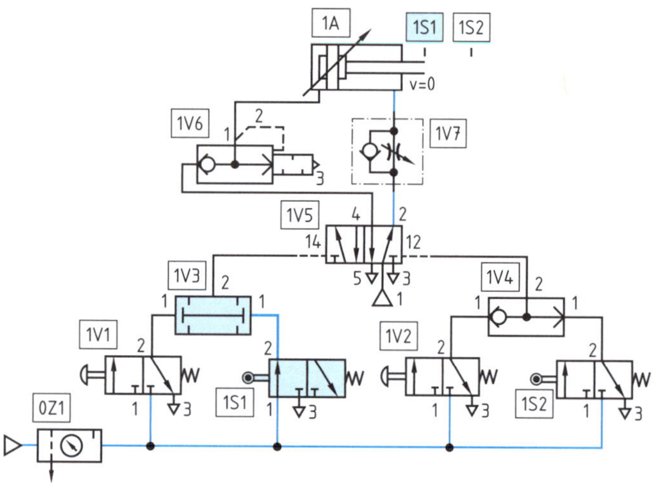

1. Schritt

In Ausgangsstellung der Anlage wird das 3/2 Wegeventil **1S1** in der hinteren Endlage von Zylinder **1A** betätigt. Druckluft strömt von 1 nach 2 zum Zweidruckventil **1V3** in den Eingang 1 und sperrt dieses, da die UND-Verknüpfung noch nicht erfüllt ist.

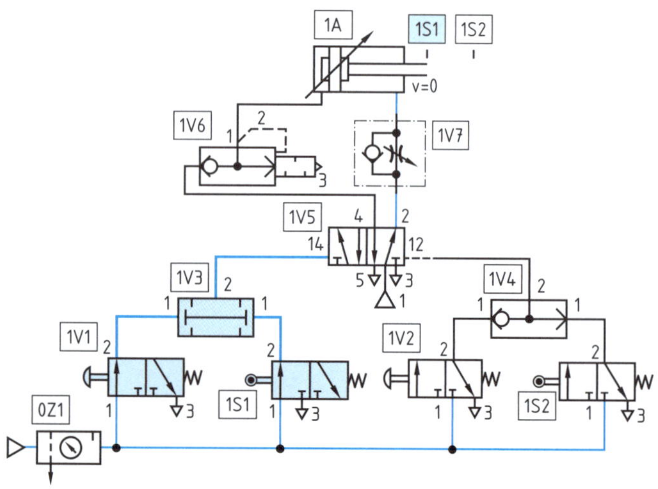

2. Schritt

Nach Betätigung von Ventil **1V1** strömt die Druckluft von 1 nach 2 in das Zweidruckventil **1V3**. Die UND-Verknüpfung an Ventil **1V3** ist erfüllt, da von beiden Seiten ein Signal ansteht, am Ausgang 2 von **1V3** wird die Druckluft zum 5/2 Wegeventil **1V5** weitergeleitet.

EUROPA LEHRMITTEL

Steuerungsablauf	Ablaufbeschreibung
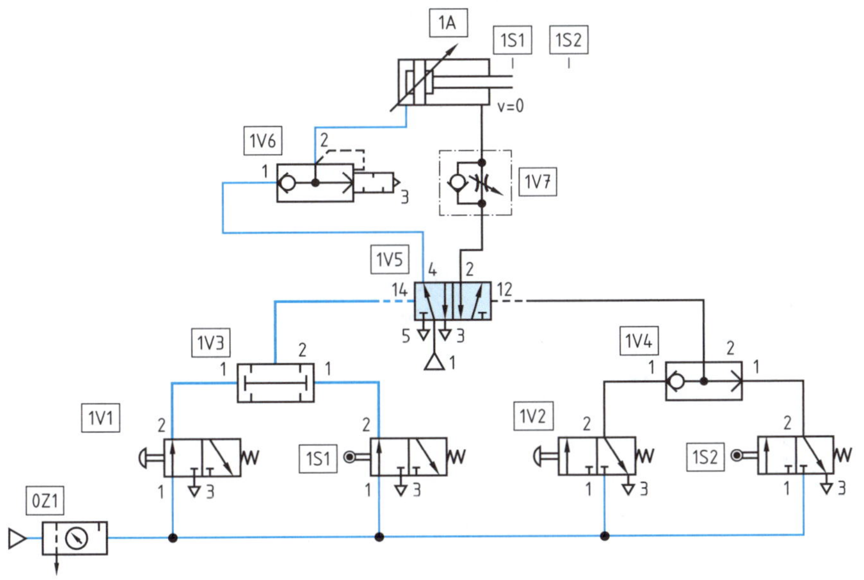	**3. Schritt** Das 5/2 Wegeventil **1V5** schaltet durch das Signal am Steuereingang 14 um. Vorraussetzung dafür ist, dass der Steuereingang 12 drucklos ist. Das 5/2 Wegeventil **1V5** bleibt durch Haftreibung in dieser Position stehen und gibt den Weg für die Druckluft von 1 nach 4 frei.
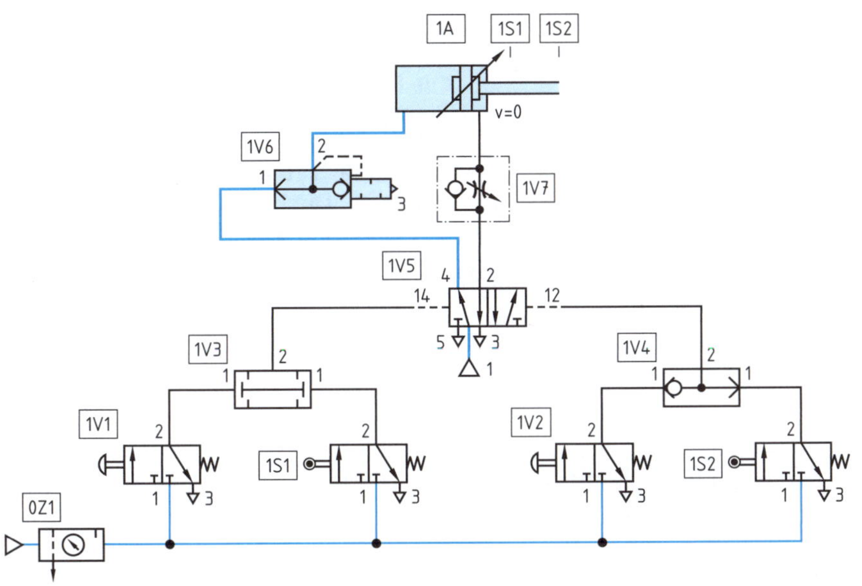	**4. Schritt** Die Druckluft strömt in den Eingang 1 vom Schnellentlüftungsventil **1V6** und versperrt den Ausgang 3. Die Druckluft wird zum Ausgang 2 weitergeleitet und bewegt den Zylinder **1A** in die vordere Endlage. Die Kolbenstangenseite von 1A entlüftet abluftgedrosselt über **1V7** und dann durch **1V5** über den Ausgang 2 nach 3 ins Freie.
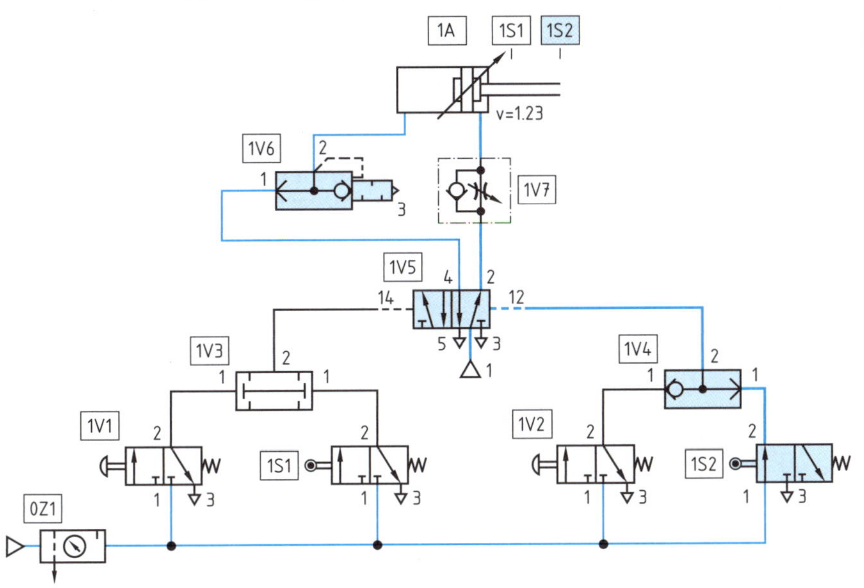	**5. Schritt** In der vorderen Endlage betätigt **1A** das Ventil **1S2** und die Druckluft strömt von 1 nach 2 in das Wechselventil **1V4**. Da beim Ventil **1V4** die ODER-Verknüpfung erfüllt ist, strömt die Druckluft in den Steuereingang 12 von **1V5**. Da der Eingang 14 drucklos ist, schaltet es zurück.

Steuerungsablauf	Ablaufbeschreibung

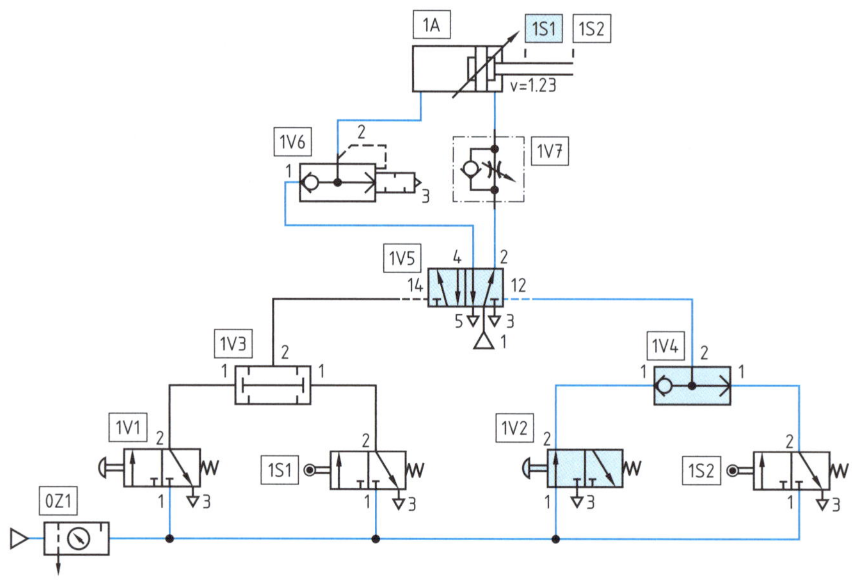

6. Schritt

Ferner besteht die Möglichkeit das 3/2 Wegeventil **1V2** vor erreichen der vorderen Endlage von **1A** zu betätigen, wodurch die Druckluft zum Wechselventil **1V4** strömt und **1V5** zurückschaltet. Die Druckluft strömt von 1 nach 2 und dann ungedrosselt durch das Drosselrückschlagventil **1V7** in den Kolbenstangenraum von **1A**, der Zylinder bewegt sich in die hintere Endlage.

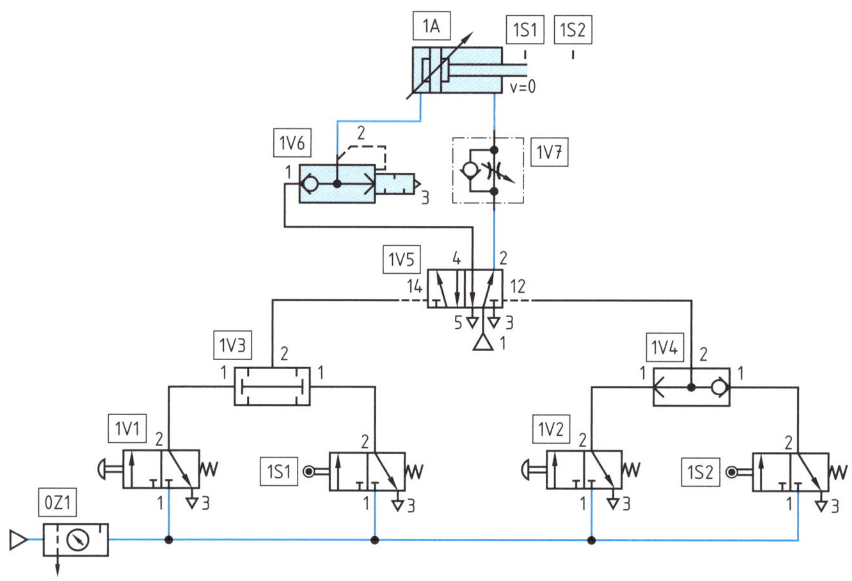

7. Schritt

Die Druckluft aus dem Zylinder **1A** steuert das Schnellentlüftungsventil **1V6** um. Der Eingang 1 von **1V6** entlüftet über **1V5** von 4 nach 5 und wird versperrt. Die Luft aus dem Zylinder entlüftet über **1V6** von 2 nach 3. Der Zylinder verlässt das Ventil **1S2**.

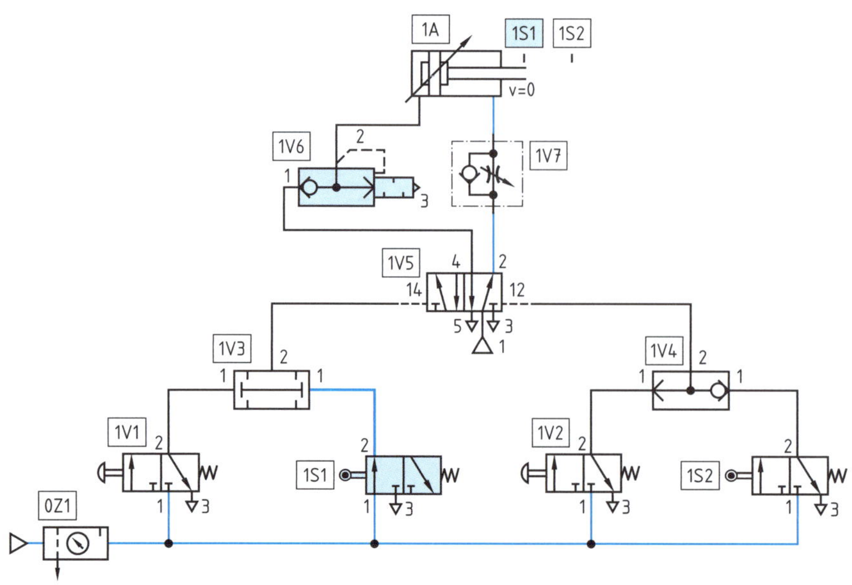

8. Schritt

In der hinteren Endlage betätigt **1A** das 3/2 Wegeventil **1S1**. Durch Betätigung vom 3/2 Wegeventil **1V1** erfolgt wieder der Neustart der Anlage über das Zweidruckventil **1V3**.

EUROPA LEHRMITTEL

Funktionsplan GRAFCET

Ein Steuerungsablauf der nur verbal beschrieben ist, gestaltet sich bei umfangreichen Steuerungen sehr unübersichtlich. In früheren Zeiten waren die Steuerungen und Maschinen weniger umfangreich und meist für den eigenen Gebrauch bestimmt, so dass fast keinerlei Bedarf für die Dokumentation bestand. Mit Erweiterung der Anlagen, die immer komplexer und auch von Fremdfirmen gewartet wurden, musste nun eine Dokumentationsmöglichkeit geschaffen werden. Diese war damals das Weg-Schritt Diagramm, welches einige Zeit auch gute Dienste leistete. Die Entwicklung in der Steuerungstechnik blieb aber nicht stehen und man stellte fest, dass sich mit dem Weg-Schritt Diagramm bestimmte Dinge wie z.B. Schrittwiederholungen, Schrittverzweigungen, Parallelabläufe und Zähler nicht darstellen lassen. Eine neue grafische Darstellung für Ablaufbeschreibungen wurde entwickelt, der Funktionsplan. Im Jahre 1992 wurde die einschlägige Norm (DIN 40719-6) überarbeitet und verdrängte das Weg-Schritt Diagramm aus den industriellen Anlagen vollständig. Die Entwicklung blieb aber weiterhin nicht stehen, so dass die neuste Norm für Funktionspläne (DIN EN 60848) Anfang 2002 wirksam wurde. Die DIN 40719-6 durfte nur noch bis April 2005 verwendet werden.

Die Spezifikationssprache für Funktionspläne heißt in der DIN EN 60848 GRAFCET. Dieser Begriff kommt aus dem Französischen und steht für: **GRA**phe **F**onctionnel de **C**ommande **E**tape **T**ransition. Ins Deutsche übersetzt bedeutet dies: Darstellung der Steuerfunktionen mit Schritten und Weiterschaltbedingungen.

Der Funktionsplan gibt Auskunft über alle Schritte des Steuerungsablaufs und deren Weiterschaltbedingung, er sagt aber nicht aus, wie die Steuerung umgesetzt wird, z.B. SPS oder VPS.

Auf den folgenden Seiten werden die wichtigsten Elemente aus der DIN EN 60848 erläutert.

Hinweis: Nur die allgemeine Darstellung der Symbole ist verbindlich, Abmessungen und andere Einzelheiten (Linienbreite, Schriftfonds usw.) bleiben dem Anwender überlassen.

Funktionsplan	Beschreibung
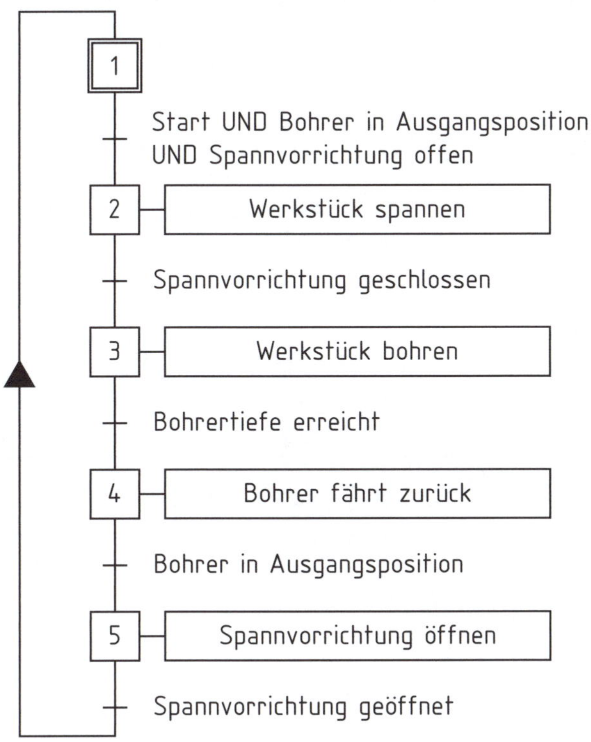	**Ablaufbeispiel für ein Bohrwerk** Auf einer Bohrmaschine werden die Teile von Hand eingelegt. Nach dem Startsignal spannt der erste Zylinder das Teil fest. Wenn die Spannvorrichtung geschlossen ist, wird das Werkstück gebohrt. Anschließend fährt der Bohrer zurück in die Ausgangsposition. Danach wird die Spannvorrichtung geöffnet. Die fertigen Teile können von Hand entnommen werden. „1" ist der Anfangsschritt und beinhaltet die Startvoraussetzungen. Sind die Weiterschaltbedingungen (Transition) „Start UND Bohrer in Ausgangsposition UND Spannvorrichtung offen" erfüllt, so wird der 2 Schritt ausgeführt . Die Aktion „Werkstück spannen" wird mit einem Rahmen versehen. Die folgende Weiterschaltbedingung „Spannvorrichtung geschlossen" muss wiederum erfüllt sein, bevor der 3. Schritt ausgeführt wird. Der Funktionsablauf wird fortlaufend von oben nach unten dargestellt, erfolgt der Ablauf von unten nach oben, muss er durch einen Pfeil gekennzeichnet werden. In diesem Beispiel dient die Verbindung von Schritt 5 zu Schritt 1 zum besseren Verständnis.

Symbol	Beschreibung
	**Schrittdarstellung allgemein** Das Höhen/Breitenverhältnis des Rechtecks ist beliebig, jedoch gilt das Quadrat als Empfehlung. Zur Identifizierung werden die Schritte mit einer Ziffer versehen. Beispiel: Schritt 2 Schritte, die sich im aktiven Zustand befinden, werden zusätzlich mit einem Punkt gekennzeichnet.

Symbol	Beschreibung
	Anfangsschritt
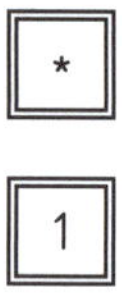	Dieses Symbol bedeutet, dass dieser Schritt Teil der Anfangssituation ist. Beispiel: Anfangsschritt 1
	Einschließender Schritt
	Dieses Symbol bedeutet, dass dieser Schritt andere Schritte enthält, die als eingeschlossene Schritte bezeichnet werden. Beispiel: Es können mehrere Schritte zu einer Gruppe zusammengefasst werden, die dann z.B. als Kennung die 7 erhalten.
	Transition von einem Schritt zum nächsten
	Eine Transition wird durch eine Linie im rechten Winkel zwischen den beiden Schritten dargestellt. Zwischen zwei Schritten darf nur eine Linie eingezeichnet werden. Eine Transition ist freigegeben, wenn der unmittelbar vorangehende Schritt aktiv ist.
	Transitionsname
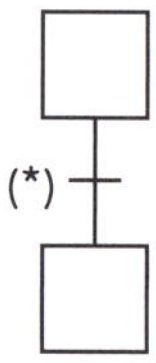	Die Transition darf einen Namen erhalten, im Allgemeinen links angeordnet, der nicht als die zugehörige Transitionsbedingung missdeutet werden sollte. Die Kennzeichnung muss alphanumerisch eingetragen werden.
	Synchronisierung von einer Transition
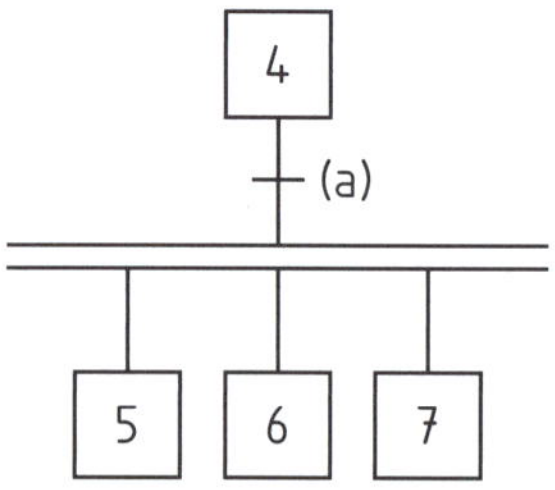	Die Synchronisierung wird durch zwei parallele horizontale Linien dargestellt. Beispiel: Die Schritte 5, 6 und 7 werden erst aktiv, wenn Schritt 4 aktiv ist und die Transitionsbedingung (a) erfüllt ist.
	Synchronisierung von mehreren Schritten
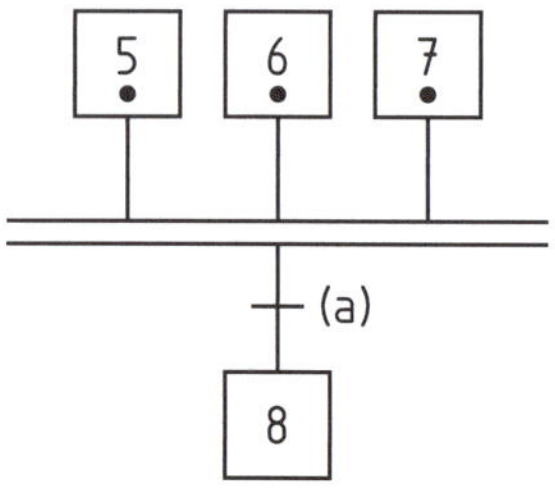	Die Synchronisierung wird durch zwei parallele horizontale Linien dargestellt. Beispiel: Der Schritt 8 wird erst aktiv, wenn die Schritte 5, 6 und 7 aktiv sind und die Transitionsbedingung (a) erfüllt ist.

Symbol	Beschreibung
Wirkverbindung von oben nach unten	
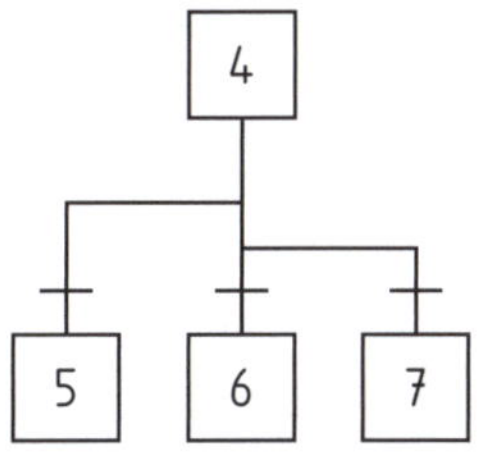 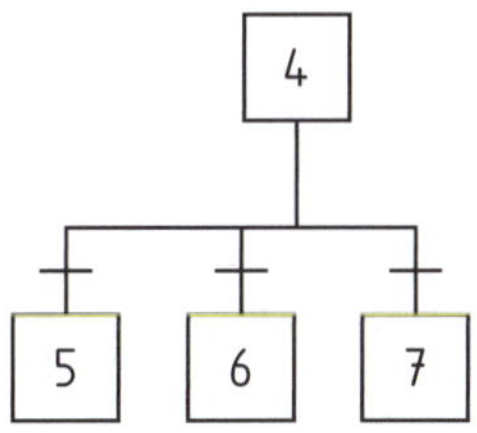	Der Ablaufpfad zwischen den Schritten wird durch Wirkverbindungen gebildet, welche die Schritte mit Transitionen und die Transitionen mit Schritten verbindet. Wirkverbindungen verlaufen horizontal oder vertikal. Diagonale Verbindungen sind nur in den seltenen Fällen erlaubt, wo sie die Übersichtlichkeit des Plans verbessern. Kreuzungen zwischen vertikalen und horizontalen Verbindungen sind erlaubt, sofern zwischen ihnen keine Beziehungen existieren. Dementsprechend sind derartige Kreuzungen zu vermeiden, wenn die Verbindungen zum gleichen Ablauf gehören. Beispiel: Zwei empfohlene Darstellungen aus dem Normblatt.
Wirkverbindung von unten nach oben	
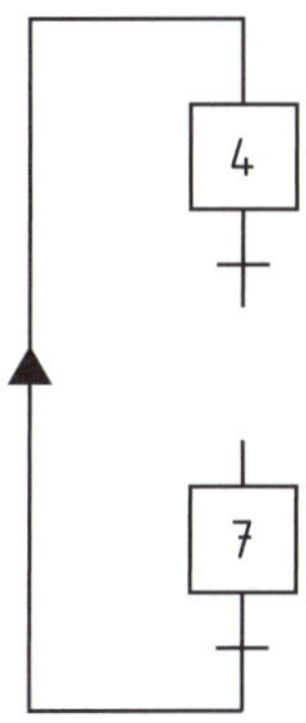	Als Konvention gilt, dass die Richtung des Ablaufs stets von oben nach unten verläuft. Pfeile müssen angewendet werden, wenn diese Konvention verletzt wird oder deren Anwendung für ein besseres Verständnis sorgt.
Transitionsbedingungen	
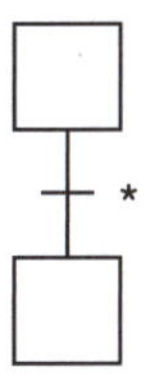	Mit jeder Transition ist ein logischer Ausdruck verknüpft, genannt Transitionsbedingung (Weiterschaltbedingung). Der logische Ausdruck, der die Transitionsbedingung bildet, enthält eine oder mehrere boolesche Variable (Eingangsvariable, Schrittvariable, Vorgabewert usw.). Die Beschreibung der Transitionsbedingungen kann in Textform, mit einem booleschen Ausdruck oder mit Hilfe grafischer Symbole dargestellt werden. *Beispiel in Textform:* Druckluft vorhanden (a) UND Taster S1 (b) ODER Taster S2 (c) *Beispiel mit booleschem Ausdruck:* $a \cdot (b + c)$ Hinweis: Der Punkt ($\cdot$) steht für das logische UND, das Plus (+) steht für das logische ODER, ein Strich über einem Zeichen ($\overline{d}$) steht für das logische NICHT.
Zeitabhängige Transitionsbedingungen	
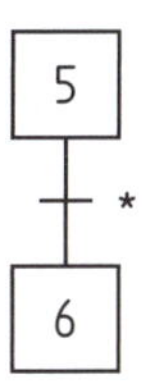	Die Eintragung für die Zeit kann folgendermaßen dargestellt werden: 10s/X5 Die Angabe bedeutet, dass die Transitionsbedingungen erfüllt sind, wenn Schritt 5 aktiv ist und eine Zeit von 10 Sekunden verstrichen ist bzw. Schritt 5 ist 10 Sekunden aktiv.

Symbol	Beschreibung
Kontinuierlich wirkende Aktion	
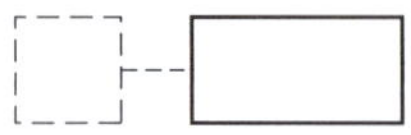	Eine kontinuierlich wirkende Aktion muss mit einem Schritt verknüpft sein. Das Höhen-/Breitenverhältnis des Symbols ist beliebig, jedoch gilt als Empfehlung, dass ein Rechteck mit der gleichen Höhe wie das Schrittsymbol zu verwenden ist.
Zuweisungs-Kennzeichnung für einen Ausgang	
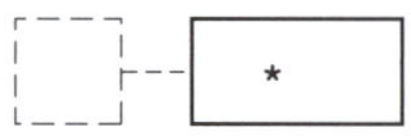	Jede Aktion muss im Rechteck eine Kennzeichnung haben, die sich auf diese Aktion bezieht. Der Text der Kennzeichnung kann eine Befehlsform oder eine hinweisende Form haben, wichtig ist allein der Bezug zum Ausgang. Die Reihenfolge, in der die Aktionen angegeben sind, ist keine zeitliche Reihenfolge.
Unterschiedliche Darstellungsformen	
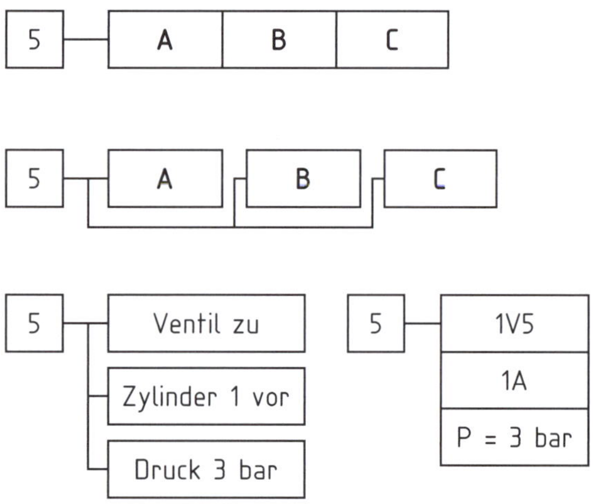	Die Abbildung zeigt verschiedene Möglichkeiten für die Darstellung der Zuweisung mehrerer Aktionen zu einem Schritt. Die Beschriftung der Felder kann ausführlich oder symbolisch, bezogen auf die Aktion dargestellt werden.
Einschließender Schritt	
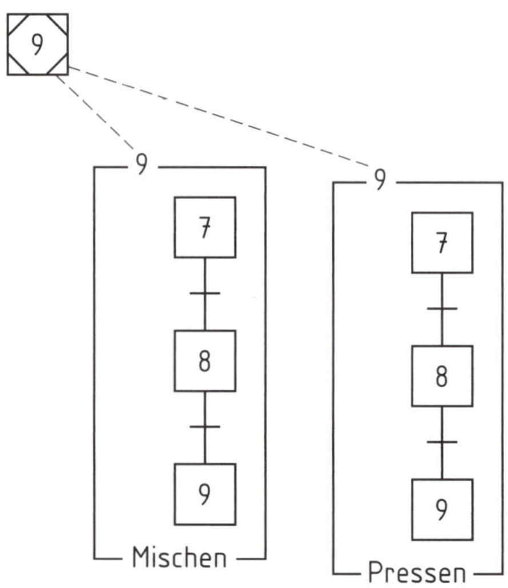	Beihaltet ein Schritt einen Ablauf, der wiederum aus mehreren Schritten besteht, so wird im Grundsymbol die Ziffer der einschließenden Schritte dargestellt. Dem einschließenden Schritt können auch mehrere einschließende Schritte zugeordnet werden, die dann alle die gleiche Kennung erhalten.

Hinweis: Die Inhalte der DIN EN 60848 wurden hier nur auszugsweise dargestellt. Für die Funktionsdarstellung kleiner bis mittlerer Steuerungen ist das jedoch völlig ausreichend. Weiterführende Informationen sind der Norm direkt zu entnehmen.

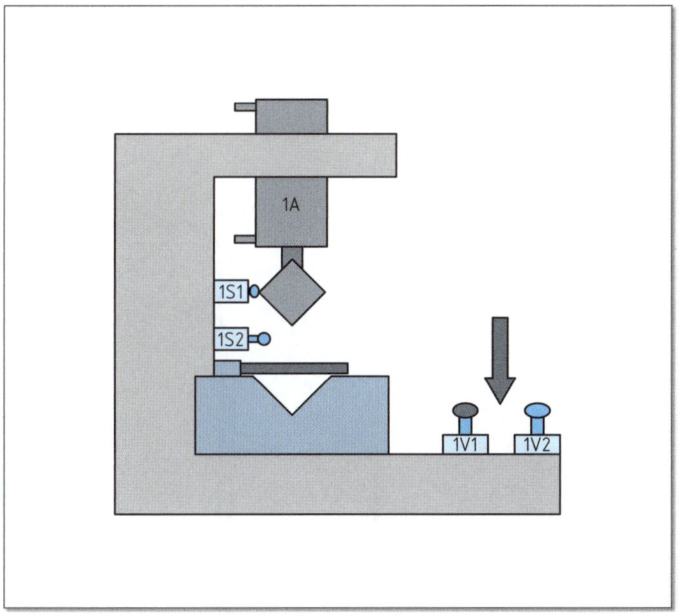

Aufgabe 1

Die Bleche werden zum Biegen einzeln von Hand eingelegt. Durch Betätigung des Tasters **1V1** fährt der Zylinder langsam in die vordere Endlage und biegt das Werkstück. Bevor der Zylinder ausfährt, muss er sich in der hinteren Endlage befinden, Abfrage durch **1S1**. Ist das Blech gebogen, steuert das Ventil **1S2** den Zylinder nach drei Sekunden um und er fährt dann schnell zurück in die hintere Endlage. Nun kann das fertige Blech von Hand entnommen werden. Durch Betätigung von **1V2** kann der Zylinder umgesteuert werden, bevor er das Blech biegt bzw. die Zeit abgelaufen ist.

■ **Zeichnen Sie den Schaltplan und den Funktionsplan.**

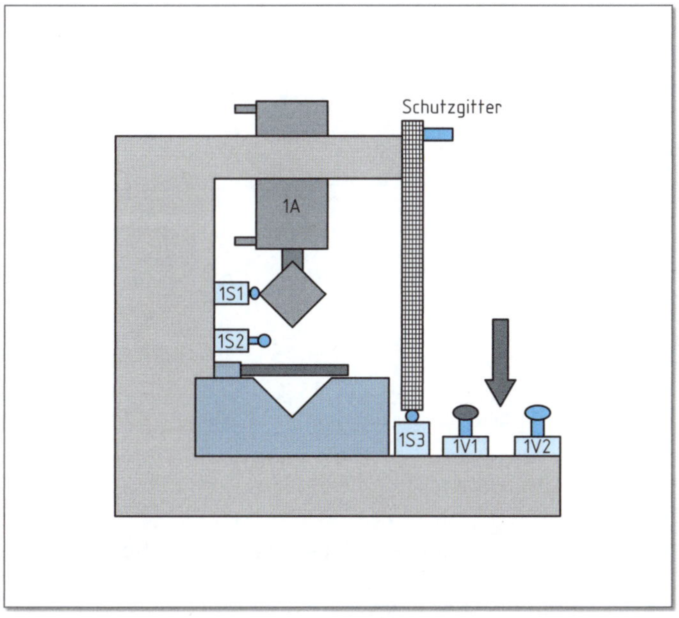

Aufgabe 2

Die Bleche werden zum Biegen einzeln von Hand eingelegt. Durch Betätigung von Taster **1V1** fährt der Zylinder langsam in die vordere Endlage und biegt das Werkstück. Bevor der Zylinder ausfährt, muss er sich in der hinteren Endlage befinden, und das Schutzgitter soll geschlossen sein. Ist das Blech gebogen, steuert das Ventil **1S2** den Zylinder nach drei Sekunden um und er fährt schnell zurück in die hintere Endlage. Das fertige Blech kann von Hand entnommen werden. Durch Betätigung von **1V2** kann der Zylinder umgesteuert werden, bevor er das Blech biegt bzw. die Zeit abgelaufen ist. Wird das Schutzgitter vorzeitig geöffnet, fährt der Zylinder aus Sicherheitsgründen ebenfalls sofort in die hintere Endlage zurück.

■ **Zeichnen Sie den Schaltplan und den Funktionsplan.**

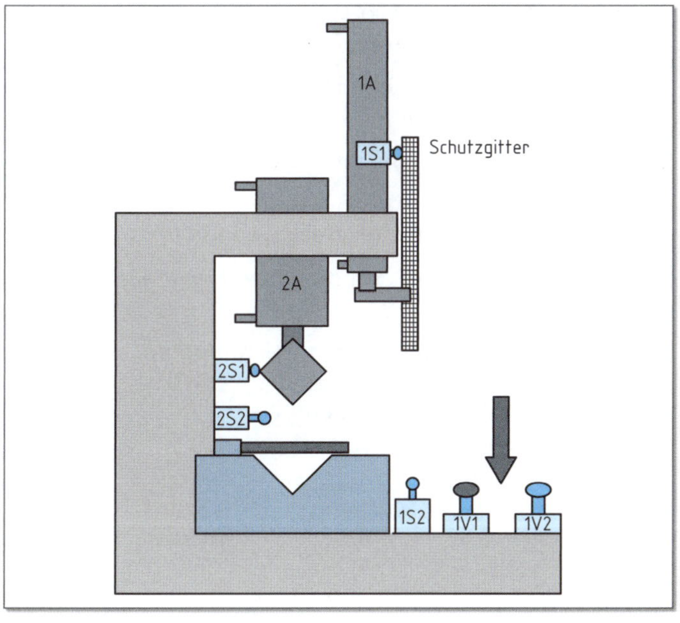

Aufgabe 3

Die Bleche werden zum Biegen einzeln von Hand eingelegt. Bevor die Anlage gestartet werden kann, müssen Zylinder **1A** und **2A** sich in der hinteren Endlage befinden. Abfrage durch **1S1** und **2S1**. Nach dem Startsignal von **1V1** schließt zuerst das Schutzgitter (1A fährt langsam aus). Ist das Schutzgitter geschlossen, (Abfrage durch **1S2**) wird anschließend das Blech gebogen. Der Biegestempel fährt langsam aus und bleibt drei Sekunden in der vorderen Endlage. Zylinder **1A** und **2A** fahren gleichzeitig in die Ausgangsposition zurück. Durch Betätigung von **1V2** fahren Zylinder **1A** und **2A** sofort zurück in die hintere Endlage.

■ **Zeichnen Sie den Schaltplan und den Funktionsplan.**

Hinweis: Der Zylinder **1A** betätigt jetzt das Schutzgitter und der Zylinder **2A** treibt den Biegestempel an.

Arbeitsauftrag

Nach vorliegender Skizze sind 20 Stück des Werkstücks „Haken" zu fertigen. Aufgrund der geringen Stückzahl wird die handwerkliche Fertigung bevorzugt.

Als Ausgangsmaterial stehen Reststücken 300 x 400 aus Aluminiumblech EN AW-AlMg3-Bl1,2 zur Verfügung. Die fertigen Haken sollen mit einem Hochglanzlack beschichtet werden.

Abgesehen von der Skizze, die der Kunde angefertigt hat, sind keine technischen Unterlagen vorhanden.

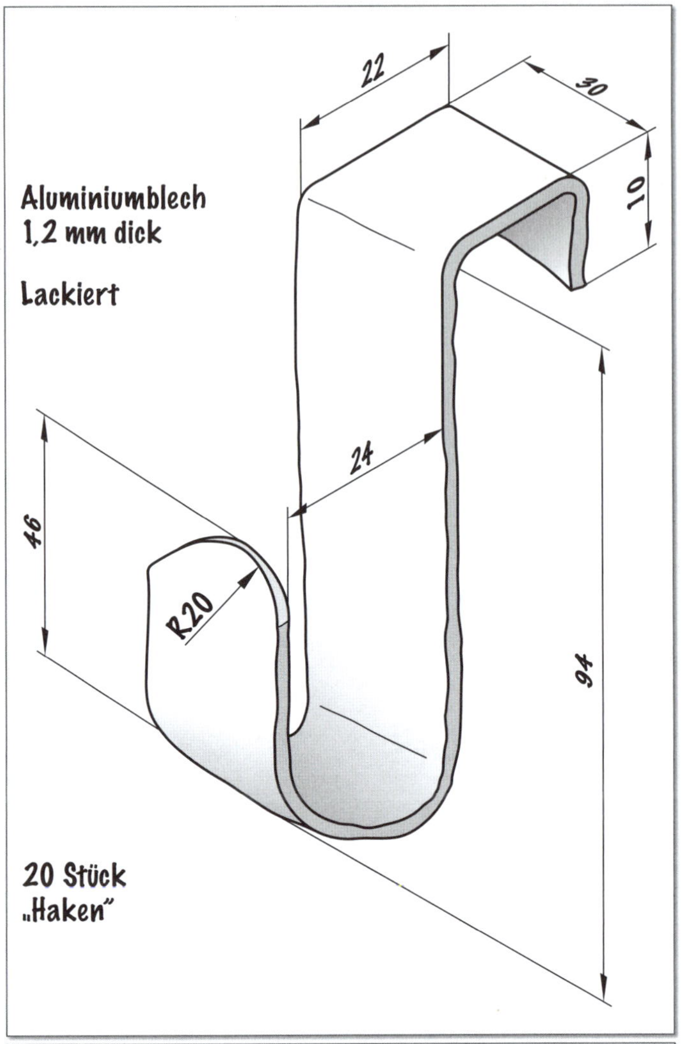

Bild 1: Skizze des Werkstücks „Haken"

Aufgabe

- Planen Sie die handwerkliche Fertigung von 20 Haken aus dem zur Verfügung stehenden Material.
- Fertigen Sie dazu die erforderlichen technischen Unterlagen, z.B. Technische Zeichnung mit Abwicklung, Arbeitsplan an.
- Informieren Sie sich über die zur Anwendung kommenden Verfahren, Werkzeuge, Vorrichtungen.
- Führen Sie die erforderlichen Berechnungen durch.
- Stellen Sie in der Schülerwerkstatt Probestücke des Werkstücks her.
- Dokumentieren sie alle unternommenen Arbeitsschritte, erfassen Sie die Probleme die während der Fertigung aufgetreten sind und stellen Sie das Ergebnis Ihrer Tätigkeit in geeigneter Form anderen Auszubildenden vor.
- Bewerten Sie Ihr Arbeitsergebnis.

Die folgenden Aufgaben sollen Sie bei der Vorbereitung, Durchführung und Auswertung des Arbeitsauftrages unterstützen.

Planen

1. Informieren Sie sich über die technische Darstellung von flachen Werkstücken aus Blech. Werten Sie die Skizze aus und überlegen Sie, welche Anforderungen an die Maßgenauigkeit bei diesem Werkstück gestellt werden müssen.
2. Informieren Sie sich über die Grundnormen, die beim Anfertigen einer technischen Zeichnung mit Blattrahmen und Schriftfeld im Format A4 zu beachten sind.
3. Fertigen Sie eine technische Zeichnung an, die das Teil in den erforderlichen Ansichten und in einem geeigneten Maßstab zeigt.
4. Informieren Sie sich über die Grundregeln der Maßeintragung und tragen Sie die notwendigen Maße in Ihre Zeichnung ein.
5. Für den Zuschnitt wird die gestreckte Länge, also die Abwicklung des Biegeteiles benötigt. Informieren Sie sich z.B. im Fachbuch und Tabellenbuch über das Verhalten der Werkstoffe beim Biegen.
6. Welche Beanspruchungen treten an den Biegestellen auf?
7. Was versteht man unter dem Begriff „neutrale Faser"?
8. Wie verhalten sich verschiedene Werkstoffe beim Biegen, z.B. wenn man sie mehrmals an der gleichen Biegestelle hin und her biegt?
9. Warum muss man Mindestbiegeradien beachten und wovon sind die abhängig?
10. Warum sollte man beim Biegen von Blechen deren Walzrichtung beachten?
11. Welche Möglichkeiten zur Ermittlung der Biegelängen kann man nutzen?
12. Ermitteln Sie jetzt die gestreckte Länge des Hakens.
13. Wie stellt man den Zuschnitt eines Biegeteils technisch dar?
14. Fertigen Sie eine technische Zeichnung an, die die Darstellung der Abwicklung des Biegeteils Haken mit vollständiger Maßeintragung enthält.

Planen

15. Informieren Sie sich über die Eigenschaften des Werkstoffs EN AW-AlMg3. Welche Informationen enthält die Werkstoffbezeichnung. Was ist bei Umformarbeiten mit Aluminiumblechen zu beachten?

16. Wie kann man prüfen, ob ein Blech zum Umformen geeignet ist?

17. Das Werkstück enthält zwei 90°-Biegungen. Wie erreicht man, dass nach dem Biegen an diesen Biegestellen tatsächlich 90°-Winkel gemessen werden können?

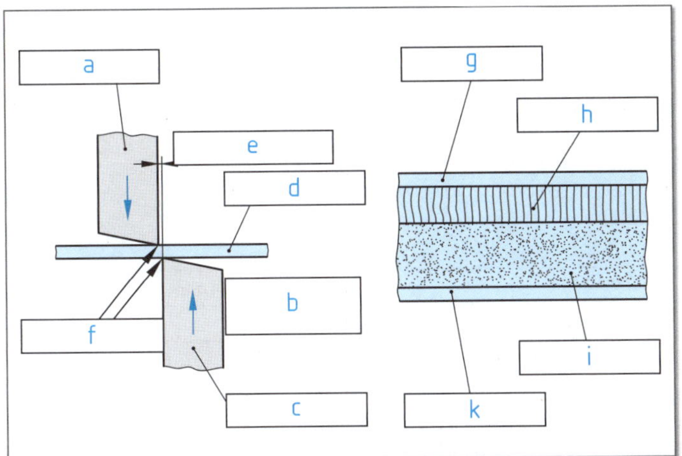

Bild 1: Vorgang des Scherschneidens

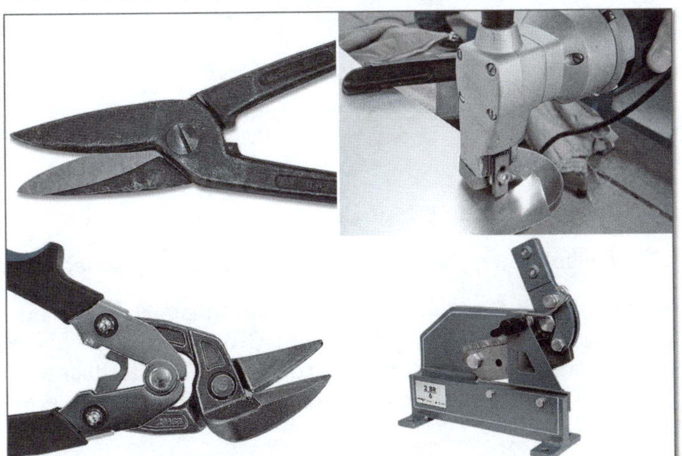

Bild 2: Werkzeuge zum Scherschneiden

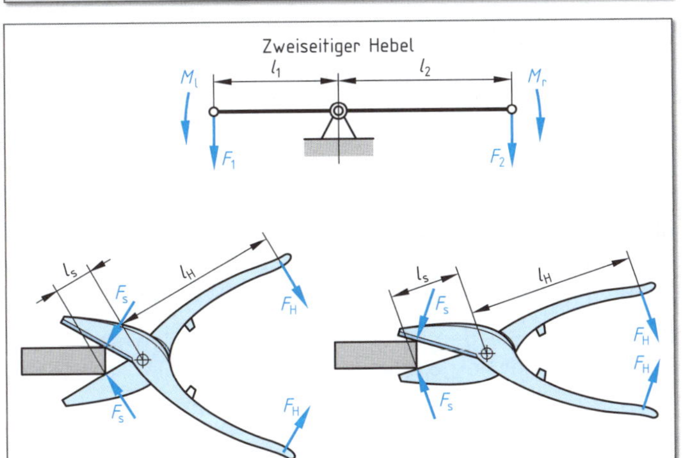

Bild 3: Anwendung des Hebelgesetztes bei Handblechscheren

18. Prüfen Sie, wie viele Zuschnitte für Haken aus den Blechresten 1,2 x 300 x 400 angefertigt werden können.

19. Welche Werkzeuge sollte man beim Anreißen auf Aluminiumblechen nicht benutzen?

20. Welchen Flächeninhalt hat der Zuschnitt für einen Haken? Wie groß ist der Verschnitt in %, wenn die günstigste Schachtelung auf dem Blech angenommen wird?

Durchführen

21. Zur Herstellung der Zuschnitte für den Haken wird zweckmäßig das Scherschneiden angewendet. Ordnen sie das Verfahren in die Systematik der Fertigungsverfahren ein.

22. Erläutern Sie den Vorgang des Scherschneidens mit Hilfe des Bildes 1.

23. Welche Werkzeuge verwendet man beim Scherschneiden von Blechen bis 2 mm Dicke? (Bild 2)

24. Beurteilen Sie die Scherbarkeit des Werkstoffs Aluminium. Stellen Sie das Scherverhalten harter und spröder Werkstoffe und weicher Werkstoffe gegenüber.

25. Welche Aussagen sind zur Qualität der Schnittflächen und zur Größe der Scherkräfte möglich?

26. Wie groß sollte der Schneidspalt einer Handhebelschere sein und warum ist seine richtige Einstellung so wichtig?

27. Aus welchem Grund sind die Schneiden von Handblechscheren hohl geschliffen?

28. Benennen Sie die abgebildeten Handblechscheren und erläutern Sie deren Verwendungszweck.

29. Aus welchem Grund sind die Griffe der Handblechscheren relativ lang? Informieren Sie sich über die Gesetzmäßigkeiten eines zweiseitigen Hebels, bevor Sie ihre Antwort formulieren. (Bild 3)

30. Welchen Zusammenhang gibt es zwischen Öffnungswinkel und Schnittkraft?

31. Wieso hat das Obermesser von Handhebelscheren eine Bogenförmige Schneide?

32. Welche Bedeutung hat der Niederhalter bei Handhebelscheren?

33. Welche Unfallverhütungsmaßnahmen sollten bei der Arbeit mit Blechscheren eingehalten werden?

34. Bei der Benutzung von Handblechscheren werden die geschnittenen Teile stark gekrümmt. Woran liegt das?

35. Beim Scherschneiden von Blechen entstehen scharfe Kanten und Schneidgrat. Es besteht die Gefahr von Schnittverletzungen beim Handhaben der Bleche. Wie können Unfallgefahren vermindert werden.

36. Zum Abstumpfen scharfer Kanten kann ein Entgrater verwendet werden. Aber auch Feilen werden benutzt. Was ist bei der Auswahl einer Feile für die Bearbeitung von Aluminium zu beachten?

37. Woran orientiert man sich, wenn man die Feinheit einer Feile beurteilen soll?

38. Stellen Sie den Unterschied zwischen gefrästen und gehauenen Feilen dar und machen Sie Aussagen zu Vor- u. Nachteilen und zu ihrer Verwendung.

39. Welchen Vorteil haben schräg oder bogenförmig angeordnete Hiebe?

40. Welche Vor- und Nachteile haben Kreuzhiebfeilen?

41. Was ist beim Spannen der Werkstücke für das Feilen zu beachten?

42. Wie soll man Bleche im Schraubstock spannen?

43. Erläutern Sie, wie ein Feilenheft richtig montiert wird.

44. Informieren Sie sich über Arbeitstechniken beim Feilen und erproben Sie diese an einem Übungsstück.

45. Warum sollen beim Feilen Werkstück und Werkzeug fettfrei gehalten werden?

46. Wenn gute Oberflächen durch Feilen erzielt werden sollen, setzt das die Benutzung sauberer Feilen voraus. Erläutern Sie kurz die erforderlichen Pflegemaßnahmen.

47. Fertigen Sie ein Probestück des Werkstücks „Haken" nach dem von Ihnen erstellten Arbeitsplan. Überprüfen Sie dabei die Abfolge der einzelnen Arbeitsschritte und Ihre Angaben zu den verwendeten Werkzeugen und Hilfsmitteln und nehmen Sie notwendige Korrekturen am Arbeitsplan vor.

EUROPA LEHRMITTEL	Arbeitsplan					
Auftrags-Nr.:			**Erstellt:** 2005-08-30		**Termin:**	
Bezeichnung des Auftrags:			**Bearbeiter:** F. Köhler			
Lfd. Nr.	**Stück**	**Benennung**	**Zeichn.-Nr.**	**Pos**	**Werkstoff**	**Lager-Nr.**
01	20	Haken	01		DIN 1783 EN AW-AlMg3	
Halbzeug: Blechreste 1,2 x 300 x 400			**Stückzahl:** 1			
AG-Nr.	**Arbeitsvorgang**		**Werkzeuge/Spannmittel**		**Prüfmittel**	
1.	Rohlänge bestimmen Zuschnitt anreißen		Stahllineal, Anschlagwinkel Reißnadel		Stahlmaßstab	
2.	Zuschneiden und Richten Entgraten		Tafelschere, Richtplatte, Holzhammer, Entgrater, Feile		Stahlmaßstab	

48. Die fertig gebogenen Werkstücke sollen entsprechend des Arbeitsauftrags eine Beschichtung mit Hochglanzlack erhalten. Informieren Sie sich über die Besonderheiten der Farbbeschichtung von Aluminiumbauteilen.

49. Beschreiben sie die Arbeitsschritte, die vor dem Aufbringen von Anstrichen auf Aluminiumbauteile erforderlich sind.

50. Zunächst müssen die Oberflächen gereinigt werden. Dabei kommen Fettlöser zum Einsatz. Wie sind diese Stoffe einzustufen und wie geht man mit ihnen um?

51. Was ist unter Lacken zu verstehen? Welche Stoffe enthalten sie?

52. Gefahrstoffe sind gesundheitsschädlich. Deshalb dürfen am Arbeitsplatz bestimmte Grenzwerte nicht überschritten werden. Erläutern Sie, um welche Grenzwerte es sich handelt und welche Bedeutung sie haben.

53. Beim Beschichten von Werkstücken mit Farben und Lacken werden Lösungs- und Verdünnungsmittel eingesetzt. Sie gelten als gefährliche Arbeitsstoffe. Behälter, in denen sie gelagert werden, müssen nach der Gefahrstoffverordnung gekennzeichnet sein. Informieren Sie sich über die Arten der Gefahrstoffkennzeichnung.

54. Welche Verhaltensregeln sollten Sie in Räumen, in denen Lackierarbeiten durchgeführt werden, einhalten?

55. Wie schützt man Lunge und Haut?

56. Was soll mit gebrauchten Lösungsmitteln geschehen?

57. Überlegen Sie, wie die Beschichtung zweckmäßig aufzubringen ist. Aus dekorativen Gründen dürfen keine Farbnasen, Riefen oder Abdrücke an der Oberfläche zu sehen sein und die Schichtdicke soll möglichst überall gleich sein.

58. Wie groß ist die zu beschichtende Oberfläche eines Hakens?

59. Welche Masse hat ein fertiger Haken, wenn für die Beschichtung eine Masse von 0,2 g/cm^2 angenommen wird?

Auswerten

60. Legen Sie zusammen mit Ihren Ausbildern die Merkmale fest, nach denen die Arbeitsergebnisse der verschiedenen Gruppenmitglieder bewertet werden sollen.

61. Nehmen Sie danach eine begründete Bewertung der Qualität der hergestellten Probestücke vor.

62. Benennen Sie mögliche Fehler und diskutieren sie Maßnahmen, die zur Vermeidung dieser Fehler beitragen können.

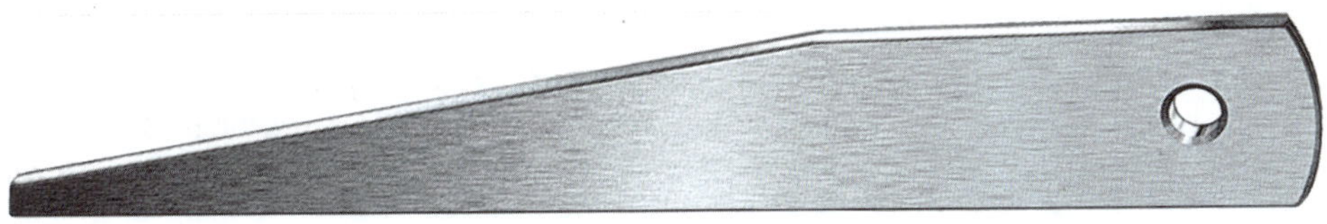

Nr.	a	b	c	d	e	t
Teil 1	140	12	R 2,5	20	R 20	5
Teil 2	175	15	R 3	25	R 24	6

Werkstoff: S235JR

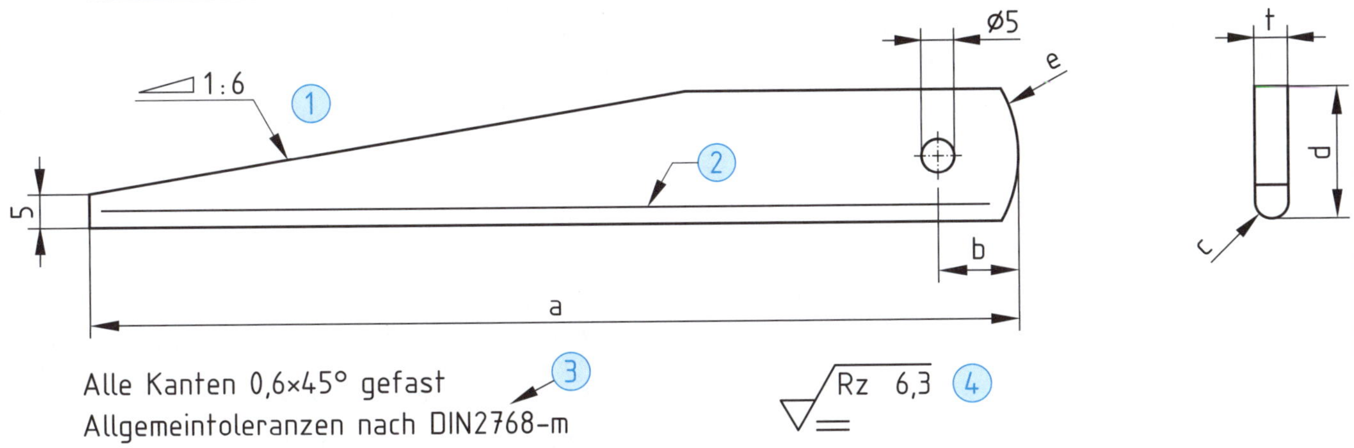

Bild 1: Foto und Zeichnung des Werkstücks „Keiltreiber"

Arbeitsauftrag

Die Schülerwerkstatt erhielt den Auftrag zur Fertigung von 10 Stück Keiltreibern der Maßreihe 2. Der Keiltreiber einer Bohrmaschine diente als Vorbild für die Zeichnung. Wegen der geringen Stückzahl entschieden sich die Auszubildenden für die handwerkliche Fertigung.

Aufgabe

- Die handwerkliche Fertigung des Werkstücks ist vorzubereiten und durchzuführen.
- Klären Sie, welche handwerklichen Verfahren der Metallbearbeitung bei der Herstellung des Werkstücks angewendet werden sollen.
- Informieren Sie sich über Werkzeuge und Spannmittel.
- Führen Sie die erforderlichen Berechnungen durch.
- Stellen Sie in der Schülerwerkstatt Probestücke des Werkstücks her.
- Dokumentieren sie alle unternommenen Arbeitsschritte, erfassen Sie die Probleme die während der Fertigung aufgetreten sind und stellen Sie das Ergebnis Ihrer Tätigkeit in geeigneter Form anderen Auszubildenden vor.
- Bewerten Sie Ihr Arbeitsergebnis.

Die folgenden Aufgaben sollen Sie bei der Vorbereitung, Durchführung und Auswertung des Arbeitsauftrages unterstützen.

Planen

1. Lesen Sie die Zeichnung. Welche Zeichnungsart ist es und welche Vorteile hat sie.
2. Ermitteln Sie die Maße nach Maßtabelle und fertigen Sie sich eine Skizze mit allen zur Fertigung erforderlichen Angaben an.
3. Erläutern Sie die Bedeutung der mit den Ziffern 1 ... 4 gekennzeichneten Zeichnungsbestandteile.
4. Stellen Sie die Qualitäts- und Prüfmerkmale für die Beurteilung der Produktqualität des Keiltreibers zusammen.
5. Fertigen Sie einen Prüfplan an.
6. Überlegen Sie, welche Prüfmittel Sie zur Kontrolle der Maße benötigen.
7. Besorgen Sie sich Oberflächenvergleichsnormale zur Beurteilung der Oberflächenqualität.

8. Informieren Sie sich über die Herstellung des Werkstoffs Stahl. Nutzen Sie verschiedene Informationsquellen und Kommunikationsmittel.

9. Machen Sie sich über das Bezeichnungssystem von Stählen kundig. Verwenden Sie Fach- und Tabellenbuch Metalltechnik.

10. Entschlüsseln Sie die in der Zeichnung enthaltene Kurzbezeichnung des Werkstoffs.

11. Welche Fertigungsverfahren schlagen Sie für die Herstellung des Keiltreibers vor?

12. Tragen Sie Informationen über das Sägen von Hand zusammen.

- Was ist bei der Benutzung von Handbügelsägen zu beachten?
- Wie wird die Zahnteilung eines Sägeblattes gemessen und welchen Einfluss hat sie auf den Sägevorgang?
- Wie groß sollten die Winkel an der Schneide beim Sägen von Stahl sein?
- Erläutern Sie Maßnahmen, die das Klemmen des Sägeblattes in der Schnittfuge weitgehend verhindern.

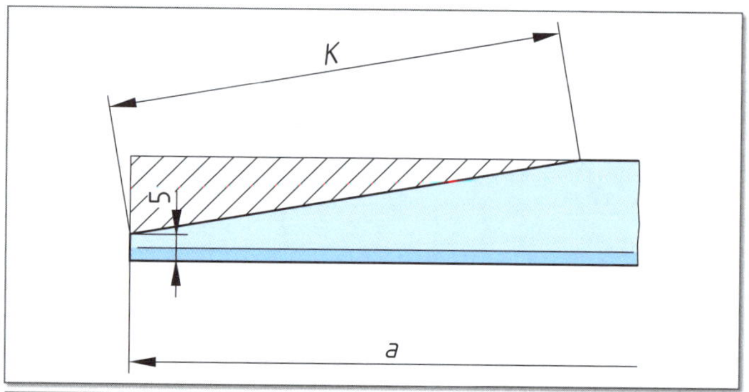

Bild 1: Kontrollmaß K

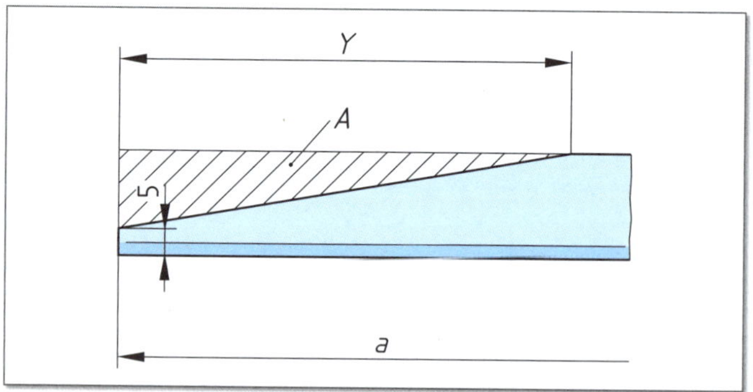

Bild 2: Flächeninhalt A

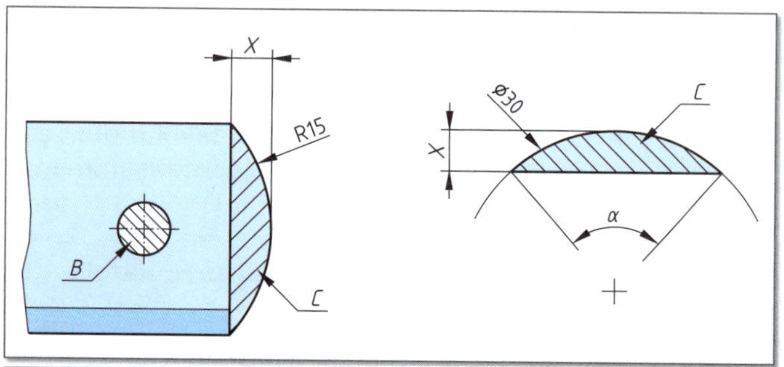

Bild 3: Flächenanteil C des Kreisabschnitts

13. Die Fertigform des Keiltreibers wird abgesehen von der Bohrung durch Feilen hergestellt. Beschreiben Sie die Arbeitstechnik beim Feilen der Radien. Welche Prüfmittel sind zu verwenden?

14. Planen Sie den Fertigungsablauf sowie die dazu benötigten Werkzeuge und Hilfsmittel und tragen Sie das Ergebnis in ein Arbeitsplanformular ein, das Sie vorher mit Hilfe eines Textverarbeitungsprogramms entwickelt haben.

15. Bestimmen Sie das Kontrollmaß K (Bild 1) für Maßreihe 2 aus den Maßangaben der Zeichnung. Das Maß wird zum Anreißen und zur Maßkontrolle benötigt.

16. Ermitteln Sie die Masse eines Werkstücks (Maßreihe 2). Vernachlässigen Sie den Radius c. Gehen Sie so vor, dass Sie zunächst die Aufgaben zur Flächenberechnung lösen, die Gesamtfläche ermitteln und weiter über die Berechnung des Volumens schließlich mit der Dichte von Stahl die Masse des Werkstücks in Gramm bestimmen.

- Ermitteln Sie den Flächeninhalt der Fläche A in cm^2 (Bild 2).
- Wie groß ist die Querschnittsfläche B der Bohrung ø5? (Bild 3).
- Bestimmen Sie den Flächenanteil C Kreisabschnittes (Bild 3).
- Errechnen Sie nun aus den Teilergebnissen die Gesamtfläche des Keiltreibers (entspricht der Gesamtfläche der Vorderansicht der Zeichnung).
- Berechnen Sie das Volumen.
- Berechnen Sie nun die Masse des Keiltreibers in Gramm. Welche Masse hat der ganze Auftrag?

17. Mit welcher Kraft würde der Keil das Bohrfutter aus der Bohrspindel austreiben, wenn man annimmt, dass er mit einer Kraft von 200 N eingetrieben wird.

Durchführen

18. Fertigen Sie die Werkstücke in der Schülerwerkstatt nach den vorbereiteten Fertigungsunterlagen an.

19. Überlegen Sie, wie die Fertigung unter den Bedingungen Ihrer Werkstatt zweckmäßig organisiert werden kann. Versuchen Sie alle Teammitglieder entsprechend ihrer Fähigkeiten einzubeziehen.

20. Sorgen Sie dafür, dass die einzelnen Arbeitsschritte dokumentiert werden, etwa mit einer Digitalkamera. Das Bildmaterial kann dann bei einer Präsentation sehr gut verwendet werden.

21. Prüfen sie, ob der von Ihnen aufgestellte Arbeitsplan so durchführbar ist und nehmen Sie erforderliche Korrekturen vor.

Auswerten

22. Welche Empfehlungen für Arbeitsschutzmaßnahmen können Sie geben?

23. Präsentieren sie die Arbeitsergebnisse und fachlichen Erkenntnisse ihres Teams, indem Sie z.B. eine Präsentationssoftware nutzen. Verwenden Sie die digitalen Bilder von den einzelnen Arbeitsschritten zur Gestaltung.

Lernfeld 2 - Fertigen von Bauelementen mit Maschinen

Arbeitsauftrag

Die Fertigung der „Grundplatte“ ist vorzubereiten.

Aufgabe

- Welche Aufgabe hat Teil 1 „Grundplatte“ aus der Baugruppe A des Schraubstocks.
- Werten Sie die nebenstehende Technische Zeichnung aus. Bestimmen Sie die Anforderungen für die Fertigung.
- Bestimmen Sie die Formelemente, die gefertigt werden müssen.
- Wählen Sie die erforderlichen Fertigungsverfahren aus.
- Informieren Sie sich über Werkzeuge, Vorrichtungen, Maschinen, die für diese Fertigungsverfahren typisch sind.
- Führen Sie die erforderlichen Berechnungen durch.
- Stellen Sie in der Schülerwerkstatt Probestücke des Werkstücks her.
- Dokumentieren sie alle unternommenen Arbeitsschritte, erfassen Sie die Probleme die während der Fertigung aufgetreten sind und stellen Sie das Ergebnis Ihrer Tätigkeit in geeigneter Form anderen Auszubildenden vor.
- Bewerten Sie Ihr Arbeitsergebnis.

Die folgenden Aufgaben sollen Sie bei der Vorbereitung, Durchführung und Auswertung des Arbeitsauftrages unterstützen.

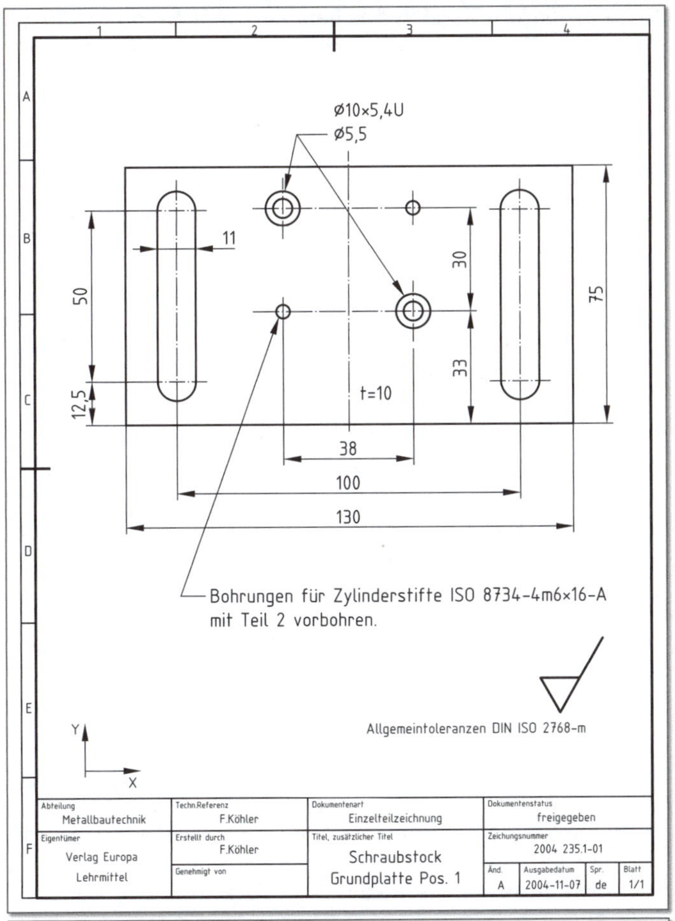

Bild 1: Zeichnung des Werkstücks „Grundplatte“

Planen

1. Nennen Sie mindestens 5 Normen, die beim Anfertigen der Zeichnung zu beachten waren.
2. Welche Informationen sind aus dem Schriftfeld zu entnehmen?
3. Benennen Sie die Grundform des Werkstücks und die zu fertigenden Formelemente.
4. Welche Besonderheiten waren bei der Maßeintragung zu beachten?
5. Die Zeichnung enthält mehrere Textangaben. Erläutern Sie diese.
6. Welche Fertigungsverfahren schlagen Sie für die Fertigung der Grundform und der Teilformen vor?

zu fertigende Form	Fertigungsverfahren	Maschine	Werkzeug
Grundform Platte	...	...	...
...	...	...	...
...	...	...	...

7. Welche Anforderungen werden hinsichtlich der Fertigungsgenauigkeit und Oberflächengüte gestellt?
8. Informieren Sie sich zunächst über das maschinelle Bohren und Senken.
9. Benennen Sie die Werkzeuge.

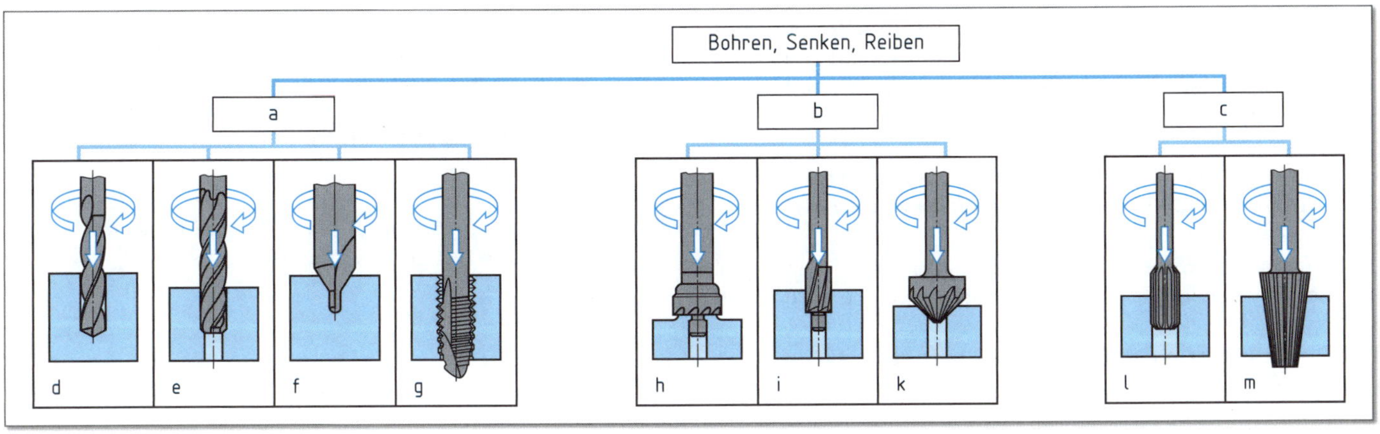

10. Informieren Sie sich am Beispiel einer Ständerbohrmaschine über die Funktionseinheiten einer Werkzeugmaschine.

11. Beschreiben Sie die Sie Arbeitsbewegungen beim Bohren und Senken.

12. Welche Schnittwerte sind einzustellen und wie werden diese ermittelt?

13. Überlegen Sie, welche Arbeitsschritte zum Herstellen der Bohrungen mit Senkung erforderlich sind. Halten Sie Ihre Erkenntnisse in einem Ablaufplan fest.

14. Welchen Einfluss hat die Schneidengeometrie des Bohrers auf den Zerspanungsprozess?

15. Welche Fehler können beim Anschleifen der Spiralbohrer gemacht werden und wie wirken sie sich aus?

16. Befassen Sie sich jetzt mit der konkreten Fertigungsplanung für die Bohrungen mit Senkung an der Grundplatte.

- Überprüfen Sie mit Hilfe eines Tabellenbuches die Maße für die Bohrung und Senkung.
- Welcher Bohrertyp soll zum Einsatz kommen?
- Für die Herstellung der Bohrungen stehen HSS-Bohrer mit TiN-Beschichtung zur Verfügung. Wählen Sie Schnittgeschwindigkeit und Vorschub aus Tabellen aus.
- Ermitteln Sie die an der Bohrmaschine einzustellende Drehzahl.
- Ermitteln Sie die Hauptnutzungszeit für die Fertigung der beiden Bohrungen mit Senkung.

17. Informieren Sie sich über das Fertigungsverfahren Fräsen.

18. Welche Werkstückformen kann man damit herstellen?

19. Welche Werkzeuge können dabei zum Einsatz kommen. Geben Sie Beispiele und ordnen Sie.

20. Wie unterscheidet man Fräser für harte und weiche Werkstoffe?

21. Nehmen Sie eine Einteilung der Fräsverfahren nach der Arbeitsweise des Fräsers, nach dem Verhältnis von Drehrichtung des Fräsers und Vorschubbewegung des Werkstücks sowie nach der erzeugten Werkstückform vor. Gestalten Sie das Ergebnis ihrer Überlegungen in Tabellenform.

22. Warum sollte das Stirn-Umfangsfräsen gegenüber dem Umfangsfräsen bevorzugt angewendet werden?

23. Informieren Sie sich über die Bauarten von Fräsmaschinen. Aus welchen Funktionsgruppen sind sie aufgebaut?

24. Die Grundform der Platte ist aus Vergütungsstahl zu fertigen. Das vorgefertigte Teil hat eine Dicke von 15mm. Zunächst sollen Deck- und Grundfläche der Platte plan gefräst werden. Als Werkzeug steht ein Planfräser ø100, $z = 8$ mit Hartmetallschneidplatten zur Verfügung. Die Planflächen werden jeweils in zwei Arbeitsgängen gefräst. Im ersten Arbeitsgang wird mit einer Schnitttiefe von 2 mm geschruppt, danach im zweiten Arbeitsgang mit Schnitttiefe 0,5 mm geschlichtet. Lösen Sie die folgenden Aufgaben im Team.

- Ermitteln Sie aus Tabellen die Einstellwerte für Schnittgeschwindigkeit und Vorschub.
- Ermitteln Sie die einzustellenden Drehzahlen.
- Wie groß ist der Vorschub je Umdrehung des Fräsers?
- Errechnen Sie die Vorschubgeschwindigkeiten für Schruppen und Schlichten.
- Das Zeitspanvolumen Q ist ein Maß für die Wirtschaftlichkeit eines spanenden Fertigungsverfahrens. Ermitteln Sie Q für das Fräsen der Planflächen.
- Berechnen Sie die Hauptnutzungszeit für das Fräsen beider Planflächen zusammengenommen.
- Wie groß ist die Schnittleistung beim Schruppen, wenn die spezifische Schnittkraft k_c = 1450N/mm² beträgt? Geben Sie das Ergebnis in der Einheit Watt an.
- Welche Antriebsleistung ist für das Schruppen und Schlichten erforderlich, wenn der Wirkungsgrad der Maschine η = 0,8 beträgt? (in kW)

25. Ermitteln Sie auch die erforderlichen Angaben für das Fräsen der Langlöcher.

Durchführen

26. Fertigen Sie in der Schülerwerkstatt ein Probestück des Werkstücks Grundplatte an.

27. Dokumentieren Sie alle Arbeitsschritte und fertigen Sie im Ergebnis einen Arbeitsplan an.

Auswerten

28. Bereiten Sie die Präsentation der Arbeitsergebnisse in Ihrer Gruppe vor. Definieren Sie das Ziel der Präsentation, entscheiden Sie über Inhalt und Methoden der Darstellung, planen und organisieren Sie den Ablauf. Zielgruppe Ihrer Präsentation sollten andere Auszubildende Ihres Jahrgangs sein.

29. Führen sie die Präsentation durch und werten Sie anschließend in der Gruppe das Ergebnis aus.

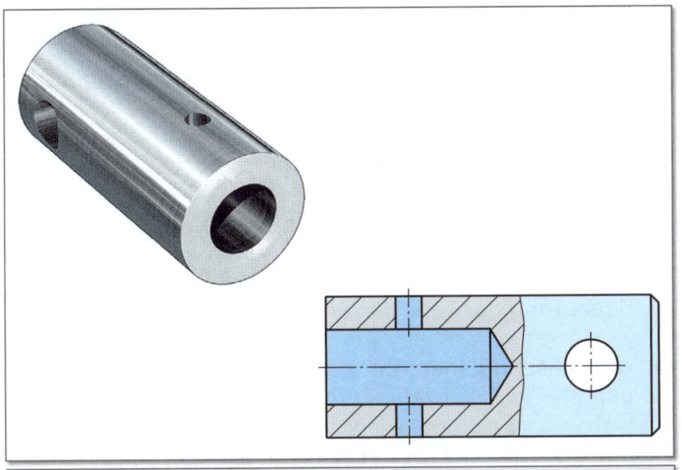

Bild 1: Pos. 18 „Spindelkopf"

Beschreibung des Werkstücks:

Der Spindelkopf ist ein zylindrisches Werkstück, Ø22, 50 lang. Von einer Planfläche aus ist entlang der Mittelachse des Zylinders eine Grundbohrung Ø12 zur Aufnahme der Spindel mit Lochtiefe 25 eingebracht. Die Innenpassflächen der Bohrung müssen mit Toleranzklasse K7 gefertigt werden, weil bei der Montage mit der Getriebespindel eine Passung Ø12K7/h6 gewährleistet sein soll.

Die Außenkante der gegenüberliegenden Planfläche ist mit einer Fase 1x45° versehen. Von dieser Seite aus 10 mm entfernt ist eine Querbohrung Ø8,1 für die Aufnahme des Knebels Pos. 20 durchgebohrt.

Beim Zusammenbau von Getriebespindel und Spindelkopf wird 10 mm von der Planfläche der Grundlochseite entfernt eine um 90° gegenüber der ersten Querbohrung versetzt angeordnete Bohrung für den Zylinderstift Pos. 19 gebohrt.

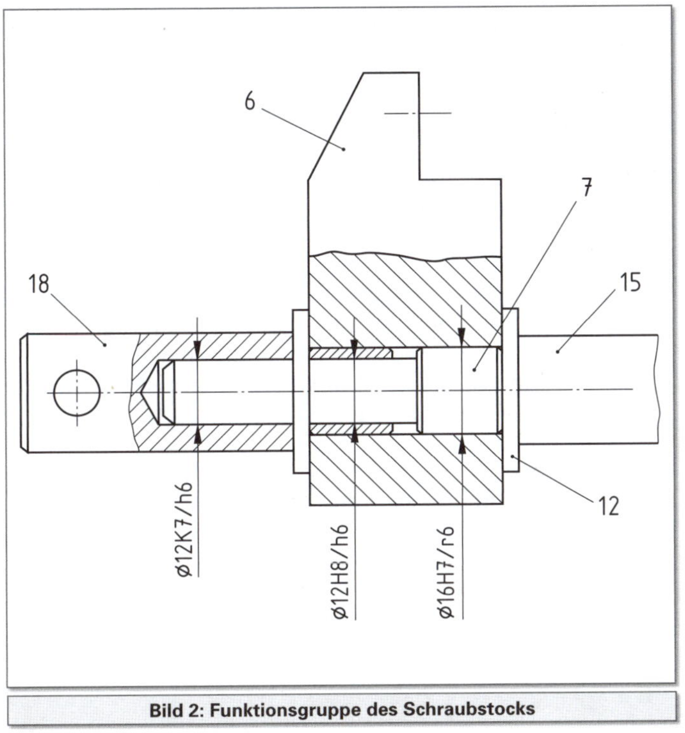

Bild 2: Funktionsgruppe des Schraubstocks

Arbeitsauftrag

Für die Fertigung von 100 Schraubstöcken (innere Umschlagseite) werden zur Komplettierung der Antriebsbaugruppe Spindelköpfe (Teil 18 des Projekts) benötigt. Als Ausgangsmaterial steht blanker Stabstahl Rd 22 x 55 zur Verfügung.

Technische Unterlagen für die Fertigung dieses Einzelteils sind noch nicht vorhanden. Allerdings liegt eine Beschreibung des Werkstücks in Textform vor.

Aufgabe

- Planen Sie die Fertigung des Einzelteils „Spindelkopf" und fertigen Sie alle dazu erforderlichen Unterlagen an.
- Fertigen Sie in der Schülerwerkstatt das Einzelteil und werten Sie anschließend das Fertigungsergebnis aus.
- Präsentieren Sie Ihr Arbeitsergebnis in geeigneter Form.

Die folgenden Aufgaben sollen Sie bei der Vorbereitung, Durchführung und Auswertung des Arbeitsauftrages unterstützen.

Planen

Machen Sie sich die Funktion des Einzelteils innerhalb der Antriebsbaugruppe des Schraubstocks klar. Nutzen Sie zur Informationsgewinnung den Anordnungsplan auf der ersten Umschlagseite und den Inhalt der Seiten 27 u. 34 dieses Buches.

1. Welche Aufgabe hat diese Baugruppe in dem Erzeugnis?
2. Welche Bauteile sind an der Umformung der kreisförmigen Bewegung in eine geradlinige Bewegung beteiligt.
3. Erläutern Sie, welche Funktion die einzelnen Teile der Baugruppe haben.
4. Welche Kraft wird beim Spannen erzeugt, wenn der Knebel Pos. 20 mit einer Handkraft von 50 N bei einer wirksamen Hebellänge von 100 mm gedreht wird?
5. Beschreiben Sie, welche Funktionsgruppe hier dargestellt ist.
6. In welcher Reihenfolge werden die Teile montiert?
7. Worauf muss bei der Montage geachtet werden, damit die Funktion und das zusammenwirken der Teile gesichert wird?
8. Welche Aussage ist über den Charakter der Passung zu machen, die zwischen Spindelzapfen und Spindelkopf Pos. 18 vorgesehen ist?
9. Aus welchen Gründen wird der Spindelkopf zusätzlich mit einem Radialstift gesichert?
10. Fertigen Sie nach der Beschreibung eine Skizze im Maßstab von etwa 2:1 von dem Werkstück an.

- Legen Sie die Zahl der Ansichten fest.
- Gehen Sie beim Skizzieren schrittweise ausgehend von der Grundform vor.
- Wählen Sie die Art der Darstellung so, dass die Grundbohrung in der Ansicht sichtbar wird.
- Legen Sie das Maßbezugssystem fest.
- Tragen Sie die Fertigmaße regelgerecht in ihre Skizze ein.

11. Überlegen Sie, welche Fertigungsverfahren zur Herstellung des Einzelteils angewendet werden müssen. Informieren Sie sich über das jeweilige Verfahren, erforderliche Werkzeuge und Maschinen.

12. Informieren Sie sich über die Bestimmung der Arbeitswerte beim Bohren und Drehen.

13. Informieren Sie sich, welche Anforderungen an die Maßgenauigkeit gestellt werden, wenn Maße ohne Toleranzangaben die Bedingungen nach DIN ISO 2768-mK erfüllen sollen.

14. Stellen Sie Überlegungen zu den zu fordernden und erreichbaren Oberflächenrauheiten an. Informieren Sie sich im Tabellenbuch.

15. Wie gibt man die geforderten Oberflächeneigenschaften in einer Zeichnung an?

16. Überlegen Sie, wie durch Angaben in der Zeichnung die Koaxialität zwischen der Mittelachse der Bohrung ø12 und der Drehachse des Spindelkopfes gesichert werden kann.

17. Fertigen Sie nun eine technische Zeichnung im Format A4 mit allen für die Fertigung des Werkstücks erforderlichen Angaben und unter Beachtung der gültigen Normen an. Benutzen Sie dazu ein zuvor (z.B. mit Hilfe eines CAD-Programms) selbst erstelltes Zeichnungsformular (Blattrahmen und Schriftfeld).

18. Informieren Sie sich über den Werkstoff Stahl und ermitteln Sie die Eigenschaften von S235JR, insbesondere die Zerspanungseigenschaften. Ergründen Sie die Bedeutung der Teile der Werkstoffbezeichnung.

19. Als Ausgangsmaterial kommt für diese Fertigungsaufgabe ein Halbzeug zum Einsatz. Sie werden als gewalzte und gezogene Form- und Stabstähle gehandelt. Informieren Sie sich mit Hilfe eines Fachbuches und Tabellenbuches über die Arten der Form- und Stabstähle, ihre Eigenschaften und Bezeichnungen.

20. Aus welchen Gründen kommen beim Zerspanen Kühlschmiermittel zum Einsatz? Welche Gefahren sind mit ihrer Anwendung verbunden und wie geht man sachgerecht mit diesen Stoffen um?

EUROPA LEHRMITTEL	**Arbeitsplan**					
Auftrags-Nr.:			**Erstellt:**		**Termin:**	
Bezeichnung des Auftrags:			**Bearbeiter:**			
Lfd. Nr.	**Stück**	**Benennung**	**Zeichn.-Nr.**	**Pos**	**Material**	**Lager-Nr.**
Rohmaterial:			**Stückzahl:**			
AG-Nr.	**Arbeitsvorgang**		**Werkzeuge/Spannmittel**		**Prüfmittel**	
1.						
2.						
3.						

Prüfplan						
Benennung:		Zeichnungsnr.:	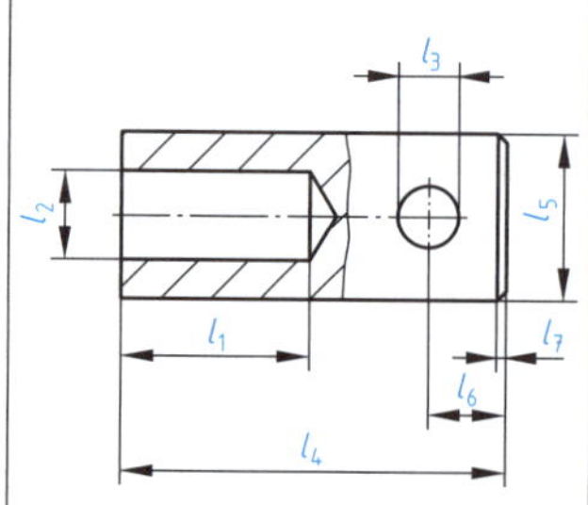			
Lfd.Nr.	Prüf-merkmal	Prüfmittel	Prüf-um-fang	Prüf-metho-de	Prüf-zeit-punkt	Prüf-doku-menta-tion
1						
2						

Durchführen

21. Fertigen Sie einen Arbeitsplan (⇐ **Seite 42**) zur Herstellung des Einzelteils Spindelkopf nach obenstehendem Muster an.

22. Zur Sicherung der Qualität muss das Fertigungsergebnis geprüft werden. Wählen Sie die Prüfmerkmale für das Einzelteil Spindelkopf aus und halten Sie die Prüfvorschriften in einem Prüfplan (⇐ **Seite 187**) nach nebenstehendem Muster fest.

Überlegen Sie, welche Prüfmerkmale außer den Längen- bzw. Durchmessermaßen noch im Prüfplan erfasst werden müssen.

23. Fertigen Sie das Werkstück „Spindelkopf" nach den Vorgaben Ihres Arbeitsplanes.

Auswerten

24. Prüfen Sie das Fertigungsergebnis nach dem von Ihnen erstellten Prüfplan. Prüfen Sie eine möglichst große Anzahl von gefertigten Werkstücken, indem Sie z.B. die Arbeitsergebnisse der Gruppe zusammenfassen. Tragen Sie die Prüfergebnisse in ein Prüfprotokoll ein und entscheiden Sie anhand der Eintragungen über Ausschuss, Nacharbeit oder Gutteil.

25. Welche Fehler können beim Prüfen auftreten und wie kann man sie vermeiden?

Prüfprotokoll											
Auftrag Nr.:					Sachnr.:						
Benennung:					Teilnr.:						
Prüfer:					Datum:						
Werkstück Nr.	**Prüfmerkmal**								Gut	Nacharbeit	Ausschuss
	Maß l_1	...	...	...	...	...	...	...			
1											
2											
3											

26. Werten Sie in der Gruppe das Prüfprotokoll aus.

27. Wurden die Qualitätsvorgaben eingehalten?

28. Welche Veränderungen sind im Prozess der Fertigung erforderlich?

29. Stellen Sie die Ergebnisse Ihrer Planungs-, Fertigungs- und Auswertungshandlungen in geeigneter Form vor einem größeren Personenkreis, z.B. den Auszubildenden Ihrer Jahrgangsstufe im Berufsschulzentrum vor.

30. Informieren Sie sich vorab über Möglichkeiten zur Präsentation von Arbeitsergebnissen. (⇒ **Seite 239**)

31. Wenden Sie eventuell an Ihrer Ausbildungsstätte vorhandene Computerprogramme an.

32. Schätzen Sie in der Gruppe die Ergebnisse der Präsentation ein. Nehmen Sie eine kritische Bewertung nach vorher festgeschriebenen Bewertungskriterien vor. (Fragen Sie dazu ihren Lehrer oder Ausbilder.)

Vorschlag:

Präsentation	**max. Punktzahl**	**erreichte Punktzahl**
logischer Aufbau	10	
Sprache	10	
Fachbegriffe	10	
Anschaulichkeit	10	

33. Stellen Sie fest, welche Vorgehensweisen gut waren und beibehalten werden können und welche Veränderungen bei künftigen Präsentationen erforderlich sind.

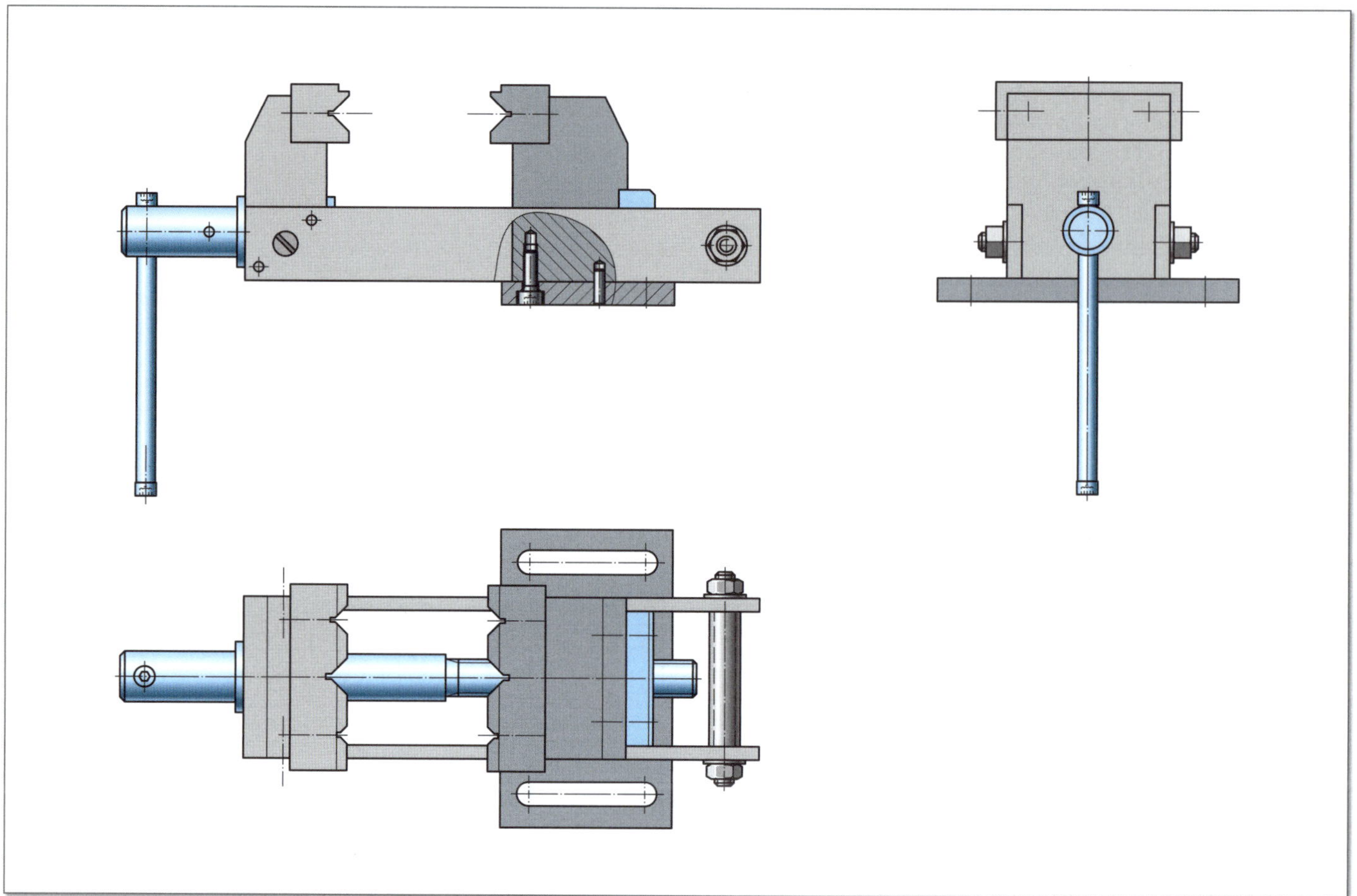

Bild 1: Baugruppen des Schraubstocks

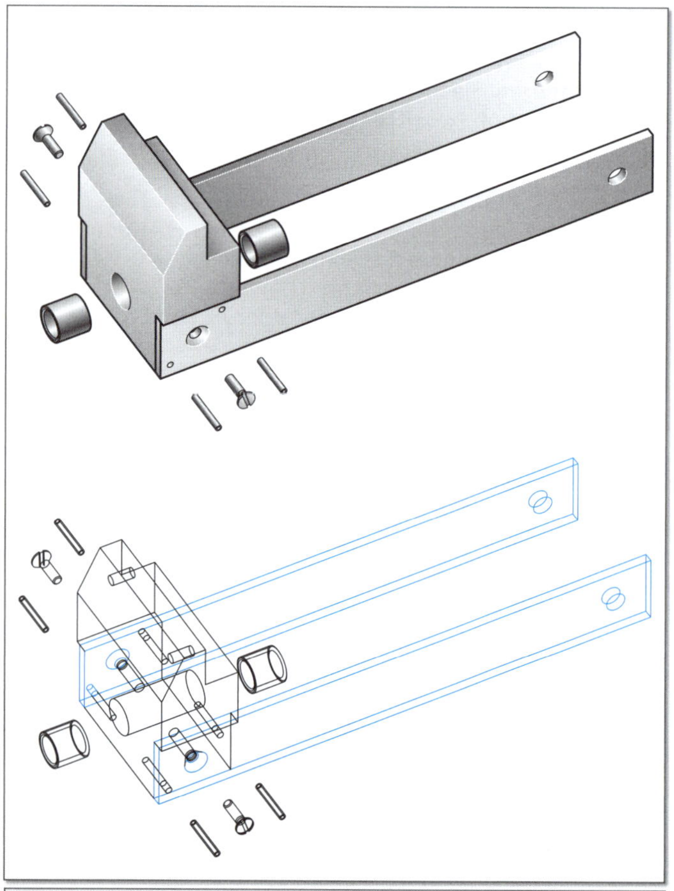

Bild 2: Montagesituation

Auftrag

Für die Endmontage des Schraubstocks ist die Baugruppe B „Schlitten" vorzumontieren. Als technische Unterlagen zur Montagevorbereitung können ausgewertet werden:

Anordnungsplan ⇐ **innere Umschlagseite vorn**
Gesamtzeichnung ⇐ **Seite 27**
Struktur-Stückliste ⇐ **Seite 33**
Anordnungsplan Montagesituation (Bild 2)

Aufgabe

- Werten sie die technischen Unterlagen aus.
- Planen Sie die Montage der Baugruppe B „Schlitten".
- Sprechen Sie in der Gruppe über die sinnvolle Abfolge der Montageschritte.
- Erörtern sie, welche Besonderheiten zu berücksichtigen sind und welche Probleme bei der Montage auftreten können.
- Führen Sie die Montage nach Ihrem Plan durch, überprüfen Sie und berichtigen Sie falls erforderlich.
- Präsentieren Sie Ihr Arbeitsergebnis in geeigneter Form.

Die folgenden Aufgaben sollen Sie bei der Vorbereitung, Durchführung und Auswertung des Arbeitsauftrages unterstützen.

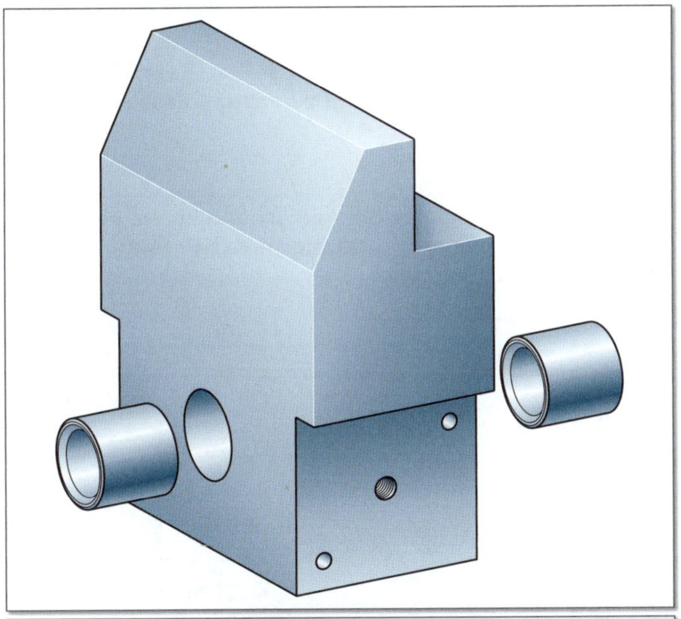

Bild 1: Montage der Lagerbuchsen

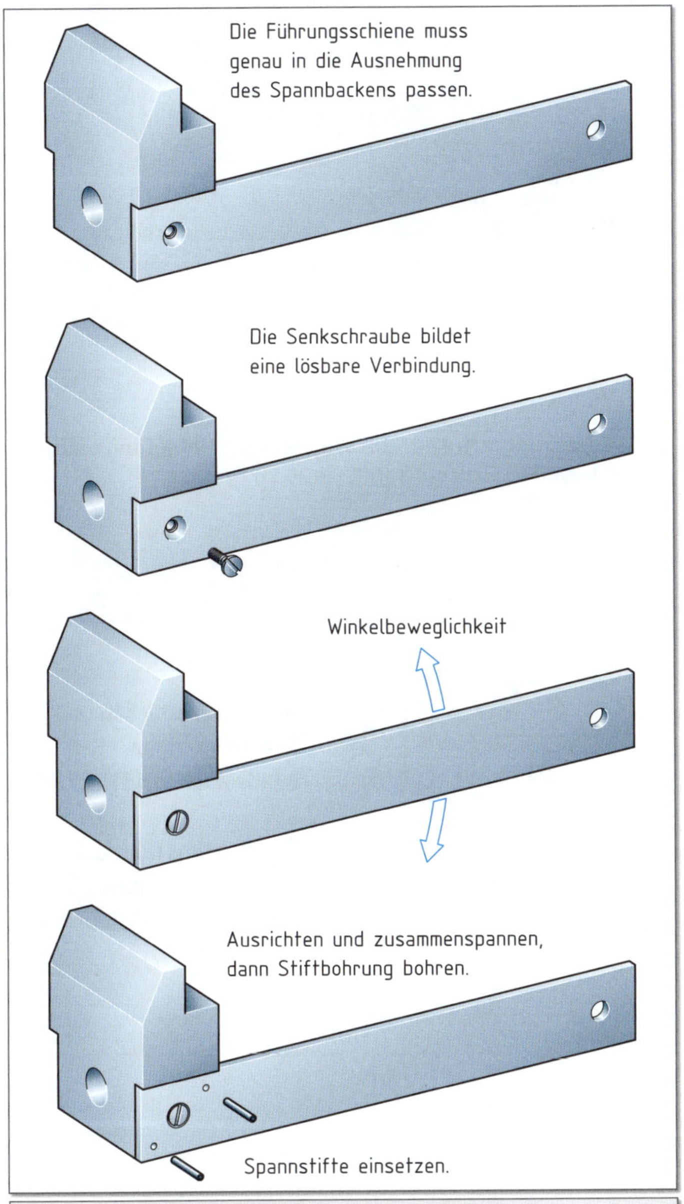

Bild 2: Montage der Führungsschienen

Montage der Lagerbuchsen

1. Welche Teile der Stückliste werden hier gefügt?
2. Beschaffen Sie sich Informationen aus dem Tabellenbuch über die einzubauenden Buchsen.
3. Welche Bedeutung hat die Werkstoffbezeichnung für die Buchse? Warum werden Lagerbuchsen aus diesem Material gefertigt?
4. Informieren Sie sich darüber, wie der erforderliche Festsitz der Buchsen im beweglichen Backen erreicht wird.
5. Welche Voraussetzungen müssen für den Festsitz gegeben sein?
6. Was ist beim Einbau der Buchsen zu beachten?
7. Wie kann geprüft werden, ob die Mittelachsen der Buchsen genau fluchten und ob sie die richtige Lage bezüglich der Grundfläche von Teil 6 haben?

Montage der Führungsschienen

8. Stellen Sie fest, welche Teile der Stückliste für die Vormontage der Führungsschienen benötigt werden.
9. Wie prüfen Sie, ob die Teile auch tatsächlich zusammenpassen.
10. Welche Funktion hat jedes Teil in der Baugruppe zu erfüllen?
11. Erläutern Sie den in den nebenstehenden Bildern dargestellten Montageablauf.
12. Wie kann die genaue rechtwinklige Lage der Führungsschiene bezüglich des Schraubstockbackens geprüft und eingestellt werden?
13. Erläutern Sie die Notwendigkeit des zusätzlichen Einbaus von Spannstiften. Welche Aufgabe haben sie?
14. Worin besteht der Vorteil der Verwendung von Spannstiften?
15. Erläutern Sie den Haltemechanismus der Spannstifte.
16. Warum sind die Spannstifte an den Enden gefast 1)?
17. Welche Stiftart hätte alternativ Verwendung finden können?
18. Warum müssen Führungsschiene und Spannbacken bei der Montage gemeinsam gebohrt werden?

Zusammenbau der Baugruppen des Schraubstocks

19. Welche Probleme können auftreten, wenn der Schlitten mit der Baugruppe A „Ständer" zusammengebaut werden soll?
20. Warum kann die Befestigungseinheit aus den Teilen 9,10,11 und 12 erst montiert werden, nachdem die Führungsschienen in Baugruppe A eingeschoben wurden?
21. Wieso muss die Länge der Distanzhülse (10) bei der Montage angepasst werden?
22. Wann muss die Spindel (15) eingebaut werden?

Wartung einer Ringbiegemaschine

Im Rahmen der Vorbereitung von Wartungsarbeiten an einer Ringbiegemaschine soll aus der vorhandenen verbalen Schmieranleitung ein Schmierschaubild entwickelt werden. Bild 1 zeigt und benennt die Schmierstellen der Maschine. In der Schmieranleitung wird angewiesen, dass die Schmierstelle 3 täglich (8 h), die Schmierstellen 1, 2, 4 und 5 wöchentlich (40 h) und die Schmierstellen 6 und 7 halbjährlich (2000 h) mit einem Schmierfett auf Mineralölbasis nach DIN 51818 abgeschmiert werden sollen. Beim Schmieren der Gewindespindel ist darauf zu achten, dass sie auf und ab bewegt wird.

Aufgabe

Vervollständigen Sie das Schmierschaubild und stellen Sie die Wartungsarbeiten in Listenform dar ⇐ **Seite 202**. Nutzen Sie Bild 2 als Vorlage.

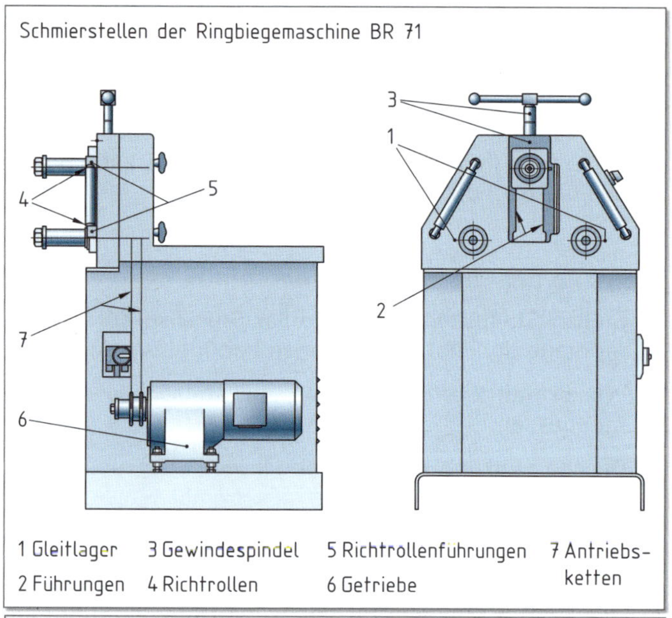

Bild 1: Schmierstellen der Ringbiegemaschine

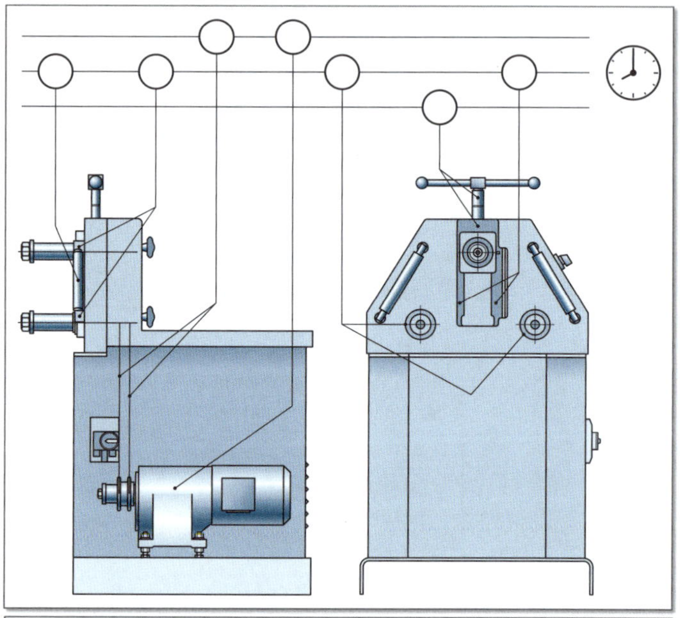

Bild 2: Schmierschaubild

Instandsetzung eines Scherenhebers

Die Inspektion der Hebezeuge einer Werkstatt ergab, dass der Abnutzungsvorrat an den Gelenkbolzen des Scherenhebers infolge Korrosion soweit aufgebraucht war, dass eine Instandsetzung erforderlich wurde. Man entschied sich, die verschlissenen Bolzen durch neue zu ersetzen.

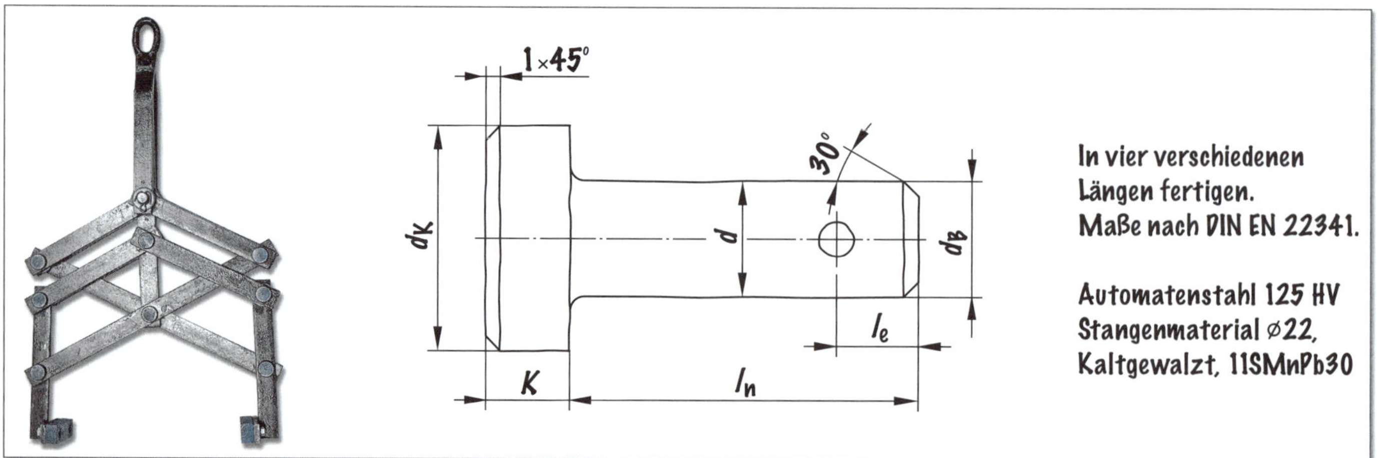

Bild 3: Scherenheber

Aufgabe

Sie erhalten den Auftrag, die Bolzen nach Skizze herzustellen. Ermitteln Sie aus dem Tabellenbuch die erforderlichen Maßangaben und erstellen Sie einen Arbeitsplan ⇐ **Seite 190** zur Fertigung der Bolzen. Präsentieren Sie Ihr Arbeitsergebnis.

7. Präsentation von Arbeitsergebnissen

Die Fähigkeit, sich anderen mitzuteilen, Probleme und Lösungen aufzuzeigen und Arbeitsergebnisse überzeugend darzustellen und zu bewerten ist im heutigen Berufsleben mehr als gefragt. Im Lehrplan finden sich deshalb in den Zielformulierungen fast jeden Lernfeldes Hinweise, Handlungen zur Dokumentation und Präsentation von Arbeitsergebnissen zu üben und dabei auch moderne, zeitgemäße Formen zu nutzen. Hier einige Tipps dazu.

Vorbereitung der Präsentation

- Ziel klarmachen und formulieren (Informieren, Entscheidungen vorbereiten, Produkt anbieten...)
- Zielgruppe bestimmen
- Inhalt festlegen (Eröffnung, Hauptteil, Schluss)
- Formen der Veranschaulichung festlegen
- Ablauf planen (zeitlich-inhaltliche Gliederung)
- Organisation (Raumplanung, Gerätetechnik...)

Zielgruppe/Zuhörerschaft

- Welche Zusammensetzung hat die Zielgruppe?
- Ist sie gleichmäßig zusammengesetzt (z.B. nur Mitschüler und wie viele Zuhörer sind es?
- Ist die Zuhörergruppe gemischt (z.B. Ausbilder dabei)?
- Hören Entscheidungsträger (Leiter) zu?
- Auf welche Vorkenntnisse kann man zurückgreifen?
- Welche Erwartungshaltung hat die Zielgruppe?

Der Vortragende steht im Mittelpunkt des Geschehens

Durchführung der Präsentation

Eröffnungsteil

- ☑ Zuhörer begrüßen
- ☑ eigene Person vorstellen
- ☑ Thema/Ziel der Präsentation nennen
- ☑ Ablauf kurz beschreiben

Hauptteil

- ☑ Problem darstellen
- ☑ Argumente vortragen für/wider
- ☑ Lösungen aufzeigen/Schlussfolgerungen ziehen

Schlussteil

- ☑ Vortrag abrunden durch zusammenfassen des Wesentlichen
- ☑ Dank an Zuhörerschaft
- ☑ evtl. Diskussion freigeben und Fragen beantworten

Tipps für den Vortragenden

- Ansprechende Raumgestalltung
- Blickkontakt zu den Teilnehmern
- ruhige, sichere Bewegungen
- Wechsel von Tempo und Lautstärke der Sprache
- Aussagen durch Mimik und Gestik unterstützen
- Kurze Sätze sprechen
- keine Füllworte wie „äh, so" usw. verwenden

Tipps zur inhaltlich-organisatorischen Vorbereitung

- Pflicht – Inhalte/ergänzende Inhalte abstecken
- Didaktische Grundprinzipien beachten (z.B. Anschaulichkeit, Fasslichkeit, Systematik, Wissenschaftlichkeit)
- geeignete Mittel zur anschaulichen Gestaltung finden (evtl. Präsentationsprogramm nutzen)
- auf technische Pannen vorbereiten

Sachwortverzeichnis

Sachwortverzeichnis